介面設計與實習：PSoC 與感測器實務應用(附 PCB 板及範例光碟)

許永和　編著

 全華圖書股份有限公司　印行

序言

有鑑於目前最夯的智慧型電子與異質整合概念的相關技術或課程越來越受到重視，其核心的嵌入式系統或是一般可攜式產品上，亦不斷地強調具備互動功能的智慧型感測以及異質介面整合。而相對地其所連接或應用的串列介面元件或感測 IC 也越來越多元，應用亦越來越廣泛。但一般傳統的介面技術或感測器的相關書籍，仍停留在並列介面或是已逐步淘汰的感測器元件。因此，相關技術的學習與整合卻是越來越重要，但市面上卻鮮少相關書籍的介紹，更遑論設計與應用在智慧型感測與異質整合領域上。

因此，在本書中，根據目前學界與業界常用的各種介面應用與需求規劃出章節的實習內容。其中，規劃出晶片組(元件)對晶片組(元件)，及晶片組(元件)對 PC 主機或是各種嵌入式主機的介面爲規劃重點。而爲了提供在教學與學習上的連貫性，本書以 RS-232(UART)與 USB 介面爲主軸，並結合 1-Wire、I^2C、SMBus 及 SPI 來實現相關的整合設計與應用。此外，爲降低學習者的門檻，本書以類比與數位混合設計的 PSoC 微處理機爲設計核心，並以所提供的各種串列介面模組來介紹如何實現 UART、USB、1-Wire、I^2C、SMBus 與 SPI 設計。初學者僅需應用其模組即可輕鬆地設計初期所要實現的串列介面，並了解各種介面的工作原理與設計方式。

爲了與智慧型居家控制或人機互動的概念相結合，上述的串列介面亦與常用的感測器應用整合在一起，例如，陀螺儀、加速度、溫溼度、紅外線、太陽光能與光照度等，以鋪陳出介面與感測器的應用實驗。此外，在本書的設計規劃上，特別以先有線，後無線的方式，讓學習者逐步地切入到 ZigBee 無線感測網路設計與應用。讓學習者可以學習到智慧型電子與異質整合設計的概念與應用。

本書雖然是以 PSoC 微處理器爲核心，但透過其內建的各種串列模組的支援，可以讓學習者實際體會到各種串列介面的實驗成果。對於未來要應用至別種類型的微處理器來說，就變得更爲簡易了。特別是對於初學的學生或是工程師來說，特別有幫助。而本書所有的程式皆在 Windows XP 與 Window 7 環境下執行與驗證測試過，使用者可以照著範例程式碼按步驟依序執行與更改。

本書全一冊共 17 章，依據設計與應用性的考量，編排了 3 個學習的階程，除了適用電腦專業人員的參考之用外，也提供一般技職院校微處理機或介面技術實習等相關課程的應用。

本書主要是分 3 個階程部分。

第一階程部分：第 1 至 4 章，主要是介紹 PSoC 的基本概念。讓讀者對 PSoC 的基本功能與特性，作最快速的學習與瞭解，。

第二階程部份：第 4 章至第 10 章，主要是介紹透過 PSoC 所內建的各種串列模組來實線其測試與應用。其中，包含 UART、I^2C、SPI 與 USB。另外，亦介紹 USB 與 ZigBee 無線感測網路的概念，以利後續的設計與應用。

第三階程部分：第 11 至 17 章，主要是介紹各種感測器與各種串列介面的整合，並透過 ZigBee 無線感測網路來實現無線的量測與監控。其中，包含溫溼度、溫度、紅外線、太陽光能、光照度、加速度與陀螺儀感測器。讀者可以自行應用與整合至專題設計或是產品設計與測試中。

由於介面技術與感測器所涵蓋的範圍甚廣，本書雖力求實用性與完整正確性，但筆者才疏學淺，謬誤難免，尚祈先進學者專家不吝指正賜教。

而本書所有實驗與測試過程均已上傳至 youtube 網站，讀者可用書名作進一步搜尋，以利相關課程的學習與自修之用。

雲林．虎尾　許永和　謹上

編輯部序

「系統編輯」是我們的編輯方針，我們所提供給您的，絕不只是一本書，而是關於這門學問的所有知識，它們由淺入深，循序漸進。

本書根據目前學界與業界常用的各種介面應用與需求，規劃出章節的實習內容，並爲了在教學與學習上的連貫性，本書以 RS-232(UART)與 USB 介面爲主軸，並結合 1-wire，I^2C，SMBus 及 SPI 來實現相關的整合設計與應用。此外，爲降低學習者的門檻，本書以類比與數位混合設計的 PSoC 微處理機爲設計核心，並以所提供的各種串列介面模組來介紹如何實現 UART、USB、1-wire，I^2C，SMBus 與 SPI 設計。初學者僅需應用其模組即可輕鬆地設計所要實現的串列介面，並了解各種介面的工作原理與設計方式。適用於科大電子、電機系「介面設計實習」之課程。

同時，爲了使您能有系統且循序漸進研習相關方面的叢書，我們以流程圖方式，列出各有關圖書的閱讀順序，以減少您研習此門學問的摸索時間，並能對這門學問有完整的知識。若您在這方面有任何問題，歡迎來函連繫，我們將竭誠爲您服務。

相關叢書介紹

書號：06058
書名：ZigBee 開發手冊
日譯：孫 棣
20K/240 頁/350 元

書號：10382007
書名：單晶片 8051 與 C 語言實習
(附試用版與範例光碟)
編著：董勝源
20K/552 頁/420 元

書號：06124007
書名：雙核心嵌入式系統開發－
DaVinci SOC 平台架構及
實作演練
(附系統範例 DVD)
編著：郭宗勝.謝瑛之.曲建仲
16K/400 頁/420 元

書號：06158007
書名：介面技術實習(C 語言)
(附程式光碟)
編著：黃煌翔
16K/264 頁/300 元

書號：10391007
書名：瑞薩 R8C/1A、1B 微處理器
原理與應用(附學習光碟)
編著：洪崇文.劉 正.張玉梅
徐 晶.蔡占營
16K/312 頁/350 元

書號：05853020
書名：USB2.0 高速週邊裝置設計
之實務應用(第三版)
(附範例光碟及 PCB 單板)
編著：許永和
16K/712 頁/660 元

書號：05788
書名：ARM 系統開發者指南
英譯：王能文
16K/712 頁/750 元

◎上列書價若有變動，請以最新定價為準。

流程圖

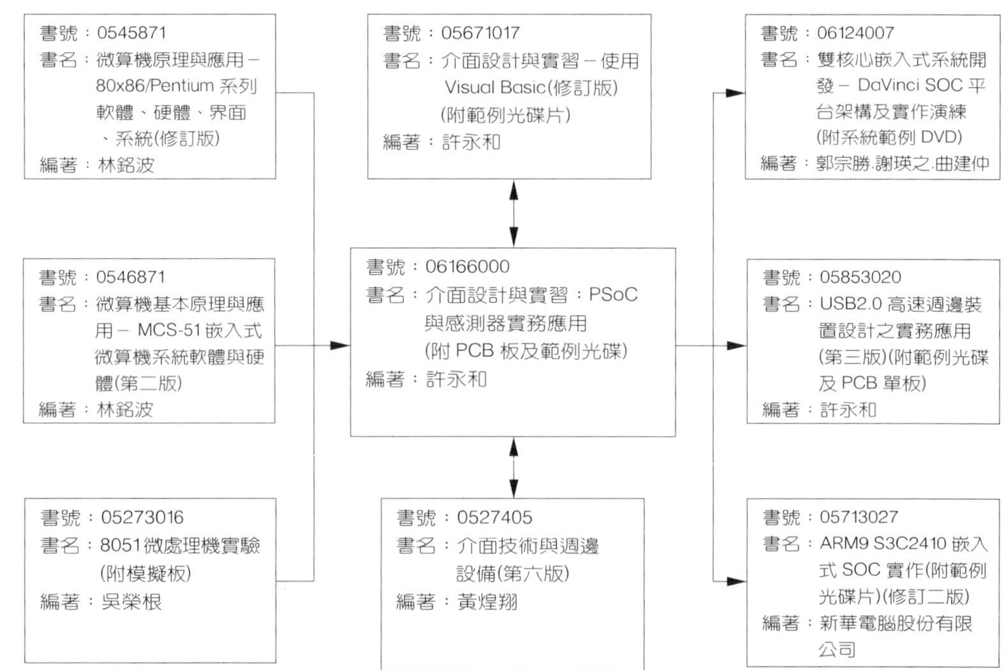

目錄

第 4 章　PSoC UART 模組設計與應用

第 5 章　PSoC I²C 模組設計與應用

第 6 章　PSoC SPI 模組設計與應用

第 7 章 USB 介面規格與特性

第 8 章 USB-ZigBee HID Dongle 設計

第 9 章 ZigBee 無線感測網路與 CC2530 簡介

第 10 章 CC2530 無線感測網路設計與應用

第 11 章 PSoC I²C 無線溫濕度感測器設計

第 12 章 PSoC SMBus 無線紅外線溫度感測器設計

第 13 章 PSoC 1-Wire 無線溫度感測器設計

第 17 章 PSoC 無線陀螺儀感測設計

附錄

chapter

1

PSoC (Programmable System on Chip) 簡介

1.1 類比晶片組設計沿革

從 1970 年代初期開始，半導體廠商把微型機最基本的元件製作在一個矽晶片內，於是就出現了以一個大規模整合電路爲主組成的微型計算機──單晶微型計算機(single chip microcomputer)，簡稱單晶片微電腦。單晶片微電腦歷經了從單晶片微電腦到微控制器(MCU)，再到系統晶片(System-on-a-chip：SoC)的發展，並在嵌入式領域中得到了極其廣泛的應用。1990 年代至今爲單晶片微電腦的高速發展階段，從性能和用途上看，單晶片微電腦一直朝著針對多層次使用者、多類型、多規格方向發展，哪一個應用領域最有前景，就有這個領域的特殊單晶片微電腦出現，所以單晶片微電腦的類型和規格越來越多．

經過近二十年單晶片微電腦的高速發展，目前世界上已經有數十家甚至上百家供應商提供大約數十種不同的 MCU 架構和上萬種型號的微控制器，譬如 Intel 的 ~CS-51、NICS－96、日立公司的 H8、MOTOROLA 公司的 8 位元單晶片微電腦 68HC05 等等，就目前的市場狀況而言，其每－種型號的微控制器都有自己的特點。設計人員在設計方案時，需在選擇單晶片微電腦類型和規格上，花去不少寶貴的時間。實際開發過程中，有時使用者在使用傳統微控制器或晶片時功能上涉及到對 ASIC、CPLD 和

PGA 的需求。例如，使用者的每一個設計所需要的周邊是會變化的，且在絕大多數的設計中，總是有許多類比電路和微控制器配合使用。因此，使用者總希望能有一種晶片提供客制化功能。舉例來說(如圖 1-1 所示)，在一個系統中使用了感測器、濾波器、放大器、微控制器、PWM、串列通信、人機界面、類比輸出等幾個部分不同的元件．在傳統的設計概念中，設計者需要首先尋找一個滿足要求的最佳微控制器，然後還要在周邊加上各種各樣的元件來配置周邊電路。那麼，能否有一種 MCU 可以在一個晶片中提供多個模組或多種元件的功能呢？這樣，對於設計者來說既可以完成一系列客制化工作，又可以減小產品的體積和成本、降低系統設計週期。當然，由於各種需求不一樣，導致微控制器周邊的功能大多不一樣。因此，對於設計者而言，最好是晶片的類比與數位部分可以變化，或者說是可程式化的。

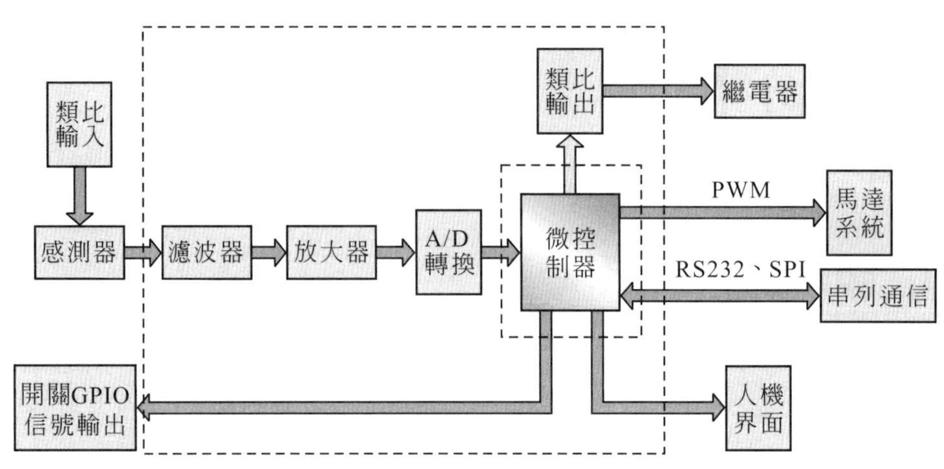

圖 1.1　一個客制化微控制器系統示意圖

而目前市面上推出了幾種純類比的 IC 設計，例如，由 Anadigm Inc.設計的大型可規劃類比陣列(Field Programmable Analog Array；以下簡稱 FPAA)，以及 Lattice 發展的"類比式"FPGA－ispPAC。

在這 FPAA 類比晶片組中，是將增益放大器、電壓比較器、弦波產生器...等等許多類比元件封裝在一顆晶片中，透過組態設定值(Configuration)來設定各個類比元件的功能。因此，與大型可規劃陣列(FPGA)相同，組態值儲存於晶片內的 SRAM 中。在系統初始(System Initializing)之時，必需將組態值送進晶片中。為了設計與規劃這 FPAA，Anadigm Inc.設計一套 AnadigmDesiner 工具，提供了一個良好的韌體發展環境來使用，以節省許多寶貴的時間及成本。

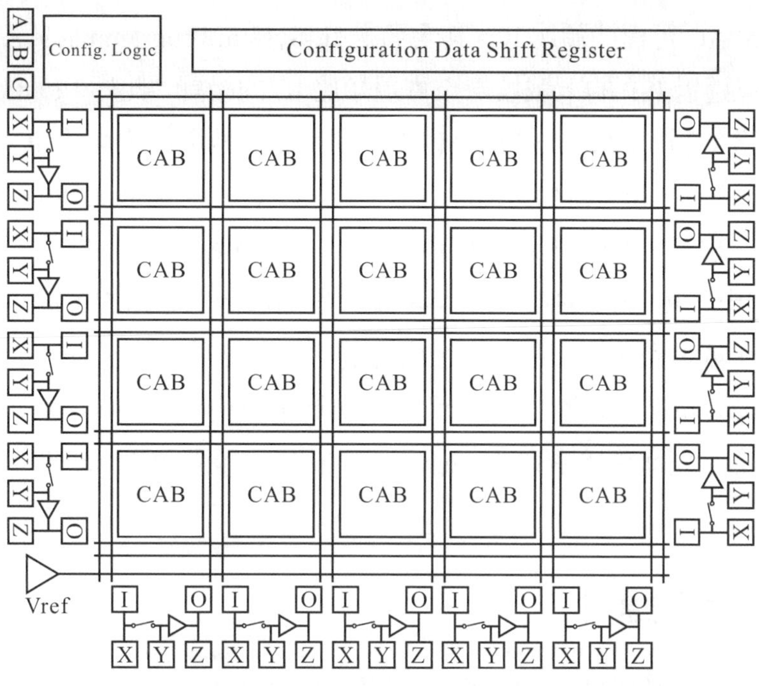

圖 1.2　AN10E40 系列 FPAA 晶片組的內部架構

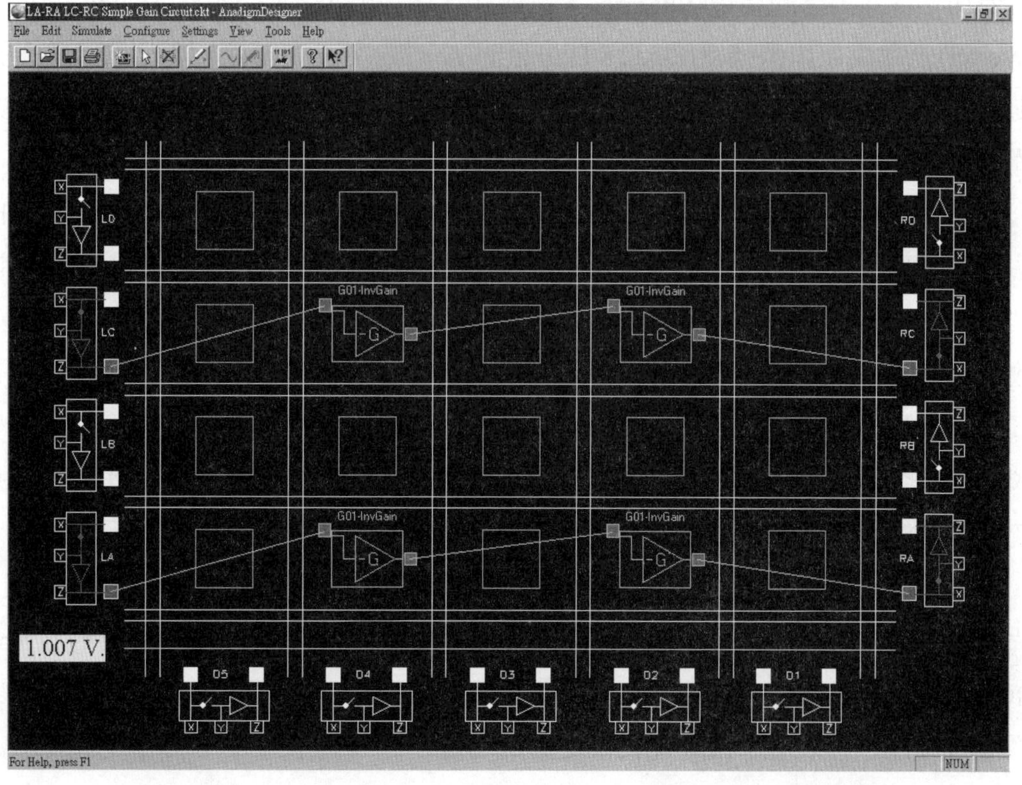

圖 1.3　AnadigmDesiner 應用程式中一個反相放大器的設計圖

另一種 ispPAC 可程式類比 IC，其全名是 In-System Programmable Analog Circuit，顧名思義，可以透過 ISP 的下載技術來實現類比 IC 的設計。此外，Lattice 所配合推出的簡易設計開發軟體，PAC-Designer 也提供使用者快速地切入類比 IC 的設計。目前推出了五款晶片組：ispPAC-10，ispPAC-20，ispPAC-30，ispPAC-80 以及 ispPAC-81 等，使用者可以根據實際的應用需求選擇最佳的晶片組來整合相關的類比電路。

但這兩種類比 IC 對於純類比電路來說，是滿適合，不錯的選擇，但於要將類比的信號數位化，或是做類比與數位混合處理的話，可能就無法滿足我們的需求了。因此，賽普拉斯(Cypress)半導體公司的元件來符合目前絕大部份系統所需之各種周邊功能與應用。推出了先進類比系列 System-on-Chip(PSoC)混合信號陣列。

1.2 PSoC 簡介

傳統的嵌入式系統設計時，除了微控制器晶片(MCU，Microcontroller)之外，通常還需要加上各式各樣的周邊功能晶片，例如類比數位轉換器(A/DC，Analog-to-Digital Converter)、數位類比轉換器(DAC，Digital-to-Analog Converter)、放大器、濾波器、脈衝寬度調變(PWM，Pulse Width Modulation)等，因爲綜合了數位和類比的周邊功能晶片，使得整個系統變得相當複雜。

即使部分廠商推出整合周邊元件的晶片或套件，但是整合後所有功能是固定的，無法任意變更。若需改變功能，就要直接更換晶片或套件，所以可能產品開發初期選定某一款晶片，到了中後期發現需要新增某個功能。唯一的辦法只有更換晶片，連帶更改電路與程式的設計耗費大量的時間和精力。

爲了解決上述問題、降低設計的複雜度，並且提高 MCU 搭配周邊元件的彈性，美國 IC 設計廠商 Cypress 公司開發出了 PSoC (Programmable System on Chip，可程式系統單晶片)系統晶片。

SoC(系統單晶片)是將微電腦的一部分，或加上部分電路放入一顆晶片組內，這顆晶片會包含數位電路、類比電路、混合訊號及射頻電路在內，一般的 IC 可稱爲 SoC，而 IC 的功能是固定的。相對的，PSoC 是可程式化系統單晶片，也就是說 IC 的功能已經被程式化，可以透過寫入程式來更動其功能。

PSoC 晶片內部整合了許多常用的元件，並且具有多個可自由設計的數位與類比區塊，這些區塊可以像堆積木一樣，自由地變化成數位和類比的應用功能。而類比與數位區塊所形成的使用者模組(User Modules)就是類似積木的概念。例如，若要使用一個濾波器模組的話，事實上是透過兩個類比區塊來構成的，亦可以隨意更換輸入和輸出的接腳，讓線路的配置能夠以最簡潔的方式完成。

圖 1.4　PSoC 內部包含許多常用模組示意圖

1.3　PSoC 架構

稍前有提即到，PSoC 內部具有多個可任意使用設計的數位與類比區塊，其架構如圖 1.5 所示。

其中，圖中的左邊區域屬於 PSoC 的 MCU 核心，主要包含一個稱爲 M8C 的微控制器、內部時脈、中斷控制器以及儲存記憶體，與系統可使用的支援互相溝通。系統資源的部分，主要提供了乘法累加器（Multiply Accumulate, MAC）、LVD、SMP、I^2C 與 USB 等模組。中間區域則是 PSoC 的數位與類比區塊，數位區塊主要有 Timer、Counter、PWM、UART 與 SPI 等模組。

而類比區塊部分，主要有 ADC、DCA、PGA、混頻器與運算放大器等模組。右邊區域爲通訊區塊，具備任意設計的功能，所以可以隨意更換輸入和輸出的接腳，讓線路配置更加方便。

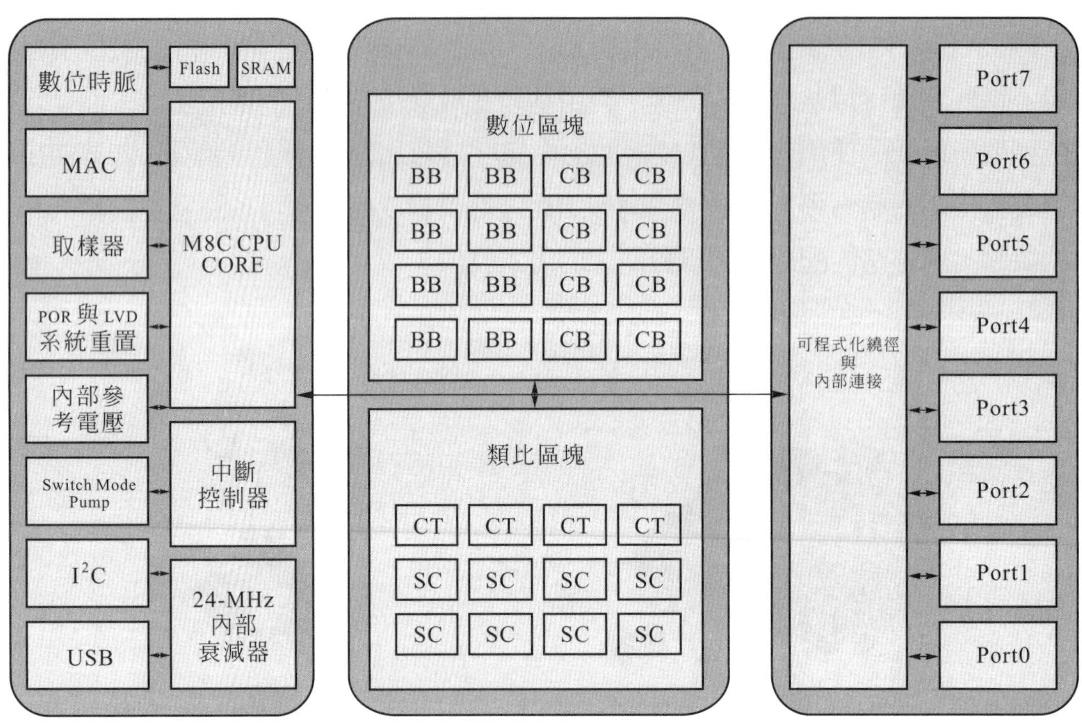

圖 1.5　PSoC 基本架構圖

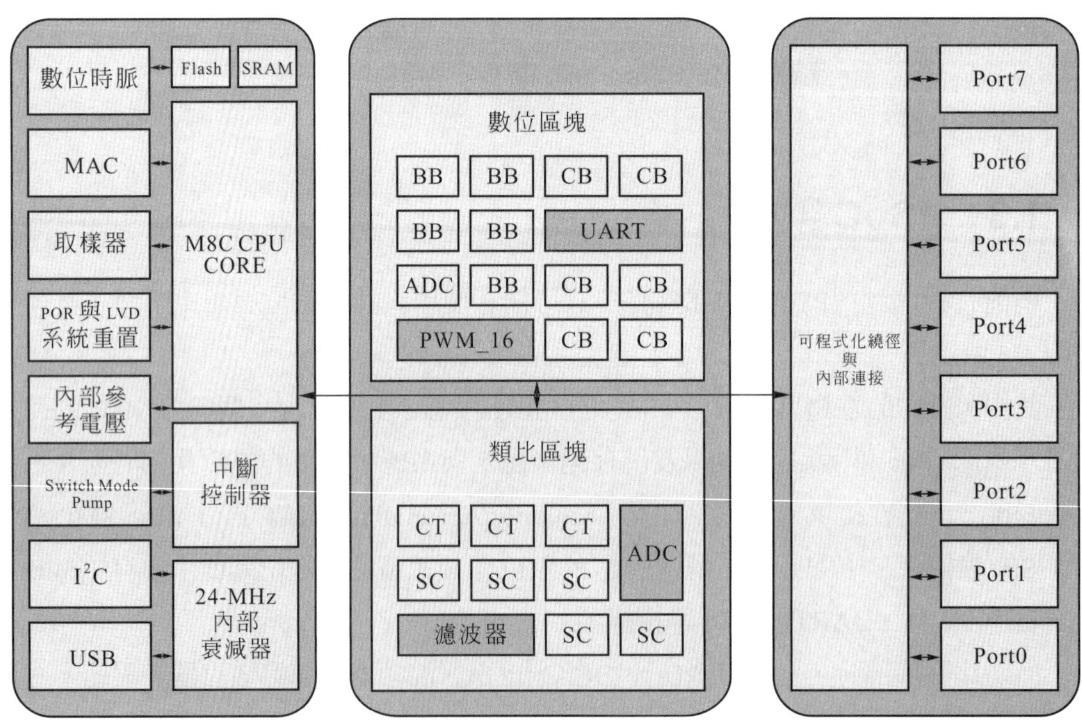

圖 1.6　可任意設計的數位與類比區塊示意圖

當我們需要濾波器(Filter)元件時，可以由兩個類比區塊來構成一個濾波器，如圖 1.6 所示。同樣地，也可以使用兩個數位區塊來組成 16-bit 的 PWM，或是用一個數位區塊構成 8-bit 的 PWM。設計者可依照需求隨時增加、刪減，或更改區塊所形成的功能，所以就算遇到產品功能或設計改變，也不需要更換晶片，或是從頭大幅改變電路與程式的設計。

PSoC 每個數位與類比區塊的大小為 8-bit，依照 PSoC 晶片的型號不同，可用的區塊數量也會略有不同。而其各內部也分不同的類型供使用，例如數位區塊有 BB 與 CB 兩種，可放置的模組也不同。

1.4 PSoC 特性與功能

而 PSoC 中，具備下列可程式設計的精準類比子系統：

- 最高可達 20-bit 分析功能的 Delta-Sigma ADC。
- 在 12-bit SAR ADC 中的取樣速率可達 1 MSPS。
- 在工業級溫度與電壓範圍內，參考電壓精準度可達+/− 0.1%。
- 最多可達 4 個 8-bit 分析功能、8 Mbps DAC、1x 至 50x PGA、具備 25mA 驅動能力的通用型運算放大器、最多可具備 4 個 30 ns 反應時間的比較器。
- 可建置類似 DSP 的數位濾波器，支援儀器設備與醫療訊號處理等應用。
- PSoC Creator Software 中，具備預先特徵描述功能(pre-characterized)類比周邊元件的強大資料庫。
- 所有元件均具備 CapSense 功能。

而 PSoC 中，具備下列可程式設計的高效能數位子系統：

- 「通用數位區塊(UDB)」中，每個區塊都結合 PLD、結構式邏輯(資料路徑)與連線到其他 UDB、I/O 和周邊元件的彈性化連線。
- PSoC Creator Software 中，具備預先特徵描述功能(pre-characterized)數位周邊元件如 8、16、24、32-bit 計時器計數器及 PWM。
- 透過功能齊全的通用型 PLD 架構邏輯，可發揮其獨特能力來客製化此數位系統。
- 高速連結介面：全速 USB、I2C、SPI、UART、CAN 及 LIN 等串列介面。

PSoC 亦具備一高效能的 CPU 子系統，其相關功能如下所列：

- 32-bit ARM Cortex-M3 核心，效能高達 100 MIPS。
- 24 通道多層直接記憶體存取(DMA)機制，能同時存取於 SRAM 與 CPU。
- 晶片內建除錯與追蹤功能，支援 JTAG 與 Serial Wire Debug (SWD)除錯功能。
- 業界標準的組譯器和即時操作系統的完整開發系統。

而特別的是，在類比與數位混和設計的同時，具備領先業界的低功耗效能：

- 業界最大的操作電壓範圍，介於 0.5 至 5.5 伏特之間，完全不會影響類比效能。
- 執行模式功耗：6 MHz，2mA。
- 休眠模式功耗：2μA。
- 待機模式功耗：300nA。

此外，在可程式設計中，具備下列功能豐富的 I / O 和時脈：

- 所有針腳都具備極高彈性連接任何類比或數位周邊元件。
- 所有針腳皆可連至 LCD 顯示器，最高可達 16-commons/736 segments。
- 所有針腳皆具備 CapSense 功能，可取代機械式按鍵和滑桿。
- 具備 1.2 V 至 5.5 VI / O 連接電壓，當系統在不同電壓區域運作時，最高可達 4 區域的簡單連接。
- 1 至 66 MHz 的內部 + / −1% 的震盪器，具備能運用於整個溫度和電壓範圍中的相鎖迴路。

1.5 晶片介紹

在本書的所有實驗中，我們採用了 CY8C27443 與 CY8C29466 等系列來測試與設計。因此，首先對它們的的 IC 編碼方式做說明，並以 29xxx 系列為例：

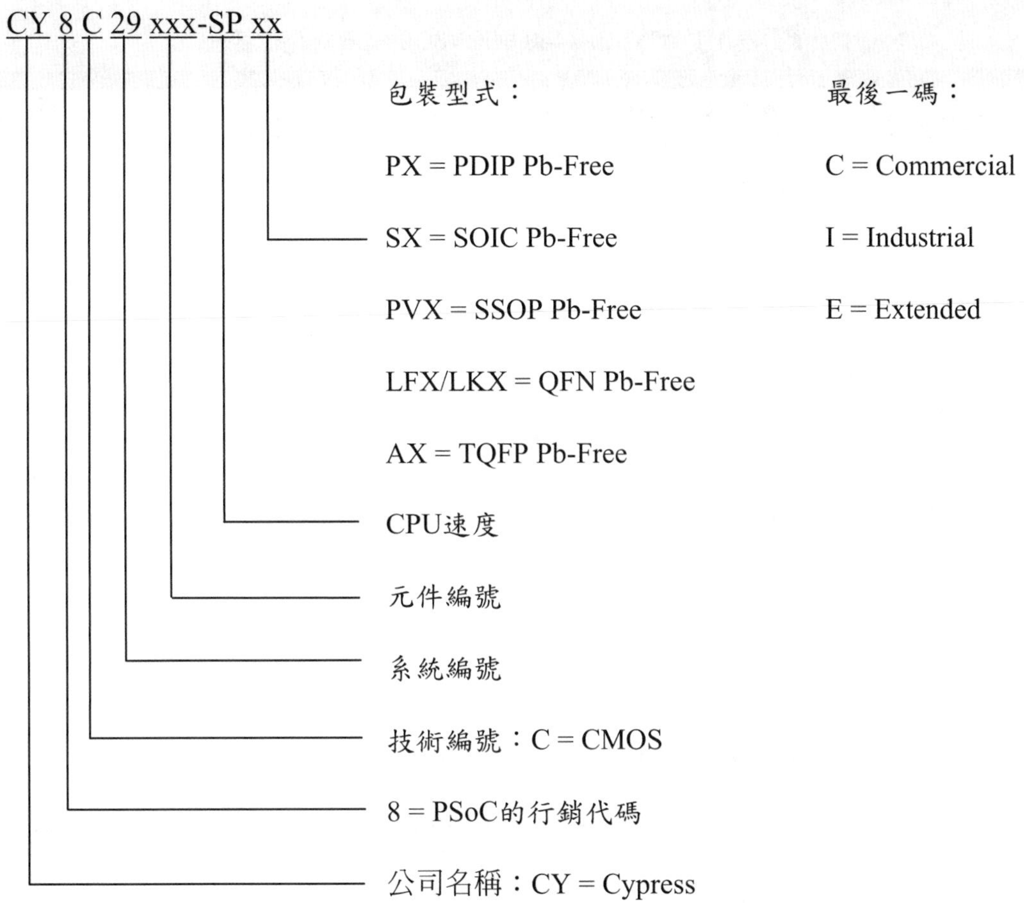

若以 CY8C29466-24PXI 編號來看，表示其速度可達 24MHz，包裝型號爲 PDIP(雙排插件式)，並且是屬於工業用晶片。而最後一碼則因等級不同，其規格也略不同，所以使用時請參考其資料手冊。

雖然上述提及到，PSoC 晶片組可以提供數位與類比區塊，及有許多內建元件可以選用，但是內部的空間並非是無限使用的，而是根據編號，有不同的容量可以選擇。如表 1-1 所列，讀者可以看到 CY8C27443 以及 CY8C29466 等兩顆不同型號的 PSoC 晶片組，其各提供的數位區塊、類比區塊、Flash 與 RAM 也有所差異。

表 1.1 CY8C27443 與 CY8C29466 規格比較表

元件編號	類比區塊	數位區塊	Flash	RAM	輸出入腳位	電源電壓	包裝型式
CY8C27443-24PXI	12	8	16K	256	24	3.0 ~ 5.25V	PDIP
CY8C27443-24PVXI	12	8	16K	256	24	3.0 ~ 5.25V	SSOP
CY8C27443-24SXI	12	8	16K	256	24	3.0 ~ 5.25V	SOIC
CY8C29466-24PXI	12	16	32K	2K	24	3.0 ~ 5.25V	PDIP
CY8C29466-24PVXI	12	16	32K	2K	24	3.0 ~ 5.25V	SSOP
CY8C29466-24SXI	12	16	32K	2K	24	3.0 ~ 5.25V	SOIC

而如圖 1.7 所示，CY8C27443 與 CY8C29466 的外部有 3 個 8-bit 的輸出入埠 Port1、Port2 與 Port3，加上 Vss、Vdd、SMP 及 XRES，共有 28 支接腳。除了電源、XRES 及 SMP 之外，都可用於數位之輸出入腳位。而相關接腳的編號與意義則如表 1.2 所示。

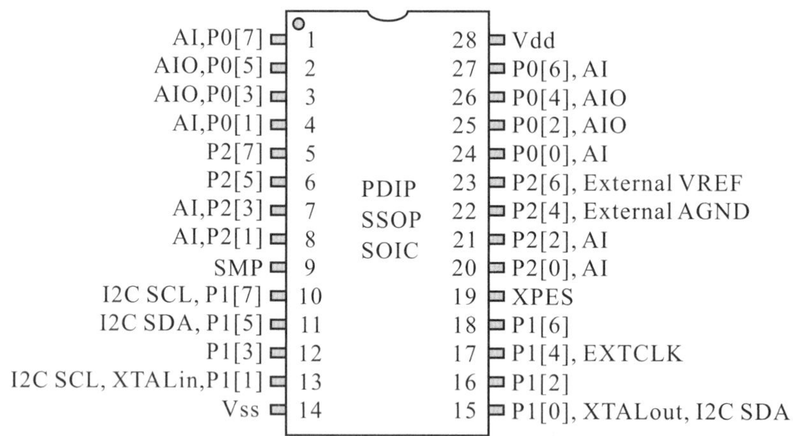

圖 1.7 CY8C29466 28-Pin PSoC 晶片組接腳示意圖

表 1.2　CY8C29466 腳位說明

腳位編碼	型態		腳位名稱	腳位描述
	數位	類比		
1	IO	I	P0[7]	類比列多工輸入
2	IO	IO	P0[5]	類比輸出及類比列多工輸出
3	IO	IO	P0[3]	類比輸出及類比列多工輸出
4	IO	I	P0[1]	類比列多工輸入
5	IO		P2[7]	
6	IO		P2[5]	
7	IO	I	P2[3]	Switched capacitor 區塊輸入
8	IO	I	P2[1]	Switched capacitor 區塊輸入
9	電源		SMP	Switch Mode Pump (在低電壓的狀態啓動電晶體的裝置)
10	IO		P1[7]	I^2C 串列時脈(SCL)
11	IO		P1[5]	I^2C 串列資料(SDA)
12	IO		P1[3]	
13	IO		P1[1]	石英震盪器輸入(XTALin)，I^2C 時脈(SCL) 及 ISSP 時脈
14	電源		Vss	接地
15	IO		P1[0]	石英震盪器輸出(XTALout)，I^2C 串列資料 (SDA)
16	IO		P1[2]	
17	IO		P1[4]	外部震盪器之輸入腳位(EXTCLK)
18	IO		P1[6]	
19	輸入		XRES	重置(接收高準位時會 RESET)
20	IO	I	P2[0]	Switched capacitor 區塊輸入

表 1.2　CY8C29466 腳位說明(續)

腳位編碼	型態		腳位名稱	腳位描述
	數位	類比		
21	IO	I	P2[2]	Switched capacitor 區塊輸入
22	IO		P2[4]	外部類比接地(AGND)
23	IO		P2[6]	外部參考電壓(VRef)
24	IO	I	P0[0]	類比列多工輸入
25	IO	IO	P0[2]	類比輸出及類比列多工輸入
26	IO	IO	P0[4]	類比輸出及類比列多工輸入
27	IO	I	P0[6]	類比列多工輸入
28	電源		Vdd	供應電源

※A=類比，I = 輸入，O = 輸出

PSoC 開發環境介紹

爲了實現類比與數位混和設計的目的，必須透過一整合開發環境才可以實現。因此，本章節將會各爲讀者介紹 PSoC Designer 整合開發環境。

PSoC Designer 是 Cypress 公司爲 PSoC 所設計的整合開發環境，介面十分友善，不但操作方便、各模組的規格說明詳盡，其內建模組的原理、使用方法及相關指令，使用者都可以簡單地點選出來。其中，尤其是豐富的程式範例(sample code)，減少了使用者摸索的時間，是初學者的大幫手。而完善的設計環境，可以讓嵌入式設計工程師，能快速地設計與完成複雜的產品，大大提高了公司的競爭力。

2-1 PSoC Designer 的下載與安裝

PSoC Designer 是完全免費的，讀者可至 http://www.cypress.com/網站下載。如圖 2.1 所示，爲其下載頁面。筆者撰寫時，最新的版本爲 5.1 Service Pack 2 版。

安裝 PSoC Designer 之前,請先下載並安裝 PSoC Programmer,然後才能安裝 PSoC Designer。此外，PSoC Programmer 是 PSoC 的燒錄程式，與 PSoC Designer 是互相搭配的軟體。筆者撰寫時，最新的版本爲 PSoC Programmer 3.13。讀者可以在“Software”選項中選擇。

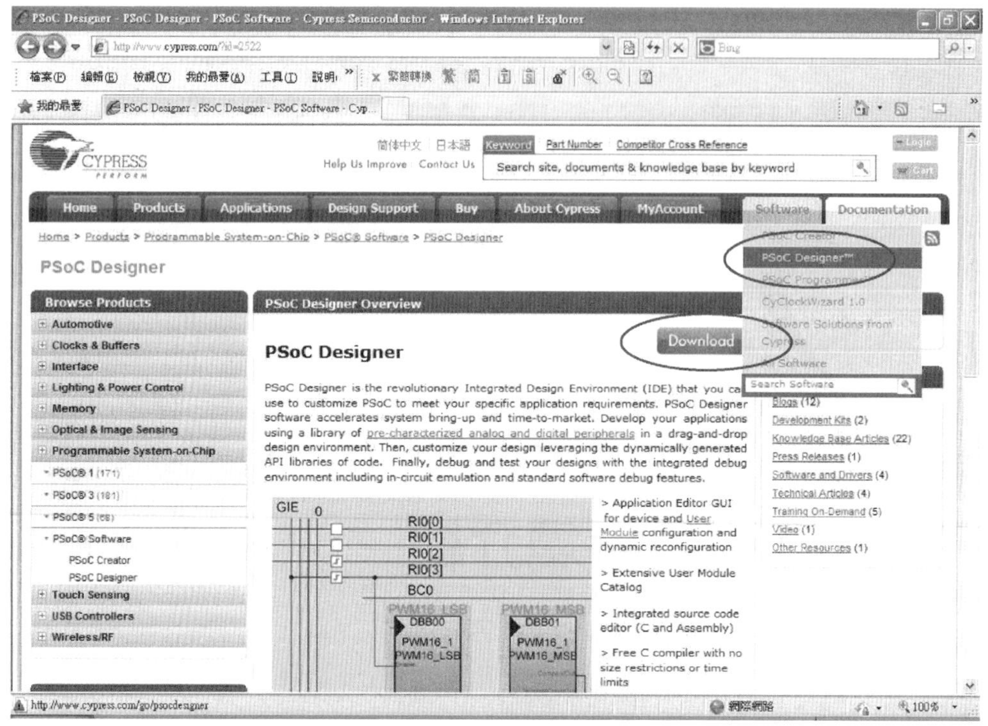

圖 2.1 PSoC Designer 下載頁面

2-2 PSoC Designer 的設計模式

PSoC Designer 包含了下面兩種設計模式：

1. System-Level(系統階層開發環境)：

   可以在不需撰寫程式碼的情況下，快速的完成設計目標，其步驟如下：

   (1) 建立新專案。

   (2) 選擇輸出與輸入模組。

   (3) 定義輸出入模組之關係。

   (4) 模擬與除錯。

   (5) 程式燒錄與測試。

   這部分的內容讀者可以參考旗標公司所推出的“PSoC 開發入門實作 - 嵌入式微電腦控制發展系統”專書。

2. Chip-Level(晶片階層開發環境)：

   須配合程式語言(C 或組合語言)來完成系統的設計，本書的內容及實驗項目皆以此環境來說明，其設計步驟如下：

   (1) 建立新專案。
   (2) 選擇所需晶片組模組。
   (3) 選擇模組並完成設定。
   (4) 連接使用模組至晶片腳位。
   (5) 以 C 或組合語言撰寫程式。
   (6) 燒錄程式與測試。

PSoC Designer 開啓後會進入啓動畫面，如圖 2.2，對「系統階層」或「晶片階層」的設計步驟都有詳細的說明。而這是讀者重要的參考資料來源，在設計過程中也可隨時點選出來，作進一步了解。

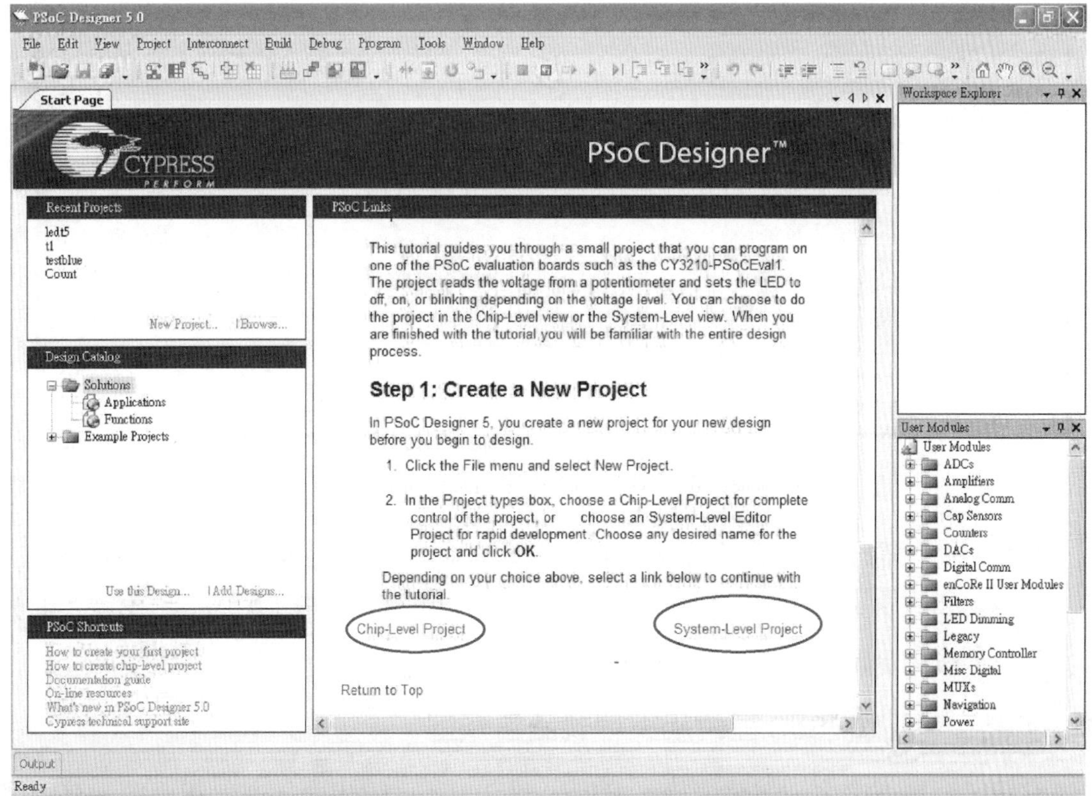

圖 2.2　PSoC Designer5.0 啓動畫面

2-3 Chip-Level 的設計步驟

本章節將仔細說明 Chip-Level(晶片階層)方式的設計步驟，讓初學的讀者很快的學會此實用的技術。

■ 步驟一：建立新專案

進入圖 2.2，在功能表中選擇「File/New Project」，或畫面左上方 Recent Projects 區塊內點選「New Project」字樣，會出現圖 2.3 之交談視窗。首先，要選擇設計方式，本書採用 Chip Level Project，然後按 Browse... 來選擇專案存放在磁碟的路徑，並在 Name 處輸入專案名稱後，按 OK 即可。

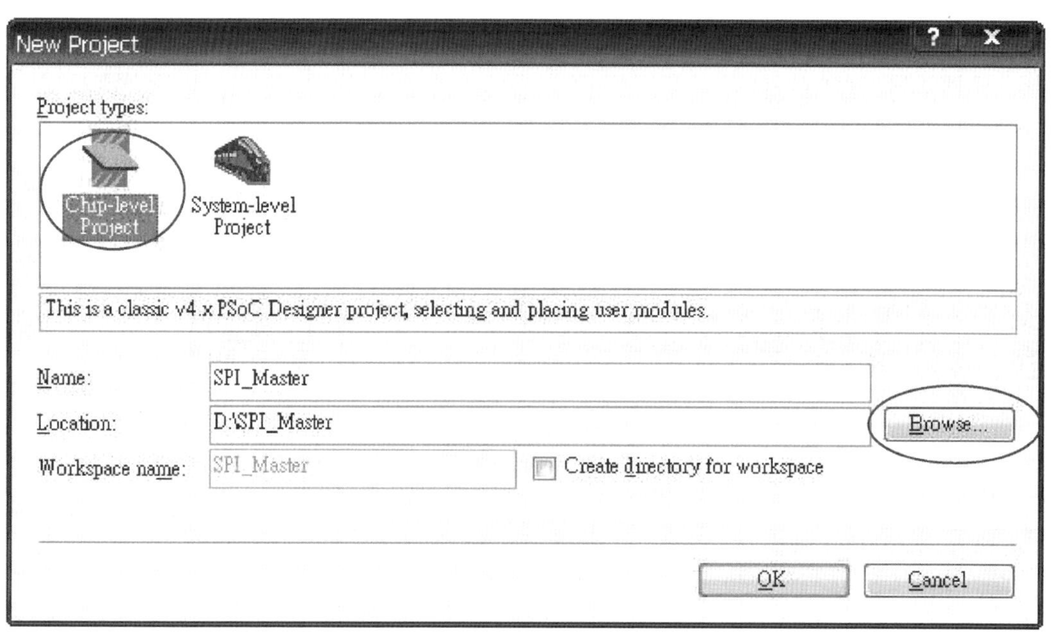

圖 2.3　開啓新檔之交談視窗

此時，在選擇的路徑內，會產生以專案名稱來命名的子目錄，以存放專案的內容。若要開啓舊的專案，則在圖 2.2 中，Recent Projects 區塊內點選「Browse」字樣，進入專案子目錄後，點選副檔名爲.app 的檔案即可。

■ 步驟二：選擇 PSoC 晶片組與程式語言類型

當設定好專案之名稱與路徑後，會進入圖 2.4 所示的畫面。在此視窗中，有兩個重要部份：選擇 PSoC 晶片組與程式語言。

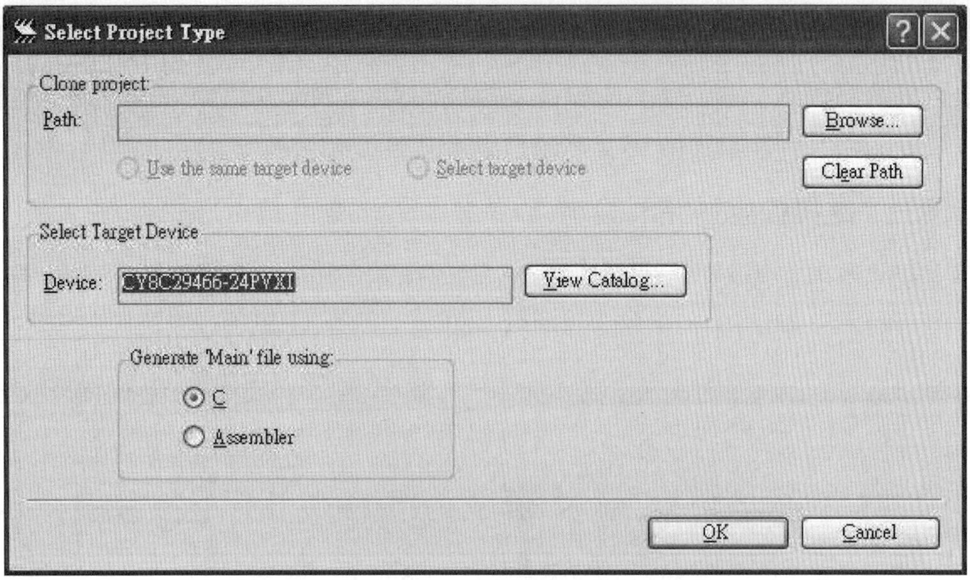

圖 2.4　PSoC 晶片與程式語言的選擇視窗

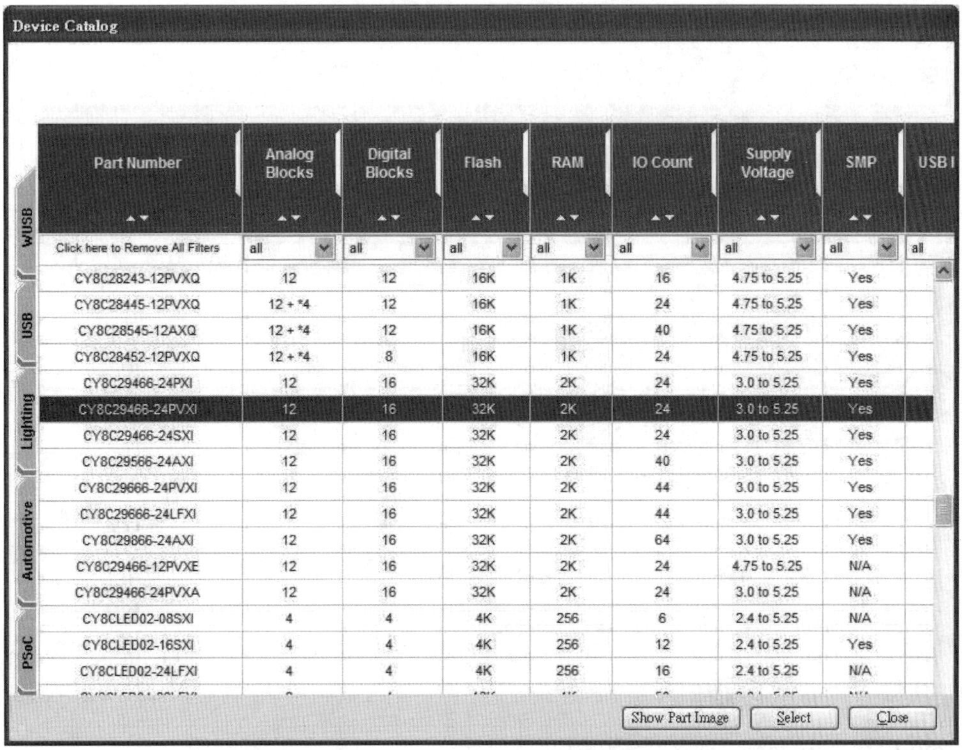

Part Number	Analog Blocks	Digital Blocks	Flash	RAM	IO Count	Supply Voltage	SMP	USB I
Click here to Remove All Filters	all	all	all	all	all	all	all	all
CY8C28243-12PVXQ	12	12	16K	1K	16	4.75 to 5.25	Yes	
CY8C28445-12PVXQ	12 + *4	12	16K	1K	24	4.75 to 5.25	Yes	
CY8C28545-12AXQ	12 + *4	12	16K	1K	40	4.75 to 5.25	Yes	
CY8C28452-12PVXQ	12 + *4	8	16K	1K	24	4.75 to 5.25	Yes	
CY8C29466-24PXI	12	16	32K	2K	24	3.0 to 5.25	Yes	
CY8C29466-24PVXI	12	16	32K	2K	24	3.0 to 5.25	Yes	
CY8C29466-24SXI	12	16	32K	2K	24	3.0 to 5.25	Yes	
CY8C29566-24AXI	12	16	32K	2K	40	3.0 to 5.25	Yes	
CY8C29666-24PVXI	12	16	32K	2K	44	3.0 to 5.25	Yes	
CY8C29666-24LFXI	12	16	32K	2K	44	3.0 to 5.25	Yes	
CY8C29866-24AXI	12	16	32K	2K	64	3.0 to 5.25	Yes	
CY8C29466-12PVXE	12	16	32K	2K	24	4.75 to 5.25	N/A	
CY8C29466-24PVXA	12	16	32K	2K	24	3.0 to 5.25	N/A	
CY8CLED02-08SXI	4	4	4K	256	6	2.4 to 5.25	N/A	
CY8CLED02-16SXI	4	4	4K	256	12	2.4 to 5.25	Yes	
CY8CLED02-24LFXI	4	4	4K	256	16	2.4 to 5.25	N/A	

圖 2.5　PSoC 的晶片組型號對照圖

首先點選 View Catalog... ，會出現 PSoC 晶片的目錄。如圖 2.5 所示，目前顯示晶片組型號顯示為我們要使用的 CY8C29466。如為其他型號，讀者可依系統的需要，

來選擇適合的晶片，只要先點選晶片，再按 Select 即可。其次，讀者可選用 C 或組合語言來撰寫程式。本書所有實驗都是選擇 CY8C29466 類型，並配合 C 語言來實現所有實驗。而晶片組最後的英文字母是表示其外型包裝的型式。

■ 步驟三：選擇模組並完成設定

建立或開啓專案後，整合開發環境如圖 2.6 所示。其中，各窗格的工作區域大小、位置及出現與否，都可由使用者自行調整。以下，做簡要的說明：

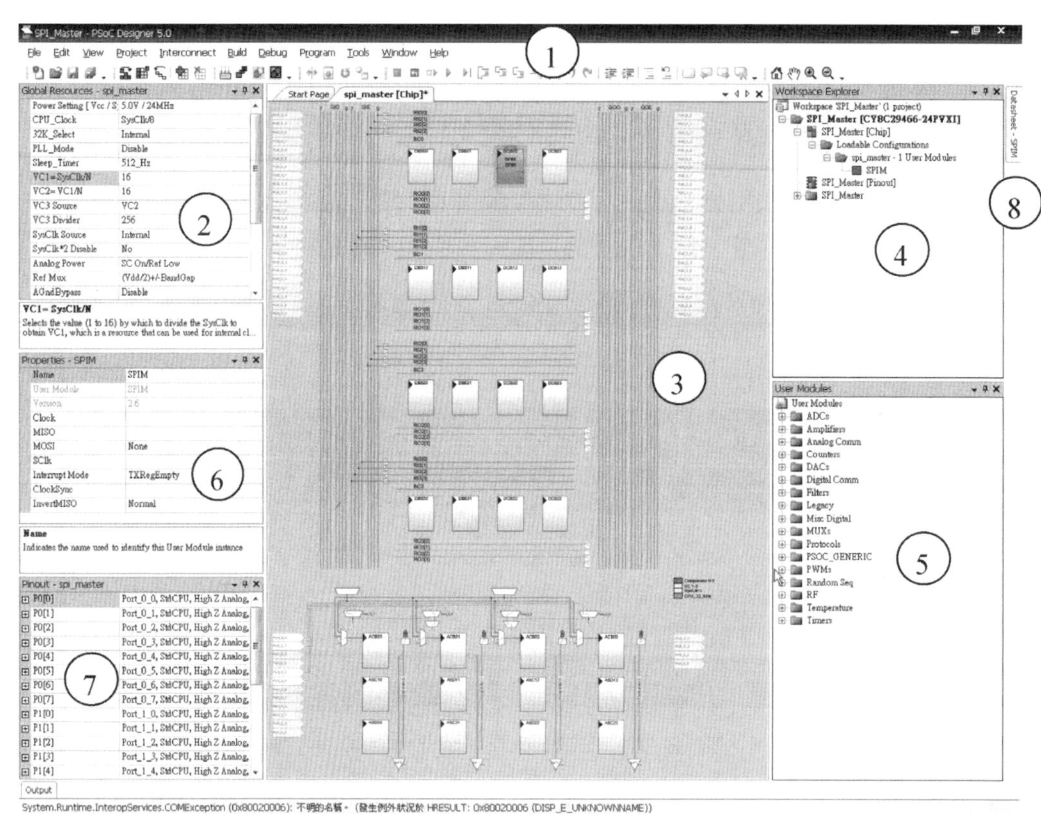

▲ 圖 2.6 PSoC Designer 5.0 整合開發環境

1. **功能表**：包括 File、View、Project、Interconnect、Build、Debug、Program、Tools、Window 及 Help 等項目。
2. **Global Resources**：對晶片組的硬體設定，如工作頻率與電壓。
3. **Chip View**：顯示目前選用模組的擺放及內部的連線。上半部所顯示的長方格為數位模組的區域，下半部所顯示的長方格為類比模組的區域。至於可配置的模組數目與類型，則可依晶片組的型號而定。例如，若是以 CY8C29466 為例，可選

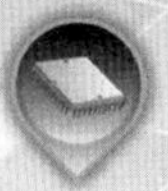

擇 DBB00 ~ DBB03，DBB10 ~ DBB13，DBB20 ~ DBB23 與 DBB30 ~ DBB33 等共 12 組數位區塊，以及 ACB00 ~ ACB03，ACB10 ~ ACB13，ACB20 ~ ACB23 與 ACB30 ~ ACB33 等共 12 組類比區塊。

4. **Workspace Explorer**：可以瀏覽目前的專案目錄，包括選用的元件與晶片組及主程式等。
5. **User Modules**：列出 PSoC 晶片組內可以選用的使用者模組(以下簡稱模組)，目前總共有 17 類型。
6. **Properties**：當點選已擺放之模組時，此區域會列出該模組的特性，使用者也可設定或修改。
7. **Pinout**：用來設定晶片組腳位的特性，如連接位置、驅動方式或中斷模式等。
8. **Datasheet**：按此區域，會顯示目前點選模組的資料手冊，是設計時重要的參考資料來源。

如圖 2.6 所示，環境的右下方為晶片組內可使用模組的區域，總共有 17 類，以滑鼠左鍵點選，便會出現該模組的所有使用者模組，以 Digital Comm 類為例，有 14 種模組可供選擇，如圖 2.7 所示。

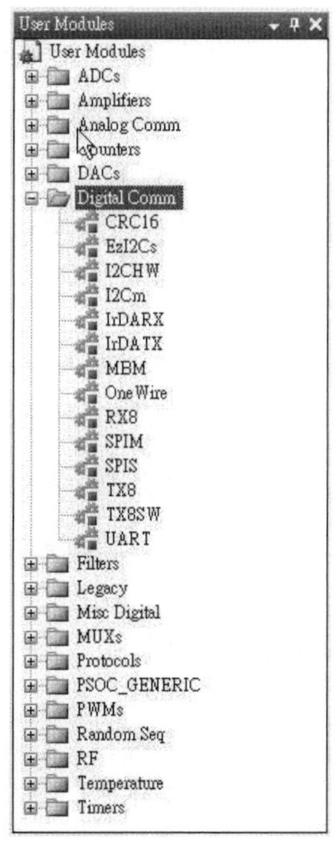

圖 2.7　晶片內部模組

在此，我們只要以滑鼠左鍵雙按此模組，該模組便會置入預定的位置，例如圖 2.8 所示，是加入 SPIM 模組結果。

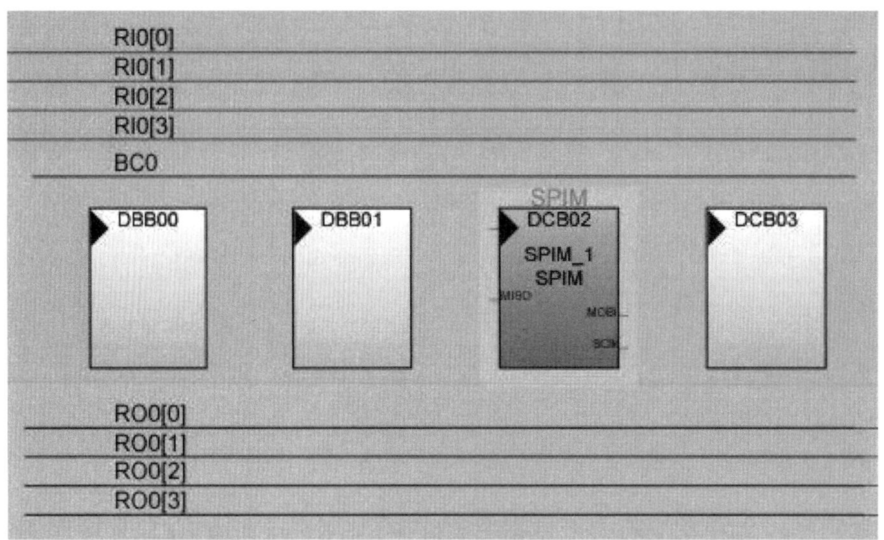

圖 2.8　點選 SPIM 模組的結果示意圖

加入模組之後， PSoC Designer 會依照加入的順序，自動將元件命名為「模組_1」、「模組_2」。我們以第六章為例來說明，如圖 2.8 所示，當加入的 SPIM 模組後，便被自動命名為「SPIM_1」預設模組名稱。

當然，讀者還可在圖 2.6 所示的"Properties"視窗修改其模組名稱。而模組名稱是我們以程式撰寫與控制的重要參考依據，其類似程式碼中的變數名稱。例如，SPIM_1_Start()表示要啓動 SPIM_1 模組，所以若模組名稱有更改的話，指令也要跟著修改。換言之，若將 SPIM_1 更名為 SPIM，則指令 SPIM_1_Start()便需改為 SPIM_Start()。 這部份的更改相當重要，讀者常常會疏忽這點。

因此，為了檢視方便與撰寫程式時程式不要太冗長，我們把 SPIM_1 改成 SPIM，並接著介紹接下來的步驟。

■　步驟四：連接使用模組至晶片組腳位。

晶片組內部元件要與外部電路溝通，必須將選用元件的輸出入點與晶片腳位連接。畢竟所設計的 PSoC 晶片組只在內部操作執行。換言之，ADC 需要外部類比訊號當輸入源時，而 PWM 與 UART 可能要將方波輸送至外部電路中。在此，

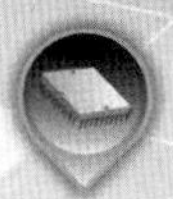

舉一例子，假設我們要將放置於 SPIM 模組的 MOSI 輸出連接到 P1_7 接腳端的話，需執行以下的步驟：

1. 點選 SPIM 的 MOSI 輸出點(CompareOut)，然後選擇 Row_0_Output_3，即完成與 RO0[3]的連線，PSoC Designer 就會顯示連線如圖 2.9 所示的操作畫面。

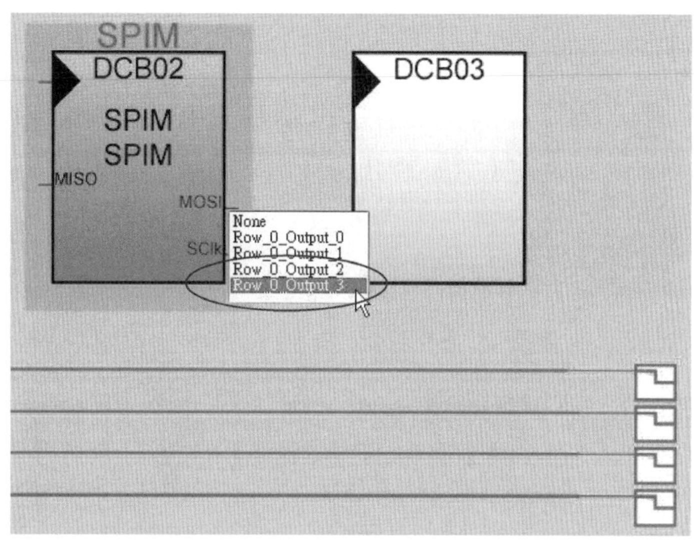

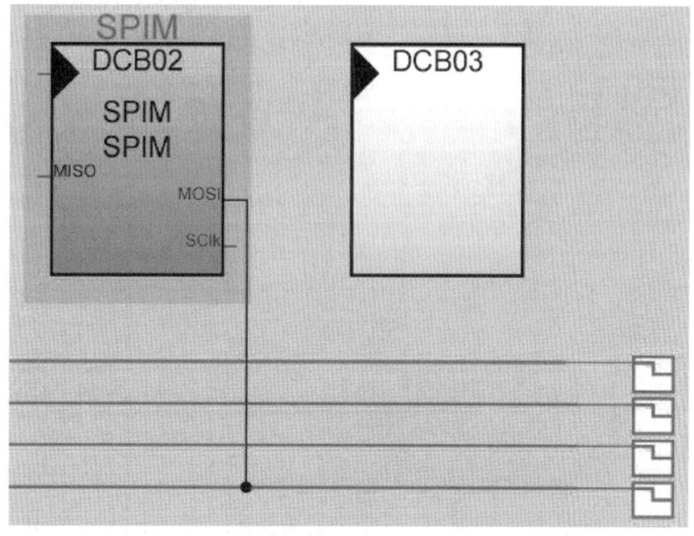

圖 2.9　SPIM 與 RO0[3] 的連線操作示意圖

2. 點選 RO0[3]會出現 4 個緩衝器供選擇。而根據外部接腳的規劃，請點選第 4 個，並在選單中選取 GlobalOutOdd_7(表示會連接至輸出之基數埠的第 8 位元，如 P1[7])， 即完成如圖 2.10 所示的連線。

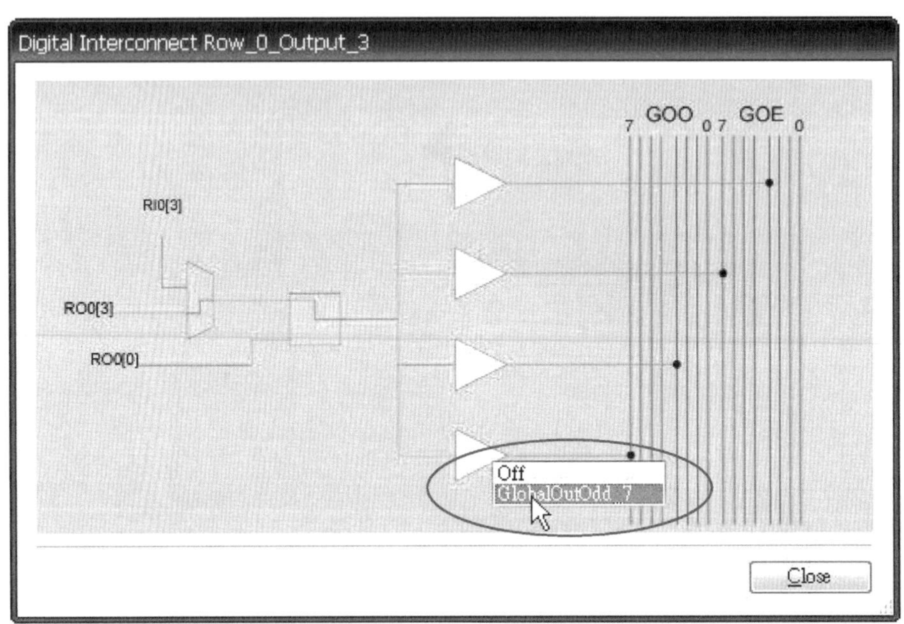

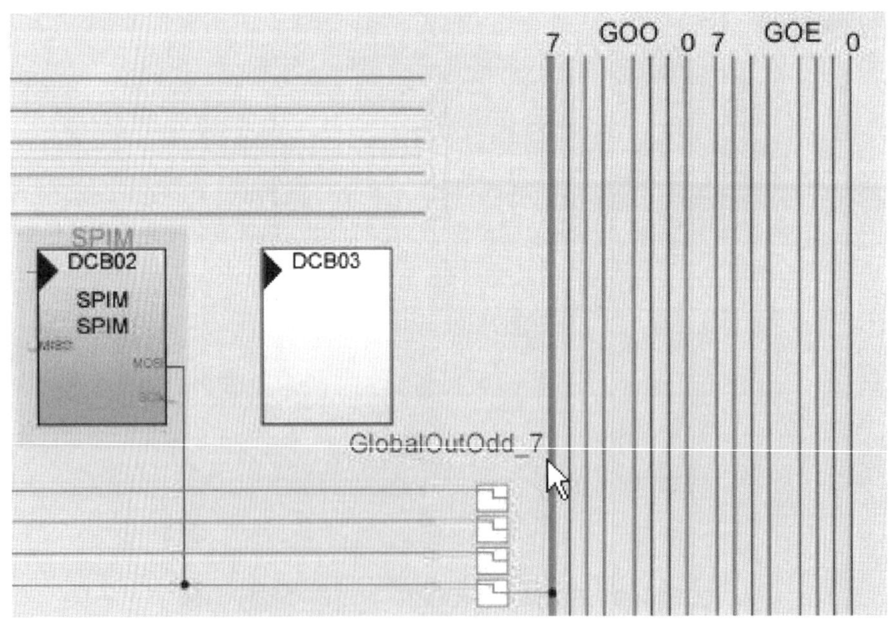

圖 2.10　與基數埠第八位元的連線

3. 點選上圖中垂直的連線，會出現目前連線的小視窗，如圖 2.11 所示。當點選 [▼] 後，會出現選單，再選擇 Port_1_7 後，便完成連線的步驟。整體操作結果如圖 2.12 所示。

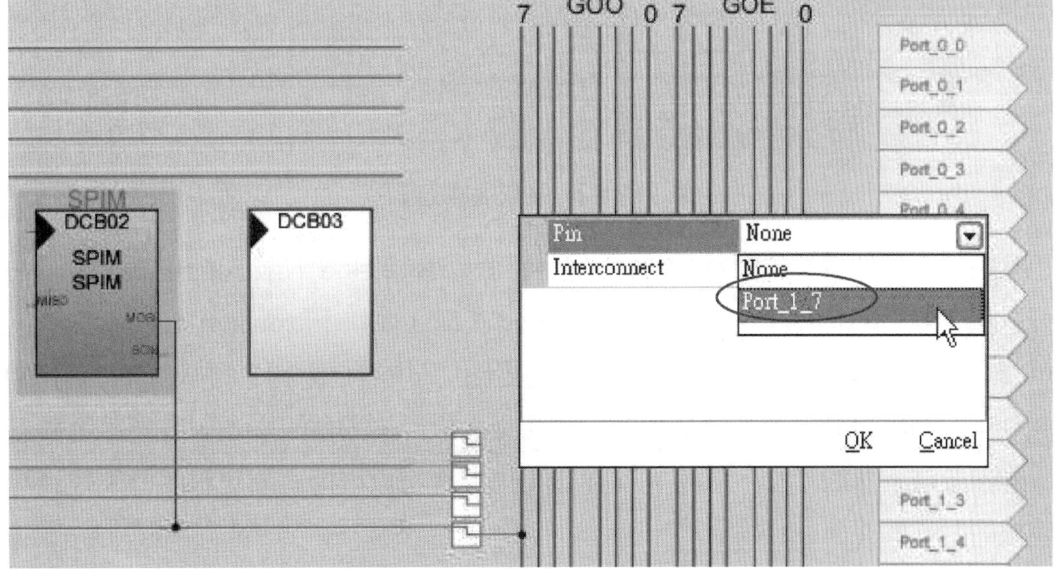

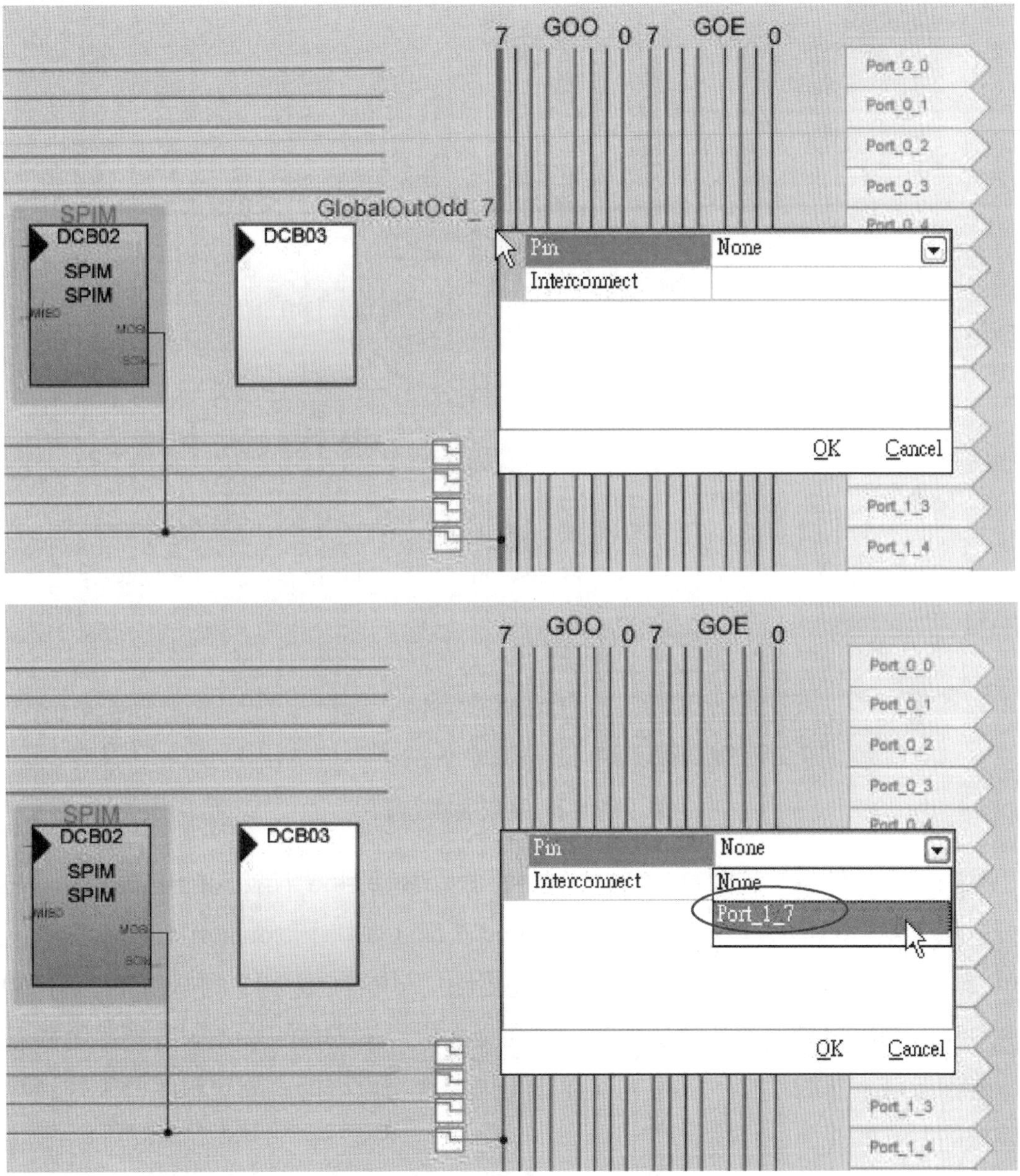

圖 2.11　與 Port_1_7 的連線

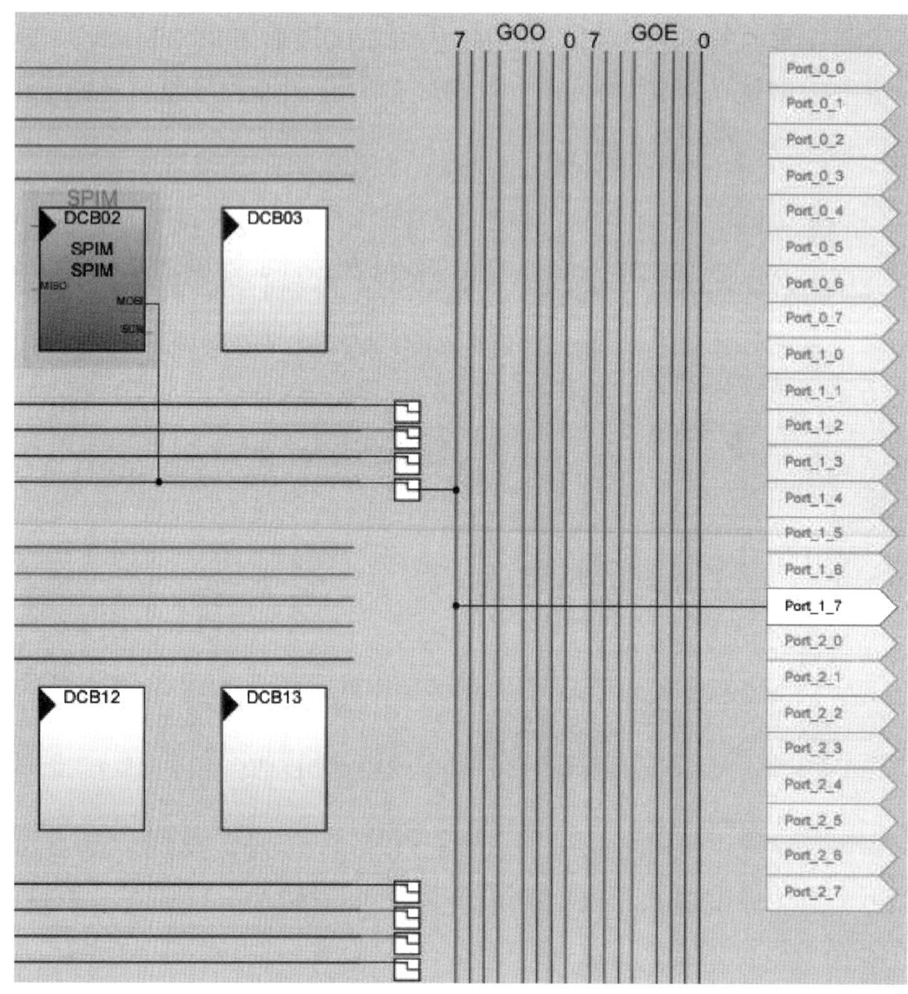

圖 2.12　完成連線的結果

經由以上三個步驟的執行操作後，已可對 CY8C29466 作初步的規劃與配置。讀者可以參考圖 2.6 所示的"Workspace Explorer"視窗，並按下"counter[Pinout]"選項。此時，可以顯示出如圖 2.13 所示的接腳外部配置圖。其中，在圖 2.13 的 Port_1_7 爲 SPIM 之 MOSI 的輸出接腳。而不同功能的接腳類型會以不同顏色來顯示，方便讀者觀看。

雖然按這上述的步驟，依序完成連線，但讀者可以根據相關資料手冊來找到其各個連線的對應關係。

而最簡易的辨識方式是紅色列的數位輸出用途，粉色列是數位輸入用途。因此，讀者可以根據實際的電路需求，調整配置與設定方式，使用上相當的便利。

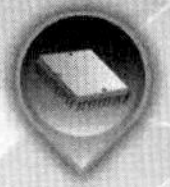

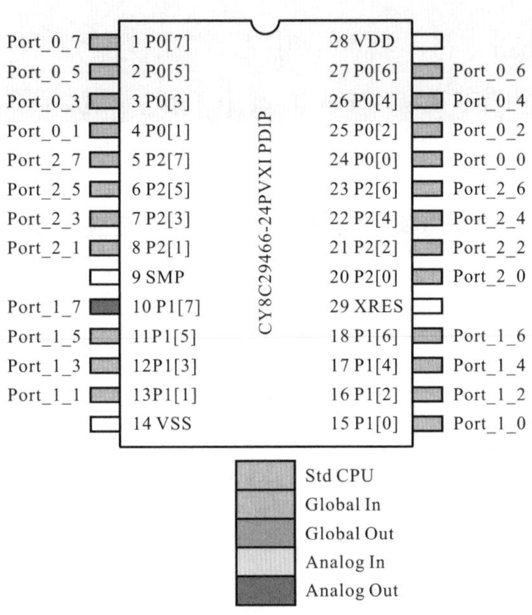

圖 2.13　CY8C29466 所配置的接腳示意圖

■　步驟五：以 C 或組合語言撰寫程式

Chip Level 與 System Level 設計方式最大的不同，就在於 Chip Level 需要撰寫程式。在開新專案時必須選擇使用 C 或組合語言來寫控制程式(如圖 2.4 所示)。假設目前專案名稱為 SPI_Master，在右上方 Workspace Explorer 窗格的專案目錄內，我們可以在「SPI_Master/Source Files」內找到 main.c，如圖 2.14 所示。

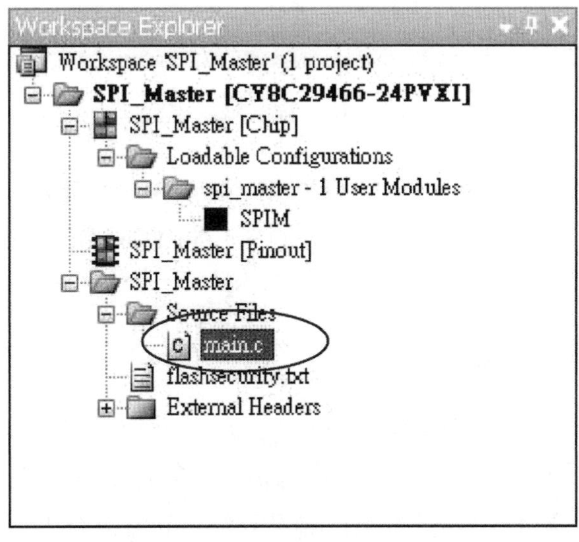

圖 2.14　main.c 主程式之位置

以滑鼠左鍵雙按 main.c 後，就會出現程式編輯視窗，即可編寫系統所需的程式，如圖 2.15 所示。若點選圖中之「SPI_Master [Chip]」標籤，則可以回到如圖 2.6 所示的「Chip View」視窗。

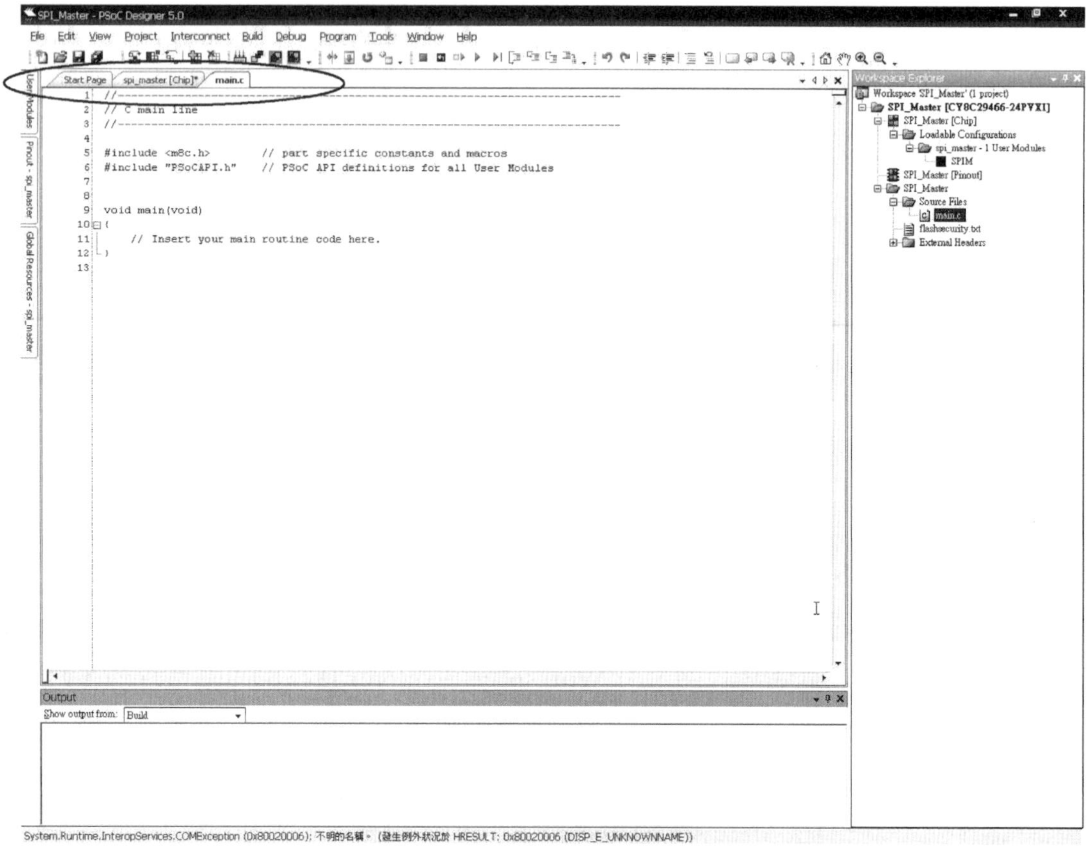

圖 2.15　程式編輯視窗

而在安裝路徑的 PSoC Designer 5/Documentation 子目錄內可以找到「Assembly Language User Guide.pdf」及「C Language Compiler User Guide.pdf」兩個檔案，對程式指令有詳細的說明。

■ 步驟六：燒錄程式與測試

當系統完成設計，需執行 Build 的動作。讀者可以點選或執行功能表的 Build 選項內之「Generate/Build 專案名稱 Project」，即可完成編譯(compile)、組譯(assemble)及連結(link)的動作。PSoC Designer 下方的輸出(Output)視窗會出現 Build 的結果。當沒

有錯誤產生時，如圖 2.16 所示會出現「0 error(s) 0warning(s)」。此時，*.hex 也已經產生，並儲存於專案目錄內及 output 資料夾。

除了點選「Generate/Build 專案名稱 Project」之外，也可以依序點選「Generate Configuration」、「Compile」、「Build 專案名稱 Project」完成動作。而或許讀者覺得點選此三項看似比較麻煩的，但當讀者只有修改程式部分時，是不需要點選「Generate Configuration」、「Compile」這兩項動作，只需要點選「Build 專案名稱 Project」即可。這樣會比點選「Generate/Build 專案名稱 Project」更省時間。需較注意的地方是在「Chip View」視窗有所修改時，一定要有「Generate Configuration」的動作，才會眞正的完成修改。

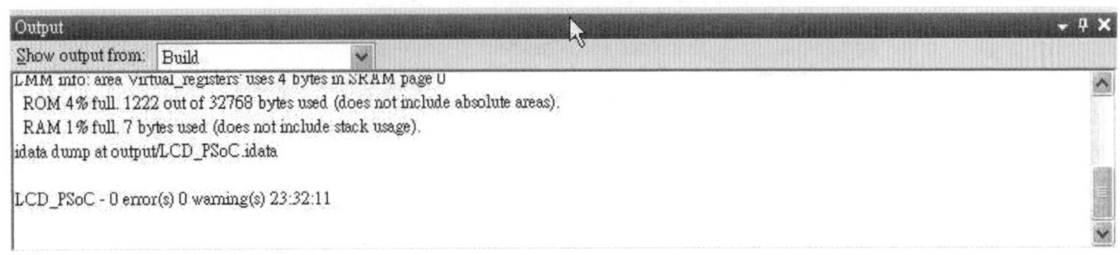

圖 2.16　編譯結果的輸出(Output)視窗畫面

緊接著，將爲讀者說明如何*.hex 檔案燒錄至 PSoC 晶片的方法。若有模擬器，可使用功能表中 Debug 內的功能來下載與執行，或使用 Program 的功能來燒錄。

若無模擬器可使用國內各家代理商自行研發的教學實驗器或簡易的設備，如圖 2.17 所示之 PSoC Mini Programming Kit (簡稱 CY321O-MiniProg1) 來配合 PSoC Programmer 軟體來燒錄程式。

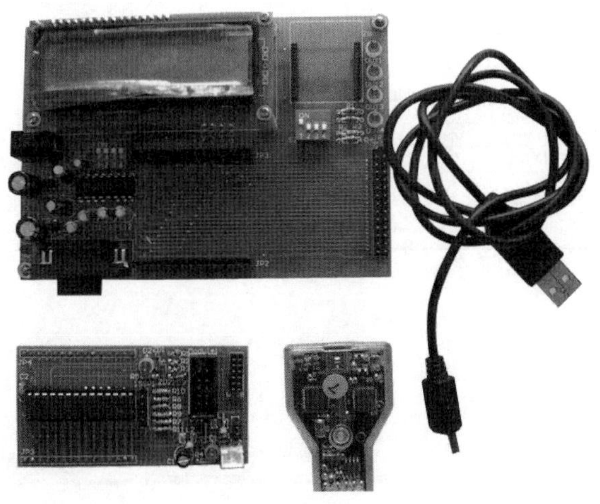

圖 2.17　PSoC Mini Programming Kit

而此 PSoC MiniProg 的燒錄步驟，如下所列：

1. 插入晶片並與電腦連結，如圖 2.18 所示。

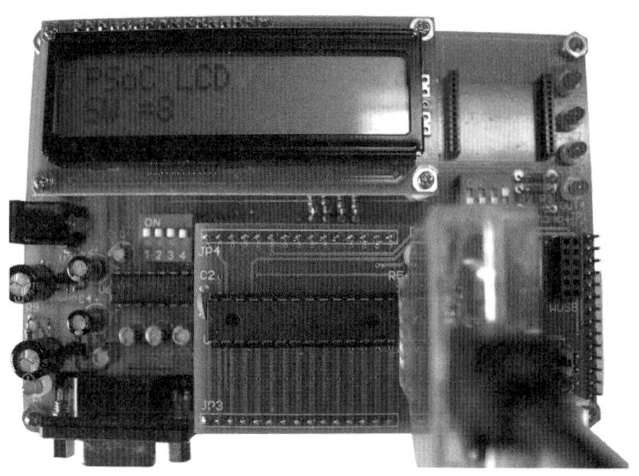

圖 2.18　PSoC MiniProg 之連接方式

2. 選擇燒錄器與晶片組型號，如圖 2.19 所示。若連接正確，則右下方會出現綠色 "Connected"說明。反之，則將出現紅色的 Not Connect 警告說明。在圖中，以 29x66 爲 IC 類型，而 CY8C29466－24PVXI 則是我們使用的 IC 型號，其須與圖 2.4 所選擇的是一致。

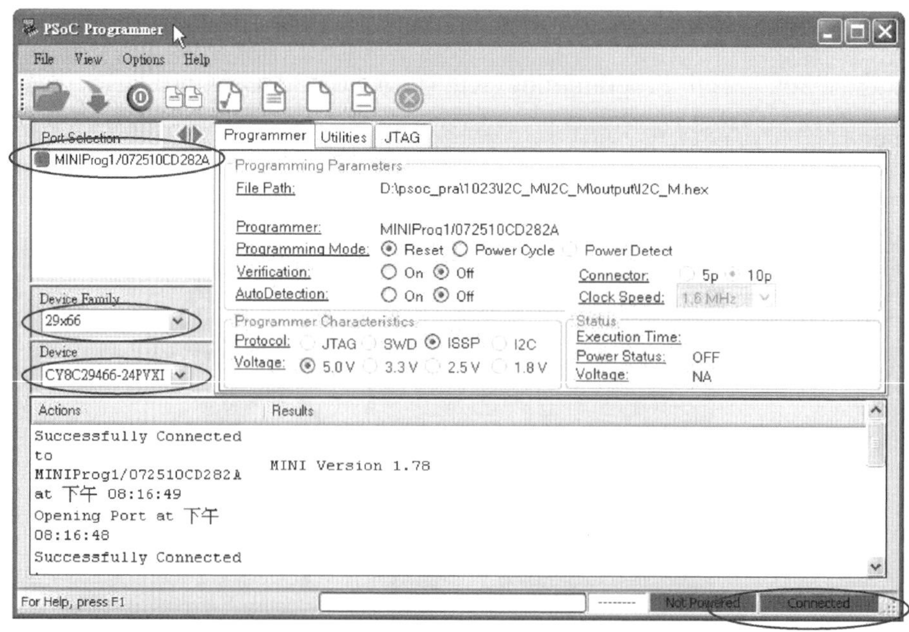

圖 2.19　連接埠與晶片組型號選擇圖示

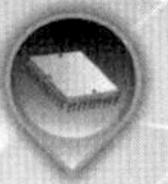

- Programming Mode：Reset(電池供電)與 Power Cycle(電腦供電)。
- 當 Verification 和 AutoDetection 都選 off 時，會減少一次檢查檔案時間，燒錄時間會縮短。

3. 按上圖之或功能表之 File/File Load 來開啓燒錄檔案，並載入專案目錄內的 HEX 檔(*.hex)，再按即可開始燒錄。如圖 2.20 所示，請注意視窗下方的訊息，一但出現「Programming Succeeded」時，就表示燒錄成功。

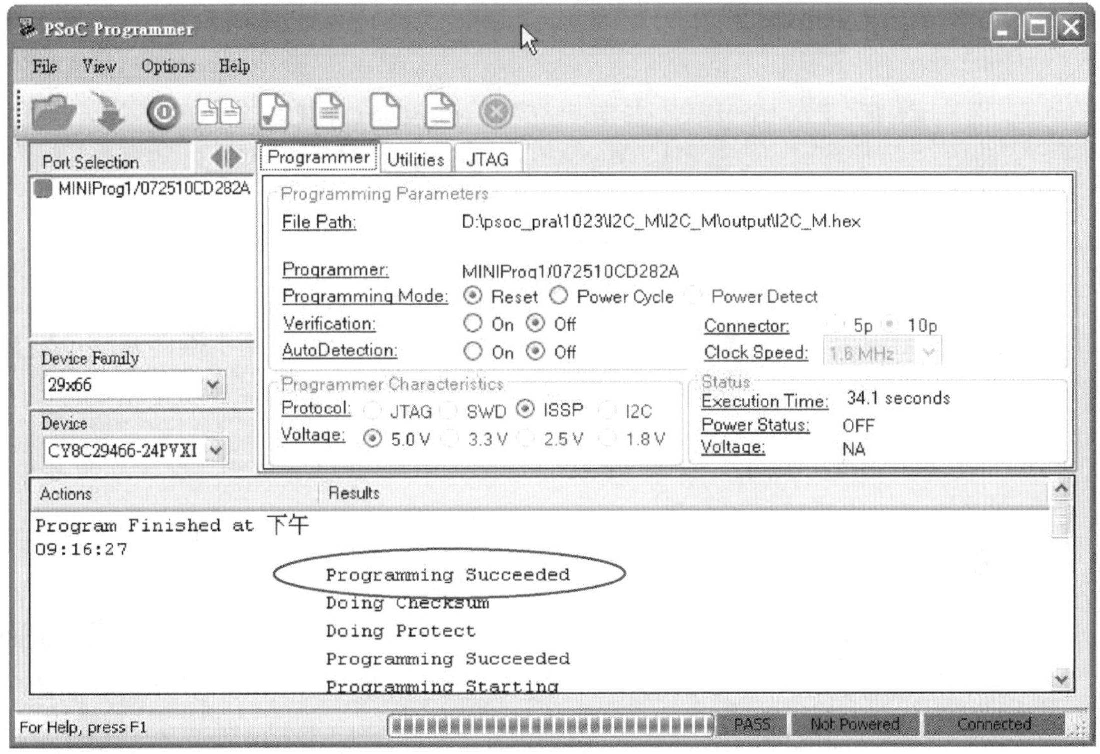

圖 2.20　燒錄成功之訊息示意圖

此外，也可以直接點選上方工具欄 Program 中的 Program Part 進行燒錄，將會顯示如圖 2.21 所示之視窗。此方法不需點選選擇*hex 檔，直接點選視窗右下的進行燒錄。

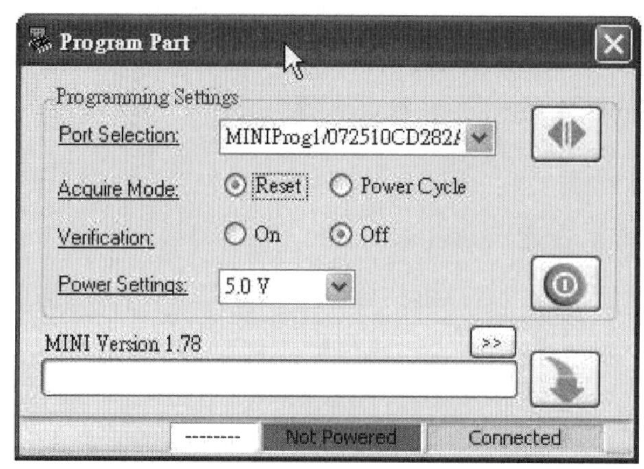

圖 2.21　燒錄程式之設定視窗(選擇 Reset 與 Off 選項)示意圖

2-4　PSoC Designer 的基本操作

上一章節在說明設計步驟時，已提到許多 PSoC Designer 的基本操作方式。緊接著，在本章節中，將對此整合開發環境的操作與設計方式，做進一步的說明。

❖　操作畫面的調整

由於類比與數位在混合設計時，很多細部的設定。因此，畫面需能快速的調整與觀看，才能易於操作。而此操作畫面的的放大與縮小可以由以下工具操作：

- ：移動視窗之視野。按下此工具鈕後，可使用滑鼠左鍵來抓取視窗畫面並移動之。當視野已移到預定之位置，須再按一次此按鈕以取消此項目才能處理內部設定或連線規劃之動作。此外，也可按住 ALT 再配合滑鼠左鍵。
- ：縮小畫面(Room Out)，除了點選此工具鈕外，也可透過下列操作方式縮小畫面：

  (1) 按滑鼠右鍵，出現選單後，點選 Zoom Out。

  (2) 壓住 Ctrl 及 Shift 後，按滑鼠左鍵。
- ：放大畫面(Room In)，除了點選此工具鈕外，也可透過下列操作方式放大畫面：

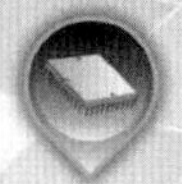

(1)　按滑鼠右鍵，出現選單後，點選 Zoom In。

(2)　壓住 Ctrl 後，按滑鼠左鍵。

- ：回到原始畫面(Original View)，可看到晶片組內部所有範圍。除了點選此工具鈕外，也可在[chip]視窗點按右鍵點選 Original View。

❖ 模組擺放的相關工具：

工具列上相關的工具有、及，可將模組移至設計者想要的位置，使用方式說明如下：

1. ：是用來移動模組，即是改變模組(積木)位置的功能。而按此鈕可以移動模組擺放的位置。當我們從 User Modules 窗格點選模組後，該模組會出現在晶片內預定的位置。如圖 2.22 所示，我們點選了 Timer8。在未按此鈕之前，模組在 DBB00 的位置，若按後，DBB01 的位置會出現綠色框框，如圖 2.23 所示。在此，可多按幾次此鈕，以選擇想要的位置。當然，可以持續地按下此選項即可瞭解此模組可以放置的位置有哪些。若不斷地按下後，綠色的方框到最後會不斷地重複移到到原先的位置上。

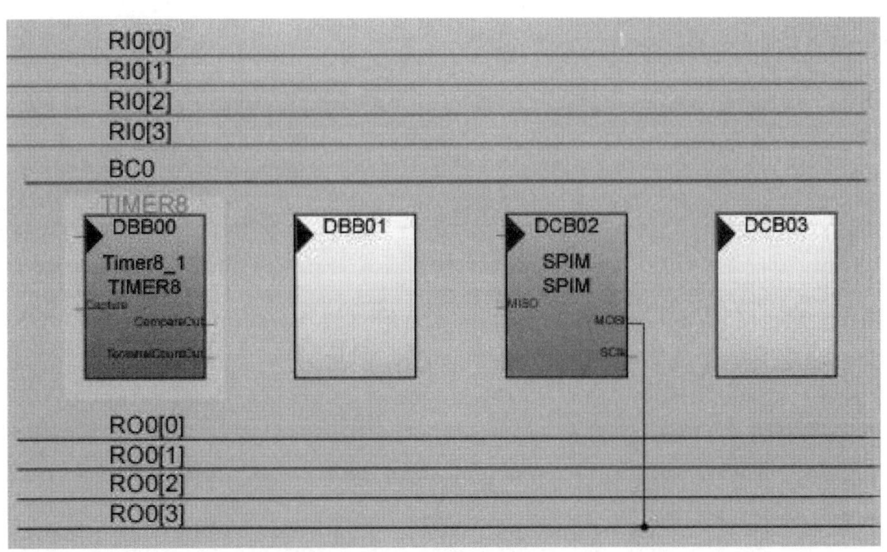

圖 2.22　點選 Timer8 之操作示意圖

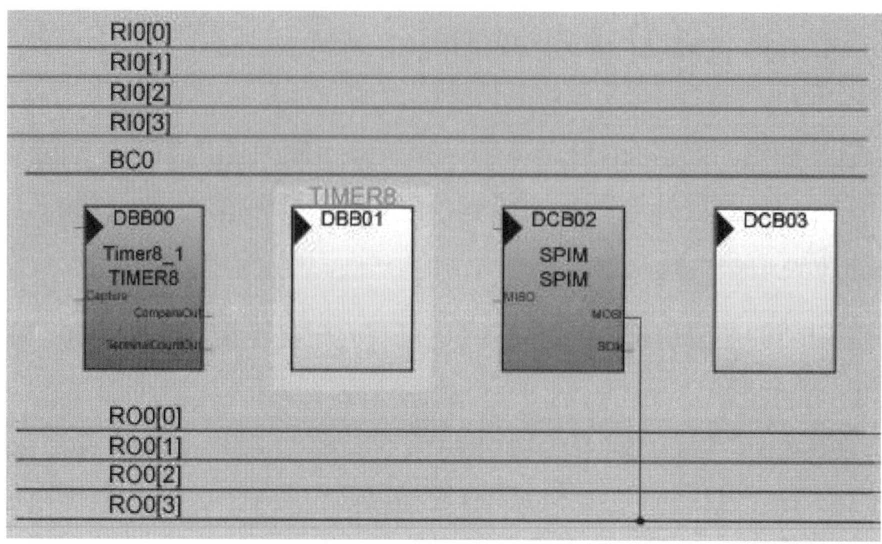

圖 2.23　模組位置選擇的操作示意圖

2. ：是用來移出已置放模組，即是將模組(積木)移開的功能。如圖 2.23 所示，僅出現綠色邊框，這是因爲尚未確定位置。但當按下模組放置鈕 後，則會將模組移至新位置(DBB01)。而此時，DBB00 成爲空格。如圖 2.24 所示，是模組位置確定後的畫面。

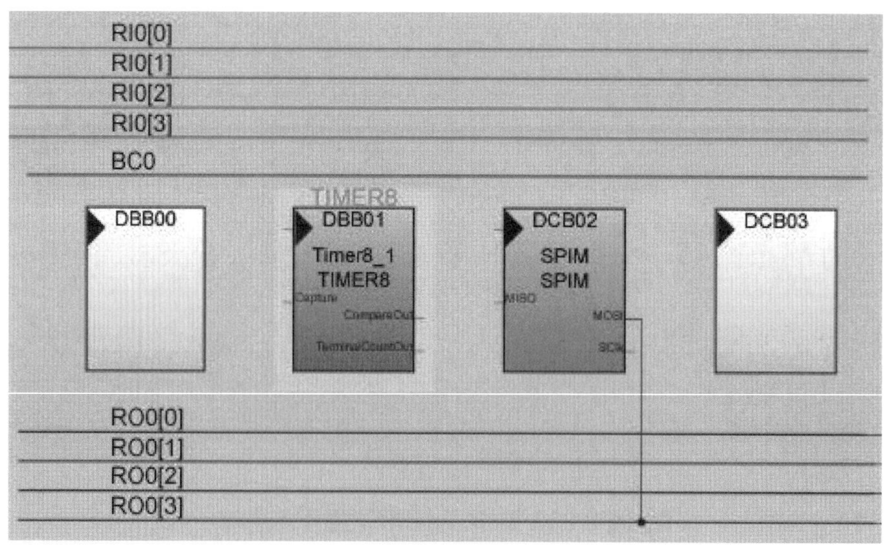

圖 2.24　模組確定後的操作示意圖

3. ：是用來將已放置的模組移出。請先點選模組後，再按，便可將已放置的模組移出。如圖 2.25 所示，當按下後，Timer_2 將被移出左方 Chip View 窗格，但其實 Timer_2 仍在專案內，只是未放置到 Chip View 內。若要將模組從專案移除，則必須在右方專案目錄的窗格內，以滑鼠右鍵點選該模組，並從選單點選 Delete 選項，如圖 2.26 所示。

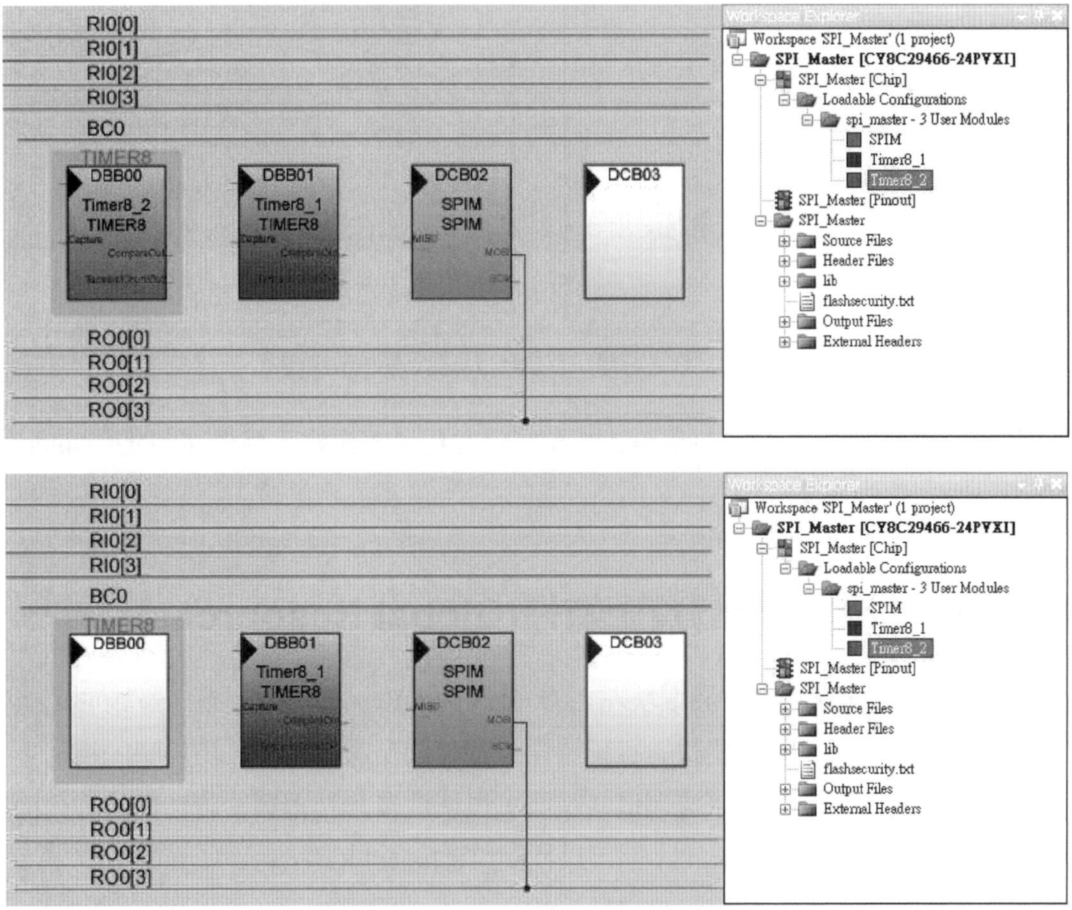

圖 2.25　將模組移出的操作示意圖

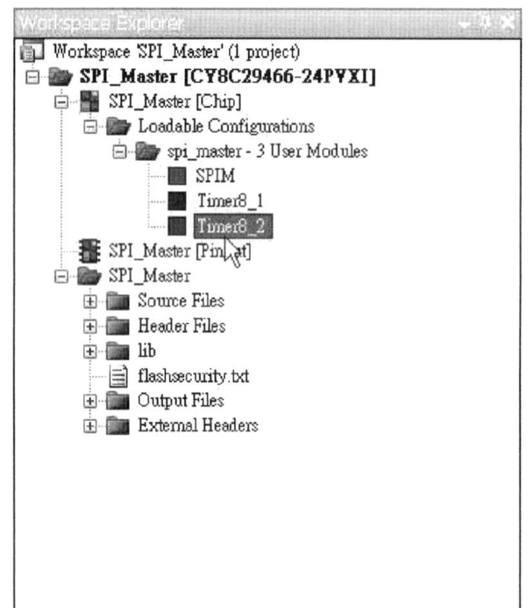

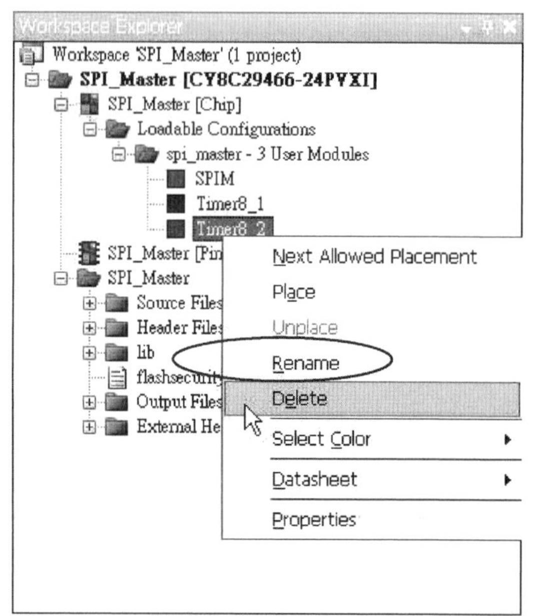

圖 2.26　將模組從專案內移除操作示意圖

為了檢視方便與撰寫程式時，讓程式不要太冗長與複雜，我們可以把 Timer8_1 改成 Timer8。

2-5　PSoC 整體的資源特性(Global Resources)

如圖 2.6 所示，在整合開發環境左上方是“Global Resources”(②工作區域)的設定，顧名思義，其設定了 PSoC 整體的資源特性。當我們點選其中任一項目時，視窗下會出現該項目的意義，我們可以透過這些說明，很快地參考其相關的特性與功能。而在選單上按下“help/Documentation”，則可以找到“Technical Reference Manual.pdf ”檔案。此檔案具有相當詳細的資料可以參考與應用。

以下針對各項目做簡單的說明：

項目 1：Power Setting [Vcc SysClk freq](CY8C27443 無此選項)

設定晶片組電源電壓(Vcc)及 SysClk 的頻率。以下，列出共有以下四個選項，其設定的結果會影響到 CPU_Clock、VI、V2 及 V3 特性。

- 3.3V/24 MHz：Vcc = 3.3V 及 SysClk = 24 MHz。
- 3.3V/ 6 MHz：Vcc = 3.3V 及 SysClk = 6 MHz。

- S.OV/24 MHz：Vcc = 5.0V 及 SysClk = 24 MHz。
- S.OV/6 MHz：Vcc = 5.0V 及 SysClk = 6 MHz。

由以上四個選項可以看出，SysClk 可能是 24 MHz 或 6 MHz。而 CY8C27443 無此設定，其 SysClk 都代表 24MHz。

1. CPU_Clock：

   此 CPU 的工作頻率，若設定值愈大，程式執行相對地愈快。範圍爲 SysClk/1 ~ SysClk/256，與前一項目所設定的 SysClk 數值有絕對的關係。例如，在執行第三章 PSOC 與指撥開關的實驗，我們會希望讀取指撥開關的程式執行速度慢一點，可選擇 CPU_Clock 爲 SysClk/256，若 SysClk 的設定爲 24 MHz，則 CPU_Clock = 24 MHz/256 = 93.75kHz。而 CY8C27443 因無前一項之設定，其 SysClk 固定爲 24MHz。

2. 32K_Select：

   允許使用者選擇內部的(Internal)32 kHz 頻率或較精確的外部(External，32.768 kHz 震盪器，如圖 2.27 所示。此內部的 32 kHz 震盪器用於 Sleep 模式的喚醒中斷及看門狗(Watchdog)的重置訊號，也是晶片組內數位模組的時脈的來源。其中，C1 = C2 = 25pF – CB – CP，CB 爲電路板的寄生電容(Board Parasitism Capacitance)，CP 爲晶片的包裝電容(Package Capacitance)。典型的 CP 值及 C1、C2 則可參考表 2-1 所列的數值。而 CB 值則與電路板的佈局有關，關於此設定的詳細內容，讀者可以參考 Cypress 網站的 an2027.pdf 應用說明檔案的介紹。

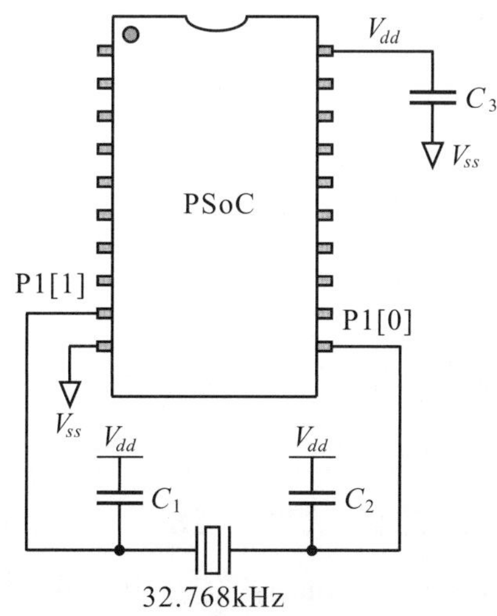

圖 2.27　選擇外部震盪器的電路示意圖

表 2-1　C1、C2 參考值一覽表

包裝編號	典型的 CP	C1	C2
8 Pin DIP	0.9 pF	22 pF	22 pF
20 Pin DIP	2.0 pF	22 pF	22 pF
20 Pin SOIC	1.0 pF	22 pF	22 pF
20 Pin SSOP	0.5 pF	22 pF	22 pF
28 Pin DIP	2.0 pF	22 pF	22 pF
28 Pin SOIC	1.0 pF	22 pF	22 pF
28 Pin SSOP	0.5 pF	22 pF	22 pF
44 Pin TOFP	0.5 pF	22 pF	22 pF
48 Pin DIP	5.0 pF	20 pF	20 pF
48 Pin SSOP	0.6 pF	22 pF	22 pF

3. PLL_Mode：

   當前一個項目—“32K_Select”選擇了「External」時，會配合啓動相鎖迴路(PLL)。如此，可以提供較精確的系統頻率 23.986MHz≒24MHz。

4. Sleep_Timer：

   用來設定在 Sleep 模式下的中斷間隔時間，可選擇 1 ~ 512Hz，而其對應之時間如下所列：

   - 512Hz → 1.95ms
   - 64Hz → 15.6ms
   - 8Hz → 125ms
   - 1Hz → 1s

5. VC1 = SysClk/N：

   VC1，VC2 與 VC3 等皆爲時脈訊號。這是因爲晶片組內之各種數位模組通常需要不同的時脈訊號源，以配合不同的執行速度。當點選模組之時脈訊號輸入點後，會出現各時脈的選單，如圖 2.28 所示。其中，VC1 頻率爲 SysClk 除以設定值。例如，在 Power Setting 中設定 SysClk 爲 24MHz，此項設定爲 3，則 VC1 = 24MHz/3 = 8MHz。

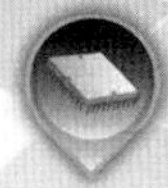

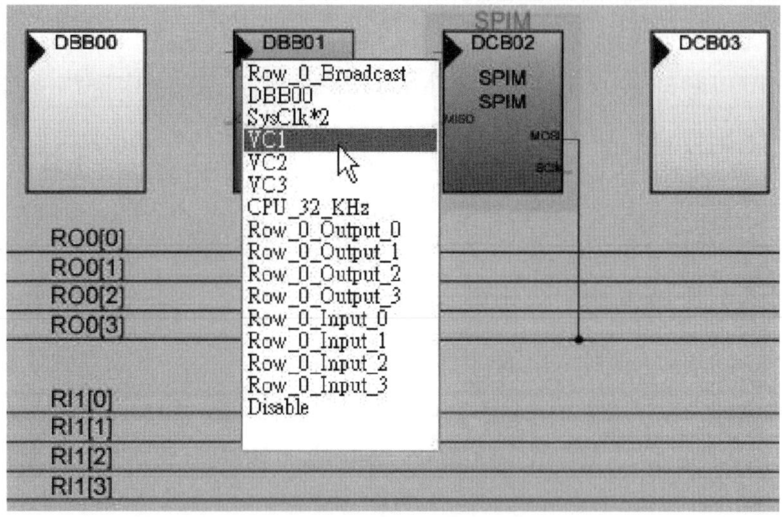

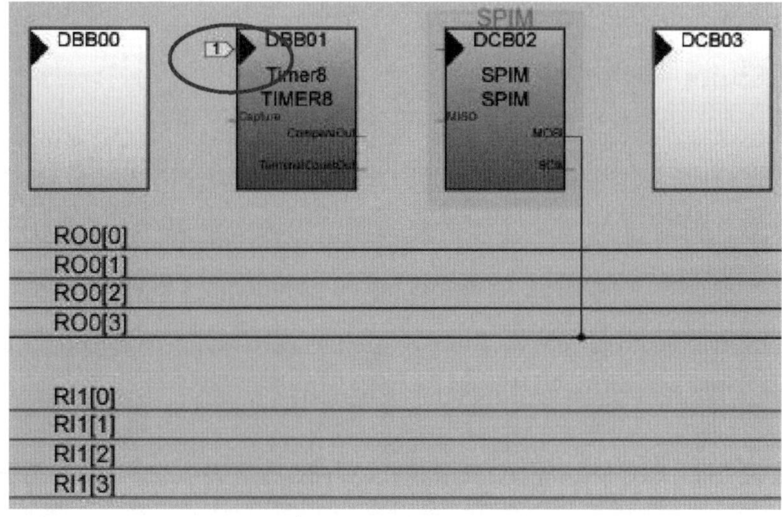

圖 2.28　數位時脈的設定

6. VC2 = VC1/N：

   VC2 頻率為 VC1 除以設定值。而延續⑤前一項 VC1 之設定，若此項之設定值為 8，則 VC2 = VC1/8 = 1MHz。

7. VC3 Source：

   選擇 VC3 的來源，有 SysClk、VC1、VC2 及 SysClk*2 等四項，VC3 的頻率值需由下一項的設定值決定。雖然使用性質與 VC1、VC2 類似，但是 VC3 只能用於數位區塊，類比區塊則無法使用。

8. VC3 Divider3：

當此項設定值為 N 時，VC3 的頻率等於 VC3 的來源除以 N(見前一項之設定)。在此，我們可以發現 SysClk、VC1、VC2 及 VC3 是環環相扣的，讀者需留意之間的關係，以免設定錯誤。

9. SysClk*2 Disable：

   用來設定 SysClk*2 的功能是否關閉。晶片組內部設定的時脈，可以高達 48MHz。此時，需使用 SysClk*2，此項就設為「NO」。反之，若未使用 SysClk*2，則設定為「YES」，可以降低電源功率的損耗。

10. SysClk Source：

    用來設定 SysClk 是使用內部主要的震盪器或從外部由 Port1[4]將震盪訊號傳入晶片。

11. Analog Power：

    用來設定類比區塊的驅動能力。

12. Rex Mux：

    此項是用來設定類比模組的電壓範圍，是很常用的項目。若以 ADCINC12(12 位元的類比數位轉換器)為例，在其資料手冊可以找到此設定值與類比電壓之關係。舉例來說，若選擇 Rex Mux 為 BandGap ± BandGap，則由表 2-2 可得知此 ADC 之類比電壓輸入範圍為 0V ~ 2.6V。也就是說當輸入 0V 時，得到的數位值是 −2048，輸入圍 2.6V 時，得到的數位值是+2047。

表 2-2 Rex Mux 的設定一覽表(以 CY8C29/27/24/22xxx 系列為例)

類比模組電壓設定	Vdd = 5 volts	Vdd = 3.3 volts
(Vdd/2) ± BandGap	1.2 < Vin < 3.8	0.35 < Vin < 2.95
(Vdd/2) ± (Vdd/2)	0 < Vin < 5	0 < Vin < 3.3
BandGap ± BandGap	0 < Vin < 2.6	0 < Vin < 2.6
(1.6* BandGap) ±(1.6* BandGap)	0 < Vin < 4.16	NA
(2* BandGap) ± BandGap	1.3 < Vin < 3.9	NA
(2* BandGap) ± P2[6]	$(2.6 - V_{P2[6]}) < Vin < (2.6 + V_{P2[6]})$	NA
P2[4] ± BandGap	$(V_{P2[4]} - 1.3) < Vin < (V_{P2[4]} + 1.3)$	$(V_{P2[4]} - 1.3) < Vin < (V_{P2[4]} + 1.3)$
P2[4] ± P2[6]	$(V_{P2[4]} - V_{P2[6]}) < Vin < (V_{P2[4]} + V_{P2[6]})$	$(V_{P2[4]} - V_{P2[6]}) < Vin < (V_{P2[4]} + V_{P2[6]})$

13. AGndBypass：

    用來設定是否需要外部的 Bypass 電容，以降低出現在 AGND(類比接地)的干擾。當設定爲「Disable」，就不需要。反之，若設爲「Ensable」時，需在 Port2[4]裝上 0.01μF~10μF 的 Bypass 電容。在此，建議值是 1μF。

14. Op-Amp Bias：

    設定爲「High」時，晶片內之 OP(運算放大器)耗能較大，但性能提高。例如，頻寬及速度會提高，且輸出阻抗則下降。

15. A_Buff_Power：

    在晶片內部的類比區域，設計了 Buffer(緩衝器)，見圖 2.6 最下方，其可將類比訊號傳送至外部腳位。若設爲「High」時，頻率響應及電流驅動能力的性能都會提升。因影響不大，常設爲「Low」。

16. SwitchModePump：

    我們可以使用外部的電子模組設計一個 Switch Mode Pump 電路，並接到第 9 腳(SMP)。當電源下降太快時，該電路會啓動，使晶片可以在低電壓時工作。在 Technical Reference Manual.pdf 檔案內，有相關電路可供參考，如圖 2.29 所示。我們亦可使用此功能實現升壓目的。

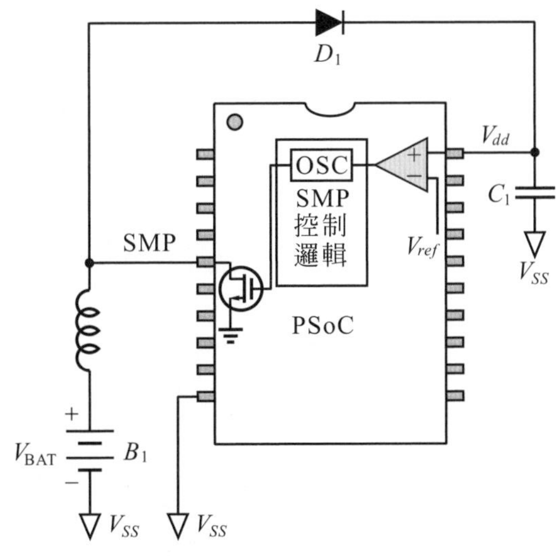

圖 2.29　Switch Mode Pump 電路

17. Trip Voltage[LVD(SMP)]：

這個參數允許使用者設定電壓臨界值，讓 PSoC 來監測電源，有兩個數值，格式如 LVD(SMP)。當電源電壓小於 LVD 時，內部的低電壓比較器會產生控制訊號。反之，當電壓為 SMP 時，Switch Mode Pump 電路將致能。若無 Switch Mode Pump 電路，電壓下降太多時，晶片會重置(Reset)。

18. LVDThrotleBake：

    允許 CPU 在低電壓時(與前項 LVD 比較)，能降低系統的工作時脈，以節省電源。

19. WatchDog Enable：

    致能或取消 WatchDog 計時器。

2-6 模組屬性的設定

當點選已置放模組或由專案目錄點選已選擇模組後，在圖 2.6 的⑥工作區域的 Properties 窗格中，會顯示出該模組的設定表。而其設定的方式有下列三種方式：

1. 直接由設定表格內點選。
2. 由程式指定來設定。
3. 部分設定是經由內部連線後自動產生。

因為每個模組有不同的設定，在實驗的部分會針對使用到的模組做詳細的設定。在此以 SPIM 為例來說明。SPI 介面傳輸共分成兩個部分，Master(主裝置)以及 Slave(從裝置)，而 SPIM 則是 SPI 介面的 Master 模組，我們要設定的有如圖 2.30 中之 8 個項目(灰色為系統設定，不能更改)：

而當讀者點選要設定的項目時，會在 Properties 下方顯示該項目的定義，提供使用者更方便的設定。

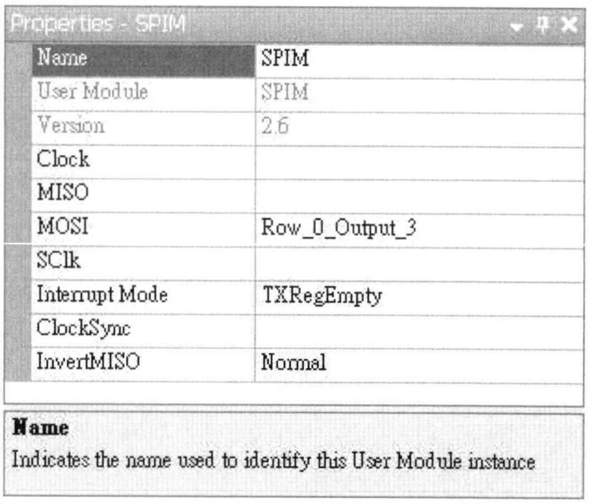

Properties - SPIM

Name	SPIM
User Module	SPIM
Version	2.6
Clock	
MISO	
MOSI	Row_0_Output_3
SClk	
Interrupt Mode	TXRegEmpty
ClockSync	
InvertMISO	Normal

Name
Indicates the name used to identify this User Module instance

圖 2.30 SPIM 之參數設定示意圖

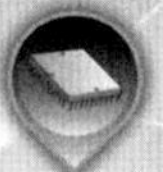

1. Name 的設定：

   如先前在加入模組時所介紹的，加入模組之後 PSoC Designer 會依照加入的順序，自動將元件命名爲「模組_1」、「模組_2」。而模組名稱是我們以程式撰寫與控制的重要參考依據，其類似程式碼中的變數名稱。例如，SPIM_1_Start() 表示要啓動 SPIM_1 模組，所以若模組名稱有更改的話，指令也要跟著修改。若將 SPIM_1 更名爲 SPIM，則指令 SPIM_1_Start()便需改爲 SPIM_Start()。因此爲了檢視方便與撰寫程式時程式不要太冗長與複雜，我們可以把 SPIM_1 改成 SPIM。

2. Clock 的設定：

   決定此 SPIM 模組的輸入 Clock。假設我們要輸入 1MHz，按照先前對 Global Resources 的介紹，需將 Power setting 設爲 24MHz，並將 VC1 設爲 8、VC2 設爲 3。緊接著，再把 Clock 的選項選爲 VC2 (24MHz/8 = 3MHz/3 = 1MHz)。如圖 2.31 所示，爲 Global Resources 的設定，如圖 2.32 則爲 Clock 的設定。

   除了如圖 2.32 的設定方法外，也可以像先前介紹的圖 2.28 的方法來設定時脈。

Global Resources - spi_master

Power Setting [Vcc / S	5.0V / 24MHz
CPU_Clock	SysClk/8
32K_Select	Internal
PLL_Mode	Disable
Sleep_Timer	512_Hz
VC1= SysClk/N	8
VC2= VC1/N	3
VC3 Source	VC2
VC3 Divider	13
SysClk Source	Internal
SysClk*2 Disable	No
Analog Power	All Off
Ref Mux	(Vdd/2)+/-(Vdd/2)
AGndBypass	Disable
Op-Amp Bias	Low
A_Buff_Power	Low
SwitchModePump	ON
Trip Voltage [LVD (SN	4.81V (5.00V)
LVDThrottleBack	Enable
Watchdog Enable	Disable

Power Setting [Vcc / SysClk freq]
Selects the nominal operation voltage and System Clock (SysCl...

圖 2.31　Global Resources 設定

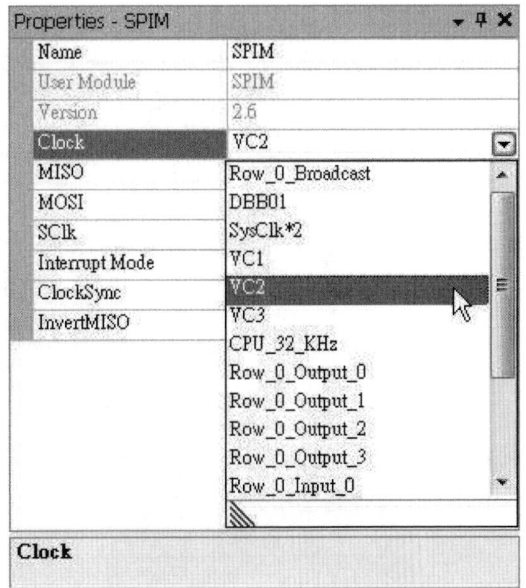

圖 2.32　Clock 之設定

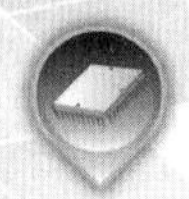

3. MISO 的設定：

   為 SPIM 模組的輸入腳。假設我們要連至 Port_1_5，如圖 2.33 所示，此選項必須選擇 Row_0_Input_1。

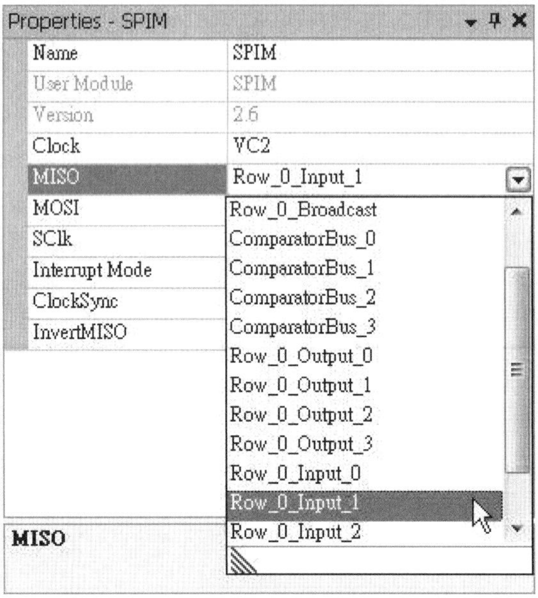

Properties - SPIM

Name	SPIM
User Module	SPIM
Version	2.6
Clock	VC2
MISO	Row_0_Input_1
MOSI	
SClk	
Interrupt Mode	
ClockSync	
InvertMISO	

Row_0_Broadcast
ComparatorBus_0
ComparatorBus_1
ComparatorBus_2
ComparatorBus_3
Row_0_Output_0
Row_0_Output_1
Row_0_Output_2
Row_0_Output_3
Row_0_Input_0
Row_0_Input_1
Row_0_Input_2

MISO

圖 2.33　MISO 之設定操作示意圖

而選擇完畢後，在 SPI_Master[chip]視窗中，將會如圖 2.34 所示，把 MISO 連接至 RI0[1]。

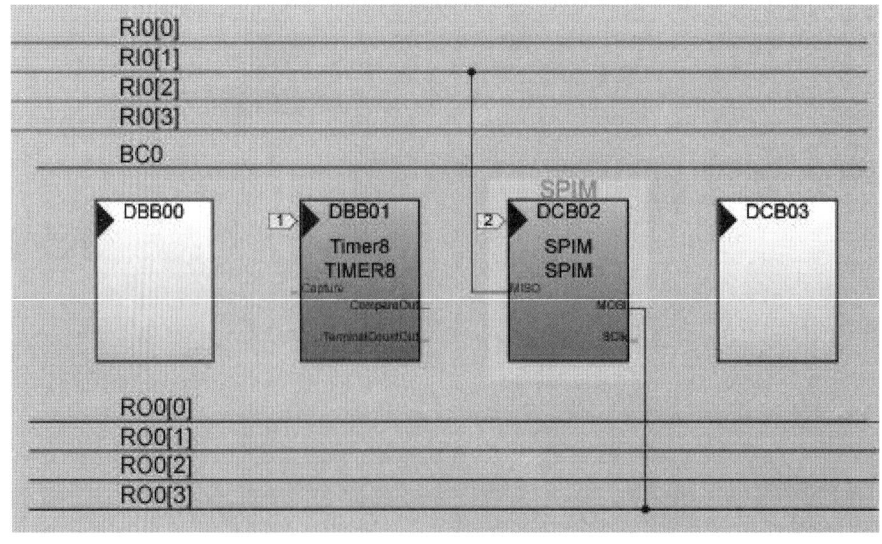

圖 2.34　MISO 連至 RI0[1] 操作示意圖

到目前爲此，Properties 對於 MISO 連至 Port_1_5 的設定並不完整，上述步驟並不能眞的將 MISO 與 Port_1_5 作連接。因爲還必須如圖 2.35 和圖 2.37 所示，針對 SPIM 作設定。

因此，點選 RI0[1]會出現如圖 2.35 所示之視窗，我們點選中間的紅色框格並選擇 GlobalInOdd5。而如圖 2.36 所示，爲 RI0[1]與 GlobalInOdd5 連接圖。

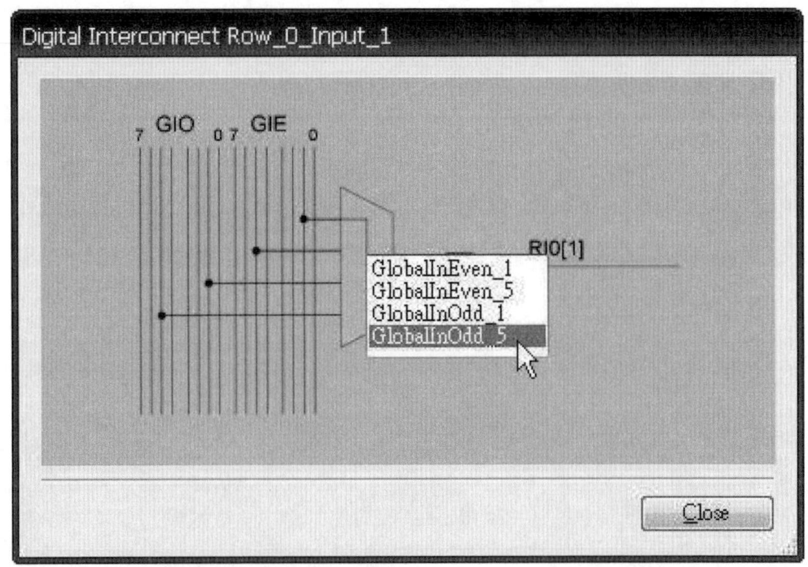

圖 2.35　MISO 連至 RI0[1] 操作示意圖

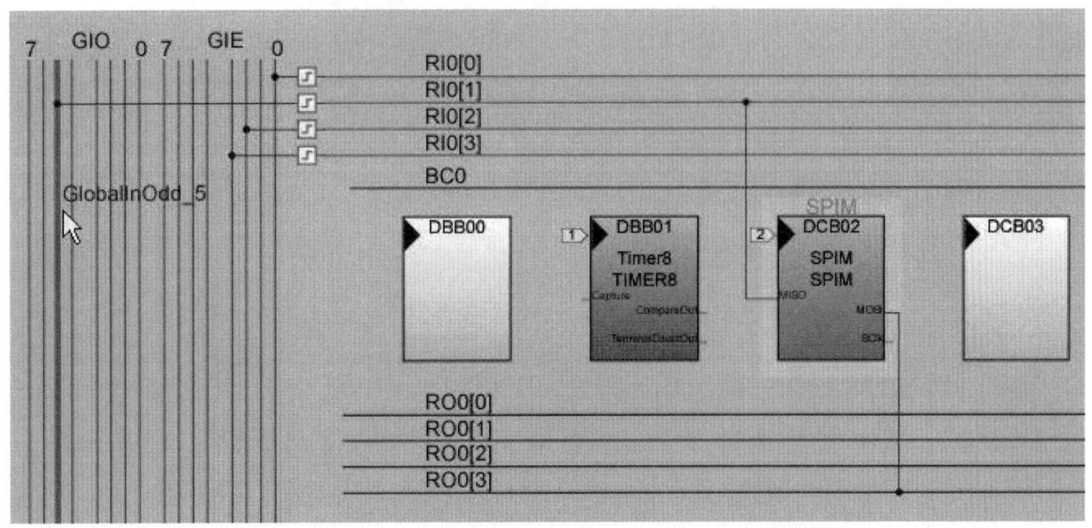

圖 2.36　RI0[1]與 GlobalInOdd5 做連接操作示意圖

緊接著，點選上圖中垂直的連線，會出現目前連線的小視窗，如圖 2.37 所示。當點選 [v] 後，會出現選單，我們再選擇 Port_1_5 後，便可完成整個連線的步驟，而整體操作結果則如圖 2.38 所示。

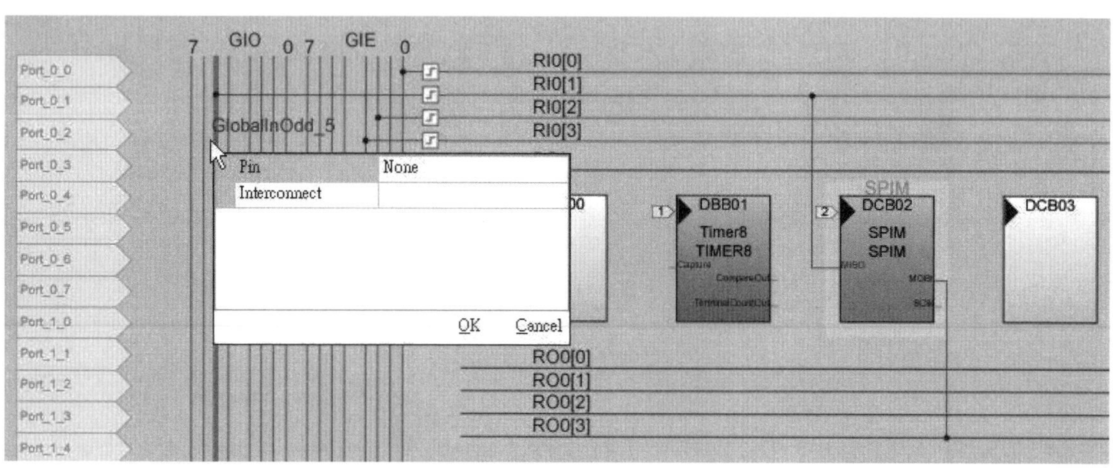

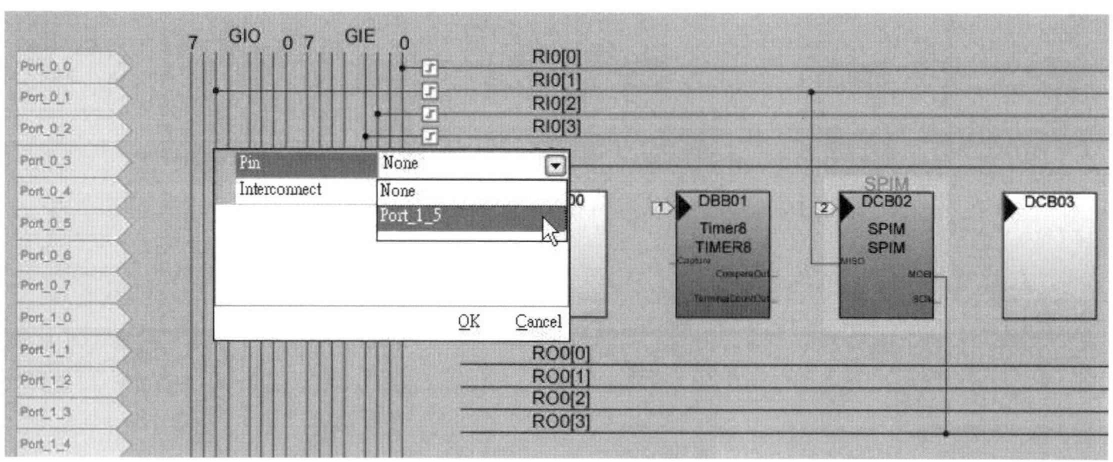

圖 2.37　與 Port_1_5 的連線操作示意圖

4. MOSI 的設定

   此項目為 SPIM 模組的輸出腳。假設要將此腳連至 Port_1_7，可以依照先前介紹的圖 2.9、2.10 以及 2.11 的方法依序來完成。此外，也可以如圖 2.39 所示，在 Properties 視窗中將此選項設成 Row_0_Output_3，再依照圖 2.10 及 2.11 完成連線。而如圖 2.12 所示，則為連線完成圖。

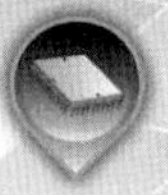

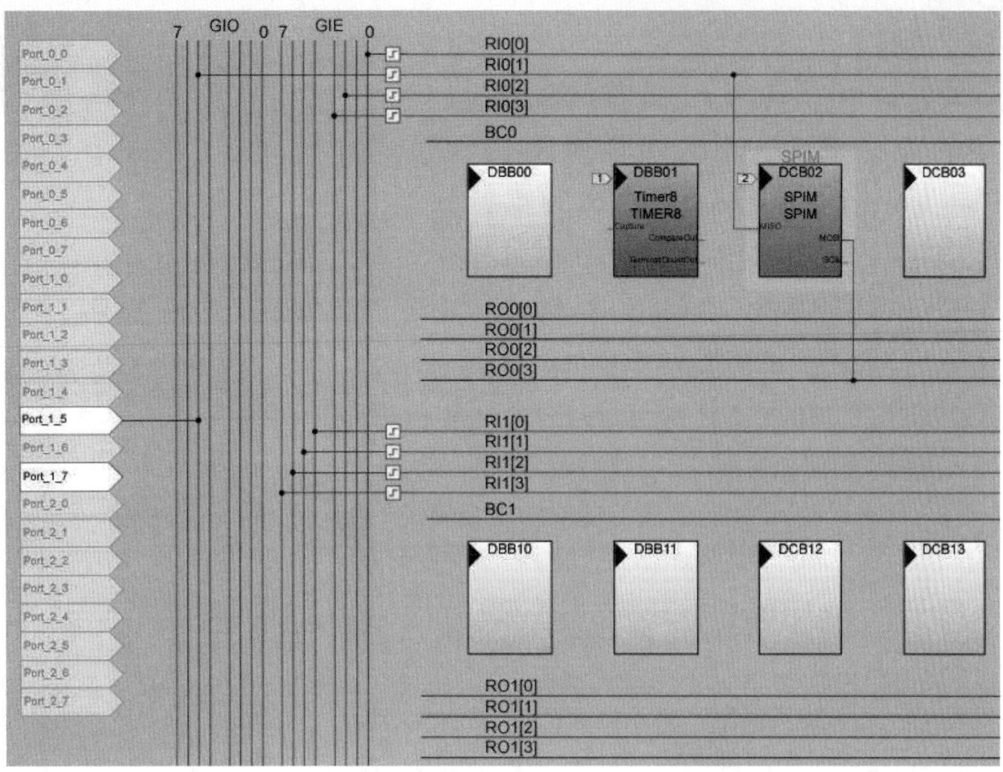

圖 2.38　MISO 與 Port_1_5 連線完成圖

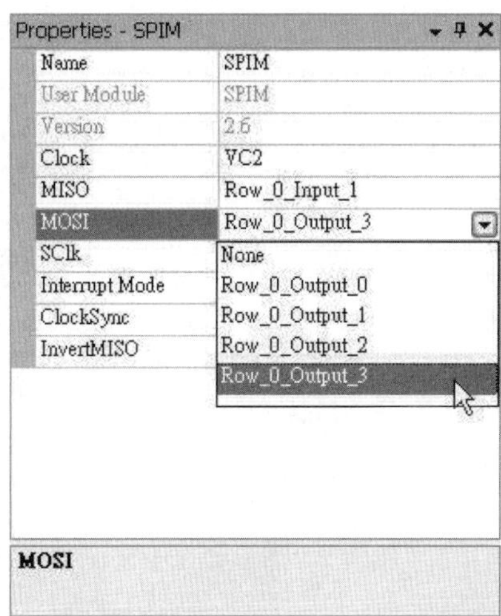

圖 2.39　MOSI 之設定操作示意圖

5. SClk 的設定：

 SClk 為 SPIM 模組的輸出腳，作為 SPI Slave 端的時脈來源。假設要將此腳連至 Port_1_6，可以利用圖 2.9、2.10 以及 2.11 所示的方式，直接拉線來依序完成。此外，也可以如圖 2.40 所示，可以在 Properties 視窗中，將此選項設成 Row_0_Output_3，然後再依照圖 2.10 及 2.11 的拉線方式完成連線。最後，如圖 2.41 所示，為連線完成圖。

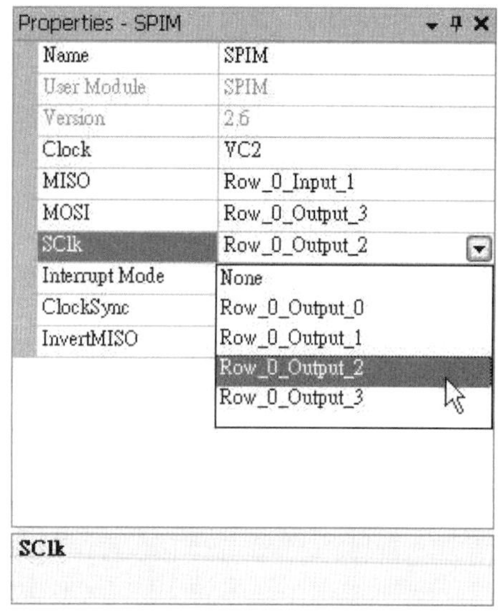

圖 2.40　SClk 之設定操作示意圖

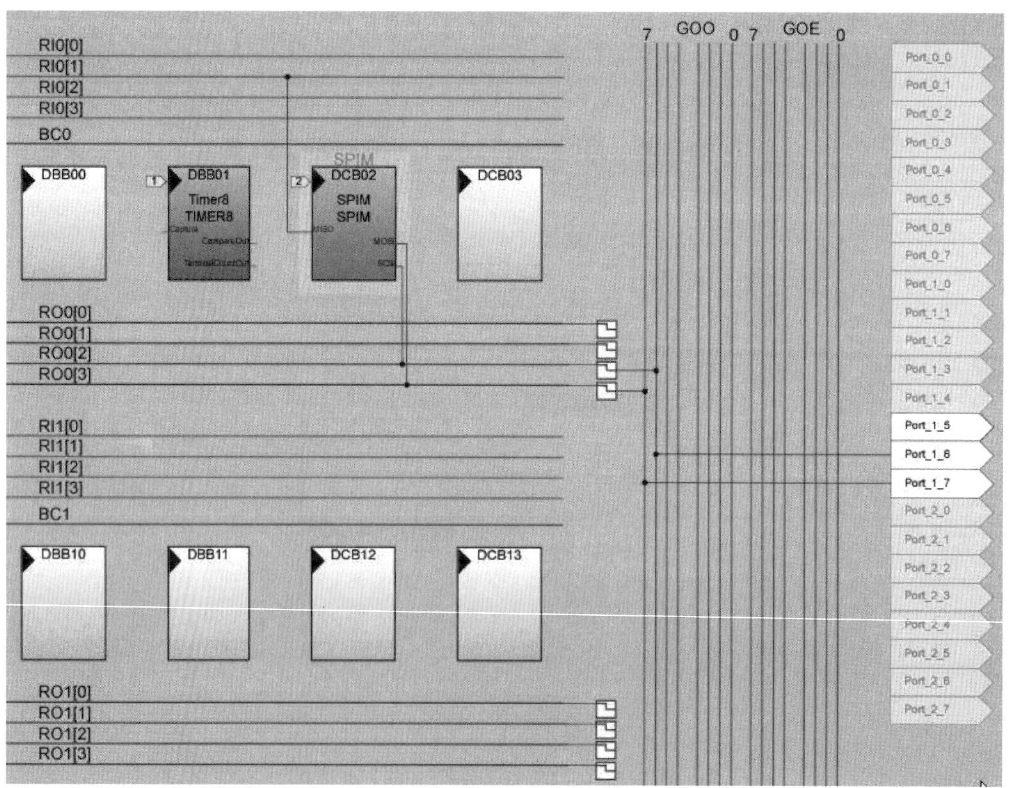

圖 2.41　SClk 與 Port_1_6 連線操作示意圖

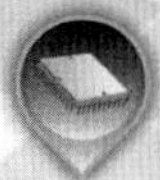

6. Interrupt Mode 的設定：

   此項目設定中斷的模式。如圖 2.42 所示，共有兩種模式可以選擇，但如果沒有使用到中斷，那麼不需做選擇，直接使用其預設值即可。

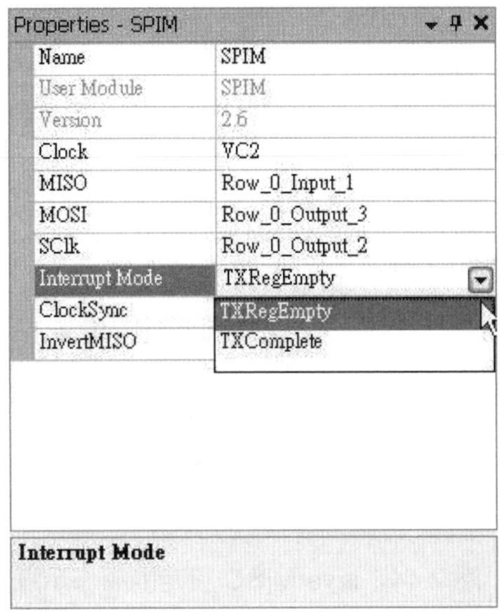

圖 2.42　中斷模式選擇操作示意圖

7. ClockSync 的設定：

   此項目設定 SPIM 模組與何種的頻率源做頻率。一般都會選擇與系統同步，因此，選擇 Sync to SysClk 即可。如圖 2.43 所示，為 ClockSync 設定的操作示意圖。

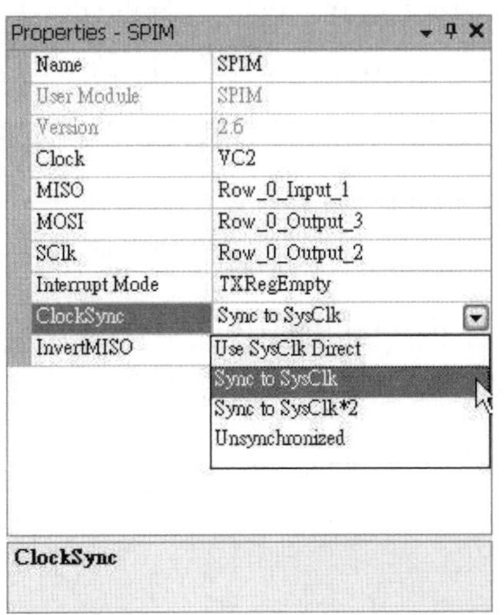

圖 2.43　ClockSync 設定的操作示意圖

8. InvertMISO 的設定：

此項目讓使用者可以將 MISO 的資料反向。如不需要使用到反向，那麼直接使用預設值－Normal 即可。如圖 2.44 所示，為 InverMISO 設定的操作示意圖。

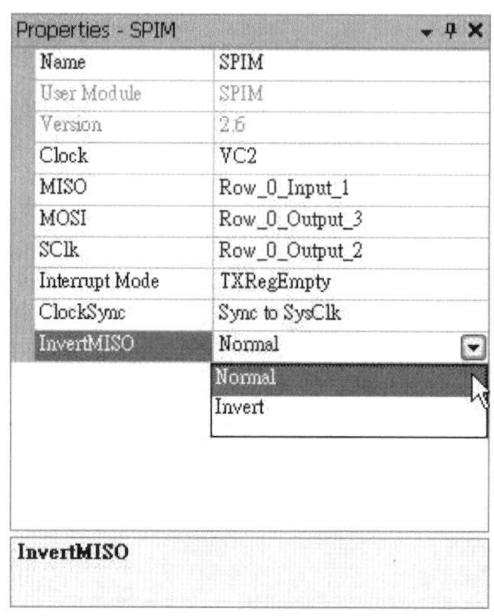

圖 2.44　InverMISO 設定的操作示意圖

2-7　PSoC 腳位的設定

在圖 2.6 所示的 PSoC Designer 整合開發環境的左下方(⑦工作區域)是腳位特性的設定。若以 CY8C29466 為例，PSoC 共有 3 個埠(Port)，包括 Port_0_0~Port_0_7、Port_1_0~Port_1_7 及 Port_2_0~Port2_7 等 24 支腳位。讀者可以用滑鼠點選左方之加號鈕，便會出現該腳位的特性表，設計者可直接修改，如圖 2.45 所示。

其中「Name」及「port」兩個項目通常不須修改，「Select」會依該腳位的佈線結果來自動決定選項。而「Interrupt」可以決定此腳位的中斷模式，包括 disableInt(不致能)、FallingEdge(由 1→0)、RisingEdge(由 0→1)及 ChangeFromRead(狀態改變)等四項供讀者選用。「Drive」是最重要及最常用的設定項，共有 8 種設定。雖然設定錯誤的方式，方程式或相關配置，在編譯時，是不會出現錯誤訊息，但卻會嚴重影響到系統執行的結果。

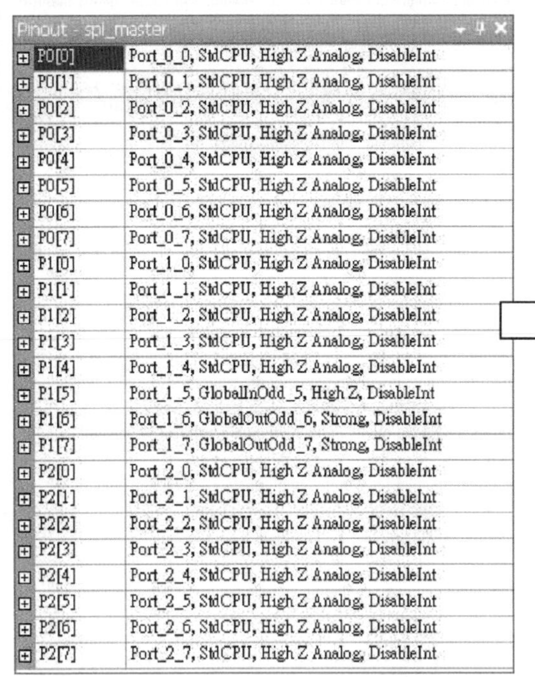

Pinout - spi_master

P0[0]	Port_0_0, StdCPU, High Z Analog, DisableInt
P0[1]	Port_0_1, StdCPU, High Z Analog, DisableInt
P0[2]	Port_0_2, StdCPU, High Z Analog, DisableInt
P0[3]	Port_0_3, StdCPU, High Z Analog, DisableInt
P0[4]	Port_0_4, StdCPU, High Z Analog, DisableInt
P0[5]	Port_0_5, StdCPU, High Z Analog, DisableInt
P0[6]	Port_0_6, StdCPU, High Z Analog, DisableInt
P0[7]	Port_0_7, StdCPU, High Z Analog, DisableInt
P1[0]	Port_1_0, StdCPU, High Z Analog, DisableInt
P1[1]	Port_1_1, StdCPU, High Z Analog, DisableInt
P1[2]	Port_1_2, StdCPU, High Z Analog, DisableInt
P1[3]	Port_1_3, StdCPU, High Z Analog, DisableInt
P1[4]	Port_1_4, StdCPU, High Z Analog, DisableInt
P1[5]	Port_1_5, GlobalInOdd_5, High Z, DisableInt
P1[6]	Port_1_6, GlobalOutOdd_6, Strong, DisableInt
P1[7]	Port_1_7, GlobalOutOdd_7, Strong, DisableInt
P2[0]	Port_2_0, StdCPU, High Z Analog, DisableInt
P2[1]	Port_2_1, StdCPU, High Z Analog, DisableInt
P2[2]	Port_2_2, StdCPU, High Z Analog, DisableInt
P2[3]	Port_2_3, StdCPU, High Z Analog, DisableInt
P2[4]	Port_2_4, StdCPU, High Z Analog, DisableInt
P2[5]	Port_2_5, StdCPU, High Z Analog, DisableInt
P2[6]	Port_2_6, StdCPU, High Z Analog, DisableInt
P2[7]	Port_2_7, StdCPU, High Z Analog, DisableInt

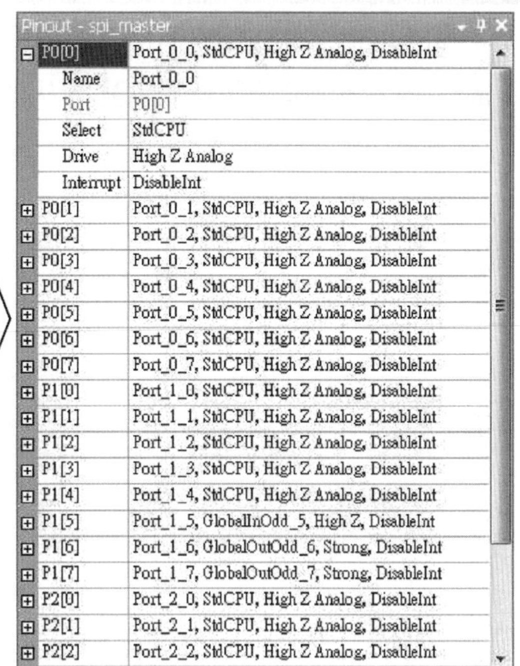

Pinout - spi_master

P0[0]	Port_0_0, StdCPU, High Z Analog, DisableInt
Name	Port_0_0
Port	P0[0]
Select	StdCPU
Drive	High Z Analog
Interrupt	DisableInt
P0[1]	Port_0_1, StdCPU, High Z Analog, DisableInt
P0[2]	Port_0_2, StdCPU, High Z Analog, DisableInt
P0[3]	Port_0_3, StdCPU, High Z Analog, DisableInt
P0[4]	Port_0_4, StdCPU, High Z Analog, DisableInt
P0[5]	Port_0_5, StdCPU, High Z Analog, DisableInt
P0[6]	Port_0_6, StdCPU, High Z Analog, DisableInt
P0[7]	Port_0_7, StdCPU, High Z Analog, DisableInt
P1[0]	Port_1_0, StdCPU, High Z Analog, DisableInt
P1[1]	Port_1_1, StdCPU, High Z Analog, DisableInt
P1[2]	Port_1_2, StdCPU, High Z Analog, DisableInt
P1[3]	Port_1_3, StdCPU, High Z Analog, DisableInt
P1[4]	Port_1_4, StdCPU, High Z Analog, DisableInt
P1[5]	Port_1_5, GlobalInOdd_5, High Z, DisableInt
P1[6]	Port_1_6, GlobalOutOdd_6, Strong, DisableInt
P1[7]	Port_1_7, GlobalOutOdd_7, Strong, DisableInt
P2[0]	Port_2_0, StdCPU, High Z Analog, DisableInt
P2[1]	Port_2_1, StdCPU, High Z Analog, DisableInt
P2[2]	Port_2_2, StdCPU, High Z Analog, DisableInt

圖 2.45　腳位設定之表格對照圖

1. High Z：當數位輸入時使用，用來感測外界的數位訊號，如圖 2.46(a)所示。因輸出端上下方之晶體都是 OFF，所以是處於高阻抗的狀態。
2. High Z Analog：如圖 2.46(b)所示，與 High Z 相同。也是處於高阻抗的狀態，但用於接收類比輸入時使用。例如，做爲 ADC 的輸入腳時，該腳位需要設定爲此選項。
3. Open Drain High：開洩極電路，如圖 2.46(c)所示。當給該腳位訊號爲 1 時，輸出如同第 5 項的「Strong」選項。當設定該腳位訊號爲 0 時，上下晶體皆關閉，此腳位爲高阻抗狀態。
4. Open Drain Low：開洩極電路，如圖 2.46(d)所示。當給該腳位訊號爲 1 時，上下晶體皆關閉，輸出爲高阻抗狀態。當給該腳位訊號爲 0 時，高電位端的晶體是關閉的。反之，低電位端的晶體導通，此狀況很適合有外部提升電阻的情形，如 I^2C。
5. Strong：當輸出時使用，如圖 2.46(e)。例如，要提供數位輸出或推動電晶體時，可做這樣的設定。
6. Pull Down：如圖 2.46(f)所示，當給該腳位訊號爲 1 時，高電位端的晶體是導通的。反之，低電位端的晶體是關閉的，該腳位有如接至 Vdd。當給該腳位訊號爲 0 時，高電位端的晶體是關閉的。反之，低電位端的晶體是導通的，所以內部電路結構有如將一個 5.6kΩ 電阻器接至地端。如圖 2.47 之左圖電路所示，此狀態適合當作數位輸入，用來偵測外部訊號是否為 High，可節省一般偵測按鈕時所需的電阻。

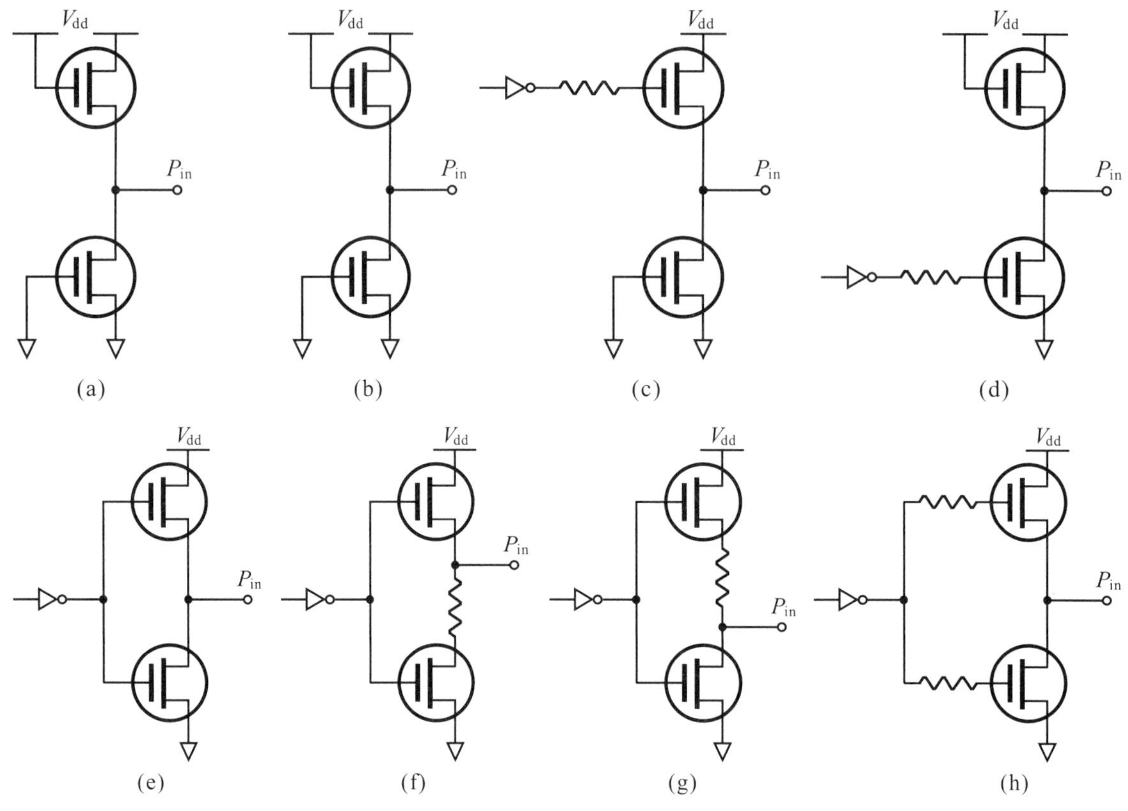

圖 2.46　腳位驅動的 8 種模式

7. Pull Up：如圖 2.46(g)所示，其與 Pull Down 剛好相反。當設定該腳位訊號為 0 時，高電位端的晶體是關閉的。反之，低電位端的晶體是導通的，該腳位有如接至地端。當設定該腳位訊號為 1 時，高電位端的晶體是導通的。反之，低電位端的晶體是關閉的，所以內部電路結構有如將一個 5.6kΩ 電阻器接至 V_{dd}。如圖 2.47 右圖之電路所示，此狀態適合當作數位輸入，用來偵測外部訊號是否為 Low，可節省一般偵測按鈕時所需的電阻。
8. Strong Slow：如圖 2.46(h)所示，類似 Strong 的用法。但輸出訊號變化的斜率經過控制，較為緩和，在輸出端較不會產生諧波。

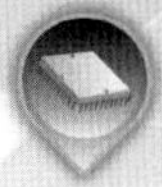

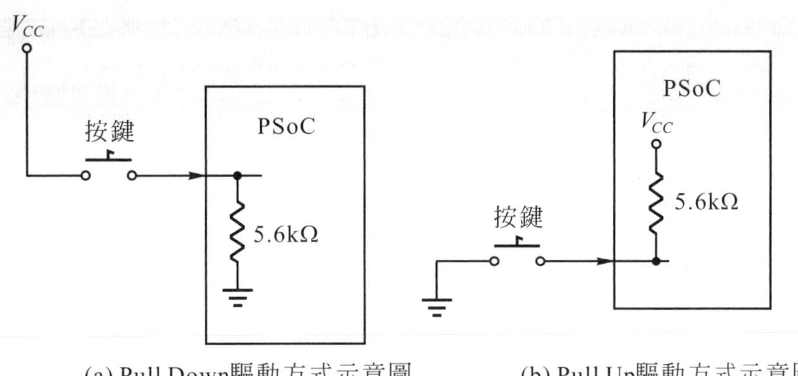

(a) Pull Down驅動方式示意圖　　(b) Pull Up驅動方式示意圖

圖 2.47　按鍵感測電路

以上簡單的說明輸出腳位的設定方式，在實驗的部分也會針對所有使用到的腳位做詳細說明。雖然 PSoC 可規劃的彈性很大，但基本上，也是有所限制的。因此，不要先將電路板製作好才來規劃 PSoC 的周邊接腳。也即是並非每一接腳可做爲 LCD 控制或 ADC(數位類比轉換器)輸入之用。

2-8　程式碼撰寫

由於本書都是以 Chip-Level(晶片階層)開發環境的方式來設計與測試所有實驗。因此，透過此方式需要撰寫 C 語言或組合語言來完成控制程式。而對於某些需精準，快速或是較底層的控制應用時，我們需透過組合語言來撰寫，但相對的，其難度亦相對的提高。

因此，我們選擇 C 語言來完成撰寫。由圖 2.15 的方式，可以開啓程式的編輯視窗。此外，如圖 2.48 所示，視窗左測的數字代表行數，除錯時可方便查詢。而程式的寫法與一般的 C 語言格式相當類似，因此，讀者可以很快地上手。

由圖 2.48 可看到，程式預設會包含(include)兩個檔案：m8c.h 及 PSoCAPI.h，其說明如下所示：

- M8c.h：檔案內容包括了變數的定義及巨集指令，例如：PORT_0、PORT_1 及 PORT_2的暫存器。在此檔案中，分別定義爲PRT0DR、PRT1DR及PRT2DR暫存器，這是寫程式時非常重要的指令。

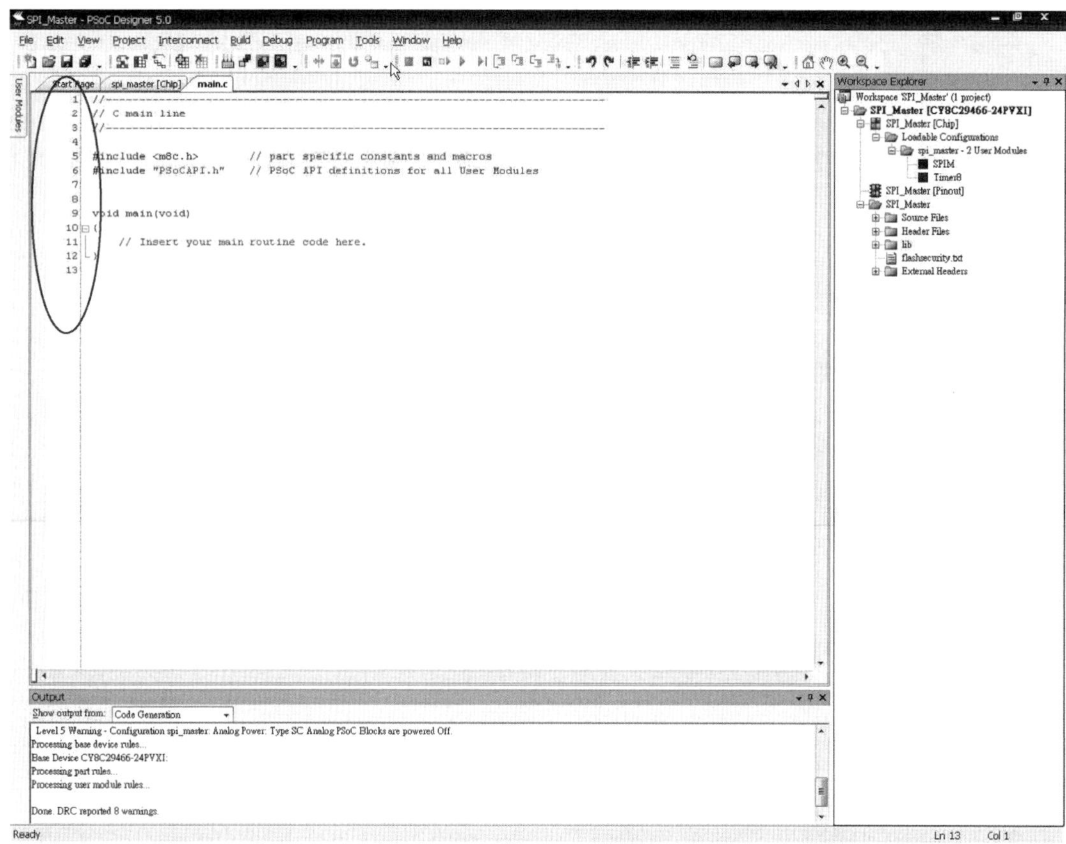

圖 2.48　程式編輯視窗

- PSoCAPI.h：定義了設計者所有選用模組的應用指令，所以每個 PSoCAPI.h 檔案的內容會不一樣。例如，在先前的介紹當中，使用了 SPIM 與 Timer8 的模組的話，就會如圖 2.49 所示，在 PSoCAP.h 檔案中包含了這兩個模組的含括.h 檔案。

如圖 2.49 所示，在工具列上有許多與程式編輯相關且有用的工具，其進一步說明如下所列：

- (Build/Generate/Build current project)：對目前的專案進行除錯、編譯及連結的動作，若無錯誤，會產生燒錄檔案*.hex。
- (File/New)：加入新檔案至專案內。
- (File/Open)：在專案內開啓以存在的檔案。

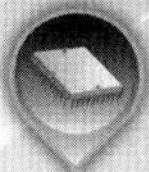

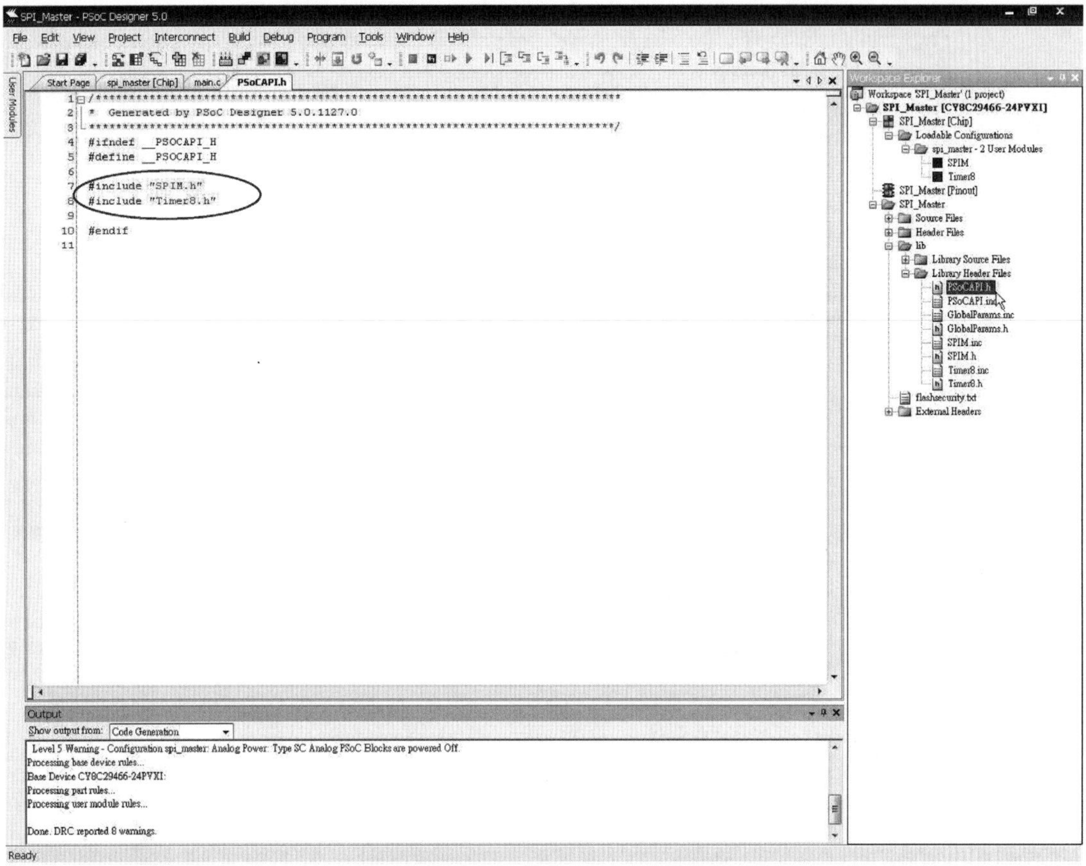

圖 2.49　PSoCAPI.h 之範例

- ：將選取的文字縮排。此功能雖不影響程式的執行結果，但是對程式的可讀性很有幫助。例如，如圖 2.50 所示程式，經縮排處理後，其結構變得十分明顯與易於除錯。
- ：將選取的段落做凸排的功能，與前項執行相反的動作。
- ：將選取的段落改為說明之用的文字(Comment)，而非程式碼。在 C 語言中，在符號「//」之後的該行文字，將會成為說明之用的一般文字。當啟動此功能後，被選取的段落，每一行的最前面都會加上「//」。如圖 2.51 所示，會變成綠色文字且不會被編譯。
- ：取消 Comment 的動作，功能與上述之 Comment 剛好相反。

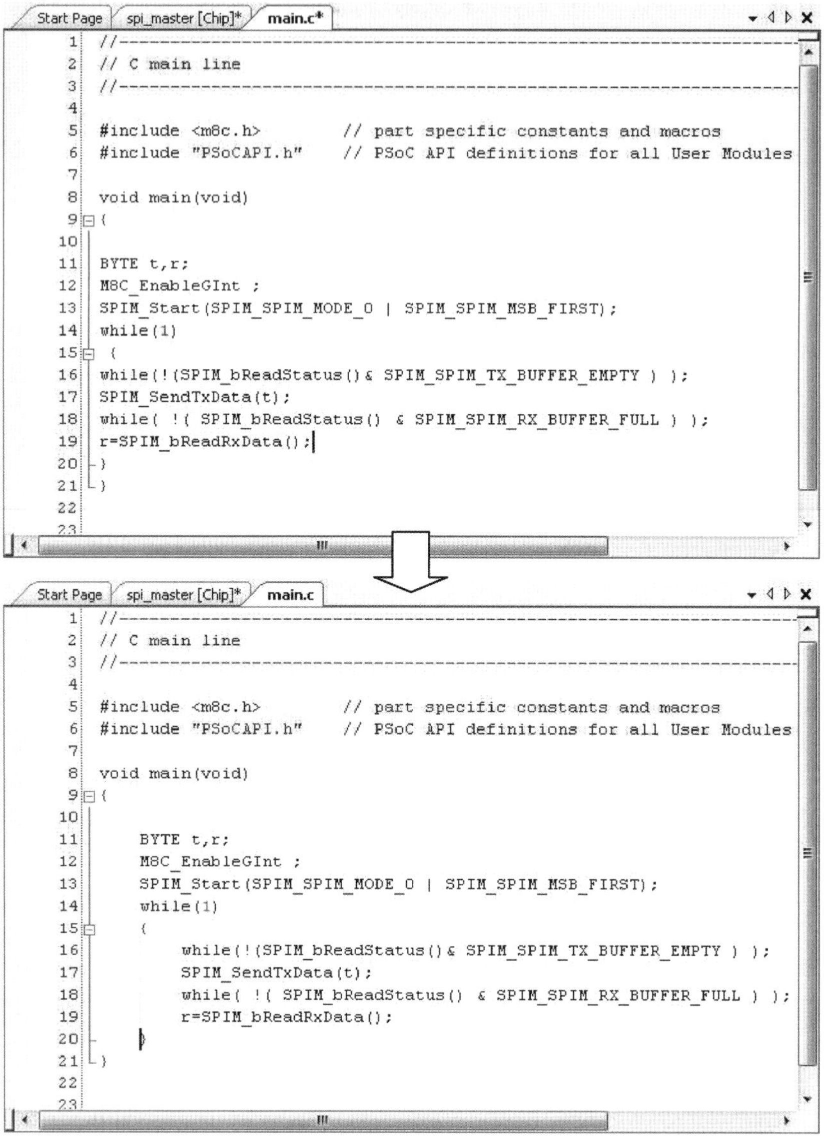

Start Page | spi_master [Chip]* | main.c*

```
//----------------------------------------------------------------------
// C main line
//----------------------------------------------------------------------

#include <m8c.h>        // part specific constants and macros
#include "PSoCAPI.h"    // PSoC API definitions for all User Modules

void main(void)
{

BYTE t,r;
M8C_EnableGInt ;
SPIM_Start(SPIM_SPIM_MODE_0 | SPIM_SPIM_MSB_FIRST);
while(1)
 {
while(!(SPIM_bReadStatus()& SPIM_SPIM_TX_BUFFER_EMPTY ) );
SPIM_SendTxData(t);
while( !( SPIM_bReadStatus() & SPIM_SPIM_RX_BUFFER_FULL ) );
r=SPIM_bReadRxData();
}
}
```

Start Page | spi_master [Chip]* | main.c

```
//----------------------------------------------------------------------
// C main line
//----------------------------------------------------------------------

#include <m8c.h>        // part specific constants and macros
#include "PSoCAPI.h"    // PSoC API definitions for all User Modules

void main(void)
{

    BYTE t,r;
    M8C_EnableGInt ;
    SPIM_Start(SPIM_SPIM_MODE_0 | SPIM_SPIM_MSB_FIRST);
    while(1)
    {
        while(!(SPIM_bReadStatus()& SPIM_SPIM_TX_BUFFER_EMPTY ) );
        SPIM_SendTxData(t);
        while( !( SPIM_bReadStatus() & SPIM_SPIM_RX_BUFFER_FULL ) );
        r=SPIM_bReadRxData();
    }
}
```

圖 2.50　縮排功能之範例

- (Edit/Bookmarks/Toggle Bookmark)：可在游標位置的行號左邊加入標籤(Bookmark)。當程式較長時，非常方便瀏覽。如圖 2.52 所示，可任意加入標籤，數目沒有限制。

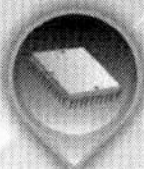

Start Page | spi_master [Chip]* | main.c

```
//-----------------------------------------------------------------------
// C main line
//-----------------------------------------------------------------------

#include <m8c.h>        // part specific constants and macros
#include "PSoCAPI.h"    // PSoC API definitions for all User Modules

void main(void)
{

    BYTE t,r;
    M8C_EnableGInt ;
    SPIM_Start(SPIM_SPIM_MODE_0 | SPIM_SPIM_MSB_FIRST);
    while(1)
    {
        while(!(SPIM_bReadStatus() & SPIM_SPIM_TX_BUFFER_EMPTY ) );
        SPIM_SendTxData(t);
        while( !( SPIM_bReadStatus() & SPIM_SPIM_RX_BUFFER_FULL ) );
        r=SPIM_bReadRxData();
    }
}

```

Start Page | spi_master [Chip]* | main.c*

```
//-----------------------------------------------------------------------
// C main line
//-----------------------------------------------------------------------

#include <m8c.h>        // part specific constants and macros
#include "PSoCAPI.h"    // PSoC API definitions for all User Modules

void main(void)
{

    BYTE t,r;
    M8C_EnableGInt ;
    SPIM_Start(SPIM_SPIM_MODE_0 | SPIM_SPIM_MSB_FIRST);
    while(1)
    {
        //while(!(SPIM_bReadStatus() & SPIM_SPIM_TX_BUFFER_EMPTY ) );
        //SPIM_SendTxData(t);
        //while( !( SPIM_bReadStatus() & SPIM_SPIM_RX_BUFFER_FULL ) )
        //r=SPIM_bReadRxData();
    }
}

```

圖 2.51　Comment 功能之範例

- (Edit/Bookmarks/Clear Bookmark)：清除標籤。
- (Edit/Bookmarks/Next Bookmark)：會將游標移至下個標籤處，這在瀏覽程式時相當便利。

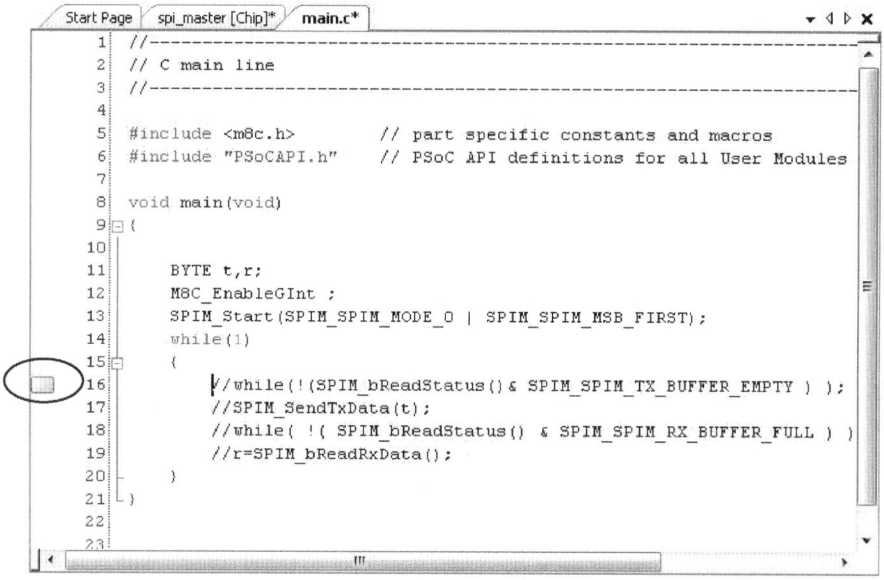

Start Page | spi_master [Chip]* | main.c*

```
//----------------------------------------------------------------
// C main line
//----------------------------------------------------------------

#include <m8c.h>        // part specific constants and macros
#include "PSoCAPI.h"    // PSoC API definitions for all User Modules

void main(void)
{

    BYTE t,r;
    M8C_EnableGInt ;
    SPIM_Start(SPIM_SPIM_MODE_0 | SPIM_SPIM_MSB_FIRST);
    while(1)
    {
        //while(!(SPIM_bReadStatus()& SPIM_SPIM_TX_BUFFER_EMPTY ) );
        //SPIM_SendTxData(t);
        //while( !( SPIM_bReadStatus() & SPIM_SPIM_RX_BUFFER_FULL ) )
        //r=SPIM_bReadRxData();
    }
}
```

圖 2.52 標籤(Bookmark)的記號

- (Edit/Bookmarks/Previous Bookmark)：會將游標移至上個標籤處，這在瀏覽程式時相當便利。
- (Edit/Undo)：取消上一個動作。
- (Edit/Redo)：還原上一個動作。

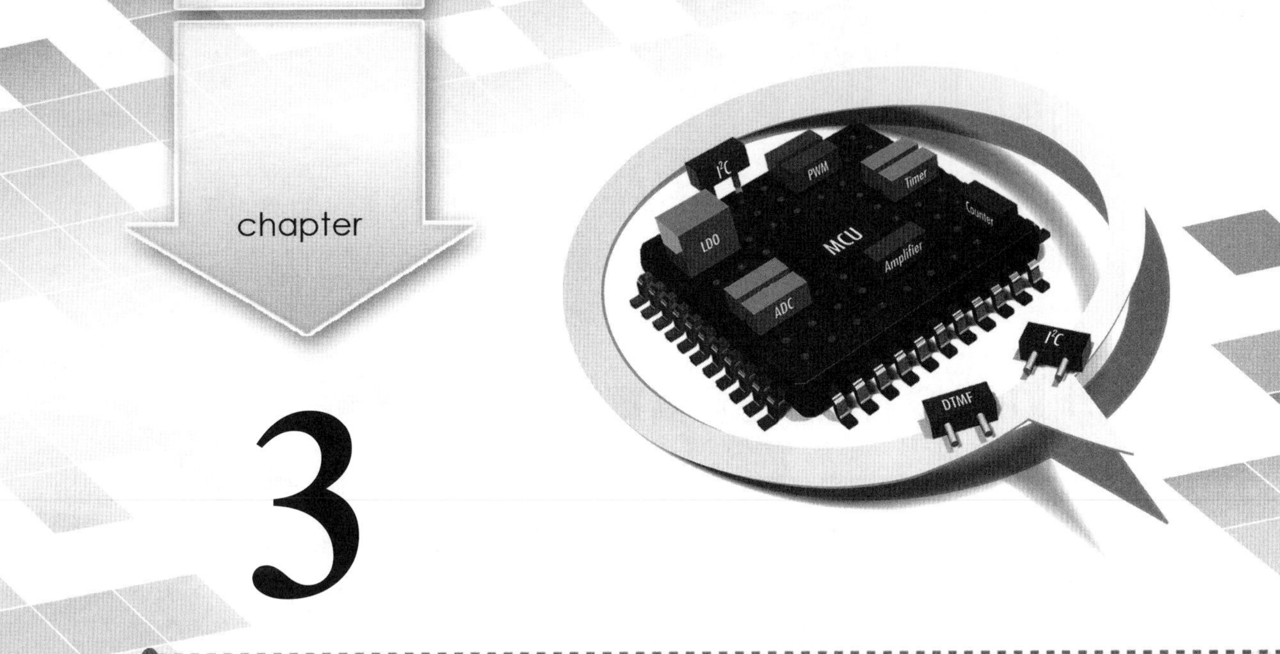

3 PSoC 硬體開發工具組與基本測試

為了以 PSoC 為架構來設計與實現許多串列介面模組與感測器的相關應用，我們需透過一硬體開發工具組來完成。其中，包含 PSoC 介面與感測器實驗載板、USB-ZigBee HID Dongle 與 CY3210-MiniProg1，以及還有一系列的感測器模組。而如圖 3.1 所示為整體 PSoC 硬體開發工具組實體圖。

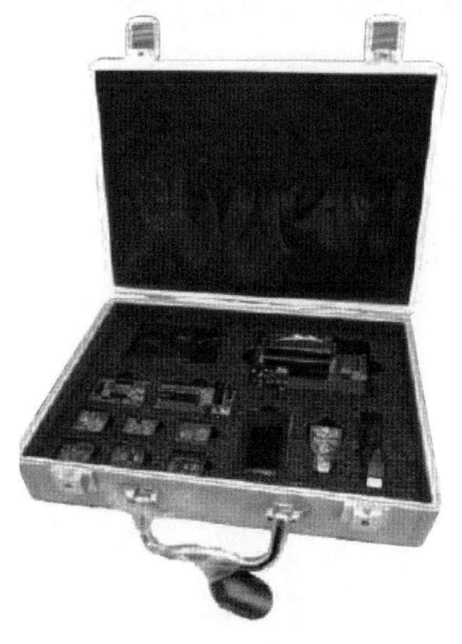

圖 3.1　PSoC 硬體開發工具組實體圖

以下，將爲讀者介此紹硬體開發工具組的相關特性與功能，並透過簡易的 LCD 與指撥開關範例來測試與驗證此硬體開發工具組。

3.1 PSoC 介面與感測器實驗載板

在此 PSoC 介面與感測器實驗載板中，共分爲上層各種感測器電路模板、中層的 PSoC 載板以及各種輸出顯示的底層擴充板。如圖 3.2 所示，爲三層板連接起來的實體圖(感測器模板以第九章所介紹的紅外線感測器爲範例)。3 層電路模板之結合方式則如圖 3.3 所示。以下，將主要的 PSoC 載板以及底層的擴充板電路做詳細的介紹(各感測器電路會在其它章節內分別介紹)。

圖 3.2　PSoC 介面與感測器實驗載板中之各層電路板實體圖

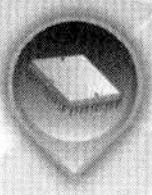

圖 3.3　結合而成之 PSoC 介面與感測器實驗載板實體圖

3.1.1　底層擴充板

底層擴充板除了供電之外，主要工作是提供各種 IO 介面(指撥開關、LCD)、UART 介面以及無線感測訊號的收發。如圖 3.4 右邊所示，爲底層擴充板與中層 PSoC 板的連結方式(PSoC)。此外，如圖 3.4 左邊所示，則是將 PSoC 接腳外部擴充使用(Extern)的插座電路圖。

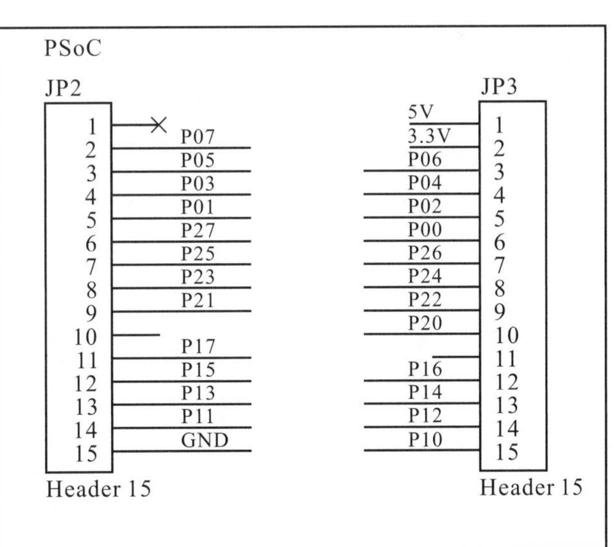

圖 3.4　底層板與中層 PSoC 載板電路圖

如圖 3.5 所示，為 UART 介面的轉換電路。其中，使用了 HIN232 這顆 IC 作為將 PSoC 之輸出 TTL 訊轉換成標準的±15V 的 UART 訊號。此外，亦可將 PC 電腦之 UART 訊號轉換成一般 TTL 訊號，達成雙向的串列 RS-232 傳輸。

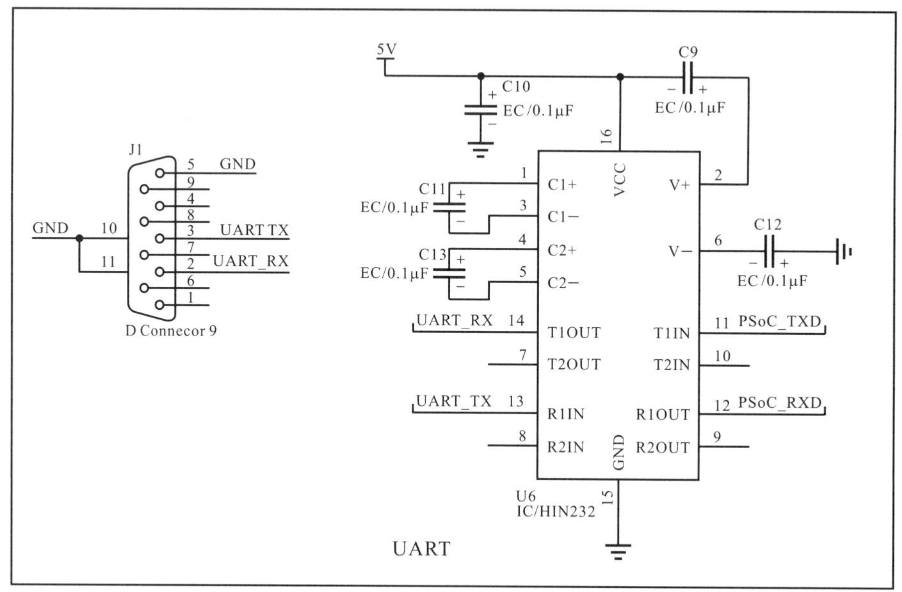

圖 3.5 UART 訊號轉換電路圖

如圖 3.6 所示，為 LCD 輸出的電路。其中，主要是利用 P20 ~ P23 達成 4-bit 的方式作資料的輸出，而非較常見的 8-bit。 至於 LCD 的控制接腳則以 P24 來作指令／資料的轉換(RS)以及使用 P25 作為 LCD 的致能接腳(E)。

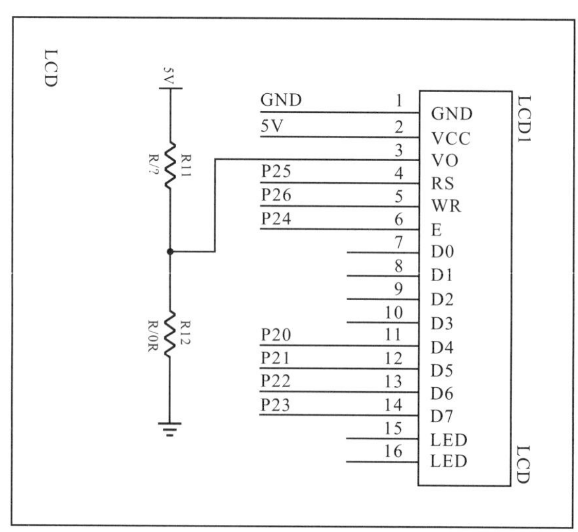

圖 3.6 LCD 輸出電路圖

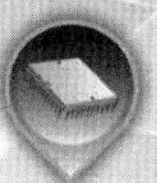

如圖 3.7 所示，為無線感測模組(CC2530)的連結電路。其中，可利用 UART 的訊號(ZBM_TXD 與 ZBM_RXD)來下達 AT Command。除此之外，尚有 4-bits 的數位輸出(ZBM_OUT)可控制 4 顆 LED 燈。

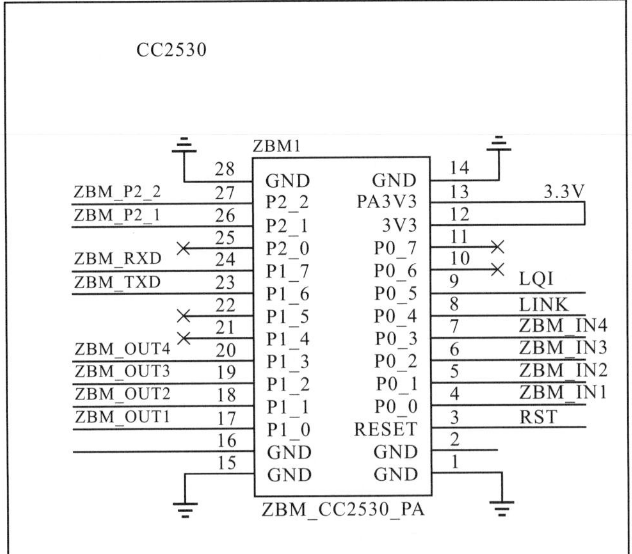

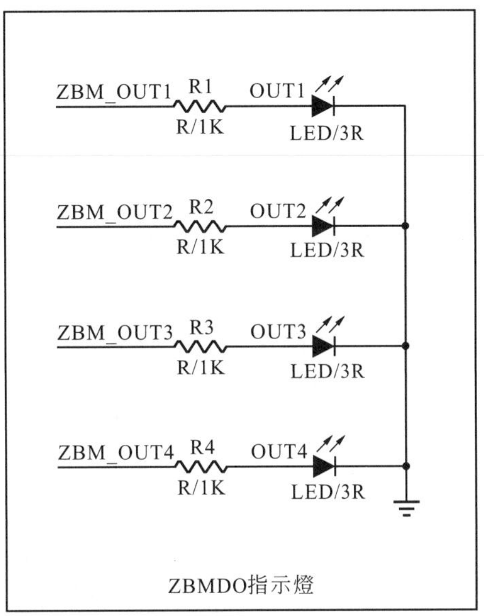

圖 3.7　無線感測模組(CC2530)連接圖

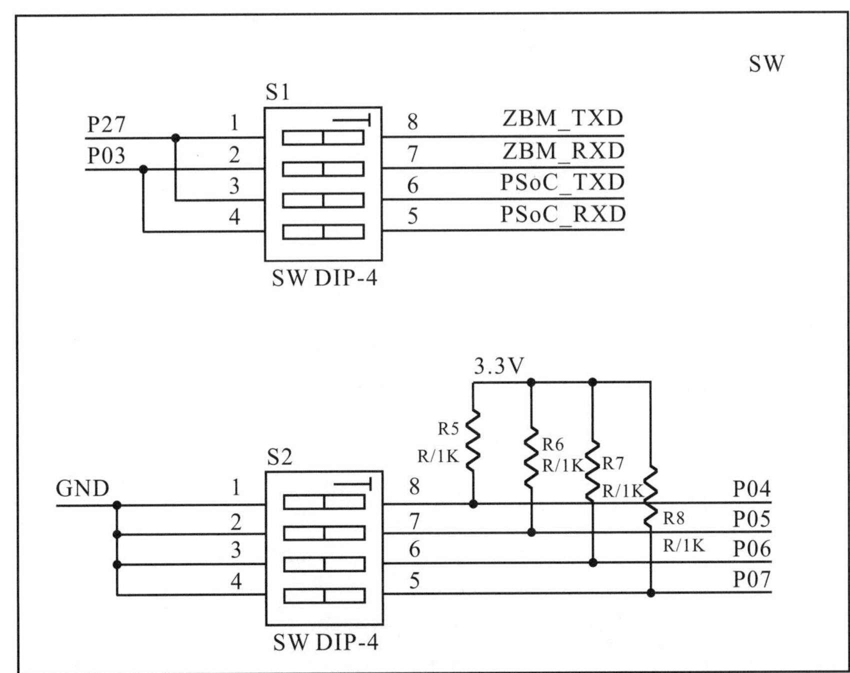

圖 3.8　SW1 與 SW2 指撥開關切換電路圖

此外，如圖 3.8 所示，爲外部輸入控制之指撥開關電路。圖中可分爲兩個部分：上圖 SW1 表示爲 UART 切換的方式。下圖 SW2 則爲一般指撥的輸入訊號，讓系統可加入使用者的動作，共有 4-bit 的指撥開關，分別以 P04 ~ P07 來作辨識。至於 UART 的 SW1 切換方式，共有三種切法：

1. 接腳 1-8 與接腳 2-7 導通：PSoC 與無線感測網路互傳資訊。
2. 接腳 3-6 與接腳 4-5 導通：PSoC 訊號傳送至 PC 主機之中作顯示。
3. 接腳 1-8，接腳 2-7，接腳 3-6 與接腳 4-5 導通：無線感測網路之資訊傳送至 PC 主機上作顯示與調整。

3.1.2 中層 PSoC 載板

如圖 3.9 所示，中層 PSoC 載板的供電方式可分爲兩種共用電源(JP1)與獨立電源(JP2)。

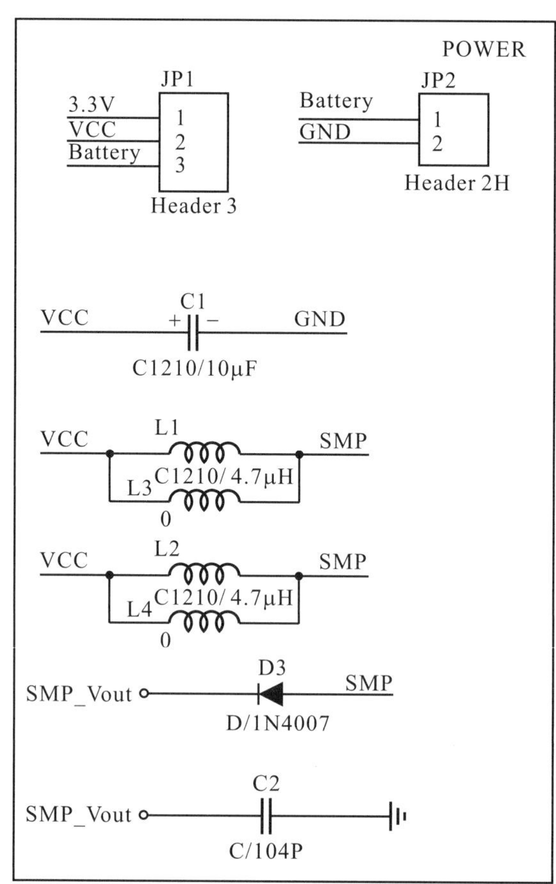

圖 3.9　電源切換方式電路圖

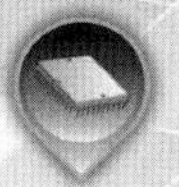

前者是以擴充板上的 DC 變壓器供電，只需將 JP1 之 1 與 2 導通即可，必須與底層擴充板連接方能使用，其優點在於方才所述的外部擴充介面，如 LED、LCD 顯示介面、指撥開關輸入以及 UART 介面等等。但相對的，缺點就是體積太大。

後者則是以外部電池供電(JP2)，其優點則在於可獨立電源使用。若不須連接較大的底層擴充板時，只需將 JP1 改成 2 與 3 導通即可，但其缺點就是功能較少。

在電源方面，PSoC 載板皆是使用 3.3V 來供電，但可利用 SMP 的方式來提升電壓(SMP_Vout)，最高可提升至 5V。

如圖 3.10 所示，爲 PSoC 的外部接腳圖，其中還包含了與底層擴充板的連接圖。在外部接腳中，包含 3 個可讓程式化的周邊埠；P0 ~ P2 共 24 隻接腳。除此之外，還有燒錄用的 XRES、以及提升電壓的 SMP 以及電源接腳，共 28 隻接腳。至於 ISSP 燒錄電路則如圖 3.11 所示。

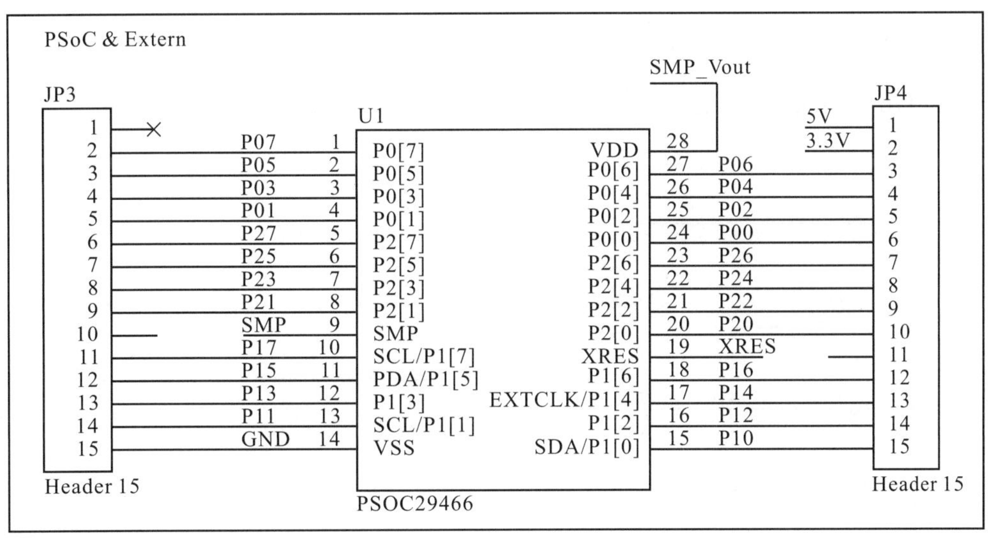

▲ 圖 3.10　PSoC-CY8C29466 晶片各腳位連接電路圖

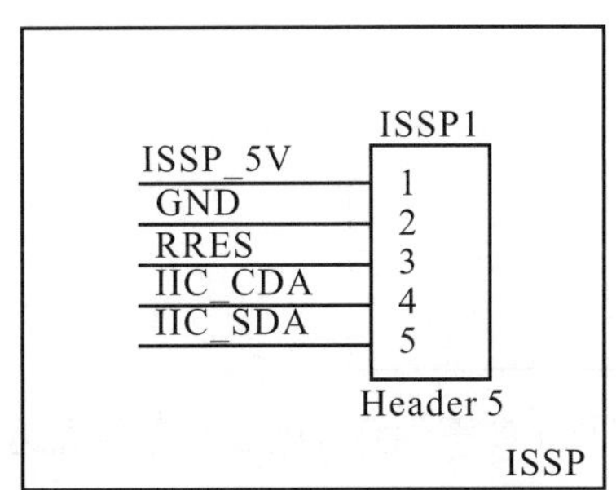

▲ 圖 3.11　ISSP 燒錄電路圖

如圖 3.12 所示，爲此感測器模組各腳位所連接至 CY8C29466 晶片上的腳位圖。利用排座，可以更換欲使用的模組(如：溫溼度計、加速度計或陀螺儀等)。而模組的部分將在稍後的章節中，會爲讀者做介紹與其基本應用設計。

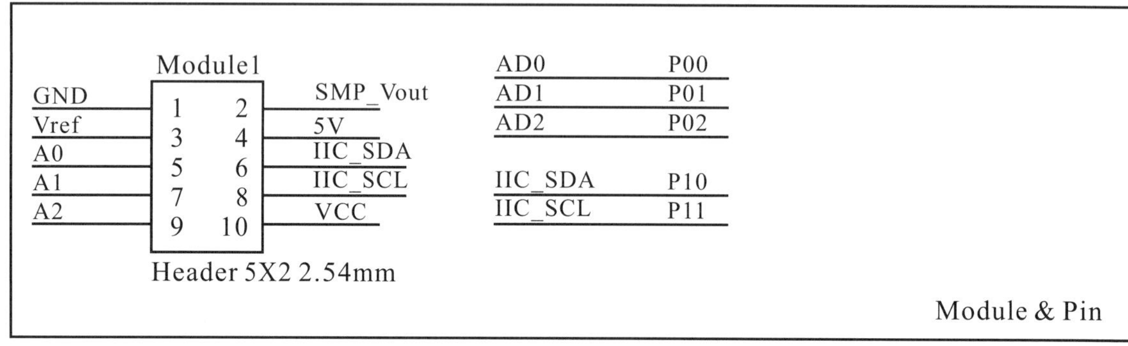

圖 3.12　各個感測器模組接腳電路圖

而如圖 3.13 所示，爲了避面讓各介面使用上出現問題，電路中加入了提升電阻，使其接腳可當輸入亦可當輸出。除此之外，還加入了電源指示燈讓使用者方便使用與監看。

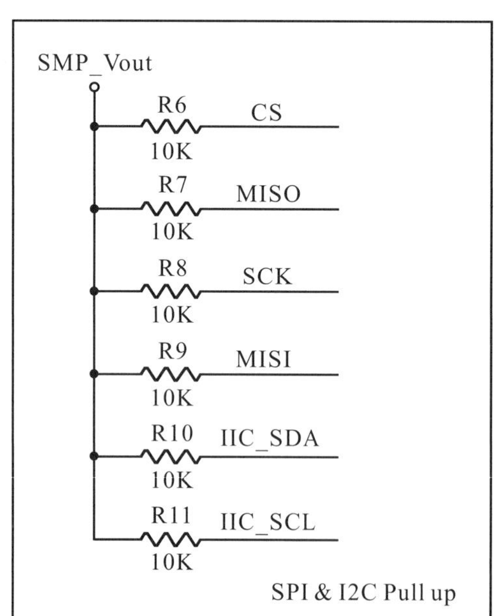

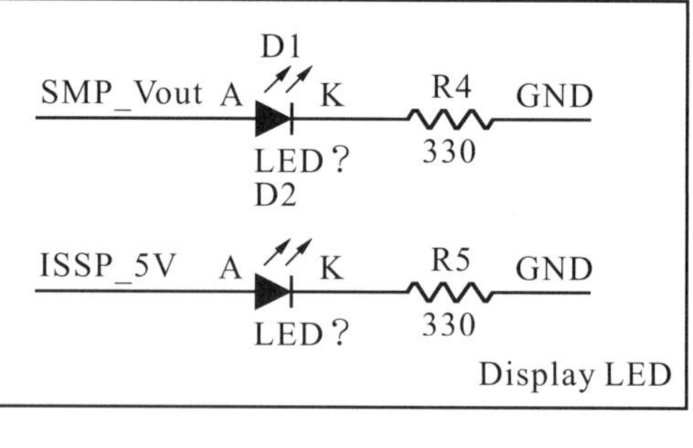

圖 3.13　SPI 與 I²C 串列介面的提升電阻電路與指示燈電路圖

3.1.3　上層感測器擴充板

爲了提供後續實驗的各種感測器與專題設計需求，在上層感測器擴充板的連接座上，提供下列如表 3.1 所列的感測器類型。其中，包含了光照度感測模組、陀螺儀感測器、SMBus 人體紅外線溫度感測器、加速度感測器、仿 I^2C 溫濕度感測器、1-wire 溫度感測器與太陽光能板模組。

而在後需的實驗章節中，將會依序介紹這些模組的使用以及如何整合出一所要建立的 ZigBee 無線感測網路的各種感測器的智慧量測應用。

表 3.1　PSoC 連接控制的感測器類型一覽表

感測器或 載板類型	PSoC 控制方式	PSoC 腳位與方向	模組的對應 腳　　位	圖片
光照度感測模組	ADC	P0.0(AD0)/ 輸入	A0(5)	
溫度感測模組 (DS18B20)	1-Wire	P1.0(RX)/ 輸入	SDA1(6)	
		P1.1(TX)/ 輸出	SCL1(8)	
陀螺儀感測器 (IDG300)	ADC	P0.0(AD0)/ 輸入	A0(5)	
		P0.1(AD1)/ 輸入	A0(7)	

表 3.1　PSoC 連接控制的感測器類型一覽表(續)

感測器或 載板類型	PSoC 控制方式	PSoC 腳位與方向	模組的對應 腳　　位	圖片
紅外線溫度感測器 (MLX90614)	SMBus	P1.0(SDA)/ 雙向	SDA1(6)	
		P1.1(SCL)/ 輸入	SCL1(8)	
加速度感測器 (MMA7260)	ADC	P0.0(AD0)/ 輸入	A0(5)	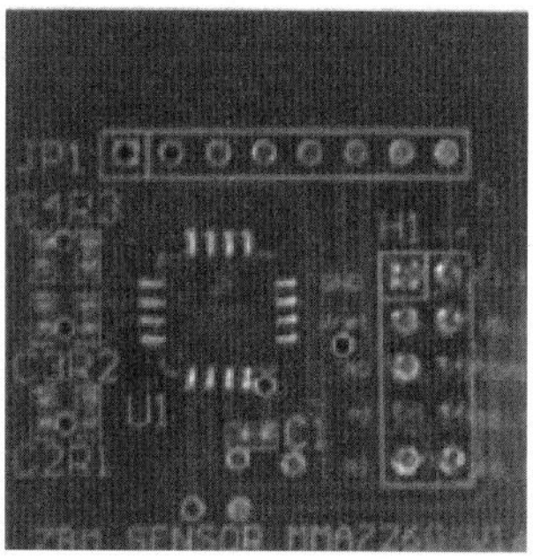
		P0.1(AD1)/ 輸入	A0(7)	
		P0.2(AD2)/ 輸入	A0(9)	
溫度感測器 SHT_11	仿效 I2C	P1.0(SDA)/ 雙向	SDA1(6)	
		P1.1(SCL)/ 輸入	SCL1(8)	
太陽光能板 模組	ADC	P0.0(AD0)/ 輸入	A0(5)	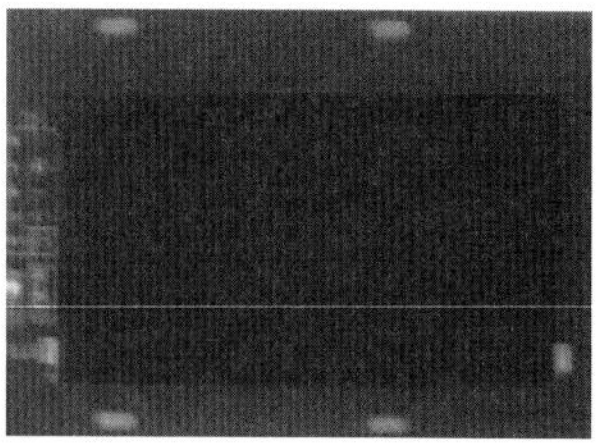
		P0.1(AD1)/ 輸入	A0(7)	

3.2　USB-ZigBee HID Dongle

爲了實現透過無線傳輸的方式，並將資料傳送至 PC 主機端，因此，需使用一個 USB-ZigBee HID Dongle 將遠端的感測回傳回來。

如圖 3.14 所示，爲其實體圖。其中，使用 Cypress 所推出的 enCoReIII- CY7C64215 來開發與設計。因爲其內建 USB 模組，所以很快地可以透過 PSoC Designer 實現出 USB HID 周邊裝置的功能。而詳細的設計與規劃方式，請參考第九章的章節說明。

圖 3.14　USB-ZigBee HID Dongle 實體圖

3.3　USB-ZigBee HID Dongle 與簡易 PSoC 實習單板組

除了上述所介紹的完整 PSoC 介面與感測器實驗載板與 USB-ZigBee HID Dongle 外，讀者也可利用書本上所販售的實習單板組來購置相關的零件，以實現後面實驗章節的相關功能。

如圖 3.15 所示，爲 USB-ZigBee HID Dongle 與簡易 PSoC 實習單板組焊接後成品的實體圖(電路圖請參考附錄 B)。其中，包含 USB-ZigBee HID Dongle 與簡易 PSoC 實習單板組等兩部份。左邊爲 USB-ZigBee HID Dongle 電路板，右邊則爲簡易 PSoC 實習單板。而簡易的實習單板組跟 PSoC 介面與感測器實驗載板的中層電路板類似，讀者可以將其接至洞洞板或是麵包板來測試後面的實驗單元。其中，兩片板子可透過中間的 Jump 連接，來實現 TX 與 RX 相連之 UART RS-232 傳送與接收的測試。此外，若要實習第 10 章以後的無線感測網路單元，可以從其中間銜接的凹槽線折斷，即可具備遠端量測的功能。

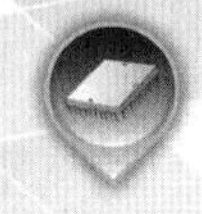

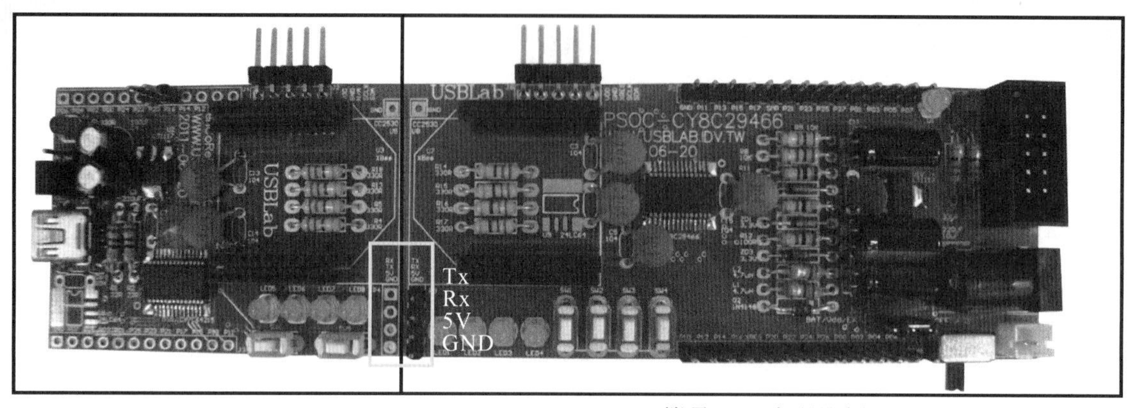

圖 3.15　簡易 PSoC 實習單板組焊接後的成品實體圖

3.4　PSoC 應用範例－LCD 與指撥開關

在本章節中，將首先介紹如何使用 PSoC LCD 模組與指撥開關來驗證 PSoC 介面與感測器實驗載板的功能是否正常。此外，也在問題討論中，引用另外的 Counter8 與 Counter16 模組。因此，本章將會運用下列的模組來整合設計與應用，如右圖所示。

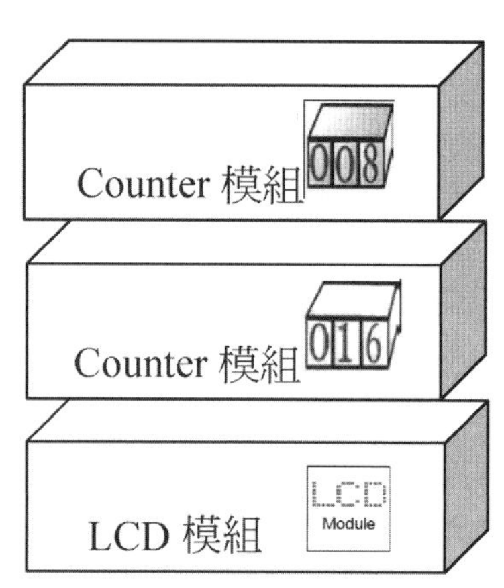

如第二章所介紹的，首先開啓一個 PSoC 專案檔。如圖 3.16 所示，於 PSoC Designer 視窗右下角中 User Modules 中的 Misc digital 找出“LCD”。然後對其連點左鍵兩下加入，便能如圖 3.17 所示，將 LCD Module 加入至專案中。緊接著，將其重新命名爲 LCD 以及將 LCDPort 設定爲 Port_2，如圖 3.18 所示。

而如圖 3.19 所示，也需要將 Global Resources 中的參數做相對應的修改。其中，PSoC 設定修改的有 Power 爲 5V/24MHz；CPU Clock 爲 24M/16 = 3.84M；VC1 ~ VC3 的設定是給予 UART 傳輸使用，並讓鮑率達到 9600bps。這部份在第四章會有更詳細的介紹。除此之外，更需要注意的是 SwitchModePump(SMP)必須設定爲 ON 以及 Trip Voltage 需設定爲 4.81(5V)。若沒將 SMP 功能開啓，PSoC 晶片組中的 VCC 將沒電源可使用，導致晶片組無法動作。再者，必須將 Power Setting 電量與 SMP 提升的電量設定爲相同，避免 PSoC 燒毀。

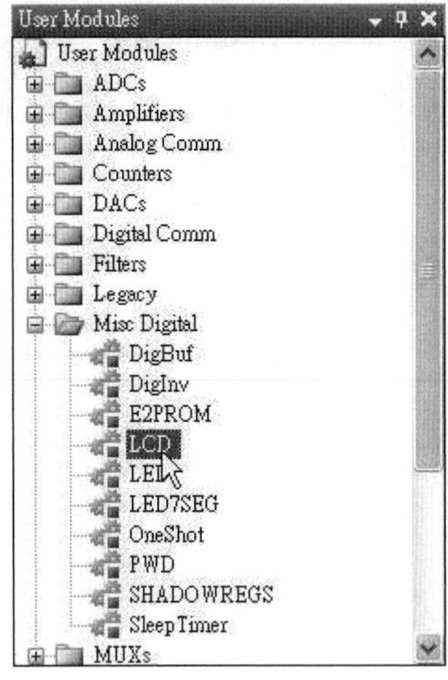

圖 3.16　LCD 模組(Modules)示意圖

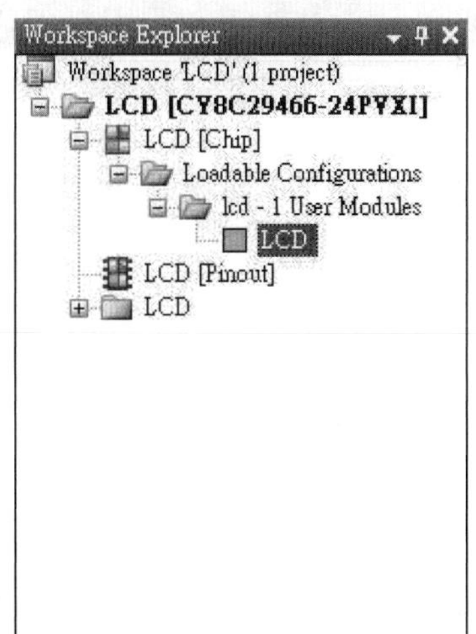

圖 3.17　LCD 已加入至專案示意圖

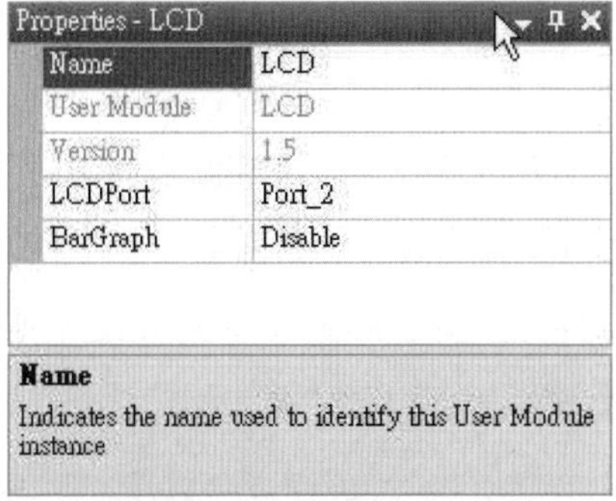

圖 3.18　重新命名模組為 LCD 操作示意圖

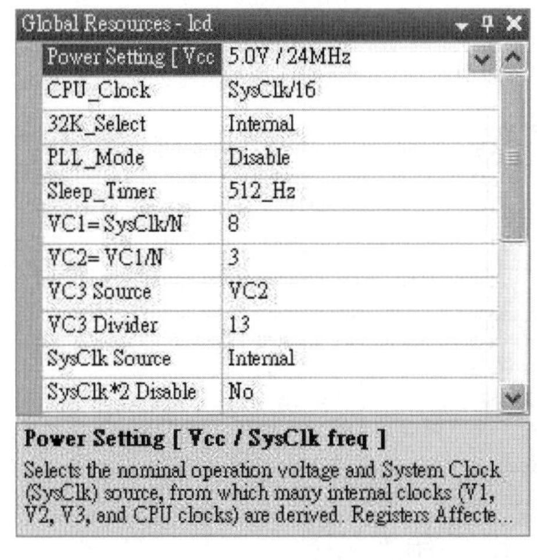

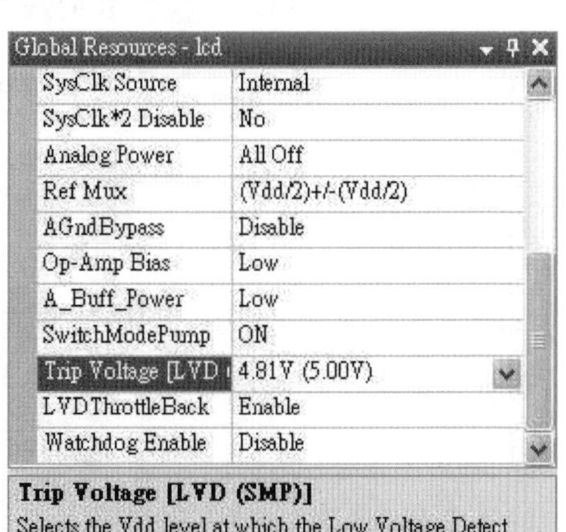

圖 3.19　“Global Resources”參數設定示意圖

如圖 3.20 所示，除了“Global Resources”之外，尚需對“Pinout”作設定。由於要使用指撥開關，所以必須加有提升電阻。因此，P0[4]至 P0[7]需從 High Z 改爲 Pull up。而 LCD 也需要照電路設計如圖 3.6 來設定。

Pinout - lcd

P0[0]	Port_0_0, StdCPU, High Z Analog, DisableInt
P0[1]	Port_0_1, StdCPU, High Z Analog, DisableInt
P0[2]	Port_0_2, StdCPU, High Z Analog, DisableInt
P0[3]	Port_0_3, StdCPU, High Z Analog, DisableInt
P0[4]	Port_0_4, StdCPU, Pull Up, DisableInt
P0[5]	Port_0_5, StdCPU, Pull Up, DisableInt
P0[6]	Port_0_6, StdCPU, Pull Up, DisableInt
P0[7]	Port_0_7, StdCPU, Pull Up, DisableInt
P1[0]	Port_1_0, StdCPU, High Z Analog, DisableInt
P1[1]	Port_1_1, StdCPU, High Z Analog, DisableInt
P1[2]	Port_1_2, StdCPU, High Z Analog, DisableInt
P1[3]	Port_1_3, StdCPU, High Z Analog, DisableInt
P1[4]	Port_1_4, StdCPU, High Z Analog, DisableInt

Pinout - lcd

P1[3]	Port_1_3, StdCPU, High Z Analog, DisableInt
P1[4]	Port_1_4, StdCPU, High Z Analog, DisableInt
P1[5]	Port_1_5, StdCPU, High Z Analog, DisableInt
P1[6]	Port_1_6, StdCPU, High Z Analog, DisableInt
P1[7]	Port_1_7, StdCPU, High Z Analog, DisableInt
P2[0]	LCDD4, StdCPU, Strong, DisableInt
P2[1]	LCDD5, StdCPU, Strong, DisableInt
P2[2]	LCDD6, StdCPU, Strong, DisableInt
P2[3]	LCDD7, StdCPU, Strong, DisableInt
P2[4]	LCDRS, StdCPU, Strong, DisableInt
P2[5]	LCDE, StdCPU, Strong, DisableInt
P2[6]	LCDRW, StdCPU, Strong, DisableInt
P2[7]	Port_2_7, StdCPU, High Z Analog, DisableInt

圖 3.20　Pinout 參數設定

修改完以上的步驟後，請讀者按下 Generate 按鈕，PSoC Designer 將產生的相對配置檔。此時，會根據所選用的模組來產生相對應的底層組語程式碼，例如，LCD.asm。讀者可在如圖 3.21 的“Workspace Explorer”視窗中，LCD-> lib-> Library Source Files 項目下找到 LCD.asm 原始檔案。

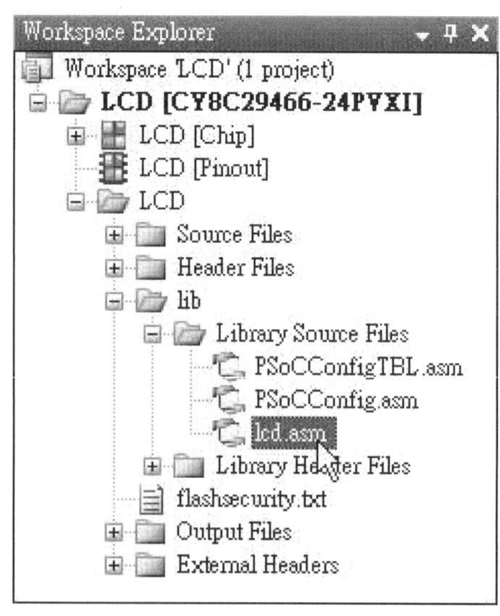

圖 3.21　LCD.asm 原始檔位置

緊接著，即可開始撰寫其中的韌體程式。以下，先著手撰寫 LCD 的應用主程式 -main.c。而其主要功能爲掃描指撥開關，並將其掃描結果顯示在 LCD 上。其中，使用 LCD 模組的理由就在於可減低韌體程式的複雜性，只要利用 PSoC 中的 API 函式，就可輕易的控制與應用 LCD。而詳細的 LCD API 指令可對 LCD 模組按下右鍵，觀看其資料手冊(datasheet)，有更詳細的說明。

基本上，讀者以右鍵按下如圖 3.16 所示的 LCD 模組時，會彈出一資料手冊(Datasheet)的選項。當讀者選擇"Show PDF"選項時。即可顯示此 LCD 模組的資料手冊。此時，如圖 3.22 所示，在此 LCD 模組資料手冊的書籤視窗中，會顯示相關的資料與說明，讀者可以詳加閱讀。若要直接使用 LCD 的應用程式的話，只要選擇"Sample Firmware Source Code"選項來參考。因爲我們是以 C 語言來撰寫的，讀者就可以直接參考 C 程式碼來直接引用即可，相當的便利。而不同的 PSoC 模組資料手冊的書籤略有不同，但差異不大。

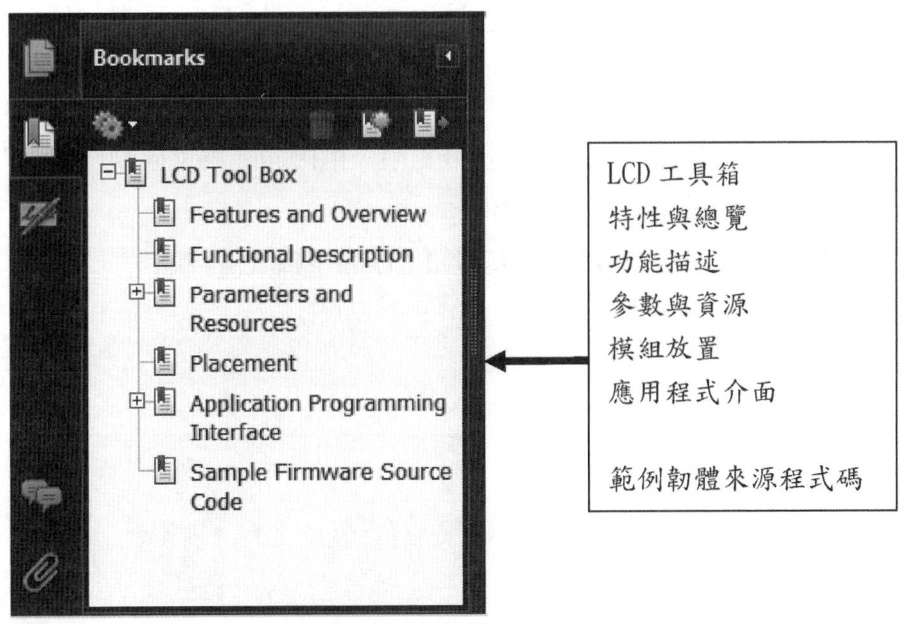

圖 3.22　LCD 模組資料手冊的相關資源書籤示意圖

讀者可以對應圖 3.23 所示的 LCD 模組電路圖來瞭解 PSoC 所配置的相關的接腳與程式碼(LCD.asm)。其中，LCD_E，LCD_RW 與 LCD_RS 分別設定爲 10h，40h 與 20h。如此，讀者可以很輕鬆地就應用 LCD 的驅動與顯示功能。而 PSoC 周邊埠選用 Port_2。

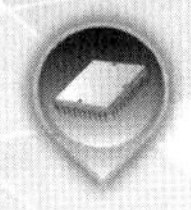

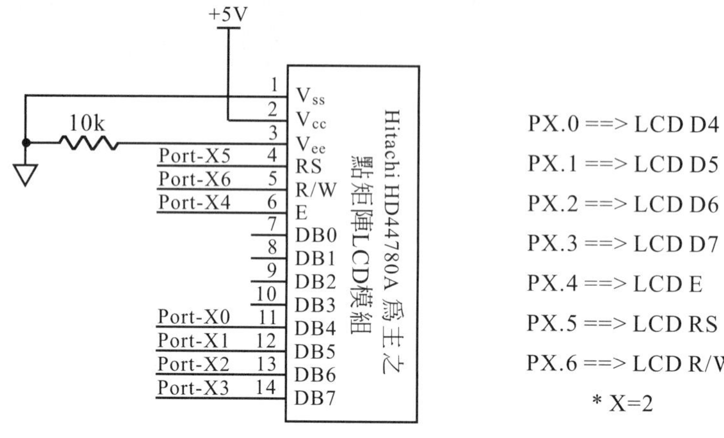

圖 3.23　LCD 模組架構示意圖

```
LCD_E:              equ    10h
LCD_RW:             equ    40h
LCD_RS:             equ    20h
```

此外，指撥開關需使用到 Port0 中的 bit4 ~ bit7，因此將其數值右移 4-bits 後，可定義在 0x0~ 0xF 之間的變化。由於使用提升電阻，指撥開關為反向動作(0，低電位動作)，因此需在程式碼中做反向(~)的動作。

如圖 3.24 所示，為指撥開關數值顯示於 LCD 的主程式流程圖。

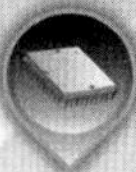

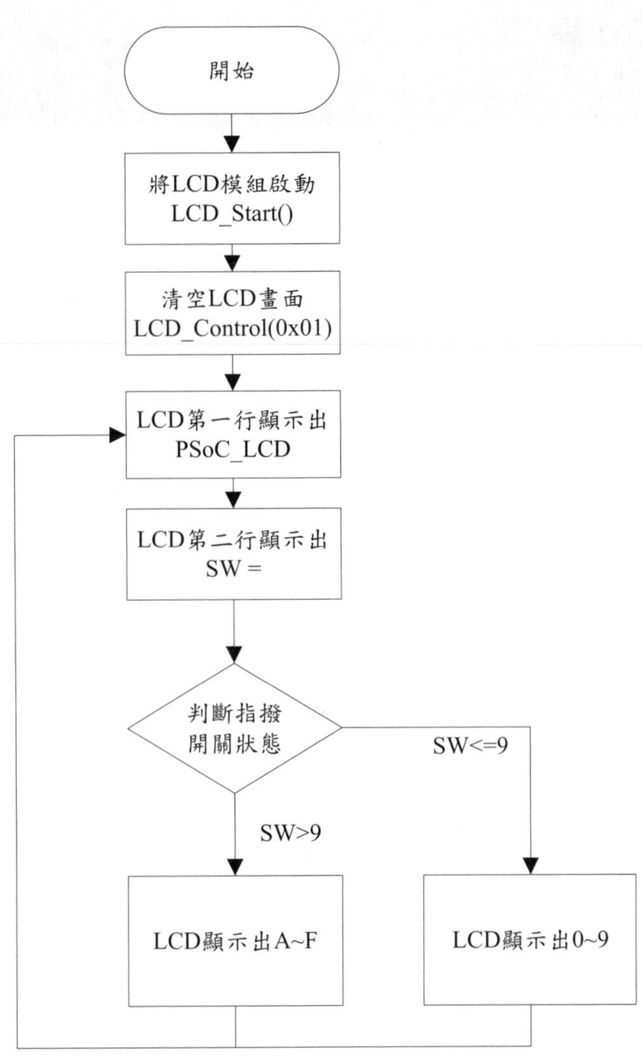

圖 3.24　指撥開關數值顯示於 LCD 的主程式流程圖

緊接著，再列出其範例程式中的 main.c。

```
// PSoC 介面與感測器之設計與應用，CH3

#include <m8c.h>                  //元件特定的常數與巨集
#include "PSoCAPI.h"              //所有使用者模組的 PSoC API 函式定義

#define SW(~(PRT0DR&0xf0)>>4)     //定義指撥開關接腳

void delay(BYTE de_time)          //延遲副程式
{
     while(de_time!=0)
```

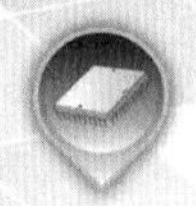


```
            de_time--;
    }

    void main(void)
    {
        char fristStr[] = "PSoC LCD";          //設定 LCD 第一行字串
        char SecondStr[] = "SW =";             //設定 LCD 第二行字串
        BYTE i=0;
        delay(255);                            //等待 PSoC 穩定動作的延遲時間
        LCD_Start();
        LCD_Init();
        LCD_Control(0x01);                     //clear LCD
        while(1)
        {
            LCD_Position(0,0);                 //PSoC API ;設定 row = 0,line = 0
            LCD_PrString(fristStr);            //PSoC API ;顯示 "PSoC LCD"
            LCD_Position(1,0);                 //PSoC API ;設定 row = 0,line = 1
            LCD_PrString(SecondStr);           //PSoC API ;顯示"SW ="
            PRT0DR = 0xf0;                     //將指撥開關接腳提升為高準位
            if(SW>9)                           //如果 SW>9,LCD 顯示 ASCII 碼的 A~F
                LCD_WriteData(SW+0x40-9);
            else                               //反之 SW<=9,LCD 顯示 ASCII 碼的 0~9
                LCD_WriteData(SW+0x30);
            for(i=0;i<30;i++)                  //延遲
                delay(100);
        }
    }
```

按照上述步驟修改完畢後，按下 Build 後，如圖 3.25 所示，"Output"視窗編譯結果應會出現 0 error 畫面。若出現錯誤，則可能程式碼或相關參數設定出錯，請讀者再照上述步驟重新設定。

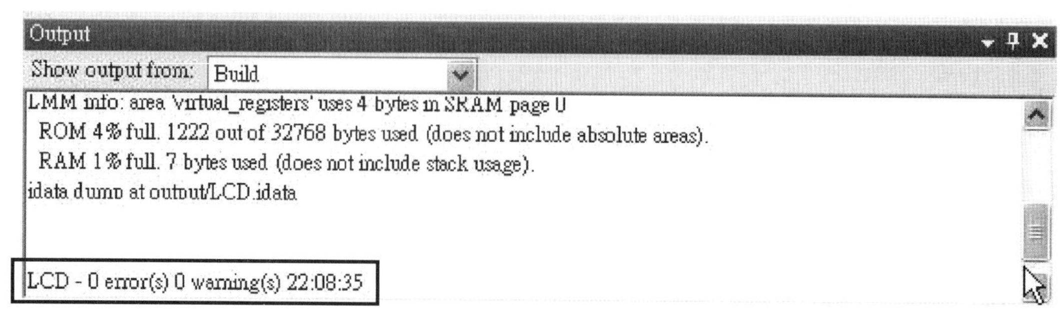

圖 3.25　編譯結果的"Output"視窗畫面

緊接著，將燒錄用的 CY3210-MiniProg1 燒錄器連接至中層 PSoC 載板的 5-pin ISSP 燒錄排針上(參考圖 3.11)。如圖 3.26 所示，爲 CY3210-MiniProg1g 燒錄器連接至中層 PSoC 載板示意圖。需注意到，燒錄排針的接腳方向。

然後，按下工具列中的 Program 按鈕來進行燒錄 PSoC 晶片組的步驟，如圖 3.27 所示。在此，燒錄器選項需將 Acquire Mode 選項改爲“Reset”。這是因電源電路設計上使用 SMP，所以無法使用燒錄器供電(Power Cycle)。當讀者按下燒錄後，畫面應如圖 3.28 所示。

圖 3.26　將 CY3210-MiniProg1g 燒錄器連接至中層 PSoC 載板之示意圖

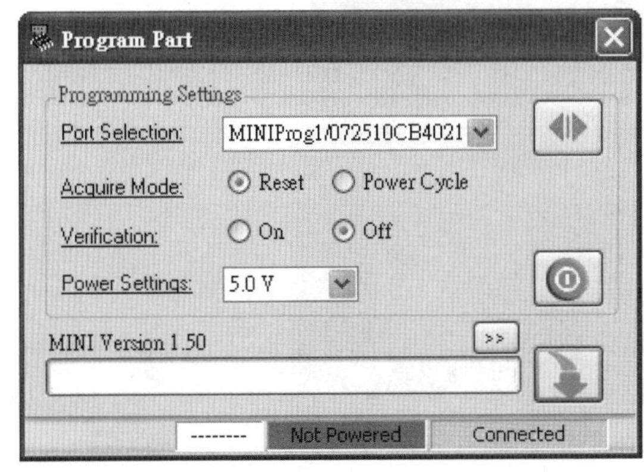

圖 3.27　設定燒錄 PSoC 選項示意圖

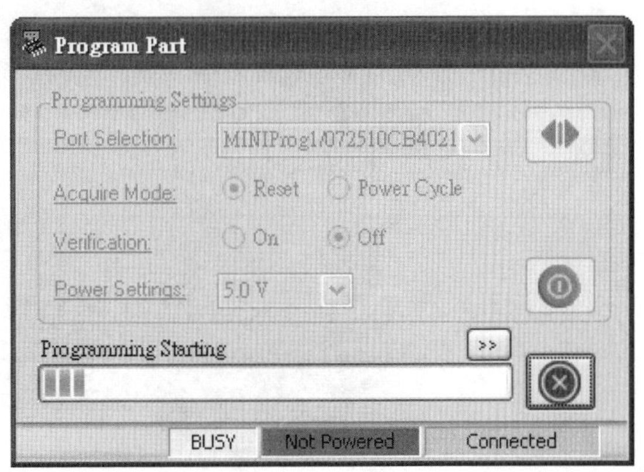

圖 3.28　正在燒錄 PSoC 過程畫面操作示意圖

當燒錄完畢後，PSoC 將自動重載程式碼並執行。而其執行畫面應如圖 3.29 與圖 3.30 所示。當切換 S2 之指撥開關時，LCD 上會顯示其相對應的指撥開關數值。其中，指撥開關 1、2、3 以及 4 分別是對應的值是 0x1、0x2、0x4 與 0x8。舉例來說，若將指撥開關撥了 DIP-2，LCD 將顯示為 SW = 2(參考圖 3.29)。若指撥開關撥了 DIP-1 與 4，則 LCD 該顯示則為 SW = A(參考圖 3.30)，以此類推。

圖 3.29　SW = 2 的執行畫面示意圖

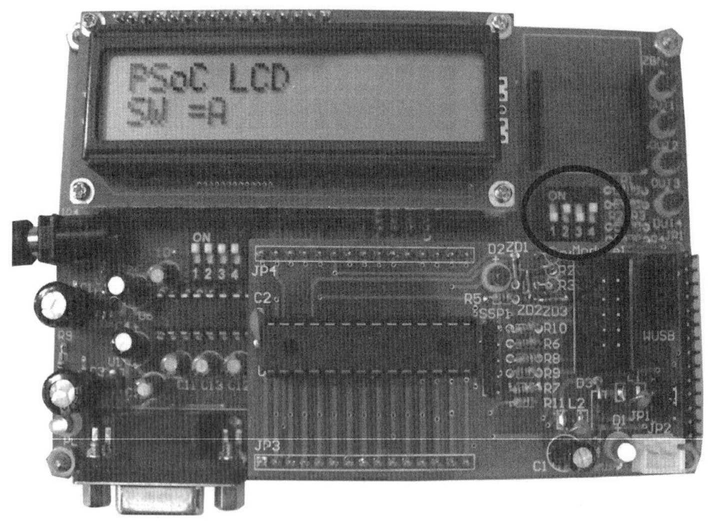

圖 3.30　SW = A 的執行畫面示意圖

從上述的程式範例中，可以了解到透過 PSoC 來實現 LCD 與指撥開關的應用設計是相當的快速與便利。讀者只需熟悉整體操作步驟，即可很快上手。

※本章節的範例專案請參考附贈光碟片目錄：\examples\ch3\

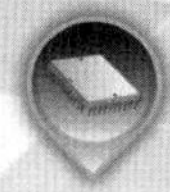

問題與討論

1. 請讀者重新測試本章所介紹的 LCD 與指撥開關的範例，並以指撥開關切換數值，來對比 LCD 上所顯示的數值。
2. 若無法成功地測試此範例，請讀者重新檢測操作步驟或是專案檔的相關設定是否正確。當然，檔案是否有變更過也是查驗重點。
3. 請讀者更改 LCD 的顯示方式，例如，第一列顯示你/妳的學號，第二列顯示指撥開關的數值。注意到，開關數值請更改為十進制。
4. 請設計一 0.5 秒可更新並遞增目前 8-bit counter 數值(0 ~ 99)顯示於 LCD 上的功能。
5. 參考設計：若要實現每 0.5 秒可更新並遞增數字的功能，需選用一個 16-bit counter 模組與一個 8-bit counter 模組。這是因為需採用下列的時脈輸出與相關模組，以取得 2Hz 的輸出頻率。

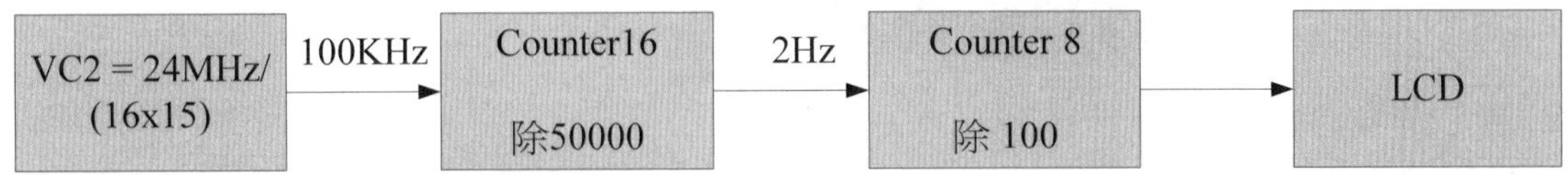

此外，需在“Global Resources”設定相關參數，以取得 VC2 輸出為 100KHz 頻率:

SysClk = 24MHz

VC1 = SysClk/15 = 1600 kHz

VC2 = VC1/16 = 100 kHz

6. 承上題，請讀者更改以指撥開關-SW2 的接腳 1-8 開關(DIP-1)來設定 counter 的上數與下數功能。

7. 讀者可以根據書後附錄 B 的 BOM 表與電路圖，購置簡易 PSoC 實習單板的相關零件，並根據圖 3.6 所示的 LCD 輸出電路以及圖 3.8 所示的 SW1 與 SW2 指撥開關切換電路來實現本章的實驗。(如圖 3.31 所示)

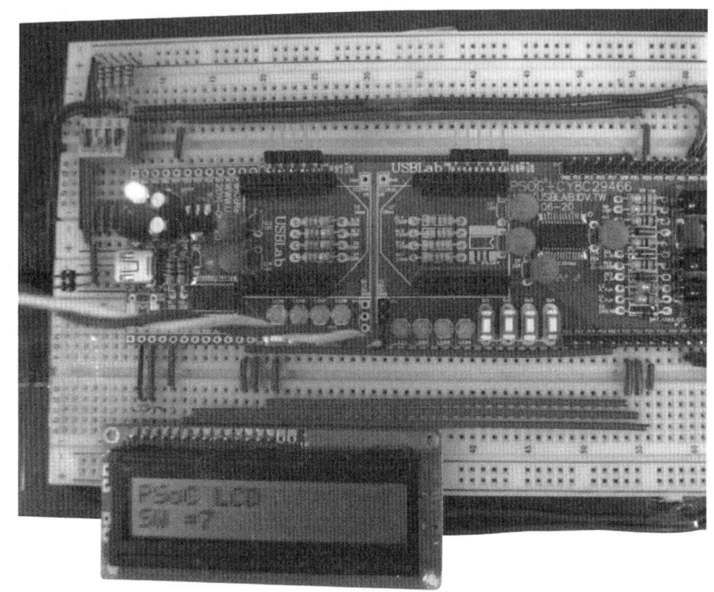

圖 3.31　簡易 PSoC 實習單板的實驗實體圖

PSoC UART 模組設計與應用

從本章開始，我們將進入本書的主題之一，即是 PSoC 的串列介面模組的設計與應用。首先，將介紹 RS-232 基本概念，並針對 PSoC 所提供的 UART 模組來設計與應用。最後，再以 PC 主機端的超級終端機應用程式來驗證與測試。如圖 4.1 所示，為本章實驗架構示意圖。

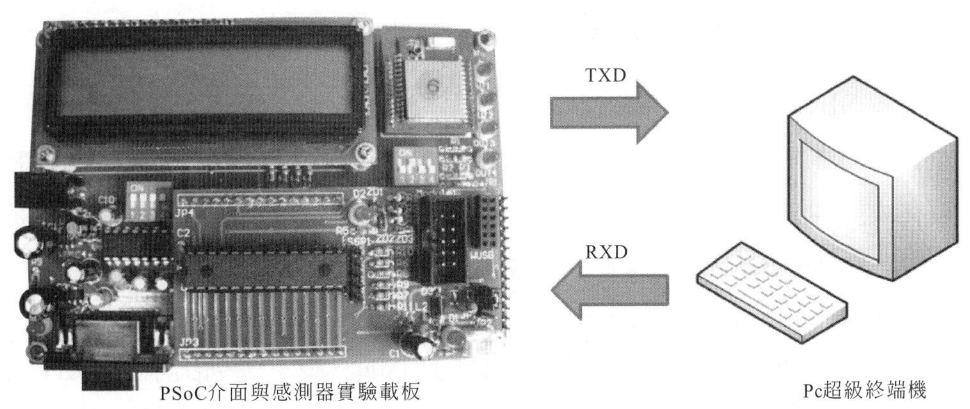

圖 4.1　PSoC UART 模組設計與應用之實驗架構示意圖

而透過本章的學習，可以再建立一個 UART 模組。

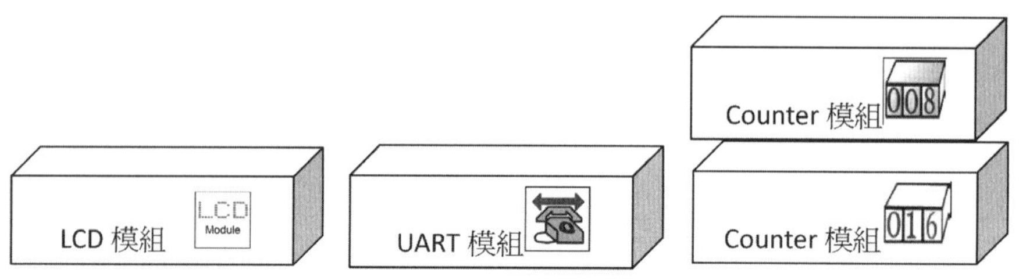

4.1 RS-232 基本概念

RS-232(Recommended Standard-232) 是由電子工業協會(Electronic Industries Association，EIA)在 1969 年所制定的非同步傳輸(asynchronous transmission)標準介面。我們常看到的 UART 就是從這規格所延伸的。如今，也變成了個人電腦上的標準通訊介面之一。而在 IBM-PC 上，透過其所連接的串列介面卡，可連接至 4 個 RS-232 介面。這種介面稱之爲序列埠或是串列埠。由於 RS-232 是由 EIA 所定義的，所以也常稱爲 EIA-232。目前相關的規格已訂定至第四個版本，RS-232D。而其中，"RS"表示爲推薦的標準(recommend standard)。

4.1.1 RS-232 接腳與準位格式

雖說很多 NB 已經移除了 RS-232 埠，但由於其便於使用與連接，使得目前常用的 USB 介面還透過 USB 轉 RS-232 晶片組來延伸出 RS-232 虛擬 COM 埠，可見 RS-232 的應用實在太廣與易於使用了。換言之，RS-232 串列埠幾乎是每部電腦上的必要配備，通常含有 9-Pin COM1 與 COM2 兩個通道。

而 EIA-RS-232C 對電器特性、邏輯電位與各種訊號線功能都作了相關規定。首先，必須瞭解 EIA 準位與 TTL 準位是完全不一樣的。因此，以下先列出了在 TXD 和 RXD 傳輸引線上的準位協定：

1. 邏輯 1 (Mark，標記) = −3V ~ −15V。
2. 邏輯 0 (Space，空格) = +3 ~ +15V。

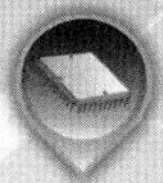

表 4.1 9-Pin RS-232C 接腳定義表

腳位	名稱	意義	腳位	名稱	意義
1	PG	保護用接地線	6	DSR	資料備妥
2	RXD	接收資料	7	RTS	請求發送
3	TXD	傳輸資料	8	CTS	清除以發送(允許發送)
4/9	–	–	DTE (公接頭) 1 2 3 4 5 / 6 7 8 9；DCE (母接頭) 1 2 3 4 5 / 6 7 8 9；9-PIN D-SUB (DB-9)		
5	SG	訊號接地線			

另外，在 RTS、CTS、DSR、DTR 與 DCD 的控制引線上的準位協定則是：

1. 訊號有效(接通，ON 狀態，正電壓) = +3V ~ +15V。
2. 訊號無效(斷開，OFF 狀態，負電壓) = −3V ~ −15V。

在以上規格中，顯示了 RS-232C 對邏輯電位的定義是與 TTL 準位不同的。因此，對於資料來說，邏輯"1"(標記)的電位是低於−3V，邏輯"0"(空格)的電位則是高於+3V。而對於控制訊號來說，接通狀態(ON)為訊號有效的電位是高於+3V，斷開狀態(OFF)為訊號無效的電位是低於−3V。換言之，也就是當傳輸電位的絕對值大於 3V 時，電路可以有效地檢查出來。若是介於−3 ~ +3V 之間的電壓則是表示無意義的。再者，低於−15V 或高於+15V 的電壓也認為無意義。因此，實際工作時，必須保證電位是位於± (3 ~ 15)V 範圍之間。

這種 EIA-RS-232C 電壓的定義標準是用正負電壓來表示邏輯狀態與我們常用的 TTL 數位邏輯電路以高低電位來表示邏輯狀態的規範是不一樣的。因此，我們若要為了將電腦介面或終端的 TTL 器件連接上，必須在 EIA-RS-232C 與 TTL 電路之間進行電位和邏輯關係的轉換才可以。這部分的電路可以參考第 3 章圖 3.5 所示的 UART 訊號轉換電路。

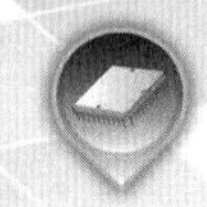

4.1.2 RS-232 資料格式

由於 UART(Universal Asynchronous Receiver / Transmitter，萬用非同步接收器/傳送器)是用於不具連續性的資料傳送上，且傳送與接收的雙端設備處理的速度在不一致的情形下，才會普遍地被採用。但是當傳送端送出資料後，接收端在資料傳輸過程中，在沒有維持一定時脈的情形時，要如何知道資料何時被傳送與接收呢？因此，必須在資料的前後加上幾個判斷位元，使得接收端能正確地接收到資料。而在資料前面所加的位元稱之為開始位元(Start Bit)，在資料前後面所加的位元稱之為停止位元(Stop Bit)。此外，還需在結束位元前，再加上檢查位元(Parity Bit)，以作為錯誤偵測之用，並確保所接收的資料正確無誤的。因此，完整的非同步傳輸的資料格式包含了 4 個部份：開始位元、資料位元、檢查位元與停止位元。

如圖 4.2 所示，為 RS-232 串列埠中所取得的，且其格式是 8−N−1。這意謂著，8 個資料位元，無同位元與 1 個停止位元。

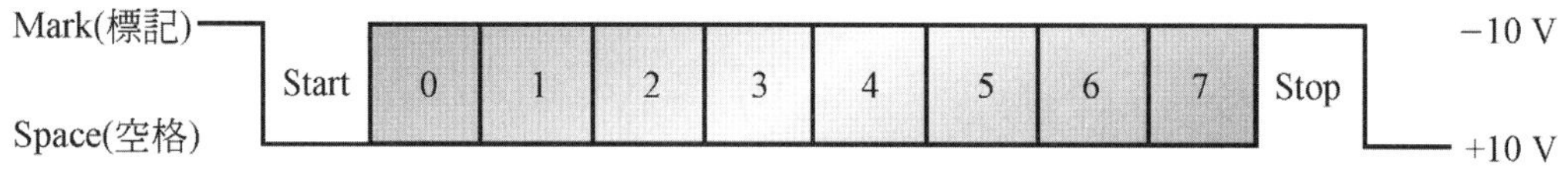

圖 4.2　RS-232 串列邏輯波形圖

在 RS-232 傳輸線上，若是當閒置時，則表示位於 MARK(標記)狀態(邏輯準位為 1)。而傳輸的過程是以開始位元(邏輯準位為 0)所啓始的。而對每一個位元，每一次依序傳送至這個傳輸線上。此外，可以看到 LSB(最低的位元)是最先傳送出去的。最後，停止位元則是被增添至這信號上的，以用來組成出這完整的傳送資料格式。

在圖 4.2 所示的波形中，顯示了在停止位元後的下一個位元就會變成邏輯 0 準位。換言之，下一個所要跟隨的另一個字元需為其開始位元。如果沒再也有任何的資料傳送進來的話，那麼接收線就會一直維持在閒置的狀態(邏輯 1 準位)。

上述的波形是應用至 RS-232 周邊埠的傳送與接收引線上。這些傳輸引線上攜帶了串列的資料，因此我們才會命名為串列周邊埠。有了 RS-232C 資料格式的基本概念後，以下，我們就列出各個位元的意義，以及其使用方式：

1. 開始位元

   這個位元是用來通知接收端有資料即將送達，準備開始接收送來的資料。通常這個位元以邏輯 0 準位，負電壓來表示，且僅有一個位元。

2. 資料位元

   一般資料位元，包含了 7 與 8-bit 兩種格式。一般的文字符號只需 0~127 就可表示。所以使用 7-bit 的格式。而特殊符號則需以 128~255 之間的數値來表示。因此，需使用 8-bit 的格式。

3. 同位元

   這個位元是用來偵測傳輸的結果是否正確無誤，這是最簡單的資料傳輸的錯誤偵測方法。但須注意檢查位元本身只是旗標而已，並無法將錯誤更正。

4. 停止位元

   這個位元是用來標示資料傳送的結束位置，是一個邏輯 1 個準位。基本上，這個位元通常僅使用一個位元。此外，在規格中還可設定 1.5 與 2-bit。

而非同步傳輸可能根據這些字元來使用需多的命令格式。其中，最常見的就是上述所提及的 8-N-1。這個格式代表著每一個所傳輸的資料位元是以 1 個開始位元，8-bit 資料位元(LSB 爲第一個傳輸的 bit-0)以及透過 1 個停止位元來表示傳輸結束。此外，N(NO)代表整個傳輸的過程沒有使用檢查位元。

此外，在資料傳輸的過程中，難免會發生錯誤的情形，其中大致歸納了：同位元檢查錯誤(Parity Error)、訊框錯誤(Framing Error)、接收超收錯誤(Overflow Error)以及接收超取錯誤(Overrun Error)等四大類。因限於篇幅，在此不加以介紹，請參閱相關書籍。而一般基本的通訊功能至少須包含下列三項：

(1) 設定資料的傳輸協定。

(2) 讀取字元。

(3) 傳送字元。

其中，傳輸雙方的位元傳輸率(bit rate)指的是傳輸或是接收每單位時間內每秒的位元數目。在此，以 bps(bits per second)來表示。鮑率値則是每秒可能的事件或是資料轉換的數目，通常這兩個數値是一樣的，這是因爲在許多的通訊連結下，每一個轉換間隔表示了一個新的位元。

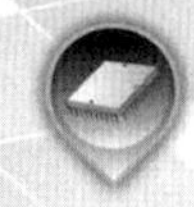

4.2 PSoC UART 模組特性

緊接著，爲讀者介紹如何透過 PSoC UART 模組與感測器實驗載板來應用與設計 UART 串列介面。如同第三章所介紹，在底層擴充板中，擁有 LCD 與指撥開發的兩個輸入與輸出單元，因此，在本章節亦會使用到這兩種單元，並將指撥開關的訊息同時顯示在 LCD 與超級終端機中。

在此，我們所應用的 UART 模組的特性與功能，列舉如下：

- 非同步的接收器與傳送器
- 資料格式相容於 RS-232 串列資料格式
- 鮑率可達 6 Mbps
- 資料格式包含開始，及選擇設定的同位元與停止位元
- 在接收暫存器滿溢與傳送緩衝區空乏時，可選擇性地使用中斷
- 同位元檢查，接收超取與訊框錯誤偵測
- 高階傳送與接收功能

如圖 4.3 所示，爲 UART 硬體方塊示意圖。

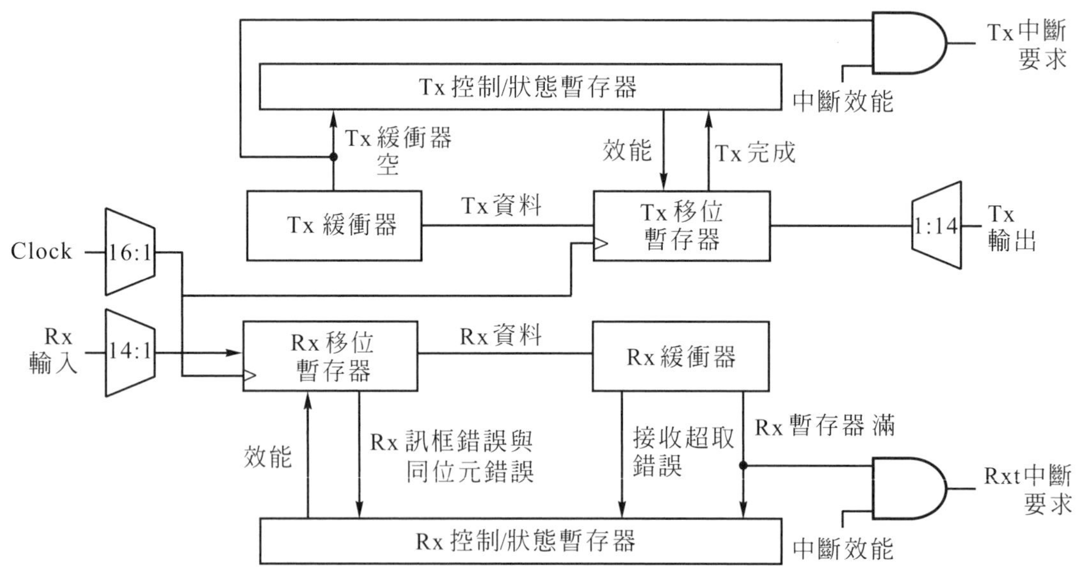

圖 4.3　PSoC UART 模組硬體方塊示意圖

4.2.1　PSoC UART 模組功能

如圖 4.3 中可見，UART 模組實現了串列的傳送器與接受器功能。如圖 4.4 所示，UART 映射至 PSoC Designer Device Editor 設計的兩個 PSoC 硬體區塊。TX PSoC 硬體區塊提供傳送的功能，以及 RX PSoC 硬體區塊提供接收的功能。而 RX 與 TX 操作是個別獨立的。每一個皆有其控制與狀態暫存器，可程式中斷，I/O，緩衝區暫存器與移位暫存器。但是這兩者卻共享相同的致能，時脈與資料格式。

其中，若設定在 RX 控制與 TX 控制暫存器的致能位元，即可致能 UART 開始操作。這種致能與除能的執行可以使用 UART API 所提供的函式。此外，UART 模組時脈是由 RX 與 TX 元件兩者所共享。

而選擇的時脈頻率必須設定爲所需資料的位元速率的 8 倍頻率。每一個所接收或傳送的資料位元需要 8 個輸入時脈週期。這時脈可使用 PSoC Designer Device Editor 來配置。

此外，所接收與傳送的資料是位元串流，其包含開始位元，8 個資料位元，可選擇的同位元以及停止位元(參考圖 4.2)。其中，同位元必須使用 PSoC Designer Device Editor 或 UART API 函式設定爲無，偶位元或奇位元。而這 RX 與 TX 設定爲相同的同位元配置。

❖　放置模組

如圖 4.4 所示，UART 模組可以放置到任何兩個數位通訊區塊。需注意到，接收器與傳送器元件是使用同一個發脈源。而模組之相關參數請參考其資料手冊或是直接使用本章範例程式的設定值。

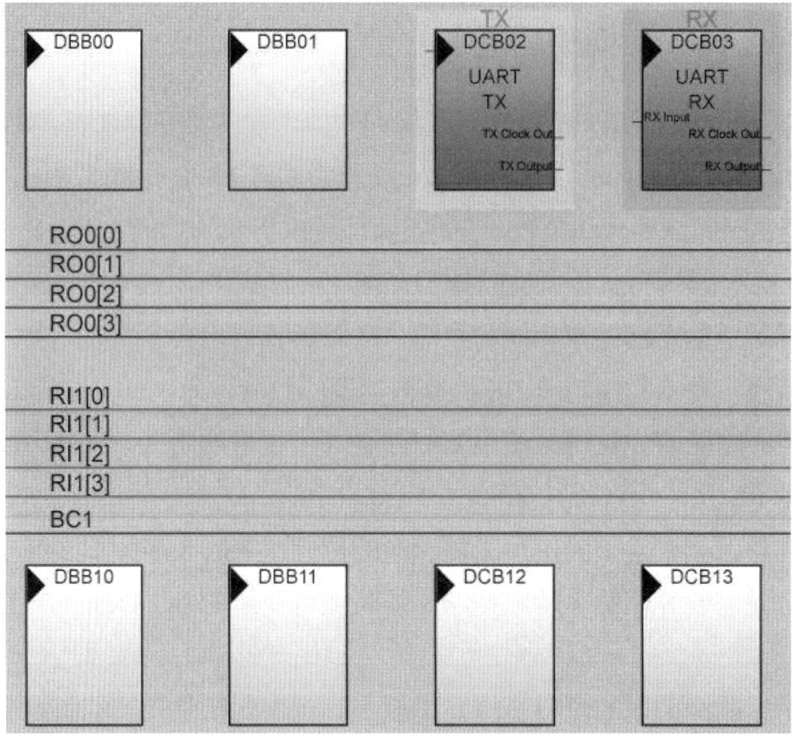

圖 4.4　UART 區塊放置圖

4.2.2　PSoC UART API 函式

在 UART 模組的資料手冊中，定義了低階與高階等種的 API 函式提供使用。如表 4.2 與表 4.3 分別列出這兩個階層的 UART 模組的 API 函式。

表 4.2　低階 UART API 函式一覽表

函式	描述
void UART_Start(BYTE bParitv)	Enable user module and set parity.
void UART_Stop(void)	Disable user module.
void UART_Enablelnt(void)	Enable both RX and TX interrupts.
void UART Disablelnt(void)	Disable both RX and TX interrupts.
void UART SendTxlntMode(BYTE bTxl ntMode)	Set the source of the Tx interrupt.
void UART_SendData(BYTE bTxData)	Send byte without checking TX status.
BYTE UART_bReadTxStatus(void)	Return status of TX Status register.
BYTE UART_bReadRxData(void)	Return data in RX Data register without checking status of character is valid.
BYTE UART bReadRxStatus(void)	Check status of RX Status register.

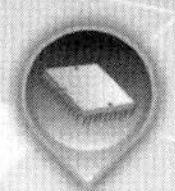

表 4.3　高階 UART API 函式一覽表

函式	描述
void UART IntCntl(BYTE bMask)	Selectively enable/disable RX and TX interrupts.
void UART_PutString(char* szStr)	Send NULL terminated string out TX port.
void UART_CPutString(const char *azStr)	Send NULL terminated constant (ROM) string out TX port
void UART_PutChar(cher bData)	Send character to TX port when TX register is empty. Function does not return until TX Data register can be written to without a data overrun error.
char UART_cGetChar(void)	Return character from RX Data register when valid data is avail-able. Function does not return until character is received.
void UART Write(char* aStr, BYTE bCnt)	Send bCnt bytes from aStr array to TX port.
void UART_CWrite(const char* aStr, int iCnt)	Send iCnt bytes from constant aStr array to TX port.
char UART_cReadChar(void)	Read RX Data register immediately. If valid data not available, return 0, othorwise ASCII char between 1 and 255 is returned.
int UART_ iReadChar (void)	Read Rx Data register immediately. If data is not available or an error condition exists, return an error status in the MSB. The received char is returned in the LSB.
void UART_PutSHexByte(BYTE bValue)	Send a two character hex representation of bValue to the TX port.
void UART_PutSHexInt(int iValue)	Send a four character hex representation of iValue to the TX port.
void UART_PutCRLF(void)	Send a carraige return (0x0V) and a line teed (0x0A) to The TX port.
void UART_CmdReset(void)	Reset Rx command buffer.
BYTE UART_bCmdCheck(void)	Returns a non-zero value if a valid command terminator has been recieved.
BYTF UART_bCmdLength(void)	Returns the current command length.
char * UART_szGetParam(void)	Return pointer to next parameter in RX buffer.
char * UART_szGetRestOfParams(void)	Return pointer to remaining parameter string.
BYTE UART_bErrCheck(void)	Return command buffer error status.

以下，列出 UART 模組常用的傳送 API 函式：

❖ UART_Start

- 描述：設定同位元檢查，並且致能 UART 接收器與傳送器。一旦 UART 被致能後，串列資料即可開始接收與傳送。
- C 語言函式：void UART_Start(BYTE bParitySetting)

- 參數：baritySetting：以一個位元組配置傳送的同位元檢查方式。透過表 4.4 的字串來設定其同位元檢查方式。但一般來說，我們還是設定無同位元檢查(UART_PARITY_NONE)。
- 回傳值：無

表 4.4　同位元檢查設定方式一覽表

TX 同位元	數值
UART_PARITY_NONE	0x00
UART_PAR TV_EVEN	0x02
UART_PAR I TV_ODD	0x06

❖ UART_PutString

- 描述：送出以空字元為結尾(RAM)字串給 UART TX。
- C 語言函式：void UART_PutString(char * szRamString)
- 參數：char * aRamString，將指標器設定到要傳至 UART TX 的字串。
- 回傳值：無

❖ UART_PutChar

- 描述：當 UART TX 埠緩衝區是空的時候，將單一字元寫到 UART TX 埠上。
- C 語言函式：void UART_PutChar(CHAR cData)
- 參數：CHAR cData，設定要傳送至 UART TX 埠的字元。
- 回傳值：無

4.3　PSoC UART 串列傳輸設計

由於在此串列傳輸的設計上，著重在傳送部份，且 UART 模組已經具備 RS-232 串列資料格式，我們要設定的資料並不多，基本上，只有鮑率與同位元檢查兩部份而已。因此，使用上相當簡易。

其中，同位元檢查可以直接使用 UART_Start(UART_PARITY_NONE)函式設定為無同位元檢查，當然，UART 另一接收端(PC 主機)也要設定為無同位元檢查。

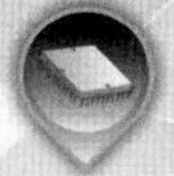

而在 UART 模組的鮑率設定上，我們可以透過兩種方式來建置：(1)使用 VC1、VC2 與 VC3 訊號源除頻至所需的鮑率，及(2)使用 Counter 模組來除頻至所需的鮑率。

以下，分別介紹其設計與應用方式。

4.3.1　V3 / V2 / V1 除頻方式

首先，建立一個 PSoC 專案檔，參照第 3 章介紹的 LCD 與指撥開關配置部分進行設定。緊接著，如圖 4.5 所示，於 PSoC Designer 的"User Modules"視窗中，點選"UART"項目並雙擊左鍵。此時，便能如圖 4.6 所示，將 UART 模組加入至專案中。同時，我們將其重新命名爲 UART 以便後續程式撰寫，並更改 UART 模組的參數配置如圖 4.7 所示。

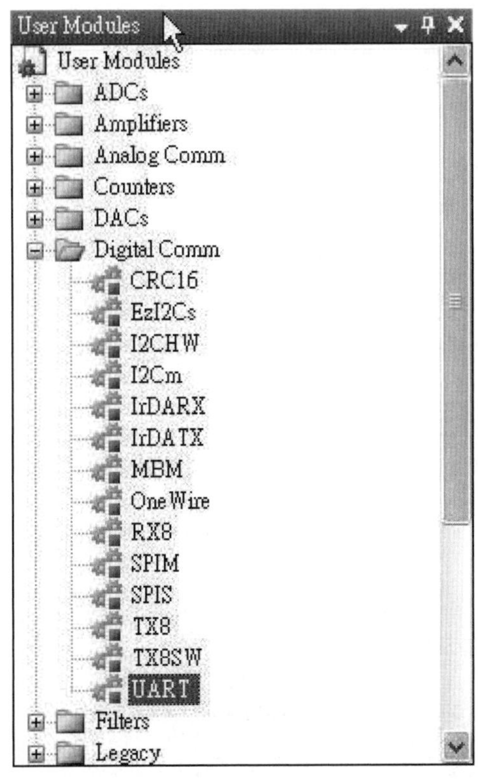

圖 4.5　"User Modules"的 UART 模組選擇圖

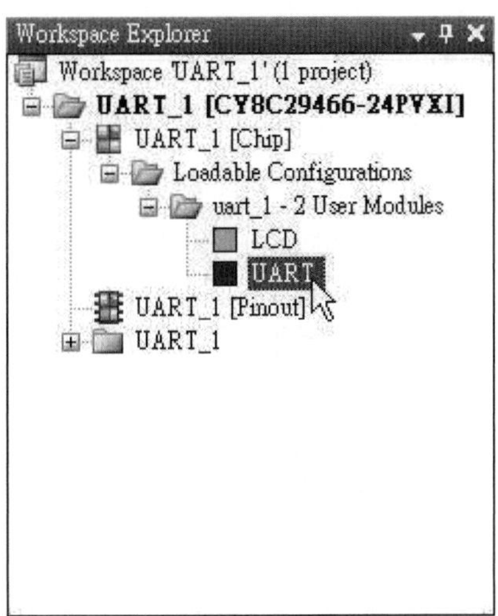

圖 4.6　將 UART 模組加入至專案操作示意圖

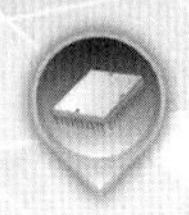

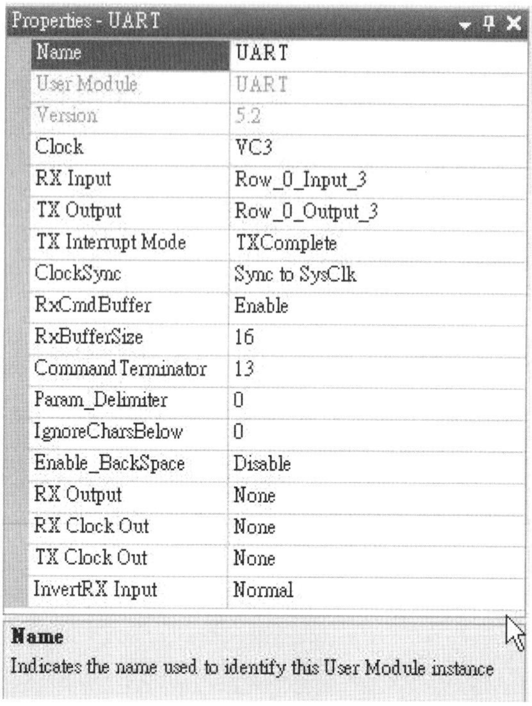

Properties - UART

Name	UART
User Module	UART
Version	5.2
Clock	VC3
RX Input	Row_0_Input_3
TX Output	Row_0_Output_3
TX Interrupt Mode	TXComplete
ClockSync	Sync to SysClk
RxCmdBuffer	Enable
RxBufferSize	16
Command Terminator	13
Param_Delimiter	0
IgnoreCharsBelow	0
Enable_BackSpace	Disable
RX Output	None
RX Clock Out	None
TX Clock Out	None
InvertRX Input	Normal

Name
Indicates the name used to identify this User Module instance

圖 4.7 UART 模組的“Properties”參數設定圖

PSoC 29466 共有 16 個內部數位區塊，而若使用 UART 數位區塊則會佔用兩個(參考圖 4.4)。其中，如圖 4.8 所示，對於 UART 的參數必須設定 TXD 輸出接線與 RXD 輸入接線以連接外部腳位。在設定數位區塊時，以每四個為一組，共用著其輸入與輸出埠，並利用了多工器的方式選擇真實輸出的腳位，如圖 4.9 所示。

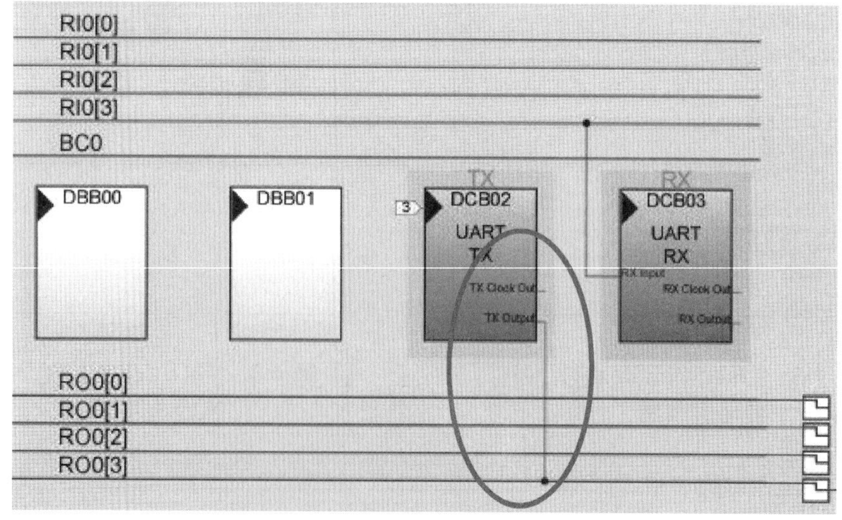

圖 4.8 UART 模組至多工器接線圖

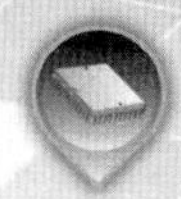

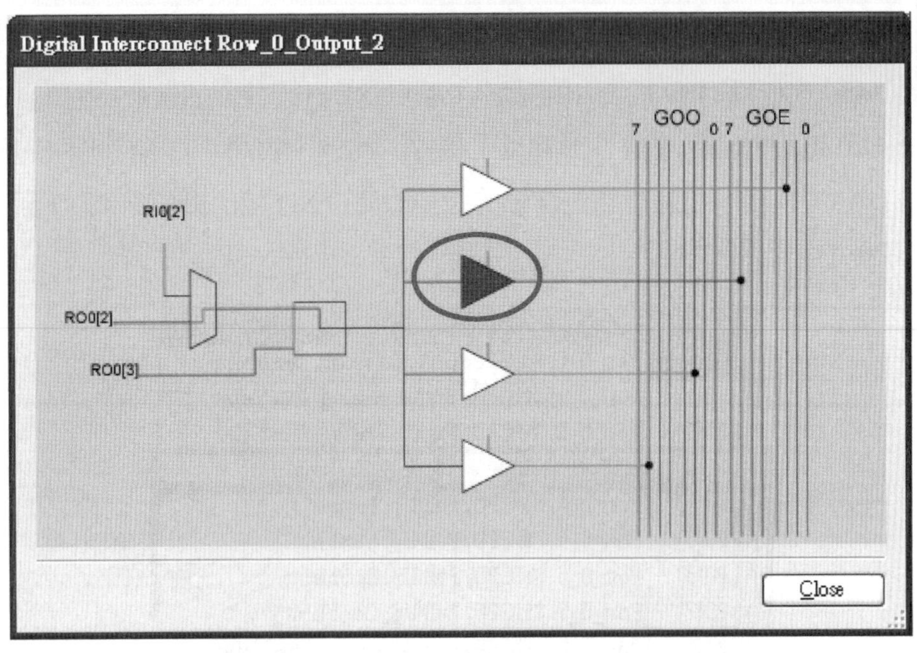

圖 4.9 輸出腳位之選擇多工器操作示意圖

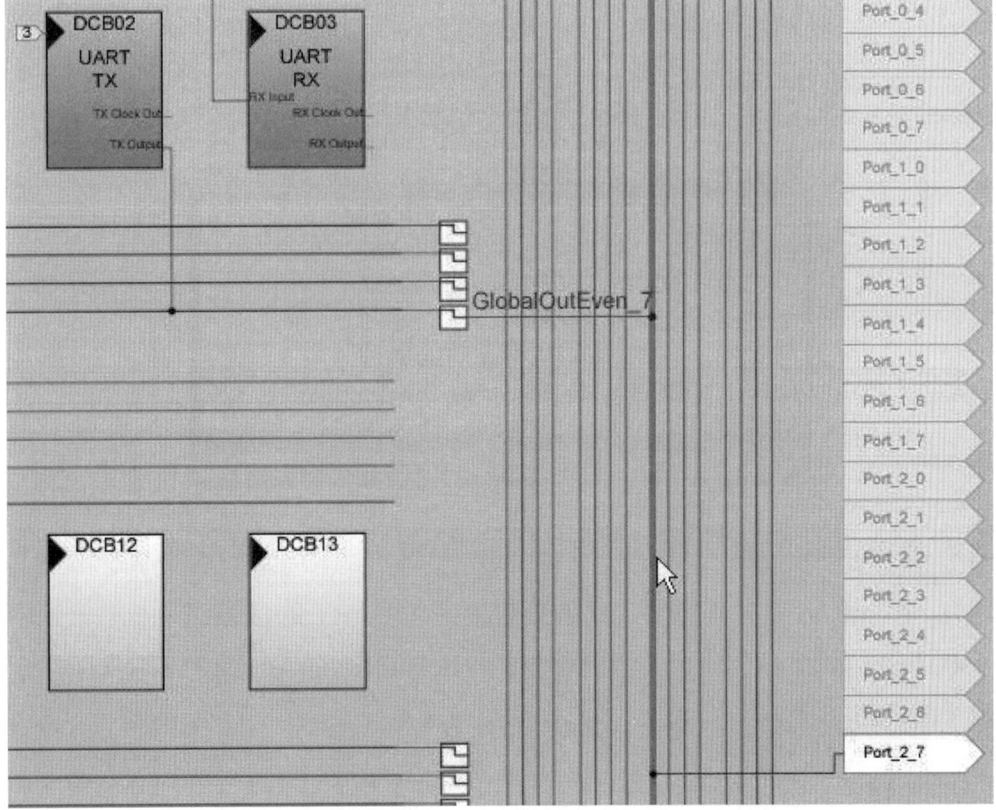

圖 4.10 UART 內部區塊與外部腳位連線圖

對此，本底層載板之電路設計上，使用了 Port2_7 作爲 DB9 的 UART 輸出接腳(TXD)以及使用 Port0_3 作爲 DB9 的 UART 輸入接腳(RXD)。因此，在圖 4.9 選擇完成之後，便可照圖 4.10 進行內部區塊與外部腳位之接線。此外，如圖 4.11 所示於“Pinout”視窗爲加入的 UART 模組，並進行腳位詳細的數值設定(TXD 輸出腳位爲 P2_7 與 RXD 輸入腳位爲 P0_3)。

Pinout - uart_1

P0[0]	Port_0_0, StdCPU, High Z Analog, DisableInt
P0[1]	Port_0_1, StdCPU, High Z Analog, DisableInt
P0[2]	Port_0_2, StdCPU, High Z Analog, DisableInt
P0[3]	RxD, GlobalInEven_3, High Z, DisableInt
P0[4]	Port_0_4, StdCPU, Pull Up, DisableInt
P0[5]	Port_0_5, StdCPU, Pull Up, DisableInt
P0[6]	Port_0_6, StdCPU, Pull Up, DisableInt
P0[7]	Port_0_7, StdCPU, Pull Up, DisableInt
P1[0]	Port_1_0, StdCPU, High Z Analog, DisableInt
P1[1]	Port_1_1, StdCPU, High Z Analog, DisableInt
P1[2]	Port_1_2, StdCPU, High Z Analog, DisableInt
P1[3]	Port_1_3, StdCPU, High Z Analog, DisableInt
P1[4]	Port_1_4, StdCPU, High Z Analog, DisableInt
P1[5]	Port_1_5, StdCPU, High Z Analog, DisableInt
P1[6]	Port_1_6, StdCPU, High Z Analog, DisableInt
P1[7]	Port_1_7, StdCPU, High Z Analog, DisableInt
P2[0]	LCDD4, StdCPU, Strong, DisableInt
P2[1]	LCDD5, StdCPU, Strong, DisableInt
P2[2]	LCDD6, StdCPU, Strong, DisableInt
P2[3]	LCDD7, StdCPU, Strong, DisableInt
P2[4]	LCDE, StdCPU, Strong, DisableInt
P2[5]	LCDRS, StdCPU, Strong, DisableInt
P2[6]	LCDRW, StdCPU, Strong, DisableInt
P2[7]	TxD, GlobalOutEven_7, Strong, DisableInt

圖 4.11　在“Pinout”視窗中，設定 UART—RXD(P0[3])與 TXD(P2[7])及其餘接腳圖

此外，時脈的設定尤其重要，此項參數決定了 UART 的傳輸速率。本章節中的範例爲 9600 bps。如圖 4.12 所示，爲此程式的“Global Resources”設定，本章所設定時脈爲使用 VC3。

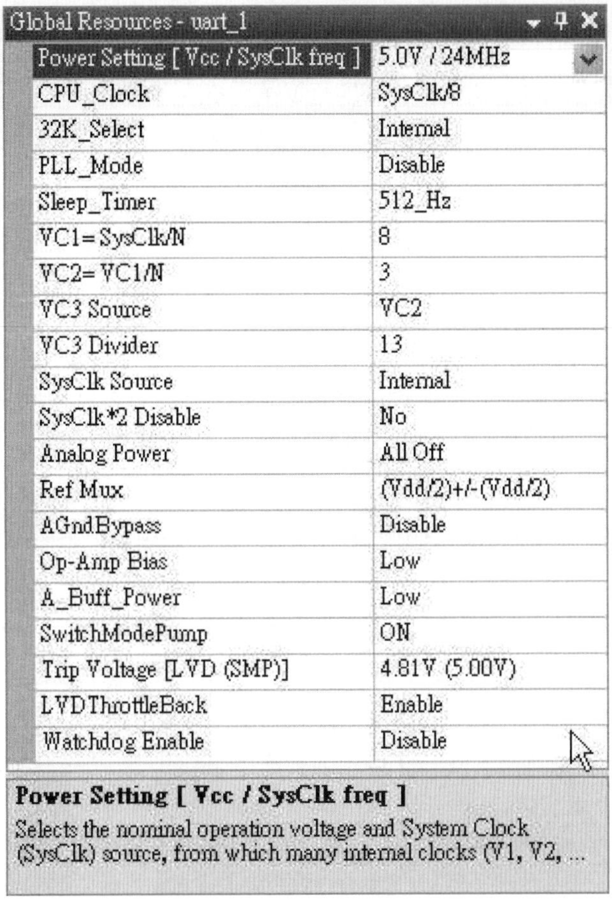

Global Resources - uart_1

Power Setting [Vcc / SysClk freq]	5.0V / 24MHz
CPU_Clock	SysClk/8
32K_Select	Internal
PLL_Mode	Disable
Sleep_Timer	512_Hz
VC1= SysClk/N	8
VC2= VC1/N	3
VC3 Source	VC2
VC3 Divider	13
SysClk Source	Internal
SysClk*2 Disable	No
Analog Power	All Off
Ref Mux	(Vdd/2)+/-(Vdd/2)
AGndBypass	Disable
Op-Amp Bias	Low
A_Buff_Power	Low
SwitchModePump	ON
Trip Voltage [LVD (SMP)]	4.81V (5.00V)
LVDThrottleBack	Enable
Watchdog Enable	Disable

Power Setting [Vcc / SysClk freq]
Selects the nominal operation voltage and System Clock (SysClk) source, from which many internal clocks (V1, V2, ...

圖 4.12　UART 模組的"Global Resources"視窗參數設定圖

以下，列出鮑率的換算方式：

UART 一個資料訊框為 8-bit，因此鮑率= clock / 8

本系統所設定的參數可照下列公式來換算鮑率：

VC1 = Sysclk / N = 24M / 8 = 3M

VC2 = VC1 / N = 3M / 3 = 1M

VC3 = VC2 / N = 1M / 13 = 76,923

鮑率 = 76,923 / 8 = 9615≒9600bps

而透過 VC1，VC2 與 VC3 的參數設定，我們配置出 2,400 ~ 115,200 bps。讀者不妨測試一下。例如，115,200 bps 的設定，則配置 VC3 = Sysclk / 26≒115,384，接近 115,200 bps。

除了上述所提及的透過 VC1，VC2 與 VC3 時脈源來設定 UART 鮑率外，亦可透過 Counter 模組來實現除頻功能。但因這種方式會浪費數位區塊的資源，所以在資源有限的情況下，可以不考慮使用 Counter 模組的應用。

修改完以上的步驟後，按下 Generate 按鈕，PSoC Designer 將產生的相對配置檔。緊接著，即可開始撰寫其中的韌體程式。

如圖 4.13 所示，為本章範例程式的流程圖。

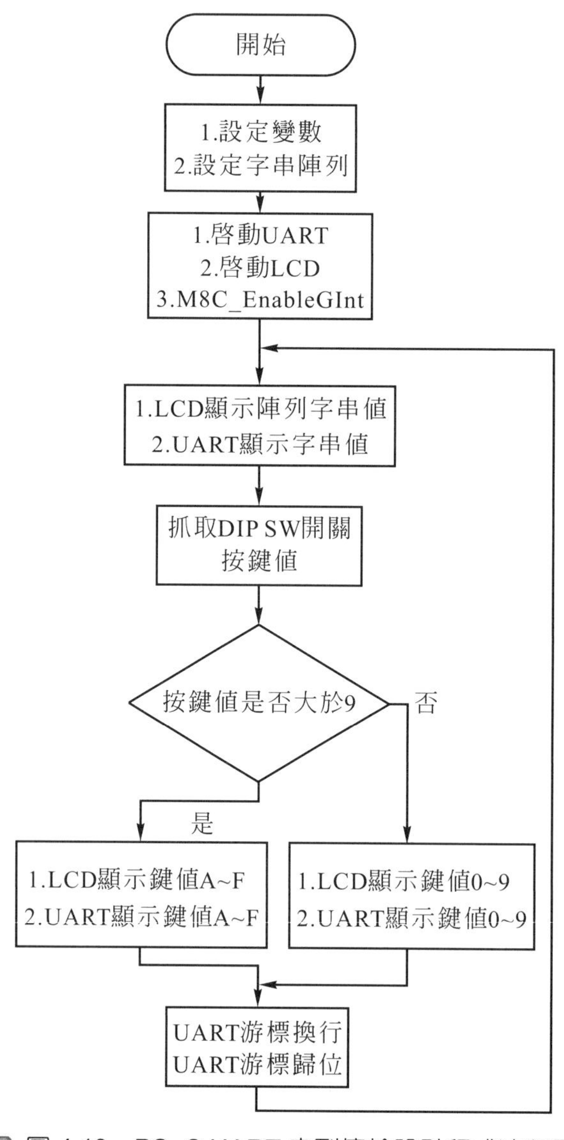

圖 4.13　PSoC UART 串列傳輸設計程式流程圖

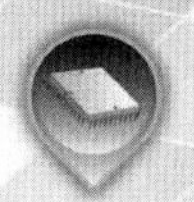

其中，主要功能爲掃描指撥開關，並將其掃描結果顯示在 LCD 上，並且顯示至超級終端機中。而指撥開關的掃描方式如第三章所介紹，至於 UART 的控制方式則必須觀看其資料手冊來作進一步瞭解。

以下，列出此章節範例程式中的 main.c：

```
// PSoC 介面與感測器之設計與應用，CH4
#include <m8c.h>                              //元件特定的常數與巨集
#include "PSoCAPI.h"                          //所有使用者模組的 PSoC API 函式定義

#define SW(~(PRT0DR&0xf0)>>4)                 //定義指撥開關接腳

void delay(BYTE de_time)                      //延遲副程式
{
 while(de_time!=0)
     de_time--;
}

void init(void)
{
     UART_CmdReset();                         //PSoC API;清除 UART 命令旗標
     UART_IntCntl(UART_ENABLE_RX_INT);        //PSoC API;致能 RXD
     UART_Start(UART_PARITY_NONE);            //PSoC API ; 啓動 UART
     LCD_Start();                             //PSoC API ; 啓動 LCD
     M8C_EnableGInt;
     delay(100);                              //等待 LCD 穩定動作的延遲時間
     LCD_Control(0x01);                       //清除 LCD
}

void main(void)
{
     char fristStr[] = "PSoC UART_LCD";      //設定 LCD 第一行字串
     char SecondStr[] = "SW=";               //設定 LCD 第二行字串
     BYTE i=0;
     delay(255);                              //等待 PSoC 穩定動作的延遲時間
     init();
     while(1)
     {
          LCD_Position(0,0);                  //PSoC API ;設定 row = 0,line = 0
          LCD_PrString(fristStr);             //PSoC API ;顯示 "PSoC LCD"
          LCD_Position(1,0);                  //PSoC API ;設定 row = 0,line = 1
          LCD_PrString(SecondStr);            //PSoC API ;顯示"SW="
```

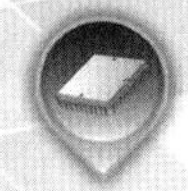


```
            UART_PutString(SecondStr);          //PSoC API ;UART 送出 "SW="
            PRT0DR = 0xf0;                      //將指撥開關接腳提升為高準位
            if(SW>9)                            //如果 SW>9 ,UART&LCD 顯示 A~F
            {
                LCD_WriteData(SW+0x40-9);
                UART_PutChar(SW+0x40-9);
            }
            else                                //反之 SW<=9 ,UART&LCD 顯示 0~9
            {
                LCD_WriteData(SW+0x30);
                UART_PutChar(SW+0x30);
            }
                                                //設定超級終端機顯示資料換行
            UART_PutChar(0x0d);                 //PSoC API ;UART 送出 "\n"
            UART_PutChar(0x0a);
            delay(300);
            for(i=0;i<30;i++)                   //延遲
                delay(100);
        }
}
```

根據上述 UART API 函式的介紹，主要傳送應用的 API 函式共有兩種，第一種是 UART_PutString( )，可將陣列的字串全部傳送。第二種是 UART_PutChar( )，可輸出一個 Byte 的資訊。而為了實現將指撥開關的訊息傳輸至 PC 主機，需將訊息數值改成 ASCII 編碼方式，並傳到超級終端機上顯示。而相關的 ASCII 碼的意義請讀者參考附錄 A 或是上網尋找。

按照上述步驟加入程式碼完畢後，按下 Build 後，產生燒錄檔，若有發生錯誤則可能是程式碼加入時出錯。若是 0 error 則可開始下載程式碼至 PSoC 之中。

注意：當燒錄完畢後，需將 SW1 指撥開關調成接腳 3-6 與接腳 4-5 導通 ON，讓 TXD 與 RXD 可透過 RS-232 DB9 接頭，將訊號傳送至 PC 主機之超級終端機顯示。

當燒錄成功後，將 PSoC 介面與感測器實驗載板與所附 RS-232 DB9 公母線的一端連接，並將另一端接至 PC 之 UART 埠後，開啓超級終端機進行讀取。而此 UART 範例程式在 LCD 上的執行成果是如圖 4.14 所示。至於有關超級終端機的設定則如圖 4.15 與圖 4.16 所示。最後，圖 4.17 則顯示了設定完成後於超級終端機所觀看到畫面。

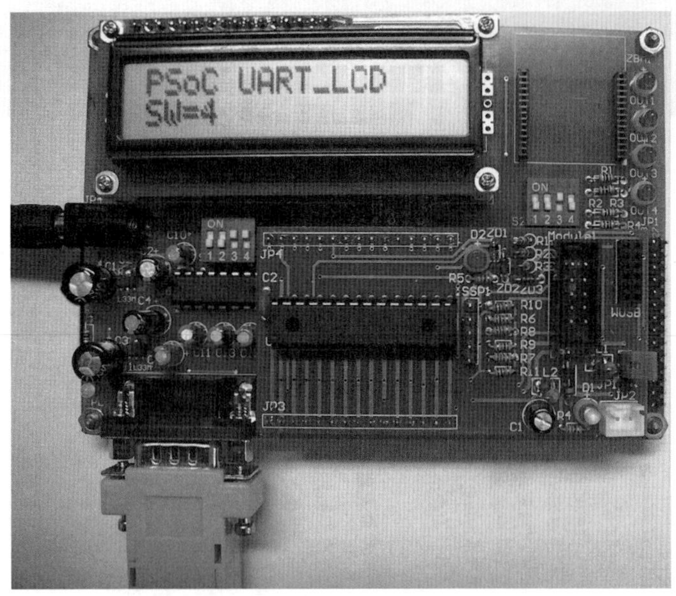

圖 4.14　於 LCD 上顯示 UART 所要傳送數值的執行畫面

test 內容

連線到　設定

test　變更圖示(I)...

國家 (地區)(C): 中華民國 (886)

請輸入區碼，但不要輸入長途電話號碼的首碼。

區碼(E): 05

電話號碼(P):

連線方式(N): COM1

設定(F)...

使用國碼(地區碼)及區碼(U)

忙線時重撥(R)

確定　取消

圖 4.15　設定超級終端機圖

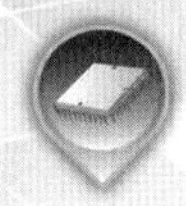

COM1 內容

連接埠設定

每秒傳輸位元(B): 9600

資料位元(D): 8

同位檢查(P): 無

停止位元(S): 1

流量控制(F): 無

還原成預設值(R)

確定 取消 套用(A)

圖 4.16　設定超級終端機鮑率圖

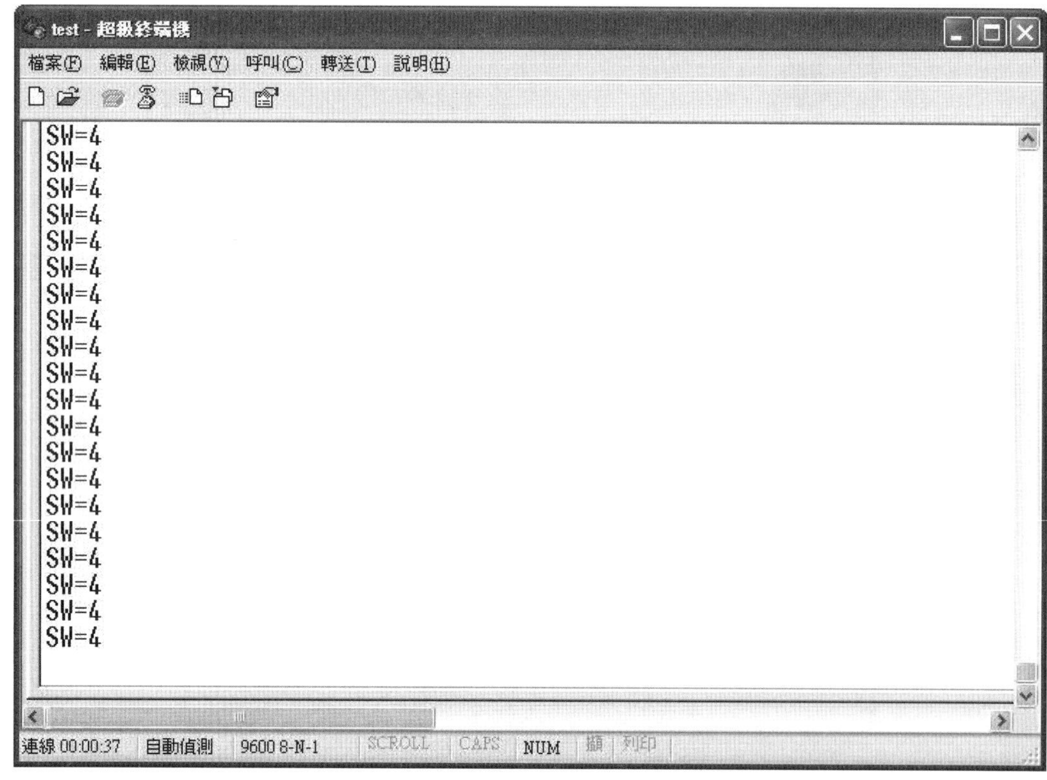

圖 4.17　執行結果顯示在超級終端機上操作示意圖

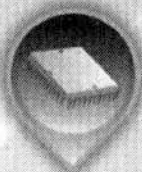

4.3.2　Counter 模組除頻方式

透過上述 VC1/VC2/VC3 的除頻方式，雖然可以很快建立 UART 模組的使用與 RS-232 通訊傳輸；但若此時 VC1/VC2/VC3 已經被某一周邊功能使用了，而不能除頻到所需頻率的話，我們就需透過 Counter 模組來實現除頻功能。

如圖 4.18 所示，爲使用 Counter 除頻的鮑率設定。我們從系統時脈(24MHz)經由 VC1 除以 4(6MHz)傳送至 Counter16，而因爲 6M/(2400*8)≒312，所以在之後的元件設定時 Counter16 的 Period 須設定 312。其餘鮑率的設定可參考

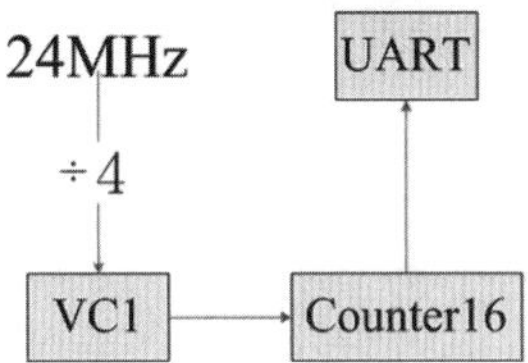

圖 4.18　以 Counter 模組實現 UART 鮑率設定示意圖

本實驗使用 UART 埠傳送 RS-232 的資料，並且使用 LCD 顯示 SW 的資料，以確認資料是否正確。此外，爲達所需的鮑率(2400bps)，須使用 Counter16 來除頻。因此，除了參考第 3 章與本章 4.3.1 所述將 LCD 及 UART 模組加入外，尚須於"User Modules"的"Counters"將"Counter16"模組以滑鼠左鍵雙擊加入。而所有模組的選取如圖 4.19 所示。在此，須注意所有模組加入後，均要將_1 字串去除，否則之後在撰寫程式碼時會造成錯誤。

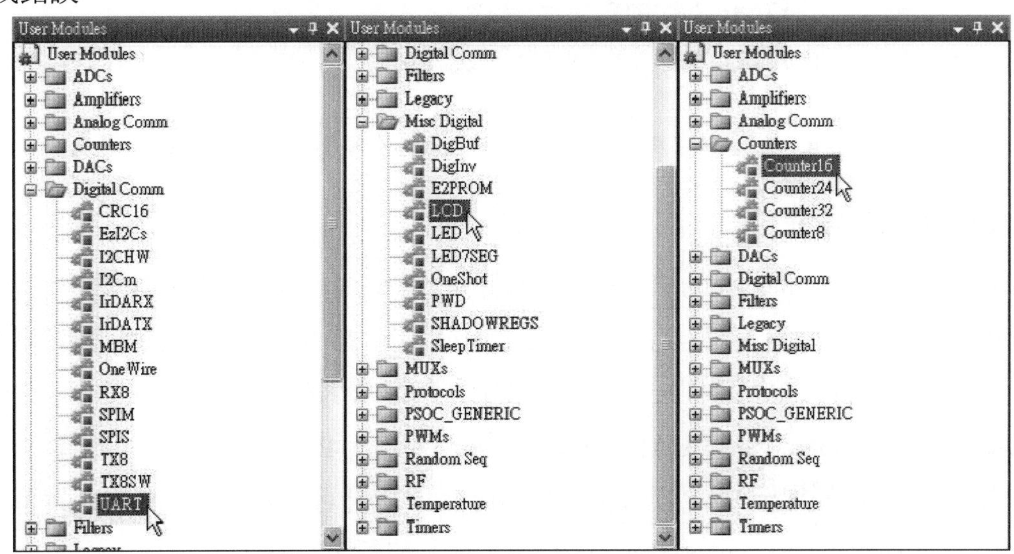

圖 4.19　專案中所需選擇的各種模組操作示意圖

此外，時脈的設定尤其重要，此項參數決定了 UART 的傳輸速率。本章節中的範例爲 2400bps。如圖 4.20 所示，爲此程式的“Global Resources”設定。其中，我們的系統時脈爲 24MHz，而 CPU 工作頻率爲 3MHz，VC1 爲除 4 以用於 Counter16 的使用。

Global Resources - uart_2

Power Setting [Vcc	5.0V / 24MHz
CPU_Clock	SysClk/8
32K_Select	Internal
PLL_Mode	Disable
Sleep_Timer	512_Hz
VC1= SysClk/N	4
VC2= VC1/N	16
VC3 Source	VC2
VC3 Divider	5
SysClk Source	Internal
SysClk*2 Disable	No
Analog Power	All Off
Ref Mux	(Vdd/2)+/-(Vdd/2)
AGndBypass	Disable
Op-Amp Bias	Low
A_Buff_Power	Low
SwitchModePump	ON
Trip Voltage [LVD (	4.81V (5.00V)
LVDThrottleBack	Enable
Watchdog Enable	Disable

VC1= SysClk/N
Selects the value (1 to 16) by which to divide the SysClk to obtain VC1, which is a resource that can be used for i...

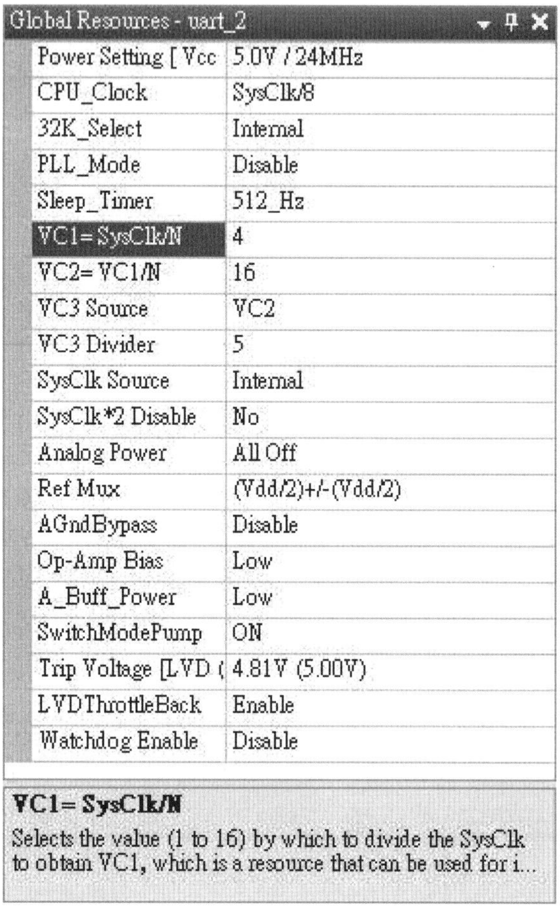

圖 4.20 UART 模組的“Global Resources”視窗參數設定示意圖

❖ 模組擺置與連線

首先，需將 Counter16 的 Enable 致能腳位改爲 high，即會出現 VCC 標示，如圖 4.21 所示。其後，如圖 4.22 所示，在 Counter16 左上的時脈輸入處，選擇我們剛剛設定的 VC1 以進行除頻，選擇後就會出現”1”的標示。緊接著，再依圖 4.23 所示，將 Counter16 之 CompareOut 與 UART TX 之 Clock 連線至 RO[0]進行共接，這樣就可以把除頻後的 CLK 輸出至 UART。最後，參考圖 4.18 之計算方式進行 Counter16 模組的周期(Period)與比較值(Compare Value) 設定，使其如圖 4.24 所示。

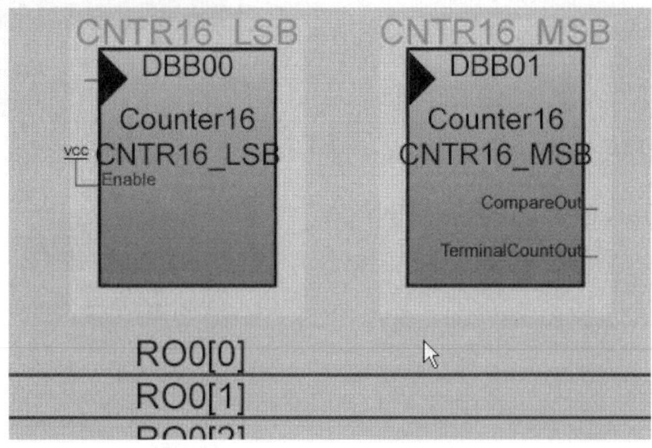

圖 4.21　致能 Counter16 區塊操作示意圖

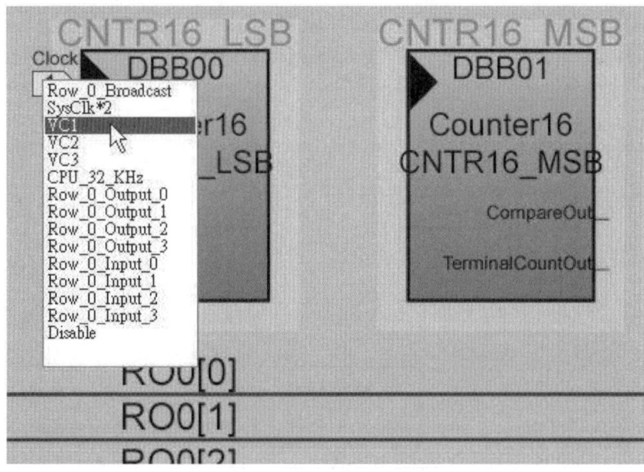

圖 4.22　欲除頻之時脈來源選擇操作示意圖

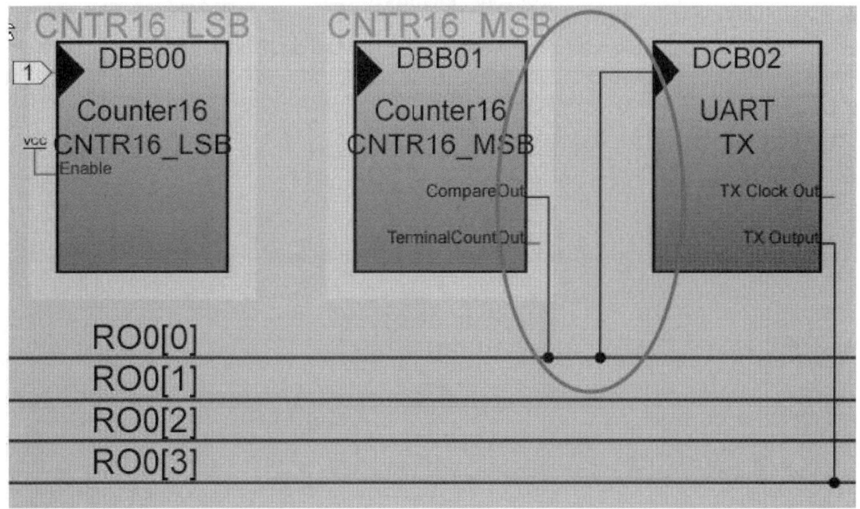

圖 4.23　Counter16 之 CompareOut 與 UART TX 之 Clock 接線圖

而參考 4.3.1 之方法與設定，完成 UART 的 TX Output 至 Port_2_7 的連線與其餘設定，並修改完以上的步驟後，按下 Generate 按鈕。此時，PSoC Designer 即產生相對的配置檔。稍後，便可開始進行韌體程式的撰寫了。

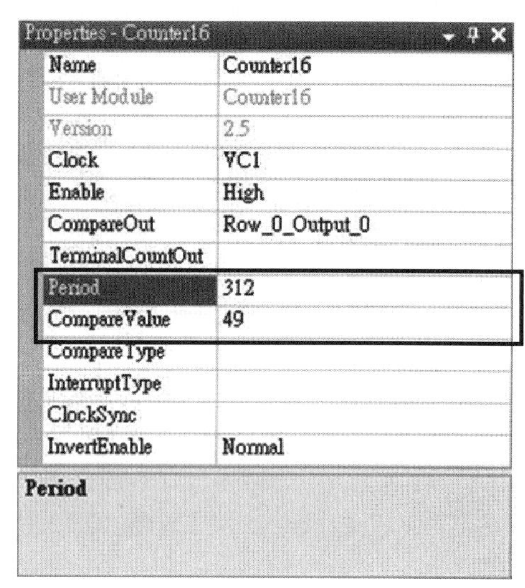

圖 4.24　Counter16 之"Properties"設定示意圖

❖ 韌體程式程式設計

如同 4.3.1 所述的韌體程式設計與應用方法，如圖 4.25 所示，列出其韌體程式的流程圖。

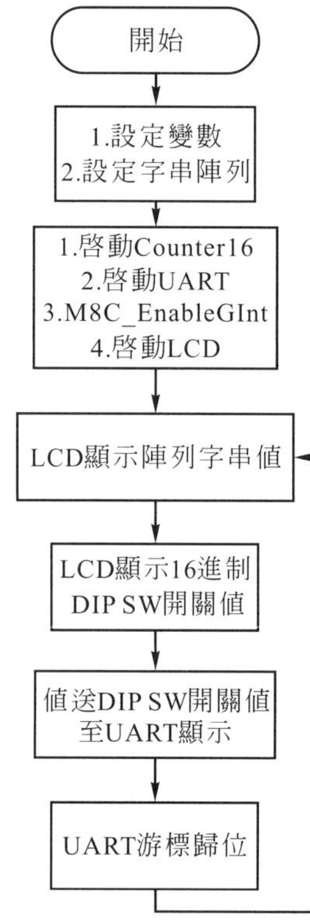

圖 4.25　UART 使用 Counter16 除頻程式流程圖

緊接著，再列出其範例程式中的 main.c：

```
// PSoC 介面與感測器之設計與應用，CH4
#include <m8c.h>                                //元件特定的常數與巨集
#include "PSoCAPI.h"                            //所有使用者模組的 PSoC API 函式定義

#define SW    (~(PRT0DR&0xf0)>>4)               //定義指撥開關接腳
void delay(BYTE de_time)                        //延遲副程式
{
     while(cnt--);
}

void main(void)
{
     BYTE FirstStr[] = " UART_Bps_2400";        //用來顯示 LCD 的字串
     BYTE SecondStr[] = "SW = ";
     BYTE i;                                    //延遲次數

     Counter16_Start();                         //啓動 Counter16 計數器
     UART_Start(UART_PARITY_NONE);              //啓動 UART(無同位元)
     M8C_EnableGInt;                            //開啓全域中斷
     LCD_Start();                               //啓動 LCD
     while(1)
     {
          LCD_Position(0,0);                    //設定顯示字串位置
          LCD_PrString(FirstStr);               //顯示字串
          LCD_Position(1,0);                    //設定顯示字串位置
          LCD_PrString(SecondStr);              //顯示字串
          PRT0DR = 0xf0;                        //初始化 SW
          UART_PutString(SecondStr);            //PSoC API ;UART 送出 "SW="

          LCD_PrHexByte(SW);                    //顯示 DIP SW 的值至 LCD

          UART_PutSHexByte(SW);                 //傳送 DIP SW 的值至 UART
          UART_PutChar(0x0d);                   //UART 歸位

          for(i = 0 ; i < 10 ; i++)             //延遲一段時間
               delay(255);
     }
}
```

程式碼撰寫完畢後，按下 Build，即可產生燒錄檔。其中，若有發生錯誤則可能是程式碼加入時出錯。若是 0 error 則可開始下載程式碼至 PSoC 之中。

注意：當燒錄完畢後，需將 SW1 指撥開關調成接腳 3-6 與接腳 4-5 導通 ON，讓 TXD 與 RXD 可透過 RS-232 DB9 接頭，將訊號傳送至 PC 主機之超級終端機顯示。

而燒錄成功後，與前述方式相同，將 PSoC 介面與感測器實驗載板與所附 RS-232 DB9 公母線的一端連接，並將另一端接至 PC 主機之 UART 埠。而在開啓超級終端機後，參考圖 4.15 與圖 4.16 所示，並將 PC 端超級終端機之鮑率設爲 2400 bps。如此，便可經由電腦連線至 PSoC 介面與感測器實驗載板的 RS-232 中讀出資料。最後，讀出結果如圖 4.26 及圖 4.27 所示。

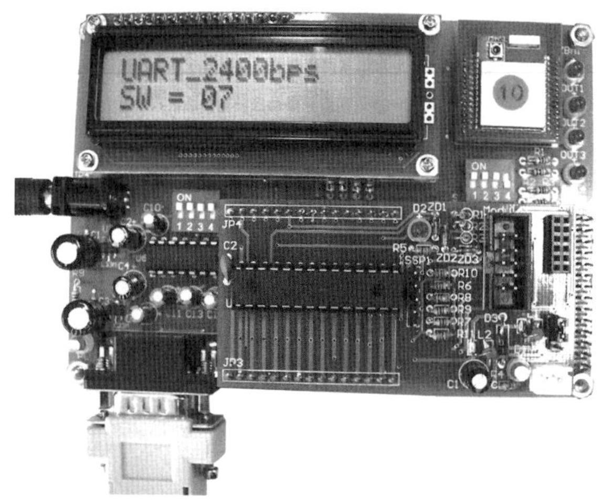

圖 4.26　PSoC 介面與感測器實驗載板實驗結果示意圖

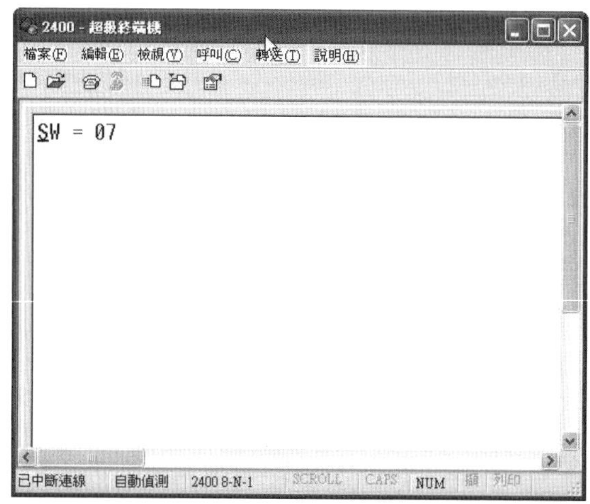

圖 4.27　顯示在超級終端機之執行結果示意圖

※而本章節所介紹的各個程式範例請參考附贈光碟片目錄：\examples\CH4\。

問題與討論

1. 請讀者重新測試本章所介紹的 UART 與指撥開關的範例，並以指撥開關切換數值，來對比所傳輸至超級終端機上所顯示的數值。
2. 若無法成功地測試此範例，請讀者重新檢測操作步驟或是專案檔的相關設定是否正確。當然，檔案是否有變更過也是查驗重點。
3. 請讀者設定 VC1，VC2 與 VC3 的數值來更改 UART 的傳輸鮑率，例如，9600bps，19200bps 與 38400bps。
4. 請設計一 0.5 秒可更新並遞增目前 8-bit counter 數值(0~99)顯示於超級終端機的功能。
5. 承上題，請讀者更改以指撥開關-SW2 的接腳 1 與 8 開關(DIP-1)來設定 counter 的上數與下數功能。
6. 讀者可以根據書後附錄 B 的 BOM 表與電路圖，購置簡易 PSoC 實習單板的相關零件，並根據圖 3.5 所示 UART 訊號轉換電路與圖 3.6 所示的 LCD 輸出電路來實現本章的實驗。(如圖 4.28 所示)

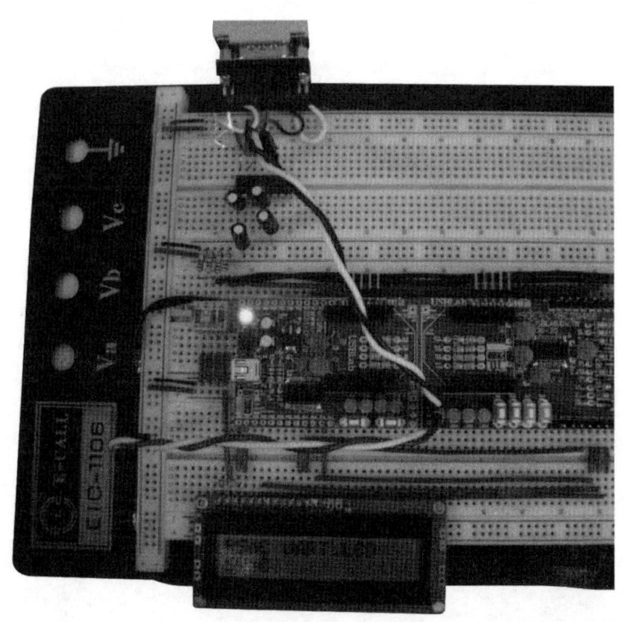

圖 4.28　簡易 PSoC 實習單板的 UART 實驗實體圖

PSoC I²C 模組設計與應用

在本章中，介紹另一個常用的 I²C 串列，並直接利用 PSoC 所提供的 I²C 模組來實現 I²C 一對一傳送與接收的設計與應用。以下，將介紹 I²C 基本概念，並針對 PSoC 所提供的 I²C 模組來設定與配置。最後，再以兩組的 PSoC 介面與感測器實驗載板相互連接與測試。如圖 5.1 所示，爲本章實驗架構示意圖。

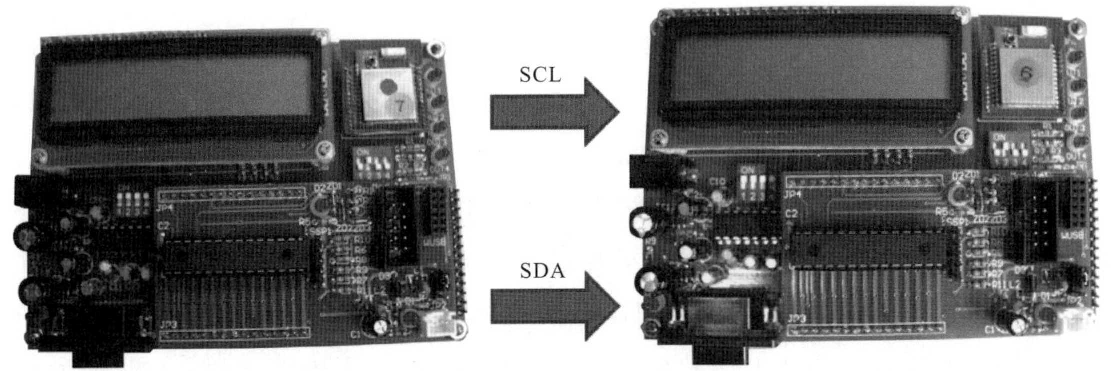

PSoC介面與感測器實驗載板

圖 5.1　PSoC I²C 模組設計與應用之實驗架構示意圖

而透過本章的學習，可以再建立一個 I2CHW 模組。

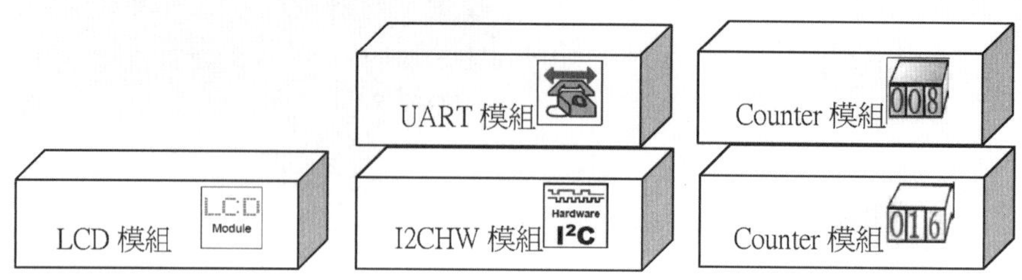

5.1 I²C 串列介面原理

I²C(Inter－Integrated Circuit)串列介面是 NXP 公司在 1980 年代開發的一種 2 線式串列介面。若從字面上的意義來看，I²C 是 Inter-Integrated Circuit 的英文縮寫，也就是兩個 IC 與 IC 之間溝通的一種匯流排架構。最初是爲了讓主機板、嵌入式系統或手機來連接周邊裝置之目的所設計的。因此，其最主要的優點在於簡易性和有效性。由於介面直接整合在元件之上，使得 I²C 串列介面所佔用的空間非常小。透過簡單的兩線式匯流排：串列資料線(SDA)與串列時脈線(SCL)，可使得 IC 的接腳與 PCB 所需的面積和層板數減少，並進而使電路之空間和成本更爲降低。

5.1.1 I²C 串列介面簡介

I²C 使用半雙工同步多主從架構，其中任何能夠進行發送和接收的裝置都可以成爲主控，控制信號的傳輸和頻率。而其匯流排的長度可達 10 英呎，具備慢(小於 100Kbps)、快(400Kbps)及高速(3.4Mbps)三種速率，每一種均可向下相容。

如圖 5.2 所示，爲 I²C 介面之參考模型，其本身爲開洩極(Open Drain)或開集極(Open Collector)架構(兩者相似)，因此需要外加電源及提升電阻才能運作。

從圖 5.2 中可以觀察到，I²C 串列介面是一種用於 IC 元件之間連接的 2 線式串列介面。其中，透過 SDA 及 SCL 引線在連到匯流排上的元件之間傳送資料，並根據位址來識別每個所連接上的 I²C 元件，例如，單晶片、記憶體、LCD 驅動器還是鍵盤介面。

I²C 串列介面能用於取代一些標準的並列匯流排，且能連接各種積體電路和功能模組，並減少外部連接的接腳數目。目前支援 I²C 的裝置有微控制器、ADC、DAC、記憶體、LCD 控制器、LED 驅動器以及萬年曆(RTC)等元件。

而採用 I²C 串列介面標準的單晶片或 IC 元件，其內部不僅有 I²C 串列介面電路，且能將內部各單元電路按功能劃分爲若干相對獨立的模組，透過軟體定址來實現晶片組選擇，減少了元件晶片選擇線的連接。

此外，在 I²C CPU 不僅能透過指令將某個功能 I²C 單元閒置或是脫離串列介面，還可對該 I²C 單元的工作狀況進行檢測，進而實現對硬體系統簡單而靈活的擴展與控制。

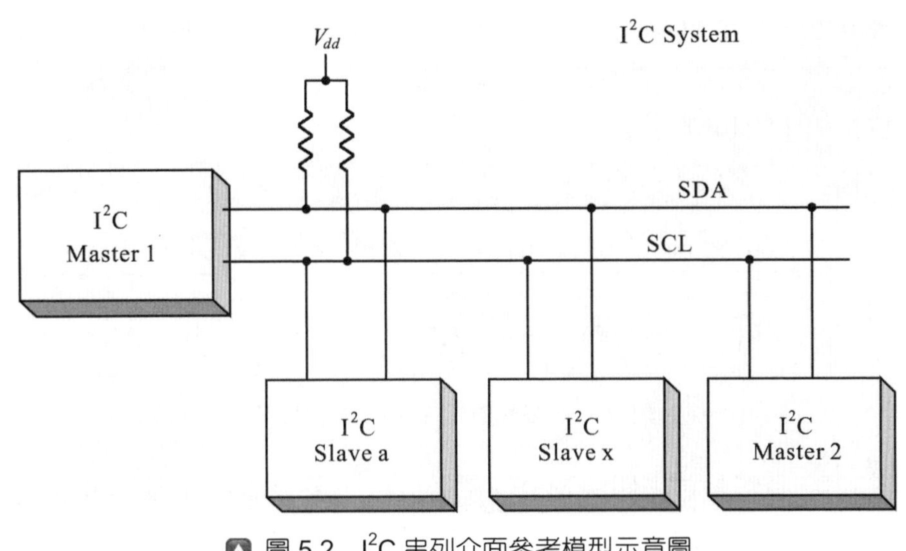

圖 5.2　I²C 串列介面參考模型示意圖

5.1.2　I²C 傳輸訊號格式

數位 IC 的 I/O 一般可分爲圖騰極(Totem-pole)、開極集和三態等三種方式。而 I²C 串列介面本身則爲開洩極或是開極集的構造，因此需要外加電源，並且加上提升電阻器才能夠運作使用。換言之，若是直接連接是無法動作的。每一個連接在 I²C 串列介面上的元件，不論是微處理機、LCD 驅動器、記憶體或是其它的元件均有其各別獨立的位址，且這些位址在元件出廠時就已經決定。因此，各元件在串列介面上的存取動作均會透過位址的設定來實現。此外，I²C 串列介面也允許多主裝置端的操作模式，亦即是，只要有主控端能力的元件，均可取得串列介面上的主控制權或是仲裁權。

如圖 5.3 所示，說明 I²C 串列介面傳輸波形。我們使用外部的提升電阻器連接到 VCC 電源上。若 PSoC 是 I²C 串列介面上的唯一主裝置端，這意味著，它可以在 SCL

上產生時脈脈衝，藉由驅動爲低電位的方式來同步資料的傳送。一旦這主裝置端驅動 SCL 爲低電位，那麼外部的從裝置同樣驅動 SCL 爲低電位，以延長時脈的週期時間。

爲了同步 I^2C 串列介面資料，僅有當 SCL 是低電位，且 SCL 在轉變爲有效的高電位時，才允許串列資料(SDA)改變狀態。但對於這種規則，還有兩個例外，也就是產生開始與停止狀態時。其中，包含了：

- 開始狀態：當 SCL 是高電位，SDA 從高電位轉換至低電位。
- 停止狀態：當 SCL 是高電位，SDA 從低電位轉換至高電位。

換言之，I^2C 串列介面的傳輸也分爲兩種狀況，一種是一般的傳輸過程，另一種則爲開始或是停止的狀況。

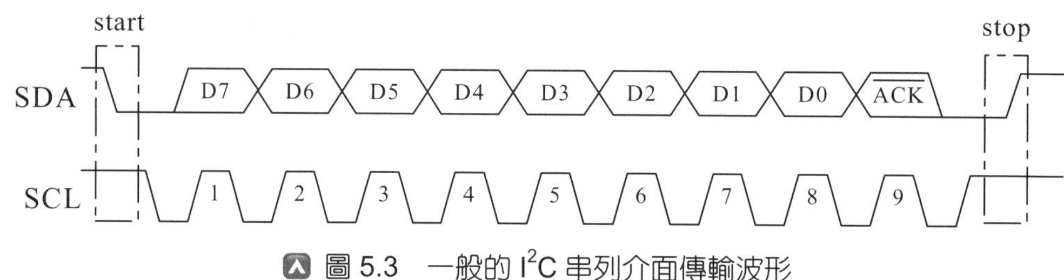

圖 5.3　一般的 I^2C 串列介面傳輸波形

在圖 5.3 中，資料是首先傳送 MSB，然後最後才是 LSB。在時脈 #9 的最後時刻，主裝置端就會浮接 SDA 線，並允許從裝置端提升 SDA 爲低電位來確認這個傳輸。

I^2C 串列介面資料處理的第一個位元組包括了所需的周邊位址。圖 5.4 顯示出第一個位元組的格式，有時也稱爲控制位元組。這主控端使用 9 個位元序列，去選擇在這特定位址的 I^2C 周邊裝置，並建立傳輸方向(使用 R/W#)，以及由 ACK#位元來測試以決定周邊裝置是否存在。

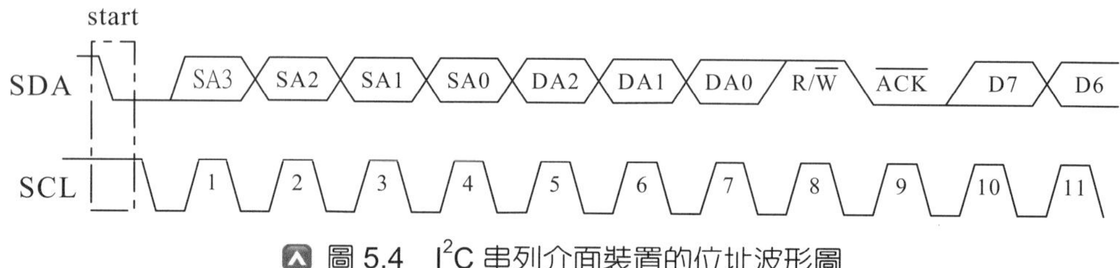

圖 5.4　I^2C 串列介面裝置的位址波形圖

而 4 個重要位元，SA3-SA0 是周邊晶片組的從位址。這個 I^2C 裝置是靠 NXP 半導體公司預先指定的從位址來決定從裝置型態。例如，從裝置的位址 1010 是分配給 EEPROM 元件來使用的。此外，3 個位址接腳 DA2-DA0 則是用來回應 I^2C 裝置位址

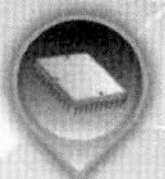

腳位的狀態。DA2~DA0 的裝置能被分別定址，以允許同一種裝置類型能有 8 個不同位址的元件同時連接在一起。

此外，爲了要定址出所連接的 I^{2}C 從裝置，一般可以分爲 7-bit 短定址與 10-bit 長定址等兩種類型以符合不同的需求。如圖 5.5 所示，分別爲 7-bit 與 10-bit 定址方式的示意圖。

•7-bit addressing

S	XXXXXXX	R/$\overline{W}$	A	DATA	• • •

•10-bit addressing

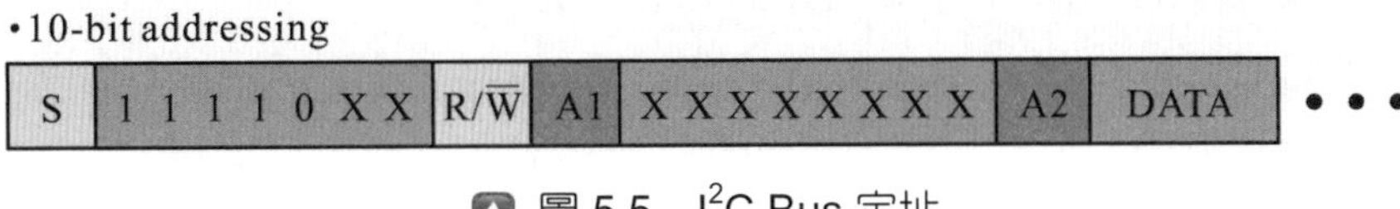

圖 5.5　I^{2}C Bus 定址

而第 8 個位元(R/W#)是用來設定資料傳輸的方向。若是 1 的話，主裝置執行讀取資料的動作，反之，則是執行寫入資料之用。此外，大部分的位址傳輸是跟隨在一個或是更多的資料傳輸，且是在最後一個資料位元組傳輸所產生的停止狀態之後。

如圖 5.4 所示，讀取傳輸是跟隨在位址位元組之後，在時脈 8，主控端設定 R/W# 位元爲高電位，表示讀取。而在時脈 9，周邊裝置會對應是否爲其位址，然後送出 ACK。在時脈 10，主控端會浮接 SDA，送出 SCL 脈衝，以作爲從裝置所提供的 SDA 資料的時脈。

I^{2}C 串列介面傳輸以開始狀態所啓始的，其後再跟隨一個位址。當位址符合所傳送的命令或是資料位址的話，傳輸就開始和執行，並直到停止狀態或是另一個開始狀態(重複另一個開始狀態)發生爲止。這個命令位址僅可寫入，不能做讀取的功能。在位址訊息中的下一個位元組視爲命令。此外，我們可以在傳送一個命令位址之後，再傳送數個位元組。

當開始狀態的位址與資料位址相符合時，那麼就把下一個位元組視爲資料。當位址中的 R/W#位元等於 0，是表示主裝置寫入到從端的位元組資料被接收到。如果位址中的 R/W#位元等於 1，則表示主裝置會從從裝置來讀取資料，那麼從裝置將會傳送資料給主裝置。

而透過這個方法，I^2C 串列介面可以知道最後一個位元組什麼時候傳到，如此，PSoC 主裝置就可以產生停止狀態。而若是重新執行開始狀態則可以支援在沒有產生停止狀態時，仍可以傳送另一個資料封包。

5.2 PSoC I^2C 模組特性

在此，我們使用 PSoC I2CHW(I^2C 硬體)使用者模組來實現 I^2C 串列介面的應用與設計。而其特性與功能如下所列：

- 與工業標準的 NXP I^2C 串列介面相容的介面
- 僅從裝置操作，以及多主裝置的功能
- 僅需兩條引線(SDA and SCL)來與外部的 I^2C 串列介面連接
- 支援標準的 I^2C100/400 kbits/s 資料傳輸率，也支援 50 kbits/s 資料傳輸率
- 使用者僅需最小的程式碼即可撰寫出 I^2C 功能的高階 API 函式
- 支援 7-bit 定址模式與 10-bit 定址模式與主裝置

I2CHW 模組是以韌體程式碼來實現 I^2C 從裝置功能。I^2C 主裝置端初始化在 I^2C 串列介面上的所有通訊，且供應所有從裝置的時脈。再者，I2CHW 模組支援可高達 400bps 的標準模式速度。而此模組無須佔用任何一個數位或類比區塊。

此外，I2CHW 模組是與在同樣的匯流排上的其他從裝置相容。

5.2.1 I2CHW 模組功能介紹

I2CHW 模組提供了可支援 I^2C 硬體資源。當 CPU 時脈被配置成執行於 12MHz 時，此模組能以 50/100/400 bps 傳輸資料。此外，也可於較低的 CPU 時脈下執行，但是如此卻會導致當處理位址或資料過程時，或多或少會產生停滯的現象。

I^2C 規格允許主控端可以執行在 100KHz 至 DC 直流的範圍中。而針對 SDA 與 SCL，包含了兩種不同選擇去提供硬體資源的直接存取。在此，所提供的 API 中，是支援 7-bit 定址模式。然而，10-bit 定址方式則需使用者去擴充 API 命令集。

而 I^2C 資源提供了以位元對位元的階層方式來傳輸資料。在每一次位址或資料的傳輸與接收的結尾處，將會回報狀態，或是觸發個別的中斷。我們即可利用這些訊息來瞭解目前 I^2C 串列介面的狀態。其中，狀態的回報與中斷的產生是根據資料傳輸的

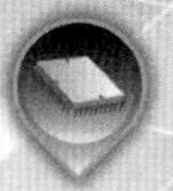

方向，以及透過硬體方式所偵測到的 I²C 串列介面狀況。而我們可以在一筆位元組傳輸或接收完成，及匯流排錯誤偵測與仲裁遺失狀態上，配置中斷的產生。

❖ 放置模組

I2CHW 模組允許使用 P1[5]/P1[7]或 P1[0]/P1[1]等兩種選擇接腳組去實現 SCL 與 SDA 的周邊連接，且無須任何數位或類比的 PSoC 區塊。因此，對於 I2CHW 模組的擺放位置是沒有限制的。此外，由於 I²C 模組使用專用的 PSoC 資源區塊與中斷，因此多個 I²C 模組的擺放是不可能的。

而模組之相關參數請參考其資料手冊或是直接使用本章範例程式的設定值。

5.2.2 PSoC I2CHW API 函式

I2CHW 應用程式介面(API)韌體提供高階的命令，以支援傳送與接收多個位元組的 I²C 傳輸。其中，所要讀取的緩衝器可以開啓在 RAM 或 Flash 記憶體，但所要寫入的緩衝器只能設定在 RAM 記憶體中。

此外，當使用緩衝器來執行讀取與寫入函式(bWriteBytes(...)，bWriteCBytes(...)與 fReadBytes(...))時，是不需要去使用任何緩衝器的初始函式(InitWrite(...)，InitRamRead(...)與 InitFlashRead(...))。因爲這些函式在呼叫時，已經執行初始化緩衝器讀取或寫入的功能。

以下，列出 I2CHW 模組常用的 API 函式：

❖ I2CHW_Start

- 描述：不作任何處理。僅提供了 I²C 串列介面的一致性。
- C 語言函式：void I2CHW_Start(void)
- 參數：無
- 回傳值：無

❖ I2CHW_Stop

- 描述：透過將 I²C 中斷除能來除能 I2CHW 模組的功能。
- C 語言函式：void I2CHW_Stop(void)
- 參數：無
- 回傳值：無

❖ I2CHW_EnableInt

- 描述：允許偵測到 I^2C 開始狀態時，致能 I^2C 中斷。當然，需先呼叫 M8C_EnableGInt 巨集副程式來啓動整體中斷致能的功能。
- C 語言函式：void I2CHW_EnableInt(void)
- 參數：無
- 回傳值：無

❖ I2CHW_bWriteBytes

- 描述：這是主裝置端函式，其利用所定址的從裝置位址來初始寫入的資料溝通過程。我們可以從 pbXferData 指標器所索引的 RAM 資料陣列中，寫入一個或是多個位元組(bCnt)資料到由 bSlaveAddr 所定址位址的從裝置上。
  一旦此函式被呼叫後，所引用的 ISR 將會處理緊接而來的資料。
- C 語言函式：void I2CHW_bWriteBytes(BYTE bSlaveAddr, BYTE * pbXferData, BYTE bCnt, BYTE bMode)
- 參數：
  bSlaveAddr：7-bit 從裝置位址。
  pbXferData：指到 RAM 資料陣列的指標器。
  bCnt：所要寫入的資料數目。
  bMode：操作模式。如果模式設定爲 I2Cm_CompleteXfer，那麼就會執行完整的傳輸過程。如果模式設定爲 I2Cm_RepStart，或是 I2Cm_NoStop，那麼就不會產生停止狀態。如此，可允許完整的 I^2C 傳輸能送到從裝置上。而下一次的 I^2C 傳輸也可以透過重複的開始狀態來初始化
- 回傳值：無

❖ I2CHW_EnableSlave

- 描述：透過設定在 I2C_CFG 暫存器的 Enable Slave 位元，以致能 I2CHW 區塊實現出 I^2C 從裝置功能。
- C 語言函式：void I2CHW_EnableSlave(void)
- 參數：無
- 回傳值：無

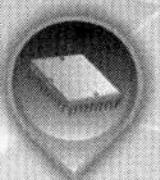

❖ I2CHW_bReadI2CStatus

- 描述：回傳在控制/狀態暫存器的狀態位元。
- C 語言函式：BYTE I2CHW_bReadI2CStatus(void)
- 參數：無
- 回傳值：為一個位元組的 BYTE I2CHW_RsrcStatus 數值，如表 5.1 所列。

表 5.1　I2CHW 模組所讀取到的 I²C 狀態一覽表

常數	數值	描述
I2CHW_RD_NOERR	01h	Data read by the master, normal ISR exit
I2CHW_RD_OVERFLOW	02h	More data bytes were read by the master than were available
I2CHW_RD_COMPLETE	04h	A read was initiated and is complete
I2CHW_READFLASH	08h	The next read is from a Flash location
I2CHW_WR_NOERR	10h	Data was written successfully by the master
I2CHW_WR_OVERFLOW	20h	The master wrote too many bytes for the write buffer
I2CHW_WR_COMPLETE	40h	A master write was completed by a new address or stop
I2CHW_IST_ACTIVE	80h	The I²C ISR has not yet exited and is active

❖ I2CHW_ ClrRdStatus

- 描述：清除在 I2CHW_SlaveStatus 暫存器所讀取到的狀態位元。沒有其他位元被影響到。
- C 語言函式：void I2CHW_ClrRdStatus (void)
- 參數：無
- 回傳值：無

❖ I2CHW_ClrWrStatus

- 描述：
- 清除在 I2CHW_RsrcStatus 暫存器所寫入的狀態位元。沒有其他位元被影響到。
- C 語言函式：void I2CHW_ClrWrStatus (void)
- 參數：無
- 回傳值：無

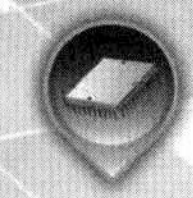

❖ I2CHW_InitFlashRead

- 描述：初始化 Flash 資料緩衝器的指標器以作爲資料的取出之用。
- C 語言函式：void I2CHW_InitFlashRead(const BYTE * pFlashBuf, WORD wBufLen)
- 參數：

  pFlashBuf：指到 Flash/ROM 緩衝器位置的指標器。

  wBufLen：緩衝器的長度。
- 回傳值：無

❖ I2CHW_InitRamRead

- 描述：初始化從從裝置取出資料的 Flash 資料緩衝器的指標器，並且初始化此相同緩衝器的計數的位元組數值。
- C 語言函式：void I2CHW_InitRamRead(BYTE * pReadBuf, BYTE bBufLen);
- 參數：

  _ReadBuf：指到 RAM 緩衝器位置的指標器。

  bBufLen：讀取緩衝器的長度。
- 回傳值：無

❖ I2CHW_InitWrite

- 描述：初始化從裝置所要存放資料的 Flash 資料緩衝器的指標器，並且初始化此相同緩衝器的計數的位元組值。而在下一次的主裝置端寫入的時刻，資料會放置到此函式所定義的位址。
- C 語言函式：void I2CHW_InitWrite(BYTE * pWriteBuf, BYTE bBufLen);
- 參數：

  pWriteBuf：指到 RAM 緩衝器位置的指標器。

  buf_len： 寫入緩衝器的長度。
- 回傳值：無

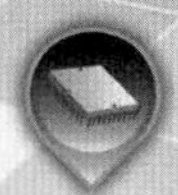

5.3　PSoC I2CHW 模組應用與設計

在此，運用兩片 PSoC 介面與感測器實驗載板以 I^2C 串列介面來互傳資料並顯示在對方的 LCD 上。因此，需分別撰寫 I^2C 主裝置端與 I^2C 從裝置端的 PSoC 程式。

5.3.1　I^2C 主裝置端設計

首先，如第二章所介紹的先開啓一個 PSoC 專案檔，再參考第三章之內容新增 LCD 模組，並加以設定。如圖 5.6 所示，於 PSoC Designer 的"User Modules"視窗中選擇"Digital Comm"項目，並選擇"I2CHW"模組。緊接著，以滑鼠對其連點左鍵兩下，將 I2CHW 模組加入至專案中，同時會彈出如圖 5.7 所示的"Select Multi User Module "視窗。因爲，我們要實現一主裝置的 I^2C 串列介面，因此讀者需勾選"I^2C Single Master Operation"項目，便能如圖 5.8 所示，將 I2CHW 模組加入至專案中。

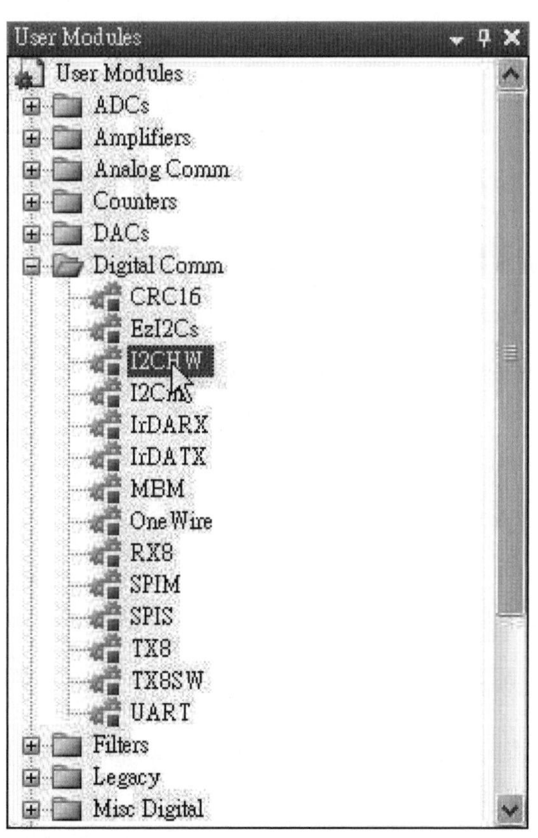

圖 5.6　"User Modules"的 I2CHW 模組選擇操作示意圖

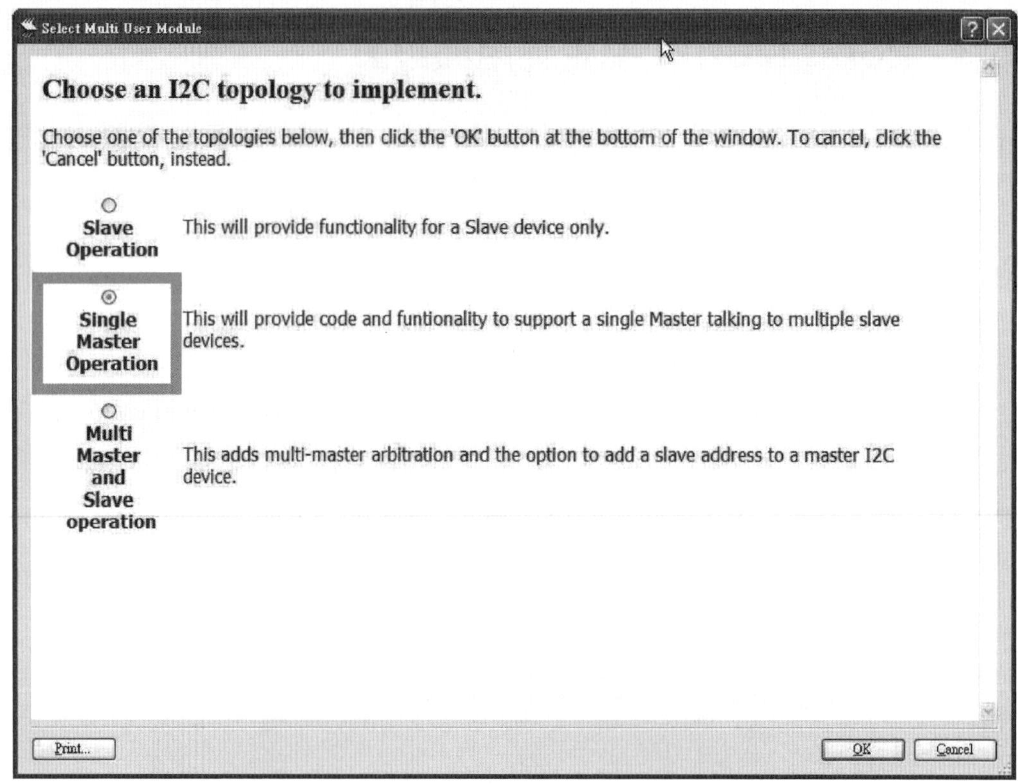

圖 5.7　選擇"I^2C Single Master Operation"選項操作示意圖

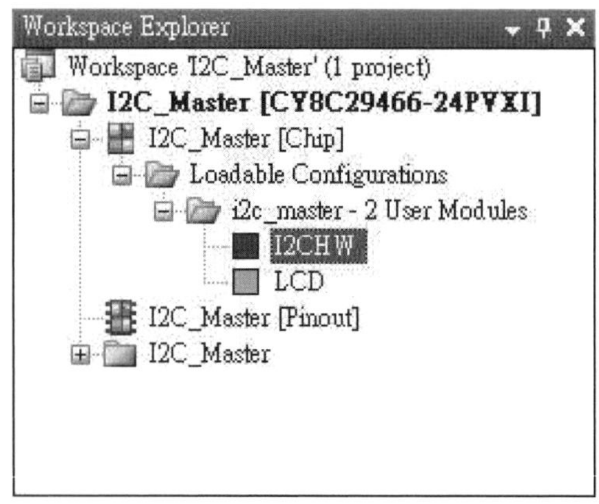

圖 5.8　將 I2CHW 模組加入至專案操作示意圖

而如圖 5.9 所示，將"Global Resources"中的參數做相對應的修改。此區域設定可參考第二章與第三章的說明。

Global Resources - i2c_master

Power Setting [Vcc /	5.0V / 24MHz
CPU_Clock	SysClk/8
32K_Select	Internal
PLL_Mode	Disable
Sleep_Timer	512_Hz
VC1= SysClk/N	8
VC2= VC1/N	3
VC3 Source	VC2
VC3 Divider	13
SysClk Source	Internal
SysClk*2 Disable	No
Analog Power	All Off
Ref Mux	(Vdd/2)+/-(Vdd/2)
AGndBypass	Disable
Op-Amp Bias	Low
A_Buff_Power	Low
SwitchModePump	ON
Trip Voltage [LVD (	4.81V (5.00V)
LVDThrottleBack	Enable
Watchdog Enable	Disable

Power Setting [Vcc / SysClk freq]
Selects the nominal operation voltage and System Clock (S...

圖 5.9　I2CHW 模組的“Global Resources”參數設定圖

Properties - I2CHW

Name	I2CHW
User Module	I2CHW
Version	1.6
Read_Buffer_Typ	RAM ONLY
CPU_Clk_speed_(	6MHz OR LESS
I2C Clock	100K Standard
I2C Pin	P[1]5-P[1]7

Name
Indicates the name used to identify this User Module instance

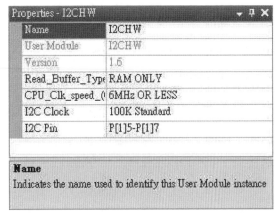

圖 5.10　I2CHW 模組的“Properties” 參數設定圖

此外，在 I2CHW 模組的“Properties”上，請讀者依照圖 5.10 所示的設定，並使用 P[1]5&P[1]7 作爲 SDA 及 SCL 接腳。

Pinout - i2c_master

P0[0]	Port_0_0, StdCPU, High Z Analog, DisableInt
P0[1]	Port_0_1, StdCPU, High Z Analog, DisableInt
P0[2]	Port_0_2, StdCPU, High Z Analog, DisableInt
P0[3]	Port_0_3, StdCPU, High Z Analog, DisableInt
P0[4]	Port_0_4, StdCPU, Pull Up, DisableInt
P0[5]	Port_0_5, StdCPU, Pull Up, DisableInt
P0[6]	Port_0_6, StdCPU, Pull Up, DisableInt
P0[7]	Port_0_7, StdCPU, Pull Up, DisableInt
P1[0]	Port_1_0, StdCPU, High Z Analog, DisableInt
P1[1]	Port_1_1, StdCPU, High Z Analog, DisableInt
P1[2]	Port_1_2, StdCPU, High Z Analog, DisableInt
P1[3]	Port_1_3, StdCPU, High Z Analog, DisableInt
P1[4]	Port_1_4, StdCPU, High Z Analog, DisableInt
P1[5]	I2CHWSDA, I2C SDA, Pull Up, DisableInt

Pinout - i2c_master

P1[3]	Port_1_3, StdCPU, High Z Analog, DisableInt
P1[4]	Port_1_4, StdCPU, High Z Analog, DisableInt
P1[5]	I2CHWSDA, I2C SDA, Pull Up, DisableInt
P1[6]	Port_1_6, StdCPU, High Z Analog, DisableInt
P1[7]	I2CHWSCL, I2C SCL, Pull Up, DisableInt
P2[0]	LCDD4, StdCPU, Strong, DisableInt
P2[1]	LCDD5, StdCPU, Strong, DisableInt
P2[2]	LCDD6, StdCPU, Strong, DisableInt
P2[3]	LCDD7, StdCPU, Strong, DisableInt
P2[4]	LCDE, StdCPU, Strong, DisableInt
P2[5]	LCDRS, StdCPU, Strong, DisableInt
P2[6]	LCDRW, StdCPU, Strong, DisableInt
P2[7]	Port_2_7, GlobalOutEven_7, Strong, DisableInt

圖 5.11　I2CHW 模組的“Pinout”接腳設定示意圖

如圖 5.11 所示，還需對"Pinout"的相關參數作設定。延續前一章的 PSoC UART 模組的設計與應用，整合了指撥開關，所以必須加有提升電阻。因此，P0[4]至 P0[7]需從 High Z 改爲 Pull up，而 LCD 需參考第 3 章圖 3.6 所示的電路圖來設定。此外，在圖 5.10 所設定 I^2C 的 SDA 與 SCL 接腳(P1[5]&P1[7])也都需設爲 Pull up。

當修改完以上的步驟後，即可按下 Generate 按鈕。此時，PSoC Designer 將產生相對的配置檔。緊接著，即可開始撰寫其中的韌體程式。

如圖 5.12 所示，爲 PSoC I^2C 主裝置端程式設計流程圖。

其中，主要功能是掃描目前的指撥開關數值，並將此掃描結果經由 I^2C SDA 與 SCL 引線傳至另一片 PSoC 介面與感測器實驗載板所設計而成的 I^2C 從裝置端上。最後，亦將自 I^2C 從裝置端所接收到的數值顯示於 LCD 上。

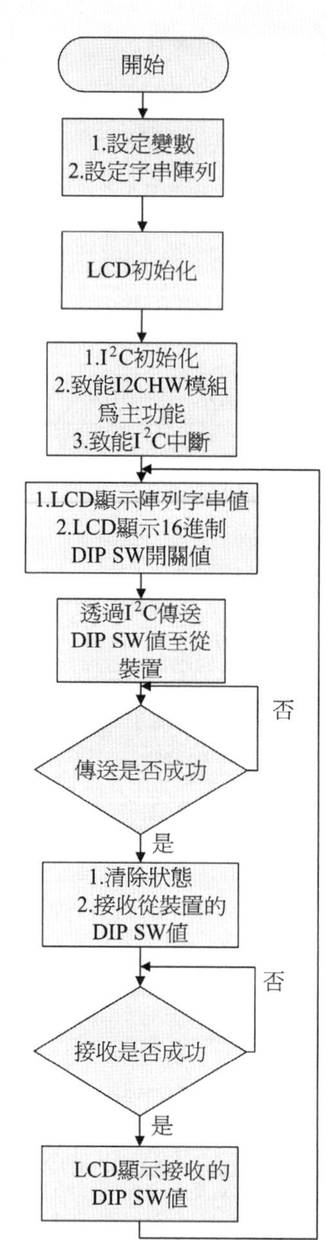

圖 5.12　PSoC I^2C 主裝置端程式設計流程圖

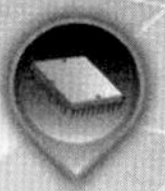

以下，列出本章節的 PSoC I²C 主裝置端的 main.c 範例程式碼：

```
#include <m8c.h>                              //元件特定的常數與巨集
#include "PSoCAPI.h"                          //所有使用者模組的 PSoC API 函式的定義
#define SLAVE_ADDRESS  0x05                   //從裝置位址
#define SW    (~(PRT0DR&0xf0)>>4)             //DIP 開關鍵值
void delay(unsigned char delay_time)          //延遲副程式
{
     while(delay_time != 0)
          delay_time--;
}
void init(void)
{
     LCD_Start();                        //執行 PSoC 的 API LCD 函式：啟動 LCD
     M8C_EnableGInt;
     delay(100);                         //等待 LCD 穩定動作的延遲時間
     LCD_Control(0x01);                  //清除 LCD
     I2CHW_Start();                      //啟動 I2C
     I2CHW_EnableMstr();                 //致能 I2CHW 模組具備 I2C 主裝置功能
     I2CHW_EnableInt();                  //允許偵測到 I2C 的開始狀態時，致能 I2C 中斷
}
void LCD_DisplayTemp(BYTE line,BYTE row,BYTE databyte)
{
     BYTE Show_ten,Show_one;
     LCD_Position(line,row);             //PSoC API;設定 row = 0,line = 1
     LCD_PrHexByte(databyte);
}
void main(void)
{
     unsigned char i=0;
     BYTE j=0;
     char fristStr[] = "PSoC I2C_Master ";    //設定 LCD 第一行所顯示字串
     char SecondStr[] ="SW=   ,R_SW=    ";    //設定 LCD 第二行所顯示字串
     BYTE txBuffer[1] ;
     BYTE rx[1] ;
     init();
     delay(255);
     LCD_Position(0,0);                       //設定顯示於第一行首格開始
     LCD_PrString(fristStr);                  //顯示標題"PSoC I2C_Master"
     LCD_Position(1,0);                       //設定顯示於第二行首格開始
     LCD_PrString(SecondStr);                 //顯示文字&指撥開關
```

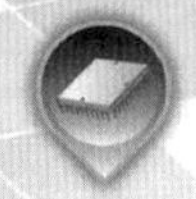


```
        while(1)
        {

            LCD_Position(1,3);              //設定顯示於第二行第四格開始
            PRT0DR |= 0xf0;
            LCD_PrHexByte(SW);              //列印出指撥開關的數值
            txBuffer[0] = SW;
            I2CHW_bWriteBytes(SLAVE_ADDRESS, txBuffer, 1,I2CHW_CompleteXfer );
            //透過 I2C 串列介面開始傳值

            while(!I2CHW_bReadI2CStatus() & I2CHW_WR_COMPLETE);
            I2CHW_ClrWrStatus();

            I2CHW_fReadBytes(SLAVE_ADDRESS, rx, 1, I2CHW_CompleteXfer);

            //透過 I2C 串列介面開始收值

          while(!I2CHW_bReadI2CStatus() & I2CHW_RD_COMPLETE);
            LCD_Position(1,12);
            LCD_PrHexByte(rx[0]); //以 LCD 顯示出主裝置端所傳出來的指撥開關的數值
            for(i=0;i<100;i++)
                        delay(255);
        }
    }
```

5.3.2 PSoC I²C 從裝置端程式設計

如同 PSoC I²C 主裝置端的設計，我們需開啓一新專案，請讀者參考第 3 章將 LCD 模組加以新增與與設定。如圖 5.6 所示，於 PSoC Designer 視窗右下角的“User Modules”視窗中，先選擇“Digital Comm”項目找出“I2CHW”模組，並對其連點左鍵兩下加入。再如圖 5.13 所示點選 Slave Operation 後，按下 OK，便能如圖 5.14 所示，將 I2CHW 模組加入至 I2C_Slave 專案中。

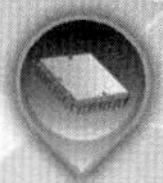

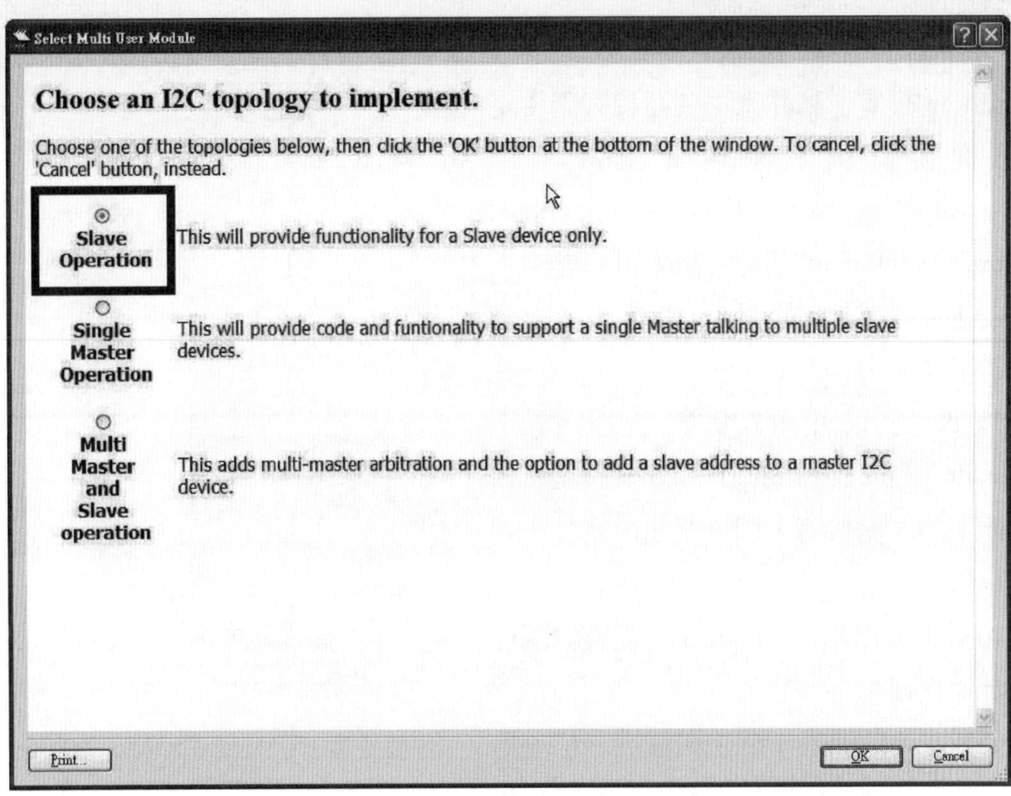

圖 5.13　選擇“I2C Slave Operation”選項操作示意圖

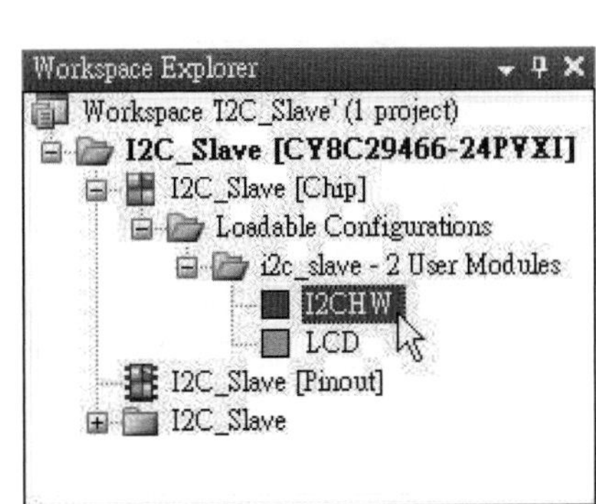

圖 5.14　將 I2CHW 模組加入至專案操作示意圖

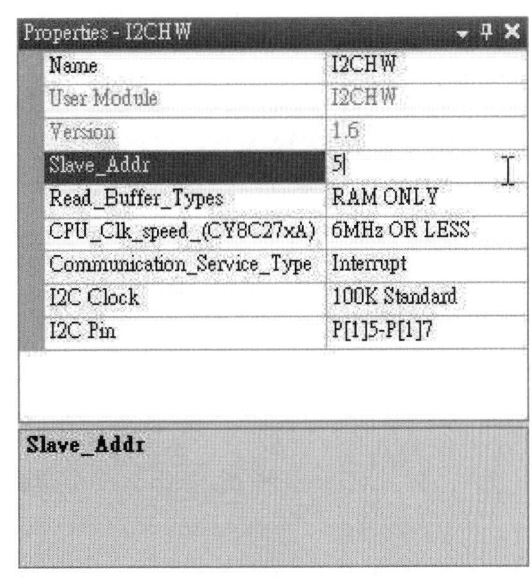

Properties - I2CHW
Name | I2CHW
User Module | I2CHW
Version | 1.6
Slave_Addr | 5
Read_Buffer_Types | RAM ONLY
CPU_Clk_speed_(CY8C27xA) | 6MHz OR LESS
Communication_Service_Type | Interrupt
I2C Clock | 100K Standard
I2C Pin | P[1]5-P[1]7
Slave_Addr

圖 5.15　從裝置的 I2CHW 模組“Properties”參數設定圖

緊接著，請如圖 5.15 所示，修改“Properties”設定，請注意主裝置程式碼中定義之從裝置位址須與此處設定的“Slave_Addr”內容值相同。而“Global Resources”與“Pinout”部分，讀者可以參考上述 I^{2}C 主裝置端設計的圖 5.9 與圖 5.11 之參數進行設定。

修改完以上的步驟後，按下“Generate”按鈕，PSoC Designer 將產生相對的配置檔。緊接著，即可開始撰寫其中的韌體程式。

如圖 5.16 所示，爲 PSoC I^{2}C 從裝置端程式設計流程圖。

而其主要功能跟 I^{2}C 主裝置端一樣，爲掃描目前的指撥開關數值，並將此掃描結果經由 I^{2}C SDA 與 SCL 引線傳送至另一片 PSoC 介面與感測器實驗載板所設計而成的 I^{2}C 主裝置端上。最後，亦將從 I^{2}C 主裝置端所接收到的數值顯示於 LCD 上。

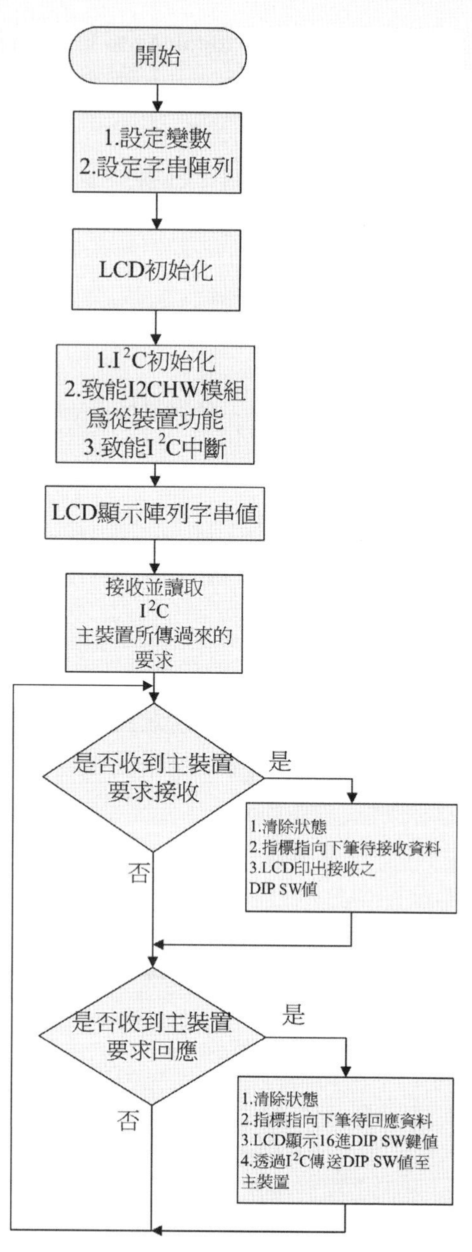

圖 5.16　PSoC I^{2}C 從裝置端程式設計流程圖

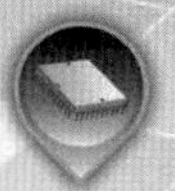

以下，列出本章節 PSoC I²C 從裝置端的 main.c 範例程式碼：

```
#include <m8c.h>                    //元件特定的常數與巨集
#include "PSoCAPI.h"                //所有使用者模組的 PSoC API 函式的定義

#define SW    (~(PRT0DR&0xf0)>>4)
void delay(unsigned char delay_time)
{
     while(delay_time != 0)
          delay_time--;
}
void init(void)
{
     LCD_Start();                   //啓動 LCD
     M8C_EnableGInt;
     delay(100);                    //等待 LCD 穩定動作的延遲時間
     LCD_Control(0x01);             //清除 LCD
     I2CHW_Start();                 //啓動 I2C
     I2CHW_EnableSlave();           //致能 I2CHW 模組具備 I2C 從裝置功能
     I2CHW_EnableInt();             //允許偵測到 I2C 的開始狀態時，致能 I2C 中斷

}

void LCD_DisplayTemp(BYTE line,BYTE row,BYTE databyte)
{
     BYTE Show_ten,Show_one;
     LCD_Position(line,row);        //PSoC API;設定 row = 0,line = 1
     LCD_PrHexByte(databyte);
}
void main(void)
{
     unsigned char i=0;
     BYTE j=0;
     char fristStr[] = "PSoC I2C_slave  ";     //定 LCD 第一行
     char SecondStr[] ="SW=   ,R_SW=    ";     //設定 LCD 第二行字串
BYTE status;
     BYTE txBuffer[1];
     BYTE abBuffer[1];

     init();
     delay(255);
     LCD_Position(0,0);                        //設定顯示於第一行首格開始
```

```
        LCD_PrString(fristStr);                    //顯示標題"PSoC I2C_Master"
        LCD_Position(1,0);                         //設定顯示於第二行首格開始
        LCD_PrString(SecondStr);                   //顯示文字&指撥開關

        I2CHW_InitRamRead(abBuffer,1);
        I2CHW_InitWrite(abBuffer,1);
        while(1)
        {

            status = I2CHW_bReadI2CStatus();
            //等待 I2C 主裝置所傳過來的資料，並讀取此資料

        if( status & I2CHW_WR_COMPLETE )
          {
            /* 所接收的資料 - 清除 I2C 寫入狀態 */
                I2CHW_ClrWrStatus();

                I2CHW_InitWrite(abBuffer,1);      //重置指標器給下一個要讀取的資料

                LCD_Position(1,12);
                LCD_PrHexByte(abBuffer[0]);

        }
        if( status & I2CHW_RD_COMPLETE )
      {
            /* 要回應的資料 - 清除 I2C 讀取狀態 */
             LCD_Position(1,3);
             PRT0DR |= 0xf0;
             LCD_PrHexByte(SW);
             I2CHW_ClrRdStatus();
             txBuffer[0] = SW;
             I2CHW_InitRamRead(txBuffer,1);       //重置指標器給下一個要回應的資料
      }
    }
  }
```

按照上述步驟撰寫完畢後，按下 Build ，應會在"Output"視窗應會出現 0 error 畫面若出現錯誤，則可能程式碼或相關參數設定時出錯，請讀者再照上述步驟重新設定。

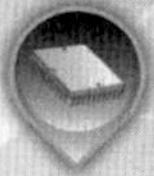

由於要同時實現 I²C 主裝置與從裝置的指撥開關數值傳送與接收，因此，需燒錄兩片的 PSoC 介面與感測器實驗載板(建議讀者可以貼上標籤以免弄混)。當燒錄完畢後，PSoC 將自動重載程式碼並加以執行。此時，參考第 3 章圖 3.4 之外部接腳圖與前述圖 5.11 設定之腳位。如圖 5.17 與圖 5.18 所示將兩片 PSoC 介面與感測器實驗載板的 SDA 與 SCL (本章設定為 P1[5]與 P1[7])以及 GND 接腳以杜邦線連接。而其執行畫面應如圖 5.19 與圖 5.20 所示。當切換 S2 之指撥開關時，這兩片的 LCD 上會顯示另一片實驗載板所相對應的指撥開關數值。

圖 5.17 主裝置端接線操作實體圖

圖 5.18 從裝置端接線操作實體圖

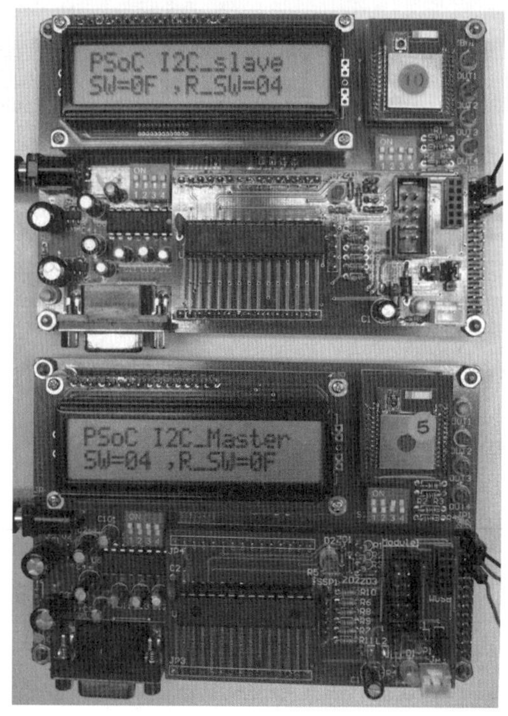

圖 5.19　PSoC 介面與感測器實驗載板的 I²C 主與從裝置的測試示意圖(一)

圖 5.20　PSoC 介面與感測器實驗載板的 I²C 主與從裝置的測試示意圖(二)

※本章節所介紹的各個程式範例請參考附贈光碟片目錄：\examples\CH5\。

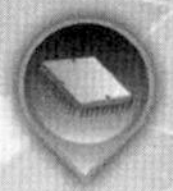

1　請讀者重新測試本章所介紹的 I^{2}C 串列介面的主裝置端與從裝置端設計的範例。

2　若無法成功地測試此範例，請讀者重新檢測操作步驟或是專案檔的相關設定是否正確。當然，檔案是否有變更過也是查驗重點。

3　請讀者測試一組 I^{2}C 主裝置端對兩組從裝置端的 PSoC 介面與感測器實驗載板測試，並於 I^{2}C 主裝置端的實驗載板上可以讀取到兩片從裝置端的指撥開關數值。

4　同上一題，請將 I^{2}C 主裝置端的實驗載板的 UART 介面以 RS-232 纜線連接至 PC 主機上，同時顯示出兩片從裝置端的指撥開關數值。

5　讀者可以根據書後附錄 B 的 BOM 表與電路圖，購置簡易 PSoC 實習單板的相關零件，並根據圖 3.13 所示的 SPI 與 I^{2}C 串列介面的提升電阻電路以及指示燈電路與圖 3.6 所示的 LCD 輸出電路來實現本章的實驗。(如圖 5.21 所示)

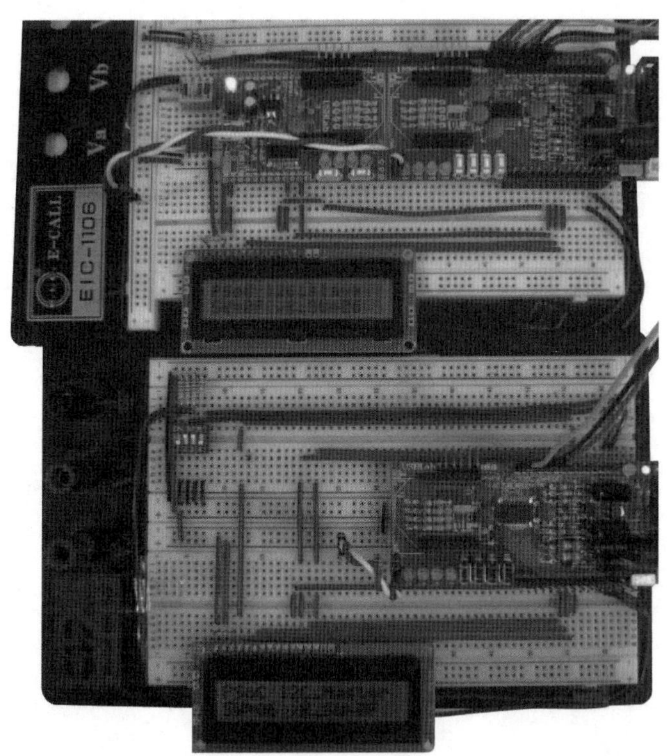

圖 5.21　簡易 PSoC 實習單板的 I^{2}C 串列介面實驗實體圖

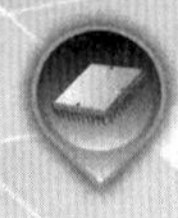

PSoC SPI 模組設計與應用

在本章中，將介紹另一個常用的 SPI 串列，並直接利用 PSoC 所提供的 SPI 模組來實現 SPI 一對一傳送與接收的設計與應用。以下，將介紹 SPI 基本概念，並針對 PSoC 所提供的 SPI 模組來設定與配置。最後，再以兩片的 PSOC 介面與感測器實驗載板相互連接與測試。如圖 6.1 所示，爲本章實驗架構示意圖。

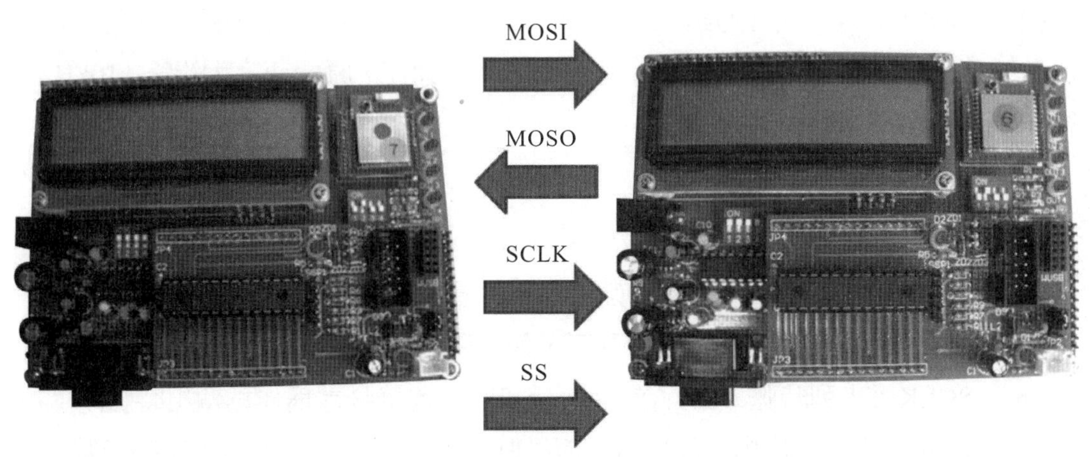

圖 6.1　PSoC SPI 模組設計與應用之實驗架構示意圖

而透過本章的學習，可以再建立兩個 SPIM 與 SPIS 模組。

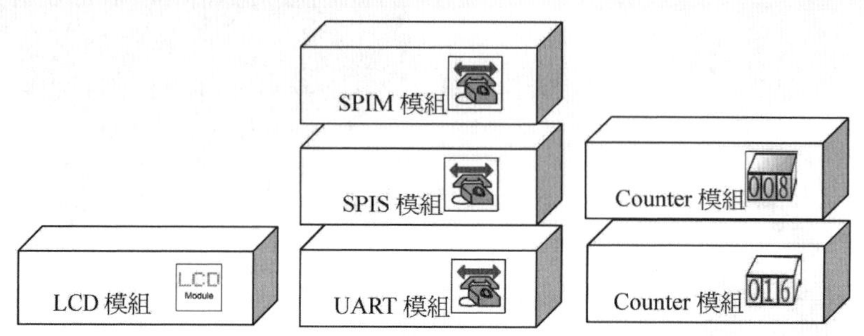

6.1 SPI 串列周邊介面介紹

SPI(Serial Peripheral Interconnect)串列周邊內部連接介面是由摩托羅拉公司開發的一種同步串列匯流排，並用於該公司的多種微控制器中，但由於近來許多微處理器或是晶片組越來越多支援 SPI 介面，使得 SPI 介面也類似 I^2C 介面越來越普及了。而其類似 I^2C 介面，是一種同步序列資料協定，可適用於可攜式裝置平台或是一般的微處理機系統中。但 SPI 串列周邊介面一般是 4 線式，有時亦可為 3 線式，因此，別於 I^2C 的 2 線式，以及 1-Wire 的 1 線式。

SPI 是一種多主／多從裝置通訊的協定，主裝置與選定的從裝置之間是使用單向 MISO 和 MOSI 引線來進行通訊。而這個介面共有 3 + n 線，此 n 是由多少個從裝置所設定的。此外，亦規定同一時間只能有一個主裝置動作，原始速度大約為 110kHz，而當速度超過 1Mbps 時為全雙工模式。

6.1.1 SPI 串列介面訊號

如圖 6.2 所示，為 SPI 串列介面硬體方塊示意圖。

其中，SPI 串列介面的相關引線意義，如下所列：

- SCLK：串列時脈。SPI 在傳送資料時 ，此接腳當為作為輸出時脈用。或當作從裝置時為時脈接收之用。而從裝置的時脈則是由主裝置送給從裝置。
- MOSI：當裝置為主裝置時，此接腳為輸出功能。當裝置為從裝置時，此接腳為輸入功能。

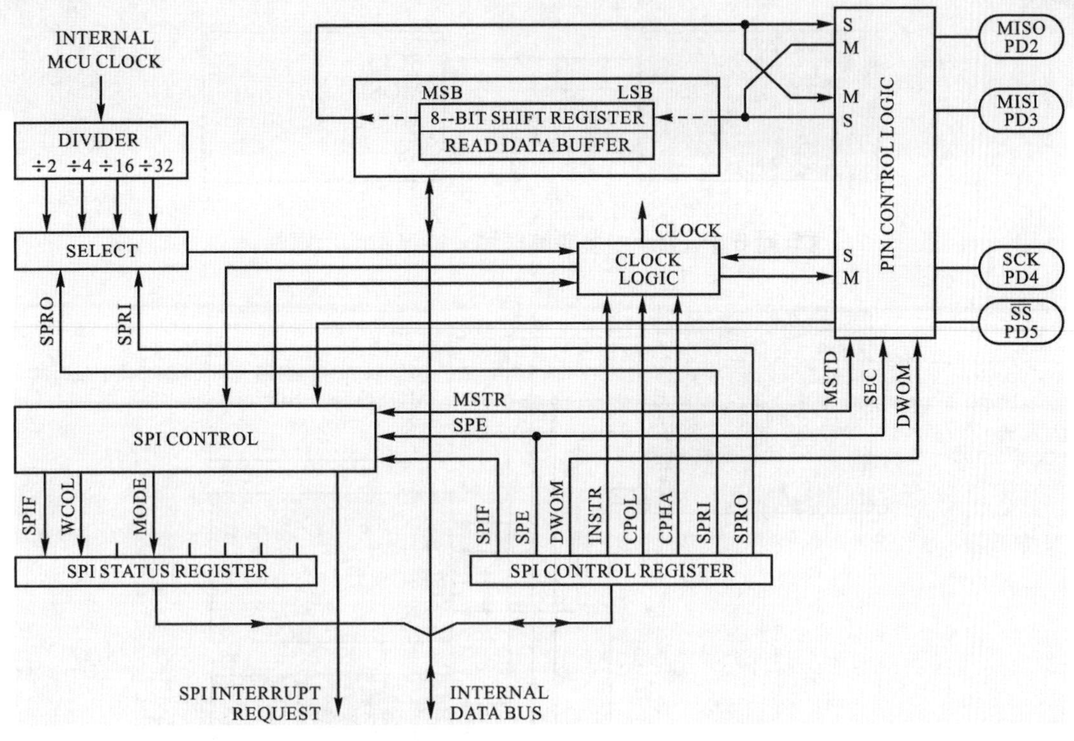

圖 6.2　SPI 串列介面硬體方塊示意圖

- MISO：當裝置爲主裝置時，此接腳爲輸入功能。當裝置爲裝置從時，此接腳爲輸出功能。
- #SS：當有多組從裝置時，使用#SS 接腳致能要使用的從裝置，給其低電位動作。

因此，SPI 主要由四條訊號線組成：SCLK、MOSO、MOSI 與#SS。SPI 串列介面可以實現多個裝置互相連接。在此，提供 SPI 串列時脈(SCLK)的 SPI 裝置爲 SPI 主機端(Master)，其他裝置爲 SPI 從裝置端(Slave)，主從裝置間可以實現全雙工通信，當有多個從裝置時，還可以增加一條從裝置選擇的致能線(#SS)。

而圖 6.3 爲單一主裝置端與單一從裝置端的連線圖，圖 6.4 則爲單一主裝置端與多從裝置端的連線圖。

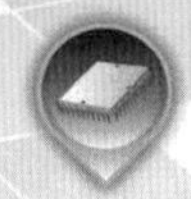

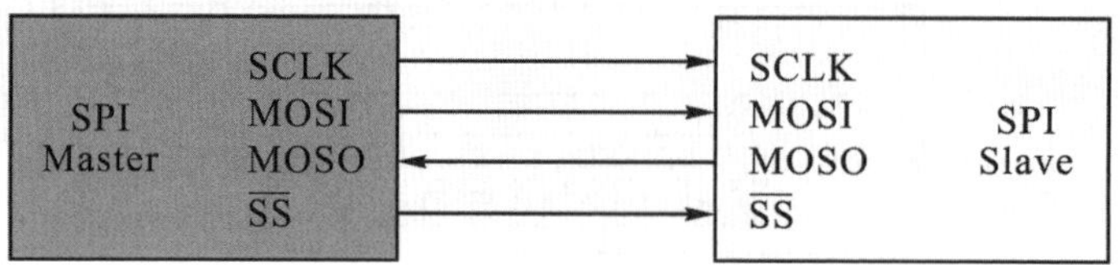

圖 6.3　單一主裝置端與單一從裝置端示意圖

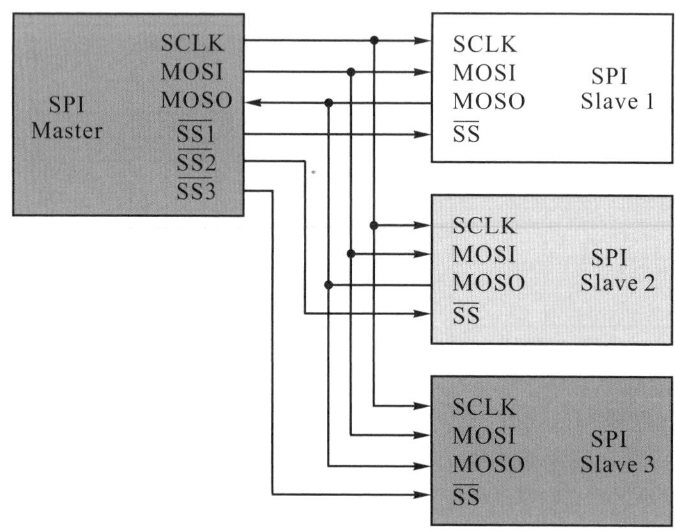

圖 6.4　單一主裝置與多從裝置端示意圖

6.1.2　SPI 時脈類型

如圖 6.5 所示，SPI 介面有四種不同的時脈類型，這可根據 SCK 信號的極性和相位而定。在此需注意到，必須確保這些信號在主裝置和從裝置間相互相容，才可正確傳送與接收。當主裝置產生一個 SCK 脈衝，資料被同步到主裝置和從裝置之間。當然撰寫程式時，必須設定選用的模式，否則將會接收到錯誤的資料。

爲了運用 PSoC 所提供的 SPI 模組，我們需先對其相關特性作初步的瞭解。在 PSoC 中，分別提供 SPIM 與 SPIS 等兩種模組來支援 SPI 介面的主裝置與從裝置的設計實現上。

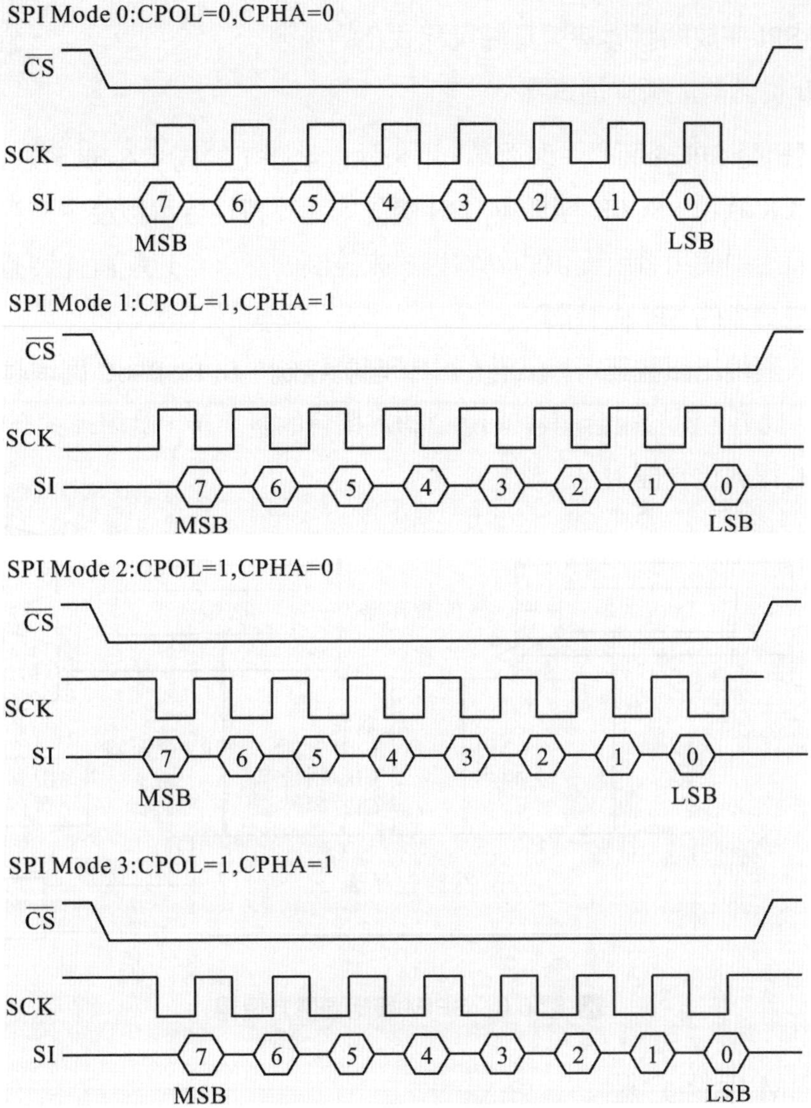

SPI Mode 0:CPOL=0,CPHA=0

CS
SCK
SI 7 6 5 4 3 2 1 0
MSB LSB

SPI Mode 1:CPOL=1,CPHA=1

CS
SCK
SI 7 6 5 4 3 2 1 0
MSB LSB

SPI Mode 2:CPOL=1,CPHA=0

CS
SCK
SI 7 6 5 4 3 2 1 0
MSB LSB

SPI Mode 3:CPOL=1,CPHA=1

CS
SCK
SI 7 6 5 4 3 2 1 0
MSB LSB

圖 6.5　SPI 時脈類型圖

6.2　PSoC SPIM 模組特性

如圖 6.6 所示，為 SPIM 模組硬體方塊圖，其基本特性如下所列：

(1) 支援 SPI 主裝置協定

(2) 支援協定模式 0，1，2 與 3

(3) 提供 MOSI 與 SCLK 的可選擇的輸入源

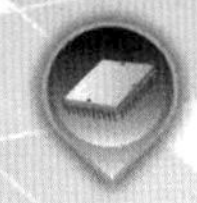

(4) 在 SPI 完成的狀態時，具備可程式化的中斷

(5) SPI 從裝置能獨立地選擇

SPIM 模組是 SPI 介面的主裝置端，用來執行全雙工的同步 8-bit 資料傳輸。此外，所提供的 SCLK 相位，SCLK 極性與 LSB 優先傳送等特性皆可被設定來符合大多數的 SPI 協定。而透過使用者所提供的韌體程式來控制的話，可以配置從裝置選擇訊號來控制一個或是更多的 SPI 從裝置。

針對輸入與輸出訊號與可程式化的中斷驅動控制，SPIS PSoC 區塊具備可選擇性的繞徑方式。此外，對於組合語言或是 C 語言撰寫的應用上，應用程式介面(API)韌體提供了高階的程式化介面。

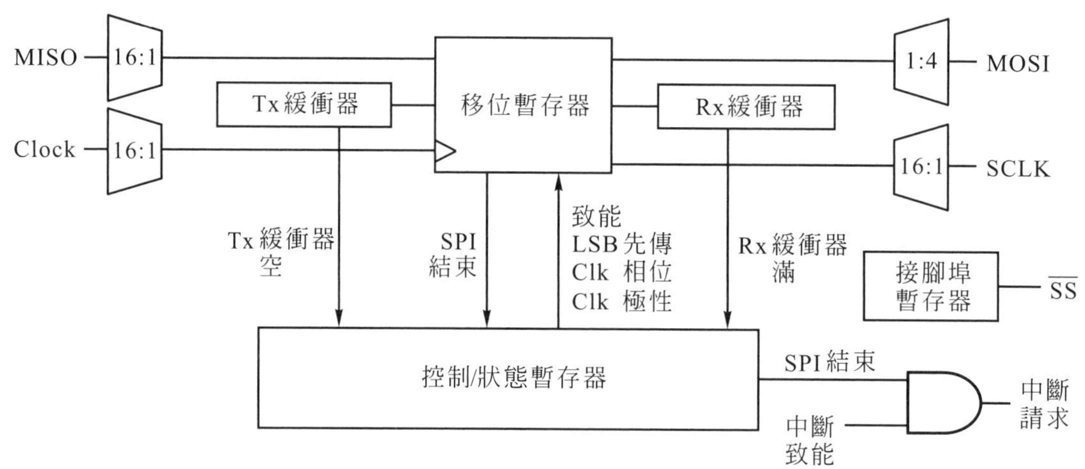

圖 6.6 SPIM 模組硬體方塊圖

6.2.1 SPIM 模組介紹

SPIM 是用來實現 SPI 介面的主裝置端的模組。其中，使用數位通訊(Digital Communications)類型的 PSoC 區塊的 Tx 緩衝器，Rx 緩衝器，以及控制與移位暫存器，以及一個多個接腳埠(Pin Port)暫存器。

控制器暫存器可使用 PSoC Designer 的 Device Editor 與 SPIM 模組的 API 函式來初始化與配置。這種初始化的過程包含了設定優先傳 LSB 位元，與 SPI 傳送與接收協定模式。當然，亦支援如表 6.1 所示的 SPI 模式 0，1，2 與 3 等 4 種模式。

控制器暫存器可使用 PSoC Designer 的 Device Editor 與 SPIM 模組的 API 函式來初始化與配置。其中， 需注意的是，SPI 主裝置端與從裝置端為了能取得最適當的通

訊串列傳輸，必須設定相同的時脈模式以及位元配置。如表 6.1 所示，定義 SPI 模式的特性差異。讀者可以比對圖 6.5 的圖示，更容易清楚地瞭解相關模式的差異。

表 6.1　SPIM 模組所支援的模式一覽表

模式	SCLK 邊緣所執行的資料栓鎖	時脈極性	注意
0	超前	不反轉	超前邊緣會栓鎖住資料。 資料會在時脈的落後邊緣改變。
1	超前	反轉	
2	落後	不反轉	落後邊緣會栓鎖住資料。 資料會在時脈的超前邊緣改變。
3	落後	反轉	

而圖 6.6 所示的低電位啓動的從裝置選擇訊號-- #SS 必須以使用者所提供的軟體函式來控制所要選擇的接腳埠暫存器位元，以適當地致能所連通訊傳輸的 SPI 從裝置。雖然我們可以配置一個或是多個從裝置選擇訊號，但是在同一時刻僅能有一個從裝置選擇訊號被致能。

爲了適應所有的 SPI 時脈模式，因此，當 SPI 主裝置端要傳送每一個位元組至所選擇到的 SPI 從裝置時，此#SS 訊號必須被設定與取消。然而，由於介於 SPI 主裝置端與從裝置端之間的 SPI 通訊仍有一些特定位元組的傳輸協定的變化，因此，這並非是很嚴謹的要求。

此外，SCLK 訊號接腳即爲 SPI 傳送與接收的時脈。其中，僅爲輸入時脈的 1/2 時脈速率。換言之，有效的傳送與接收的位元速率是輸入時脈除以 2。而這輸入時脈可以透過 PSoC Designer 的 Device Editor 來設定。

❖ 放置模組

SPIM 映射到單一個 PSoC 區塊，且可以放置到任何一個的數位通訊(Digital Communications)區塊上。此外，接腳埠暫存器位元需要保留給從裝置選擇訊號(＃SS)使用，以進一步控制一個或多個 SPI 從裝置。這些埠接腳必需以標準的 CPU 埠接腳來配置。

而模組之相關參數請參考其資料手冊或是直接使用本章範例程式的設定值。

6.2.2　PSoC SPIM API 函式

以下，列出 SPIM 模組所支援的常用 API 函式：

❖ SPIM_Start

- 描述：設定 SPI 介面的模式配置，以及透過設定控制暫存器的相對應位元來致能 SPIM 模組。在呼叫此函式之前，所有的從裝置選擇訊號(＃SS)必須被設定為高準位以取消 SPI 從裝置的連接。這部份的動作需在使用者支援的函式中實現。
- C 語言函式：void SPIM_Start(BYTE bConfiguration)
- 參數：一個用來設定 SPI 模式與 LSB 優先傳送的配置位元組，而其利用累加器來傳遞。符號名稱可用於 C 與組合語言，及其連接值是以下列表格 6.2 所示的 SPI 模式與 LSB 優先傳送的配置位元組來設定。但需注意，符號名稱能以 OR 邏輯一起運算以形成 SPI 介面的配置。

在此，需注意模組的實體名稱是預設為下表 6.2 所示的 SPIM 字串。但若我們放置的 SPIM 模組被命名為 SPIM1 的話，那麼第一個模式的符號名稱是 SPIM1_SPIM_MODE_0。

表 6.2　設定 SPI 模式與 LSB 優先傳送的配置位元組一覽表

符號名稱	數值
SPIM_MODE_0	0x00
SPIM_MODE_1	0x01
SPIM_MODE_2	0x04
SPIM_MODE_3	0x06
SPIM_LSB_FIRST	0x80
SPIM_MSB_FIRST	0x00

- 回傳值：無

❖ SPIM_bReadStatus

- 描述：讀取目前 SPIM 控制/狀態暫存器所回傳的數值。
- C 語言函式：BYTE SPIM_bReadStatus(void)
- 參數：無
- 回傳值：回傳所讀取的狀態位元組(參考表 6.3)，並以累加器來回傳。其中，我們可以利用所定義的遮罩來測試所要設定的狀態情形。需注意到，遮罩位元能以 OR 邏輯運算來同時測試多種狀態。

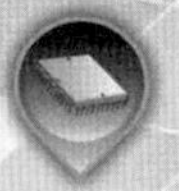

此外，也需注意模組的實體名稱是預設為下表 6.3 所示的 SPIM。但若我們放置的 SPIM 模組被命名為 SPIM1 的話，那麼第一個模式的符號名稱是 SPIM1_SPIM_SPI_COMPLETE。

表 6.3　SPIM 狀態遮罩位元表

SPIM 狀態遮罩	數值
SPIM_SPI_COMPLETE	0x20
SPIM_RX_OVERRUN_ERROR	0x40
SPIM_TX_BUFFER_EMPTY	0x10
SPIM_RX_BUFFER_FULL	0x08

❖ SPIM_bReadRxData

- 描述：回傳從 SPI 從裝置端所接收到的資料位元組。此時，Rx 緩衝器的滿旗標必須在呼叫此函式之前先呼叫一次，以驗證資料位元組已經被接收完畢。
- C 語言函式：BYTE SPIM_bReadRxData(void)
- 參數：無
- 回傳值：從 SPI 從裝置端所接收到的資料位元組，並且以累加器來傳遞。

❖ SPIM_SendTxData

- 描述：初始化 SPI 傳送給 SPI 從裝置。但須在呼叫此函式之前，特定的 SPI 從裝置訊號必須以低電位送出。而這需以使用者所支援的函式來實現。
- C 語言函式：void SPIM_SendTxData(BYTE bSPIMData)
- 參數：BYTE bSPIMData：送至 SPI 從裝置的資料，並以累加器來傳遞。
- 回傳值：None

6.3　SPIS 模組

如圖 6.7 所示為 SPIS 模組硬體方塊圖，其基本特性如下所列：

- 支援 SPI 從裝置協定
- 支援協定模式 0，1，2 與 3
- 提供 MOSI，SCLK 與#SS 的可選擇的輸入源

- 提供 MISO 可選擇輸出繞境
- 在 SPI 完成的狀態時，具備可程式化的中斷
- #SS 可以透過韌體程式來控制(除了 PSoC 裝置的 CY8C26/25xxx 系列)

相對於前面介紹的 SPIM 模組，SPIS 模組是實現 SPI 從裝置功能。而其執行全雙工的同步 8-bit 資料傳輸。此外，所提供的 SCLK 相位，SCLK 極性與 LSB 優先傳等特性皆可被設定來符合大多數的 SPI 協定。

針對輸入與輸出訊號與可程式化的中斷驅動控制，SPIS PSoC 區塊具備可選擇性的繞徑方式。此外，對於組合語言或是 C 語言撰寫的應用上，應用程式介面(API)韌體提供了高階的程式化介面。

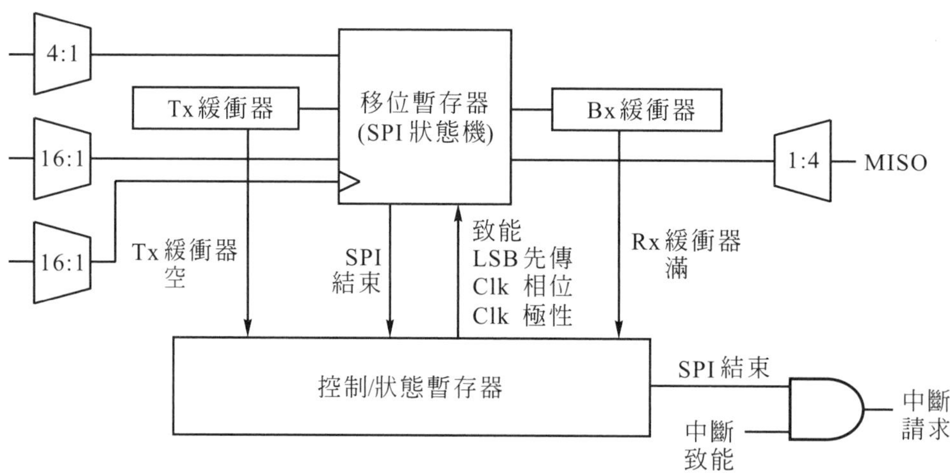

圖 6.7 SPIS 模組硬體方塊圖

而相關的 SPI 模式請參考表 6.1。

6.3.1 SPIS 模組介紹

SPIS 是用來實現 SPI 介面的從裝置端的模組。其中，使用數位通訊(Digital Communications)類型的 PSoC 區塊的 Tx 緩衝器，Rx 緩衝器，以及控制與移位暫存器。控制器暫存器可使用 PSoC Designer 的 Device Editor 與 SPIM 模組的 API 函式來初始化與配置。這種初始化的過程包含了設定優先傳 LSB 位元，與 SPI 傳送與接收協定模式。當然，亦支援如表 6.1 所示的 SPI 模式 0，1，2 與 3。

而 SPIS 的 SPI 模式的定義跟上述的表 6.2 一樣。

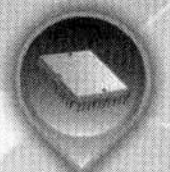

6.3.2 PSoC SPIS API 函式

以下，列出 SPIS 模組所支援的常用 API 函式：

❖ SPIS_Stop

- 描述：透過清除在控制暫存器的致能位元來除能 SPIS 模組。
- C 語言函式：void SPIS_Stop(void)
- 參數：無
- 回傳值：無

❖ SPIS_bReadStatus

- 描述：讀取並且回傳目前 SPIS 控制/狀態暫存器。
- C 語言函式：BYTE SPIS_bReadStatus(void)
- 參數：無
- 回傳值：回傳所讀取到的狀態位元組，並透過累加器來傳遞。而運用所定義的遮罩來測試所特定的狀態條件。如表 6.4 所示，為 SPIS 狀態遮罩一覽表。但需注意，這些遮罩設定可以以 OR 邏輯一起運算以測試出多種的狀態。

表 6.4　SPIS 狀態遮罩一覽表

SPIM 狀態遮罩	數值
SPI_COMPLETE	0x20
RX_OVERRUN_ERROR	0x40
BUFFER_EMPTY	0x10
RX_BUFFER_FULL	0x08

❖ SPIS_bReadRxData

- 描述：回傳從 SPI 從裝置端所接收到的資料位元組。此時，Rx 緩衝器的滿旗標必須在呼叫此函式之前先呼叫一次，以驗證資料位元組已經被接收完畢。
- C 語言函式：BYTE SPIS_bReadRxData(void)
- 參數：無
- 回傳值：從 SPI 從裝置端所接收到的資料位元組，並且以累加器來傳遞。

❖ SPIS_SetupTxData

- 描述：將要傳送到 SPI 主控制端的資料位元組寫入到 Tx 緩衝器暫存器中。

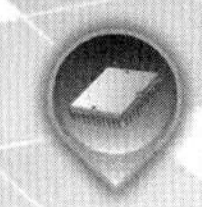

- C 語言函式：void SPIS_SetupTxData(BYTE bTxData)
- 參數：bTxData:所要傳送至 SPI 主裝置端的資料，並且以累加器來傳遞。
- 回傳值：無

6.4 SPI 介面的應用設計

緊接著，為讀者介紹如何透過 PSoC 介面與感測器實驗載板來應用與設計用 SPI 串列介面。在此，將運用兩片實驗載板以 SPI 串列介面來互傳資料並顯示在對方的 LCD 上，並分別撰寫 SPI 主裝置端與 SPI 從裝置端的 PSoC 程式。

6.4.1 PSoC 主裝置端設計

首先，開啓一個 PSoC 專案檔，並新增第三章所介紹的 LCD 模組與設定。緊接著，如圖 6.8 所示，於 PSoC Designer 的"User Modules"視窗中，先選擇"Digital Comm"項目後，再選擇"SPIM"模組。SPIM 的"M"代表示主裝置端。透過以滑鼠對其連點左鍵兩下加入，便能如圖 6.9 所示，將 SPIM 模組加入至專案中。

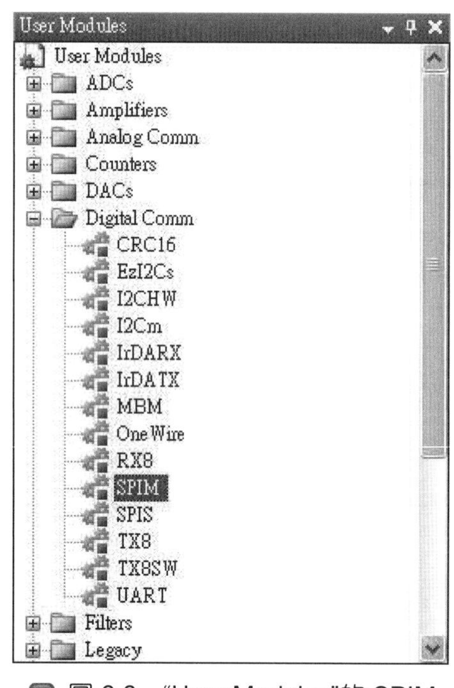

圖 6.8 "User Modules"的 SPIM 模組選擇操作示意圖

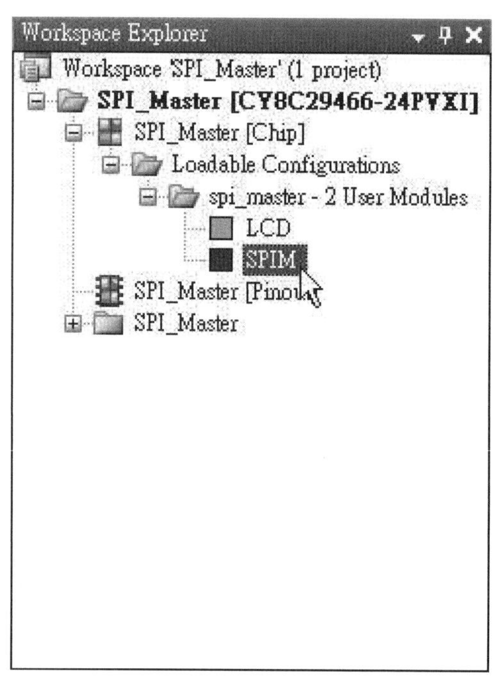

圖 6.9 將 SPIM 模組加入至專案中操作示意圖

如圖 6.10 所示，將"Global Resources"視窗中的參數做相對應的修改。此區域的相關設定可參考前面第 2 章與第 3 章的說明。

Global Resources - spi_master

Power Setting [Vcc / SysClk freq]	5.0V / 24MHz
CPU_Clock	SysClk/8
32K_Select	Internal
PLL_Mode	Disable
Sleep_Timer	512_Hz
VC1= SysClk/N	8
VC2= VC1/N	3
VC3 Source	VC2
VC3 Divider	13
SysClk Source	Internal
SysClk*2 Disable	No
Analog Power	All Off
Ref Mux	(Vdd/2)+/-(Vdd/2)
AGndBypass	Disable
Op-Amp Bias	Low
A_Buff_Power	Low
SwitchModePump	ON
Trip Voltage [LVD (	4.81V (5.00V)
LVDThrottleBack	Enable
Watchdog Enable	Disable

Power Setting [Vcc / SysClk freq]
Selects the nominal operation voltage and System Clock (SysClk) source, from which many internal clocks (V1, ...

圖 6.10　SPIM 模組的"Global Resources"參數設定圖

而 SPIM 模組的運用可參考第 3 章的圖 3.5 以及圖 3.12 的操作方式。如圖 6.11 所示，為 SPIM 模組連接圖。其中，SPIM 的時脈選擇為 VC2 的 1MHz。此外，如圖 6.12 所示，為 SPIM 的"Properties"設定示意圖。

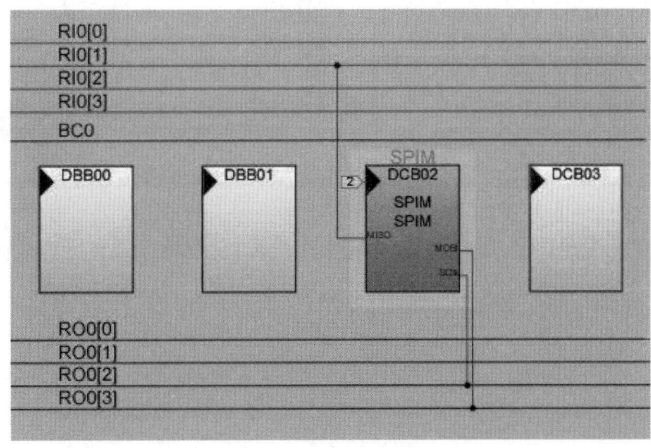

圖 6.11　SPIM 模組連接示意圖

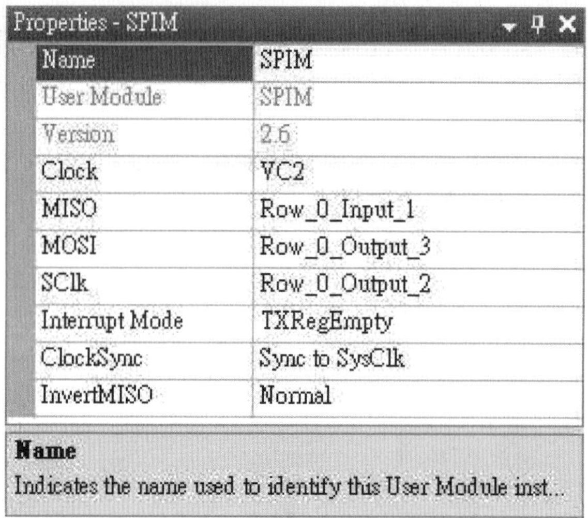

圖 6.12　SPIM 模組的“Properties”參數設定圖

如圖 6.13 所示，尚需對“Pinout”視窗內的相關接腳做進一步設定。由於要使用指撥開關，所以必須加上提升電阻。因此，P0[4]至 P0[7]皆需從 High Z 改爲 Pull up。而 LCD 模組與 SPIM 模組，也需要按照第 3 章的圖 3.5 與圖 3.12 所示的電路設計來分別設定。

Pinout - spi_master

P0[0]	Port_0_0, StdCPU, High Z Analog, DisableInt
P0[1]	Port_0_1, StdCPU, High Z Analog, DisableInt
P0[2]	Port_0_2, StdCPU, High Z Analog, DisableInt
P0[3]	Port_0_3, StdCPU, High Z Analog, DisableInt
P0[4]	Port_0_4, StdCPU, Pull Up, DisableInt
P0[5]	Port_0_5, StdCPU, Pull Up, DisableInt
P0[6]	Port_0_6, StdCPU, Pull Up, DisableInt
P0[7]	Port_0_7, StdCPU, Pull Up, DisableInt
P1[0]	Port_1_0, StdCPU, High Z Analog, DisableInt
P1[1]	Port_1_1, StdCPU, High Z Analog, DisableInt
P1[2]	Port_1_2, StdCPU, High Z Analog, DisableInt
P1[3]	Port_1_3, StdCPU, Pull Up, DisableInt
P1[4]	Port_1_4, StdCPU, Pull Up, DisableInt
P1[5]	Port_1_5, GlobalInOdd_5, High Z, DisableInt
P1[6]	Port_1_6, GlobalOutOdd_6, Strong, DisableInt
P1[7]	Port_1_7, GlobalOutOdd_7, Strong, DisableInt
P2[0]	LCDD4, StdCPU, Strong, DisableInt
P2[1]	LCDD5, StdCPU, Strong, DisableInt
P2[2]	LCDD6, StdCPU, Strong, DisableInt
P2[3]	LCDD7, StdCPU, Strong, DisableInt
P2[4]	LCDE, StdCPU, Strong, DisableInt
P2[5]	LCDRS, StdCPU, Strong, DisableInt
P2[6]	LCDRW, StdCPU, Strong, DisableInt
P2[7]	Port_2_7, StdCPU, High Z Analog, DisableInt

圖 6.13　SPIM 模組的“Pinout”接腳設定示意圖

當修改完以上的步驟後，再按下 Generate 按鈕，PSoC Designer 將產生相對的配置檔。緊接著，即可開始撰寫其中的韌體程式。

如圖 6.14 所示，爲 PSoC 主裝置端程式設計流程圖。

開始
1.設定字串陣列
2.設定變數
SPIM_Start()
LCD初始化
CS=High
CS2=High
LCD第一行顯示
"PSoC SPIM"
LCD第二行顯示
"SW="
判斷指撥開關的
數值是否大於9
否
LCD上顯示0~9
是
LCD上顯示A~F
CS=Low
CS2=High
否
SPIM TX 緩衝器
是否已滿
是
將指撥開關的值
傳出去
CS=Low
CS2=High
延遲
CS=High
CS=Low
CS2=Low
否
SPIM RX 緩衝器
是否已滿
是
接收資料
r=SPIM_bReadRxD
ata()
CS=High
CS2=High
LCD顯示
接收到的值

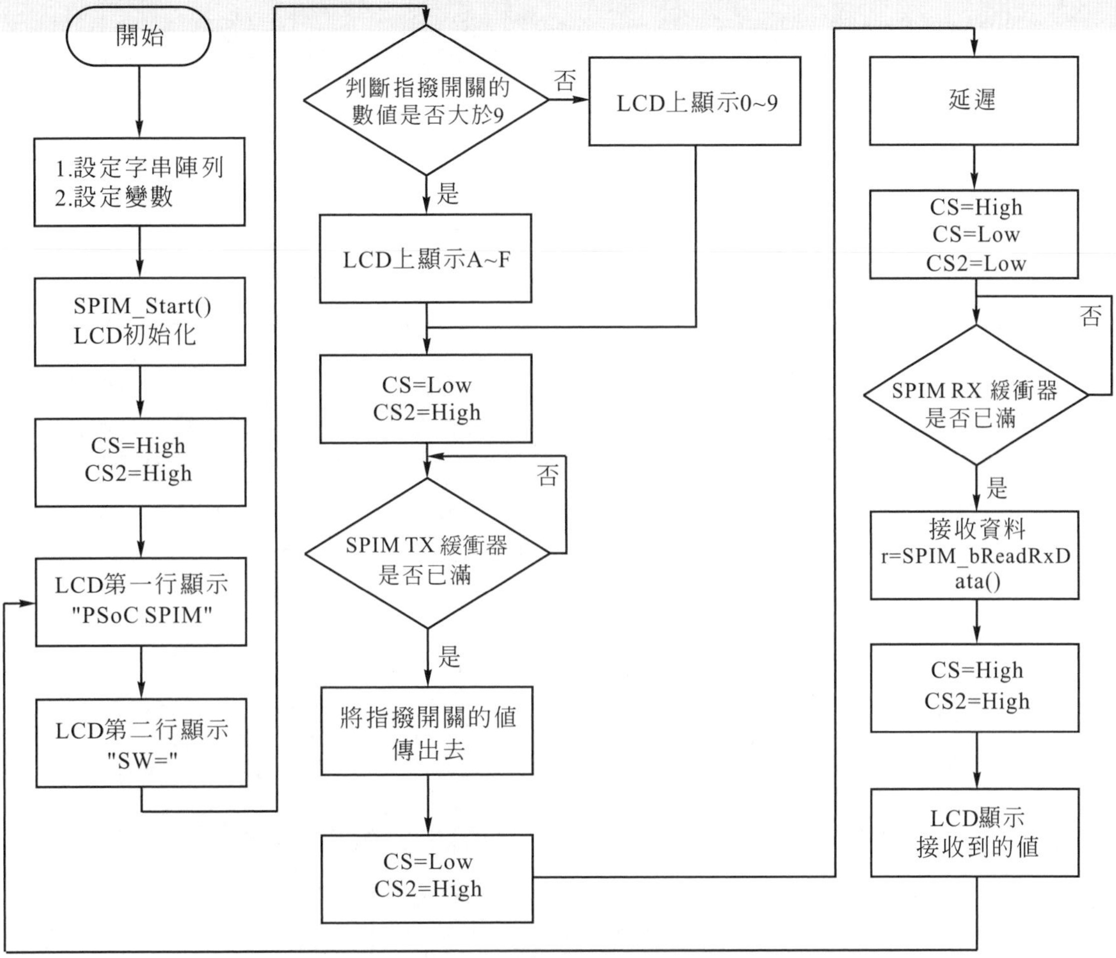

圖 6.14　PSoC 主裝置端程式設計流程圖

其中，主要功能是掃描目前的指撥開關數值，並將此掃描結果經由 MOSI 傳至另一片 PSOC 介面與感測器實驗載板所設計而成的 SPI 從裝置端上。最後，亦將從 SPI 從裝置端所接收到的數值顯示於 LCD 上。

以下，列出本章節 SPI 裝置端的 main.c 範例程式碼：

```
//PSoC 介面與感測器之設計與應用，CH6

#include <m8c.h>                          //元件特定的常數與巨集
#include "PSoCAPI.h"                      //所有使用者模組的 PSoC API 函式定義
#define SW    (~(PRT0DR&0xf0)>>4)         //定義指撥開關接腳
void delay(BYTE de_time)                  //延遲副程式
```

```
{
      while(de_time!=0)
           de_time--;
}
void main(void)                                   //Main function
{
      char fristStr[] = "PSoC SPIM";              //設定 LCD 第一行字串
      char SecondStr[] = "SW =";                  //設定 LCD 第二行字串
      BYTE i=0,t,r,x;
      M8C_EnableGInt ;
      SPIM_Start(SPIM_SPIM_MODE_0 | SPIM_SPIM_MSB_FIRST);
      //SPIM Start,設定 mode 以及由高位元傳送或低位元
      delay(255);                                 //等待 PSoC 穩定動作的延遲時間
      LCD_Start();                                //PSoC API ; 啓動 LCD
      LCD_Init();                                 //等待 LCD 穩定動作的延遲時間
      LCD_Control(0x01);                          //清除 LCD
      PRT1DR|=0x10;                               //CS(P1.4)腳爲高電位
      PRT1DR|=0x08;                               //CS2(P1.3)腳爲高電位
      while(1)
           {
           LCD_Position(0,0);                     //PSoC API ;設定 row = 0,line = 0
           LCD_PrString(fristStr);                //PSoC API ;顯示 "PSoC SPIM"
           LCD_Position(1,0);                     //PSoC API ;設定 row = 0,line = 1
           LCD_PrString(SecondStr);               //PSoC API ;顯示"SW="
           PRT0DR = 0xf0;                         //將指撥開關接腳提升爲高準位
           if(SW>9)                               //如果 SW>9 ,UART&LCD 顯示 A~F
                t=SW+0x40-9;
           else                                   //反之 SW<=9 ,UART&LCD 顯示 0~9
                t=SW+0x30;
           PRT1DR&=0xef;                          //CS(P1.4)腳爲低電位
           PRT1DR|=0x08;                          //CS2(P1.3)腳爲高電位
           delay(50);
           while(!(SPIM_bReadStatus()& SPIM_SPIM_TX_BUFFER_EMPTY ) );
           //當 TX Buffer 有資料時傳送資料
           SPIM_SendTxData(t);             //將指撥開關的值傳出去
           for(i=0;i<30;i++)
                delay(100);
           PRT1DR|=0x10;                   //CS(P1.4)腳爲高電位

           PRT1DR&=0xef;                   //CS(P1.4)腳爲低電位
           PRT1DR&=0xf7;                   //CS2(P1.3)腳爲低電位
           while( !( SPIM_bReadStatus() & SPIM_SPIM_RX_BUFFER_FULL ) );
```

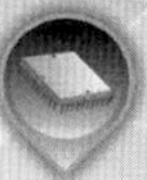

```
//等待接收資料完成
r=SPIM_bReadRxData();          //把接收到的資料放到變數 r 中
PRT1DR|=0x10;                  //CS(P1.4)腳為高電位
PRT1DR|=0x08;                  //CS2(P1.3)腳為高電位
LCD_PrHexByte(r);              //LCD 上顯示接收到的值
```

6.4.2　PSoC 從裝置端設計

首先，也是開啓一個 PSoC 專案檔，並如第 3 章所教新 LCD 模組與設定。如圖 6.15 所示，於 PSoC Designer 視窗右下角的"User Modules"視窗中，先選擇"Digital Comm"項目找出"SPIS"模組，對其連點左鍵兩下加入，便能如圖 6.16 所示，將 SPIS Module 加入至專案中。而相對於 SPIM 模組，SPIS 模組的"S"則代表示從裝置端。

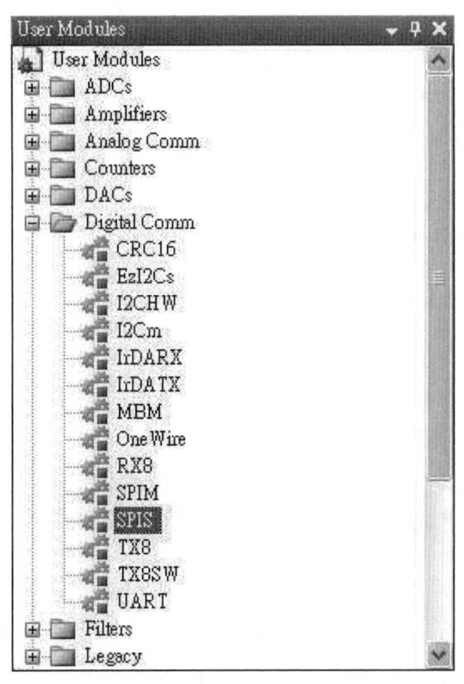

圖 6.15　"User Modules"的 SPIS 模組選擇操作示意圖

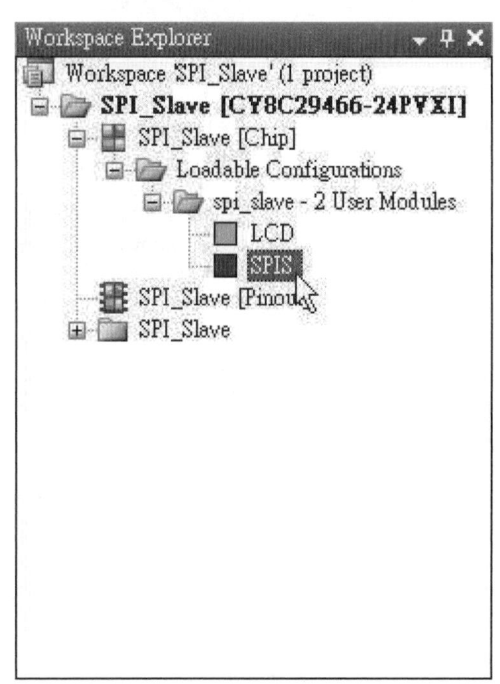

圖 6.16　將 SPIS 模組加入至專案中操作示意圖

如圖 6.17 所示，將"Global Resources"視窗中的參數做相對應的修改。此區域的相關設定可參考前面第 2 章、第 3 章以及 SPI 主裝置端的設定。

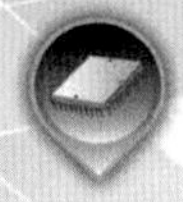

Global Resources - spi_slave

Power Setting [Vcc / S	5.0V / 24MHz
CPU_Clock	SysClk/8
32K_Select	Internal
PLL_Mode	Disable
Sleep_Timer	512_Hz
VC1= SysClk/N	8
VC2= VC1/N	3
VC3 Source	VC2
VC3 Divider	13
SysClk Source	Internal
SysClk*2 Disable	No
Analog Power	All Off
Ref Mux	(Vdd/2)+/-(Vdd/2)
AGndBypass	Disable
Op-Amp Bias	Low
A_Buff_Power	Low
SwitchModePump	ON
Trip Voltage [LVD (SM	4.81V (5.00V)
LVDThrottleBack	Enable
Watchdog Enable	Disable

Power Setting [Vcc / SysClk freq]
Selects the nominal operation voltage and System Clock (SysCl...

圖 6.17　SPIS 模組的“Global Resources”參數設定圖

如圖 6.18 所示，爲 SPIS 的連接接腳圖。其中需注意的是，SPIS 的時脈由主裝置端提供的。而如圖 6.19 所示，爲 SPIS 的“Properties”參數設定圖。

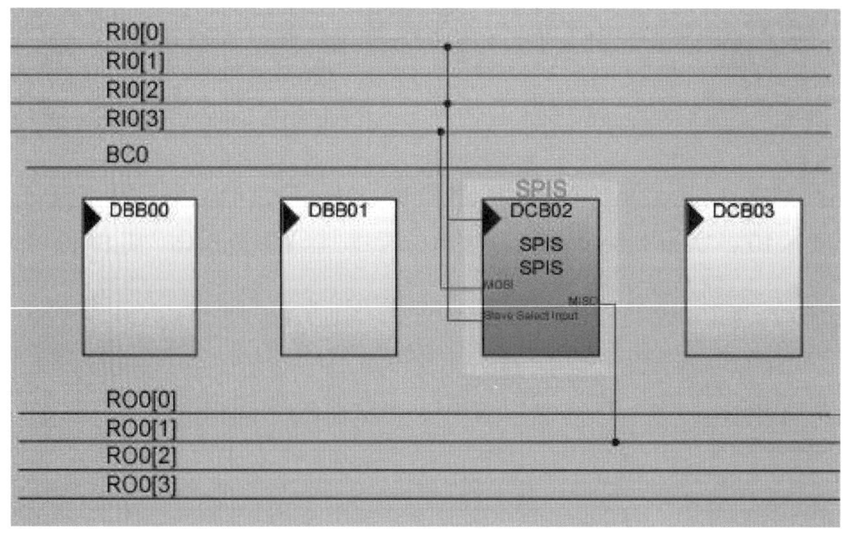

圖 6.18　SPIS 模組連接示意圖

Properties - SPIS

Name	SPIS
User Module	SPIS
Version	2.5
SClk	Row_0_Input_2
MOSI	Row_0_Input_3
Slave Select Input	Row_0_Input_0
MISO	Row_0_Output_1
Interrupt Mode	TXRegEmpty
InvertMOSI	Normal

Name
Indicates the name used to identify this User Modul...

圖 6.19　SPIS 模組的“Properties”參數設定圖

如圖 6.20 所示，尚需對 Pinout 作設定，由於要使用指撥開關，所以必須加有提升電阻。因此，P0[4]至 P0[7]需從 High Z 改為 Pull up。而 LCD 與 SPIS 也需要照電路設計如圖 3.5 與圖 3.12 來設定。

Pinout - spi_slave

P0[0]	Port_0_0, StdCPU, High Z Analog, DisableInt
P0[1]	Port_0_1, StdCPU, High Z Analog, DisableInt
P0[2]	Port_0_2, StdCPU, High Z Analog, DisableInt
P0[3]	Port_0_3, StdCPU, High Z Analog, DisableInt
P0[4]	Port_0_4, StdCPU, Pull Up, DisableInt
P0[5]	Port_0_5, StdCPU, Pull Up, DisableInt
P0[6]	Port_0_6, StdCPU, Pull Up, DisableInt
P0[7]	Port_0_7, StdCPU, Pull Up, DisableInt
P1[0]	Port_1_0, StdCPU, High Z Analog, DisableInt
P1[1]	Port_1_1, StdCPU, High Z Analog, DisableInt
P1[2]	Port_1_2, StdCPU, High Z Analog, DisableInt
P1[3]	Port_1_3, StdCPU, High Z, DisableInt
P1[4]	Port_1_4, GlobalInOdd_4, High Z, DisableInt
P1[5]	Port_1_5, GlobalOutOdd_5, Pull Up, DisableInt
P1[6]	Port_1_6, GlobalInOdd_6, High Z, DisableInt
P1[7]	Port_1_7, GlobalInOdd_7, High Z, DisableInt

Pinout - spi_slave

P1[0]	Port_1_0, StdCPU, High Z Analog, DisableInt
P1[1]	Port_1_1, StdCPU, High Z Analog, DisableInt
P1[2]	Port_1_2, StdCPU, High Z Analog, DisableInt
P1[3]	Port_1_3, StdCPU, High Z, DisableInt
P1[4]	Port_1_4, GlobalInOdd_4, High Z, DisableInt
P1[5]	Port_1_5, GlobalOutOdd_5, Pull Up, DisableInt
P1[6]	Port_1_6, GlobalInOdd_6, High Z, DisableInt
P1[7]	Port_1_7, GlobalInOdd_7, High Z, DisableInt
P2[0]	LCDD4, StdCPU, Strong, DisableInt
P2[1]	LCDD5, StdCPU, Strong, DisableInt
P2[2]	LCDD6, StdCPU, Strong, DisableInt
P2[3]	LCDD7, StdCPU, Strong, DisableInt
P2[4]	LCDE, StdCPU, Strong, DisableInt
P2[5]	LCDRS, StdCPU, Strong, DisableInt
P2[6]	LCDRW, StdCPU, Strong, DisableInt
P2[7]	Port_2_7, StdCPU, High Z Analog, DisableInt

圖 6.20　SPIS 模組的“Pinout”接腳設定示意圖

修改完以上的步驟後，按下 Generate 按鈕，PSoC Designer 將產生相對的配置檔。緊接著，即可開始撰寫其中的韌體程式。如圖 6.21 所示，為 PSoC 從裝置端程式設計流程圖。

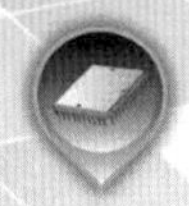

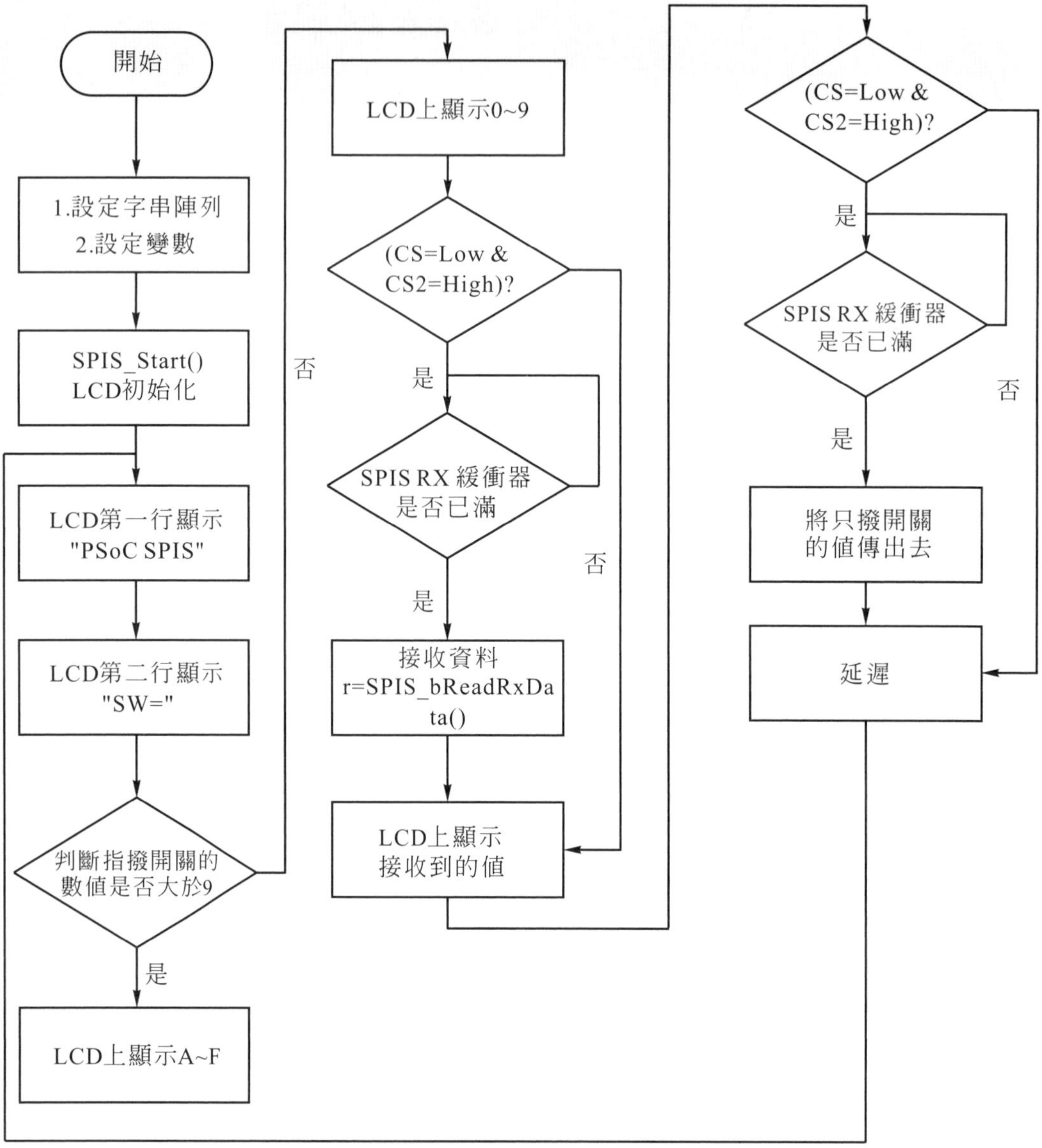

開始

1.設定字串陣列
2.設定變數

SPIS_Start()
LCD初始化

LCD第一行顯示
"PSoC SPIS"

LCD第二行顯示
"SW="

判斷指撥開關的
數值是否大於9

是

LCD上顯示A~F

否

LCD上顯示0~9

(CS=Low &
CS2=High)?

是

SPIS RX 緩衝器
是否已滿

是

否

接收資料
r=SPIS_bReadRxData()

LCD上顯示
接收到的值

(CS=Low &
CS2=High)?

是

SPIS RX 緩衝器
是否已滿

是

否

將只撥開關
的值傳出去

延遲

圖 6.21　PSoC 從裝置端程式設計流程圖

其中，主要功能跟 SPI 主裝置端一樣，亦為掃描目前的指撥開關數值，並將此掃描結果經由 MISO 傳至另一片 PSOC 介面與感測器實驗載板所設計而成的 SPI 主裝置端上。最後，亦將從 SPI 主裝置端所接收到的數值顯示於 LCD 上。

以下，列出本章節 SPI 從裝置端的 main.c 範例程式碼：

```
// PSoC 介面與感測器之設計與應用，CH6
#include <m8c.h>                        //元件特定的常數與巨集
#include "PSoCAPI.h"                    //所有使用者模組的 PSoC API 函式定義
#define SW (~(PRT0DR&0xf0)>>4)          //定義指撥開關接腳
#define CS     (PRT1DR&0x10)            //將 P1.4 設為 CS
#define CS2    (PRT1DR&0x08)            //將 P1.3 設為 CS2
void delay(BYTE de_time)                //延遲副程式
{
     while(de_time!=0)
          de_time--;
}
void main(void)                         //Main function
{
     char fristStr[] = "PSoC SPIS";     //設定 LCD 第一行字串
     char SecondStr[] = "SW =";         //設定 LCD 第二行字串
     BYTE i=0,r,tx,x;
     M8C_EnableGInt ;
     SPIS_Start(SPIS_SPIS_MODE_0 | SPIS_SPIS_MSB_FIRST);
     //SPIS Start,設定 mode 以及由高位元傳送或低位元
     delay(255);                        //等待 PSoC 穩定動作的延遲時間
     LCD_Start();                       //PSoC API ; 啓動 LCD
     LCD_Init();                        //等待 LCD 穩定動作的延遲時間
     LCD_Control(0x01);                 //清除 LCD
     while(1)
          {
          LCD_Position(0,0);            //PSoC API ;設定 row = 0,line = 0
          LCD_PrString(fristStr);       //PSoC API ;顯示 "PSoC SPIS"
          LCD_Position(1,0);            //PSoC API ;設定 row = 0,line = 1
          LCD_PrString(SecondStr);      //PSoC API ;顯示"SW="
          PRT0DR = 0xf0;                //將指撥開關接腳提升為高準位
          if(SW>9)                      //如果 SW>9 ,UART&LCD 顯示 A~F
               tx=SW+0x40-9;
          else                          //反之 SW<=9 ,UART&LCD 顯示 0~9
               tx=SW+0x30;
          if((~(CS==0x10))&&(CS2==0x08)){//當 CS(P1.4)腳為低電位 and
          CS2(P1.3)腳為高電位皆成立時收值
          while( !( SPIS_bReadStatus() & SPIS_SPIS_SPI_COMPLETE ) );
          //等待接收資料完成
               r=SPIS_bReadRxData();    //將接收到的數值放到變數 r
          }
```

```
            LCD_Position(1,5);                      //PSoC API ;設定 row = 1,line = 5
            LCD_WriteData(r);                       //LCD 顯示收到的值
            if((~(CS==0x10))&&(~(CS2==0x08))){
            //當 CS(P1.4)腳為低電位 and CS2(P1.3)腳為低電位皆成立時傳值
            while(!(SPIS_bReadStatus()& SPIS_SPIS_TX_BUFFER_EMPTY ) );
            //當 TX Buffer 有資料時傳送
            SPIS_SetupTxData(tx);                   //傳送指撥開關的值
            for(i=0;i<30;i++)
                delay(100);
                }
            }
    }
```

按照上述步驟修改完畢後，按下 Build 後，如圖 6.22 所示，Output 應會出現 0 error 畫面。若出現錯誤，則可能程式碼或設定檔設定時出錯，請再照上述步驟重新設定。緊接著，按下工具列中的 Program 按鈕燒錄 PSoC。

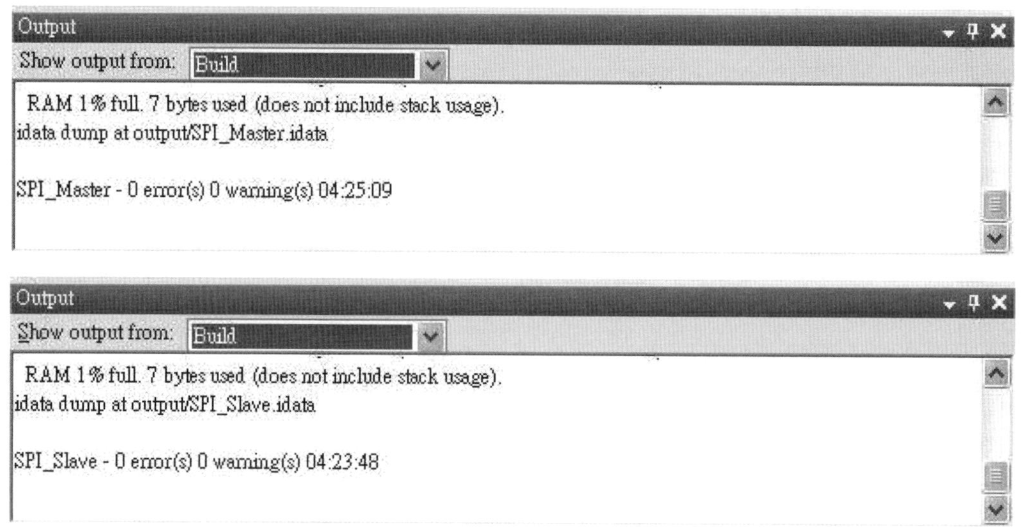

圖 6.22　編譯結果的"Output"視窗畫面

如同前一章的 I^2C 串列介面的設計，亦要同時實現 SPI 與從裝置的指撥開關數值傳送與接收，因此，需燒錄兩片的 PSOC 介面與感測器實驗載板。在此，建議讀者可以貼上標籤以免弄混。當燒錄完畢後，PSoC 將自動重載程式碼並加以執行。緊接著，透過兩片實驗載板的 MISO、MOSI、SCLK 與 CS 接腳對接，連接方式如圖 6.23 所示。而執行畫面應如圖 6.24 所示。當切換 S2 之指撥開關時，LCD 上會顯示另一片 PSOC 介面與感測器實驗載板所相對應的指撥開關數值。

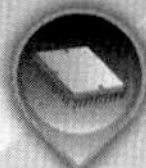

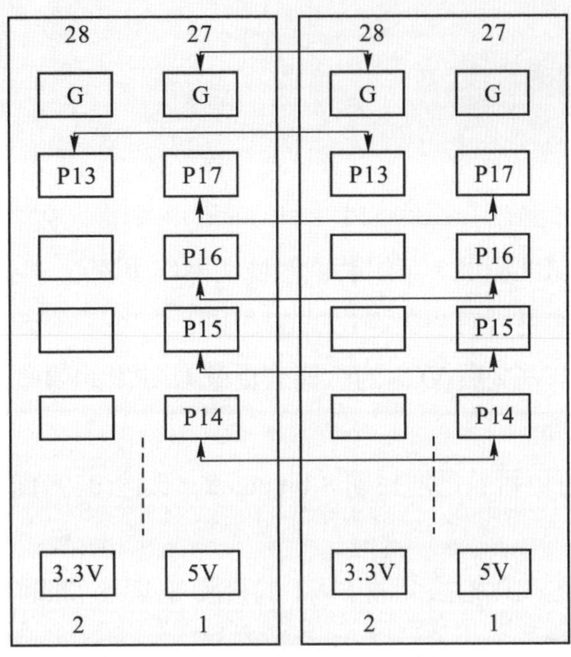

圖 6.23　SPI 主裝置端與從裝置端載板的連接方式

圖 6.24　SPI 互傳實驗之測試實體圖

※本章節所介紹的各個程式範例請參考附贈光碟片目錄：\examples\CH6\。

問題與討論

1 請讀者重新測試本章所介紹的 SPI 串列介面的主與從裝置端設計的範例。

2 若無法成功地測試此範例，請讀者重新檢測操作步驟或是專案檔的相關設定是否正確。當然，檔案是否有變更過也是查驗重點。

3 請讀者設定 VC1，VC2 與 VC3 的數值來更改 UART 的傳輸鮑率，例如，9600bps，19200bps 與 38400bps。

4 請設計一 0.5 秒可更新並遞增目前 8-bit counter 數值(0~99)顯示於超級終端機的功能。

5 承上題，請讀者更改以指撥開關-SW2 的接腳 1 與 8 開關(DIP-1)來設定 Counter 的上數與下數功能。

6 讀者可以根據書後附錄 B 的 BOM 表與電路圖，購置簡易 PSoC 實習單板的相關零件，並根據圖 3.13 所示的 SPI 與 I²C 串列介面的提升電阻電路以及指示燈電路與圖 3.6 所示的 LCD 輸出電路來實現本章的實驗。(如圖 6.27 所示)

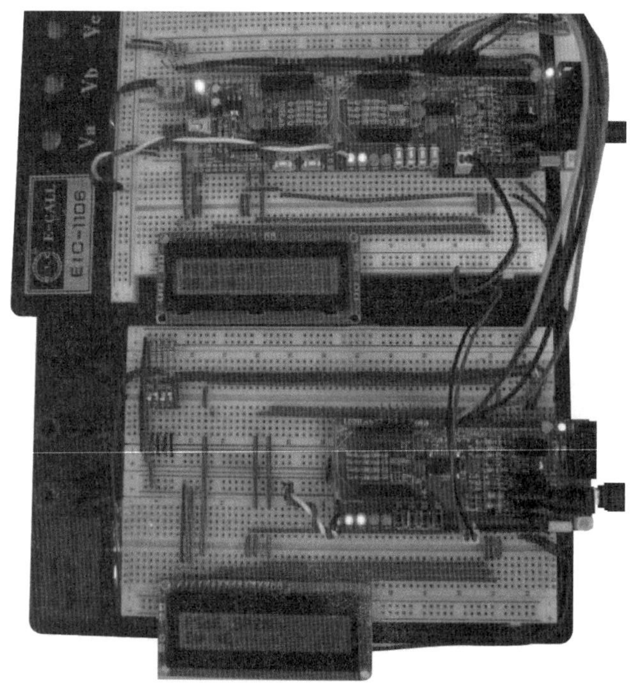

圖 6.27　簡易 PSoC 實習單板的 SPI 串列介面實驗實體圖

7 USB 介面規格與特性

若要將資料傳遞至 PC 主機的話，除了稍前所介紹的 UART 以外，還有目前常用的 USB 介面。

從本章起，將爲讀者介紹 USB 介面傳輸的應用，並將 PSoC 設計跨越到目前最爲熱門以及易於使用的 USB 介面上。而有別於以稍前所介紹的各種介面，如並列埠，串列埠，以及 IrDA 介面等，因其具備了即插即用與熱差拔等特性。也使得這一 USB 介面已逐漸變成 PC 主機中，尤其是筆記型電腦最爲重要的介面了。但也由於其易用難學，也造成了在設計 USB 周邊裝置，變得具備了極高的技術瓶頸與障礙。但隨著 enCoreIII 系列晶片組將 USB 介面以模組方式來開發後，以使得 USB 介面變得易用易學的介面。

但在設計一個 USB 裝置的應用設計前，我們還是必須要瞭解 USB 介面的一些標準與規格。這樣我們設計與發展時，才有所考量與依據。當然，這些都是一些最基本的架構與特性，也是一般在設計 USB 周邊裝置所需具備的基本常識。而詳細的 USB 規格，讀者可至 USB 的官方網站，www.usb.org 中，加以下載或是參考目前所出版的 USB 參考書籍。

7.1 USB 資料流的模式與管線的概念

在 USB 規格標準中也定義了兩種周邊裝置：(1)單機裝置，如：滑鼠、鍵盤等；(2)複合式裝置，例如：數位照像機和音訊處理器共用一個 USB 通訊埠等。每個周邊設備都具有"端點"(endpoint)位址，它是由執照封包內的 4-bit 欄位(ENDP)所構成的。而主機與端點的通訊，是經由"虛擬管線"(virtual pipe)所構成的。而一旦虛擬管線建立好之後，每個端點就會傳回"描述"此裝置的相關資訊(即是描述元(descriptor))給主機。這種"描述元"資訊內含了：群組特性，傳輸類別，最大封包大小與頻寬等有關於此周邊裝置的重要訊息。而在目前 USB 的資料傳輸類別有四種類型：控制、中斷(Interrupt)、巨量(Bulk)與等時(Isochronous)。稍後的章節中，將會對傳輸類型與描述元作更深入的說明。

USB 對於與裝置之間的通訊提供了特殊的協定。雖然 USB 系統的匯流排拓樸是呈現階梯式星狀的結構，但實際 USB 主機與裝置的連接方式卻是如圖 7.1 所示的一對一形式，我們稱之爲 USB 裝置的邏輯連接；而 USB 資料流的模式則是以這些邏輯連接爲基本的架構。

而對於 USB 的通訊，我們可以將其視爲一種虛擬管線的概念，如圖 7.2 所示。在整個 USB 的通訊中包含了一個大的虛擬管線(12Mbps)以及高達 127 個小的虛擬管線，而每一個小的虛擬管線可比擬爲 USB 的裝置。這是由於在 USB 執照封包中都含有 7 個用來定址的位元(位於執照封包的位址資料欄，ADDR)，因此最多可定址到 128 個裝置。但是由於位址 0 是預設位址，且用來指定給所有剛連上的裝置。這也就是爲什麼 USB 匯流排上最多能連接到 127 個裝置的原因。

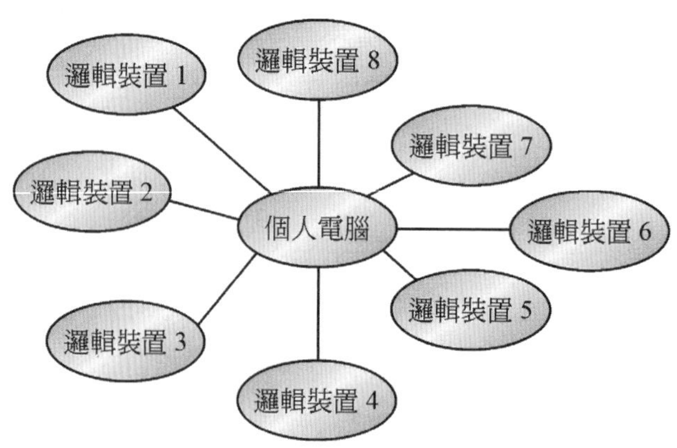

圖 7.1　USB 裝置的邏輯連接

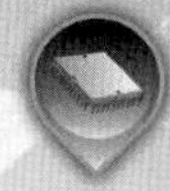

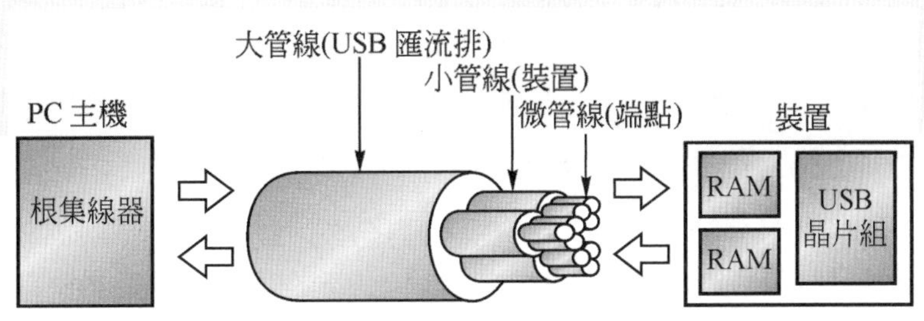

圖 7.2　虛擬管線的概念示意圖

而每一個連接到裝置的小虛擬管線又可再細分為許多的微虛擬管線。這些微虛擬管線可比擬為端點(Endpoint)。這也由於在執照封包中，包含了4個位元的端點位址(位於端點資料欄，ENDP)以及一個位於端點描述元中的輸入／輸出方向(IN/OUT)位元。所以在一個單獨的小虛擬管線內最多可再分割成 16 組的微虛擬管線(端點)，也就是可對 16 個輸出/入的端點(共 32 個端點)定址，並可將 USB 的執照封包中定義為 IN(裝置至主機)或 OUT(主機至裝置)兩類型的執照封包。如果裝置收到了一個 IN 執照封包，它將會傳送資料給主機，反之如果收到了一個 OUT 執照封包，則它將會從主機接收到資料。

注意：剛接上 USB 匯流排的裝置會使用預設位址 0，以及透過預設的端點 0 來執行控制傳輸。

這種端點(或微虛擬管線)的概念非常的重要，這是因為每一個裝置實際上就是一個 USB 專用微處裡器或是如 enCoreIII-CY7C64215 晶片組。而相對的，這個端點就是其所內含的多組記憶體，RAM，或是 FIFO。當然，也可看成多個記憶體區塊所組成的各個不同的緩衝區。但不論是 PC 主機傳送資料或命令給裝置，或是從裝置取得資料，都會先放置於個別所屬的不同的緩衝區中，也即是不同的端點上。這個端點在配置後，即可作為 PC 主機與裝置之間，相互傳輸資料與命令的窗口。因此，端點可以視為資料串流中最基本，同時也是最重要的的硬體通訊單元。

7.2　USB 的傳輸類型

USB 的傳輸類型共有四種，分別是控制傳輸(Control Transfer)，中斷傳輸(Interrupt Transfer)，巨量傳輸(Bulk Transfer)以及等時傳輸(Isochronous Transfer)。其中，需要特別注意的是慢速裝置僅支援控制傳輸與中斷傳輸而已。以下，分別簡述各個傳輸的特性：

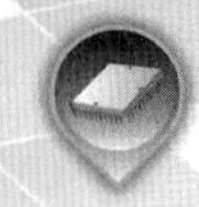

1. 控制傳輸

屬於雙向傳輸，用來支援介於主機與裝置之間的配置，命令或狀態的通訊。控制傳輸包含了三種的控制傳輸型態：控制讀取、控制寫入以及無資料控制。其中，又可再分爲 2～3 個階段：設定階段、資料階段(無資料控制沒有此階段)以及狀態階段。在資料階段中，資料傳輸(IN/OUT 執照封包)是以設定階段中所訂定的爲方向作資料傳輸，而在狀態階段中，裝置將傳回一個交握(ACK)封包給主機，來結束整個控制傳輸。稍後我們會進一步地說明控制傳輸實現的方式。

而每一個 USB 裝置需要將端點 0 作爲控制傳輸的端點。每當裝置第一次連接到主機時，控制傳輸就可用來交換訊息，設定裝置位址或是讀取裝置的描述元與要求。由於控制傳輸非常的重要，所以 USB 必須確保傳輸的過程沒有發生任何的錯誤。這個偵錯的過程可以使用 CRC(Cyclic Redundancy Check 循環檢核)的錯誤檢查方式。如果這個錯誤無法恢復的話，只好再重新傳送一次。

2. 中斷傳輸

屬於單向傳輸並且僅從裝置輸入到 PC 主機，作 IN 的傳送模式(但在規格書 1.1 中，已定爲雙向傳輸，增加了 OUT 的傳送模式)。而由於 USB 不支援硬體的中斷，所以必須靠 PC 主機以週期性地方式加以輪詢，以便知悉是否有裝置需要傳送資料給 PC。由此也可知道，中斷傳輸僅是一種"輪詢"的過程，而非過去我們所認知的"中斷"功能。而輪詢的週期非常的重要，因爲如果太低的話，資料可能會流失掉，但反之太高的話，則又會佔去太多的匯流排的頻寬。對於全速裝置(12Mbps)而言，端點可以訂定 1ms 至 255ms 之間的輪詢間隔。因此，換算可得全速裝置的最快輪詢速度爲 1KHz。另外對於低速的裝置而言，僅能訂定 10ms 至 255ms 的輪詢間隔，如果因爲錯誤而發生傳送失敗的話，可以在下一個輪詢的期間重新再傳送一次。而應用這類型傳輸的有鍵盤，搖桿或滑鼠等稱之爲人性化介面裝置(HID)。其中，鍵盤是一個很好的應用例，當按鍵被按下後，可以經由 PC 主機的輪詢將小量的資料傳回給主機，進而了解到那個按鍵剛被按下。

3. 巨量傳輸

屬於單向或雙向的傳輸，顧名思義，這類型的傳輸是用來傳送大量的資料。雖然這些大量的資料須準確地傳輸，但是卻並無傳輸速度上的限制(即沒有固定傳輸的速率)。這是因爲這類型的傳輸是針對未使用到的 USB 頻寬提出要求的，而根據所有可以使用到的頻寬爲基準，不斷地調整本身的傳輸速率。如果因爲某些錯誤而發生傳送

失敗的話，就重新再傳一次，應用這類型的傳輸裝置有：印表機或掃描器等。其中，印表機是一個很好的應用例，它須要準確地傳送大量的資料，但卻無需即時地傳送。

4. 等時傳輸

可以是單向或雙向的傳輸。此種傳輸需要維持一定的傳輸速度，且可以默許錯誤的發生。它採用了事先與 PC 主機協定好的固定頻寬，以確保發送端與接收端的速度的速率相互吻合。而應用這類型的傳輸裝置有：USB 麥克風、喇叭或是 MPEG 等裝置，如此可以確保播放的頻率不會被扭曲。

如表 7.1 與 7.2 中，顯示了各個傳輸模式的相關特性與功能。而基本上針對不同裝置的應用特性，個別地執行中斷傳輸，巨量傳輸，或等時傳輸，並不是都一定要支援這些傳輸類型。但這之前皆須預先執行控制傳輸，執行裝置列舉的程序，以了解這個裝置的特性並設定位址。換言之，也即是每一個裝置皆須支援控制傳輸。而在 USB 1.x 規格時，倘若 PC 主機同時連接了多種不同特性的裝置時，這 4 種傳輸類型就同時份佈於 1ms 的訊框內。至於各個傳輸類型是如何分配這 1 ms 的頻寬呢？如下圖 7.3 所示，在 1.x 規格時，各種傳輸或是裝置在匯流排上分享頻寬的情形。

表 7.1　USB 1.1 各種傳輸類型的相關特性與功能表

傳送模式	中斷傳輸	巨量傳輸	等時傳輸
傳輸速率，Mbps	12 (1.5，低速)	12	12
資料的最大長度，Byte	64 (8，低速)	64	1023
資料週期性	有	沒有	有
發生錯誤時再傳送	可	可	不可
應用裝置	鍵盤 滑鼠 搖桿	印表機 掃描器	麥克風 喇叭

表 7.2　各種傳輸速度下，巨量、等時與中斷傳輸所提供的封包大小與資料傳輸率之比較

	低速	全速	高速
資料速率	1.5 Mbps	12 Mbps	480 Mbps
最大的端點數	3	31	31
最大的巨量封包大小	N/A	64 bytes	512 bytes
最大的巨量資料傳輸率	N/A	1.1 Mbytes/s	56 Mbytes/s
最大的等時封包大小	N/A	1023 bytes	1024bytes
最大的等時資料傳輸率	N/A	1.0 Mbytes/s	24 Mbytes/s
中斷封包大小	8 bytes	64 bytes	1024 bytes
最大的中斷資料傳輸率	800 bytes/s	32 Kbytes/s	24 Mbytes/s

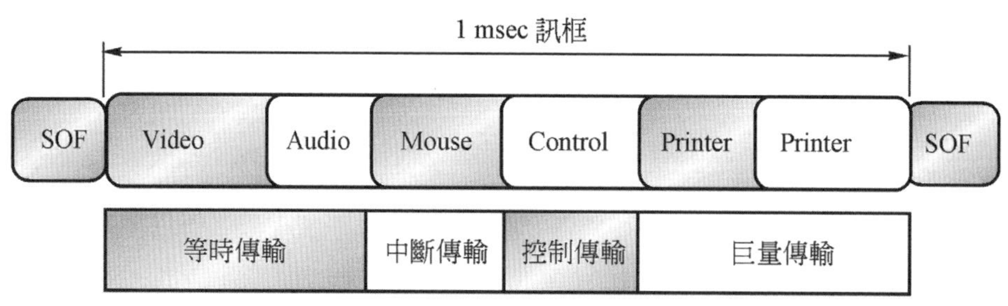

圖 7.3　各種傳輸類型或是裝置共同分享頻寬的示意圖

而在 USB 2.0 版本下，為了提高傳輸速度，利用了傳輸時序的縮短(微訊框)以及相關的傳輸技術，將整個傳輸速度從原本 12Mbps 拉到 480Mbps，整整提升了 40 倍。如圖 7.4 所示，訊框與微訊框之間的示意圖。其中，將原本 USB 1.x 版本的訊框再化為 8 等分，而變成 8 個微訊框(125uS)。

但在相容性方面，USB 2.0 採用的是往下相容的做法，所以未來 USB 2.0 仍可向下支援目前各種以 USB 1.1 為傳輸介面的各種周邊產品，也就是舊有的 USB 1.x 版傳輸線、USB 集線器依舊可以使用。不過若是要達到 480Mbps 的速度的話，還是需要使用 USB 2.0 規格的 USB 集線器。當然，各個周邊也要重新嵌入新的晶片組以及驅動程式才可以達到這個功能。也就是說，若需要使用高速傳輸設備的話，就接上 USB 2.0

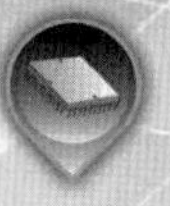

版的 USB 集線器，而只要低速傳輸需求的周邊裝置(如滑鼠，鍵盤等)，則接上原有的 USB 集線器，便可以達到高低速裝置共存的目的。但對於舊有的 USB 1.1 規格的產品之傳輸速度最高仍僅能維持 12Mbps。

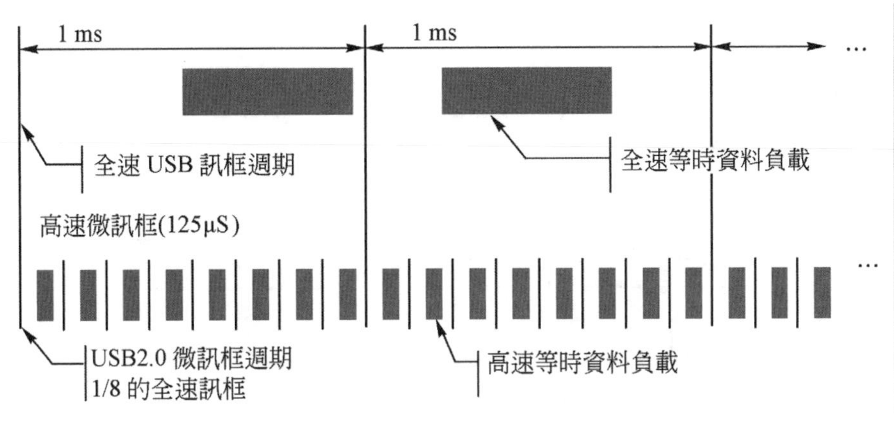

圖 7.4　訊框與微訊框之間的示意圖

7.3　USB 介面的通信協定

USB 介面是以執照封包爲主(token-based)的匯流排協定，而且 PC 主機端掌握了這個匯流排的主控權。換言之，一切的溝通皆由 PC 主機來負責啓動的。此外，由於 USB 不佔用任何 PC 的中斷向量或是輸入／輸出的資源。因此，必須透過嚴謹的協定才能與周邊裝置達成通訊的協定，執行各項命令。

PC 主機爲了能下達命令，或是傳輸資料給周邊裝置，基本上，就必須有一套標準的 USB 通訊協定來實現這個目的。如圖 7.5 所示，爲 PC 主機與裝置執行通信協定的整體架構。這個架構相當地重要。從圖中，顯示了一個通信協定所需包含的各個傳輸，資料交易，封包與各類型欄位等。當主機的裝置驅動程式想要與周邊裝置作通訊連接時，它即會啓始一個傳輸。這個傳輸的動作是用來處理與執行相關的通訊要求。而一個傳輸的過程可能很短，僅傳輸幾個位元組，或是用來傳輸一個的檔案，甚至是一個龐大的影像/語音的串流資料。

如圖 7.5 中，我們可以發現到在 USB 匯流排上，執行通信協定的基本單位就是最下層的資料欄。數個不同型式的資料欄位可以組合成一個封包。而由 1 個、2 個或 3 個不同型式封包又可組成一個資料交易。因此，在 1ms 的訊框內，可能包含了各個裝

置所提出的資料交易(transaction)。這些資料交易，可能涵蓋於不同的用戶端的驅動程式所啓動的輸出入要求封包(IO Request Packet，IRP)中。

所以要了解所有的通訊協定就需從資料欄來談起。透過由下而上的順序，從最基本的通信協定單位可以組合成出各種複雜的通訊協定。

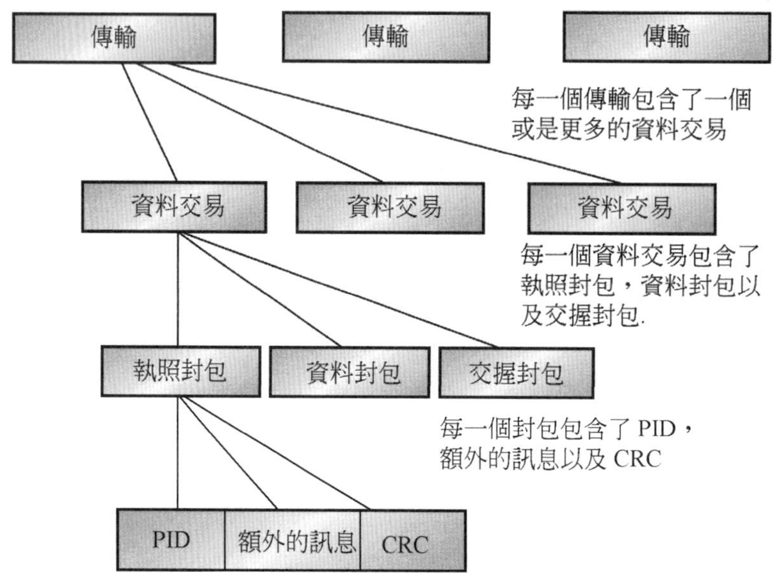

圖 7.5　PC 主機與裝置之間所執行通信協定的相關架構示意圖

7.4　USB 描述元

USB 裝置所內含的描述元掌握了關於此裝置的各種訊息。它具有數種類型的 USB 描述元，如圖 7.6 所示，稍後再一一詳細介紹。其中，所有的描述元都有一些共同的特性。例如，其 Byte 0 是以位元組爲單位的描述元長度，而 Byte 1 是放置如下表 7.3 所示的描述元的型態欄位，其餘的位元組的定義與次序，以及位元欄位則隨著不同的描述元型態而不同。在圖 7.6 所示的描述元中，除了必需的裝置描述元(Device Descriptor)，配置描述元(Configuration Descriptor)，介面描述元(Interface Descriptor)以及端點描述元(Endpoint Descriptor)外，有一些描述元可以根據不同的裝置加以添加或刪減的，例如，字串描述元(String Descriptor)，數種不同的群組描述元(Class Descriptor)以及報告描述元(Report Descriptor)。這部份的資料可進一步參閱 USB 1.0 規格書的 9.6 章節。

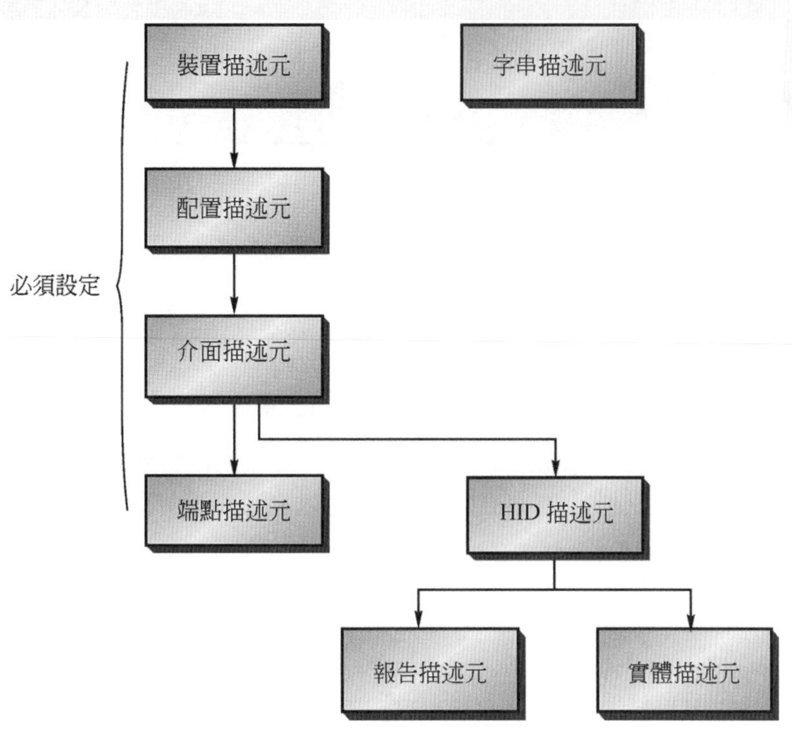

圖 7.6　各種描述元的架構與類型

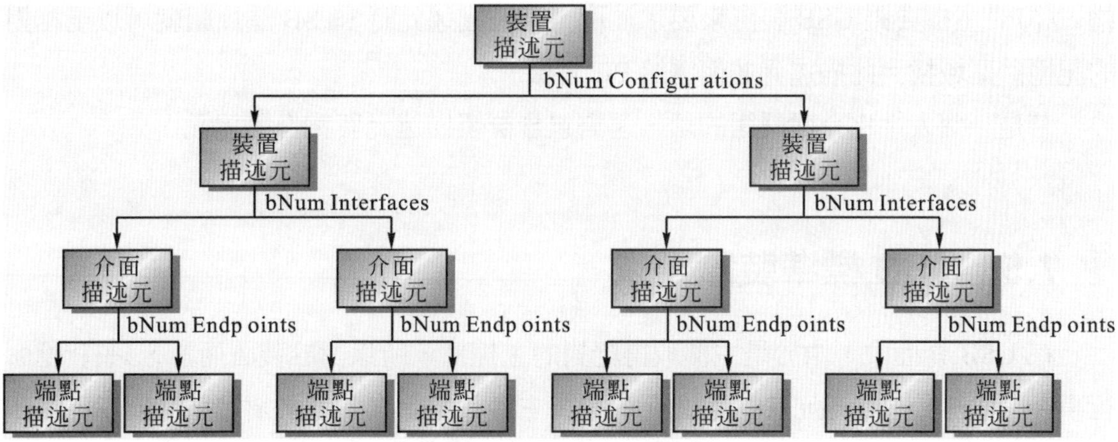

圖 7.7　USB 描述元樹

而各種的描述元可以用圖 7.7 所示的描述元樹(descriptor tree)來作更深入的描述。最上層的樹根是裝置描述元。每個裝置描述元包含一個或多個下一層的子樹，配置描述元。而後依序下一層的子樹是介面描述元。其後一層的是端點描述元。因此，從裝置描述元中，可以設定含有多少個配置描述元。而配置描述元，則可設定其包含了多少個介面描述元，當然從介面描述元中，又可設定所含端點的數目。

表 7.3　描述元型態值一覽表

描述元型態	數值
裝置(Device)	0x01
配置(Configuration)	0x02
字串(String)	0x03
介面(Interface)	0x04
端點(Endpoint)	0x05
群組(Class)描述元形態	數值
人性化介面裝置(HID)	0x21
報告(Report)	0x22
實體(Physical)	0x23

而這些描述元的資料，大都是放在 USB 晶片組的記憶體區域中，例如，ROM 表格。當 PC 主機要跟 USB 裝置來要求並取得某個描述元時，USB 晶片組就可以至相對的記憶體區域找到此描述元並傳遞給 PC 主機。

若是一個人性化介面群組的話，還需包含群組描述元與報告描述元。

7.5　USB 標準裝置要求

在 USB 介面中，由於是主機取得絕對的主控權，所以對於裝置而言，只有“聽命行事”，講一動，作一動(軍中術語)。所以，主機與裝置之間就必須遵循某種特定的命令格式，以達到通訊協定的目的。而這個命令格式就是 USB 規格書中所訂定的“裝置要求”。這個裝置要求的設定，清除與取得都需透過控制傳輸的資料交易來達成。而前面有提及過，一個資料交易(於設定階段)中包含了執照封包→資料封包→交握封包等 3 個封包階段。而其中的資料封包就是放置“裝置要求”的地方。它是一個 8 個位元組的 DATA0 資料封包。

從表 7.4 中列出了裝置要求的資料格式內容。

表 7.4　執行設定階段資料交易時，裝置要求的資料格式內容一覽表

<table>
<tr><th>位移量</th><th>欄位值</th><th>大小(Byte)</th><th colspan="3">敘述</th></tr>
<tr><td rowspan="5">0</td><td rowspan="5">BmRequestType</td><td rowspan="5">1</td><td>D7 資料傳輸方向</td><td>D6..5 型態</td><td>D4..0 接收端</td></tr>
<tr><td rowspan="2">0 = 主機至裝置</td><td>0 = 標準</td><td>0 = 裝置</td></tr>
<tr><td>1 = 群組</td><td>1 = 介面</td></tr>
<tr><td rowspan="2">1 = 裝置至主機</td><td>2 = 販售商</td><td>2 = 端點</td></tr>
<tr><td>3 = 保留</td><td>3 = 其它</td></tr>
<tr><td>1</td><td>bRequest</td><td>1</td><td colspan="3">特定要求</td></tr>
<tr><td>2</td><td>Wvalue</td><td>2</td><td colspan="3">字長度欄位視要求而定</td></tr>
<tr><td>4</td><td>Windex</td><td>2</td><td colspan="3">字長度欄位視要求而定，通常是傳遞索引或位移量</td></tr>
<tr><td>6</td><td>Wlength</td><td>2</td><td colspan="3">如果這個控制傳輸需要資料階段的話，所要傳輸的位元組數量(即是無資料控制傳輸無須此欄位值)</td></tr>
</table>

事實上，表 7.4 的 8 個位元組也就是放置於跟隨在 SETUP 執照封包後的資料封包欄位內。除此之外，表 7.4 的資料格式還需與表 7.5 的"標準裝置要求"配合在一起才可以執行完整的裝置要求。

例如以我們之前所舉的 Get_Descriptor 的例子，就可以了解一個裝置要求執行的過程。其中是資料格式中的第 1 個位元組-BmRequestType = 80，表示資料是從裝置傳至主機，且爲標準的型態，而接收端爲裝置。此外，第 2 個位元組-Request，06，則決定了裝置要求的型態，就是取得裝置描述元。

表 7.5　標準裝置要求一覽表

要求型態 BmRequestType	要求 Request	數值 Wvalue	指標 Windex	長度 Wlength	資料
00000000B 00000001B 00000010B	Clear_Feature (01H)	特色選擇器	0 介面端點	0	無
10000000B	Get_Configuration (08H)	0	0	1	設定值
10000000B	Get_Descriptor (06H)	描述元型態 與描述元指標	0 或 語言 ID	描述元 長度	各個描述元
10000001B	Get_Interface (0AH)	0	介面	1	切換 介面
10000000B 10000001B 10000010B	Get_Status (00H)	0	0 介面端點	2	裝置介面或 端點狀態
00000000B	Set_Address (05H)	裝置位址	0	0	無
00000000B	Set_Configuration (09H)	設定值	0	0	無
00000000B	Set_Descriptor (07H)	描述元型態 0 與描述元指標	或語言 ID	描述元 長度	各個描述元
00000000B 0000001B 0000010B	Set_Feature (03H)	特色選擇器	0 介面端點	0	無
00000001B	Set_Interface (0BH)	切換的設定	介面	0	無
10000010B	Sync_Frame (0CH)	0	端點	2	訊框碼

根據表 7.8 所列，可以延伸出如圖 7.8 所示的標準裝置要求的架構示意圖。

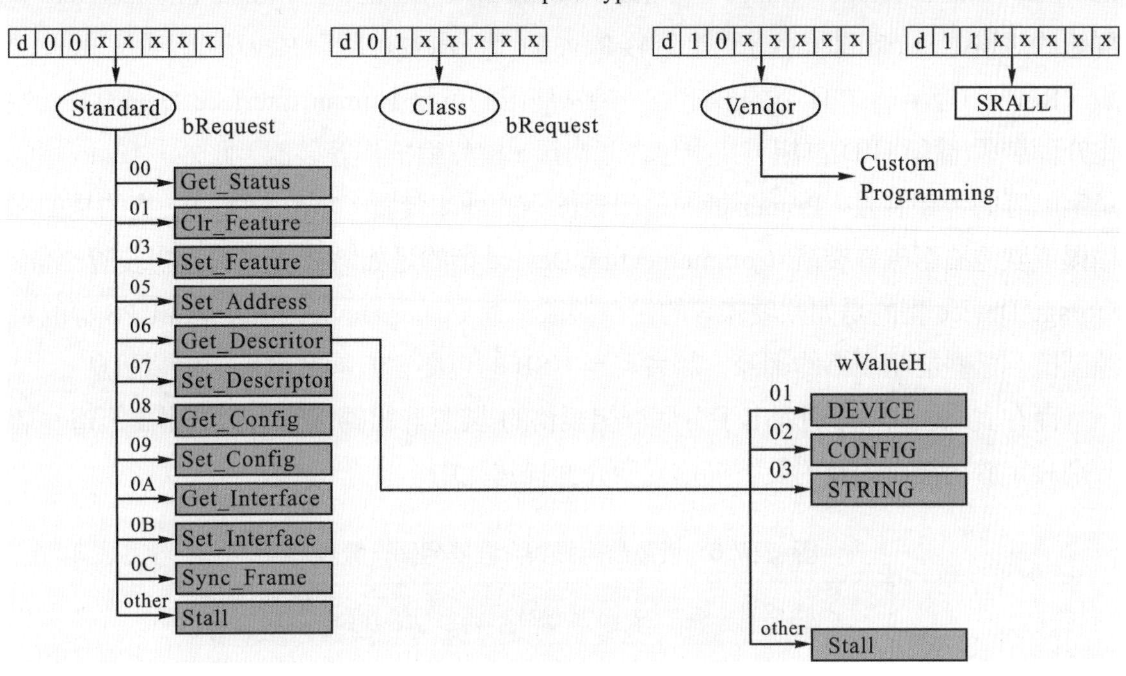

圖 7.8　標準裝置要求的架構示意圖

7.6　USB 裝置群組

在稍前所敘述的 USB 裝置描述元之"裝置群組"欄位以及"裝置次群組"欄位中，定義了裝置群組。那麼何謂裝置群組呢？在 USB 的文件中，定義了將某種相同屬性的裝置整合在一起的群體，稱之爲群組(Class)。而將這些相同屬性的裝置組合在一起的優點是可以同時發展該群組以 PC 主機爲主的驅動程式。這種群組的規格，可以作爲屬於相同群組的裝置所定義的操作架構。

例如，滑鼠是屬於人性化介面裝置，其群組驅動程式已含括於作業系統底下，而且也遵循其裝置群組的規格的話，那麼滑鼠的製造商在販售時，根本就無須另外再附一套驅動程式。也就是可以直接使用 Window 98 所內建的人性化介面裝置的驅動程式。如此，硬體的製造商只需專心發展其硬體即可。相對的，倘若該裝置並不符合人性化介面裝置群組的話，就必須使用含有 Win32 API 呼叫的 VB，C++或是 Delphi 等高階程式，另外再撰寫其驅動程式。

而目前 USB 中定義了下列的群組：Audio，Communication，Display，Human Interface，Mass storage，Image，Printer，Power，PC Legacy，Physical interface。這些群組的規格中，依時間順序分別定義於 Rev. 0.6 版，Rev. 0.7 版，Rev.0.9 版或是 Rev.1.0 版，Rev. 1.1 版中。在所有的群組中，最常使用的就是 Human Interface Device，人性化介面裝置(簡稱 HID)群組，其中包含了滑鼠，鍵盤與搖桿等裝置。此外，Audio 指的是喇叭等的音頻裝置。Printer 指的是印表機等的列印裝置。Image Device 指的是如掃描機或數位攝影機等裝置。Communication Device 指的是如數據機等的通訊裝置。Mass Storage Device 指的是如軟硬碟等的儲存裝置。而 Power Device 指的是如 UPS 等的電源裝置。這些群組規格的細節，讀者可至 USB 的專屬官方網站中查詢相關訊息。

而在表 7.6 中，分別列出了各個群組規格的"裝置群組碼"與"介面群組"碼。這些值分別設定於稍後所提及的裝置描述元與介面描述元中。

表 7.6　裝置群組碼與介面群組碼一覽表

規格	裝置群組碼	介面群組碼
應用規格*	--	0xFE
Audio	0x00	0x01
Communication	0x02	--
HID	0x00	0x03
HUB	0x09	0x09
Firmware Upgrade	--	0x0C
Mass Storage	0x00	0x08
Monitor	同 HID	同 HID
Power	同 HID	同 HID
Physical	--	0x06
Printer	--	0x07
製造商規格	--	0xFF

* 指的是 IrDA/USB Bridge，而其次群組碼是 0x01

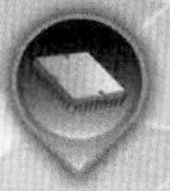

而以下，特別針對 USB 裝置中最易實現的人性化介面裝置，(HID)群組來說明與介紹。在稍後的 USB I/O 裝置的設計範例中，皆以此群組來實現的。而我們知道目前大部分的 Windows 版本皆有支援這個 HID 裝置的驅動程式，所以相容性與擴充性較無問題。因此，若以此群組來發展 USB I/O 周邊裝置是最理想的解決方案。而 enCoReIII 所提供的 USB 模組也可設計並變更爲 HID 群組以增加其使用上的便利性。

7.7　HID 群組

對於許多特定的裝置而言，HID 群組是目前提供給 USB 介面的發展者，最快(也是最完整)的解決方案。雖然原本 HID 群組是針對鍵盤、滑鼠等類似輸入(IN)裝置而設定與規劃的，但是對於需要以雙向、適當的頻率來執行資料交換的其他裝置而言，卻是一個非常好用的設計範例與基礎架構。因此，本章也是以此 HID 群組來延伸設計與發展的。

此外，由於 Windows 98/2000/XP/vista 與 Windows 7 等操作系統都已包含了 HID 群組的驅動程式，因此，對於我們所要發展的新裝置就無須再重新撰寫其驅動程式了。再者，用來執行裝置列舉去辨識一個 HID 裝置所需的韌體容量是最小的。這是因爲其中僅需包含一連串用來描述 HID 介面以及所要交換的資料結構即可，非常便於我們來設計與應用。

若是以 HID 群組來規劃爲慢速裝置的話，HID 群組的最高的傳輸率僅有 800 Byte/s(8 Bytes/10ms)而已，換算後等於 6400bps。這遠比全速的 12Mbs 傳輸速率還低了很多。因此，主要限制就是其傳輸速度。但這對於一般的 I/O 控制上的應用或是輸入/輸出的設計來說，卻已經相當足夠了。而最高的速率則是可達到 64KB/s(64 Byte/1ms)。這對於一般的感測器資料轉換與擷取也已足夠了。

HID 群組是在 Windows 下，首先支援 USB 群組中的一個群組。無庸置疑的，這是因爲這個群組涵蓋了最開始需要使用 USB 介面連接的一些周邊設備，如鍵盤或是滑鼠等裝置。而關於群組規格與額外的資料文件，我們可以進入 USB 的官方網站查詢。

而所謂的人性化介面，也就是設定了此裝置會經由人工的操作，彼此具有互動的關係。而對於鍵盤或是滑鼠等裝置中，我們人爲的動作是用來決定什麼資料(按鍵或是滑鼠位置)會傳回輸入(IN)至主機。此外，可以將此群組裝置類型延伸至其他的例子中，比如說操作的前置面板，遠端監控，電話按鍵以及遊戲機的控制。但是這種所謂的人性化介面裝置(HID)，卻也可規劃爲無須人爲操作的硬體介面，如按鍵，搖桿或是開關等。這也說明了，如條碼機，溫度計，以及加速度計等其他裝置皆可規劃爲 HID 群組，因此，應用的範圍相當廣泛。

在我們的認知上，所謂的 HID 就是將人爲的資料傳回給主機。但除了需回傳資料至 PC 主機外，相對的，HID 群組也可從主機端接收所送出的資料。例如，具有動力回饋的搖桿，使用者可以依個人喜好適度的設定(輸出)搖桿的動力效果，來體會飛機爬升的搖桿回饋的力道，或者是開啓鍵盤上的 NumLock 按鍵 LED；因此，也可以用來顯示設備的字體或是 LED 的顏色等，以控制設備的相關特性。

而延伸這類型的其他 HID 裝置，還可能包括了遠端顯示器，機器手臂，I/O 監控系統，或是可透過主機上的虛擬控制台來執行控制的裝置。當然，我們也可設計成可驅動裝置上的繼電器的簡易輸出裝置。再者，HID 介面能夠規劃爲裝置所支援的多個 USB 介面中的其中一個。例如，螢幕顯示器裝置除了透過傳統的視訊介面來傳送資料外，也有可能包含 HID 介面來執行亮度，對比以及掃瞄頻率的控制。而 USB 揚聲器除了透過等時傳輸來傳送聲音訊號外，也有可能透過 HID 介面來控制聲音大小，平衡或是重低音的音質特性。

簡言之，任何裝置如果符合 HID 規格中所定義的各種限制的話，皆可執行 HID 裝置的功能。而以下列出數個 HID 群組的主要特性與限制：

- 一個全速的 HID 的能夠傳輸高達 64 KB。而低速的裝置僅確保每秒 800 Byte 傳輸率而已。
- 如果裝置要送出資料(如滑鼠的移動與鍵盤的敲擊)時，HID 能夠要求主機以週期的方式輪詢裝置，以求出相關的資料(所移動的座標值或是接下哪個按鍵)。
- 存在於 HID 所定義的資料結構描述元中，用來交換的資料，稱之爲“報告(Report)”(請參閱稍後章節的報告描述元)。一個單一的報告能夠包含高達 65,535 位元組的資料。此裝置的韌體必須包含用來描述所要交換資料的報告描述元。而此報告的格式能夠讓我們來修改以處理任何型態的資料。
- 每一次的資料交易可以攜帶小量至中量的資料。對於低速裝置，每一次資料交易最大是 8 Bytes。對於全速裝置，每一次資料交易最大是 64 Byte。對於高速裝置，每一次資料交易最大是 1024 Byte。而一個長的報告描述元，能夠使用多個資料交易。

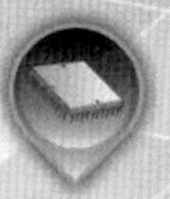

- 在 Windows 98 Gold(原版本)作業系統下，是不支援 OUT 傳輸的，因此所有主機輸出至裝置的的資料必須透過控制傳輸來實現。

對於諸多的 HID 群組的特性，USB-IF 提供了專門的網頁來介紹: http://www.usb.org/developers/hidpage/。讀者不妨連上 USB 官方網站下載。

7.8　USB HID 基本要求

基本上，一個 HID 介面必須符合 HID 群組所定義的規格之要求。相關的要求包含了所需的描述元，傳輸頻率，以及可使用的傳輸型態等。爲了達到這些規格，介面的端點與描述元就必須符合下列所列出的各種要求：

❖ 端點

所有的 HID 傳輸使用預設的控制管線(端點)或是中斷管線(端點)。因此，HID 必須具備中斷 IN 端點來將資料傳回至主機。而另一種的中斷 OUT 端點則是可選擇的。這個規格定義了每一個管線(端點)的使用。表 7.7 顯示了在 HID 的傳輸型態，以及它們的使用方式。

我們可以歸納一下，主機與裝置所交換的資料大致可分爲兩類型：

1. 低延遲資料：需儘可能地將資料取到其目的端。
2. 所要配置資料或是其他不具緊急時刻要求的資料：透過配置資料，可以根據由 HID 報告所送出的資料，而並非是在裝置列舉時經由主機的要求以及裝置配置的選擇資料。

表 7.7　HID 傳輸型態一覽表

<table>
<tr><th>傳輸型態</th><th>資料的來源</th><th>傳輸資料型態</th><th>一定需要的管線？</th><th>支援的 Windows 版本</th></tr>
<tr><td rowspan="2">控制</td><td>裝置
(IN 傳輸)</td><td>資料無須緊急時刻的需求</td><td rowspan="2">是</td><td rowspan="2">Windows 98 或是以後的版本</td></tr>
<tr><td>主機
(OUT 傳輸)</td><td>資料無須緊急時刻的需求，或是如果不具備 OUT 中斷管線的任何資料</td></tr>
<tr><td rowspan="2">中斷</td><td>裝置
(IN 傳輸)</td><td>週期或是低延遲資料</td><td>是</td><td rowspan="2">Windows 98 SE 或是以後的版本</td></tr>
<tr><td>主機
(OUT 傳輸)</td><td>週期或是低延遲資料</td><td>否</td></tr>
</table>

根據表 7.7 所示，HID 傳輸使用兩種的管線或是端點型態來執行資料傳輸。

❖ **控制管線(端點)**

控制管線是讓 HID 攜帶在 HID 規格中所定義的標準裝置要求，即為稍後所要介紹的 6 個群組特定要求。其中，兩個 HID 特定要求，Set_Report 與 Get_Report 提供了主機傳輸一個區塊的任何類型資料到裝置的方法，或是主機從裝置取得一個區塊的任何類型資料的方法。主機可以使用 Set_Report 來傳輸報告，而 Get_Report 則是用來接收報告。而其餘的四個要求是用來作為規劃與配置裝置之用的。

❖ **中斷傳輸**

從表 7.7 中可以看到除了上述的控制管線外，中斷管線(端點)則是另一個交換裝置資料的方法，特別是當驅動程式必須快速地或是週期性地取得資料時。其中，中斷 IN 管線可以攜帶資料到主機，而中斷 OUT 管線則是將資料送出至裝置。若是匯流排上的頻寬正忙碌或是不夠用時，透過控制傳輸來執行時資料交換會有一些延遲，而一旦裝置被配置規劃後，中斷傳輸的頻寬就可以確保並使用。

7.9 USB HID 裝置具備的特性與功能

只要是屬於 USB 裝置，HID 描述元將會告訴主機其需要何種資訊來與裝置互相通訊。如同稍前所介紹過的，每一個 USB 裝置配附一個裝置描述元，以及一個或是更多的配置描述元。因此，如果主機具有多個配置描述元可以使用的話，在裝置列舉的過程中就會選擇其中的一種配置方式。而每一個配置描述元輪流支援一個或是更多的介面描述元。

此外，當主機要送出包含了 HID 介面配置的 Get_Descriptor 要求時，它就會學習相關於 HID 介面的訊息。這配置的介面描述元是用來定義此介面為 HID 群組。HID 群組描述元設定了由介面所支援的報告描述元的數目。而在裝置列舉時，HID 驅動程式會取回 HID 群組與報告描述元。

7.9.1 描述元的內容

裝置與配置描述元是不具有 HID 規格的訊息。其中，裝置描述元包含了群組碼的欄位，但是它卻不是裝置被定義爲 HID 裝置的欄位位置。相反的，介面描述元是主機更適當地學習與瞭解裝置，其中，裝置介面是設定屬於 HID 群組的。根據表 7.6 所示，若在裝置描述元的群組碼的欄位設定爲 **0x00**，以及介面描述元的介面群組欄位設定爲 **0x03** 的話，則此裝置是屬於 HID 群組裝置。若是屬於 HID 裝置的話，就需額外再設定 HID 群組描述元與報告描述元。而所新增的描述元型態，如表格 7-8 所示。

而在這介面描述元中，包含了 HID 規格訊息的其他欄位是次群組與協定欄位，其可用來設定爲啓動介面(boot interface)。

1. 裝置描述元

```
裝置描述元的範例程式碼：
      device_desc_table：
db    12h          ；長度大小(18 Bytes)
db    01h          ；描述元型態，1 代表裝置
db    00h, 01h     ；符合 USB 規格.1.0
db    00h          ；群組碼(每一個介面指定自己的群組資訊)
db    00h          ；裝置次群組(因爲群組碼爲 0，所以裝置次群組
                   ；必須爲 0)
db    00h          ；裝置協定(0 表示無群組特定協定)
db    08h          ；最大封包大小
db    B4h, 04h     ；販售商 ID，Cypress VID = 0x04B4h，(必須與
                   ；INF 檔的設定相符合)
db    01h, 00h     ；產品 ID，0x0001(Cypress USB 搖桿產品 ID)
db    00h, 01h     ；以 BCD 表示裝置發行編號，1.00
db    00h          ；販售商之字串描述元索引
db    00h          ；產品之字串描述元索引
db    00h          ；裝置序號之字串描述元索引(0 = none)
db    01h          ；配置數目(1)
```

2. 配置描述元

```
配置描述元程式的範例：
      config_desc_table：
db    09h          ；長度大小(9 bytes)
db    02h          ；描述元型態，2 代表配置
db    22h, 00h     ；描述元的總長度(34 bytes)，(包括配置描述；元 9 Bytes，介面
```

```
                ;描述元 9 Bytes，端點描述元
                ;7 Bytes 與群組描述元 9 Bytes)。在這例子中，
                ;總長度為 34 Bytes。
db   01h        ;用來配置的介面的數目
db   01h        ;配置值
db   00h        ;配置之字串描述元的索引
db   80h        ;配置之屬性(僅具有匯流排供電特性)
db   32h        ;最大電源以 2mA 為單位，在這例子中，32h*
                ;2mA = 100mA
```

3. 介面描述元

```
介面描述元程式的範例：
    Interface_Descriptor：
db   09h        ;長度大小(9 bytes)
db   04h        ;描述元型態，4 代表介面
db   00h        ;介面數目以 0 為基值
db   00h        ;交互設定值為 0
db   01h        ;端點數目設定為 1
db   03h        ;介面群組，USB 規格定義 HID 碼為 3
db   00h        ;介面次群組，USB 規格定義為 0
db   00h        ;介面協定，USB 規格定義搖桿為 0
db   00h        ;介面之字串描述元的索引，在這例子中，我們；沒有字串描述元
```

4. 端點描述元

```
端點描述元程式的範例：
    Endpoint_Descriptor：
db   07h        ;長度大小(7 bytes)
db   05h        ;描述元型態，5 代表端點(1 Byte)
db   81h        ;端點位址，在這個例子中，端點編號為 1 且為
                ;IN 端點
db   03h        ;傳輸型態的屬性設定為中斷傳輸(0 = 控制，1 =
                ;即時，2 = 巨量，3 = 中斷)
db   06h, 00h   ;最大封包大小設定為 6 個位元組
db   0Ah        ;以 ms 為單位的輪詢間隔，在此設定為 10ms
```

5. 群組描述元

```
群組描述元程式的範例：
    Class_Descriptor：
db   09h        ;長度大小(9 bytes)
db   21h        ;描述元形態為 HID，設定為 0x21，如下表格 12.2 所示
```

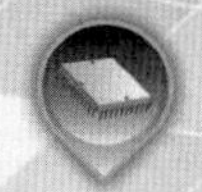

```
    db    00h,01h   ；HID 群組規格爲 0x100，即爲 1.00
    db    00h   ；無區域的國碼，就設定爲 0
    db    01h   ；需遵循的 HID 群組報告的數目，至少需設爲
                ；1，也就是以下的報告描述元
    db    22h   ；描述元型態爲報告，設定爲 0x22
    db    (end_hid_report_desc_table - hid_report_desc_table)；報告描；述元的長度
    db    00h
end_config_desc_table：
```

表 7.8　HID 描述元的型態值

群組(Class)描述元形態	數值
人性化介面裝置(HID)	0x21
報告(Report)	0x22
實體(Physical)	0x23

其中，需要特別注意的是端點描述元。之前我們已提及過，每一個裝置至少包含兩個(含)以上的端點。控制傳輸使用了預設的端點(端點 0)，而我們無須再設定自己的控制端點描述元，且總是被致能的。但另一個中斷端點的描述元中，設定了端點的數目與方向，其所使用的傳輸型態(中斷)，以及針對每一個資料交易所能傳輸的最大的封包大小(全速設定爲 64 Byte，慢速設定爲 8 Byte)。當然，還有一項最重要的參數就是每一次主機在資料交易之間隔所輪詢的時間間隔(全速設定爲 1ms，慢速設定爲 10ms)。

此外，在群組描述元中，說明了此群組爲 HID 群組，HID 的規格爲 1.0 以及一個報告描述元。而前面有提及過，HID 裝置必須包含一個(或是超過)報告描述元。這些描述元在主機已經辨識(裝置列舉)此裝置爲 HID 群組後，將會被要求傳回來，並設定驅動程式來控制。

而 HID 能透過裝置的控制端點與一個(或是超過)的中斷端點來執行資料的傳送與接收的工作。但是 HID 是無法提供 USB 的巨量與等時的傳輸的。控制傳輸無須設定與保證最低的遲滯時間。而前面有提及過，主機掌握了一切的主控權，因此主機會儘可能的滿足並調整其所需的傳輸頻寬。當然，最重要的是整個匯流排的頻寬需保留 10% 給控制傳輸來使用。而另外，主機也可宣告一些的頻寬給其他的裝置來使用。

中斷傳輸具有遲滯時間的上限，也就是設定介於資料交易傳送的時間的上限。每一次的資料交易皆會攜帶一個資料封包。而一個中斷端點所能夠要求的最高遲滯上限爲 1ms 至 255ms 之間，低速裝置則爲 10ms 至 255ms 之間。而這個意義代表了，如果遲滯上限爲 10ms 的話，那就是表示說，主機可以在上一次資料傳輸送出後的 1ms 至 10ms 之間的任一時刻，再啓始一個新的資料交易。

由上可知，報告描述元在 HID 群組中所扮演的角色是相當重要的。稍後的章節我們將會把重點放在報告描述元的格式與規劃的使用上。

7.9.2 HID 群組描述元

HID 群組描述元主要的目的就是用來辨識在 HID 通訊時，所要使用的額外的描述元。在這群組描述元中，根據額外描述元的數目，包含了 7 個或是更多的欄位。在表 7.9 中，列出了這些欄位值。其中，大致分類爲兩種類型：描述元與群組。描述元指的是符合各種描述元的格式，而群組則設定群組的格式。

表 7.9 所示的 HID 群組描述元具有 7 個或是較多的欄位，並相對地包含了 9 個或是更多的位元組。

表 7.9 HID 群組描述內容一覽表

偏移植	欄位	大小(位元組)	相關的描述
0	bLength	1	以位元組來表示的描述元長度
1	bDescriptor	1	21h 表示 HID 群組
2	bcdHID	2	HID 規格修訂版本值(以 BCD 碼)
4	CountryCode	1	用來設定國家的數碼(以 BCD 碼)
5	bNumDescriptors	1	所支援的附屬群組描述元的數目
6	bDescriptorType	1	報告描述元的型態
7	wDescriptorLength	2	報告描述元的總長度
9	bDescriptorType	1	用來設定描述元型態的常數，裝置可選擇的超過一個描述元
10	wDescriptorLength	2	描述元的總長度，裝置可選擇的超過一個描述元。可能是跟隨在額外的 bDescriptorType 與 wDescriptorLength 欄位後。

❖ 描述元：

bLength：以位元組來設定描述元的長度。

bDescriptor：根據表格 7-9 設定爲 21h，用來表示爲 HID 群組。

❖ 群組：

bcdHID：

裝置與其描述元所相容的 HID 規格數值，並以 BCD 為格式來顯示。這個數值是 4 個 16 進制的數值，此數值中間並放入一個小數點。例如，版本 1.0 即是 0100h，而版本 1.1 則是 0110h。

CountryCode：

如果產品是針對特定國家所推出的裝置，這個欄位即為這個國家所設定的數碼值。在 HID 規格中，列出了各個數碼的相對值。如果此裝置並不限制於某個國家的話，這個欄位就設定為 0。

bNumDescriptors：附屬於這個描述元下的群組描述元的數目。

BDescriptorType：

附屬於 HID 群組描述元的描述元型態(報告或是實體)，讀者可以參考表 7.9。其中：每一個 HID 必須支援至少一個報告描述元。而一個介面可以支援多個報告描述元，以及一個或是多個實體描述元。

WDescriptorLength：在上一個欄位所描述的描述元的長度。

額外的 bDescriptorType, wDescriptorLength(可選擇的)如果這裡包含了額外的附屬描述元的話，就依序列出每一個描述元的型態與長度。

7.9.3 報告描述元

報告描述元是在 USB 中，最為複雜的描述元。它不像是之前所敘述的描述元，具有整體架構的特性，反而倒是有點像是電腦的程式語言，用來更嚴謹地描述裝置資料的格式。因此在這個描述元中，定義了傳送至主機或是從主機接收的資料格式。此外，還告訴主機如何去處理這個資料。因此，可知報告描述元是一個用來說明或敘述設備功能的結構。

如果此裝置是滑鼠的話，資料就會報告滑鼠的移動與滑鼠的按鍵。而如果裝置是繼電器控制的話，資料是會包含了用來設定哪個繼電器是打開與關閉的數碼。

報告描述元需要足夠地彈性化來處理各個不同目的的裝置，如此才可在一定的格式下來表示鍵盤或是滑鼠等差異甚大的裝置。而資料應該以簡潔的格式來儲存，才不會浪費裝置的儲存空間，也不會在資料傳輸時，浪費了匯流排時間。

此格式不會限制在報告中的資料型態，但是報告描述元必須能進一步地描述報告的大小與內容。此外，報告描述元的內容與長度必須根據裝置來變化，以及能夠是簡短，冗長與複雜的，或是介於兩者之間的規模。

這種報告描述元是界於群組描述元的型態。主機能夠透過具備了 22h 的高位元組，以及報告 ID 的低位元組的數值欄位之 Get_Descriptor 要求，來取得描述元的資料。讀者可以參考群組描述元的內容。而預設報告 ID 是 00h。

而若要對報告描述元有稍微瞭解其概念或是架構的話，最快的方式就是去參考一個報告描述元。如下列出了非常簡潔的報告描述元，其用來描述送出 8 Byte 資料的輸入(Input)報告，以及接收 8 Byte 資料的輸出(Output)報告。而其他的描述元是建構出基本的格式。透過以下這第一個精簡的報告描述元，非常適合我們來初步瞭解報告描述元的基本架構。

```
hid_report_desc_table：
      db 06h, A0h, FFh   ；用途頁(販售商定義)
      db 09h, A5h        ；用途(販售商定義)
      db A1h, 01h        ；集合(應用)
      db 09h, A6h        ；用途(販售商定義)
                         ；輸入報告
      db 09h, A7h        ；用途(販售商定義)
      db 15h, 80h        ；邏輯最小值(-127)
      db 25h, 7Fh        ；邏輯最大值(128)
      db 75h, 08h        ；報告大小(8) (bits)
      db 95h, 08h        ；報告長度(8) (fields)
      db 81h, 02h        ；輸入(Data, Variable, Absolute)
                         ；輸出報告
      db 09h, A9h        ；用途(販售商定義)
      db 15h, 80h        ；邏輯最小值 Logical Minimum (-128)
      db 25h, 7Fh        ；邏輯最大值 Logical Maximum (127)
      db 75h, 08h        ；報告大小(8)  (bits)
      db 95h, 08h        ；報告長度(8)  (fields)
      db 91h, 02h        ；輸入(Data, Variable, Absolute)
      db C0h             ；End Collection
end_hid_report_desc_table：
```

而在上個報告描述元範例中包含有需多的項目(Item)，且是所有需要的項目。所有的項目可應用至整個描述元中，而其他的項目則是分別設定在輸入與輸出資料上。若是更複雜的報告描述元可以使用這些相同項目與伴隨著其他可選擇項目的例子。

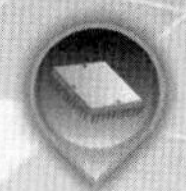

在上個報告範例下的每一個項目中，包含了用來識別項目的位元組，以及包含項目資料的一個或是更多的位元組。而所謂的項目(Item)，即是報告描述元中所包含的一連串的訊息。因此項目是一連串關於此裝置的訊息。

若是利用這種項目的基礎所延伸的，在一個報告描述元就含有下列的項目型態：

- 輸入，或是輸出，特性，集合(這四個是主要的項目)
- 用途(Usage)
- 用途頁(Usage Page)
- 邏輯的最大值(Logical Maximum)
- 邏輯的最小值(Logical Minimum)
- 報告的長度(Report Size)
- 報告的數值(Repoer Count)

若要描述裝置的資料報告格式，則需要設定所有的項目。

1. **用途頁(Usage Page)項目**：以 06h 數值來設定，並用來設定裝置的功能。例如一般桌面，或是遊戲控制等。如表 7.10 所列，顯示了主要的用途類別。我們可以想像一下，用途頁就是 HID 群組的子集合。在上個報告範例中，用途頁設定爲販售商定義數值，FFA0h。在 HID 規格中列出了不同用途頁的數值，以及針對販售商定義用途頁所保留的數值。透過用途頁的使用，允許設定超過 256 個用途標籤。所以兩個位元組(Usage Page + Usage)的用途頁可以使用高達 65535 個用途項目。
2. **用途(Usage)項目**：定義爲 09h 數值，且用來定義傳回至主機的資料所要作的工作或是目的。就如同用途頁是群組的子集合，而用途則是用途頁的子集合。例如，如表 7.10 所列，針對一般桌面控制的可使用的用途包括了滑鼠，鍵盤與搖桿等裝置。因爲上述的報告範例是販售商定義，因此在用途頁下的用途也是設定爲販售商定義。在此例子的用途是設定爲 A5h。爲了與常用的 USB 裝置作個對比，在以下所舉的第二個報告描述元的範例中，以 USB 鍵盤爲例子。用途(鍵盤)則是告訴主機所連接的裝置爲鍵盤。因此透過表 7.10 中的用途頁與用途，即可說明了報告描述元的資料目的。例如，鍵盤的用途頁是一般桌面，而其用途不用說即是鍵盤。而這個用途是指定了裝置的應用(Application)的特徵或是每個控制的特徵。

3. **集合(collection)(應用，Application)：**用來顯示介於兩個或更多資料集之間的關係，也可定義出報告的整體用途。因此，其開始於一個同時執行單一功能的整體項目的啓始處。而每一個報告描述元必須具備應用集合(Application collection)來致能 Windows 進行其裝置列舉。跟隨在集合項目的用途項目是用來命名集合的功能。在第一個報告範例是設定爲販售商定義值，A6h。而第二個報告範例則設定用途(鍵盤)，06h。此外，我們也可以透過四個資料項目(修改位元，保留位元，LED 報告，以及按鍵陣列)的集合來描述最小的按鍵。

表 7.10　HID 群組裝置用途類型表

用途頁	用途
PC 主機	指標器 滑鼠 筆 搖桿 遊戲墊板 鍵盤 按鍵墊板
車輛	方向盤 節流閥
虛擬實境	
運動	
遊戲	
消費者	電源放大器 影音光碟片
鍵盤	所有按鍵
LED	NumLock CapsLock ScrollLock power
按鍵	
序數，Ordinal	
電話	

4. **邏輯最小值與邏輯最大值(Logical Maximum & Logical Minimum)**：具有 15h 與 25h 的數值，用來約束裝置將傳回的數值(邊界值)。而負的數值能以 2 進制補數來表示。在第一個報告範例中，80h 與 7Fh 則表示了-128 至 127 的範圍。此外，以下的第二個報告範例的鍵盤裝置中，對於每一個所按下按鍵的掃描碼將傳回 0 至 101 的數值，如此其邏輯最小值為 0 與邏輯最大值為 101。而這些則與實際最小值以及實際最大值是不同的。實際的邊界對於邏輯的邊界具有某種的意義。例如，溫度計含有 0 至 999 的邏輯邊界。但是，其實際的邊界值可能只有 32 至 212 之間。換句話說，溫度計的溫度邊界值是 32 至 212 之間的華氏溫度，但是介於兩個邊界之間則可定義出 1,000 個階度值。
5. **報告長度與報告計數值(Report Size & Report Count)**：報告長度的數值是 75h，用來表示每一個報告項目的資料是多少位元。因此，報告的長度則是以位元(bit)為單位的結構長度值。而報告計數值則是 95h 數值，用來表示報告包含了多少資料項目。在第一個報告範例中，每一個報告包含了 2 個資料項目。在第二個報告範例中，則透過報告長度(8 個位元)與報告計數值(6 個)來定義鍵盤的 6 個位元組的按鍵。
6. **輸入(Input)與輸出(Output)項目**：是用來告訴主機什麼樣類型的資料將由裝置傳回(81h)或是從主機送出至裝置(91h)。此外，針對主機而言將以何種類型的資料呈現出來。而參考表格 12.4 的內容，這些項目描述了，如 bit 0：資料 VS 常數，bit 1：變數 VS.陣列以及 bit 2：絕對值 VS.相對值等的屬性。
7. **集合結束(End Collection)**：則簡單地關閉了集合本身。

7.10　HID 群組要求

在 HID 規格中，定義了 6 個 HID 規格的控制要求。如表 7.11 所列，顯示出各種要求的特性。其中，所有的 HID 必須支援 Get_Report，以及若是啟動裝置的話，則必須支援 Get_Protocal 與 Set_Protocal。而其他的要求(Set_Report，Get_Idle 與 Set_Idle)則是可選擇支援的。如果裝置不具有中斷 OUT 端點或是如果是與 Windows 98 Gold 版本的 1.0 主機來溝通的話，其必須支援 Set_Report 來從主機接收資料。而沒有支援特性(Feature)報告的裝置則僅能使用中斷傳輸來送出資料，因此沒有使用 Get_Report。

此外，由於 HID 群組裝置除了應用至所有裝置的基本需求外，HID 還必須具有下列的基本要求；

- 若要以週期的方式將資料傳回至 PC 主機的話，HID 必須包含有一個中斷 IN 端點。
- HID 必須包含群組描述元，以及一個或更多的報告描述元(參考上述的群組描述元)。
- HID 必需提供 HID 的特定的控制要求- Get_Report 以及能夠支援可選擇的要求- Set_Report。
- 對於 IN 中斷傳輸而言，裝置必須將報告資料放入中斷的端點緩衝區內，並且致能這個中斷。對於 OUT 中斷傳輸，裝置必須致能這個端點，以及從中斷端點的緩衝區取出所接收到的報告資料(通常藉由裝置的中斷來通知)。

而從稍前的介紹可知，由於多了這報告描述元與群組描述元，相對地我們就需要修改標準裝置要求的表 7.4，並且根據表 7.5 的標準裝置要求型態 bmRequestType 的資料格式修正其內容，以實現表 7.11 所示的 HID 群組要求表。其中，需將 D[6:5]型態欄位由 D[0 0]標準裝置修改成 D[0 1]群組裝置。

表 7.11 HID 群組要求一欄表

要求型態 (1 Byte) bmRequestType	要求(1 Byte) bRequest	數值 (2 Byte) wValue	索引 (2 Byte) wIndex	長度 (2 Byte) wLength	資料	是否需要？
A1h	GET_REPORT (01H)	報告型態或報告 ID	介面	報告長度	報告	是
21h	SET_REPORT (09H)	報告型態或報告 ID	介面	報告長度	報告	否
A1h	GET_IDLE (02H)	0 或報告 ID	介面	0001h	閒置率	否
21h	SET_IDLE (0AH)	閒置間隔或報告 ID	介面	0000h	無可應用的資料	否
A1h	GET_PROTOCOL (03H)	0000h	介面	0001h	0=Boot 協定 1=Report 協定	啓動裝置是需要的
21h	SET_PROTOCOL (0BH)	0=Boot 協定 1=Report 協定	介面	0000h	無可應用的資料	啓動裝置是需要的

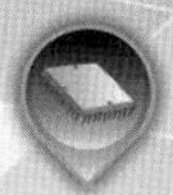

因此，稍前如圖 7.8 所示的標準裝置要求的架構示意圖就會修改成下圖 7.9 所示的 USB HID 群組裝置要求的架構示意圖。

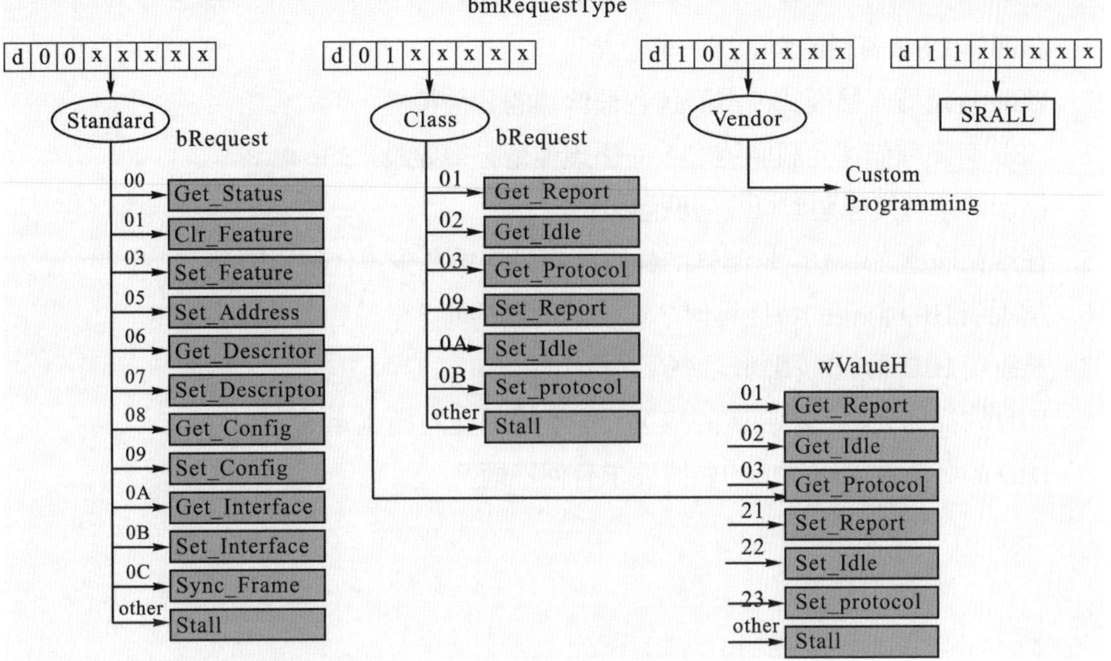

圖 7.9　USB HID 群組裝置要求的架構示意圖

問題與討論

1. 試簡述 USB 資料流與管線的概念？
2. USB 有幾種傳輸模式，試簡述各種傳輸的各種特性。
3. USB 有幾種描述元請簡述之，而那幾種是必須要設定的。
4. 控制傳輸有幾種類型以及幾個階段。
5. 在端點描述之中，巨量傳輸的輪詢間隔設定爲多少，什麼原因？
6. 試說明 HID 群組的特性爲何？以及其優點爲何？
7. 試說明 HID 群組的限制爲何？
8. HID 的描述元與一般裝置的描述元多了哪兩種的描述元？
9. HID 的裝置要求與標準的裝置要求有何不同？

USB-ZigBee HID Dongle 設計

本章主要將介紹 USB 周邊裝置的資料傳輸的設計應用。因此，會將重點放在如何以 enCoreIII- CY7C64215 元件，及透過 PSoC Desonger 來設計一具備 USB HID 群組規格之 USB-ZigBee HID Dongle。而經由此 USB-ZigBee HID Dongle 的設計與實現，將可提供稍後章節的 USB 介面與 ZigBee 無線感測網路結合的橋接器，來達到無線感測資料傳輸與擷取的目的。

在此，直接透過 CY7C64215 元件所內建的 FSUSB 模組來實現 USB-ZigBee HID Dongle 設計，後續再根據實驗的重點，不斷依序地新增其他的模組。如圖 8.1 所示，爲本章實驗架構示意圖。

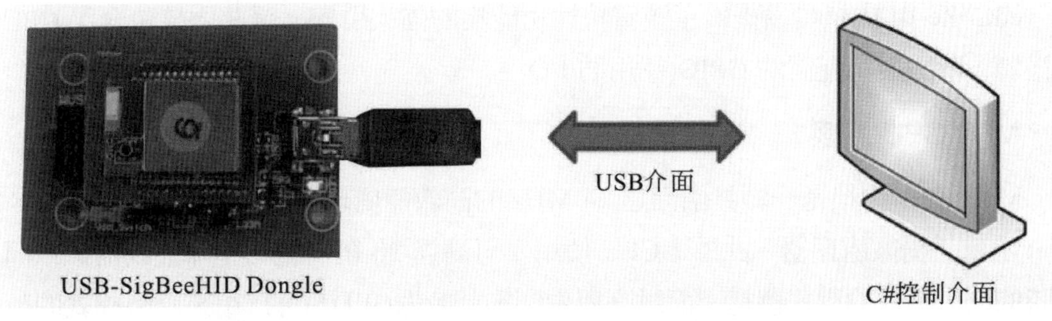

圖 8.1　USB-ZigBee HID Dongle 實驗架構示意圖

在本章，僅使用下列所示的 USBFS 模組，並於後續在新增 UART 模組。

8.1 enCoreIII - CY7C64215 簡介

CY7C64215 是 Cypress 半導體所推出的一顆相當容易設計與開發的 enCoRe™ III 全速 USB 控制器。因此，本書以此 USB 控制器來作爲 USB 介面傳送與接收的應用模組，也即是 USB-ZigBee HID Dongle 設計。enCoRe III 是以可彈性的 PSoC 架構爲基礎，且其具備完整功能的全速(12 Mbps)USB 周邊埠。此外，可配置的類比，數位與內部連接的電路等特性，可以按消費者與通訊的應用上，實現出高度的整合效能出來。在如此的架構設計下，可致能使用者去啓動客製化的周邊配置，以符合每一種個別應用的需求。此外，快速的 CPU，Flash 程式記憶體，SRAM 資料記憶體與可配置的 I/O 都含蓋在 28-pin SSOP 與 56-pin QFN 包裝元件內。

如圖 8.2 所示，則爲 enCoRe III 硬體方塊圖。其中，涵蓋了四個主要的區域：enCoRe III 內核，數位系統，類比系統，以及包含了全速 USB 埠的系統資源。而可配置的整體匯流排可致能所有的裝置資源去整合出一完整的客製化系統。此外，enCoRe III CY7C64215 能具備高達 7 個 I/O 埠，其可連接到整體數位與類比內部連接上，以提供存取 4 個數位區塊與 6 個類比區塊。

以下，分別介紹 enCoRe III 的五個主要區域：

一、enCoRe III 內核

enCoRe III 內核具備提供了豐富特性功能集的強大引擎。這些內核包含了 CPU，記憶體，時脈與可配置的 GPIO(泛用的 I/O)。

二、M8C CPU 內核

M8C CPU 內核是一顆具備高達 24 MHz 的高效能處理器，且是可提供 4 MIPS 的 8-bit 哈佛架構微處理器。此外，CPU 使用了可高達 20 組向量的中斷控制器，以簡化即時的嵌入事件的程式撰寫。而睡眠與看門狗計時器(WDT)可以用來計時程式的執行與保護。

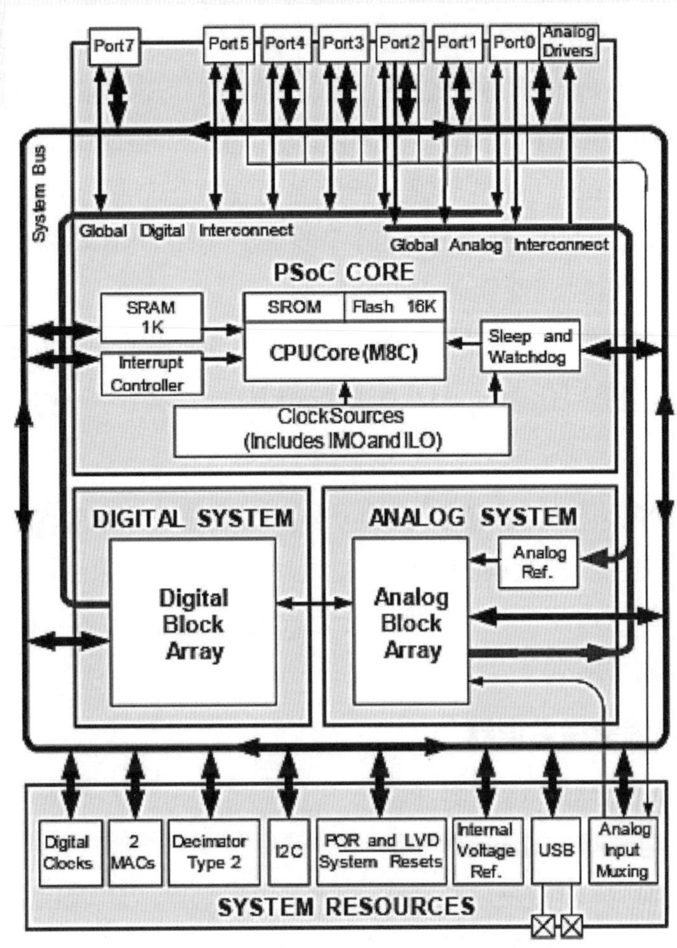

圖 8.2　enCoreIII 硬體架構示意圖

三、記憶體

記憶體包含了程式碼儲存的 16K Flash 記憶體，1K SRAM 資料記憶體，以及使用 Flash 記憶體來模擬高達 2K EEPROM。程式碼 Flash 記憶體使用了以 64 Byte 區塊為單位的四組保護層，以致能客製化的軟體 IP 保護功能。

四、時脈

enCoRe III 合併了可彈性的內部時脈產生器，其包含一 24 MHz IMO(內部主振盪器，internal main oscillator)，其可根據溫度與電壓，及外部時脈振盪器的選擇下，提供達 8%精準度。而 USB 操作需要設定 USB_CR0 暫存器的 OSC LOCK 位元以取得高達 0.25% IMO 精準度。

若需要的話，24 MHz IMO 可透過數位系統來倍頻成 48 MHz。此 48 MHz 時脈是需要送至 USB 區塊中以作爲時脈源之用，且若要實現 USB 通訊的話，則必須被致能。而針對睡眠計時器與 WDT 的需求，亦提供低功率的 32 kHz ILO(內部低速振盪器，internal low speed oscillator)。這些時脈是伴隨著可程式化時脈除頻器(系統資源)，便利地提供給用來整合到 enCoRe III 的任何時序要求上。在 USB 系統中，爲了達到 USB 通訊的目的，IMO 需自我調整到±0.25%精準度。

此外，對於工業操作溫度範圍(– 40°C to + 85°C)所要延伸的溫度範圍則需要使用外部時脈振盪器(僅能應用在 56-pin QFN 包裝類型)。

五、GPIO

enCoRe III GPIO 提供了連接至 CPU，裝置的數位與類比資源的路徑。每一個接腳的驅動模式可以提供 8 種選項的選擇，並以外部介面方式來致能強大的彈性設定。而每一個接腳也具備了以高準位，低準位及上一次讀取變更方式，來產生系統的中斷。

而其相關特性如下所列：

❖ 功能強大的哈佛架構處理器

- 達 24 MHz 的 M8C 處理器速度
- 2 組 8x8 乘法器，32-bit 累加器
- 3.15 ~ 5.25V 操作電壓
- 通過 USB 2.0 USB-IF 認證。TID # 40000110
- 商業應用操作溫度：0°C to + 70°C
- 工業應用操作溫度：– 40°C to + 85°C

❖ 增強的周邊(enCoRe™ III 區塊)

- 6 個類比 enCoRe III 區塊，其提供：
  - 高達 14-bit 遞增與 Delta-Sigma ADC
- 可程式化的臨界閥値比較器
- 4 個數位 enCoRe III 區塊提供：
  - 8-bit 與 16-bit PWM，計時器與計數器
  - I^2C 主裝置端
  - SPI 主裝置端或從裝置端
  - 全雙工 UART
  - 可與 Cypress CYFI 無線晶片組直接通訊的 CYFISNP 與 CYFISPI 模組

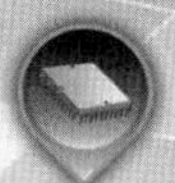

❖ **透過組合式的數位區塊或類比區塊來實現複雜的周邊功能**

❖ **全速 USB(12 Mbps)**

- 4 個無固定方向的端點，可透過設定來實現輸入與輸出功能
- 1 個雙向的控制端點
- 專用的 256 Byte 緩衝區
- 無需外部的石英振盪器
- 可操作在 3.15V ~ 3.5V 或 4.35V ~ 5.25V 電壓範圍

❖ **彈性的內建記憶體**

- 具備可作 50,000 次抹除/寫入週期的 16K Flash 程式儲存記憶體
- 1K SRAM 資料儲存空間
- In-System Serial Programming(ISSP)燒錄方式
- 部份 Flash 記憶體更新
- 可彈性的保護模式
- 以 Flash 記憶體來作 EEPROM 模擬

❖ **可程式化的接腳配置**

- 所有的 GPIO 可提供 25 mA 洩電流
- 所有 GPIO 接腳可配置成提升，下拉，高阻抗 Z，強大電流輸出或開洩極驅動方式
- 所有的 GPIO 皆可配置中斷

❖ **精準，可程式化的時脈源**

- 針對外部的時脈振盪器，可提供內部±4% 24 與 48 MHz 振盪器時脈源
- 針對看門狗與睡眠的內部振盪器
- 無需外部元件即可提供給 USB 周邊達到 0.25%精準的時脈源

❖ **額外的系統資源**

- 可達 400 kHz 的 I^2C 主裝置端，從裝置端與多裝置端
- 看門狗與睡眠計時器
- 使用者配置的低電壓偵測
- 整合的監督電路
- 內建精準的參考電壓

❖ **完整的發展工具**

- 免費的發展軟體(PSoC Designer™)
- 全功能的線上模擬器與燒錄器
- 全速模擬
- 復雜中斷點架構
- 128K Bytes 追蹤除錯的記憶體

相關應用，包含了下列各種周邊裝置的設計

❖ **PC HID 裝置**

- 滑鼠(Optomechanical，光學式，軌跡球)
- 鍵盤
- 搖桿

❖ **遊戲裝置**

- 電子遊戲控制台
- 控制台鍵盤

❖ **一般常見使用的裝置**

- 條碼掃描器
- POS 終端機
- 消費性電子
- 玩具
- 遠端控制
- USB 轉串列介面的橋接器

CY7C64215 enCoRe III 裝置是使用 28-pin 的 SSOP 包裝，其相關接腳編號與其描述，請參考表 8.1 所列。每一個埠接腳(以"P"字母標記)是具有數位 I/O 功能。然而，Vss 與 Vdd 則是不具有數位 I/O 功能。而其上視圖，則如圖 8.3 所示。

表 8.1　28-Pin 元件(SSOP 包裝)接腳編號與其意義一覽表

腳位編號	型態		腳位名稱	腳位描述
	數位	類比		
1	電源		GND	接地
2	I/O	I, M	P0[7]	類比列多工輸入
3	I/O	I/O, M	P0[5]	類比輸入及類比列多工輸出
4	I/O	I/O, M	P0[3]	類比輸入及類比列多工輸出
5	I/O	I, M	P0[1]	類比列多工輸入
6	I/O	M	P2[5]	
7	I/O	M	P2[3]	Switched capacitor 區塊輸入
8	I/O	M	P2[1]	Switched capacitor 區塊輸入
9	I/O	M	P1[7J	1^{2}C 串列時脈(SCL).
10	I/O	M	P1[5]	I^{2}C 串列資料(SDA)
11	I/O	M	P1[3]	
12	I/O	M	P1[1]	1^{2}C 串列時脈(SCL)，ISSP-SCLK
13	電源		GND	接地
14	USB		D+	
15	USB		D-	
16	電源		Vdd	供應電源
17	I/O	M	P1[0]	I^{2}C 串列資料(SDA)，ISSP-SDATA
18	I/O	M	P1[2]	
19	I/O	M	P1[4]	
20	I/O	M	P1[6]	
21	I/O	M	P2[0]	Switched capacitor 區塊輸入
22	I/O	M	P2[2]	Switched capacitor 區塊輸入
23	I/O	M	P2[4]	外部類比接地(AGND)輸入
24	I/O	M	P0[0]	類比列多工輸入
25	I/O	M	P0[2]	類比輸入及類比列多工輸出
26	I/O	M	P0[4]	類比輸入及類比列多工輸出
27	I/O	M	P0[6]	類比列多工輸入
28	電源		Vdd	供應電源

註：A = 類比，I = 輸入，O = 輸出以及 M = 類比多工輸入

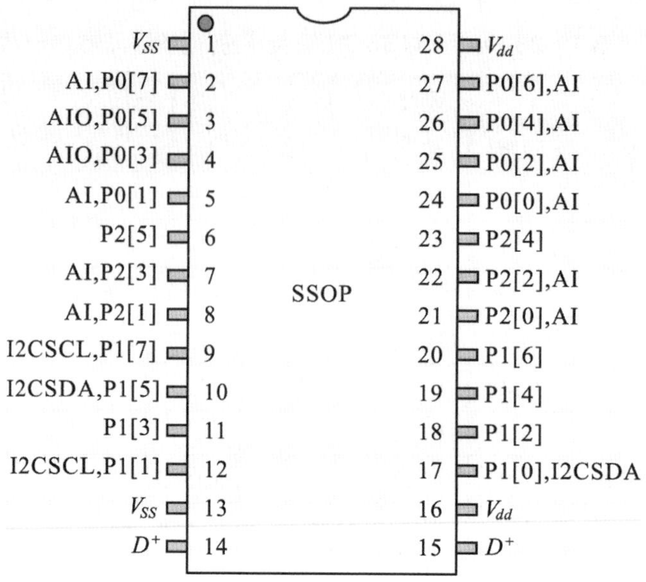

圖 8.3　CY7C64215 接腳上視圖

此外，enCoRe III 裝置具有 4 個數位區塊以及 6 個類比區塊。如表 8.2 所示，顯示了特定 enCoRe III 裝置所具備可以使用的功能。

表 8.2　enCoRe III 裝置特性一覽表

元件編號	數位 I/O	數位列	數位區塊	類比輸入	類比輸出	類比列	類比區塊	SRAM 大小	Flash 大小
CY7C64215 28 Pin	Up to 22	1	4	22	2	2	6	1K	16K
CY7C64215 56 Pin	Up to 50	1	4	28	2	2	6	1K	16K

以下，進一步說明 enCoRe III 裝置所具備的數位系統及類比系統的相關特性與功能。

8.1.1　數位系統

數位系統包含 4 個數位的 enCoRe III 區塊。每一個方塊是以 8-bit 來源配置，除了可單獨使用外，亦可與其他區塊組合成其他稱之爲使用者模組的 8、16、24 與 32-bit 周邊。如圖 8.4 所示，爲數位區塊架構示意圖。

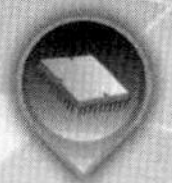

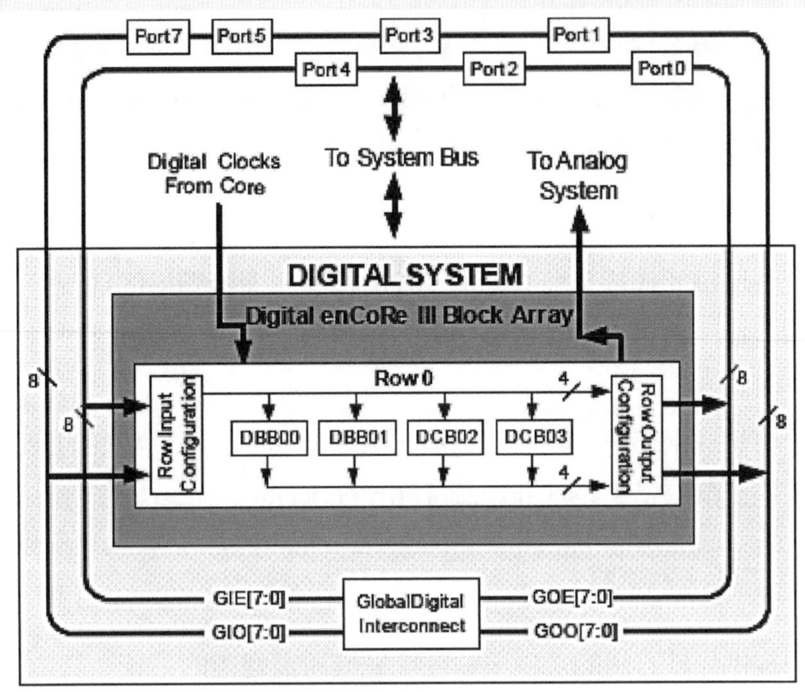

圖 8.4　數位區塊架構示意圖

以下，列出可從這些區塊可實現的數位配置方式：

(1) PWM，Timer，與計數器(8-bit 與 16-bit)

(2) 可選擇奇偶校驗方式的 8-bit UART

(3) SPI 主裝置端與從裝置端

(4) I^2C 主裝置端

(5) RF 參考設計：可直接與 Cypress CYFI 無線模組通訊

這些數位區塊可透過一系列整體匯流排連接到任何 GPIO，且這些匯流排可繞徑到任何接腳，並且也能致能訊號的多工與執行邏輯操作。

如此便利的配置方式，可以讓我們從一般傳統及固定周邊功能的控制器中，脫離其原本的限制與約束。

8.1.2　類比系統

類比系統是由 6 個可配置區塊所組成的，其包含了可用來致能複雜類比訊號流所建置的放大器電路。類比周邊是相當有彈性的，且其可客製化去支援特定的應用需求。此外，enCoRe III 類比功能可支援 ADC 轉換器(具備 6 ~ 14-bit 解析度，可選擇是遞增型或是 Delta-Sigma 型，並具備可程式化臨界閥值比較器)。類比區塊是以 2 欄 3 列的方式排列，每一欄包含了一個 CT(連續時間，Continuous Time - AC B00 或 AC B01)與兩個 SC(切換電容器 - ASC10 與 ASD20 或 ASD11 與 ASC21)區塊。

❖ 類比多工器系統

類比多工匯流排能連接至埠 0–5 的 GPIO 接腳。而接腳可個別或是以任何的組合方式連接至匯流排。爲了以比較器與 ADC 轉換器來分析，匯流排也可連接至類比系統中。

而匯流排可切成兩部份以模擬雙通道的處理。其中，一個額外的 8：1 類比輸入多工器提供了第二個管道來將埠 0 規劃成類比陣列。

8.1.3 額外的系統資源

系統資源提供額外有用的功能與特性來完成所需建置的系統。其中，額外的資源包含了多工器，多工器，decimator，低電壓偵測，與電源打開重置。以下，分別簡述額外資源的基本特性與功能：

- 全速 USB：全速 USB(12 Mbps)具備 5 個可配置端點，以及 256 Byte RAM。除了兩個串列電阻器外，無需其他外部元件。對於 USB 在工業溫度的操作範圍下，則需要外部的時脈振盪器。
- 兩組乘法累加器：兩組乘法累加器(MAC)提供具備 32-bit 累加器的快速 8-bit 乘法器，其可同時輔助一般的數學運算與數位濾波器。
- 取樣抽取器(decimator)：針對 Delta-Sigma ADC 所建立的數位訊號處理應用上，其提供自訂的硬體濾波器。
- 數位時脈除頻器：對於不同的應用上，數位時脈除頻器提供 3 組可客製化的時脈頻率。這些時脈可同時繞徑到數位與類比系統中。
- I^2C 模組：I^2C 模組可於兩條引線上去提供 100 與 400 kHz 通訊速率。其中，亦提供了完整的從裝置端，主裝置端與多主裝置端等操作模式。
- 低電壓偵測(Low Voltage Detection，LVD)：當省略進階的 POR(Power On Reset)電路去做系統的監督時，針對下降的電壓準位之應用，就可採用低電壓偵測中斷來送出一訊號通知 CPU。

8.2　PSoC USBFS 模組特性

如圖 8.4 所示，為 USBFS 模組硬體方塊圖。而其基本特性，如下所列：

- USB 全速裝置介面驅動器
- 支援中斷與控制傳輸類型
- 提供輕鬆與準確的描述元產生的設定精靈(Setup wizard)
- 描述元集選擇的執行時間支援
- 可選擇性的 USB 字串描述元
- 可選擇性的 USB HID 群組支援

如圖 8.5 所示，為其外部硬體連接示意圖。

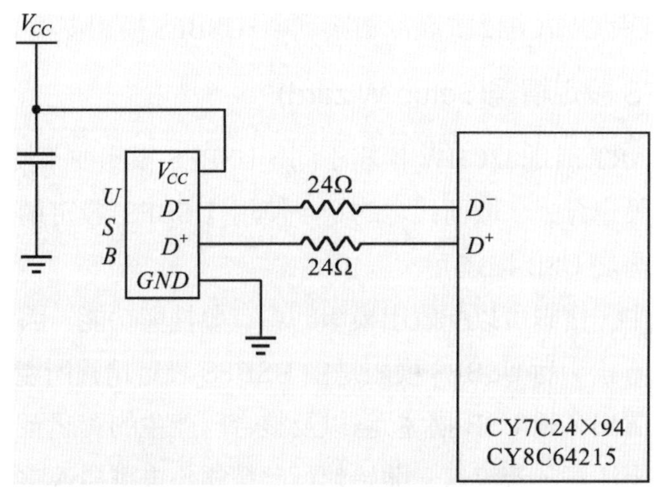

圖 8.5　USBFS 硬體連接示意圖

8.2.1　USBFS 模組功能介紹

USBFS 模組提供了在 USB 規格書中，全速 USB 的第九章相容的裝置架構。此外，模組亦支援控制端點的低階驅動程式，用來剖析出 USB 主機所送出的裝置要求。其中，最特別的是，為了簡化整個韌體設計過程，還提供了 USBFS 安裝精靈來讓使用者輕鬆地建置出描述元的架構。

讀者在使用 USBFS 模組時，即可以選擇去建置一標準的 USB HID 裝置，或是一般 USB 裝置。一旦讀者新增一 USBFS 模組實體後，讀者還可以透過刪除 HID 裝置或

一般 USB 裝置，以及緊接著再新增一新的 USBFS 模組實體的方式，來切換 USB 裝置的屬性。

❖ USB 相容性

對於裝置來說，USB 驅動程式可以呈現出不同的匯流排狀態，其中，包括匯流排重置，與不同的時序要求。因此，需注意到，在所提供的範例程式碼中，並非所有的 USB 特性都已經正確地實現。換言之，讀者需負責設計出符合 USB 規格的應用程式。

而在本章的範例當中，我們即設計一符合 USB HID 群組裝置的 USB-ZigBee HID Dongle。

❖ 時序

在 CY8C24x94 與 CY7C64215 晶片組系列中，USBFS 模組支援 USB 2.0 全速操作。

❖ 參數與 USBFS 設定精靈(Setup Wizard)

跟前幾章的 UART 或是 I2CHW 模組不同，USBFS 模組並不使用 PSoC Designer 的“Properties”參數設定方式。取而代之的是，使用 USBFS 設定精靈的形式，以定義出針對應用程式所需之 USB 描述元。

從這些描述元中，精靈可以配置出模組的專有屬性與功能。因此，讀者需詳細瞭解設定精靈的操作方式。而 USBFS 模組是由 USBFS 設定精靈所產生的資訊來驅動。此精靈可便利地建置出多種 USB 描述元，以及整合所產生的資訊至裝置列舉所使用的驅動程式碼中。但需注意，若沒有一開始執行此精靈，去選擇適當的屬性，並產生相對的程式碼的話，USBFS 模組是沒有任何功能的。

❖ 放置模組

而模組之相關參數請參考其資料手冊或是直接使用本章範例程式的設定值。

8.2.2 PSoC USBFS API 函式

在本章節所介紹的 API 函式可允許 USBFS 模組來實現可程式化的控制。

根據稍前一章節對 USB 規格的介紹，讀者需對標準裝置要求與 HID 裝置要求有基本概念。此外，亦需對 USB 描述元，特別是 HID 報告描述元深入地瞭解，才能確實應用與呼叫 USBFS API 函式。

USBFS 模組支援控制，中斷，巨量與等時傳輸。許多或是一組的函式，如 LoadInEP 與 nableOutEP 是設計給巨量與中斷端點來使用的。而其他函式，如 USBFS_LoadINISOCEP 則是設計給等時端點的。至於相關傳輸類型的詳細使用方式，讀者可以參考其技術參考手冊。

如表 8.3 與 8.4 所列，分別爲 USBFS 模組裝置基本的 API 函式表以及 Human Interface Device(HID)群組裝置的 API 函式表。

表 8.3　USBFS 模組裝置基本的 API 函式表

函式	描述
void USBFS_Start(BYTE bDevice, BYTE bMode)	Activate the user module for use with the device and specific voltage mode.
void USBFS_Stop(void)	Disable user module.
BYTE USBFS_bCheckActivity(void)	Checks and clears the USB bus activity flag. Returns 1 if the USB was active since the last check, otherwise returns 0.
BYTE LJSBFS_bGetConfiguration(void)	Returns the currently assigned configuration. Returns 0 if the device is not configured.
BYTE USBFS_bGetEPState(BYTE bEPNumber)	Returns the current state of the specified USBFS endpoint. 2 = NO_EVENT_ALLOWED 1 = EVENT PENDING 0 = NO_EVENT_PENDING
BYTE USBFS_bGetEPAckState(BYTE bE PNumber)	Identifies whether ACK was set by returning a non-zero value.
BYTE U SBFS_wGetEPCount(BYTE bEP Number)	Returns the current byte count from the specified USBFS endpoint.
void US BFS_LoadlnEP(BYTE bEPNumber, BYTE *pData WORD wLength, BYTE bToggle) void USB LoadInISOCEP(BYTE bEPNumber, BYTE *pData WORD wLength, BYTE bToggle)	Loads and enables the specified USBES endpoint for an IN transfer.
BYTE USBFS_bReadOuTEP(BYTE bEPNumber, BYTE *pData WORD wLenqth)	Reads the specified numbei of bytes from The Endpoint RAM and places it in the RAM array pointed to by pSrc. The function returns the number of bytes sent by the host.
void USB_EnableOutEP(BYTE bEPNumber) void USB_EnableOutlSOCEP(BYTE bEPNumbor)	Enobles the specrhed USB endpoint to accept OUT transfers
void USBFS_DisableOutEP(BYTE bEPN umber)	Disables the specified USB endpoint to NK OUT transfers.
void USBFS_SetPowerStatus(BYTE bPowerStatus)	Sets the device to self powered or bus powered.

表 8.3 USBFS 模組裝置基本的 API 函式表(續)

函式	描述
USBFS_Force(BYTE bState)	Forces a J, K, or SE0 State on the USB D+/D- pins. Normally used for remote wakeup. bState Parameters are. USBFS_FORCE_J 0x02 USBFS_FORCE_K 0x0l USBFS_FORCE_SE0 0x0C USBFS_FORCE_NONE 0xFF Note: When using this API Function and GPIO pins from Port 1 (P1.2-Pl.7), the application uses the Port_1_Data_SHADE shadow register to ensure consistent data handling. From assembly language, access the Port_1_Data_SHADE RAM location directly From C language, include on extem reference: `extern BYTE Port_1_Data SHADE;`

表 8.4 Human Interface Device(HID)群組裝置的 API 函式表

函式	描述
BYTE USBFS_Updatel-HID Timer(BYTE blnlorface)	針對特定介面更新 HID 報告計時器，以及如果計時器到期則回傳 0，反之，則傳 1。如果計時器到期，則重新載入 doc 計時器。
BYTE USBFS_bGetprotocol(BYTE blnterface)	針對特定介面，回傳協定

以下，列出常用的 USBFS 模組之 API 函式：

❖ USBFS_Start

- 描述：執行 USBFS 模組所需的初始化工作。
- C 語言函式：void USBFS_Start(BYTE bDevice, BYTE bMode)
- 參數：bDevice：由 USBFS 設定精靈中，從所鍵入的裝置描述元集來設定此裝置編號。

  bMode：設定晶片組所要執行的操作電壓。此參數決定是否電壓調整器致能 5V 操作，或是 3.3V 操作。參數字串的名稱可用於 C 與組語上，且其所連接的數值是如表 8.5 所列。

表 8.5　晶片組操作電壓一覽表

遮罩	數值	描述
US3_3 V_OPERATION	0x02	除電壓調整器及針對提升之用，導通至 vcc
USB_5V_OPERATION	0x03	致能電壓調整器及針對提升之用，使用調整器

- 回傳值：無

❖ USBFS_Stop

- 描述：執行 USBFS 模組所有需要關閉 USB 功能的工作
- C 語言函式：void USBFS_Stop(void)
- 參數：無
- 回傳值：無

❖ USBFS_bGetConfiguration

- 描述：取得目前 USB 裝置的配置方式與內容。
- C 語言函式：BYTE USBFS_bGetConfiguration(void)
- 參數：無
- 回傳值：回傳目前所設定的 USB 配置方式與內容。若回傳 0，則代表裝置尚未被配置。

❖ USBFS_bGetEPState

- 描述：取得特定端點的端點狀態。這端點狀態描述了目前端點所正處於 USB 資料交易過程中的哪一狀態。

  一般端點會位於三種狀態之一，而針對 IN 與 OUT 端點則各有兩種狀態來表示。如表 8.6 所示，列出了可能的狀態，以及對於 IN 與 OUT 端點的意義。
- C 語言函式：BYTE USBFS_bGetEPState(BYTE bEPNumber)
- 參數：BEPNumber：contains the endpoint number.
- 回傳值：回傳特定 USBFS 端點的目前狀態。參數字串的名稱可用於 C 與組語上，且其所連接的數值是如下表 8.6 所列。每當讀者要轉寫程式碼來更改端點的狀態時，可以使用這些常數來判斷。例如，在 ISR 程式碼中，處理資料送出與接收。

表 8.6 USBFS 端點狀態一覽表

狀態	數值	描述
NO_EVENT_PENDING	0x00	Indicates that the endpoint is awaiting SIE action
EVENT_PENDING	0x01	Indicates that the endpoint is awaiting Cpu action
NO_EVENT_ALLOWED	0x02	Indicates that the endpoint is locked from access
IN_BUFFER_FULL	0x00	The IN endpoint is loaded and the mode is set to ACK IN
IN_BUFFER_EMPTY	0x01	An IN transaction occurred and more data can be loaded
OUT_BUFFER_EMPTY	0x00	The OUT endpoint is set to ACK OUT and is waiting for data
OUT_BUFFER_FULL	0x01	An OUT transaction has occurred and data can be read

❖ USBFS_bGetEPAckState

- 描述：透過讀取在端點的控制暫存器的 ACK 位元，以決定是否產生 ACK 資料封包的交易過程。而此函式不會清除 ACK 位元。
- C 語言函式：BYTE USBFS_bGetEPState(BYTE bEPNumber)
- 參數：bEPNumber，端點號碼。
- 回傳值：如果 USB 完整的資料交易產生 ACK 的交握封包，那麼就會回傳非 0 的數值。反之，則回傳 0 數值。

❖ USBFS_EnableOutEP 與 USBFS_EnableOutISOCEP

- 描述：針對 OUT 巨量或中斷傳輸(..._EnableOutEP)與等時傳輸(..._EnableOutISOCEP)的應用上，致能特定的端點。需注意到，切勿以此函式應用在 IN 端點上。
- C 語言函式：void USBFS_EnableOutEP(BYTE bEPNumber)
  void USBFS_EnableOutISOCEP(BYTE bEPNumber)
- 參數：bEPNumber，設定端點號碼。
- 回傳值：無

❖ USBFS_LoadInEP 與 USBFS_LoadInISOCEP

- 描述：針對 IN 中斷與巨量傳輸(.._LoadInEP)與等時傳輸(..._LoadInISOCEP)的應用上，載入與致能特定的 USB 端點。
- C 語言函式：void USBFS_LoadInEP(BYTE bEPNumber, BYTE * pData, WORD wLength, BYTE bToggle)

void USBFS_LoadInISOCEP(BYTE bEPNumber, BYTE * pData, WORD wLength, BYTEbToggle)

- 參數：bEPNumber，設定介於 1 至 4 的端點號碼。

  pData：指向將要載入端點空間的資料陣列的指標器。

  wLength：因爲 PC 主機執行一 IN 要求，因此需設定從資料陣列中所要傳輸的位元組數目，然後透過 USB 介面傳回給 PC 主機。有效的數值介於 0 至 256。

  bToggle：爲一旗標，用來表示在設定於計數暫存器的 Data Toggle 位元之前，是否此位元被切換過。

而在 IN 資料交易的每一次成功的資料傳送之後，都會切換此 Data Toggle 位元。如此，將可使得同樣的封包不會重複或遺失。旗標的參數字串的名稱可用於 C 與組語上，且其所連接的數值是如下表 8.7 所列。

表 8.7　旗標的參數字串的一覽表

遮罩	數値	描述
USB_NO_TOGGLE	0x00	Data Toggle 沒有改變
USB_TOGGLE	0x01	在傳送之前資料位元實現了 Data Toggle

- 回傳値：無

8.3 enCoreIII：USB-ZigBee HID Dongle 設計

8.3.1 PSoC 韌體程式設計

此章節將介紹如何透過 CY7C64215 enCoRe III 元件來設計一符合 USB HID 群組規格的 USB-ZigBee HID Dongle 裝置，並作爲後續章節以無線傳輸 PSoC 實驗載板的感測器資料的基礎。首先，如第 2 章所介紹的一個 PSoC 專案檔。

如圖 8.6 所示，於 PSoC Designer 視窗右下角中 User Modules 中的“Protocols”項目找出“USBFS”，並對其連點左鍵兩下。緊接著，如圖 8.7 所示，選擇 Human Interface Device(HID)。最後，如圖 8.8 所示，將 USBFS Module 加入至專案中，並如圖 8.9 所示，將其重新命名爲 USB。

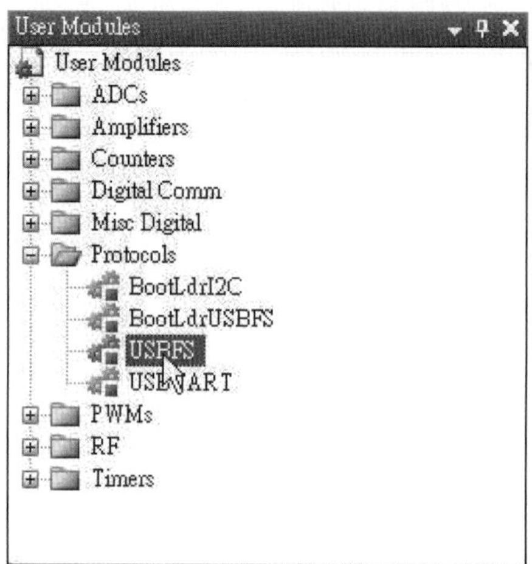

圖 8.6　"User Modules"的 USBFS 模組選擇操作示意圖

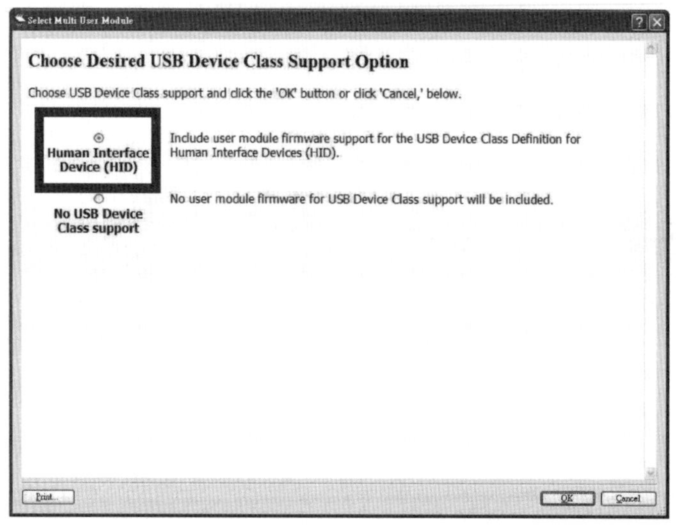

圖 8.7　選擇 Human Interface Device(HID)群組操作示意圖

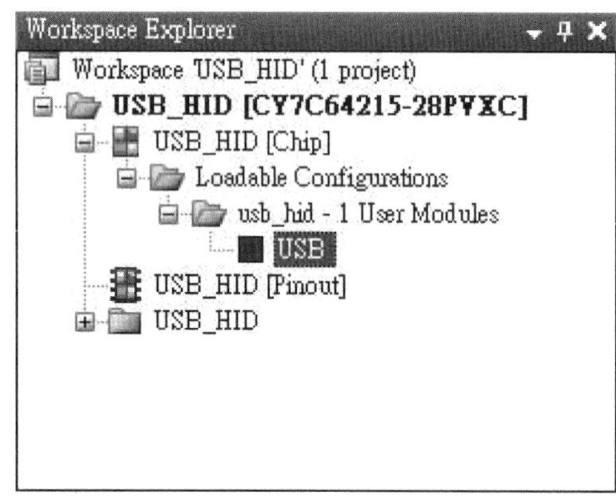

圖 8.8　將 USBFS 模組加入至專案操作示意圖

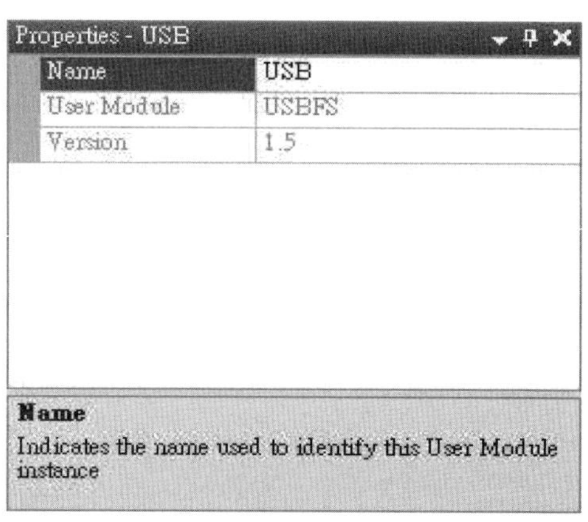

8.9　USBFS 模組的"Properties"參數設定示意圖

而如圖 8.10 所示，也需將“Global Resources”視窗中的參數項目做相對應的修改。其中，PSoC 設定修改的有 Power 為 5V/24MHz；CPU Clock 為 24M/2 = 12M；VC1~VC3 的設定是讓 UART 方便使用，可讓鮑率達到 9600bps。這部份在第 4 章已有更詳細的介紹。除此之外，更需要注意的是 SwitchModePump(SMP)必須設定為 ON 以及 Trip Voltage 需設定為 4.81(5.00V)。若沒將 SMP 功能開啓，PSoC 晶片組中的 VCC 將沒電源可使用，導致晶片無動作。此外，必須將 Power 電量與 SMP 提升的電量設定為相同，避免 PSoC 晶片組燒毀。

Global Resources - usb_hid

Power Setting [	5.0V / 24MHz
CPU_Clock	SysClk/8
Sleep_Timer	512_Hz
VC1= SysClk/N	3
VC2= VC1/N	2
VC3 Source	VC1
VC3 Divider	104
SysClk Source	Internal
SysClk*2 Disab	No
Analog Power	SC On/Ref High
Ref Mux	(Vdd/2)+/-(Vdd/2)
AGndBypass	Disable
Op-Amp Bias	Low
A_Buff_Power	Low
Trip Voltage [L	4.81V
LVDThrottleBa	Disable
Watchdog Enab	Disable

Power Setting [Vcc / SysClk freq]
Selects the nominal operation voltage and Sys...

圖 8.10　USB_HID 模組的“Global Resources”參數設定圖

如圖 8.10 所示，除了“Global Resources”視窗之外，尚須對 USB 模組作設定。緊接著，先對右上角的 USB 模組按右鍵。緊接著，選擇最下方的“USB Setup Wizard”選項，開啓 USB 模組的內部設定，如圖 8.11 所示。

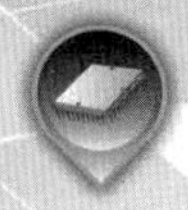

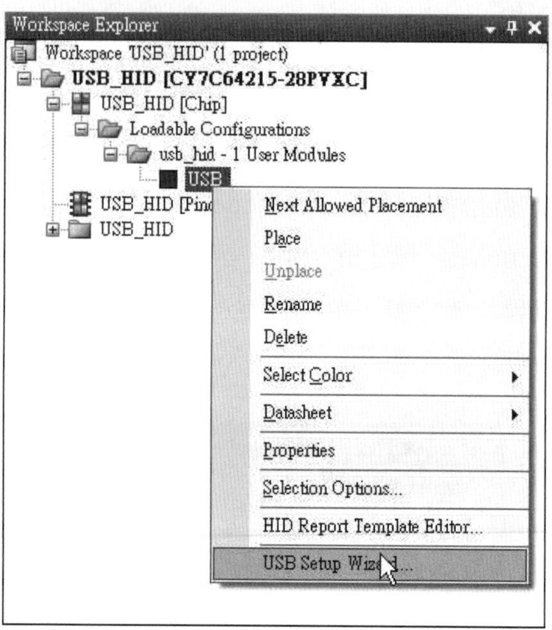

圖 8.11　開啟 USB 模組設定示意圖

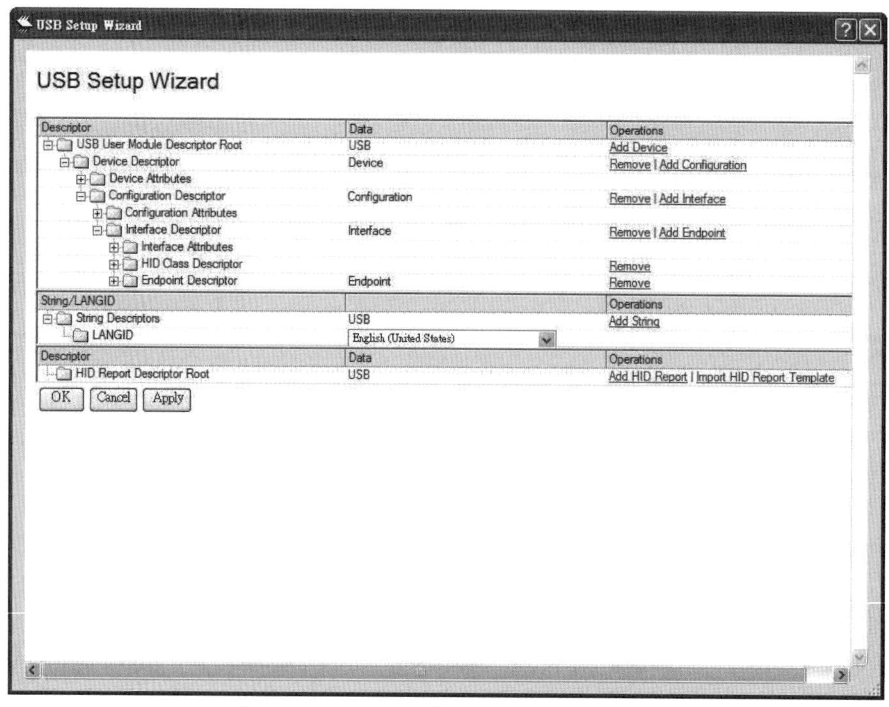

圖 8.12　USB 模組內部設定示意圖

每一個 USB 裝置都有其特定的 Vendor ID 與 Product ID，此 Vendor ID 與 Product ID 設定的有特定的規格，在此不做詳細說明。如圖 8.13 所示，預設 Vendor ID 使用 0x1234 與 Product ID 使用 0x7777。

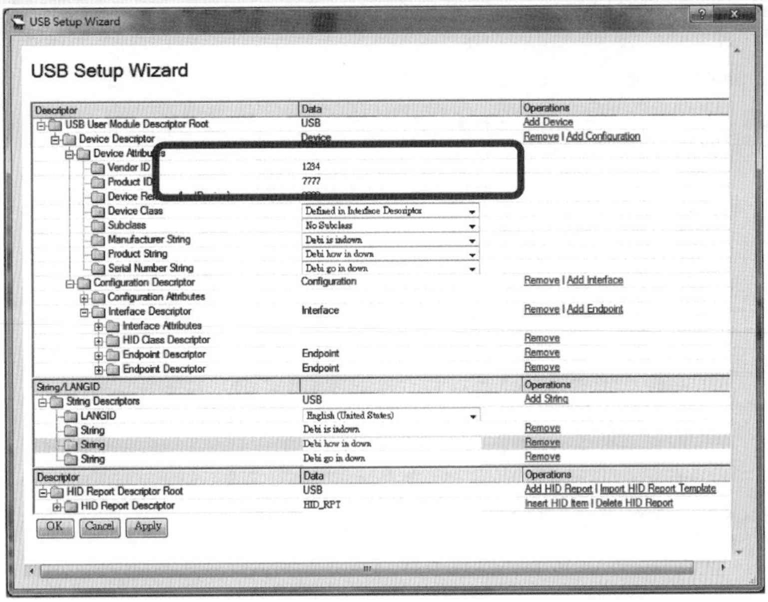

圖 8.13　設定 Vendor ID 與 Product ID 示意圖

而 USB 傳輸有四種類型，控制型傳輸、中斷型傳輸、巨量型傳輸及等時型傳輸。每一種傳輸至少配置一個端點，而此範例須使用中斷傳輸的兩個端點(原先已設定一個 EP1 端點，傳輸方向為 IN)。如圖 8.14 所示，點擊 Add Endpoint 新增一個端點，並依照圖 8.15 設定兩個端點，將新端點 Endpoint Number 設定為 EP2。其中，傳輸方向設為 OUT，作資料的雙向傳輸。

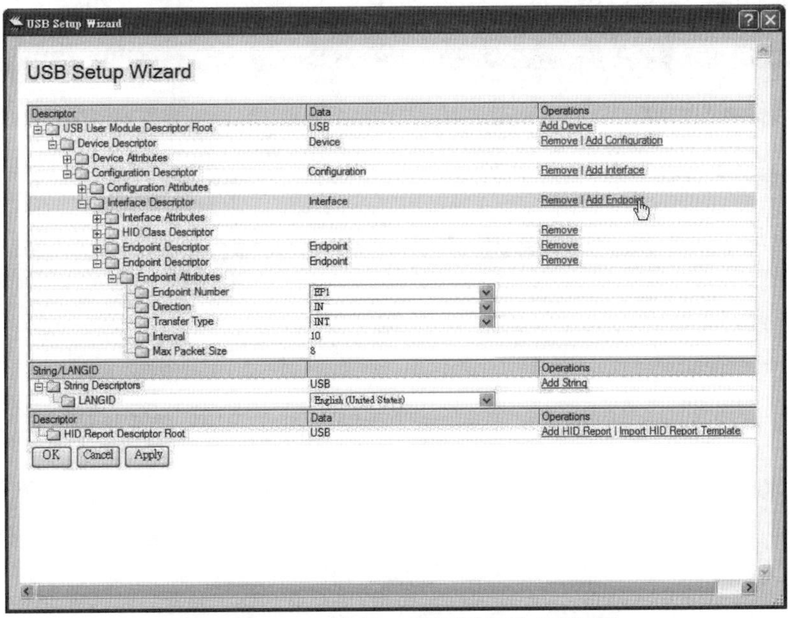

圖 8.14　新增一個端點操作示意圖

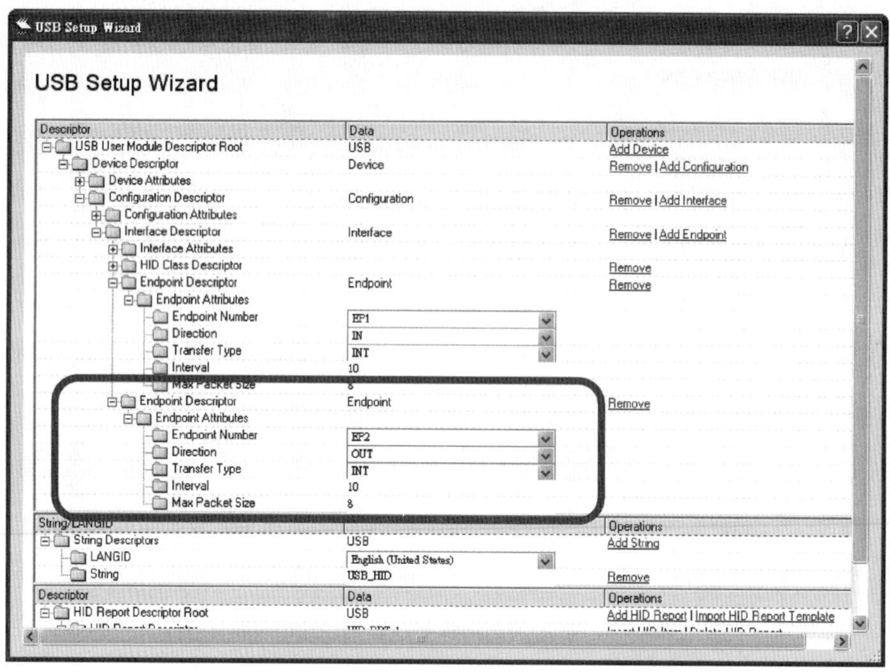

圖 8.15　新 EP2 端點設定示意圖

根據上一章所介紹的 USB HID 群組特性。因此，需如圖 8.16 所示，在 USB-ZigBee HID Dongle 裝置中建立一份報告描述元。此時，於 USB Setup Wizard 最下方的 "Descriptor"欄位中，依序建立描述元。首先，點擊 Add HID Report 新增 HID Report Descriptor，並點擊"Insert HID Item"項目新增 HID 描述元項目，如圖 8.17 所示。

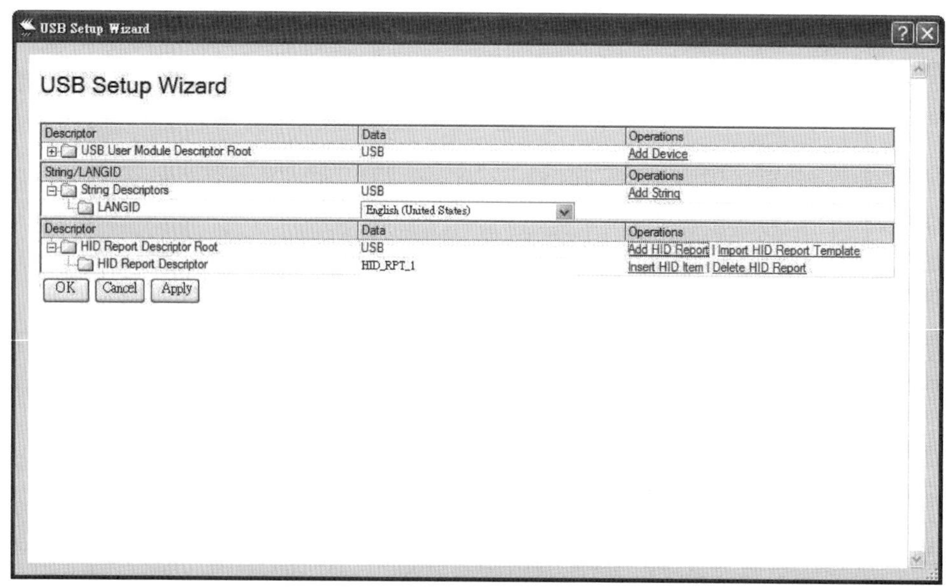

圖 8.16　建立 HID 報告描述元示意圖

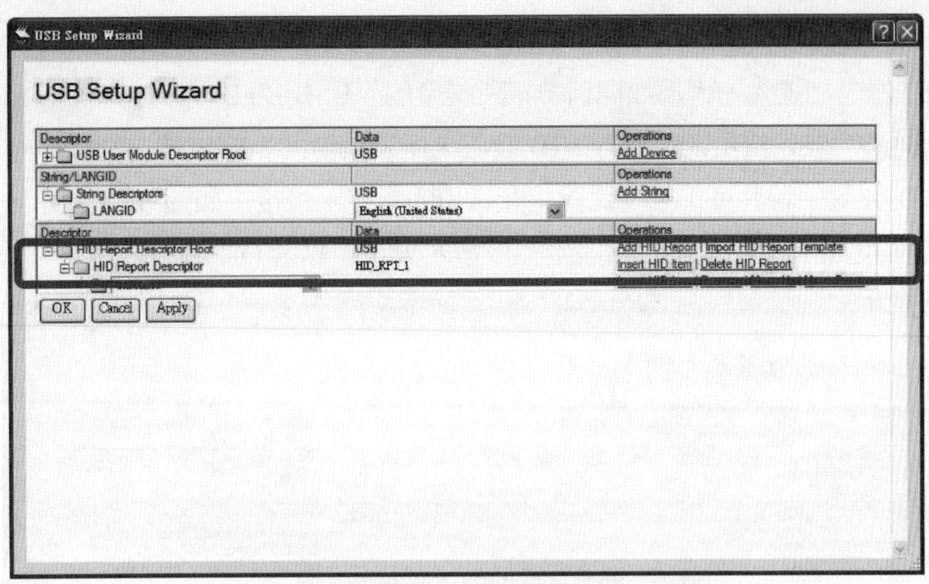

圖 8.17　新增 HID 描述元項目操作示意圖

如圖 8.18 所示，點下拉式選單，選擇 HID 描述元項目。如圖 8.19 所示，先選擇"Usage Page(用途頁)"項目，並依照圖 8.19 設定"Usage Page(用途頁)"項目設定完成示意圖。其中，"SIZE"欄位是設定此項目扣除原先的前導碼後共有幾個位元組。

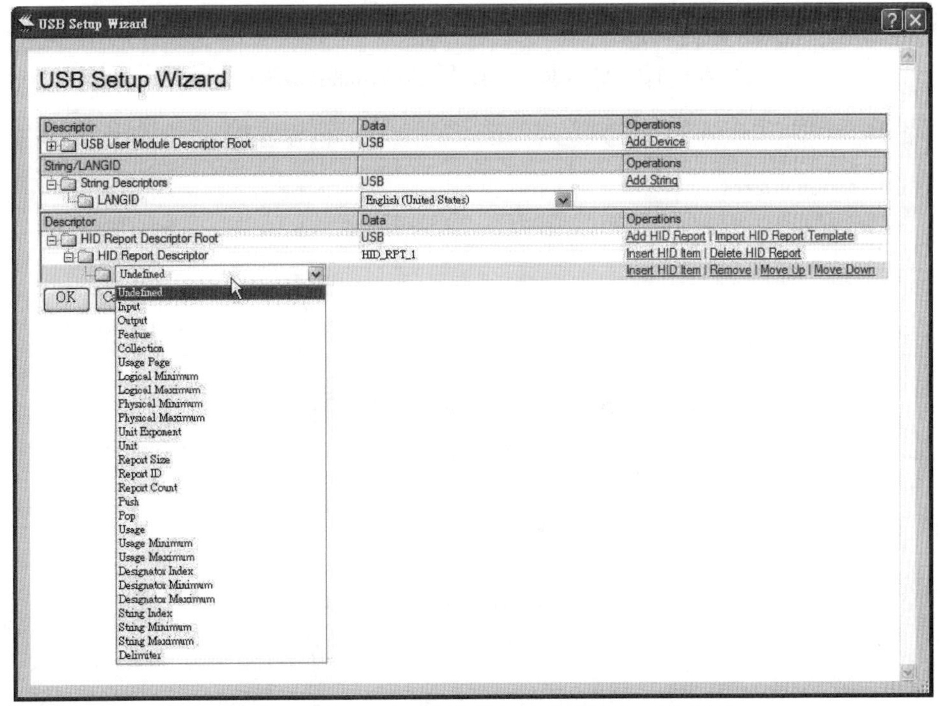

圖 8.18　HID 描述元的項目選單一示意圖

此時，讀者可以參考前一章 7.9.3 報告描述元的簡易報告描述元，並依序建立全部的 HID 報告描述元。因為如同前一章所提及的，USB-ZigBee HID Dongle 並非是專屬目前常見的 USB 滑鼠或鍵盤等 HID 裝置，而是具備一 8 Byte 輸出與 8 Byte 輸入的 USB HID 裝置。讀者可以一一比對相關數值的設定。最後，如圖 8.21 所示，為完成 HID 報告描述元建立完成圖。當設定完成後，請讀者點選 OK 鈕。

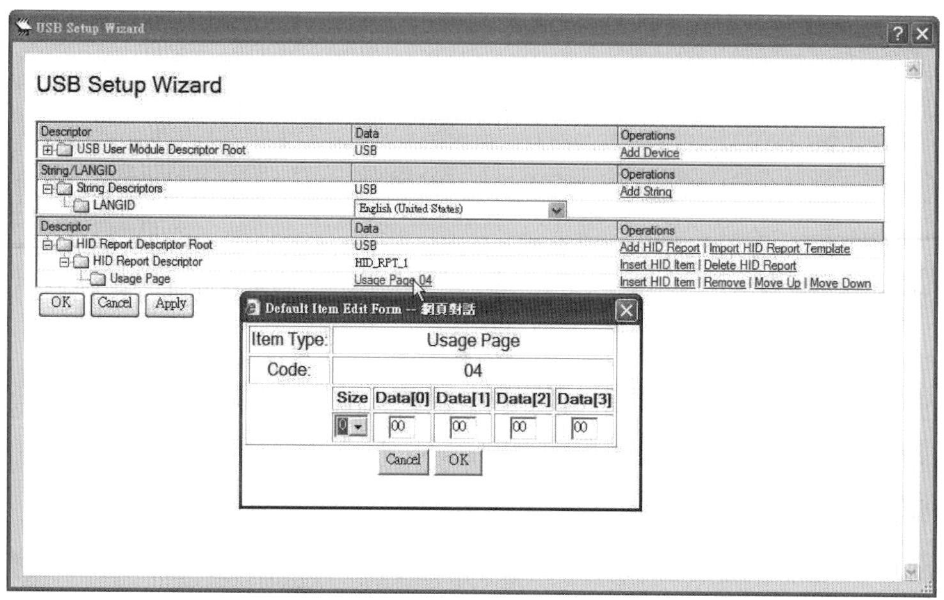

圖 8.19 Usage Page(用途頁)項目設定示意圖

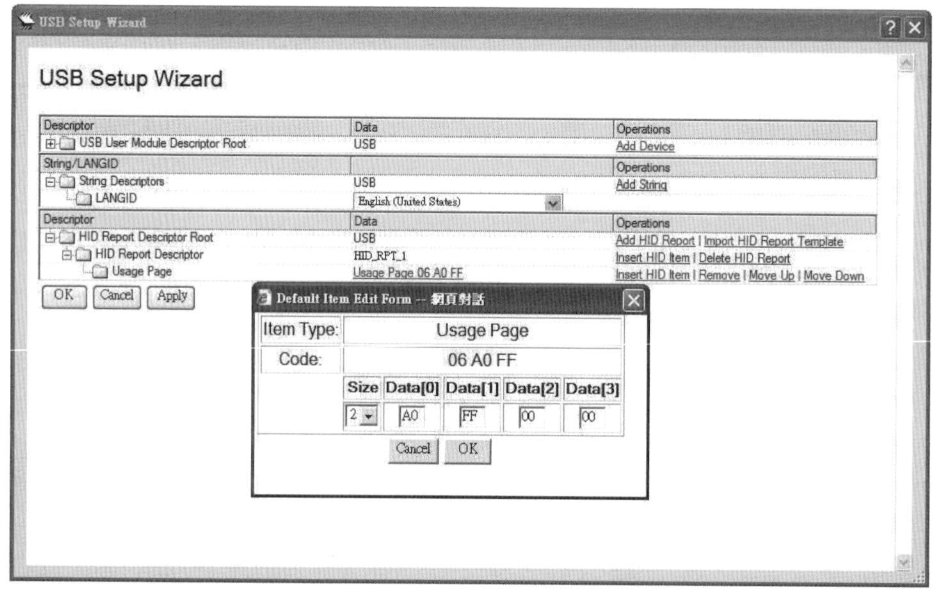

圖 8.20 Usage Page(用途頁)項目設定完成示意圖

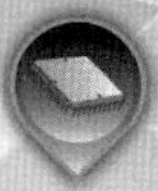

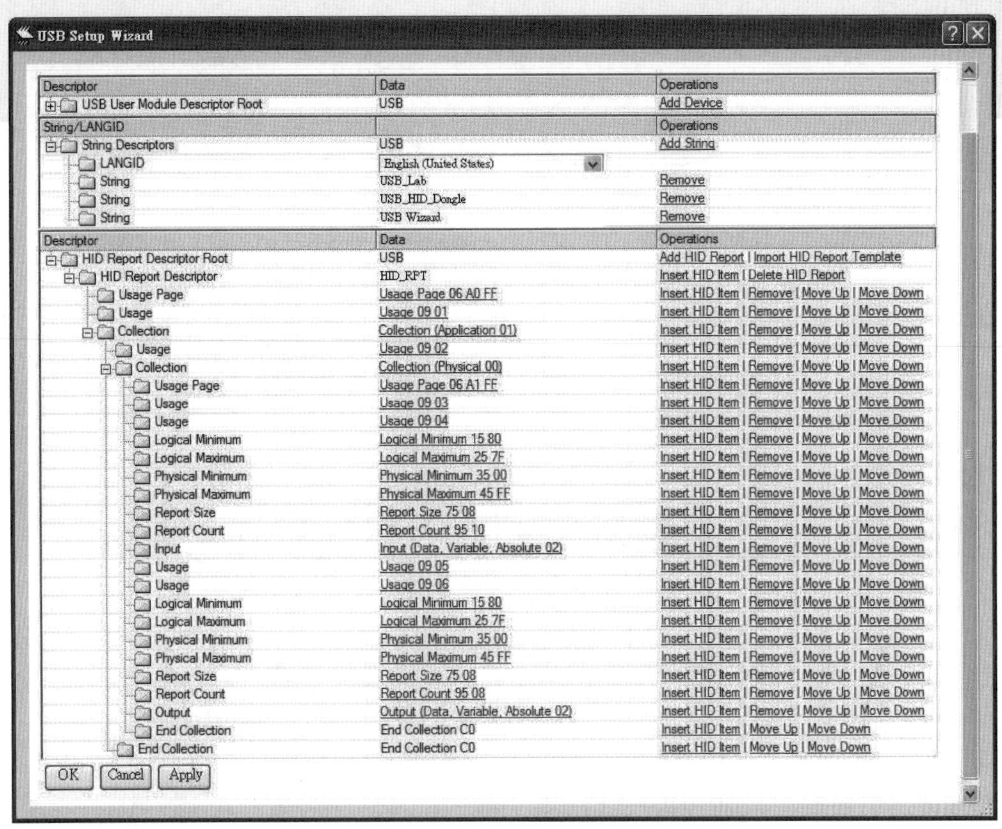

圖 8.21　完成 HID 描述元設定示意圖

當讀者修改完以上的步驟後，即可按下“Generate”按鈕。此時，PSoC Designer 將產生相對的配置檔。緊接著，即可開始撰寫其中的韌體程式。

如圖 8.22 所示，爲 PSoC USB-ZigBee HID Dongle 裝置程式設計流程圖。

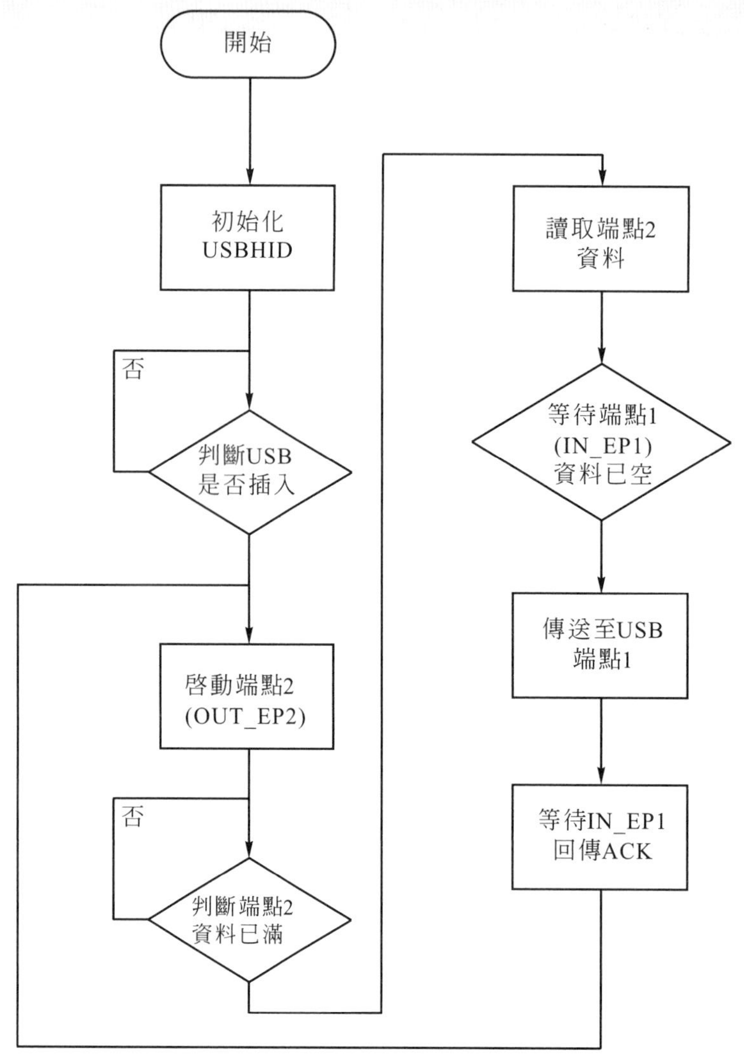

圖 8.22　PSoC USB-ZigBee HID Dongle 裝置程式設計流程圖

而其主要功能爲使用 USB 作資料的傳輸，作一收一傳的動作，並配合 C#應用程式設計出寫入(輸出)與讀取(輸入)功能。透過 USB 模組的運用即可降低韌體程式的複雜性，只要利用 PSoC 中的 API 函式，就可輕易的使用 USB 介面來實現資料的傳送與接收。而詳細的 USB API 指令可對“USB Module”按下右鍵，觀看其資料手冊(datasheet)，有更詳細的說明。

以下，列出此章節範例程式中的 main.c：

```
#include <m8c.h>                            //元件特定的常數與巨集
#include "PSoCAPI.h"                        //所有使用者模組的 PSoC API 函式定義

unsigned char USBDATA[8]={0};               //設定 USB 字串
void main(void)
{
    USB_Start(0, USB_5V_OPERATION);         //透過 enCOREIII 裝置啓動 USB 操作
    M8C_EnableGInt;                         //致能整體中斷
    //等待裝置列舉
    while(!USB_bGetConfiguration());
    //裝置列舉完成後載入端點 1。不要做 DATA Toggle 切換
    while(1)
    {
        USB_EnableOutEP(2);                 //致能輸出端點 2，可接收主機傳來的資料
        while(USB_bGetEPState(2)==OUT_BUFFER_FULL);
    //從端點 RAM 讀取特定數目的位元組資料，並將其放到由 pSrc 指標器所指定的 RAM 陣列。
      此函式會回傳由主機所送出的數個位元組。在此，設定由 8 個位元組。
        USB_bReadOutEP(2, USBDATA, 8);

    //針對 IN 傳輸，載入並致能特定的 USBFS 端點
        USB_LoadInEP(1, USBDATA, 8, USB_TOGGLE);
        while(!USB_bGetEPAckState(1));          //等待主機的 ACK 回應
    }
}
```

按照上述步驟修改完畢後，按下 Build，會呈現如圖 8.23 所示的畫面。若無誤的話，"Output"視窗應會出現 0 error 畫面。反之，則可能程式碼或設定檔設定時出錯，請再照上述步驟重新設定。

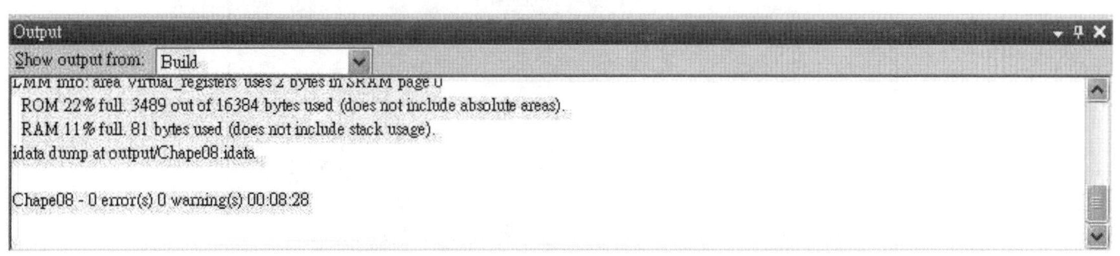

圖 8.23　編譯結果的"Output"視窗畫面

而要燒錄前，請先拔開 CC2530 模組，並將 PSoC MiniProg 以傾斜方式插入。如圖 8.24 所示，爲其燒錄方式實體圖。

圖 8.24　燒錄 CY7C64215 的實體圖

緊接著，如圖 8.25 所示，按下工具列中的 Program 按鈕燒錄 PSoC，

在此，由於供電方式僅能透過 USB 纜線供電，因此，燒錄器選項需將 Acquire 模式改爲 Power Cycle。按下燒錄後，畫面應如圖 8.26 所示。

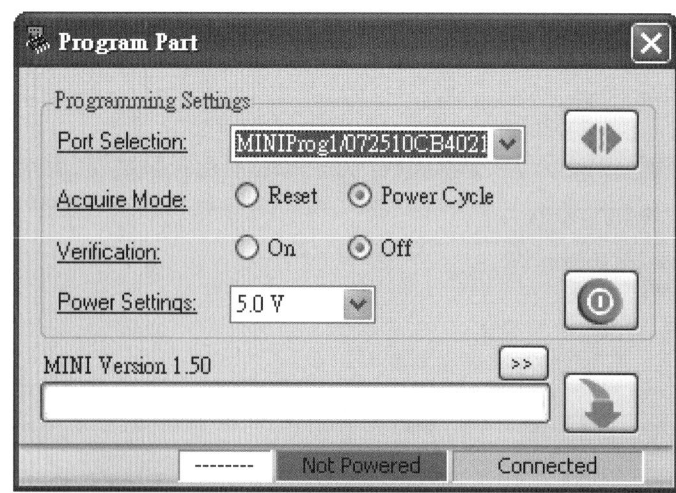

圖 8.25　燒錄 enCoReIII 裝置的軟體執行畫面

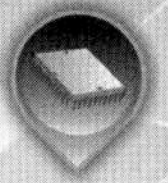

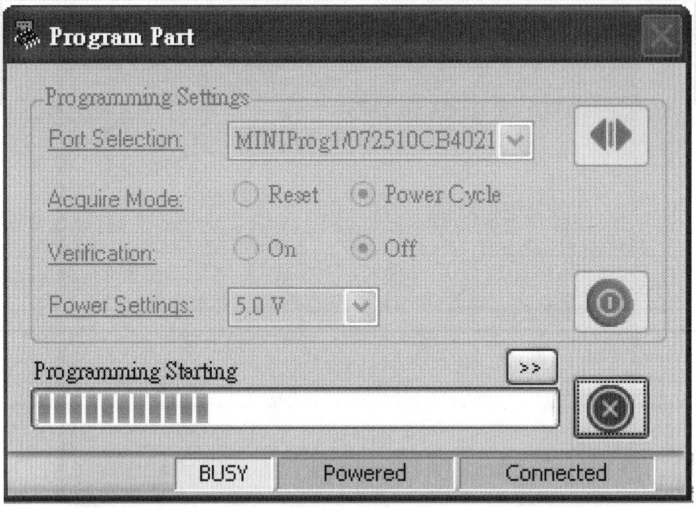

圖 8.26　enCoReIII 裝置的進行燒錄中的畫面

當燒錄完畢後，將 enCoReIII 重新插拔電源，enCoReIII 將重載程式碼並執行。而其配合 PC 端應用程式執行畫面應如圖 8.27 與圖 8.28 所示。如圖 8.27 下方之 8 個方框各輸入一個 Byte 的資料(代表此 USB-ZigBee HID Dongle 裝置具備 8 Byte 輸出與 8 Byte 輸入功能)，並按下“Write”按鈕將資料傳輸給 enCoReIII，且最上方的資料欄位就會顯示 enCoReIII 回傳的值。

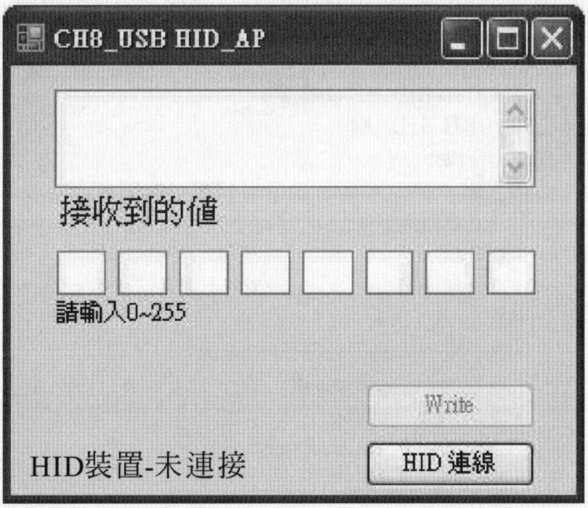

圖 8.27　插上 USB-ZigBee HID Dongle 執行畫面

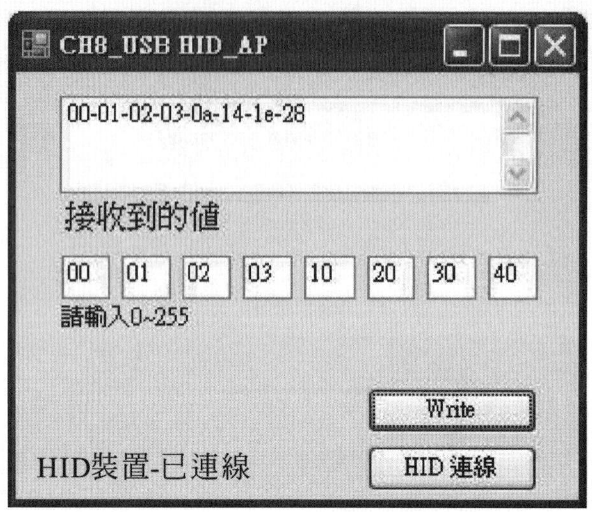

圖 8.28　8 Byte 輸入與輸出執行畫面

8.3.2　USB-ZigBee HID Dongle 之 PC 端應用程式設計

以上，介紹如何使用 enCoReIII 實現 USB-ZigBee HID Dongle 的 USB 傳輸的功能。接下來，便要透過 Virsual studio 2008 C#來撰寫應用程式。如圖 8.29 所示，須要將一些現有的項目及參考加入，與更改“Properties”設定才能使用 USB 傳輸功能。

圖 8.29　C#現有項目及參考

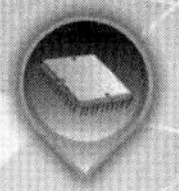

首先，更改 Properties 設定，於方案總管視窗中找出“Properties”項目。如圖 8.30 所示，以滑鼠左鍵對其連點兩下。在選擇建置的一般欄位裡，將容許 Unsafe 程式碼(U)的選項打勾。

應用程式
建置*
建置事件
偵錯
資源
服務
設定
參考路徑
簽署
組態(C): 使用中 (Debug)
平台(M): 使用中 (Any CPU)
一般
條件式編譯的符號(Y):
☑ 定義 DEBUG 常數(T)
☑ 定義 TRACE 常數(A)
平台目標(G): Any CPU
☑ 容許 Unsafe 程式碼(U)
☐ 最佳化程式碼(Z)
錯誤和警告
警告層級(W): 4

圖 8.30　Properties 設定

請考圖 8.31、圖 8.32 與圖 8.33 所示，依序選擇專案中的加入現有項目與加入參考。緊接著，將 HidDeclarations.cs、HIDUSBDevice.cs、Interface.cs、ListWithEvent.cs 與 USBSharp.cs 等項目檔案，以及 nunit.framework 參考檔案加入。

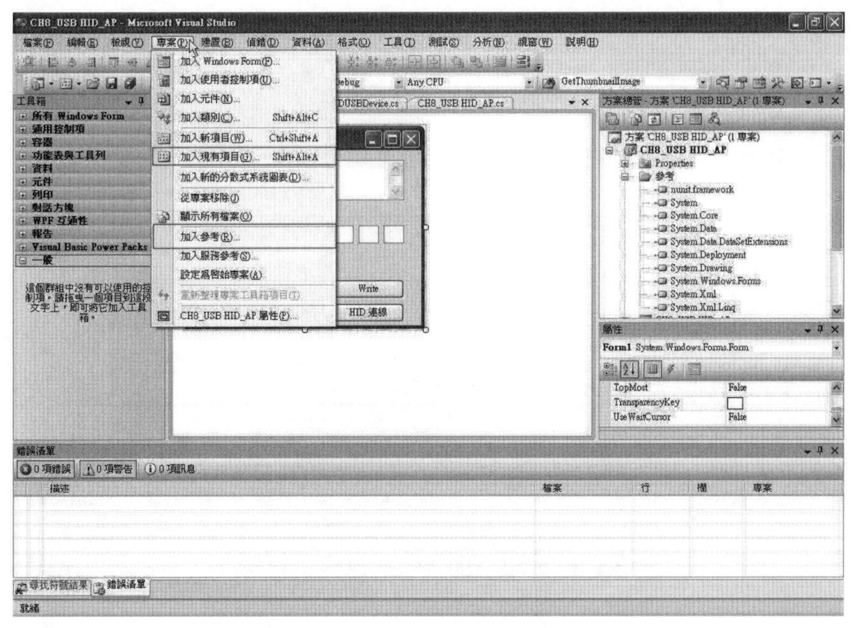

圖 8.31　加入項目與參考操作示意圖

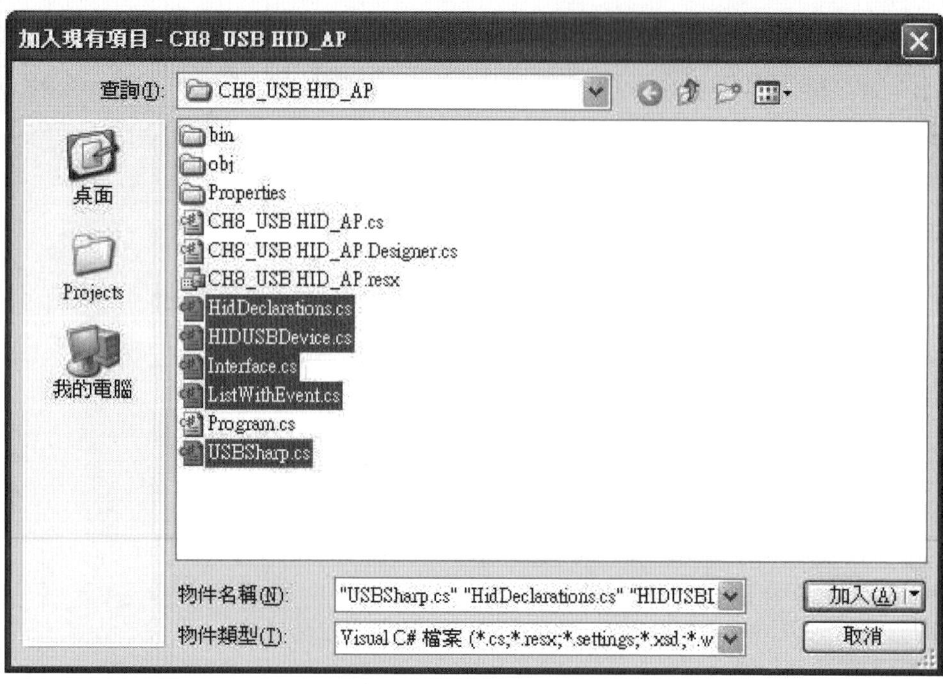

圖 8.32　加入項目操作示意圖

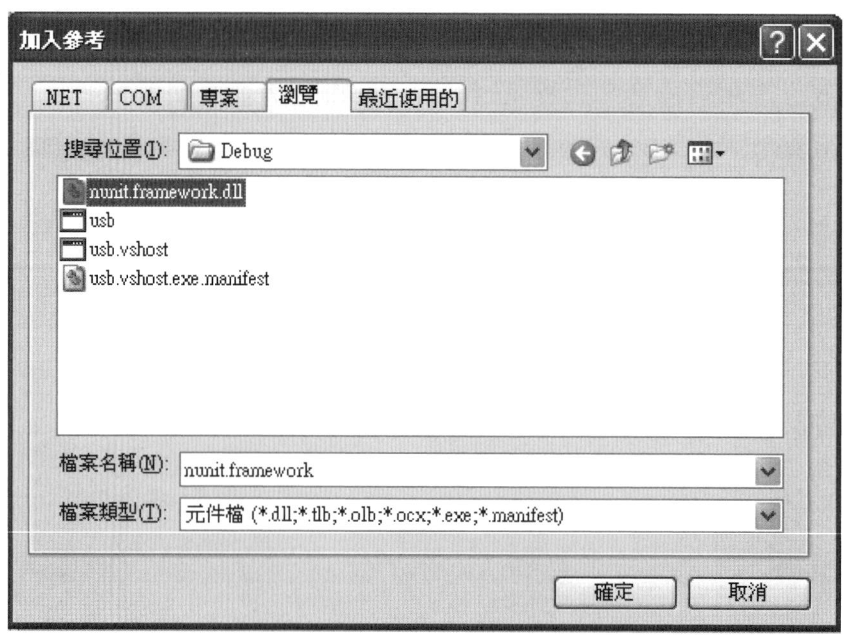

圖 8.33　加入參考操作示意圖

修改完以上的步驟後，即可開始撰寫其中的應用程式。以下，爲此章節的 USB-ZigBee HID 應用程式範例程式。其中，將應用程式撰寫分成以下之分項：USB-ZigBee HID Dongle 裝置連接以及 USB-ZigBee HID Dongle 裝置傳輸。

8.3.2.1　USB-ZigBee HID Dongle 裝置連接

首先，會使用 HIDUSBDevice 函式庫裏的副程式，並在主程式 Form1.cs 中，使用 HIDUSBDevice 函式庫前，宣告並建立 dav 屬於 HIDUSBDevice 類別的物件去繼承 HIDUSBDevice 函式庫。以下，列出繼承 HIDUSBDevice 函式庫的程式碼：

```
//宣告並建立 dav 屬於 HIDUSBDevice 類別的物件，並設定裝置 VID 爲 1234 與 PID 爲 7777
HIDUSBDevice dav = new HIDUSBDevice("vid_1234", "pid_7777");
```

緊接著，爲了讓使用者判斷是否已插入 USB-ZigBee HID Dongle 裝置，所以如圖 8.34 所示的方框中，顯示了 HID 裝置列舉成功或失敗等文字，用來提醒讀者。

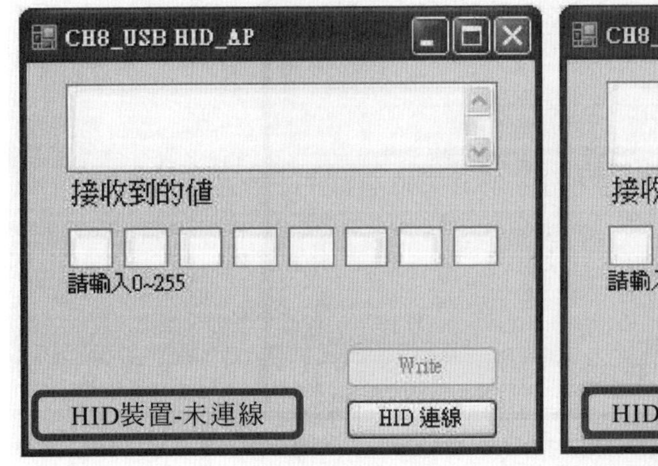

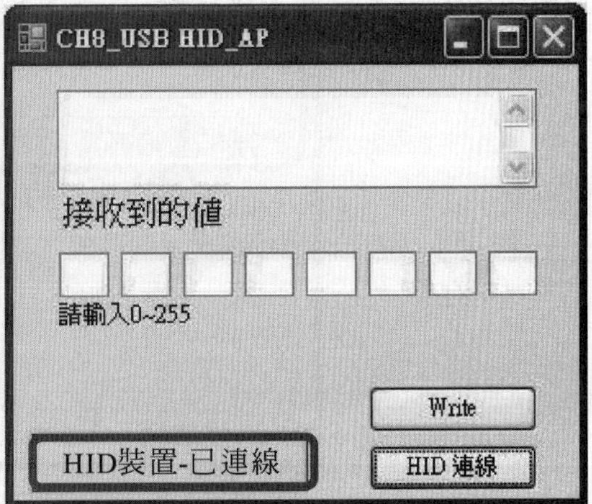

圖 8.34　裝置連接的顯示操作示意圖

8.3.2.2　USB-ZigBee HID Dongle 裝置傳輸

如圖 8.35 所示，當讀者按下“Write”按鈕後，即可將方框中 8 Byte 的資料，透過端點 2 OUT 輸出至 USB-ZigBee HID Dongle HID 裝置。此時，透過端點 1 IN 自動讀取剛剛傳過去的數值，並顯示在 TextBOX 中，如圖 8.36 所示的方框。這是根據上述的 PSOC 範例程式碼所實現的自動傳輸與讀取的來回測試功能。

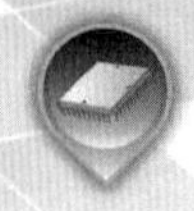

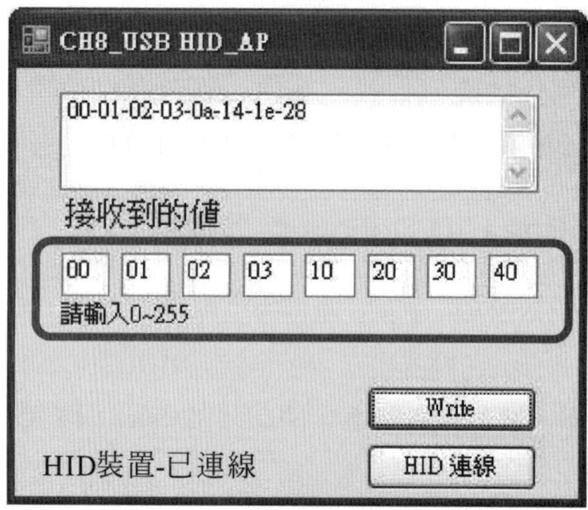

圖 8.35　輸出 8 Bytes 資料操作示意圖

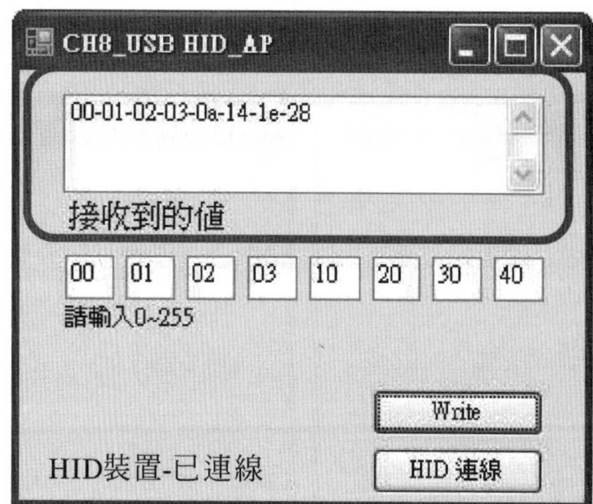

圖 8.36　自動讀取 8 Bytes 資料操作示意圖

以下，進一步列出相關的程式碼範例。

- 匯入其他命名空間的 using 程式碼

```
//匯入其他命明空間以供使用
using System;
using System.Collections.Generic;
using System.ComponentModel;
using System.Data;
using System.Drawing;
using System.Linq;
```

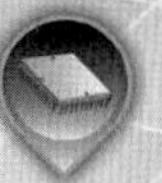

```
using System.Text;
using System.Threading;
using System.Windows.Forms;
using USBHIDDRIVER.USB;
using NUnit.Framework;
```

- 物件的宣告：

```
//宣告並建立 dav 屬於 HIDUSBDevice 類別的物件，並設定裝置 VID 為 1234 與 PID 為 7777
HIDUSBDevice dav = new HIDUSBDevice("vid_1234", "pid_7777");
public byte[] myUSBWrite = new byte[8];          //宣告傳輸至 USB 的資料陣列
```

- button1 的程式碼：

```
private void button1_Click(object sender, EventArgs e)
        {
            textinWrit();                        //將資料寫入 myUSBWrite 陣列
            dav.writeData(myUSBWrite);           //將 myUSBWrite[]傳輸至 USB
            WriteData = true;
            bool run = true;
            do
            {
                Application.DoEvents();
                dav.readData();                  //讀取 USB 數據存入 myread 陣列
                Thread.Sleep(5);
                textBox1.Text = "";
                for (int i = 1; i <= 8; i++)
                {
                    //如果數值小於 16 在前面補 0
                    if (dav.myread[i] < 16) textBox1.Text += "0";
                    textBox1.Text += Convert.ToString(dav.myread[i], 16);
                    if (i < 8) textBox1.Text += "-";
                    run = false;
                }
            } while (run);

        }
```

- button2 的程式碼：

```
public bool WriteData = false;
        private void button2_Click(object sender, EventArgs e)
        {
            if (button1.Enabled == false)
```

```
        {
            if (dav.connectDevice())
//connectDevice()為 HIDUSBDevice 函式庫中判斷連接的裝置是否正確
            {
                button1.Enabled = true;             //致能 button1
                label1.Text = "HID 裝置-已連線";    //更改 label1 顯示的字串

            }
        }
        else
        {
            button1.Enabled = false;                //關閉 button1
            label1.Text = "HID 裝置-未連線";        //更改 label1 顯示的字串
        }
    }
```

- textinWrit 副程式的程式碼：

```
private void textinWrit()//將資料寫入 myUSBWrite 陣列
    {
        //如果沒輸出值自動設定為"00"且不能超過 255
        if (textBox2.Text == "")
        { textBox2.Text = "00"; }
        if (textBox3.Text == "")
        { textBox3.Text = "00"; }
        if (textBox4.Text == "")
        { textBox4.Text = "00"; }
        if (textBox5.Text == "")
        { textBox5.Text = "00"; }
        if (textBox6.Text == "")
        { textBox6.Text = "00"; }
        if (textBox7.Text == "")
        { textBox7.Text = "00"; }
        if (textBox8.Text == "")
        { textBox8.Text = "00"; }
        if (textBox9.Text == "")
        { textBox9.Text = "00"; }
        if (Convert.ToInt32(textBox9.Text ) > 255)
        { textBox9.Text = "255"; }
        if (Convert.ToInt32(textBox2.Text) > 255)
        { textBox2.Text = "255"; }
        if (Convert.ToInt32(textBox3.Text) > 255)
        { textBox3.Text = "255"; }
```

```
            if (Convert.ToInt32(textBox4.Text) > 255)
            { textBox4.Text = "255"; }
            if (Convert.ToInt32(textBox5.Text) > 255)
            { textBox5.Text = "255"; }
            if (Convert.ToInt32(textBox6.Text) > 255)
            { textBox6.Text = "255"; }
            if (Convert.ToInt32(textBox7.Text) > 255)
            { textBox7.Text = "255"; }
            if (Convert.ToInt32(textBox8.Text) > 255)
            { textBox8.Text = "255"; }
            if (Convert.ToInt32(textBox9.Text) > 255)
            { textBox9.Text = "255"; }
            //依序將八格文字方塊的數據存入 myUSBWrite[]陣列
            myUSBWrite[0] = Convert.ToByte(textBox2.Text);//將字元轉換為 BYTE
            myUSBWrite[1] = Convert.ToByte(textBox3.Text);
            myUSBWrite[2] = Convert.ToByte(textBox4.Text);
            myUSBWrite[3] = Convert.ToByte(textBox5.Text);
            myUSBWrite[4] = Convert.ToByte(textBox6.Text);
            myUSBWrite[5] = Convert.ToByte(textBox7.Text);
            myUSBWrite[6] = Convert.ToByte(textBox8.Text);
            myUSBWrite[7] = Convert.ToByte(textBox9.Text);
        }
```

❖ USBHIDDRIVER 常用副程式的程式碼

```
public HIDUSBDevice(String vID, String pID)設定裝置 VID 與 PID 並判斷裝置是否連線
void setDeviceData(String vID, String pID) 設定裝置 VID 與 PID
bool connectDevice()                          //判斷裝置是否連線
bool writeData(byte[] bDataToWrite)           //將陣列資料傳輸至 USB
void readDataThread ()                        //讀取 USB 數據存入 myread 陣列
```

※本章節所介紹的各個程式範例請參考附贈光碟片目錄：\examples\CH8\。

問題與討論

1 請讀者重新測試本章所介紹的 USB-ZigBee HID Dongle 設計的範例，並測試此裝置是否能執行 8 Byte 輸入與輸出的功能。

2 若無法成功地測試此範例，請讀者重新檢測操作步驟或是專案檔的相關設定是否正確。當然，檔案是否有變更過也是查驗重點。

3 請讀者修改販售商碼與產品碼，並重新燒錄與測試。

4 請讀者將輸入與輸出資料的長度各縮減調整爲 4 Bytes，並重新燒錄與測試。

5 請讀者增加輸入與輸出的端點，兩個輸入與兩個輸出，並重新燒錄與測試。

6 讀者可以根據書後附錄 B 的 BOM 表與電路圖，購置 USB-ZigBee HID Dongle 的相關零件，來實現本章的實驗。(實體圖如圖 8.38 所示)

圖 8.37 USB-ZigBee HID Dongle 實習單板的實驗實體圖

ZigBee 無線感測網路與 CC2530 簡介

ZigBee 是一種相當新型的短距離傳輸技術標準，這種 ZigBee 無線通訊技術，常用於收集感測訊號，因此，一般也稱之為 ZigBee 無線感測網路。透過此種無線感測網路的資料傳輸，可以提供我們所量測的感測訊號以無線傳輸的方式去擷取進來。

而後續的實驗章節皆整合了 ZigBee 無線感測網路與各種感測器的應用。因此，在本章中，將稍為介紹其基本特性與特性，下一章則再進一步介紹其設計與應用方式。

9.1 ZigBee 無線感測網路簡介

在 2002 年成立的 ZigBee 聯盟(ZigBee Alliance)ZigBee Alliance 是以感測與控制為主要應用方向，定義出簡單、成本低、又容易實現的無線通訊標準，目前則正式推出了 ZigBee1.2 版的最新規格**(2007，ZigBee Pro)**。而其官方網址為 www.ZigBee.org。ZigBee 所能延伸的應用領域中，可以看出其包羅萬象，也凸顯了其技術所延伸的相關產業應用，相當地龐大。使得 ZigBee 技術日益受到重視。

但如圖 9.1 所示，ZigBee 技術是包含了兩種不同組織所制定的通訊規格，一個是 ZigBee，由 ZigBee Alliance 所主導的標準，定義了網路層(Network Layer, NWK)、安全層(Security Layer)、應用層(Application Layer, AP)以及各種應用產品的模型

(Profile)。其中，負責制定邏輯網路、資料傳輸加密機制、應用介面規範及各系統產品之間互通規範。而另外一個則是定義了實體層(PHY Layer)以及媒體存取層(MAC Layer)，是由國際電子電機工程協會(IEEE)所制定的 802.15.4 標準。而兩種規格的關係，可以想像成是 TCP/IP 與 802.11 的關聯性。如圖 9.1 所示，媒體存取控制層(MAC Layer)之上則是由 ZigBee 進行定義，而 ZigBee 的基礎即是架構在 IEEE 802.15.4 之上。

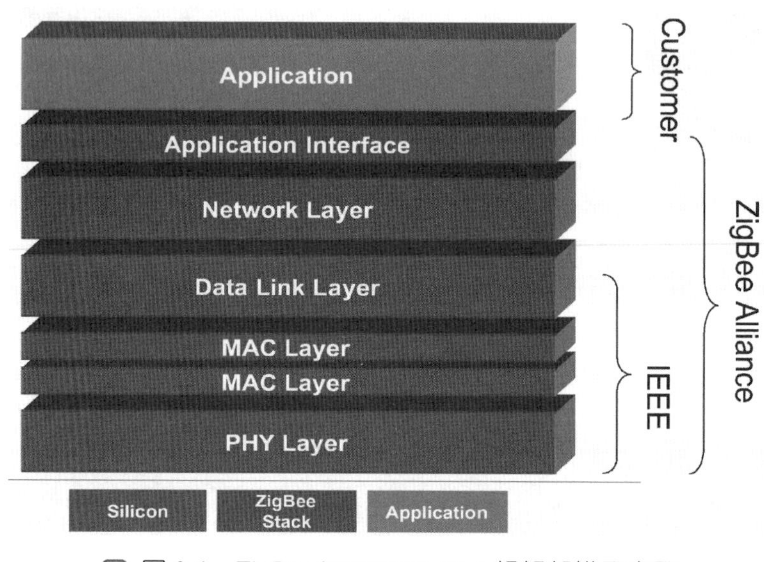

圖 9.1　ZigBee/IEEE802.15.4 規格架構示意圖

ZigBee 為新一代的無線傳輸名稱，主要是針對短距離、低成本、低耗電與架構簡單作為發展重心。在本網路中的裝置端點可以設定進行閒置多久後傳送或接收一次資料，對於電池的使用壽命可以有效的延長。另外，ZigBee 最大可以擴充到 65,535 個裝置端點，而裝置端點的加入的會由協調者來做掃瞄偵測的動作，讓這些裝置形成一個人區域網路。

而根據 ZigBee 之技術核心，ZigBee 具有下列的特性：

一、高擴充性

一個 ZigBee 的網路最多有 255 個網路節點。若是透過協調者則整體網路最多擴充到 65,535 個 ZigBee 網路節點，再加上各個網路協調者互相連接，使整體 ZigBee 網路節點數目可滿足大部份應用的需求。此外，ZigBee 提供了資料完整性的檢查，且加密演算法採用通用的 AES-128，因此具備高保密性(64-bit 出廠編號和支援 AES-128 加密)。

二、高省電

ZigBee 傳輸速率低，使其傳輸資料量少，及訊號的收發時間短。在非工作模式時，ZigBee 處於睡眠(IDLE)模式。當睡眠啓動後，再加上裝置搜尋時間僅需 45ms。而透過上述方式，電池則可支援 ZigBee 操作長達 6 個月到 2 年左右的使用時間。

三、高可靠度

ZigBee 之媒體存取控制層採 talk-when-ready 之 CSMA/CA 機制，此機制爲當有資料傳送需求時即立刻傳送，每個傳送的資料封包都由接收方確認收到，並回覆確認訊息，若無確認訊息回覆，表示發生碰撞，將再傳送一次，大幅提高系統資訊傳輸之可靠度。

ZigBee 是一個由可多到 65535 個無線數傳模組組成的一個無線數傳網路平台，類似于現有的移動通信的 CDMA 網路或 GSM 網路。每一個 ZigBee 網路傳輸模組相當於移動網路的一個基地台，它們之間可以在整個網路範圍內進行相互通信；每個網路節點間的距離可以從標準的 75 公尺到擴展後的幾百公尺甚至幾千公尺。此外，整個 ZigBee 網路還可以與現有的其他各種網路連接。例如，可以透過 TCP/IP 網路在 A 地監控 B 地的一個 ZigBee 遠端監控的網路。

9.2　ZigBee / IEEE 802.15.4 堆疊簡述

ZigBee/IEEE 802.15.4 堆疊由一組子層構成，每一層爲其上層提供一組特定的服務，即是一個資料實體提供資料傳輸服務與一個管理實體提供全部其他服務。每個服務實體透過一個服務存取點(以下簡稱 SAP)爲其上層提供服務介面，並且每個 SAP 提供了一系列的基本服務指令來完成相應的功能。

ZigBee/IEEE 802.15.4 堆疊的架構模型是如圖 9.2 所示，其雖然另以標準的 7 層開放式系統互聯(OSI)模型爲基礎，但僅對那些涉及 ZigBee 的階層予以定義。

IEEE 802.15.4—2003 標準定義了最下面的兩層：實體層(簡稱 PHY)和媒體存取控制層(簡稱 MAC)。而 ZigBee 聯盟提供了網路層(簡稱 NWK)和應用層(簡稱 APL)框架的設計。其中，應用層的框架包括了應用支援子層(簡稱 APS)、ZigBee 裝置物件(簡稱 ZDO)和由製造商制定的應用物件。

此外，相較於常見的無線通信標準，ZigBee 堆疊緊湊而簡單，所需實現的資源要求很低。針對 ZigBee 堆疊來說，硬體最低需求至少需為 8-bit 處理器，例如，89C51 系列微處理機，其最小韌體程式碼僅需 4 KB 的 ROM 來放置。網路主節點需要更多的 RAM 以容納網路內所有節點的裝置資訊、資料封包轉發表、裝置關聯表及與安全有關的密鑰存儲等。

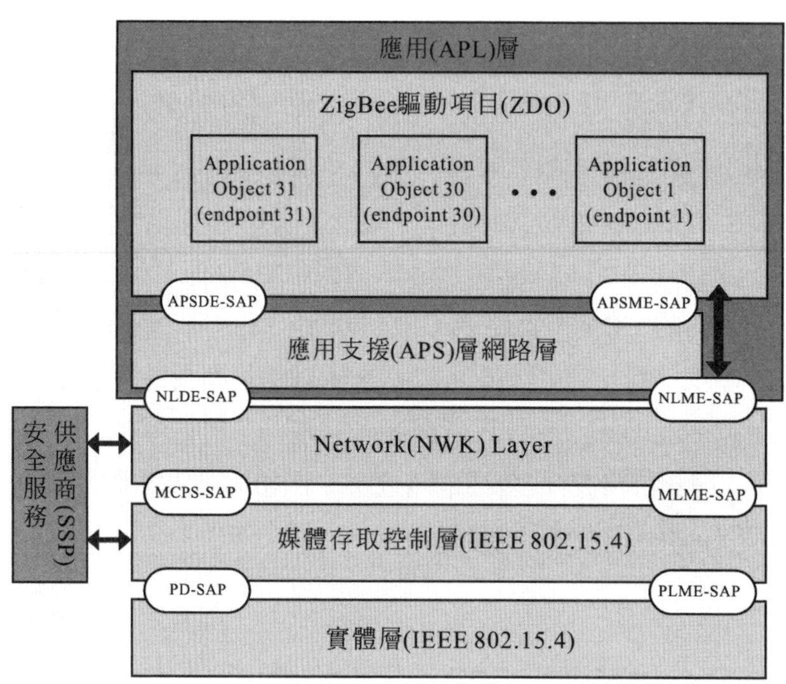

圖 9.2　ZigBee/IEEE 802.15.4 架構模型

根據圖 9.2 所示，若要完整瞭解 ZigBee/IEEE 802.15.4 架構模型，就需從底層的 IEEE 802.15.4 的實體層與媒體存取控制層，在往上銜接 ZigBee 聯盟所提供了網路層和應用層。因此，以下分別按照這架構模型來介紹。

9.3　IEEE 802.15.4 無線個人區域網路(WPAN)架構

一般在 IEEE 802.15.4 網路拓樸上，又可區分為兩種型態的功能裝置：一個是全功能裝置(Full-Function Device；FFD)，另一個是精簡型功能裝置(Reduced-Function Device；RFD)。相較於 FFD 來說，RFD 所設計的電路較為簡單且記憶體較小，亦為其精簡版。FFD 之節點具備控制器之功能提供資料交換，而 RFD 則是只能單純地傳

送資料給 FFD 或是從 FFD 接受簡單的資料。目前 RFD 多用在簡單的電燈開關或是感測節點的偵測上。

此外，在 IEEE 802.15.4 網路拓樸上，可以包含 3 種角色裝置：

1. **個人區域網協調者(PAN(Personal Area Network)協調者)**

   是每個 PAN 必有的且只能具有唯一一個，主要是作爲中央控制用，負責控制網路拓樸的形成與協調各網路裝置的流量。而此個人區域網協調者需由 FFD 來擔任與負責。

2. **協調者(Coordinator)**

   主要負責轉送資料、協調一部份網路裝置的流量(提供同步服務)、傳送或接收控制命令與傳送資料。在整個網路中，協調者是管理權限最高的裝置，並且幫助其他拓撲網路中的資料做收集並再做傳送的工作。個人區域網協調者則需由 FFD 來擔任。

3. **裝置(Device)**

   在網路拓樸中是末端節點(有時也稱之為 End Device)的角色，並不需要負責額外的協調功能，通常負責發送資料與接收命令，不能做轉送資料的動作。因此，所用的實體裝置可用 RFD 或 FFD 來實現。

在 IEEE 802.15.4 標準中說明了兩種基本的網路拓樸：星狀拓樸(star)與對等式拓樸(Peer-to-peer)。另外，此標準也有提到叢集樹狀拓樸(Cluster-TreeTopology)，是對等式拓樸的一種特例。由於需要較多的網路管理作法，因此一般是由更上層的 ZigBee 網路層協定才能架構出這些類型的拓樸，而非直接由 IEEE 802.15.4 裝置的媒體存取控制來實作。如圖 9.3 所示，爲這兩種基本的網路拓樸圖。

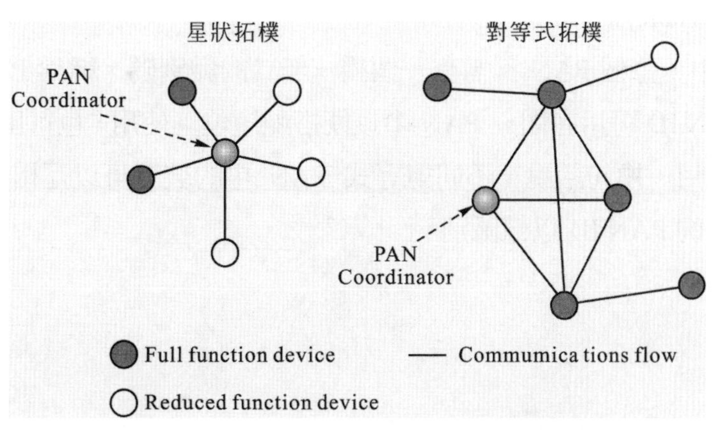

圖 9.3　IEEE 802.15.4 網路拓樸圖

❖ 星狀拓樸

由 PAN 協調者為中心，其餘各節點裝置直接與 PAN 協調者做連結，所有資料的傳遞都需要經由 PAN 協調者來傳送，各節點裝置間不能互相通訊。星狀拓樸是最簡單的網路拓樸，整體網路管理上也是最簡單的，但相對的，也較沒擴充性與彈性。而適用於星狀拓樸的應用，涵蓋有家庭自動化、個人電腦週邊、玩具與無線遊戲對戰以及個人健康管理領域等。

❖ 對等式拓樸

每個節點間可以互相通訊(不過一個 RFD 仍然只能和一個 FFD 通訊)，一個對等式網路的特性有(1)Ad-Hoc(無線網路點對點傳輸模式)、(2)自我組織(self-organizing，自我建立路徑)與(3)自我修復(self-healing，自我更新)。因此，允許訊息經由多跳式(multi-hop)的路由機制來傳送，不過這些路由機制通常是由上層網路層來實做，所以此種拓樸主要是由更上層的 ZigBee 標準來實現。基本上，這裡所提到的對等式拓樸只是一種概念，能符合這 3 種特性的網路都可稱為對等式網路。而此種網路也常被用來形成更複雜的網路結構，例如，叢集樹(Cluster-Tree)或是 Mesh 等。

從整體無線個人區域網路(Wireless PAN，WPAN)的概念來看。每個 WPAN 中的裝置都需有一個獨一無二的 64-bit 延伸位址，通常我們稱之為媒體存取控制位址或硬體位址。這在裝置出廠時就會被預先設定好。當其加入一個 WPAN 以後，就會被動態分配一個 16-bit 的未使用的短位址，可視為網路層位址。此短位址會被儲存到上層協調者所相對應的延伸位址欄位中，其與媒體存取控制層使用的小型資料表(鄰居裝置紀錄表，Neighbor Table)中。

在 WPAN 中，每個 PAN 都需有一個獨一無二的識別碼，稱為 PAN Identifier(簡稱 PAN ID)。PAN ID 可用在同一 PAN 中以便搭配短位址使用，也可用於跨越 PAN 之間的網路識別之用。換句話說，不同對等式 PAN 中的裝置可以互相溝通，但是須搭配自己本身所屬的 PAN ID 以茲區別。

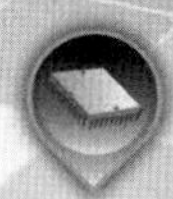

9.4　實體層(PHY)-IEEE 802.15.4

ZigBee 的通信頻率在實體層規範。而根據不同的國家、地區，ZigBee 提供了不同的工作頻率範圍，分別為 2.4 GHz 和 868 / 915 MHz。因此，IEEE 802.15.4 定義了兩個實體層標準，分別是 2.4 GHz 實體層和 868 / 915 MHz 實體層。兩個實體層都架構在直接序列展頻(DSSS，Direct Sequence Spread Spectrum)技術下，使用相同的實體層資料包格式，其區別在於工作頻率、調製技術和傳輸速率等。

2.4 GHz 波段為全球統一、無須申請的 ISM 頻段，有助於 ZigBee 裝置的推廣和生產成本的降低。2.4 GHz 的實體層能夠提供 250 kbps 的傳輸速率，進而提高了資料傳輸量，並減小了通信延遲，及縮短了資料收發的時間，因此更加省電。其中，採用的是脈波整型後的 Offset QPSK(Pulse-Shaped O-QPSK)調製技術。

868 MHz 是歐洲附加的 ISM 頻段，以及 915 MHz 則是美國附加的 ISM 頻段。工作在這兩個頻段上的 ZigBee 裝置避開了來自 2.4 GHz 頻段中，其他無線通信裝置和家用電器的無線電干擾。而其中，採用的是帶有二位元相位偏移調變(BPSK)的直接序列展頻(DSSS)調製技術。

868 MHz 上的傳輸速率為 20 kbps，以及 916 MHz 上的傳輸速率則是 40 kbps。由於在這兩個頻段上，無線信號的傳播損耗和所受到的無線電干擾均較小，所以可以降低對接收機靈敏度的要求，以獲得較大的有效通信距離，進而使用較少的裝置即可覆蓋整個區域。

ZigBee 使用的無線通道由表 9.1 與圖 9.4 所示。其中，可以看出 ZigBee 使用的 3 個頻段定義了 27 個實體通道。868 MHz 頻段定義了 1 個通道，915 MHz 頻段附近定義了 10 個通道，通道間隔為 2 MHz，以及 2.4 GHz 頻段定義了 16 個通道，通道間隔為 5 MHz。而較大的通道間隔有助於簡化收發濾波器的設計技術。

表 9.1　ZigBee 無線通道的組成

通道編號	中心頻率，MHz	通道間隔，MHz	頻率上限，MHz	頻率下限，MHz
K-0	868.3		868.6	868.0
K-1,2,3，…，10	906+2 (K-1)	2	928.0	902.0
K-11,12,13，…，26	2401+5 (K-11)	5	2483.5	2400.0

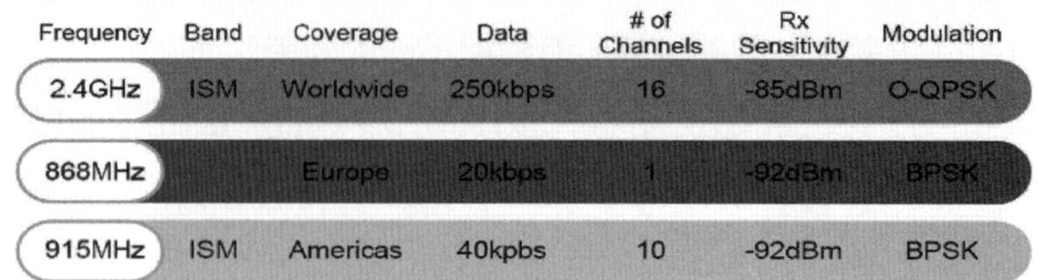
IEEE 802.15.4 PHY Overview

Frequency	Band	Coverage	Data	# of Channels	Rx Sensitivity	Modulation
2.4GHz	ISM	Worldwide	250kbps	16	-85dBm	O-QPSK
868MHz		Europe	20kbps	1	-92dBm	BPSK
915MHz	ISM	Americas	40kpbs	10	-92dBm	BPSK

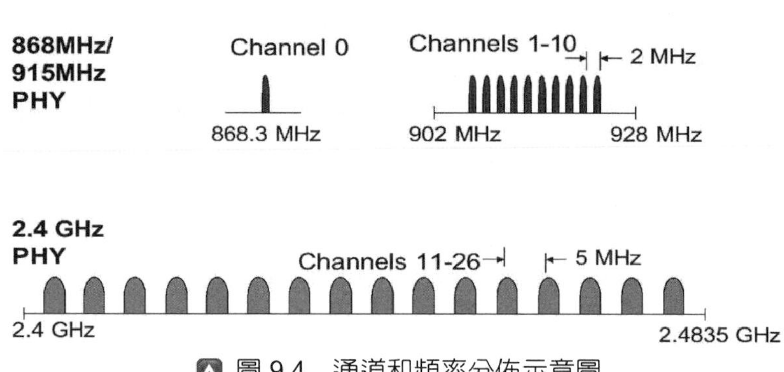

圖 9.4　通道和頻率分佈示意圖

此外，實體層透過射頻韌體和射頻硬體提供了一個從媒體存取控制子層到實體層無線通道的介面。

9.5　ZigBee 網路層(NWK)

如上一章節所述，IEEE 802.15.4 標準規範 ZigBee 無線通訊協定的底部兩層，實體層與媒體存取層。而若再參考圖 9.2，可由 ZigBee 聯盟所定義的 ZigBee 標準則是規範其上各層。ZigBee 標準所涵蓋的範圍包含網路層(NWK)、應用層(APL)(包含了應用支援層(APS)、ZigBee 裝置物件層(ZDO)、應用架構(Application Framework，AF)、廠商自行定義的應用物件等)與安全服務提供者(SSP)。

再者，網路層包含的機制具有加入與退出一個網路、將框架加入安全措施、將框架繞徑以及發現與維護繞徑。其中，應用支援層負責維護連接表(Binding Table)，並在兩個已連接(binding)的裝置間轉送訊息。而 ZigBee 裝置物件則是負責定義裝置在網路中扮演的角色，初始化並針對連接(binding)需求做回應，以及將網路中的裝置建立起安全的關係，進而找出網路中的裝置，並決定它們提供何種服務。

而延續 IEEE 802.15.4 中對裝置的分類(FFD、RFD、Device、協調者與 PAN 協調者)，在 ZigBee 網路層中也有對裝置在網路中的角色做分類，分別是 ZigBee 協調者(ZC，ZigBee 協調者)、ZigBee 路由器(ZR，ZigBee Router)與 ZigBee 終端裝置(ZED，ZigBee End Device)。在此，延伸並對應稍前章節 IEEE 802.15.4 標準中所提到的觀念爲，ZigBee 協調者需做到 PAN 協調者的所有工作，且僅能用全功能型裝置(FFD)來實作；ZigBee 終端裝置可用 FFD 或 RFD 來實作，以及 ZigBee 路由器就是一個 IEEE 802.15.4-2003 協調者，需用 FFD 實作，並負責繞送訊息與提供連結。

如下表 9.2 所列，則是對 3 種裝置的功能分類表。

表 9.2　三種裝置的功能分類表

動作	ZigBee 協調者	ZigBee 路由器	ZigBee 終端裝置
加入一個網路	○	○	○
脫離一個網路	○	○	○
允許裝置加入網路	○	○	
允許裝置脫離網路	○	○	
參與分散式邏輯網路位址指派	○	○	
維護鄰居裝置紀錄表	○	○	○
起動一個新網路	○		

參考圖 9.5 所示的網路拓樸圖，在網路層中支援 3 種拓樸：星狀、叢集樹狀**(Cluster Tree)**與網狀**(Mesh)**。有了上述網路拓樸的角色成員後，我們即可建置出三種拓樸的架構。

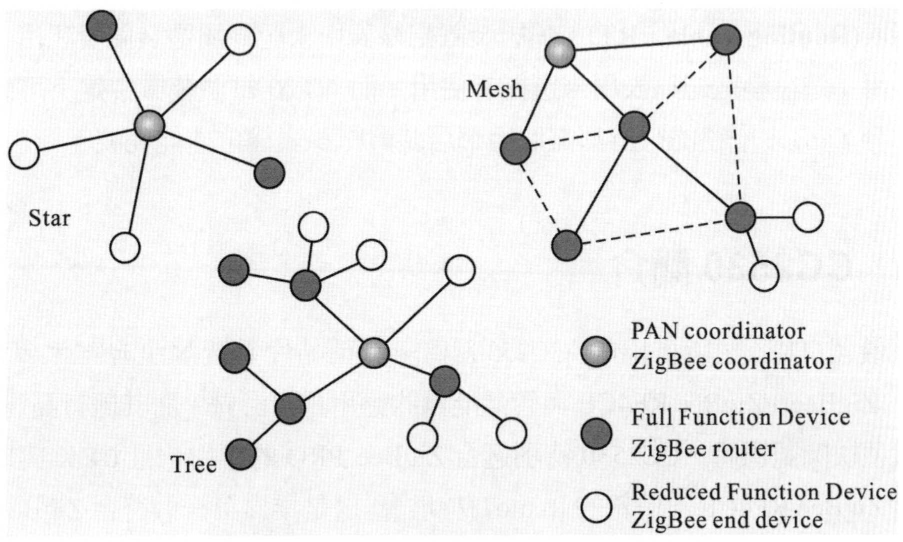

圖 9.5　ZigBee 網路拓樸示意圖

其中，ZigBee 網路的星狀拓樸，其實就是 802.15.4 中的星狀拓樸，只不過將 PAN 協調者替換成 ZigBee 協調者，並將裝置替換成 ZigBee 終端裝置。

相對的，ZigBee 網路的樹狀拓樸，也就是 802.15.4 中有稍微提到的叢集樹狀拓樸，是以 ZigBee 協調者為主，並加上 **ZigBee 路由器**幫忙傳遞資料與控制訊息，以及 **ZigBee 終端裝置**可視情況與兩者之一做連結。此種網路可將媒體存取控制設定為使用信標啓用式網路類型。而網狀拓樸則是對等式網路(Peer-to-peer)的完整實現，也就是說任兩個裝置之間至少存在著兩條以上的通訊路線。此外，此種網路中亦不被允許傳送 IEEE 802.15.4-2003 的信標。基本上，目前網狀拓樸是傾向使用樹狀-網狀的方式來建構，也就是先以樹狀為骨架，然後各個 FFD 之間會多出幾個連線與其他 FFD 相連，並利用某些選徑與繞徑機制來構成網狀拓樸。

另外，在 ZigBee 標準有說明，ZigBee 網路標準只針對 PAN 內部通訊做規範，橫跨 PAN 之間的通訊標準尚未規範。而對於 ZigBee 網路的裝置定址機制，大致上與 802.15.4 定義的用法相同。一個 ZigBee 網路裝置具有一個獨一無二的 64-bit 媒體存取控制位址，以及一個加入網路才會動態分配的 16-bit 網路層位址。此網路層位址其實就是 802.15.4 中的短位址，以及 64-bit 媒體存取控制位址則是 802.15.4 中的延伸位址。

當裝置加入一個網路後，其會被告知目前所在的 PAN ID。這在 ZigBee 網路中即是 16-bit PAN ID，若數值為 0xffff 則代表廣播之用的 PAN ID，但目前只用到 0x0000 ~ 0x3fff，其餘值保留。

在 ZigBee 網路中需維護兩個表格：鄰居裝置紀錄表**(Neighbor Table，NT)**與選徑參數紀錄表**(Routing Table，RT)**。鄰居裝置紀錄表用來記錄周遭裝置資訊用，也可以拿來繞徑用；選徑參數紀錄表用來選徑評估用。而 NT 在每個裝置中是不可或缺的，幾乎大部分 ZigBee 網路的行為都需取用鄰居裝置紀錄表欄位才能完成。

9.6 CC2530 簡介

德州儀器(TI)公司所推出的 CC2530 為一眞正晶片系統解決方案，專為 IEEE 802.15.4、ZigBee、ZigBee RF4CE 與智慧能量的應用量身訂做。而其擁有高達 256 KB 容量的大型快閃記憶體，CC2530 特別適合 ZigBee PRO 的應用，且 64 K 與以上的版本將針對 ZigBee RF4CE 支援新的 RemoTI™堆疊。這是業界第一個符合 ZigBee RF4CE 之協定堆疊，同時亦加大的記憶體容量能讓單晶片 OTAD(Over The Air Download)支

援系統內再燒錄功能。此外，CC2530 將完全整合的具備高效能 RF 收發器、8051 MCU、8 KB RAM、32/64/128/256 KB 快閃記憶體，以及其他功能強大的功能與周邊相結合。

而其主要應用，如下所列：

- RF 遠端控制
- 2.4 GHz IEEE 802.15.4 系統
- 家庭與建物自動化
- 工業控制與監控
- 機上盒(STB)
- 消費性電子
- 智慧型能量管理

如圖 9.6 所示，為 CC2530 的晶片組的硬體架構示意圖。而其相關主要的特性，如下所列：

1. 低功率
   - 主動模式 RX(CPU 閒置)：24 mA
   - 主動模式 TX，1 dBm(CPU 閒置)：29 mA
   - 功率模式 1(4s 喚醒)：0.2 mA
   - 功率模式 2(睡眠計時器執行中)：1A
   - 功率模式 3(外部中斷)：0.4A
   - 寬廣電壓供應：電壓範圍(2 V–3.6 V)
2. 微控制器
   - 具有程式碼預取的高效率與低功率 8051 微控制器內核
   - 32-，64-，128-，或 256-KB In-System-Programmable(ISP)Flash 記憶體
   - 在所有功率下，具備保留 8-KB RAM 來使用
   - 支援硬體除錯
3. 周邊功能
   - 功能強大的 5 通道 DMA
   - IEEE 802.15.4 MAC 計時器，泛用計時器(1 個 16-bit 與 2 個 8-bit)
   - IR 產生電路
   - 具有補抓功能的 32-kHz 睡眠計時器

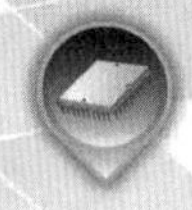

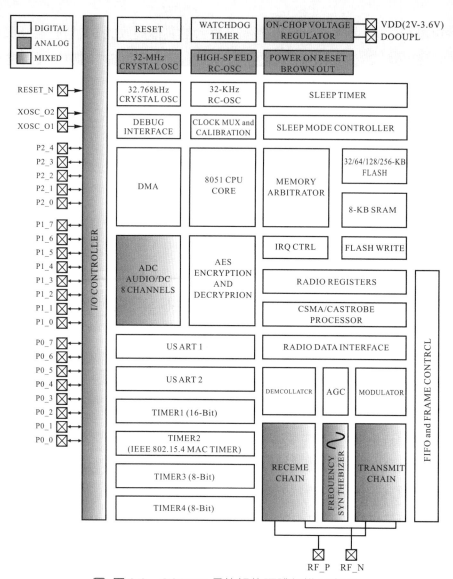

圖 9.6　CC2530 晶片組的硬體架構示意圖

- 支援 CSMA/CA 硬體功能
- 支援準確的數位 RSSI/LQI
- 電池監測器與溫度感測器
- 8 通道 12-bit 與可配置解析度的 ADC
- AES 保密協同處理器
- 支援多種串列協定的功能強大 USART
- 21 個 GPIO 接腳(19 個接腳具備 4 mA，2 個接腳具備 20 mA)
- 看門狗計時器

此外，CC2530 是針對 IEEE 802.15.4，Zigbee 與 RF4CE 相關應用所推出的眞正 system-on-chip (SoC)解決方案的產品。而其致能強健的網路節點將以非常低的總 BOM(Bill Of Material，物料清單)價格建置出來。

CC2530 SoC 系列包括 4 個產品系列：CC2530F32/64/128/256，其區別在於所內建 Flash 記憶體的容量不同，分別具有 32，64，128K 與 256K 位元組。而 CC2530 具有不同的操作模式，使得其特別適合應用在需要超低功率消耗的系統上。在操作模式之間的簡短傳輸時間，更進一步地確保低能量消耗。

此外，結合了 TI 所具備的工業級領先與 ZigBee 聯盟最高業界水準的 ZigBee 協定堆疊(Z-Stack™)，CC2530F256 提供了強健與完整的 ZigBee 解決方案。而另一款 CC253064 與更高階的元件，亦結合 TI 所具備的 ZigBee 聯盟最高業界水準的 RemoTI 堆疊，可以提供強健與完整的 ZigBee RF4CE 遠端控制解決方案。

9.7　CC2530 晶片組設計與應用

如圖 9.7 所示，爲 CC2530 的上視圖。而表 9.3 所示，則爲每一接腳的編號與意義描述。

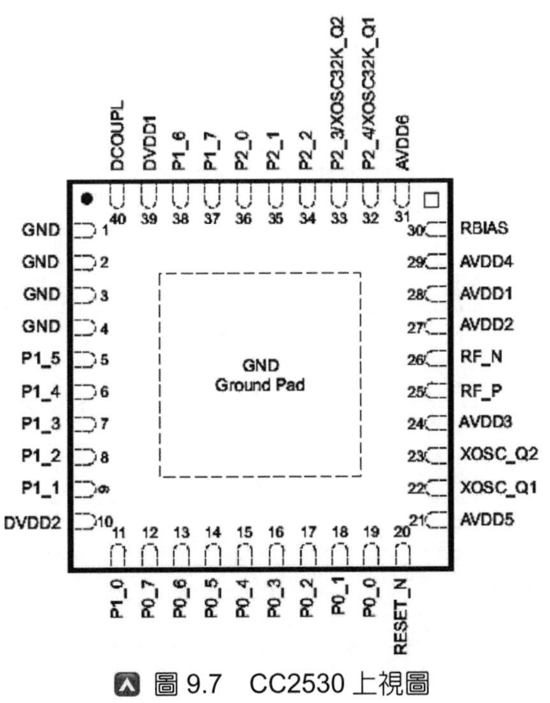

圖 9.7　CC2530 上視圖

表 9.3　CC2530 接腳編號與意義一覽表

腳位名稱	編號	腳位類型	描述
AVDDI	28	電源(類比)	2-V－3.6-V 類比電源
AVDD2	27	電源(類比)	2-V－3.6-V 類比電源
AVDD3	24	電源(類比)	2-V－3.6-V 類比電源
AVDD.4	29	電源(類比)	2-V－3.6-V 類比電源
AVDD5	21	電源(類比)	2-V－3.6-V 類比電源
AVDD6	31	電源(類比)	2-V－3.6-V 類比電源
DCOUPL	40	電源(數位)	1.8-V 數位電源去耦合之用不要供給外部電路使用
DVDDI	39	電源(數位)	2-V－3.6-V 數位電源
DVDD2	10	電源(數位)	2-V－3.6-V 數位電源
GND	—	接地	這接地點必須連到鋪地面
GND	1, 2, 3, 4	未使用	接地 GND
P0_0	19	數位 I/O	Poct 0.0
P0_1	18	數位 I/O	Port 0.1
P0_2	17	數位 I/O	Port 0_2
PC_3	16	數位 I/O	Port 0_3
PC_4	15	數位 I/O	Port 0.4
PC_5	14	數位 I/O	Porl 0.5
PC_6	13	數位 I/O	Port 0.6
P0_7	12	數位 I/O	Port 0.7
P1_0	11	數位 I/O	Port 10－20-mA 驅動能力
P1_1	9	數位 I/O	Port 1.1－20-mA 驅動能力
P1_2	8	數位 I/O	Port l.2
P1_3	7	數位 I/O	Port 1.3
P1_4	6	數位 I/O	Port l.4
P1_5	5	數位 I/O	Port l.5
P1_6	38	數位 I/O	Port l.6
P1_7	37	數位 I/O	Port 1.7
P2_0	36	數位 I/O	Port 2.0
P2_1	35	數位 I/O	Port 2.1
P2_2	34	數位 I/O	Port 2.2

表 9.3　CC2530 接腳編號與意義一覽表(續)

腳位名稱	編號	腳位類型	描述
P2_3/ X03C32K_Q2	33	數位 I/O 類比 I/O	Port 2.3/32.768 kHz XOSC
P2_4/ XCJSC32K_Q1	32	數位 I/O 類比 I/O	Port 2.4/132.768 kHz XOSC
ROIAS	30	類比 I/O	參考電流用之外部精準偏壓電阻
RESET_N	20	數位輸入	重置，低電位啓動
RF_N	26	RF I/O	當 RX 時，負 RF 輸入訊號至 LNA 當 TX 時，從 PA 的負 RF 輸出訊號
RF_P	25	RF I/O	當 RX 時，正 RF 輸入訊號至 LNA 當 TX 時，從 PA 的正 RF 輸出訊號
XOSC_Q1	22	類比 I/O	32-MHz 石英振盪器接腳 1 或外部時脈輸入
XOSC_Q2	23	類比 I/O	32-MHz 石英振盪器接腳 2

❖ CPU 與記憶體

■ 8051 CPU

應用於 CC253x 裝置系列的 8051 CPU 內核是單一週期 8051 相容的內核。其中，具備以單一週期去存取 SFR，DATA 與主 SRAM 的三種不同的記憶體存取匯流排(SFR，DATA 與 CODE/XDATA)。此外，也包括除錯介面與 18 個輸入擴充的中斷單元。

■ 中斷控制器

中斷控制器可服務共 18 個中斷源，並區隔爲 6 個中斷群組，且每一個中斷群組可連結至 4 個中斷優先權的其中一個。當此裝置位於閒置模式時，也可透過跳回至主動模式來服務任何的中斷服務要求。一些中斷也能從睡眠模式(功率模式 1～3)中，喚醒此裝置。

■ 記憶體仲裁器

當記憶體仲裁器利用周邊記憶體與所有經由 SFR 匯流排的所有周邊來連接 CPU 與 DMA 控制器時，記憶體仲裁器變成爲整個系統的心臟角色。記憶體仲裁器具有 4 組記憶體存取點，用來存取能映射到 3 個周邊記憶體(8 KB SRAM，Flash 記憶體與 XREG/SFR 暫存)的其中一個。而其能對介於相同周邊記憶體的連續記憶體存取之間，負責執行仲裁與排序功能。

■ 8 KB SRAM

8 KB SRAM 可映射到 DATA 記憶體空間與部分的 XDATA 記憶體空間。8 KB SRAM 具有極低的功率消耗的 SRAM，甚至當數位部分的功能被關掉電源(功率模式 2 與 3)時，其仍可維持其內容的存在。而這是對於極低功率消耗的應用時，相當關鍵與重要的特性。

■ 32/64/128/256 KB Flash 記憶體

32/64/128/256 KB Flash 記憶體提供此裝置可線上燒錄非揮發記憶體功能，並可映射到 CODE 與 XDATA 記憶體空間。此外，為了維持程式碼與常數，非揮發記憶體允許一些應用設計來儲存必須被保留的資料，使得此裝置在重置後仍可以使用的。

例如，儲存網路的一些重要特定資料，以避免每一次重新連接無線感測網路時，還要再一次重新啓動，執行尋找與加入無線感測網路的過程。

❖ 周邊功能

CC2530 包含許多不同的周邊，其可允許相關產品的設計者去發展進階的應用。以下，簡述相關周邊功能：

■ 除錯介面

除錯介面實現專用的兩線式串列介面，以作為線上除錯之用。透過此除錯介面，可抹除整個 Flash 記憶體，控制所要致能的振盪器，停止與開始使用者程式碼的執行，執行 8051 內核所支援的指令，設定程式碼的中斷點，以及程式碼的單步執行。

而經這些技術的應用，除錯介面能夠執行線上除錯，並能輕易地達到外部 Flash 記憶體燒錄功能。

■ Flash 記憶體

CC2530 包含了用來儲存程式碼的 Flash 記憶體。這 Flash 記憶體可從使用者軟體與經由除錯介面來燒錄。此外，Flash 記憶體控制器可用來處理寫入抹除的嵌入 Flash 記憶體。而此 Flash 記憶體控制器亦可允許以記憶體頁抹除與 4 Byte 燒錄等兩種方式。

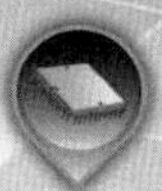

■ I/O 控制器

I/O 控制器是對所有泛用的 GPIO 接腳來負責處理。CPU 能配置周邊模組是否可控制某些接腳或是它們是否可在軟體下控制，以及如果每一個接腳在外部接點上的提升或下拉電阻器被連接的話，是否可配置成輸入或輸出功能。

而 CPU 中斷亦能獨立地在每一個接腳被致能。每一個連接至 I/O 接腳的周邊能夠在兩種不同的 I/O 接腳位置之間加以選擇，以確保在不同應用上的彈性度。

■ DMA 控制器

在此周邊功能中，提供多樣化的 5 通道 DMA 控制器來使用，並透過使用 XDATA 記憶體空間來存取，因此，可存取所有的周邊記憶體。每一個通道(觸發器，優先順序，傳輸模式，定址模式，來源與目的指標器，與傳輸計數等參數)能經由在記憶體的某些 DMA 描述元來配置。而許多的硬體周邊(AES 內核，Flash 記憶體控制器，USART，計時器與 ADC 介面)透過 DMA 控制器的使用，將可對於 SFR 或 XREG 位址與 Flash/SRAM 記憶體之間的資料傳輸，達到更高效率的操作。

■ Timer 1

Timer 1 具有計時器/計數器/PWM 功能的 16-bit 計時器。而其具備可程式化的預分頻器，16-bit 週期數值，以及 5 個可分別程式化的計數器/補抓通道(每一個皆具有 16-bit 比較值)。每一個計數器/補抓通道能以 PWM 輸出或是去補抓在輸入訊號的邊緣時序來使用。

■ MAC 計時器(Timer 2)

MAC 計時器(Timer 2)是特別針對支援 IEEE 802.15.4 MAC 或其他以軟體實現的時槽協定所設計的。此計時器具有可配置性的時序週期以及 8-bit 溢位計數器，後者能用來追蹤已經送出的週期數目。

此外，16-bit 補抓暫存器也能用於紀錄訊框啓始界定碼被接收/傳送的正確時間，或是傳送結束的正確時間。此外，16-bit 輸出補抓暫存器亦能在特定時間下，產生不同的命令閃控(開始 RX，或開始 TX 等)給無線模組使用。

■ Timer 3 與 Timer 4

Timer 3 與 Timer 4 是具備計時器/計數器/PWM 功能的 8-bit 計時器。而其具備可程式化的預分頻器，8-bit 週期數值，以及一個具有 8-bit 比較數值的可程式化計數器。每一個計數器通道能作爲 PWM 輸出來使用。

- 睡眠計時器

　　睡眠計時器是超低功率的計時器，可用來計數 32-kHz 石英振盪器或 32-kHz RC 振盪器週期。睡眠計時器可應用在功率模式 3 以外的所有操作模式下來連續執行。此計時器的一般應用是作爲即時計數器或是作爲喚醒計時器來脫離功率模式 1 或 2 的操作模式。

- ADC

　　ADC 可支援在 30 kHz ～4 kH 頻寬下，分別支援 7～12-bit 解析度。DC 與音頻轉換也是有可能高達 8 個輸入通道(埠 0)。而 ADC 類比輸入能夠選擇單端或是差動模式。其中，差動電壓能是內建的，AVDD 或是以單端或差動的外部訊號來參考。此外，ADC 也具有溫度感測器的輸入通道，以及能自動完成週期取樣或透過序列通道轉換的過程。

- 亂數產生器

　　亂數產生器使用 16-bit LFSR 來產生僞隨機(pseudorandom)的數值，其能透過 CPU 來讀取，或是藉由命令閃控處理器來直接讀取。此亂數數值也能針對保密的使用來產生亂數金鑰。

- AES 加密(encryption)/解密(decryption)內核

　　AES 加密/解密內核允許使用者使用 128-bit 金鑰的 AES 理論去加密與解密資料。而此內核能夠支援 IEEE 802.15.4 MAC 保密，ZigBee 網路層與應用層所需之 AES 應用。

- 看門狗計時器

　　內建的看門狗計時器允許 CC2530 在韌體變更時，可以本身自我重置。當透過軟體致能時，看門狗計時器必須週期性的清除。反之，當逾時，CC2530 就會重置。此外，也能切換配置成一般的 32KHz 計時器來使用。

- USART 0 與 USART 1

　　USART 0 與 USART 1 皆可個別配置成 SPI 主／從裝置端或是一般的 UART 來使用。而其在 RX 與 TX 端提供雙緩衝區，硬體流量控制，以及也適用於高傳輸的全雙工應用。每一個皆具備其自己的高精準鮑率產生器，因此，可讓一般計時器是空閒的，並可做爲其他用途。

❖ 無線 Radio

CC2530 具有 IEEE 802.15.4 相容的無線收發器。RF 內核控制了類比無線模組。再者，其提供介於 MCU 與無線之間的介面，實現了分派命令，讀取狀態，以及自動與循序無線事件等功能。而無線也涵蓋封包濾波與位址辨識模組。

9.8　ZigBee 無線感測網路之節點裝置模組

由於 CC2530 僅需一些元件即可建置出一個 ZigBee 無線感測節點或是協調者，因此使用起來是相當的方便。一般的設計方式，如圖 9.8 所示。此外，如表 9.4 所列，其外部零件的典型數值與描述。

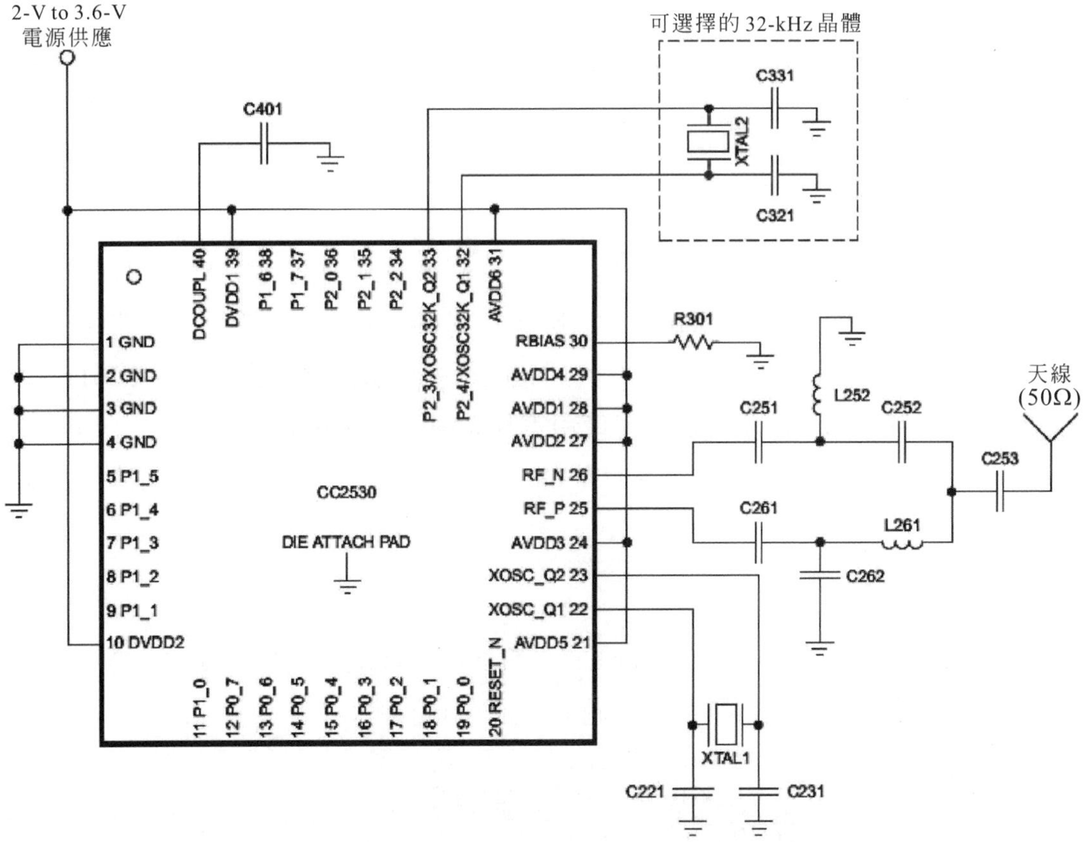

圖 9.8　CC2530 應用電路(數位 I/O 介面並無連接上，去耦合電容也未顯示)

表 9.4 零件規格一覽表

元件	描述	數值
C251	RF 匹配網路的元件	18 pF
C261	RF 匹配網路的元件	18 pF
L252	RF 匹配網路的元件	2 nH
L261	RF 匹配網路的元件	2 nH
C262	RF 匹配網路的元件	1 pF
C252	RF 匹配網路的元件	1 pF
C253	RF 匹配網路的元件	22 pF
C331	32kHz 振盪器負載電容	15 pF
C321	32kHz 振盪器負載電容	15 pF
C231	32MHz 振盪器負載電容	27 pF
C221	32MHz 振盪器負載電容	27 pF
C401	內部數位調整器的去耦合化電容	1 µF
R301	內部偏壓的電阻器	56 kΩ

❖ 輸入／輸出匹配

當使用如單極(Monopole)天線的非平衡天線時，爲了調整成最佳的執行效率，就需使用不平衡轉換器(balun, Balance to Unbalance transformer)。不平衡轉換器能夠使用分開的低單價電感與電容來實現。其中，建議的不平衡轉換器包含 C262，L261，C252 與 L252 元件。如圖 9.9 所示，顯示了使用差動天線所建議的應用電路。

如果使用類似帶摺疊偶極(Folded Dipole)天線的平衡天線被話，不平衡轉換器就可以省略掉。

❖ 石英振盪器

外部 32 MHz 石英振盪器，XTAL1 具有兩個負載電容(C221 與 C231)元件。而 32MHz 石英振盪器的負載容抗可以透過下列公式來了解：

$$C_L = \frac{1}{\dfrac{1}{C_{221}} + \dfrac{1}{C_{231}}} + C_{\text{parasitic}}$$

此外，XTAL2 則是一個可選擇的 32.768 kHz 石英振盪器，針對此 32.768-kHz 振盪器可使用兩個負載電容(C321 與 C331)。這 32.768 kHz 石英振盪器是應用在非常低睡眠電流消耗與需要精準的緩醒時間上。32.768 kHz 石英振盪器的負載容抗可以透過下列公式來了解：

$$C_L = \frac{1}{\frac{1}{C_{221}} + \frac{1}{C_{231}}} + C_{\text{parasitic}}$$

而我們可以使用一系列的電阻器來符合 ESR 的需求。

❖ 電壓調整器

內建的電壓調整器可以提供所有 1.8V 電源的供應接腳，以及外部電源的供應。此外，爲了提供此調整器的穩定性，需要連接 C401 電容元件。

❖ 電源供應的去耦合與濾波

針對最佳化的執行效率，我們必須採用適當的電源供應去耦合電路。而在所設計的應用電路中，爲了達到最好的執行效率，去耦合電容的擺設位置與大小值，以及電源供應濾波電路是相當重要的。因此，TI 公司提供一些參考設計的方案，讀者可以進一步參考其資料手冊。

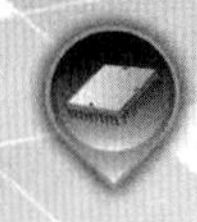

問題與討論

1. 請讀者簡述 ZigBee 無線感測網路的應用領域有哪些？
2. ZigBee 技術是包含了哪兩種不同組織所制定的通訊規格？各負責哪些標準規格？
3. IEEE 802.15.4 網路拓樸包含哪兩種類型裝置，包含哪三種角色？
4. 試繪出 ZigBee/IEEE 802.15.4 堆疊模型，試簡述之？
5. ZigBee 實體層包含幾種頻段，各有幾個個實體通道？
6. ZigBee 網路層中對裝置在網路中的角色做了幾種分類，其各種裝置的功能分類請以表格劃出。
7. ZigBee 網路的拓樸有哪三種，試繪出其拓樸架構。
8. ZigBee 網路中需維護兩個表格，試簡述之？
9. 試簡述 CC2530 的基本特性，CC2530 與 CC2430/31 的差異點爲何？
10. 試簡述 CC2530 與 8051 系列的微處理機的差異性爲何？

10

CC2530 無線感測網路設計與應用

根據前一章對 CC2530 晶片組的瞭解後，我們即可應用其特性與規格來設計 ZigBee 節點與 USB-ZigBee HID Dongle。而前者可連接至各種不同的感測器，後者則可透過 USB 介面連接至 PC 主機或是嵌入式系統中。

在此，透過 UART 所輸出的 AT 命令集即可實現 ZigBee 無線感測網路設計與應用。因此，本章將整合第 8 章的 USB-ZigBee HID Dongle 來實現無線感測網路的傳輸設計與測試。

10.1　CC2530 無線感測網路模組介紹

爲了提供系統整合與維修的便利性，並且降低韌體開發的複雜性，因此，利用 CC2530 晶片組單獨設計出一個 ZigBee 無線感測網路的裝置模組。如圖 10.1 所示，爲此模組的實體圖，我們即可透過此裝置模組即可整合至各種的應用上。

圖 10.1　ZigBee 無線感測網路的裝置模組實體圖

透過此 CC2530 裝置模組即可設計出如圖 10.2 與圖 10.3 所示，分別為針對 ZigBee 無線感測網路之 PSoC 介面與感測器實驗載板與 USB-ZigBee HID Dongle 需求所開發出的兩種實驗電路板。其中，前者的 CC2530 模組是貼上綠色標籤，代表終端裝置，而後者的 CC2530 模組是貼上紅色標籤，則代表協調者，讀者請勿搞混了。

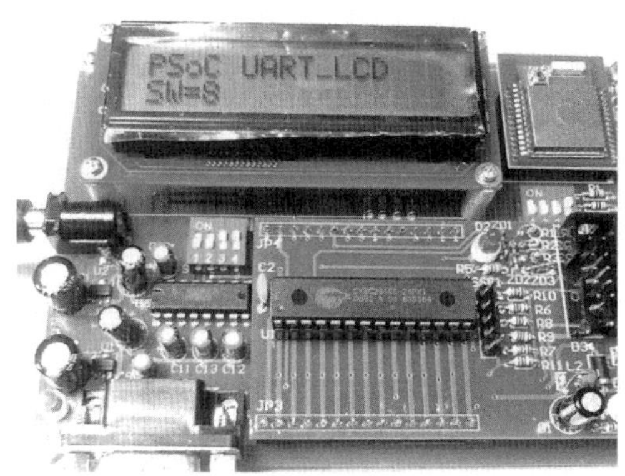

圖 10.2　CC2530 ZigBee 無線感測網路實驗載板的實體圖

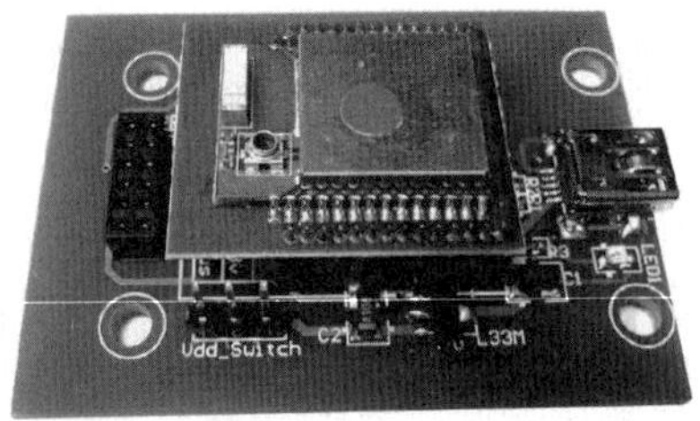

圖 10.3　USB-ZigBee HID Dongle 實體圖

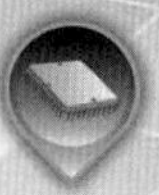

當 USB-ZigBee HID Dongle 連接到 PC 主機後，即可透過虛擬 COM 埠來達到控制與設定的 ZigBee 無線感測網路目的。但當 Dongle 接到 PC 主機時，會要求使用者安裝虛擬 COM 埠的驅動程式，安裝後即可於裝置管理員的連接埠(COM 與 LPT)項目中，發現到此 Dongle 所使用的虛擬 COM 埠編號。如圖 10.4 所示，則顯示出 enCoReIII(COM 10)的虛擬 COM 埠號碼。

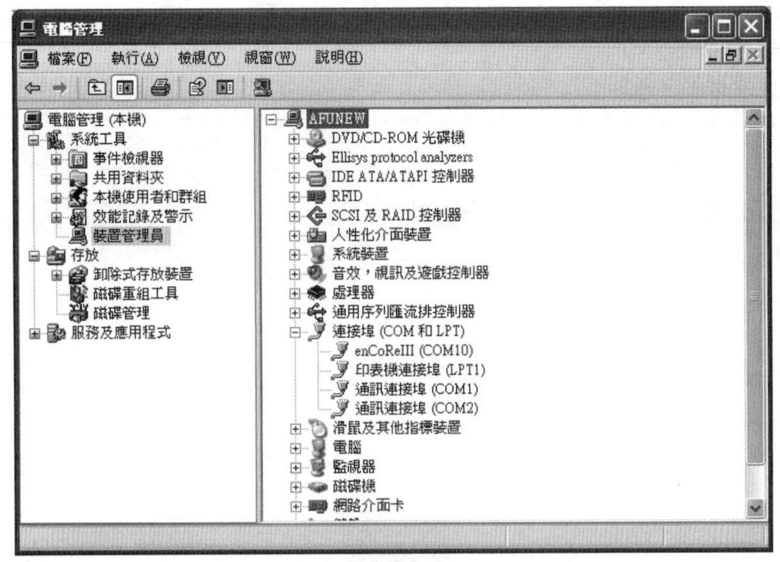

圖 10.4　USB-ZigBee HID Dongle 連接至 PC 主機的虛擬 COM 埠

10.2　ZigBee 無線感測網路之 ZMConfig 應用程式介紹

當 USB-ZigBee HID Dongle 連接到 PC 主機後，即可透過 ZMConfig 應用程式來測試 Zigbee 無線感測網路的相關特性。因此，經由此應用程式可以加速我們實現無線感測網路的設計。

首先，從此書的後面拿出所附贈的光碟片，並安裝光碟內的 ZmConfig 軟體。而一開始打開安裝軟體後，即會出現安裝精靈來引導安裝過程，如圖 10.5 所示。讀者只需照著指示，並按下一步，接著會出現選擇安裝資料夾。當設定完要安裝的資料夾路徑後，再按下一步就會出現確認安裝的畫面，並直接按下一步，完成安裝的過程。當跑完安裝步驟後，就會出現安裝完成畫面，緊接著，就能關閉程式了。而當安裝完 ZmConfig 軟體後，桌面上會出現捷徑，安裝完成如圖 10.6 所示。

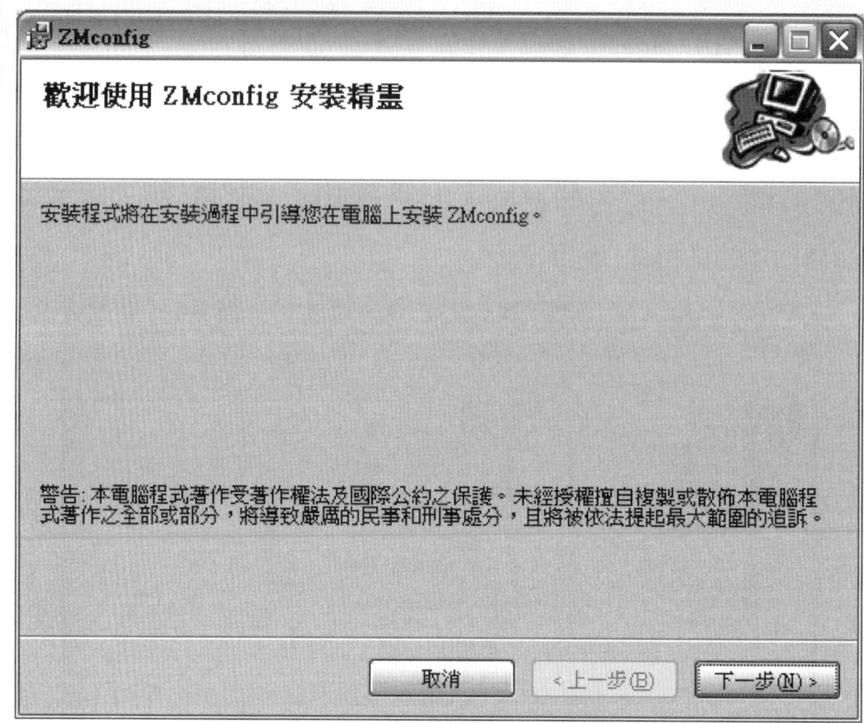

圖 10.5　ZmConfig 安裝精靈畫面

圖 10.6　ZmConfig 軟體安裝完成的捷徑圖

以下，列出軟體主要功能：

1. 設定 ZigBee 模組參數等功能。
2. 提供 I/O Binding 功能。
3. 提供 AT 命令發送功能。
4. 提供測式功能。

而軟體圖形介面說明如下所列：

❖ 通訊選項圖形介面說明(如圖 10.7 所示)

讀者可將 USB-ZigBee HID Dongle 或 PSoC 介面與感測實驗載板裝置接上電源，再把實驗載板裝置接到 PC 主機端連接之通訊埠，然後打開 ZmConfig 軟體。

在開始的初始畫面中，當設定完通訊部分①～⑤的通訊參數後，就能按下⑥連結鍵。此時，即連結實驗載板裝置並會在⑦的部份出現連結或關閉訊息。

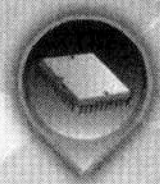

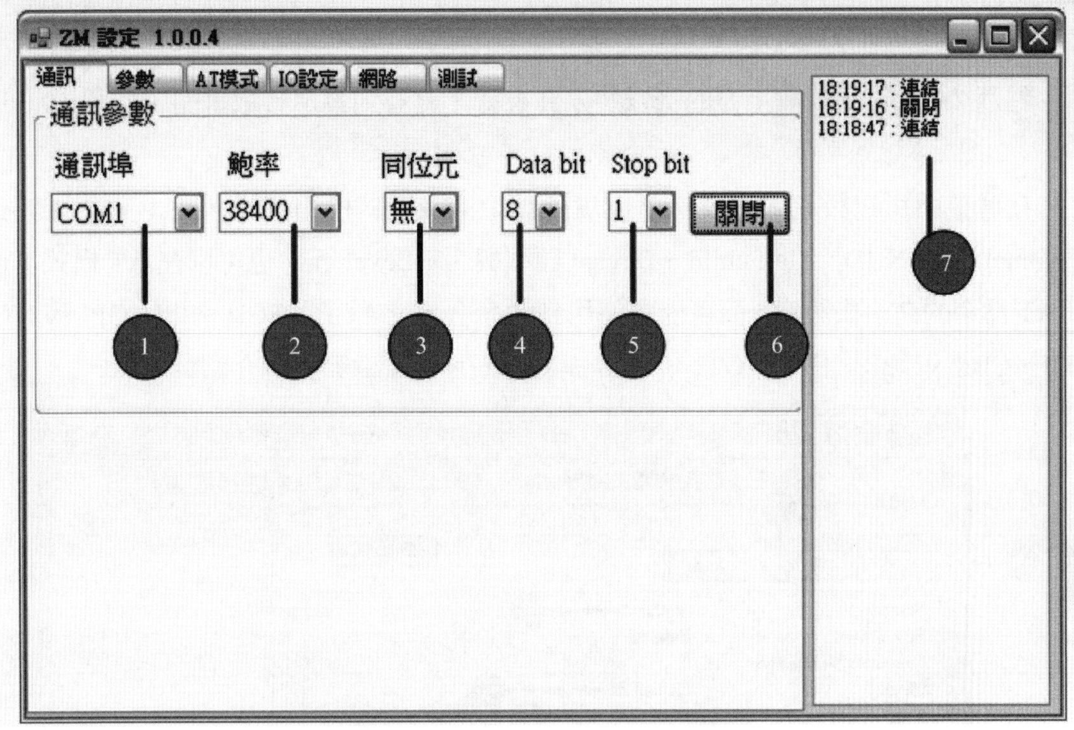

圖 10.7　通訊選項圖形介面說明

在此需要特別注意，不管有沒有連接裝置或是參數有沒有設定正確，雖然都可以連線。但是當稍後操作選到"參數"分頁視窗，並按到"Read"後，就會出現錯誤視窗，且顯示"Time out"訊息。

而相關通訊選項圖形介面說明，如下所列：

① 選擇與 ZigBee 模組連接之通訊埠(請選擇與 PC 主機端連接之通訊埠)。讀者務必至作業系統的裝置管理員查看(如圖 10.4 所示)。

② 設定連接鮑率(預設值：9600bps)。

③ 同位元設定(預設值：無)。

④ 資料位元設定(預設值：8)。

⑤ 停止位元設定(預設值：1)。

⑥ 通訊埠連結／關閉按鈕。

⑦ 訊息視窗。

❖ 參數選項圖形介面(如圖 10.8 所示)

點選 ZmConfig 軟體上方的“參數”分頁視窗，會看到設定參數畫面，如圖 10.8 所示。

在此畫面可以設定改變或按下①就能讀取 ZigBee 模組參數，如：鮑率、頻道(Channel)、PAN ID、Max child、Device 類型與 TX Level 等。也可以在 AT 模式下使用 AT 命令的命令來設定。而可能會使用到的命令包括 CCH、GCH、CPI、GPI、CNI、GNI、CBR、GBR、CTL、GTL、CDS 與 GDS(在 10.3 章節將會介紹)。

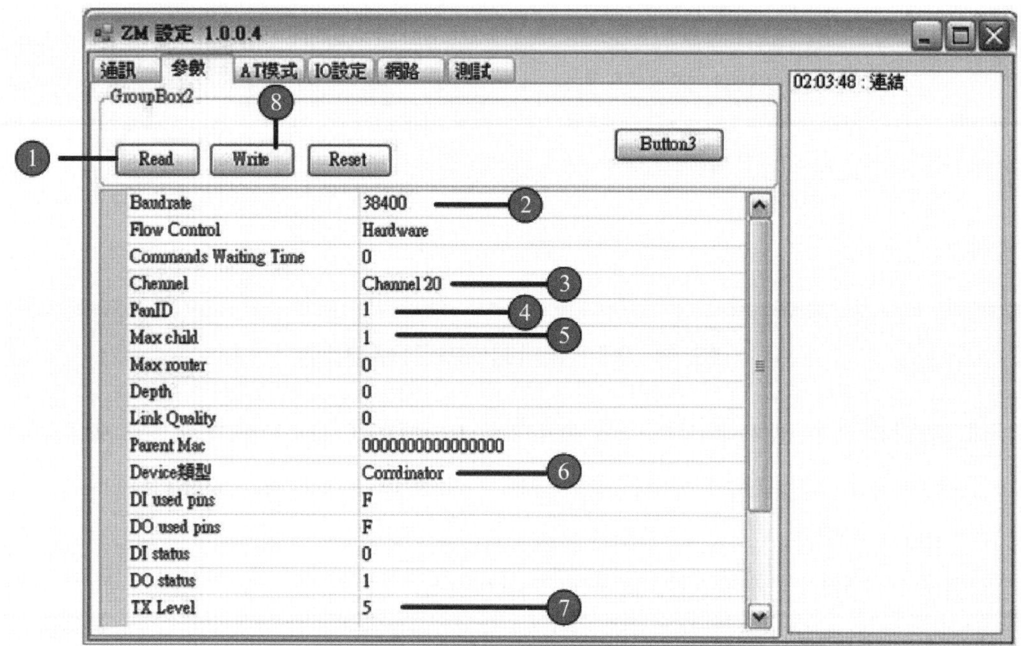

圖 10.8　參數選項圖形介面之視窗畫面

① 讀取 ZigBee 模組內部參數

② Baudrate：鮑率值(1200 ~ 115200)。

③ Channel：頻道值(Channel 11 ~ Channel 26)。

④ PAN ID：PAN ID 值(0 ~ 16382)。

⑤ Max child：最大連接子節點數(路由器+終端裝置)。

⑥ Device 類型：裝置分爲協調者或路由器或終端裝置。

⑦ TX Level：連線訊號的強度。

⑧ 寫入 ZigBee 模組內部參數。

註 1：當要改變裝置參數之中，PAN ID 與 Channel 亦更變時，其他參數寫入會逾時(失敗)。其他參數則無此問題，可一次多參數更變。

註 2：頻道值表示頻率，雖然我們使用的是 2.4 GHz 高頻模組，但是當設定頻道不同而頻率就會有所不同，頻率計算方式(Channel k)以下例來說明，Fc=2405+5(k-11)MHZ，k=11,12,…,26。詳情請參考 CC2530 使用手冊。

❖ AT 模式選項圖形介面(如圖 10.9 所示)

AT 命令是之後會一直運用到的命令，而且如果讀者要撰寫一個 PSoC UART 程式時，那麼要相當的熟悉 AT 命令才能撰寫的出來。在此，我們先為讀者介紹如何在 AT 模式下達 AT 命令與 ZmConfig 軟體軟體操作方式。

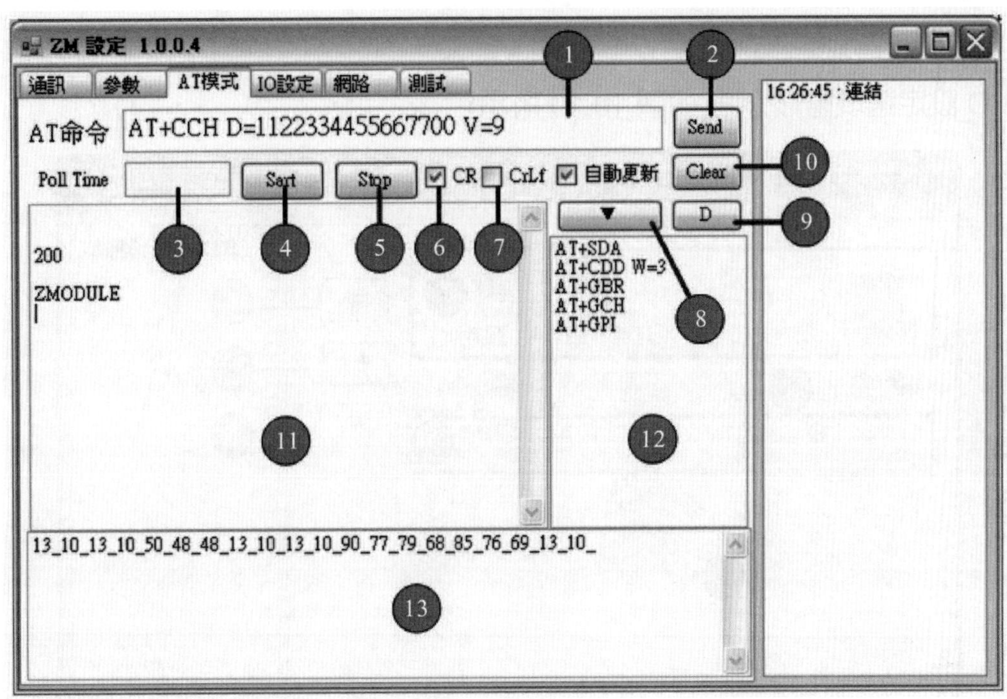

圖 10.9　AT 模式選項圖形介面之視窗畫面

① AT 命令下達視窗。

② AT 命令發送按鈕。

③ AT 命令連續發送間隔時間設定視窗(Base Time=1ms，欲設定 1sec 則須設為 1000)。

④ 開始 AT 命令連續發送。

⑤ 停止 AT 命令連續發送。

⑥⑦結束字元發送設定(請使用預設值：⑥點選，⑦不點選)。

⑧ 加入 AT 命令下達視窗①內容於⑫視窗內(可將常用之命令儲存於⑫視窗內)。

⑨ 清除⑫視窗內所點選的內容。

⑩ 清除⑪接收視窗所有內容。

⑪ 顯示 ZigBee 模組接收到的文字訊息(只顯示 ASCII 碼代表的文字)。

⑫ AT 命令儲存視窗，可點選使用。

⑬ 顯示 ZigBee 模組接收到的所有資料，以十六進制表示。

註 1：當要下達命令時就如圖 10.10 的①視窗在此下達命令，而命令下達可以參考前面所介紹的方式網路參數設定。(詳細操作請見 4.6 參考程式)

❖ IO 設定選項圖形介面(如圖 10.10 所示)

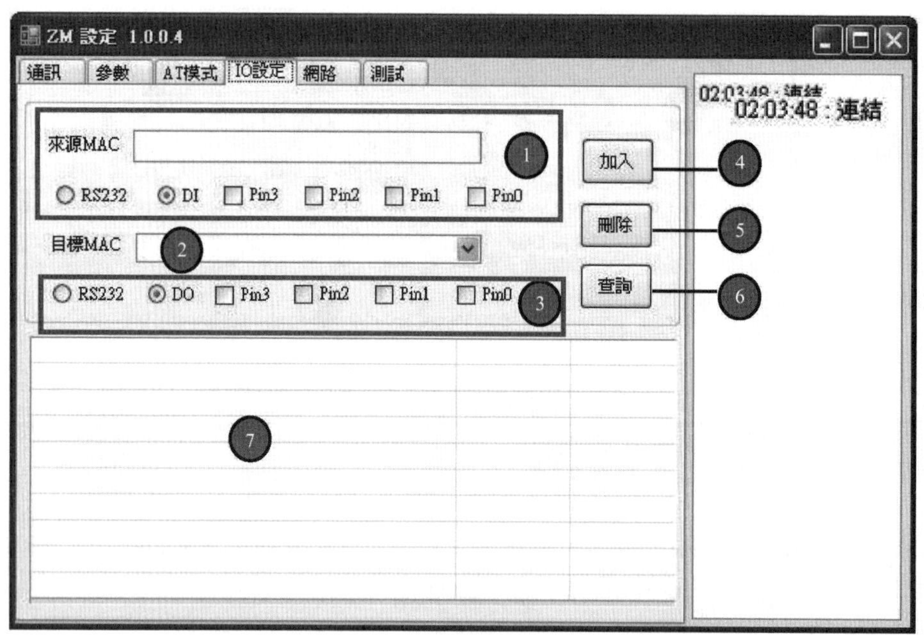

圖 10.10　IO 設定選項圖形介面之視窗畫面

相關 IO 設定選項圖形介面說明，如下所列：

① 此欄位設定來源 MAC 位址(未輸入 MAC 則為自己)的輸入介面，可選擇使用 RS232 或 DI 介面，須選擇 DI 介面才可設定使用 PIN0 ~ PIN3。

② 目標 MAC 輸入視窗。

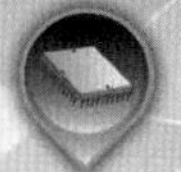

③　此欄位設定目標的輸出介面，可選擇使用 RS232 或 D0 介面，須選擇 D0 介面才可設定使用 PIN0 ~ PIN3。

④　增加一組① ② ③的設定至⑦的欄位,，最多可設定 10 組。

⑤　刪除一組欄位⑦所點選的內容。

⑥　查詢所有 IO 設定內容，並顯示於⑦的欄位。

❖ 通訊選項圖形介面(如圖 10.11 所示)

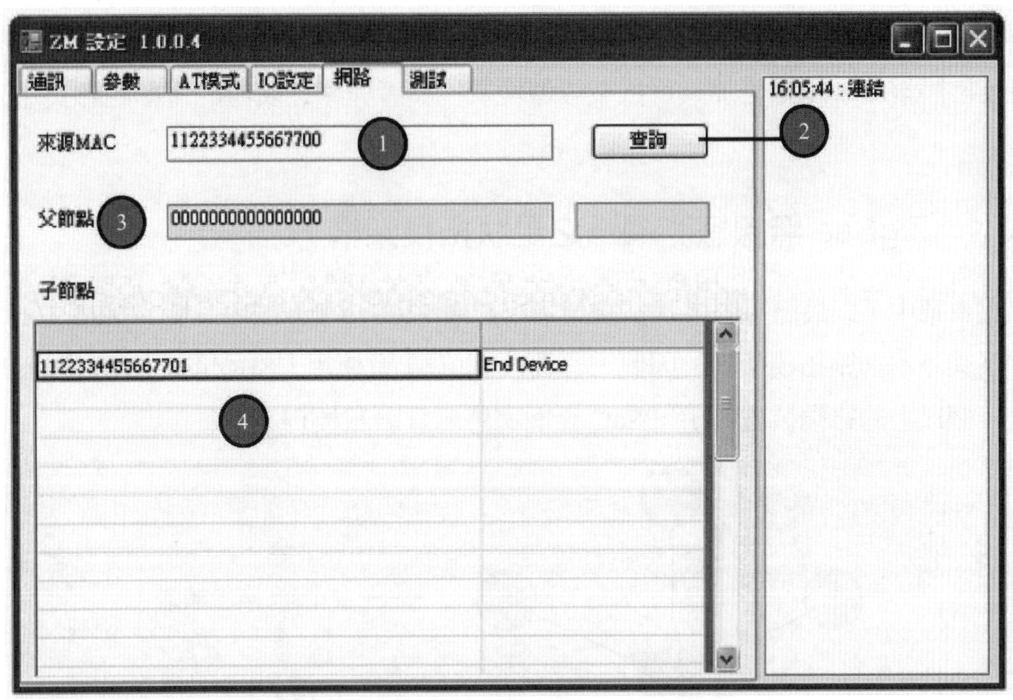

圖 10.11　通訊選項圖形介面之視窗畫面

相關通訊選項圖形介面說明，如下所列：

①　來源 MAC 輸入視窗(請輸入預查詢的節點 MAC)。

②　查詢按鈕。

③　顯示來源 MAC 的父節點 MAC 及裝置類型。

④　顯示所有來源 MAC 的子節點 MAC 及裝置類型。

因此，透過這套的 ZMConfig 軟體與稍前所介紹的具備 ZigBee 無線感測網路之 PSoC 介面與感測實驗載板裝置節點，以及 USB-ZigBee HID Dongle，即可設計出可遠端感測的 ZigBee 無線感測網路。

10.3 ZMConfig 應用程式之 AT 命令集

在本章中，將以最簡單的星狀網路拓樸架構來建置 ZigBee 無線感測網路，並運用稍前所介紹的 CY8C29466 所設計的實驗載板與 CC2530 所設計的 ZigBee 無線感測節點裝置模組來實現。此外，也介紹如何使用 ZMConfig 軟體的 AT 命令集來測試 Zigbee 星狀無線感測網路的相關特性。

若要形成一個 ZigBee 網路的必要條件爲至少一個協調者(Coordinator)與一個終端裝置(End Device)，並使用相同的網路連線參數，且每個網路節點的 MAC 位址是唯一的。而路由器(Router)是否加入可依架設環境及協調者與終端裝置的傳輸距離長短來決定。

10.3.1 ZigBee 無線感測網路之星狀拓樸架構

在本章中，以最簡單的星狀拓樸架構來建置 ZigBee 無線感測網路。如圖 10.12 所示，爲其基本網路拓樸架構。因此，需要一個協調者(使用 USB-ZigBee HID Durgle)，以及一個以上的終端裝置(使用 PSoC 介面與感測實驗載板)。

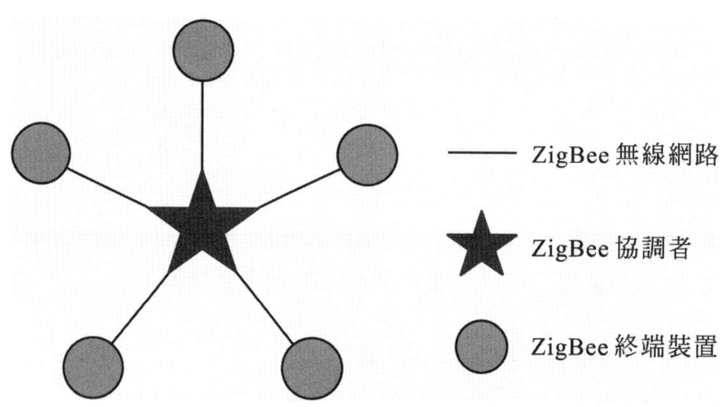

圖 10.12　ZigBee 星狀無線感測網路的拓樸架構示意圖

我們可以從 ZmConfig 軟體中，點選 AT 模式即可操作 AT 命令之測試實驗。以下，先介紹 ZigBee 網路連線參數與 ZigBee 網路連線參數架構查詢等兩類 AT 命令。

10.3.2 ZigBee 網路參數設定之 AT 命令

爲了實現 ZigBee 無線感測網路，ZigBee 網路參數設定所需使用的 AT 命令如下所列：

❖ CCH：設定 ZigBee 網路連線頻道

說明：ZigBee 網路連線頻道即爲網路節點與節點間的操作頻道，故相同的網路群組需操作於相同的連線頻道。而每個裝置有 16 個頻道供選擇。

```
命令格式：
AT+命令 D=MAC_Address  V=欲設定數值(預設爲 9)<CR>
命令範例：
Q：改變 MAC 位址爲 1122334455667788 的裝置
其連線頻道爲 Channel  26
A：AT+CCH  D=1122334455667788  V=F<CR>
若命令發送成功後裝置會收到以下回覆碼：
<LF><CR><LF><CR>200<LF><CR><LF><CR>
```

註：若使用 ZmConfig 軟體的 AT 模式去下達 AT 命令後，會自動產生結束字元<CR>。

❖ CPI：設定 ZigBee 網路連線 PAN ID

說明：若要使裝置加入一個 ZigBee 網路群組，必須設定此裝置的 PAN ID 跟 ZigBee 網路群組一樣才能加入此群組。簡單地說，PAN ID 類似一把密鑰，裝置需要得到與網路群組相同密鑰才可進入，而其設定範圍可由 0000 ~ 3FFE。

```
命令格式：
AT+命令 D=MAC_Address  V=欲設定數值(預設爲 3FFE)<CR>
命令範例：
Q：改變 MAC 位址爲 1122334455667788 的裝置其 PAN  ID 爲 0
A：AT+CPI  D=1122334455667788  V=0000<CR>
若命令發送成功後裝置會收到以下回覆碼：
<LF><CR><LF><CR>200<LF><CR><LF>  <CR>
```

註：若使用 ZmConfig 軟體的 AT 模式去下達 AT 命令後，會自動產生結束字元<CR>。

❖ CNI：設定 ZigBee 網路連線結構

說明：ZigBee 網路連線結構決定了網路所形成的最大深度及最大寬度。而最大深度及最大寬度是由最大子節點數、最大路由器數以及最大深度等 3 個參數來決定。當輸入這 3 個參數所運算出來的值要小於 65534 才是有效的設定。

註 1：最大子節點數：指除了最上層外(協調者)的每一層中最多可加入幾個裝置(即終端裝置及路由器之總和)。

註 2：最大路由器數：指除了最上層外(協調者)的每一層中最多可加入幾個路由器。

註 3：最大深度：指從協調者到最遠端的裝置所跨越的層數。

```
命令格式：
AT+命令 D=MAC_Address V=欲設定數值(預設為 070505)<CR>
命令範例：
Q：改變 MAC 位址為 1122334455667788 的裝置其最大子節點數為 8 個，最大路由器數為 4 個及最大
   深度為 6。
A：AT+CNI D=1122334455667788 V=080406<CR>
若命令發送成功後裝置會收到以下回覆碼：
<LF><CR><LF><CR>200<LF><CR><LF><CR>
```

註：若使用 ZmConfig 軟體的 AT 模式去下達 AT 命令後，會自動產生結束字元<CR>。

❖ CBR：改變一個 ZigBee 模組的通訊埠設定

說明：ZigBee 模組是透過串列埠(UART)與外部通訊，因此外部的通訊埠設定必須跟模組一致才能正常通訊。

```
命令格式：
AT+CBR D=MAC_A B=數值 C=數值 T=數值<CR>
參數說明：
B=數值，設定鮑率(預設鮑率為 38400bps)
C=數值，設定 RS232 流量控制
T=數值，設定 AT 命令等待時間
命令範例：
Q：設定 MAC 位址為 1122334455667788 的裝置鮑率為 9600，RS232 流量控制為硬體控制，AT 命令
   等待時間 10 秒。
A：AT+CBR D=1122334455667788 B=3 C=0 T=000A<CR>
若命令發送成功後裝置會收到以下回覆碼：
<LF><CR><LF><CR>200<LF><CR>
```

註：若使用 ZmConfig 軟體的 AT 模式去下達 AT 命令後，會自動產生結束字元<CR>。

❖ CDS：編輯一個裝置的描述

說明：此功能提供使用者輸入一串文字來描述該裝置。

```
命令格式：
AT+CDS D=MAC A V=描述此裝置的字串<CR>
```

命令範例：
Q：若裝置 MAC 位址 1122334455667788 作為一個燈泡控制器，可將以下字串 This is a Lamp Controller!存於此裝置，可作為裝置用途辨別用。
A：AT+ CDS D=1122334455667788 V= This is a Lamp Controller!<CR>
若命令發送成功後裝置會收到以下回覆碼(詳細說明請參閱附錄內容)：
<LF><CR><LF><CR>200<LF><CR>

註：若使用 ZmConfig 軟體的 AT 模式去下達 AT 命令後，會自動產生結束字元<CR>。

❖ CTL：改變一個 ZigBee 模組的 TX 強度

說明：此功能為設定 ZigBee 的 TX 發射功率，因此會決定其傳輸距離。

命令格式：
AT+CTL D=MAC A V=數值<CR>
參數說明：
V=數值，設定 TX 的功率(設定範圍 0~9，預設值為 9)
命令範例：
Q：設定 MAC 位址 1122334455667788 裝置，TX 傳輸功率為最大值 9。
A：AT+ CTL D=1122334455667788 V=9<CR>
若命令發送成功後裝置會收到以下回覆碼：
<LF><CR><LF><CR>200<LF><CR>

註：若使用 ZmConfig 軟體的 AT 模式去下達 AT 命令後，會自動產生結束字元<CR>。

10.3.3　ZigBee 網路連線參數及架構查詢之 AT 命令

緊接著，再介紹用來查詢目前網路的參數及每個節點間的連線關係的 AT 命令。而 ZigBee 網路參數查詢所使用的 AT 命令如下所列：

❖ GCH：查詢 ZigBee 網路連線頻道

命令格式：
AT+命令<CR>
命令範例：
Q：查詢某個裝置所使用的連線頻道(需此裝置已加入網路才可查詢)
A：AT+GCH<CR>
若命令發送成功後裝置會收到以下回覆碼：
<LF><CR><LF><CR>200<LF><CR>V=9<LF><CR><LF><CR>

註 1：若使用 ZmConfig 軟體的 AT 模式去下達 AT 命令後，會自動產生結束字元<CR>。

註 2：上述底線標示數值及目前設定值。

❖ GPI：查詢 ZigBee 網路連線 PAN ID

命令格式：

AT+命令<CR>

命令範例：

Q：查詢某個裝置所使用的 PAN ID

A：AT+GPI <CR>

若命令發送成功後裝置會收到以下回覆碼：

<LF><CR><LF><CR>200<LF><CR>V=3FFE<LF><CR><LF><CR>

註 1：若使用 ZmConfig 軟體的 AT 模式去下達 AT 命令後，結束字元<CR>會自動產生。

註 2：上述底線標示數值及目前設定值。

❖ GNI：查詢 ZigBee 網路樹狀結構

命令格式：

AT+命令 D= MAC_Address <CR>

命令範例：

Q：查詢 MAC 位址爲 1122334455667788 的裝置的網路樹狀結構設定。(需此裝置已加入網路才可查詢)

A：AT+GNI D=1122334455667788 <CR>

若命令發送成功後裝置會收到以下回覆碼：

<LF><CR><LF><CR>200<LF><CR>V=07050<LF><CR><LF><CR>

註 1：若使用 ZmConfig 軟體的 AT 模式去下達 AT 命令後，會自動產生結束字元<CR>。

註 2：上述底線標示數值及目前設定值。

❖ GCD：查詢協調者的 MAC 位址

命令格式：

AT+命令<CR>

命令範例：

Q：查詢某個裝置所加入網路群組的協調者 MAC 位址。(需此裝置已加入網路才可查詢)

A：AT+GCD<CR>

若命令發送成功後裝置會收到以下回覆碼：

<LF><CR><LF><CR>200<LF><CR>V=1122334455667700<LF><CR><LF><CR>

註 1：若使用 ZmConfig 軟體的 AT 模式去下達 AT 命令後，會自動產生結束字元<CR>。

註 2：上述底線標示數值及目前設定值。

❖ GDI：查詢此裝置的描述包含其上層網路的 MAC 位址，裝置本身類型，DI/DO 的使用及目前狀態

命令格式：

AT+命令 D= MAC_Address <CR>

命令範例：

Q：查詢 MAC 位址爲 1122334455667788 的裝置上層網路的 MAC 位址，裝置本身類型，DI/DO 的使用及目前狀態 (需此裝置已加入網路才可查詢)

A：AT+GDI D=1122334455667788 <CR>

若命令發送成功後裝置會收到以下回覆碼 (詳細說明請參閱附錄內容)：

<LF><CR><LF><CR>200<LF><CR>R=1122334455667701 J=0V=FFFF<LF><CR><LF><CR>

註 1：若使用 ZmConfig 軟體的 AT 模式去下達 AT 命令後，會自動產生結束字元<CR>。

註 2：上述底線標示數値分別爲上層網路的 MAC 位址(R=數値)、裝置本身類型(J=數値)，DI/DO 的使用及目前狀態(V=數値)。

❖ GAD：查詢此裝置底層的所有裝置包括底層裝置的 MAC

命令格式：

AT+命令<CR>

命令範例：

Q：查詢某個裝置底層的所有裝置包括底層裝置的 MAC 位址及其裝置類型。

A：AT+GAD<CR>

若命令發送成功後裝置會收到以下回覆碼：

<LF><CR><LF><CR>200<LF><CR>

1122334455667702 J=0<LF><CR>

1122334455667704 J=1<LF><CR>

...<LF><CR><LF><CR>

註 1：若使用 ZmConfig 軟體的 AT 模式去下達 AT 命令後，會自動產生結束字元<CR>。

註 2：上述底線標示數値表示此裝置底層有兩個裝置，其 MAC 位址和裝置型態分別爲 1122334455667702 位址及型態爲路由器和 1122334455667704 位址及型態爲終端裝置。

❖ GBR：查詢一個 ZigBee 模組的通訊埠設定

命令格式：

AT+命令<CR>

命令範例：

Q：查詢某個裝置的通訊埠設定。

A：AT+GBR<CR>

若命令發送成功後裝置會收到以下回覆碼：

<LF><CR><LF><CR>200<LF><CR>B=6 C=0 T=0F<LF><CR><LF><CR>

註：若使用 ZmConfig 軟體的 AT 模式去下達 AT 命令後，會自動產生結束字元<CR>。

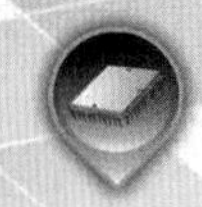

❖ GDS：查詢一個裝置的描述

命令格式：

AT+命令<CR>

命令範例：

Q：查詢某個裝置的通訊埠設定。

A：AT+GDS<CR>

若命令發送成功後裝置會收到以下回覆碼：

<LF><CR><LF><CR>200<LF><CR>V=This is a Lamp Controller! <LF><CR><LF><CR>

註：若使用 ZmConfig 軟體的 AT 模式去下達 AT 命令後，會自動產生結束字元<CR>。

❖ GTL：查詢一個 ZigBee 模組的 TX 強度

命令格式：

AT+命令<CR>

命令範例：

Q：查詢某個裝置的 TX 強度設定。

A：AT+GTL<CR>

若命令發送成功後裝置會收到以下回覆碼：

<LF><CR><LF><CR>200<LF><CR>V=9<LF><CR><LF><CR>

註：若使用 ZmConfig 軟體的 AT 模式去下達 AT 命令後，會自動產生結束字元<CR>。

10.3.4 CC2530 ZigBee 無線感測網路連線測試與實驗

爲了測試 USB-ZigBee HID Dongle 與 PSOC 介面與感測器實驗載板，我們需以最簡單的星狀網路拓樸來設計其協調者與終端裝置的參數值。

在此，我們假設今天有一組協調者和一組終端裝置要架構出星狀拓樸網路。首先，讀者要先設定協調者的頻道，在此設定爲 Channel 20，接著設定 PAN ID 爲 1 和 Max child 爲 1，這代表了最大連結的子節點數爲 1 個。如圖 10.13 所示，就是協調者的星狀設定參數。在此要特別注意，當在設定終端裝置的頻道和 PAN ID 值，必須要設定和協調者一樣才能進行連線，如圖 10.14 所示。

而在 AT 模式下來設定無線感測網路的相關參數的話，可能會使用到的命令包括 CCH、GCH、CPI、GPI、CNI 與 GNI。

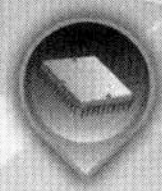

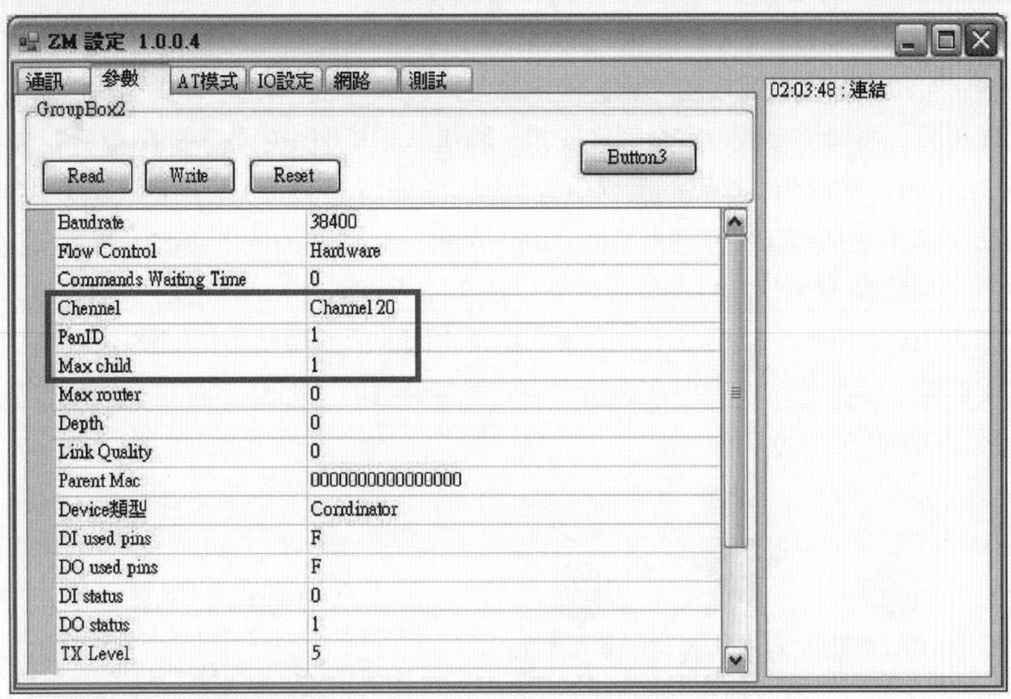

圖 10.13　設定協調者的星狀拓樸參數值示意圖

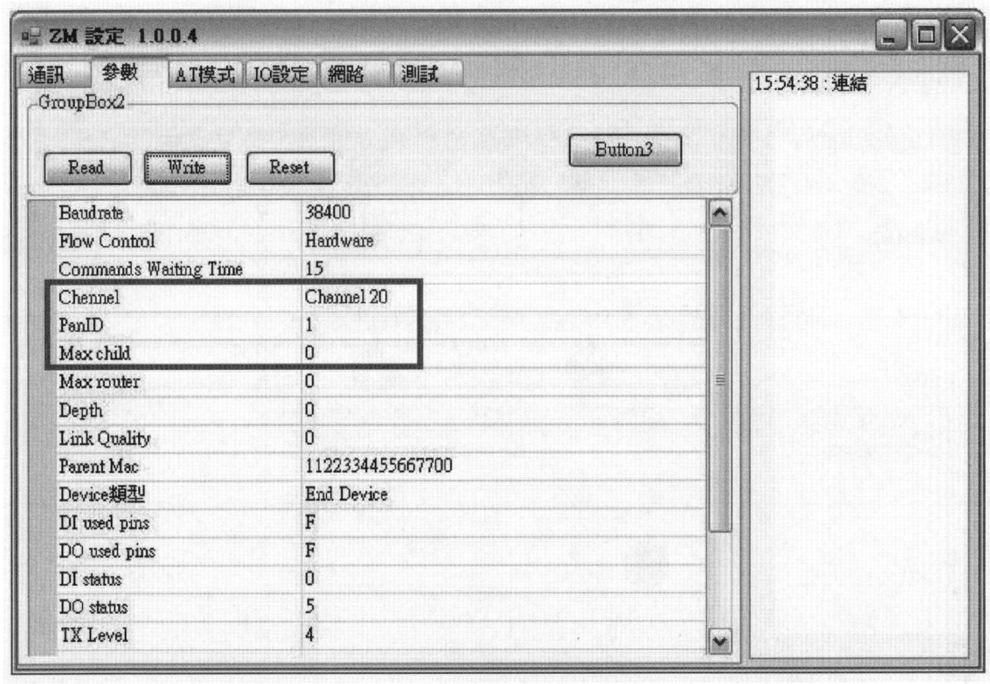

圖 10.14　設定終端裝置的星狀拓樸參數值示意圖

如圖 10.15 所示，本章以一個協調者來連接終端裝置爲範例來說明，其中，虛線部份表示可以與其他裝置模組作爲擴充節點。

緊接著，再確定參數設定全部完成後，將星狀拓樸網路中的各節點重新開機，並透過 ZmConfig 軟體測試網路的架構是否正確。如圖 10.15 所示，系統開機約 1 分鐘後，ZigBee 模組的連線完成，打開 ZmConfig 軟體 → 網路，按下查詢，可看見"來源 MAC"、"父節點 MAC 位址"、裝置類型以及全部子節點之 MAC 位址。

如圖 10.16 所示，協調者爲最高層節點，也因此於此星狀拓樸網路中，無法再找到其父節點。緊接著，搜尋出在網路之中的終端裝置的子節點。而其子節點的 MAC 位址爲 2008091502000010。

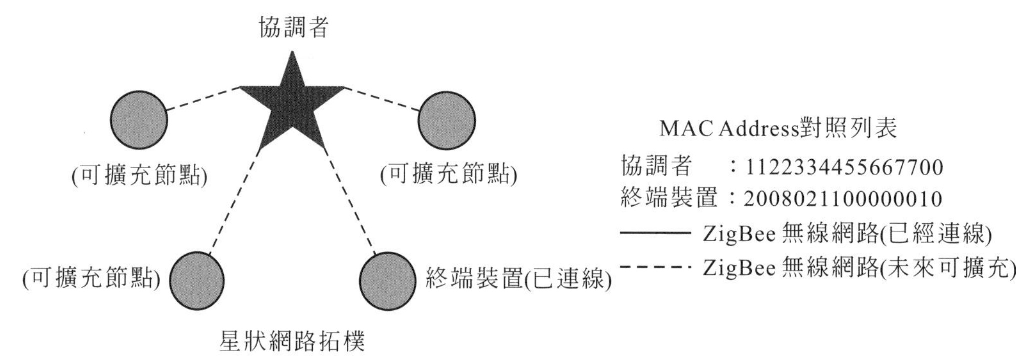

圖 10.15　星狀拓樸 MAC 位址對照示意圖

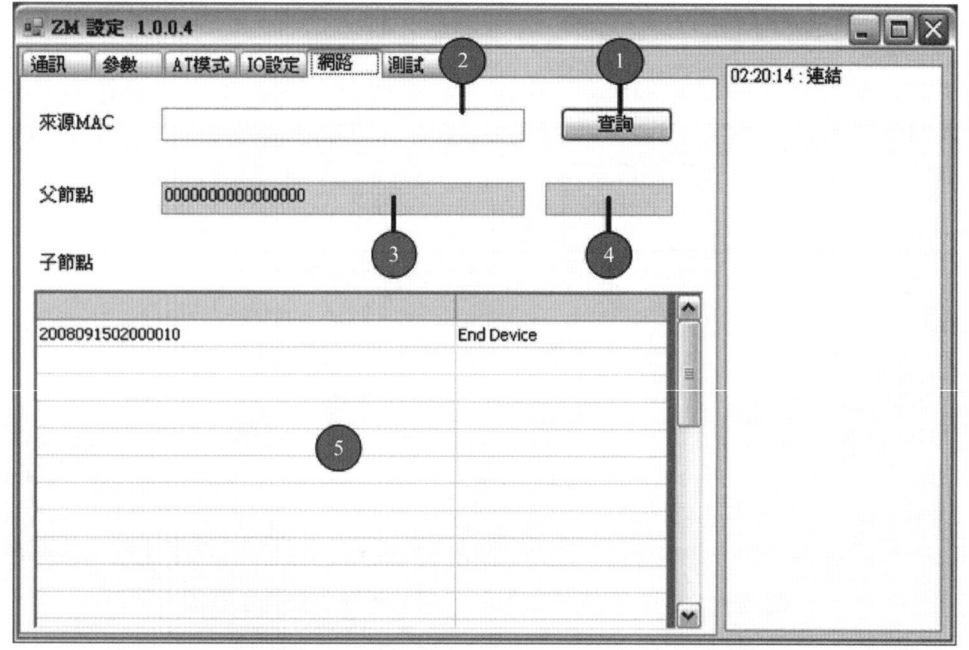

圖 10.16　在協調者下的子節點 MAC 位址示意圖

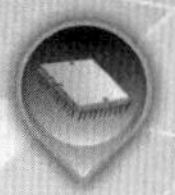

對於終端裝置的網路拓樸測試也與上面方式大致相同。首先，將 PC 主機的 UART 與終端裝置連線，透過 ZmConfig 軟體網路查詢，觀看結果如圖 10.17 所示，可看到其父節點的 MAC 位址為 1122334455667700，與先前協調者的 MAC 位址相同，可知目前此終端裝置為其子節點。

圖 10.17　終端裝置的父節點操作畫面

10.4　AT-Command 應用範例

為了讓讀者瞭解如何進一步使用 AT 命令，以下，分別列出 CCH、GCH、CPI、GPI、CNI、GNI、CBR、GBR、CTL、GTL、CDS 與 GDS 命令的參考使用用法。

❖　CCH AT 命令使用方式

變更裝置目前所使用的頻道。而此命令測試結果則如圖 10.18 所示，其中，傳送 AT+CCH D=1122334455667702 V=9<CR>，回應 200<CR>。表示查詢 MAC 為 11223344556677002 裝置，目前使用 Channel 20。V 值所表示的頻道如表 10.1 所示。

表 10.1　GCH 讀取之頻道對應表

V	頻道	V	頻道
0	Channel 11	8	Channel 19
1	Channel 12	9	Channel 20
2	Channel 13	A	Channel 21
3	Channel 14	B	Channel 22
4	Channel 15	C	Channel 23
5	Channel 16	D	Channel 24
6	Channel 17	E	Channel 25
7	Channel 18	F	Channel 26

圖 10.18　CCH AT 命令測試的結果畫面

❖ GCH AT 命令使用方式

查詢裝置之目前頻道，頻道所讀取之資料如表 10.1 所列。而此命令測試結果則如圖 10.19 所示，其中，傳送 AT+GCH D=1122334455667702<CR>，回應 200<CR>V=9<CR>。表示查詢 MAC 為 11223344556677002 裝置，裝置回應表示目前使用 Channel 20。V 值表示如表 10.1 所示。

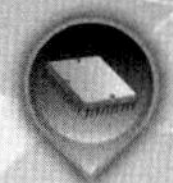

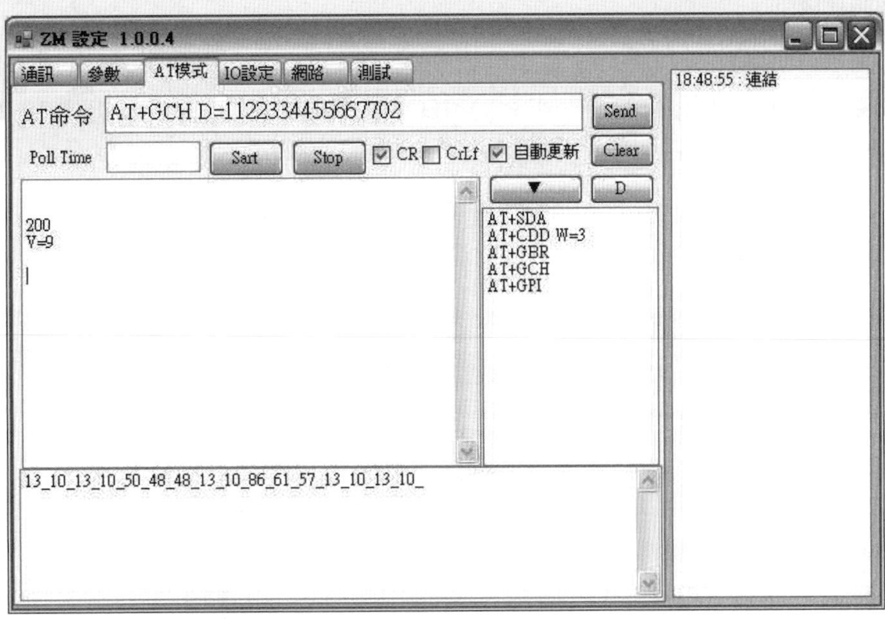

圖 10.19　GCH AT 命令測試的結果畫面

❖　CPI AT 命令使用方式

變更裝置目前所使用的網路 PAN ID。而此命令測試結果則如圖 10.20 所示，其中，傳送 AT+CPI D=1122334455667702 V=000C<CR>，回應 200<CR>。表示在查詢 MAC 位址爲 11223344556677002 裝置，目前使用網路 PAN ID 爲 C，最大值爲 0x3FFE。

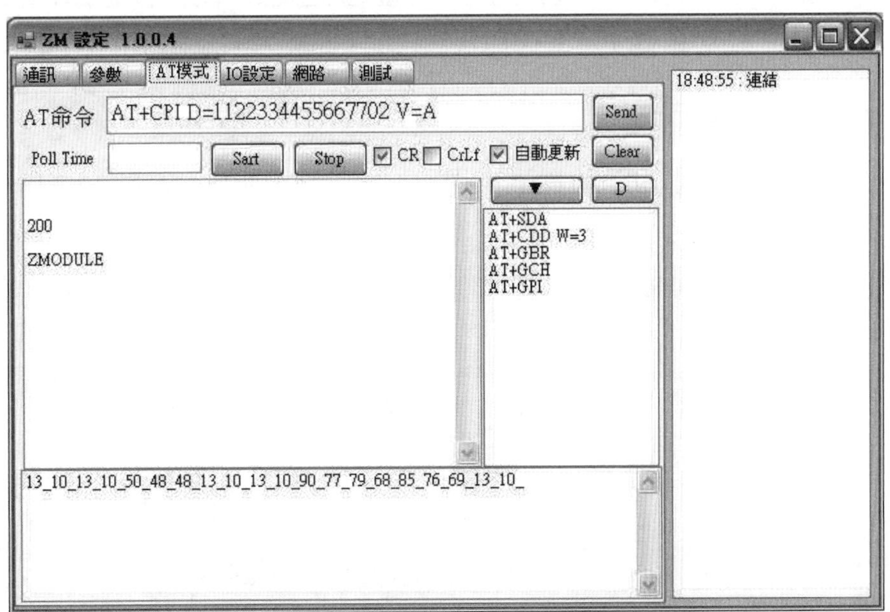

圖 10.20　CPI AT 命令測試的結果畫面

❖ GPI AT 命令使用方式

查詢裝置目前所使用的 Network PAN ID。而此命令測試結果則如圖 10.21 所示，其中，傳送 AT+GPI D=1122334455667702 <CR>，回應 200<CR>V=000A。表示正查詢 MAC 位址爲 11223344556677002 裝置，目前使用 Network PAN ID 爲 C，最大值爲 0x3FFE。

圖 10.21　GPI AT 命令測試的結果畫面

❖ CNI AT 命令使用方式

更變裝置目前所使用的網路資訊。相關 CNI 數值列表，如表 10.2 所列。而此命令測試結果則如圖 10.22 所示，其中，傳送 AT+CNI D=1122334455667702 V=010002<CR>。回應 200<CR>。目前此裝置最大 Child 爲 1 個，最大路由器值爲 0 個，最大深度爲 2。

表 10.2　CNI 數值列表

B5	B4	B3	B2	B1	B0
Cm		Rm		Dp	
0	1	0	0	0	2

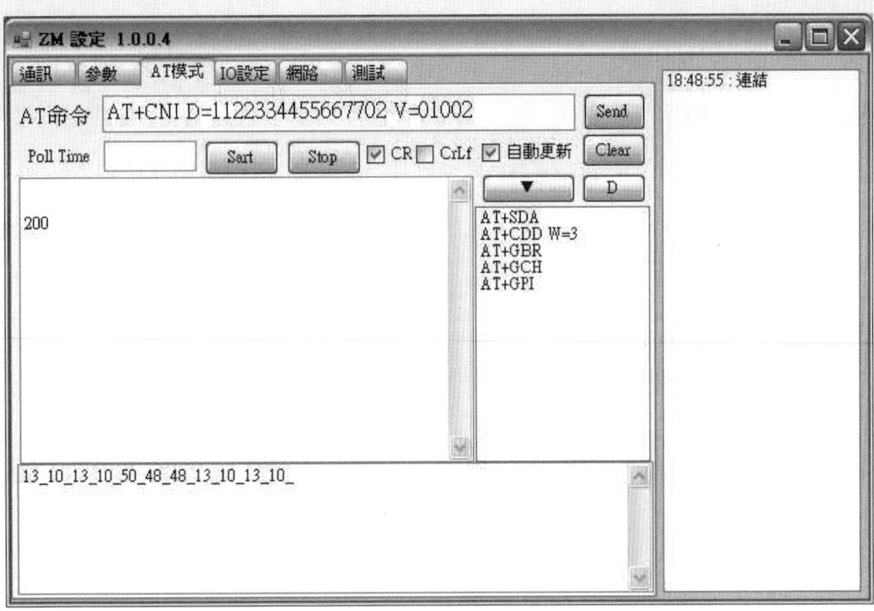

圖 10.22　CNI AT 命令測試的結果畫面

❖ GNI AT 命令使用方式

查詢裝置目前所使用的網路資訊。而此命令測試結果則如圖 10.23 所示，其中，傳送 AT+GNI D=1122334455667702 <CR>。回應 200<CR>V=010002。V 值表示方式如同 CNI 命令。

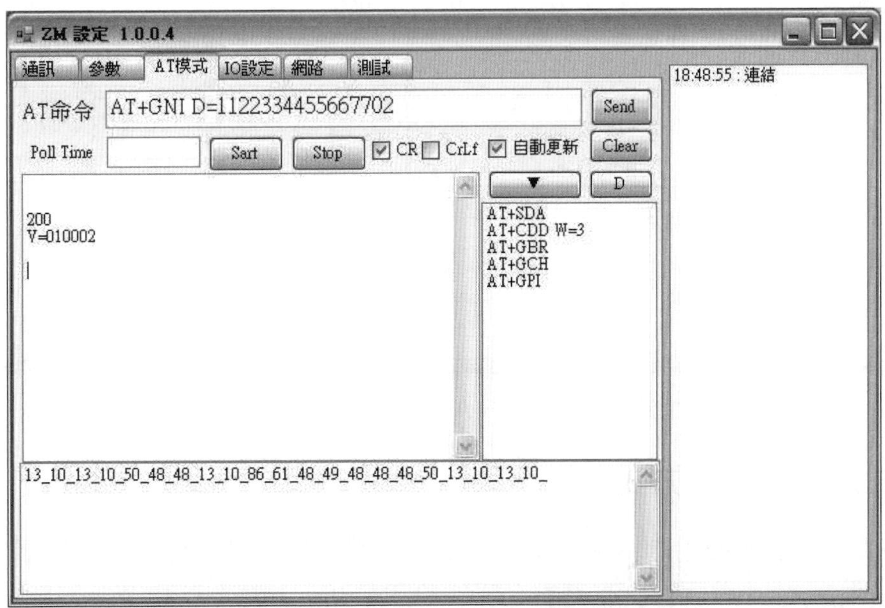

圖 10.23　GNI AT 命令測試的結果畫面

❖ CBR AT 命令使用方式

變更裝置目前所使用的傳輸鮑率。此命列的 V(鮑率)值表示方式如下表 10.3 所示。而此命令測試結果則如圖 10.24 所示，其中，傳送 AT+CBR D=1122334455667702 V=6<CR>。表示更變裝置鮑率 38400bps，回應 200<CR>。

表 10.3　CBR 鮑率表示方式

V	鮑率	V	鮑率
0	1200	5	31250
1	2400	6	38400
2	4800	7	57600
3	9600	8	115200
4	19200		

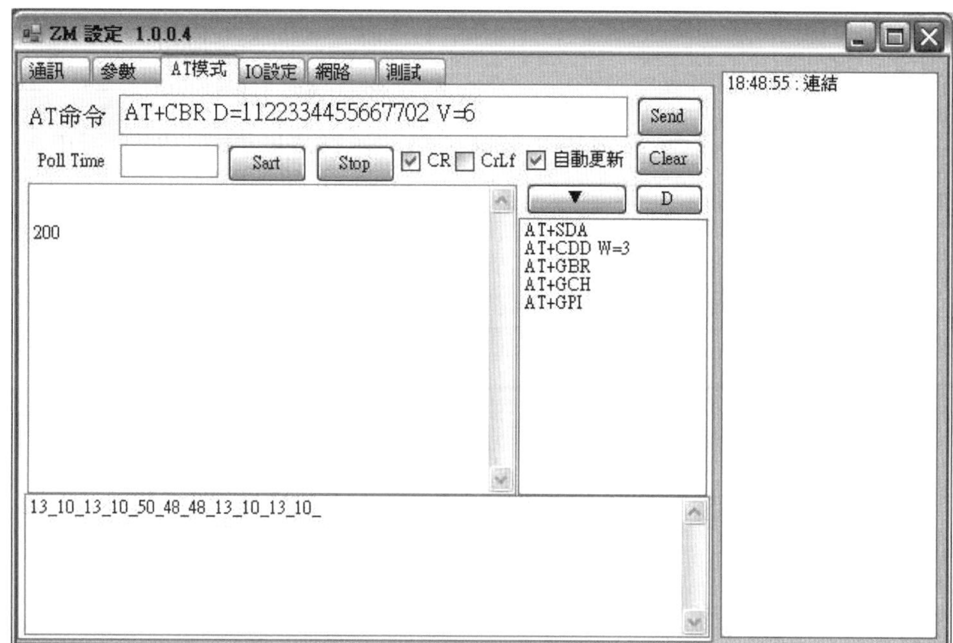

圖 10.24　CBR AT 命令測試的結果畫面

❖ GBR AT 命令使用方式

查詢裝置目前所使用的傳輸鮑率。而此命令測試結果則如圖 10.25 所示，其中，傳送 AT+CBR D=1122334455667702 <CR>。回應 200<CR>。V 值表示方式如 CBR 使用方式相同示。

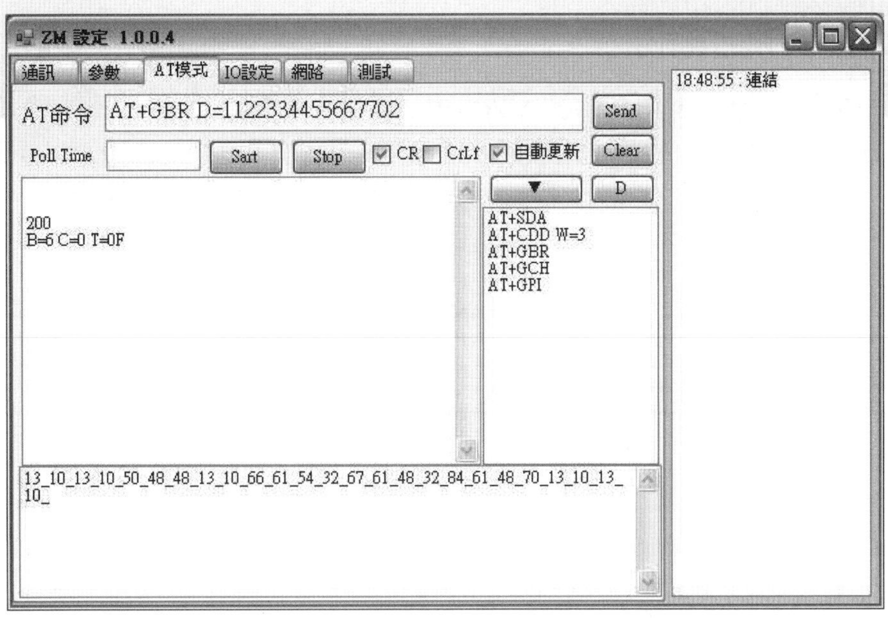

▲ 圖 10.25　GBR AT 命令測試的結果畫面

❖ CTL AT 命令使用方式

更變目前裝置 Zigbee 傳送強度，V= 0 ~ 9。而此命令測試結果則如圖 10.26 所示，其中，傳送 AT+CTL D=1122334455667702 V= 9<CR>，裝置回應 200<CR>，數值越大表示傳送強度越強。

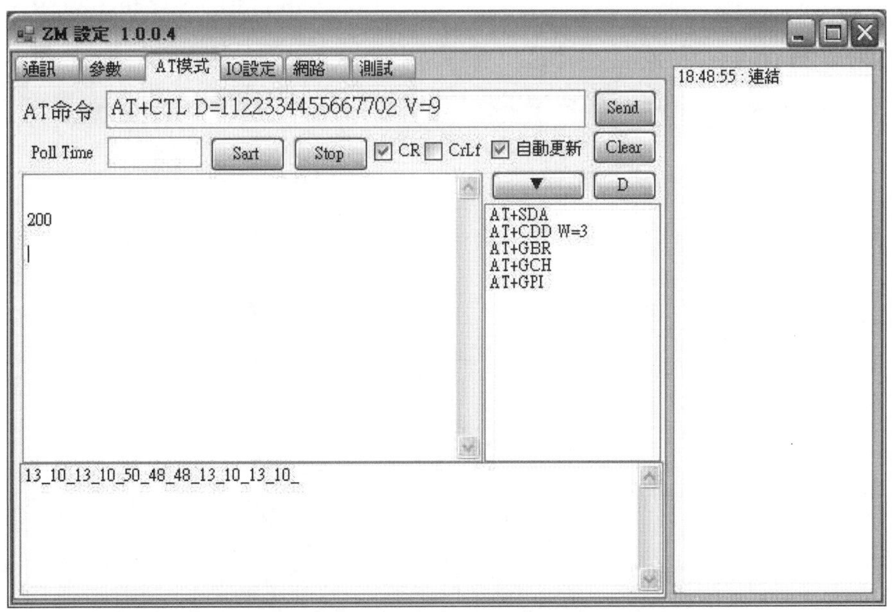

▲ 圖 10.26　CTL AT 命令測試的結果畫面

❖ GTL AT 命令使用方示

查詢目前裝置 Zigbee 傳送強度，V=0~9。而此命令測試結果則如圖 10.27 所示，其中，傳送 AT+GTL D=1122334455667702 <CR>，裝置回應 200<CR> V=9<CR>。

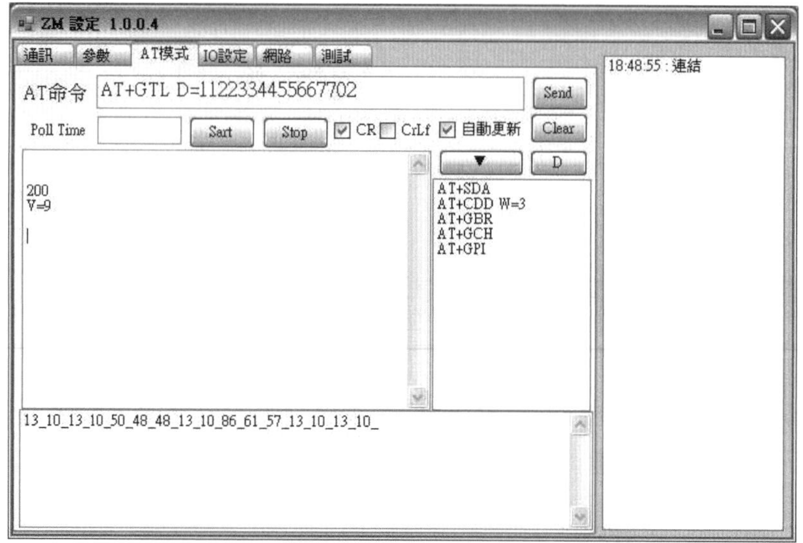

圖 10.27　GTL AT 命令測試的結果畫面

❖ CDS AT 命令使用方式

更變目前裝置的內容文字，裝置連線時，可看到對方內容。而此命令測試結果則如圖 10.28 所示，其中，傳送 AT+CDS D=1122334455667702 V="test"<CR>，裝置回應 200<CR>。這表示未來裝置連線後，對方可看見"test"訊息。

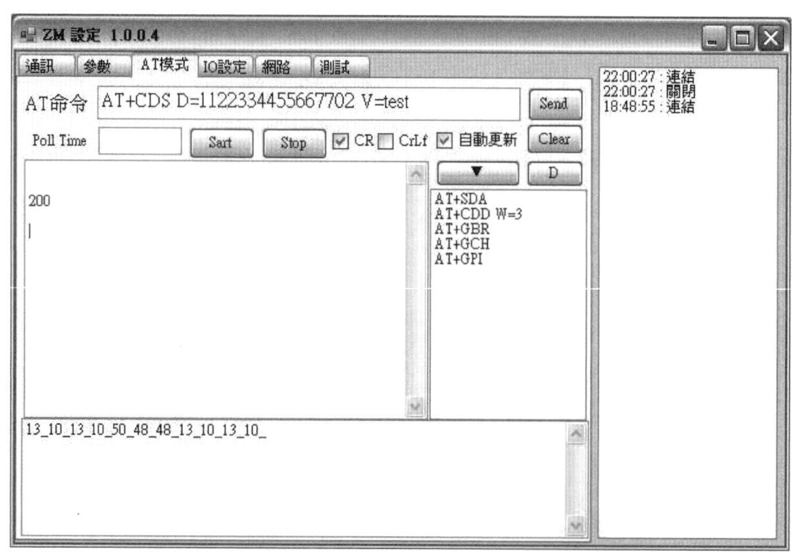

圖 10.28　CDS AT 命令測試的結果畫面

❖ GDS AT 命令使用方式

查詢目前裝置的內容文字，表示裝置連線時，可看到對方內容表示爲“test”訊息。而此命令測試結果則如圖 10.29 所示，其中，傳送 AT+CDS D=1122334455667702 V=“test”<CR>，裝置回應 200<CR>。

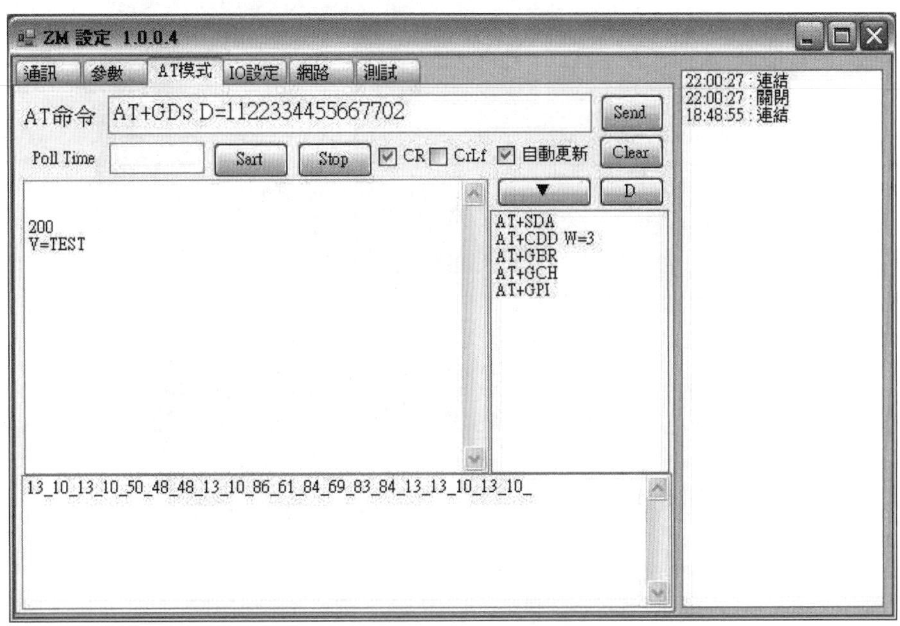

圖 10.29　GDS AT 命令測試的結果畫面

10.5 USB-ZigBee HID Dongle 與無線感測網路連接與測試

爲了使用 USB-ZigBee HID Dongle 與無線感測網路能正確連接與使用，讀者需按照下列步驟，依序執行：

1. 硬體電路板調整。
2. 將中層板的 PSoC 電路板拔除。
3. 將左邊的 SW1 指撥開關全部往上撥，設定爲 ON。
4. 先將紅色標籤 CC2530 裝置模組插至 PSoC 介面與感測器實驗載板的底板上，如圖 10.30 所示。稍後，再互換成綠色標籤 CC2530 裝置模組。

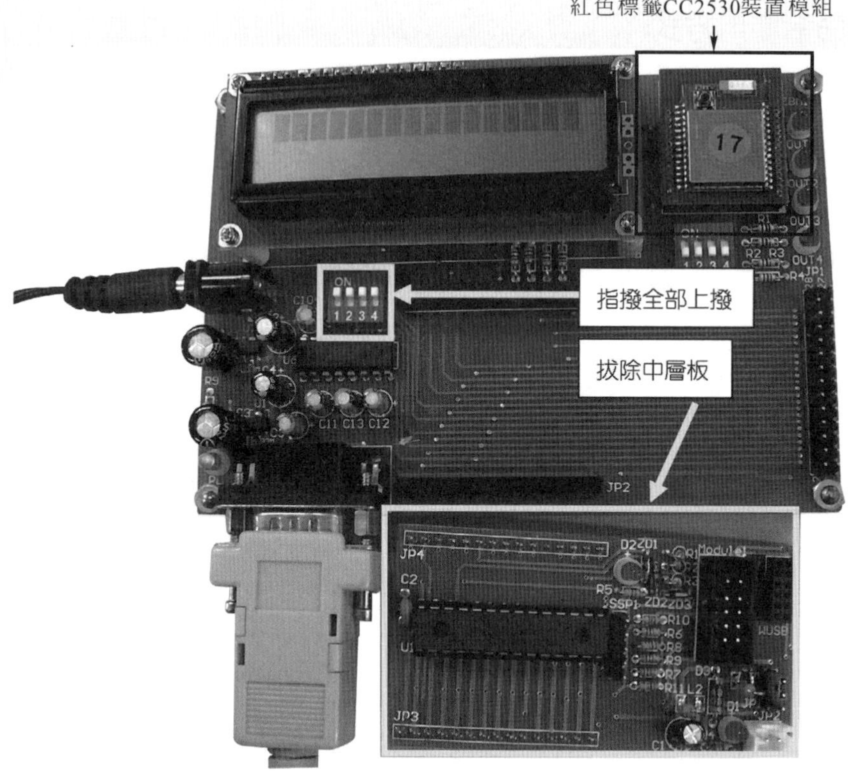

圖 10.30　硬體電路板調整操作示意圖

而當使用 ZMConfig 通訊軟體時，需設定通訊相關參數

❖ **設定鮑率與通訊格式:9600bps 8,N,1(如圖 10.31 所示)**

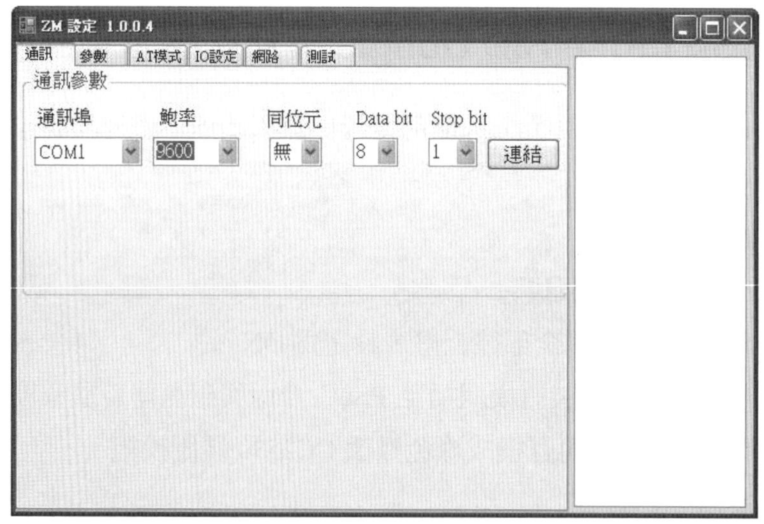

圖 10.31　ZMconfig 通訊參數設定示意圖

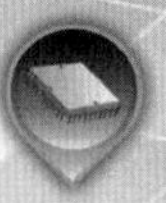

❖　**按下連接，右方視窗會顯示連接的時間(如圖 10.32 所示)**

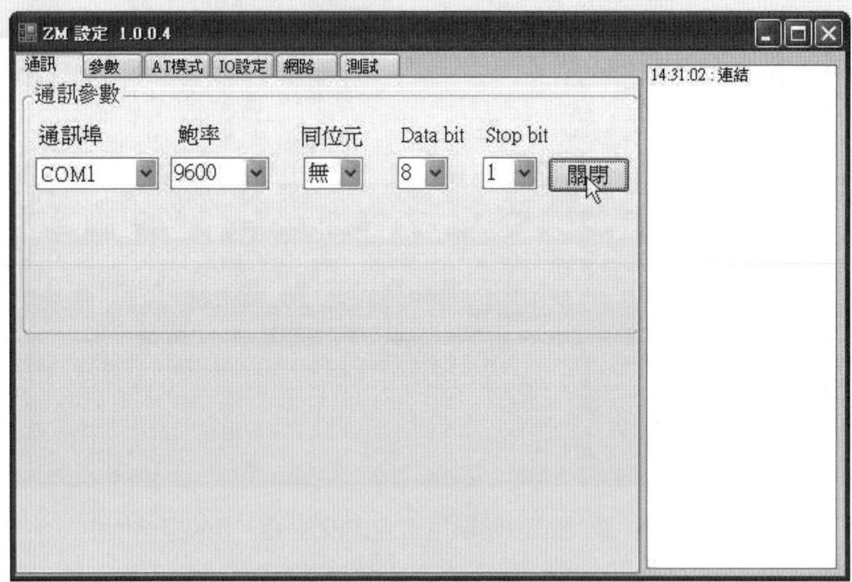

圖 10.32　連線後的畫面

❖　**按下"參數"分頁視窗，並按下"Read"按鈕。**

此時，會取得此 CC2530 模組的相關資訊，讀者確定協調者與終端節點的通道與 PAN ID 是否與一樣，並需將本身的 MAC 位址記錄拷貝下來，如圖 10.33 與 10.34 所示。

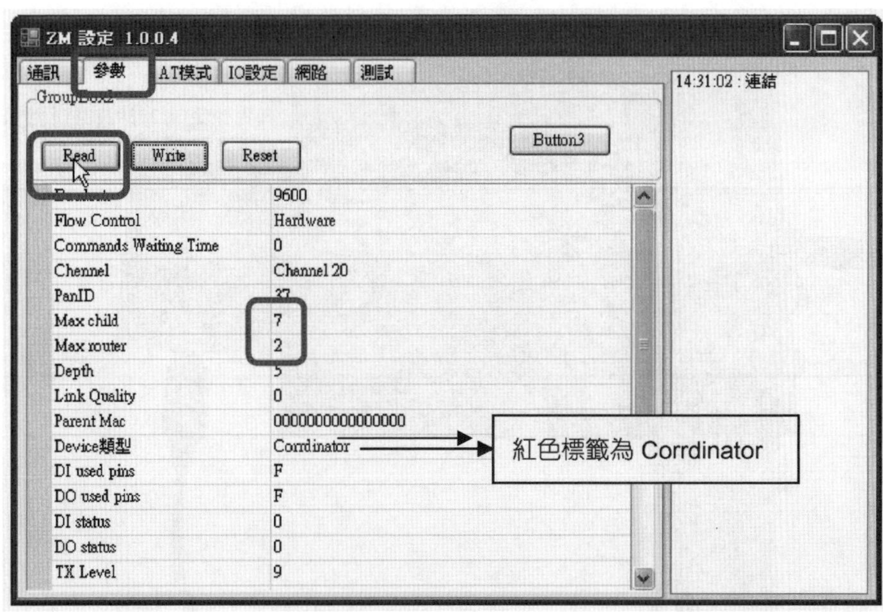

圖 10.33　點選讀取時顯示畫面(協調者，Cordinator)

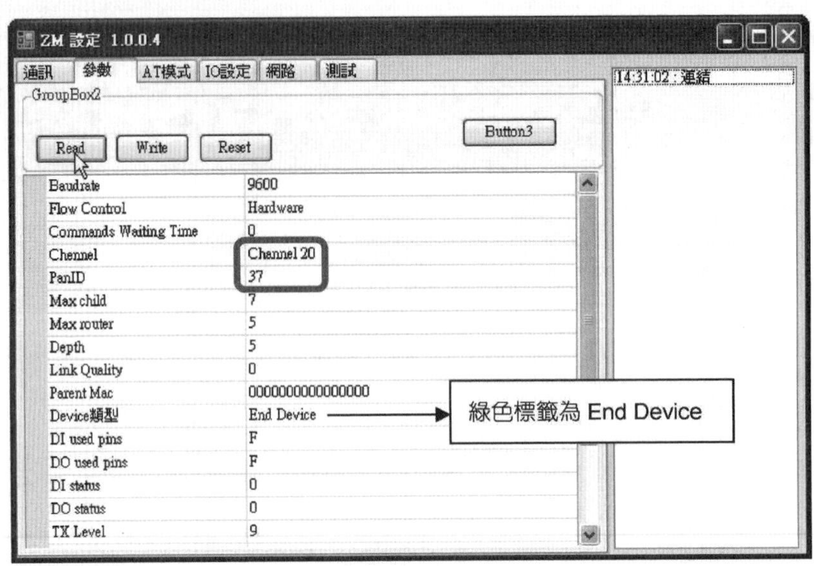

圖 10.34 點選讀取時顯示畫面(終端裝置，End Device)

在此需注意，若是協調者的話，Max Child 至少必須大於 Max Router。若有更改參數的話，透過 USB 連到同一台 PC 主機上，則需按下"Write"按鈕加以設定。

完成上述步驟後，另外將綠色標籤 CC2530 模組插上 USB-ZigBee HID Dongle 後，透過 USB 纜線連到同一台 PC 主機上。如圖 3.35 所示，並打開電源來抓取終端節點的相關資訊，並加以對照。

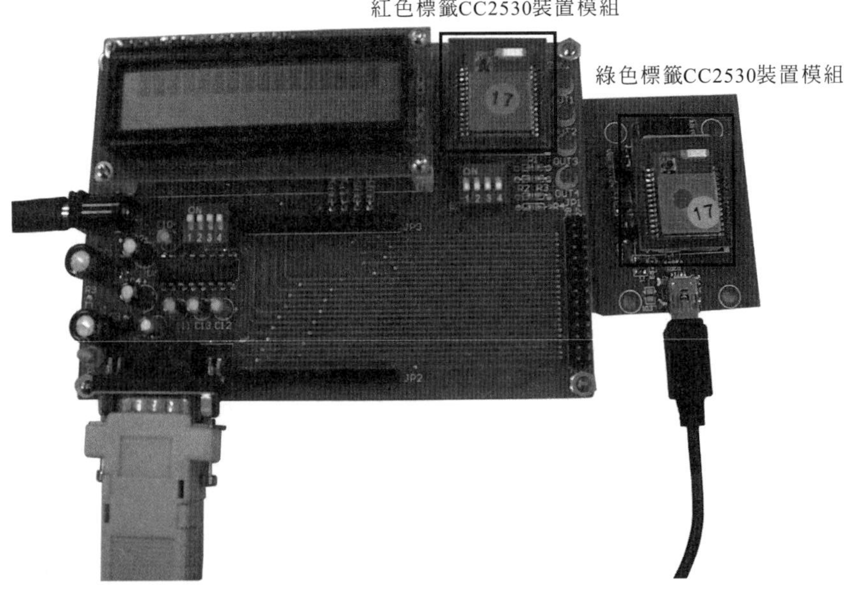

圖 10.35 CC2530 模組擺放方式

❖　**按下"網路"分頁視窗，並按下"查詢"按鈕。**

此時，會顯示 ZigBee 網路的父節點與子節點的 MAC 位址，如圖 10.36 所示。

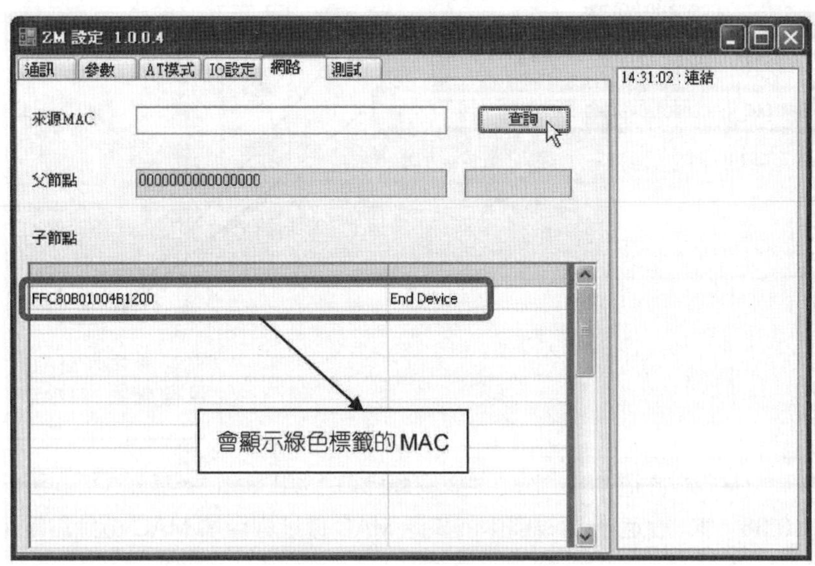

圖 10.36　網路查詢畫面

❖　**按下"IO 設定"分頁視窗。**

將子節點的 MAC 位址數值拷貝到"IO 設定"分頁視窗的目標 MAC 欄位中，如圖 10.37 所示。緊接著，再將來源 MAC 位址設定爲原先本身的 MAC 位址數值，如圖 10.38 所示。

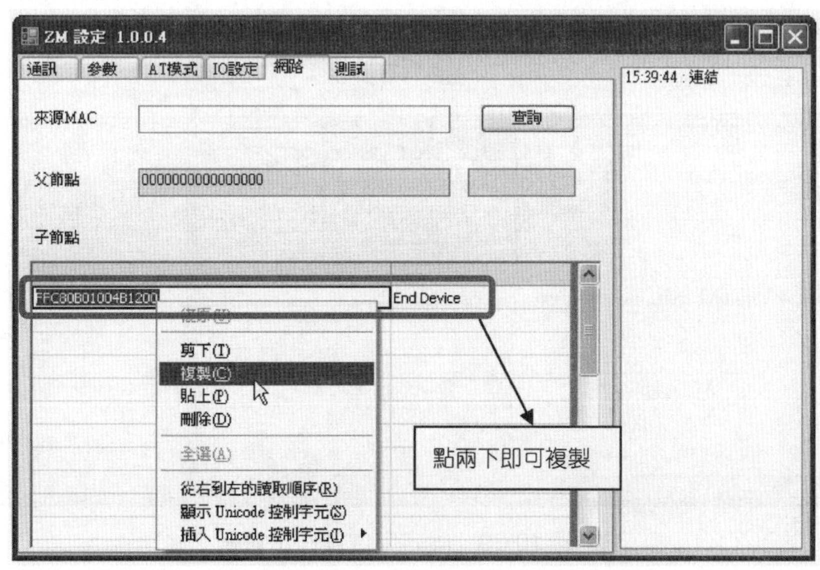

圖 10.37　複製來源 MAC 位址操作示意圖

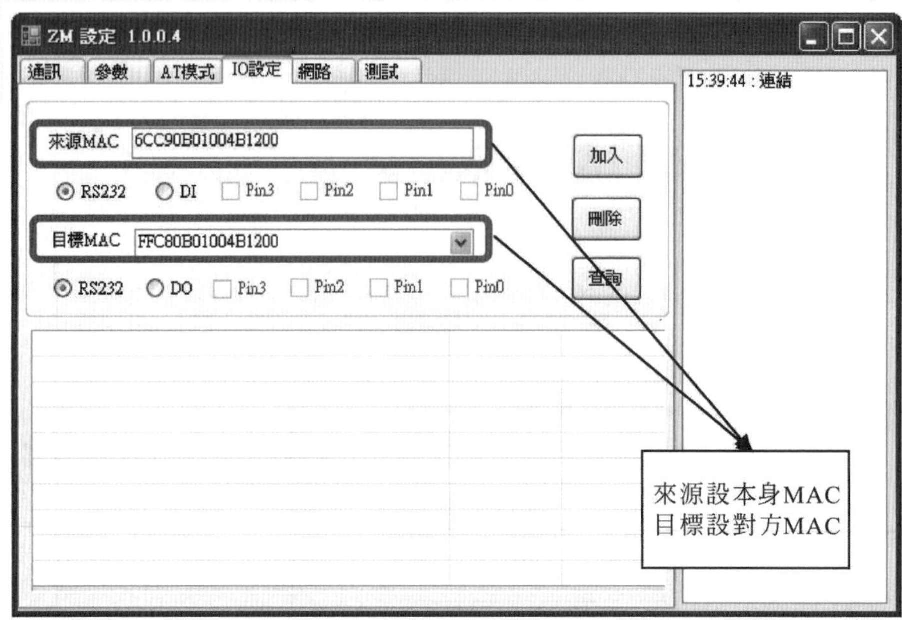

圖 10.38 "IO 設定"分頁視窗中的來源 MAC 位址與目標 MAC 位址設定示意圖

此時，來源 MAC 與目標 MAC 皆有設定數值後，亦選擇其下方的 RS232 選項。緊接著，按下右方的"加入"按鈕，即可出現命令 CDD 正確執行的視窗(如圖 10.39 所示)，且下方視窗有一排目標 MAC 位址的資料(如圖 10.40 所示)。

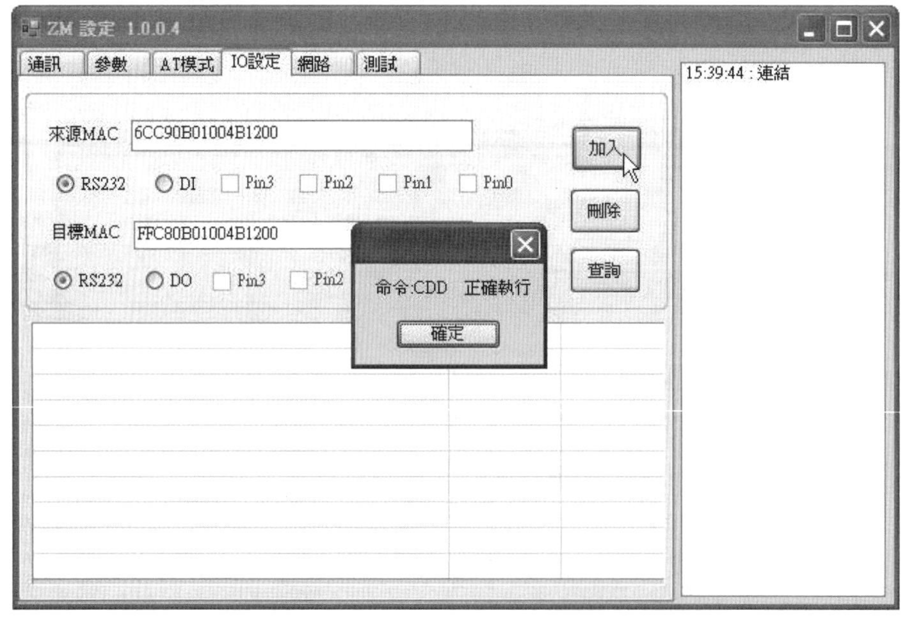

圖 10.39 設定完成操作示意圖

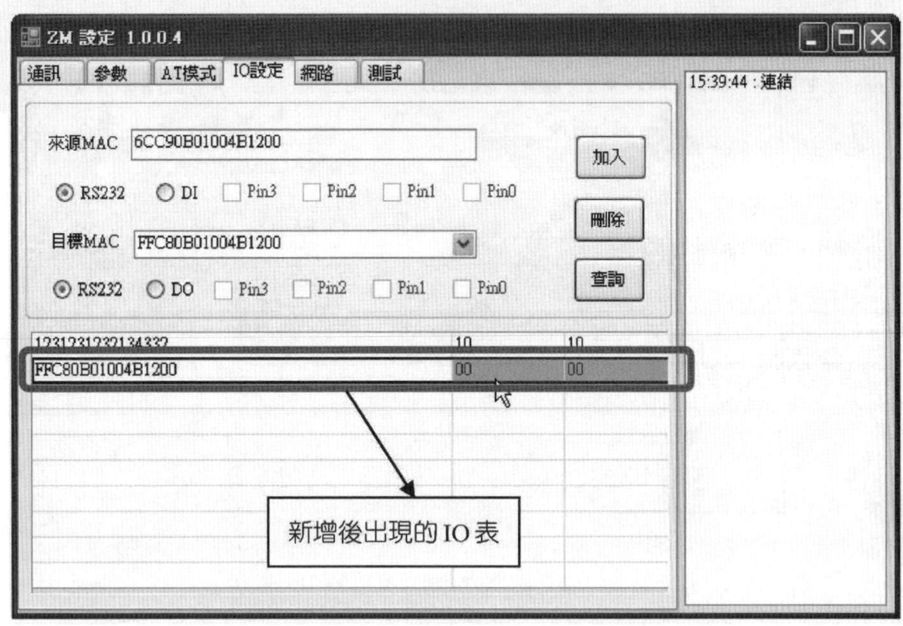

圖 10.40　查詢 IO 表操作示意圖

在此需注意，在"IO 設定"分頁視窗下，按下"查詢"按鈕時，若發現有其他 MAC 位址，則須先刪除(按下滑鼠左鍵，連點兩下)，如圖 10.41 與 10.42 所示。

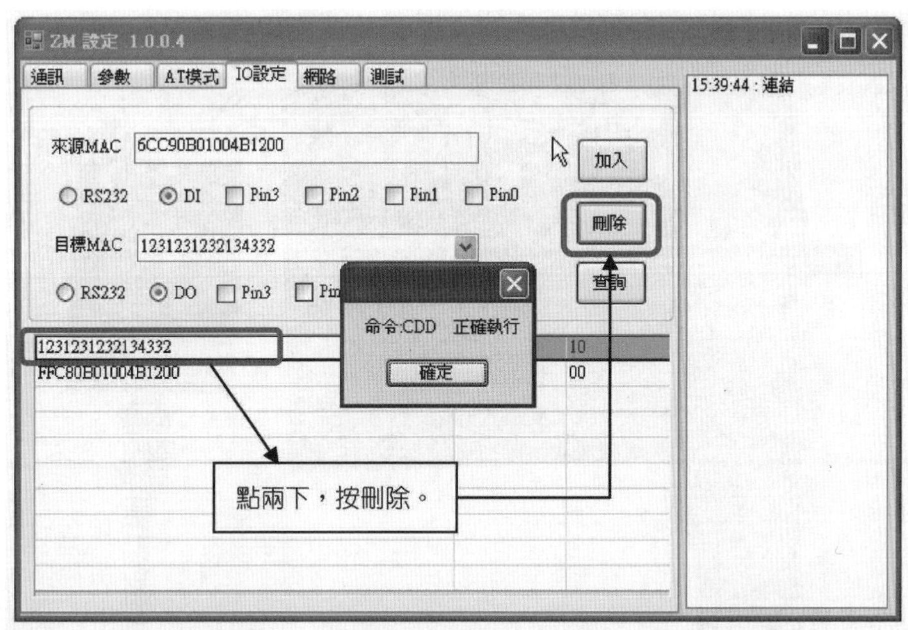

圖 10.41　刪除不需要的 MAC 位址操作示意圖

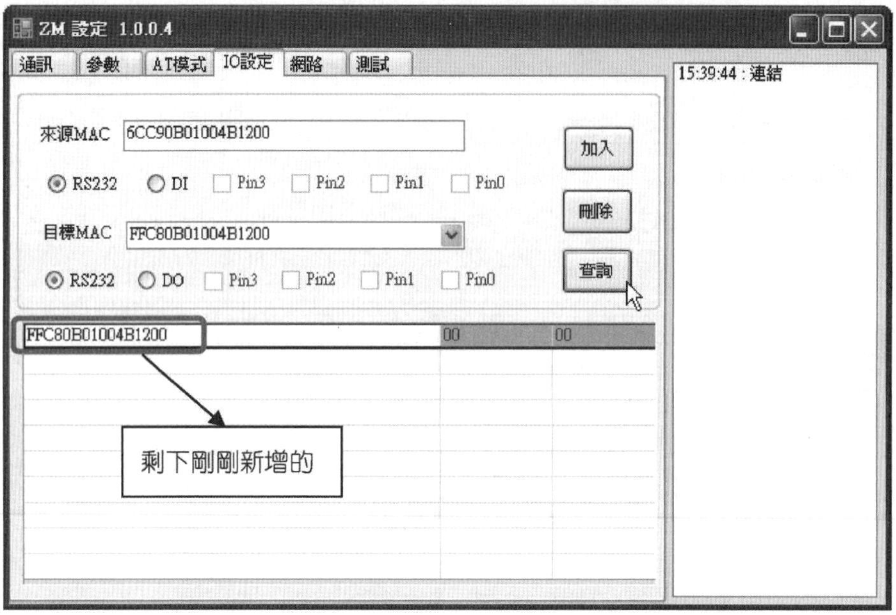

ZM 設定 1.0.0.4

通訊 參數 AT模式 IO設定 網路 測試

來源MAC 6CC90B01004B1200

RS232 DI Pin3 Pin2 Pin1 Pin0

目標MAC FFC80B01004B1200

RS232 DO Pin3 Pin2 Pin1 Pin0

加入 刪除 查詢

15:39:44 : 連結

FFC80B01004B1200 00 00

剩下剛剛新增的

圖 10.42　查詢剩下的 MAC 位址操作示意圖

緊接著，將紅色標籤與綠色標籤的 CC2530 裝置模組互換。此時，紅色標籤的 CC2530 裝置模組放置到 USB-ZigBee HID Dongle，另一個綠色標籤的 CC2530 裝置模組則放到 PSOC 介面與感測器實驗載板的底板上，如圖 10.43。

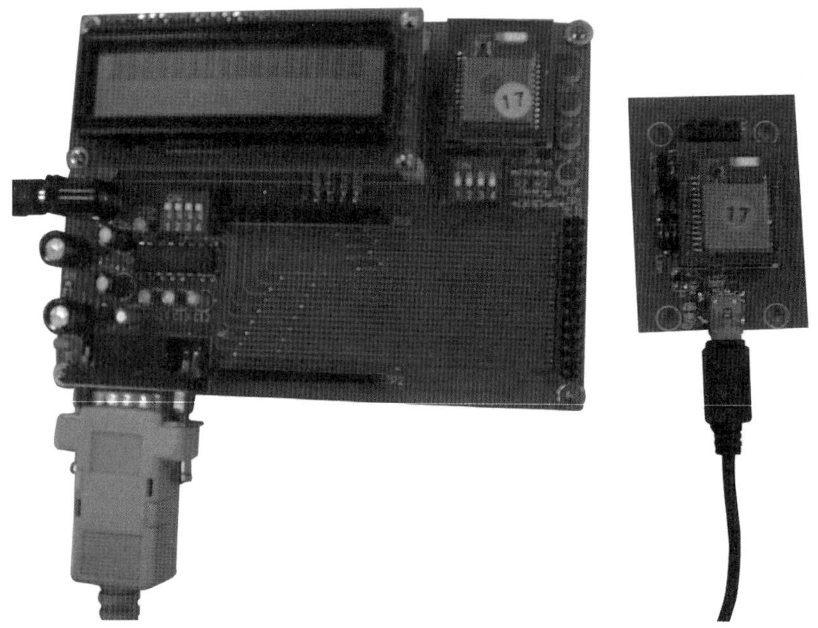

圖 10.43　互換 CC2530 模組操作示意圖

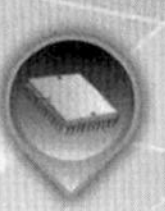

重複上述步驟，並於"參數"分頁視窗中，按下"Read"按鈕後，將本身的 MAC 位址與協調者 MAC 位址複製後，分別放到"IO 設定"分頁視窗的來源 MAC 與目標 MAC 中，如此，即可完成 ZigBee 無線感測網路的互連工作。換言之，即是將兩者(USB-HID ZigBee Dongle 及 PSoC 介面與感測器實驗載板)的 MAC 位址互換來實現無線感測網路連接的功能。

上述所介紹的操作步驟相當重要，讀者需相當熟悉，才能執行稍後各章節的實驗。

問題與討論

1. 請讀者將 USB-ZigBee Dongle 連接至 PC 主機，並依步驟依序安裝驅動程式(驅動程式於附贈光碟片中)。而在裝置管理員中找出對應的虛擬 COM 埠碼為何？
2. 請讀者打開 ZMConfig 軟體(軟體位於附贈光碟片中)來測試 ZigBee 無線感測網路節點。請根據本章內容，設定相關通訊協定，然後按下"連結"按鈕。此時，請於右方的訊息視窗觀察是否已連接上。若無的話，請檢查通訊格式是否設錯或是重新插拔 USB-ZigBee Dongle。
3. 請測試 ZigBee 無線感測網路的星狀拓樸架構，並且使用 ZmConfig 軟體的 AT 模式來實現，並畫出你們所連線的星狀示意圖。如使用 AT 模式無法建構的話，請探討原因。
4. 請測試 USB-ZigBee HID Dongle 協調者與 ZigBee 無線感測網路實驗載板之間的距離可多遠，請以目測來說明。
5. 請測試一對二(含以上)的 ZigBee 無線感測網路的星狀拓樸架構，並以 ZmConfig 軟體的 AT 模式來實現。
6. 讀者可以根據書後附錄的 BOM 表，購置 USB-ZigBee HID Dongle 與簡易 PSoC 實習單板的相關零件，並根據圖 3.5 所示 UART 訊號轉換電路實現本章的實驗。(如圖 10.44 所示)。

圖 10.44　USB-ZigBee HID Dongle 與簡易 PSoC 實習單板的無線感測網路實驗實體圖

11

PSoC I^{2}C 無線溫濕度感測器設計

本章主要將介紹如何使用仿效 I^{2}C 串列介面的溫濕度感測器來做無須傳輸的設計與應用。因此，會將重點放在如何說明 PSoC-29466 元件來控制溫濕度感測器 SHT11，以及透過第 8 章與第 10 章所介紹的 USB-ZigBee HID Dongle 與 CC2530 裝置模組來完成整個 ZigBee 無線感測網路系統的設計。其中，透過 PSOC 介面與感測器實驗載板連接一 SHT11 溫濕度感測器，來實現無線溫濕度感測器資料的傳輸與擷取的目的。

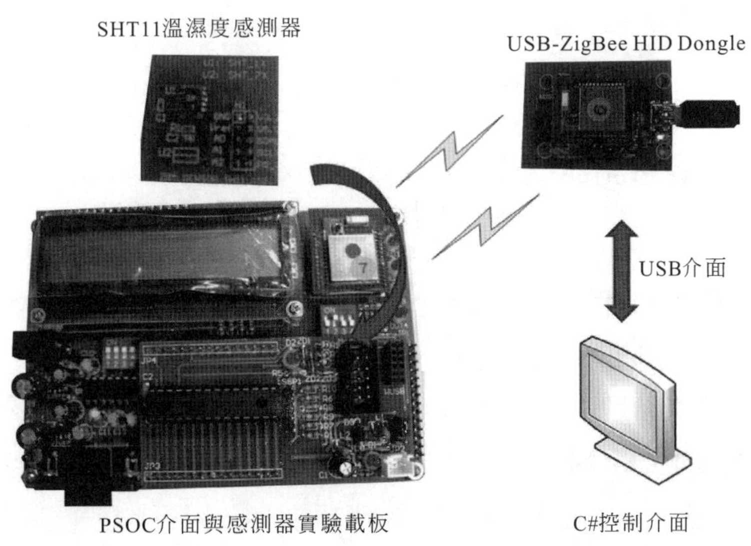

圖 11.1　PSoC 仿 I^{2}C 無線溫濕度感測器之實驗架構示意圖

此外，本章節於 PC 端設計一個溫濕度感測器應用程式，讓讀者驗證溫溼度感測器以無線所回傳的感測訊息。如圖 11.1 所示，爲本章實驗架構示意圖。

在 PSOC 介面與感測器實驗載板上，運用下列的 PSoC 模組。而在 USB-ZigBee HID Dongle 上，則僅運用其中的 USBFS 與 UART 模組。

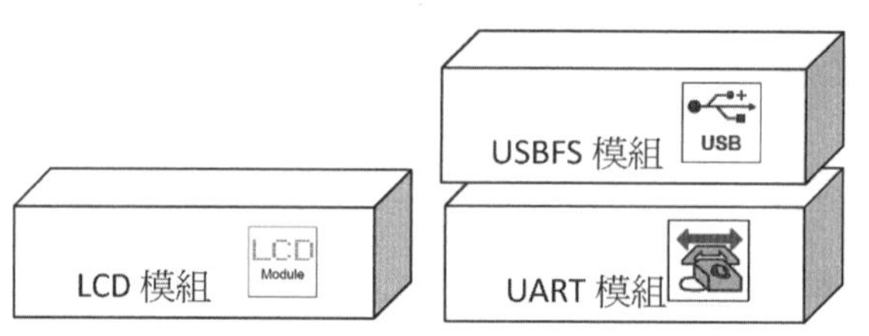

11.1 溫濕度感測器- SHT1x / SHT7x

本章所運用的溫濕度感測器，是一顆整合仿效 I^2C 串列介面的溫度與濕度量測的感測器-SHT1x / SHT7x(SENSIRION)。如圖 11.2 所示，爲其元件實體圖。

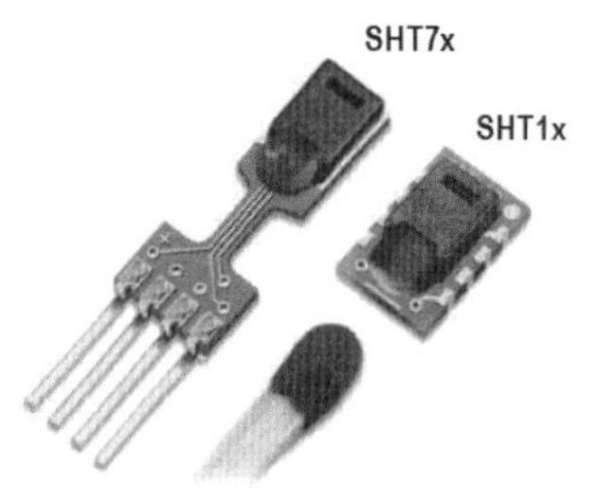

圖 11.2 SHTxx 系列元件實體圖

11.1.1 溫濕度感測器- SHT1x / SHT7x 特性

整個感測器包括一個電容性感測元件去量測相對濕度和一個透過能隙(band-gap)材料製成的溫度敏感元件。這兩個溫度敏感元件與一個 14-bit 的 A/D 轉換器以及一個串列介面電路設計在同一個晶片上面。

SHTxx 系列產品是一款高度整合的溫濕度感測器晶片，提供高解析的數位輸出。其中，採用專利的 CMOSensR 技術，以確保產品具有極高的可靠性與卓越的長期穩定性。因此，這感測器不僅效能卓越、反應超快、抗干擾能力強，及對於外部的雜訊干擾(EMC)不會太敏感。

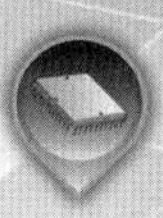

每個感測器晶片組都在極爲精確的恆溫室中進行校準。而校準後的係數再燒錄到在晶片組的 OTP 記憶體中。因此，這些係數可以用來內部校準感測器傳輸的訊號。透過仿效 I²C 的兩線式串列介面與內部的電壓調整，使得周邊系統整合變得快速而簡單。而其微小體積、極低消耗功率等優點使得此顆溫濕度感測器成爲各類應用中的首選。

而相關產品根據需求，提供平面貼片 LCC 或是 4x-pin 單排針腳製程，並可根據使用者的不同需求，提供特殊製程形式。其中，同樣的溫濕度感測器可以用排針類型(SHT7x)或 LCC 包裝類型(SHT1x)。此外，根據不同的精準度要求，又有不同的編號。如表 11.1 所列，爲 SHTxx 系列的各種類型一覽表。在此，我們是使用 SMD 包裝的 SHT11 元件。

表 11.1 SHTxx 系列之各種型號一覽表

型號	濕度精準度[%RH]	溫度精準度[℃]	製成方式
SHT10	± 4.5	± 0.5℃在 25℃	SMD(LCC)
SHT11	± 3.0	± 0.4℃在 25℃	SMD(LCC)
SHT15	± 2.0	± 0.3℃在 5 ~ 40℃	SMD(LCC)
SHT71	± 3.0	± 0.4℃在 25℃	4-PIN 單排直插
SHT75	± 1.8	± 0.3℃在 5 ~ 40℃	4-PIN 單排直插

如表 11.1 所示的精準度來看，SHT75 編號是具備最好的溫度與濕度的效能。以下爲讀者說明此感測器進一步相關的特性。

一、介面規格說明

如表 11.2 所示，爲 SHT1x 系列的接腳編號與名稱。而表 11.3 所示，則爲 SHT7x 系列的接腳編號與名稱。在此需注意的是，SHTxx 系列的供應電壓範圍必須在 2.4 ~ 5.5V 範圍內，但建議還是以 3.3V 較佳。此外，如圖 11.3(b)所示，電源供應接腳(VDD)與接地點(GND)必須中間連接一個 100 nF 電容器來作濾波之用。感測器接上電源後，要等待 11ms 來完成“休眠”狀態，並在此期間無需發送任何指令。

表 11.2　SHT1x 系列的接腳編號與名稱

Pin	名稱	用途	
1	GND	接地	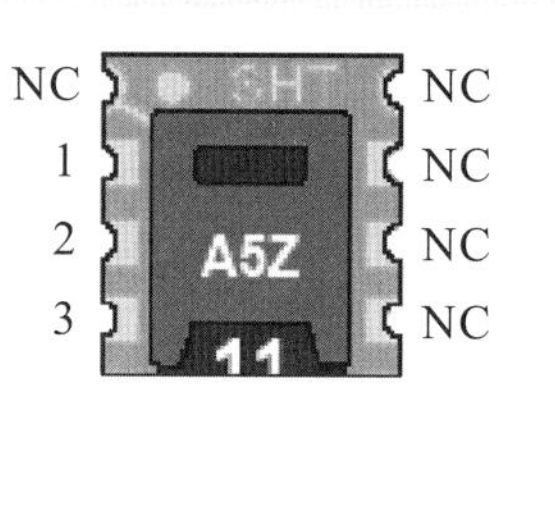
2	DATA	串列資料，雙向	
3	SCK	串列時脈，輸入	
4	VDD	供電 2.4 - 5.5 V	
	NC	剩餘針腳請勿連接	

表 11.3　SHT7x 系列的接腳編號與名稱

Pin	名稱	用途	
1	SCK	串列時脈，輸入	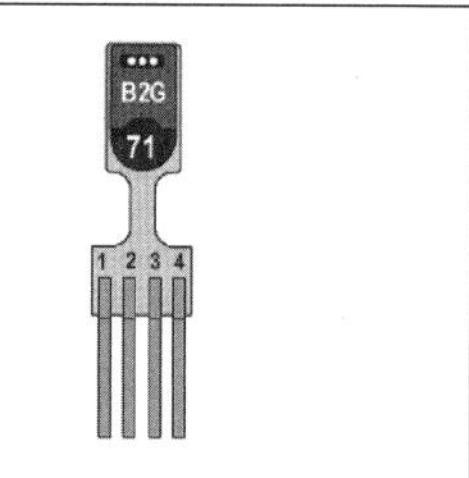
2	VDD	供電 2.4 - 5.6 V	
3	GND	接地	
4	DATA	串列資料，雙向	

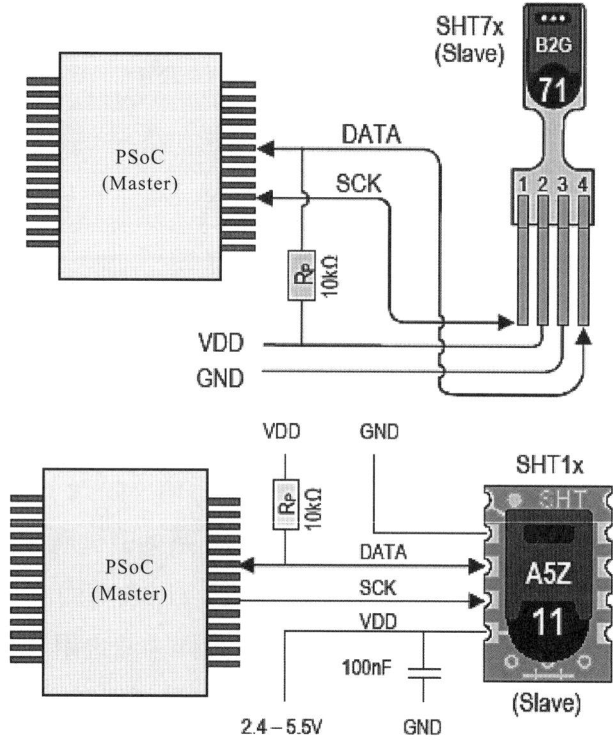

圖 11.3　(a)SHT7x 典型應用電路

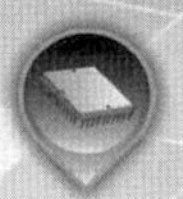

而以下分別敘述 SHTxx 感測器相關設計與應用的重點：

二、串列介面(兩線式雙向介面)

從圖 11.3(a)中，可以看到一般我們是以微控制器(PSoC)作爲主裝置端，SHTxx 則作爲從裝置端。此 SHTxx 應用的串列介面技術，在感測器信號讀取及電源損耗方面都做了最佳化處理。

但須注意，這顆感測器是無法透過標準 I²C 協定來定址的，然而其仍可連接至 I²C 匯流排上，而不會干擾到已連接到匯流排上的其他裝置。這部分需由 PSoC 來作切換。也就是說，雖然 SHTxx 的接腳使用與 I²C 介面的兩條引線-SCK 與 DAT 是仿效類似的，但卻不能相容。因此，在 PSoC 韌體程式碼的撰寫上，需作若干的修正與變更。

三、串列時脈(SCK)引線

SCK 用於 PSoC 與 SHTxx 之間的通訊同步。由於接連接埠包含了完整靜態邏輯，因而不存在最小 SCK 頻率。

四、串列資料(DATA)引線

DATA 引線的三態接腳是應用於傳輸資料讀取與寫入至感測器中。若要傳送命令給感測器的話，DATA 引線必須在 SCK 時脈上升邊緣，及當 SCK 引線高電位時，需維持穩定的情況下才是有效的。

爲避免信號衝突，PSoC 應驅動 DATA 引線在低電位。此時，需要一個外部的提升電阻器(例如：10kΩ)將信號提升至高電位(參考圖 11.3)。而有時提升電阻器可能已包含在微處理器的 I/O 電路中。

五、電器特性

詳細的 DC 特性，參考表 11.4 所示。其中，列出不同供應電壓下，SHT7x 的功率消耗狀況。此外，低與高準位，輸入與輸出電壓的電器特性都需根據供應電壓來決定。

表 11.4　SHTxx DC 信號特性表

參數	條件	Min	Typ	Max	單位
供電 DC		2.4	3.3	5.5	V
供電電流	測量		0.550	1	mA
	平均	2	28		μA
	休眠		0.3	1.5	μA
低電位輸出電壓	IOL < 4mA	0		250	mV
高電位輸出電壓	Rp < 25KΩ	90%		100%	VDD
低電位輸入電壓	下降延遲	0		20%	VDD
高電位輸入電壓	上升延遲	80%		100%	VDD
電路板上的輸入電流				1	μA
輸出峰值電流	on			4	mA
	三態(關閉)		10	20	A

為了適當地與 SHT 感測器通訊，必須嚴謹地根據表 11.5 與圖 11.4 所列的限制來確保整體系統的設計。

表 11.5　SHTxx I/O 特性表

	參數	條件	Min	Typ	Max	單位
FSCK	SCK 頻率	VDD > 4.5 V	0	0.1	10	Hz
		VDD < 4.5 V	0	0.1	1	Hz
TSCKx	SCK 高/低時序		100			ns
TR/TF	SCK 上升／下降時序		1	200		ns
TFO	資料下降時序	輸出負載= 5pF	3.5	10	20	ns
		輸出負載= 100pF	30	40	200	ns
TRO						ns
TV			200	250		ns
TSU			100	150		ns
THO			10	15		ns

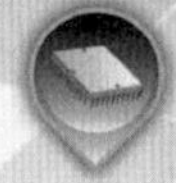

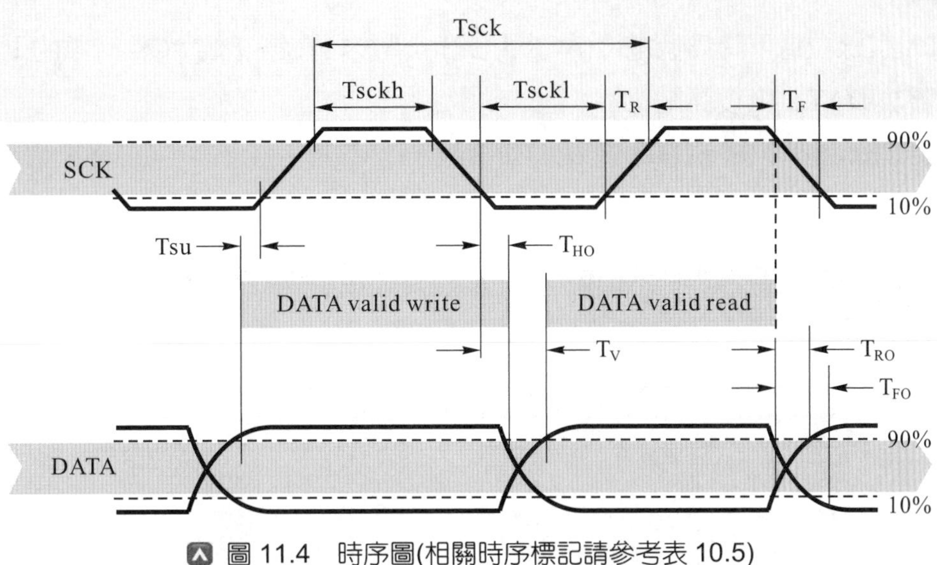

圖 11.4 時序圖(相關時序標記請參考表 10.5)

11.1.2 溫濕度感測器- SHT1x / SHT7x 通訊方式

此感測器使用的第一步驟，就是打開電源開關，並連接至所設定的 VDD 電壓。而當電源啓動的轉換率是不能低於 1V/ms。此外，當電源打開後，感測器會在 11ms 切入到睡眠狀態，換言之，微處理器在這時間之前沒有送出任何命令的。

一、傳送命令

在程式開始，需用一組"啓動傳輸"時序表示數值傳輸的初始化。如圖 11.5 所示，其中包括了當 SCK 時脈是高電位時，DATA 引線先轉變爲低電位，緊接著，當 SCK 轉變爲低電位，且隨後 SCK 時脈再轉變爲高電位時，DATA 引線也轉變爲高電位。

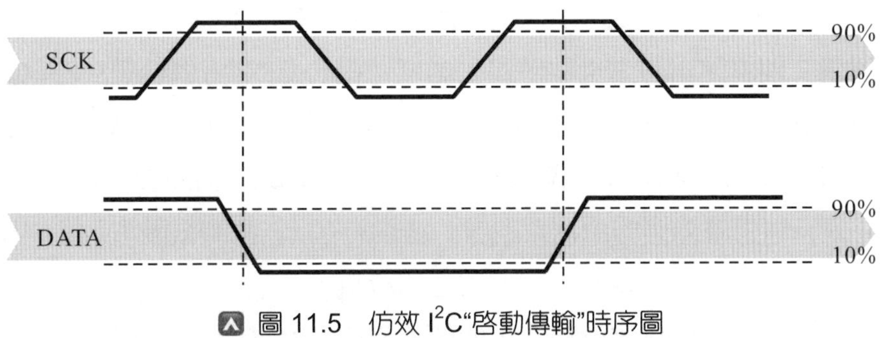

圖 11.5 仿效 I^2C"啓動傳輸"時序圖

而其後緊接的後續命令包含 3 個位址位元(目前只支援"000")，和 5 個命令位元。SHTxx 會以下述模式表示已正確地接收到指令：在第 8 個 SCK 時脈的下降邊緣之後，將 DATA 引線拉低下降爲低電位(ACK 位元)。然後，在第 9 個 SCK 時脈的下降邊緣之後，釋放 DATA(恢復高電位)。

如表 11.6 所列，爲 SHTxx 支援的命令集。

表 11.6　SHTxx 命令集

命令	代碼
保留	0000x
量測溫度	00011
量測濕度	00101
讀取狀態暫存器	00111
寫入狀態暫存器	00110
保留	0101x ~ 1110x
軟體重置，重置介面、清除狀態暫存器爲預設值。此外，下一次命令前等待至少 11ms。	11110

二、測量時序(RH 和 T)

在發出一組測量命令(‘00000101’表示相對濕度 RH，‘00000011’表示溫度 T)後，PSoC 要等待測量結束。針對不同的 8/12/14-bit 解析度，測量過程需要大約花費 11/55/210ms。但正確的時間隨內部振盪器，最多有±15%(30%)變化。爲了表示測量的結束，SHTxx 透過拉低 DATA 引線至低電位，並切入到閒置模式。PSoC 在重新啓動 SCK 時脈去讀取資料之前，必須等待這個“數值備妥(Data Ready)”信號。

接著傳輸 2 個位元組的測量數值和 1 個位元組的 CRC 奇偶校正。PSoC 需要透過下降 DATA 爲低電位，以確認每個位元組。所有的數值從 MSB 開始，最低位元有效(例如：對於 12-bit 數值，從第 5 個 SCK 時脈起算作 MSB；而對於 8-bit 數值，最高位元組則無意義)。這所量測到的感測資料會一直儲存起來，直到被讀取爲止。因此，PSoC 可以根據其工作的流程，需要時才讀取此感測資料。

而此時，兩個位元組量測資料及一個位元組的 CRC 校驗和(可選擇)將會傳送出。PSoC 必須透過將 DATA 引線拉低至低電位來確認每一個位元組。在整個資料傳輸過程中，會先傳 MSB，再作向右調整(例如，MSB 的第五個 SCK 是給 12-bit 數值，8-bit 數值則無須使用第一個位元組)。

而在用 CRC 資料的 ACK 位元之後，則表明通訊結束。如果不使用 CRC-8 校驗和，PSoC 可以在測量值 LSB 後，透過保持 ACK 位元爲高電位，來中止通訊。在測量和通訊結束後，SHTxx 會自動切入休眠模式。

但須注意到，爲保證本身溫升低於 0.1℃，SHTxx 的啓動時間不要超過 10%(例如，對應 12-bit 精準度測量，最多每秒進行 1 次測量)。

三、通訊重置序列

如果 PSoC 與 SHTxx 通訊中斷，我們可以利用下列信號序列來重置串列介面。如圖 11.6 所示，當 DATA 保持高電位時，觸發 SCK 時脈 9 次或是更多次。在下一次命令發出之前，必需傳送一個“傳輸啓動”序列。這些序列只重置介面，其內含的狀態暫存器內容仍然保留著。

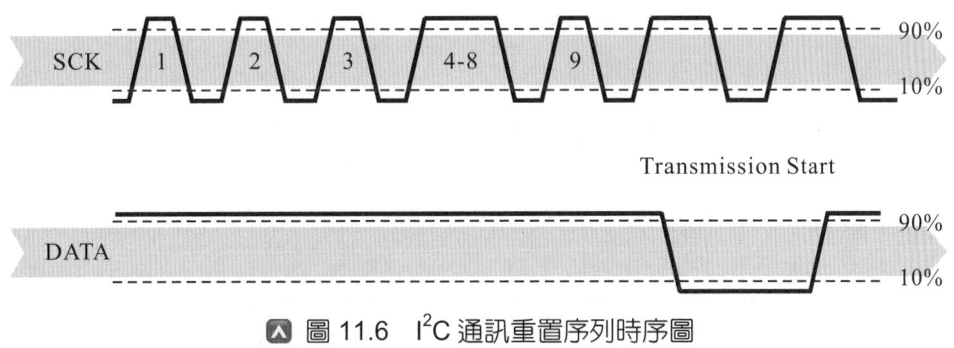

圖 11.6　I²C 通訊重置序列時序圖

四、CRC-8 校驗和

整個數位信號的傳輸過程是由 8-bit 校驗和來確保資料傳輸的正確性。因此，若有任何錯誤數值將被檢測到，並清除。

五、狀態暫存器

某些 SHTxx 的進階功能可以透過狀態暫存器實現，例如，送出命令至狀態暫存器來選擇量測解析度、電量不足的通知，以及使用加熱器。當 PSoC 執行完狀態暫存器的讀取或是寫入命令之後(參考表 11.7 所列)，狀態暫存器的 8-bit 內容就可讀取或是寫入。

此外，狀態暫存器的讀取與寫入比較圖，則分別如圖 11.7 與 11.8 所示。

表 11.7　狀態暫存器位元表

位元	類型	說明	預設值	
7		保留	0	
6	R	電量不足（低電壓檢測） ‘0’對應 VDD > 2.47 ‘1’對應 VDD < 2.47	X	無預設值，僅在測量結束後更新
5		保留	0	
4		保留	0	
3		僅供測試，不使用	0	
2	R/W	加熱器	0	關
1	R/W	從 OTP 不重新載入	0	重新載入
0	R/W	‘1’= 8-bit 濕度/12-bit 溫度 ‘0’= 12-bit 濕度/14-bit 濕度	0	12-bit 濕度 14-bit 溫度

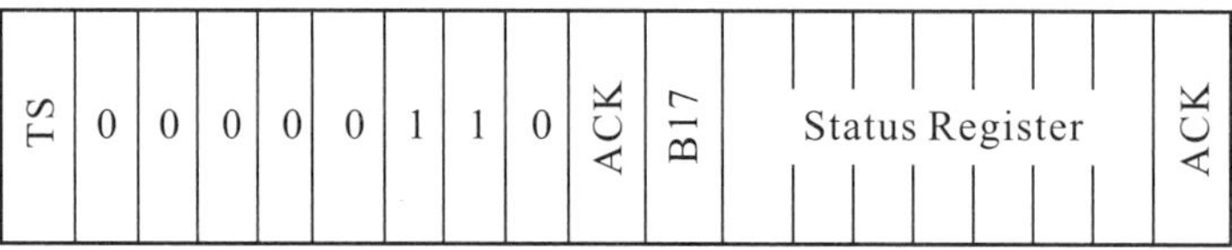

圖 11.7　狀態暫存器 - 寫入示意圖

圖 11.8　狀態暫存器 - 讀取示意圖

而狀態暫存器的進一步說明，則如下所列：

- 量測解析度

  預設的測量解析度分別爲 14-bit(溫度)與 12-bit(濕度)。根據需求，也可分別降至 12-bit 和 8-bit。通常在高速或超低消耗功率的應用中會採用降低解析度的功能。

- 電量不足

  “電量不足”功能可監測到 VDD 電壓低於 2.47V 的狀態。精準度爲 ± 0.05V。

- 加熱器

此外，晶片組中內建了一個可導通與斷開的加熱器。導通後，可將 SHTxx 的溫度提升大約 5 ~ 10℃。此時，功率消耗會增加 8mA @5V。此功能主要爲了比較加熱前後

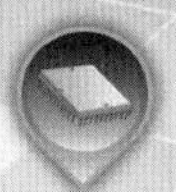

的溫度和濕度值，可以綜合驗証兩個感測器元件的性能。在高濕度(> 95% RH)環境中，加熱感測器可預防結露，同時縮短回應時間，提升精準度。需注意，加熱 SHTxx 後，溫度會升高，其相對濕度會降低。而露點則會保持一樣。

11.1.3　溫濕度感測器- SHT1x / SHT7x 之訊號轉換

以下，進一步說明如何將所讀取出的感測資料加以轉換成實際的物理量。

一、相對濕度

根據圖 11.9 所示，為了補償濕度感測器所造成的非線性誤差，因此需透過利用下列的公式，及表 11.8 所示的係數來轉換濕度感測器讀取值(SORH)。

$$RH_{lineat} = c_1 + c_2 \times SO_{RH} + c_3 \times SO_{RH}{}^2 \ (\%RH)$$

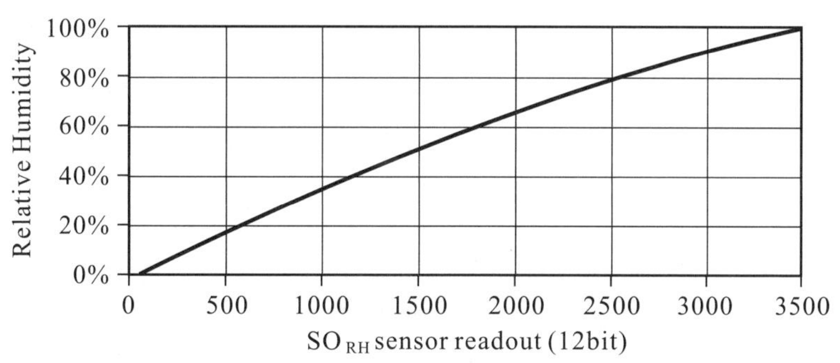

圖 11.9　從 SORH 至相對濕度的轉換曲線圖

表 11.8　濕度轉換係數一覽表

SO_{RH}	C_1	C_2	C_3
12 bit	−2.0468	0.0367	−1.5955E-6
8 bit	2.0468	0.5872	−40845E-4
SO_{RH}	c_1*	c_2*	c_3*
12 bit	−4.0000	0.0405	−2.8000E-6
8 bit	−4.0000	0.6480	−7.2000E-4

注：*表示是 V3 批號的感測器係數，其他為 V4 批號的感測器係數

二、濕度訊號對於溫度補償

由於實際溫度與測試時的參考溫度 25℃是顯著地不同，因此需考慮濕度感測器的溫度修正係數。如下所列，爲其修正的公式。其中，溫度的正確響應是簡化爲 0.12%RH/°C @ 50%RH。如表 11.9 示，則爲其溫度補償的係數。

$$RH_{true} = (T_{℃} - 25)\cdot(t_1 + t_2 \cdot SO_{RH}) + RH_{lineat}$$

表 11.9　溫度補償係數

SO_{RH}	t_1	t_2
12 bit	0.01	000008
8 bit	0.01	0.00128

三、溫度

由能隙材料 PTAT (正比於絕對溫度) 所開發的溫度感測器具有極好的線性化。因此，可用如下公式將數位輸出(SOT)轉換爲溫度數值。相關的線性化係數，請參考表 11.10 所示。

$$T = d_1 + d_2 \cdot SO_T$$

表 11.10　溫度轉換係數

VDD	d_1 (°C)	d_1(°F)
5V	-40.1	-40.2
4V	-39.8	-39.6
3.5V	-39.7	-39.5
3V	-39.6	-39.3
2.5V	-39.4	-38.9

SO_T	d_2 (°C)	d_2 (°F)
14 bit	0.01	0.018
12 bit	0.04	0.072

11.2　USB-ZigBee HID Dongle 設計

在稍前第 8 章有示範如何設計一個 USB HID 的裝置，以及在第 10 章則介紹如何設定 CC2530 裝置模組的參數來達成 UART 的傳輸。因此，在此章節將加以整合，並介紹如何應用 PSoC Designer 來開發與設計出一個 USB-ZigBee HID Dongle 裝置。

如圖 11.10 所示，爲 enCoReIII 的數位訊框中的配置圖。其中，加入了一個 Timer16 與一個 UART 模組。此外，也加入了先前的 USBFS 模組來達成 USB HID 的傳輸，並將 USBFS 更名爲 USB。

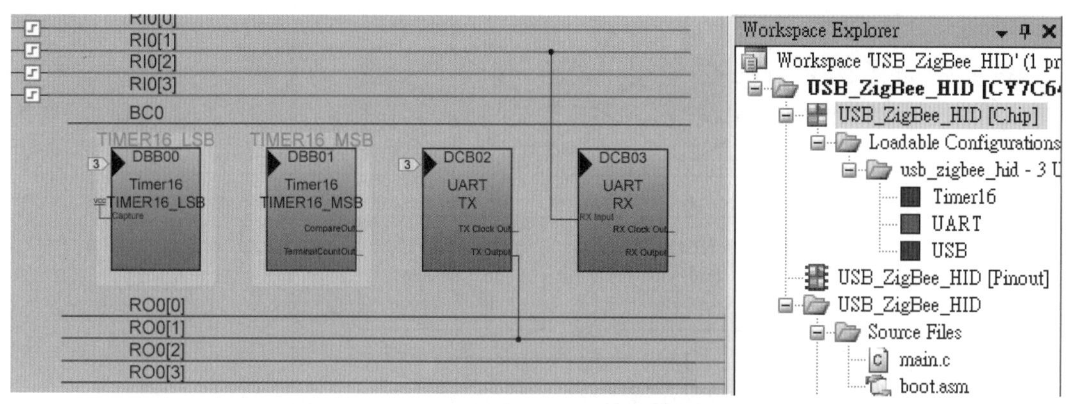

圖 11.10　USB-ZigBee HID Dongle 數位框配置圖

在此，如先前第 3 章所介紹的 USB-ZigBee HID Dongle 的電路圖，在 UART 模組中的 TX Output 會連接到 P1_5，用來連結 ZigBee CC2530 裝置模組的 TX 腳位。而在 UART 模組中的 RX Input 則會連接到 P2_5，則可實現 CC2530 裝置模組收到無線訊號時，並將無線封包轉換成 UART 封包的接收。在此，UART 模組需設定 9600 bps 鮑率。

如圖 11.11 所示，爲 USB-ZigBee HID Dongle 程式流程圖。其中，Timer16 的主要應用在於循環計時 UART 讀取的時間。當讀取時間過長，則跳出 UART 讀取封包的迴圈，並轉而進行 USB 封包的傳送。

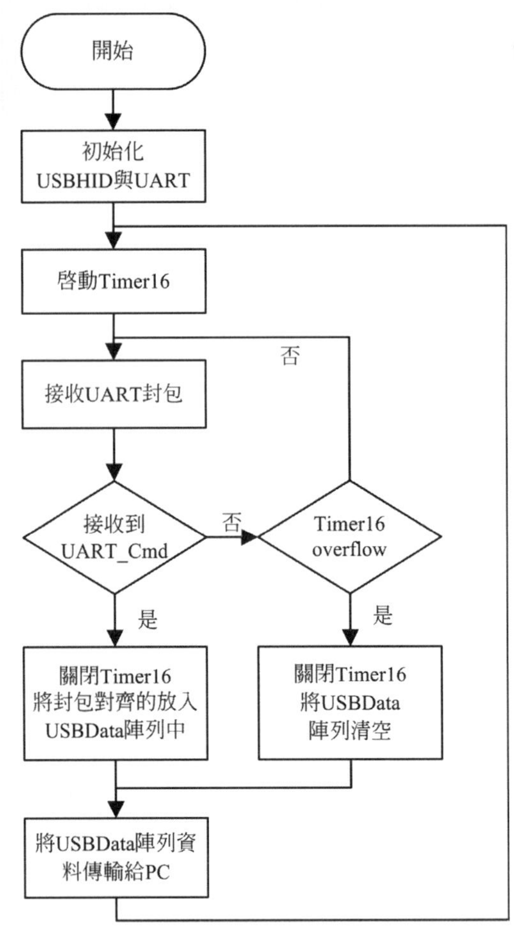

圖 11.11 USB-ZigBee HID Dongle 程式流程圖

以下，列出其 main.c 範例程式碼。其中，包含取得 CC2530 函式(GetRxByte)與 Timer16 中斷副函式(Timer16_ISR)。

```
// PSoC 介面與感測器之設計與應用，USB ZigBEe HID CH11~CH17

#include <m8c.h>                               //元件特定的常數與巨集
#include "PSoCAPI.h"                           //所有使用者模組的 PSoC API 函式定義

#pragma  interrupt_handler Timer16_ISR;        //宣告外部程式 Timer16ISR
void Timer16_ISR(void);

#define   UART_PARKET_SIZE  10                 //宣告 UART 封包最大爲 10 個
BOOL Timer_Flag=0;                             //宣告 Timer16 溢位旗標
static BYTE Cont=0;                            //宣告 Timer16 計時數
BYTE USBDATA[8];                               //宣告 USB 傳輸陣列
```

```
void delay(unsigned char delay_time )          //延遲副函式
{
     while(delay_time!=0)
          delay_time--;
}

void init(void)                                //初始化副函式
{
     UART_CmdReset();                          //UART 接收命令旗標清空
     UART_IntCntl(UART_ENABLE_RX_INT);         //初始化 UART 的封包格式
     UART_Start(UART_PARITY_NONE);
     Timer16_EnableInt();                      //啟動 Timer 中斷
     USB_Start(0, USB_5V_OPERATION);           //啟動 USB 取得裝置描述元
     M8C_EnableGInt;
     while(!USB_bGetConfiguration());          //等待裝置列舉完成

}

BYTE GetRxByte(void)                           //取得 UART 封包
{
     char *strPtr;                             //宣告 UART 接收指標
     BYTE i=0;
     UART_CmdReset();
     Timer16_Start();                          //啟動 Timer16
     while(!UART_bCmdCheck())                  //等待取得 UART 命令
     {
          if(Timer_Flag)                       //若讀取超時則跳出迴圈
          {
               Timer16_Stop();
               return 0;
          }
     }
     Timer16_Stop();                           //停止 Timer16
     strPtr = UART_szGetParam();               //取得 UART 封包的指標
     while(i<8)
     {
          USBDATA[i] = *(strPtr+i);            //將資料放置 USBData 陣列之中
          i++;
     }
     UART_CmdReset();
     Cont = 0;                                 //完成 UART 標準讀取並清空計數
     return 1;
```

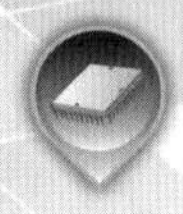


```
}
void main()                                          //主程式
{
    char *strPtr;
    BYTE i,j,Uart_Cnt;
    BYTE Cmd_length ;
    BYTE UART_Cmd[8] ;
    init();
    USBDATA[0] = 0x35;
    USBDATA[1] = 0X66;
    //在此，裝置列舉已完成，並載入端點 1，EP1IN。請勿在第一次作 Data Toggle 切換
    while(1)
    {
        if(GetRxByte())                              //若讀取 UART 封包成功
        {
            for(i=0;i<7;i++)
            {                                        //將原先的 UART 封包對齊
                if(USBDATA[i]==0 && USBDATA[i+1]!=0)
                {
                    for(j=i;j<7;j++)
                    USBDATA[j] = USBDATA[j+1];
                }
            }
        }
        else                                         //反之，則清空 USBData 陣列
        {
            for(i=0;i<7;i++)
                USBDATA[i] = 0;

        }
        while(USB_UpdateHIDTimer(0));                //將 USBData 陣列上傳至 PC 主機
        while(USB_bGetEPState(1) != IN_BUFFER_EMPTY);
        USB_LoadInEP(1, &USBDATA[0], 8,USB_TOGGLE);  //送出 0~7 位元組
    }
}
void Timer16_ISR(void)                               //Timer16 中斷副函式
{
    Timer16_WritePeriod(10000);                      //設定周期時間
    Timer16_WriteCompareValue(0x0001);               //設定比較初始值
    if(Cont>10)                                      //若溢位超後，將其標設爲 1
    {
        Timer_Flag = 1;
```

```
            Cont=0;
        }
        else                                                    //Timer 中斷次數計數
        {
            Timer_Flag = 0;
            Cont++;
        }
    }
```

11.3　PSoC 無線 I^{2}C 溫濕度感測器設計與應用

緊接著，將介紹如何使用 PSoC Designer 來完成設計 PSoC 無線 I^{2}C 溫濕度感測器 -SHT11，以及透過無線傳輸到前一章節所介紹的 USB-ZigBee HID Dongle 韌體程式，並且個別對 PSoC 韌體程式設計與 C#軟體設計來做介紹。

11.3.1　PSoC 韌體程式設計

首先在此說明，由於 SHT11 感測器雖然也是由雙引線的方式來實現，但其介面並非使用標準的 I^{2}C 介面來達成，因此，本章節所使用介面是以 IO 介面來模擬的。

首先，建立一個 PSoC 專案檔，並利用第 10 章介紹的方式來完成 ZigBee 無線感測網路的對傳設定。因此，在專案中需引用鮑率設定爲 9600 bps 的 UART 模組，以及顯示之用的 LCD 模組。緊接著，在 Pinout 的部分，針對 P1_0(DATA)與 P1_1(SCK) 兩腳位設定爲 PullUp 的方式，如圖 11.12 所示。

Pinout - sim_i2c_temp_hum

⊟ P1[0]	SDA, StdCPU, Pull Up, DisableInt
Name	SDA
Port	P1[0]
Select	StdCPU
Drive	Pull Up
Interrupt	DisableInt
⊟ P1[1]	SCL, StdCPU, Pull Up, DisableInt
Name	SCL
Port	P1[1]
Select	StdCPU
Drive	Pull Up
Interrupt	DisableInt
⊞ P1[2]	Port_1_2, StdCPU, High Z Analog

圖 11.12　PSoC 無線 I^{2}C 溫濕度感測器專案之" Pinout"接腳設定示意圖

至於此專案的“Global Resources”的設定部分，則如圖 11.13 所示。因 SHT11 感測器只能使用 3.3V，必須將 SMP 提升至 3.3V(非 5.0V)，若大於 3.3V 則可能導致感測器損壞，請務必小心。

Global Resources - sim_i2c_temp_hum

Power Setting [Vcc / SysClk	3.3V / 24MHz
CPU_Clock	SysClk/8
32K_Select	Internal
PLL_Mode	Disable
Sleep_Timer	512_Hz
VC1= SysClk/N	8
VC2= VC1/N	3
VC3 Source	VC2
VC3 Divider	13
SysClk Source	Internal
SysClk*2 Disable	No
Analog Power	All Off
Ref Mux	(Vdd/2)+/-(Vdd/2)
AGndBypass	Disable
Op-Amp Bias	Low
A_Buff_Power	Low
SwitchModePump	ON
Trip Voltage [LVD (SMP)]	3.13V (3.25V)
LVDThrottleBack	Enable
Watchdog Enable	Disable

Trip Voltage [LVD (SMP)]
Selects the Vdd level at which the Low Voltage Detect (LVD) and the Switch Mode Pump (SMP) comparator switch will trip.
Registers Affected: VLT_CR

圖 11.13　PSoC 無線 I²C 溫濕度感測器專案之”Global Resources”參數設定示意圖

當修改完以上的步驟後，按下 Generate 按鈕，PSoC Designer 將產生相對的配置檔。緊接著，即可開始撰寫其中的韌體程式。

在此，為了能對 SHT11 感測器實現溫濕度的讀取，而撰寫新的 sht11.c 檔案，以完成對 SHT11 感測器的基本讀寫指令。其中，包含有 sTransmitStart()、sConnectionReset()、sWriteByte()、sReadByte()以及 sMeasure()共 5 個函式。讀者只要配合主程式下達對應的命令流程，便可完成對 SHT11 溫濕度感測器的量測。在此，依序地說明此 5 項函式：

1. void sTransmitStart(void)：如圖 11.5 所示，完成感測器啓動的波形。

2. void sConnectionReset(void)：如圖 11.6 所示，完成感測器重置的波形，其中尚包含了 sTransmitStart 命令。
3. char sWriteByte(unsigned char value)：如圖 11.7 所示，完成感測器的寫入波形，其中包含了 ACK 的動作回傳。
4. char sReadByte(unsigned char ack)：如圖 11.8 所示，完成感測器的讀取波形，先讀取 8-bit 後回應一個 ACK。
5. char sMeasure(unsigned char *pvalue, unsigned char mode)：此函式已完成溫濕度兩種讀取流程。只需在 mode 中傳入 TEMP(溫度)或者是 HUMI(濕度)，並將讀取到的溫溼度訊息存至指標 pvalue 中。除此之外，若程式在寫入與讀取過程中出錯則會自動重置。

如圖 11.14 所示，爲 PSoC I²C 溫濕度感測器的範例程式流程圖。

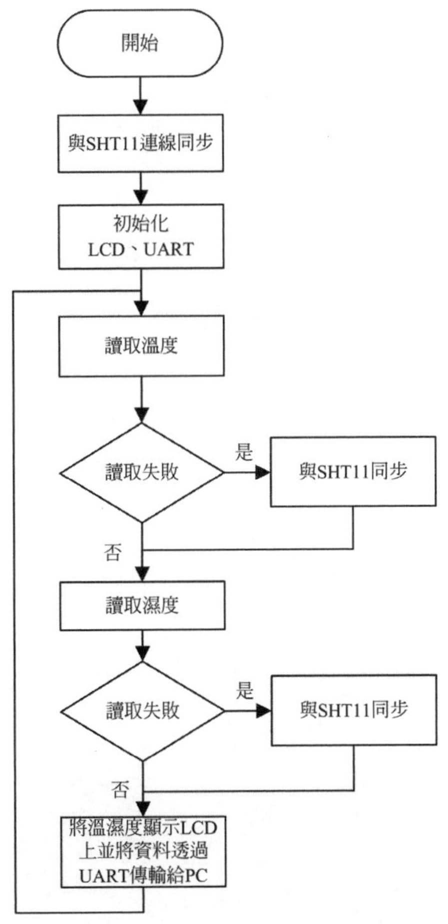

圖 11.14　PSoC I²C 溫濕度感測器的範例程式流程圖

以下，列出其 main.c 範例程式碼。其中，包含溫濕度感測器的轉換公式 getRHtru() 與 getTEMP()。

```
// PSoC 介面與感測器之設計與應用，SHT11 CH11
#include <m8c.h>            //元件特定的常數與巨集
#include "PSoCAPI.h"        //所有使用者模組的 PSoC API 函式定義
#include "sht11.h"          //包含 SHT1 相關的底層程式


double Temp;

unsigned int SO_T;
unsigned int SO_RH;
double RHline,RHtrue;
extern unsigned char i2cdata[8];

char fristStr[] = "PSoC SHT_Test";       //LCD 第一行字串
char SecondStr[] = "T=  c,H=  %";        //LCD 第二行字串

void init(void)                          //初始化副函式
{
     sConnectionReset();                 //與溫濕度感測元件 SHT11 建立連線
     UART_CmdReset();                    //UART 接收命令旗標清空
     UART_IntCntl(UART_ENABLE_RX_INT);   //初始化 UART 的封包格式
     UART_Start(UART_PARITY_NONE);
     LCD_Start();                        //LCD 輸出腳位初始化
     M8C_EnableGInt;
     delay(200);
     LCD_Control(0x01);                  //清空 LCD
}

double getRHtrue(void){                              //取得濕度副函式
     RHline = C1 + C2*SO_RH + C3*SO_RH*SO_RH;        //濕度轉換公式
     RHtrue = (Temp-25)*(T1+T2*SO_RH) + RHline;      //濕度轉換公式(續)

     if(RHtrue>100)
          RHtrue = 100;
     else if(RHtrue<0.1)
          RHtrue = 0.1;
     return RHtrue;
}
```

```
double getTEMP(void){                                   //取得溫度副函式
     Temp = D1 + D2*SO_T;                               //溫度轉換公式副函式
     return Temp;
}

void LCD_DisplayTemp(BYTE line,BYTE row,BYTE databyte)     //LCD 顯示函式
{
     BYTE Show_ten,Show_one;
     LCD_Position(line,row);                            //設定 LCD 顯示位置
     LCD_PrHexByte(databyte);                           //顯示 LCD 字串
}

void main(void)
{
     BYTE reg = 0;
     BYTE i=0;
     BYTE error=0;
     delay(255);                                        //等待系統穩定
     init();                                            //初始化函式
     while(1)
     {
          error = 0;                                    //清空狀態
          error +=sMeasure( ( unsigned char * ) &SO_T, TEMP );  //讀取溫度
          if( error != 0 ) sConnectionReset();      //如果有錯誤,重新與 SHT11 連線
          else {                                        //取得溫度暫存器低位元
               i2cdata[0] = ( SO_T >> 8 );              //取得溫度暫存器高位元
               i2cdata[1] = SO_T;
          }
          i2cdata[3] = (unsigned char)getTEMP();   //取得眞實溫度

          error += sMeasure( ( unsigned char * ) &SO_RH, HUMI );//量測濕度
          if( error != 0 ) sConnectionReset();      //如果有錯誤,重新與 SHT11 連線
          else {
               i2cdata[4] = (SO_RH >> 8 );              //取得濕度暫存器低位元
               i2cdata[5] = SO_RH;                      //取得濕度暫存器高位元
          }
          i2cdata[7] = (unsigned char)getRHtrue();//換算成濕度數值,放置陣列 7 位址
          LCD_Position(0,0);
          LCD_PrString(fristStr);                       //顯示"PSoC SHT_Test"
          LCD_Position(1,0);
          LCD_PrString(SecondStr);                      //顯示"T=  c,H=  %"
          LCD_DisplayTemp(1,2,i2cdata[3]);              //顯示出眞實溫度
```

```
        LCD_DisplayTemp(1,8,i2cdata[7]);         //顯示出眞實濕度

        for(i=0;i<8;i++)
        UART_PutChar(i2cdata[i]);//將溫濕度的資料用 CC2530 傳輸給 USB-ZigBee HID Dongle

        UART_PutChar(0x0d);     //傳送換行符號
        UART_PutChar(0x0a);
        for(i=0;i<0xf0;i++)     //延遲
            delay(0xff);

    }
```

當程式碼撰寫完畢後，即可按下 Build 後，產生燒錄檔。此時，若有發生錯誤則可能是程式碼編寫出錯，讀者可根據錯誤的位置作修正。而若是 0 error 的話，則可開始下載程式碼至 PSoC 處理器之中，進行燒錄。當燒錄完畢後，請讀者將 S1 的指撥開關 1 與 2 皆設定爲 ON。如此，即可利用 PSoC 介面與感測器實驗載板對 ZigBee CC2530 模組做 UART 傳輸控制，並將仿效 I^2C 介面的溫濕度感測器的訊號透過 ZigBee CC2530 模組傳送至 USB-ZigBee HID Dongle 的 enCoReIII 微處理器。最後，再轉成 USB 封包給 PC 端應用程式作進一步地驗證與顯示。

此外，要測試前需先將溫濕度感測器連接至 PSOC 介面與感測器實驗載板上。如圖 11.15 所示，爲 PSoC 介面與感測器實驗載板上透過 LCD 顯示之溫濕度結果。圖中所顯示爲溫度 0x1a 也就是攝氏 26 度，以及濕度爲 0x43 也就是 67%。

圖 11.15　PSoC 介面與感測器實驗載板的 LCD 上所顯示的溫濕度感測數值實體測試圖

11.3.2　PSoC I^2C 無線溫濕度感測器之 PC 端應用程式設計

如同第 8 章介紹之 PC 端應用程式之撰寫，接下來便要來撰寫溫濕度感測器的 PC 端應用程式了。應用程式主要功能爲自動接收目前溫度與濕度，並透過軟體架設溫濕度上限與下限，當超出範圍時，警告燈會顯示紅色，如圖 11.16。

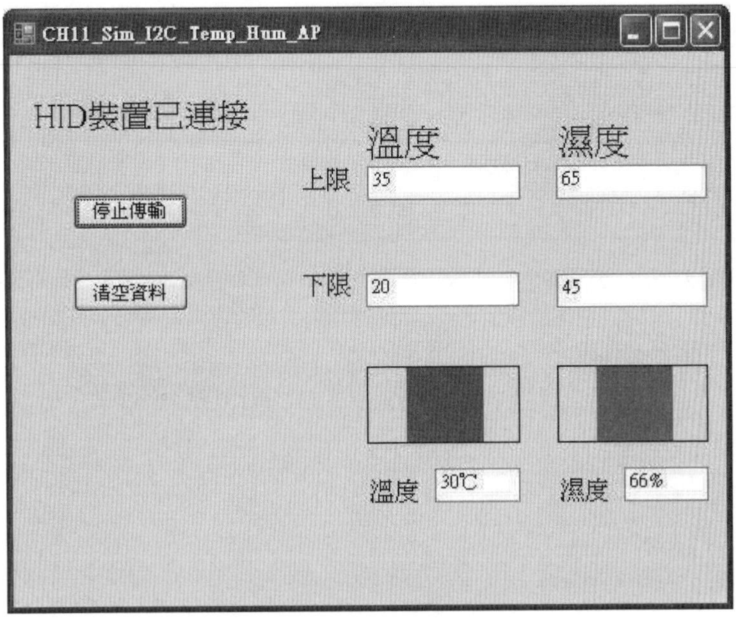

圖 11.16　執行畫面

以下，進一步列出相關的程式碼範例。

一、匯入其他命名空間的 using 程式碼

```
using System;
using System.Collections.Generic;
using System.ComponentModel;
using System.Data;
using System.Drawing;
using System.Linq;
using System.Text;
using System.Windows.Forms;
using USBHIDDRIVER;
using USBHIDDRIVER.USB;
using System.Threading;
using System.Runtime.InteropServices;
using System.Diagnostics;
```

二、物件的宣告

```
//宣告並建立 dav 屬於 HIDUSBDevice 類別的物件，並設定裝置 VID 為 1234 與 PID 為 7777
    HIDUSBDevice dav = new HIDUSBDevice("vid_1234", "pid_7777");
    Graphics picT, picH;                        //宣告溫度與濕度的畫布物件
    Pen picpen_R = new Pen(Color.Red, 50);      //建立畫筆、畫筆顏色、筆寬  紅色
    Pen picpen_G = new Pen(Color.Green, 50);//建立畫筆、畫筆顏色、筆寬  綠色
    Point[] dot_T = new Point[2];               //宣告溫度線條陣列
    Point[] dot_H = new Point[2];               //宣告濕度線條陣列
    [DllImport("kernel32.dll")]
    static extern Boolean SetProcessWorkingSetSize(IntPtr procHandle,
    Int32 min, Int32 max);
public Form1()
    {
        InitializeComponent();
        picT = picTBox.CreateGraphics();        //建立溫度畫布物件
        picH = picHBox.CreateGraphics();        //建立濕度畫布物件
        dot_T[0] = new Point(50, 50);           //建立線條座標
        dot_T[1] = new Point(50, 0);
        dot_H[0] = new Point(50, 50);
        dot_H[1] = new Point(50, 0);

    }
```

三、Botton1 程式碼

```
    bool run = false;
    int number = 0;

    private void button1_Click(object sender, EventArgs e)
    {
        if (dav.connectDevice())                //裝置是否連接
        {
            label1.Text = "HID 裝置已連接";     //更改 label1 顯示的字串
            if (run)
            {
                run = false;
                button1.Text = "開始連線";
            }
            else
            {
                run = true;
                button1.Text = "停止傳輸";
```

```
        }
    }
    else
    {
        label1.Text = "HID 裝置已拔除";    //更改 label1 顯示的字串
        run = false;
        button1.Text = "開始連線";

        return;
    }
     do
     {
         Application.DoEvents();
         dav.readDataThread();
         Thread.Sleep(10);
             //溫濕度上下限無設定值時，自動設定。
             if (textBox3.Text == "")
                textBox3.Text = "35";
             if (textBox5.Text == "")
                textBox5.Text = "20";
             if (textBox4.Text == "")
                textBox4.Text = "65";
             if (textBox6.Text == "")
                textBox6.Text = "45";
              //判斷傳輸格式
            if (dav.myread[1] == 10)     //確認資料格式
            {
                textBox1.Text = Convert.ToString(dav.myread[4]) + "℃";
                                                //將溫度轉換成字串顯示並加上單位
                textBox2.Text = Convert.ToString(dav.myread[7]) + "%";
                                                //將濕度轉換成字串顯示並加上單位
                                                //判斷溫度在限定值內
                if ((dav.myread[4] > Convert.ToByte(textBox5.Text)) &
                 (dav.myread[4] < Convert.ToByte(textBox3.Text)))
                {
                    picT.DrawCurve(picpen_G, dot_T); //數值正常，顯示綠色
                }
                else
                {
                    picT.DrawCurve(picpen_R, dot_T); //危險，顯示紅色
                }
                                                        //判斷濕度在限定值內
```

```
                if ((dav.myread[7] > Convert.ToByte(textBox6.Text)) &
                (dav.myread[7] < Convert.ToByte(textBox4.Text)))
                {
                    picH.DrawCurve(picpen_G, dot_H);  //數值正常，顯示綠色
                }
                else
                {
                    picH.DrawCurve(picpen_R, dot_H);  //危險，顯示紅色
                }
            }
            number++;
            if (number > 10000)
            {
                number = 0;
        SetProcessWorkingSetSize(Process.GetCurrentProcess().Handle,
        -1, -1);//壓縮記憶體用量
            }
    } while (run);
  }
```

四、Botton2 程式碼

```
private void button2_Click(object sender, EventArgs e)
  {
    //清空所有資料
    textBox1.Text = "";
    textBox2.Text = "";
    textBox3.Text = "";
    textBox4.Text = "";
    textBox5.Text = "";
    textBox6.Text = "";
    picTBox.Refresh();    //清空畫布
    picHBox.Refresh();    //清空畫布
    SetProcessWorkingSetSize(Process.GetCurrentProcess().Handle, -1, -1);
    //壓縮記憶體用量
  }
```

如圖 11.17 所示，則顯示出本章節應用程式所對應的按鈕與文字盒的內容。

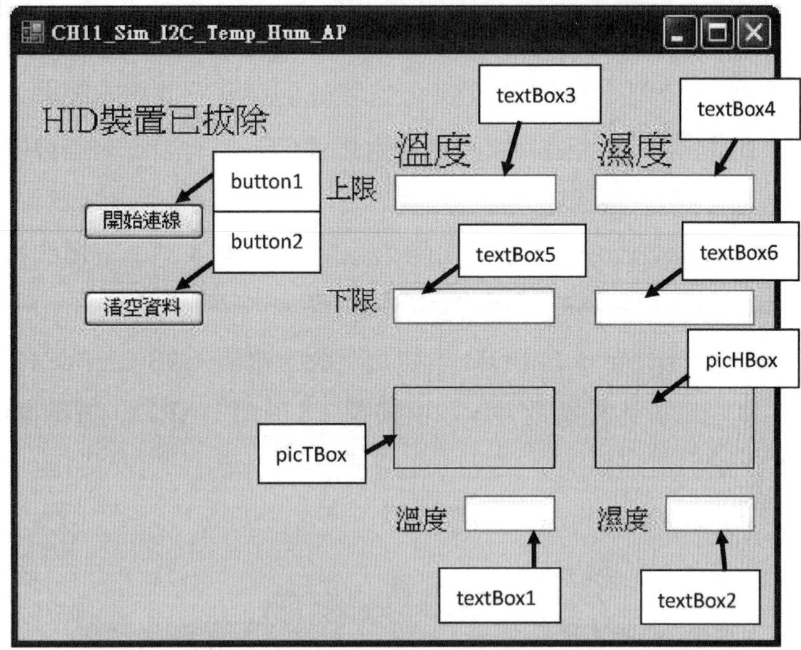

圖 11.17　PSoC I^2C 溫濕度感測器應用程式之執行畫面對照圖

※本章節所介紹的各個程式範例，讀者請參考附贈光碟片目錄：\examples\CH11\。

問題與討論

1. 請讀者重新測試本章所介紹的仿效 I^2C 之無線溫濕度感測器的範例，並以手指碰觸此溫濕度感測器及對此感測器呵氣來對比 LCD 上所顯示的溫濕度數值是否有變化。
2. 若無法成功地測試此範例，請讀者重新檢測操作步驟或是專案檔的相關設定是否正確。當然，檔案是否有變更過也是查驗重點。
3. 讀者可以根據書後附錄 B 的 BOM 表與電路圖，購置 USB-ZigBee HID Dongle 與簡易 PSoC 實習單板的相關零件，並根據圖 3.5 所示 UART 訊號轉換電路、圖 3.6 所示的 LCD 輸出電路與圖 3.12 所示的各個感測器模組接腳電路圖來實現本章的實驗。(如下圖 11.18 所示)

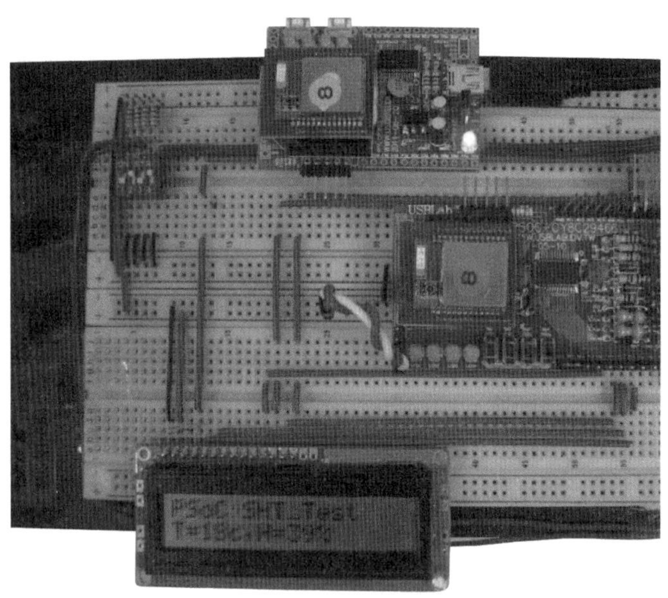

圖 11.18 USB-ZigBee HID Dongle 與簡易 PSoC 實習單板的相關零件所實現的 I^2C 無線溫濕度感測器實驗實體圖

4. 請讀者參考坊間的 LabVIEW 書籍(介面設計與實習－使用 LabVIEW 2010，全華圖書)，另以 NI VISA API 來設計本章節的應用程式。

chapter

12

PSoC SMBus 無線紅外線溫度感測器設計

本章延續前一章的內容，將介紹如何設計 SMBus 介面，並利用人體溫度感測器來做設計應用。因此，會將重點放在如何利用 PSoC-29466 元件來控制以 SMBus 爲傳輸介面的紅外線人體溫度感測器 MLX90614，以及透過第 8 章與第 10 章所介紹的 USB HID Dongle 與 CC2530 裝置模組來完成整個 ZigBee 無線感測網路系統的設計。

而透過 USB-ZigBee HID Dongle 與 PSOC 介面與感測器實驗載板，可實現 USB 介面與 ZigBee 無線感測網路整合，並達到人體的溫度感測器資料傳輸與擷取的目的。

此外，本章節於 PC 端設計一個紅外線溫度感測應用程式，讓讀者們驗證人體溫度感測器所回傳的訊息。

如圖 12.1 所示，爲本章實驗架構示意圖。

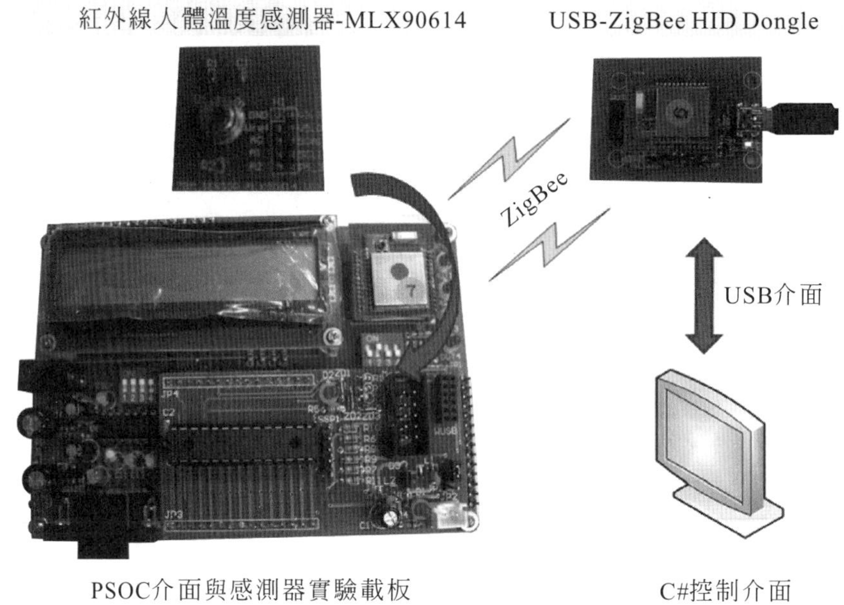

圖 12.1　PSoC SMBus 無線紅外線溫度感測器設計之實驗架構示意圖

透過本章的學習，可以熟悉下列模組的整合應用。

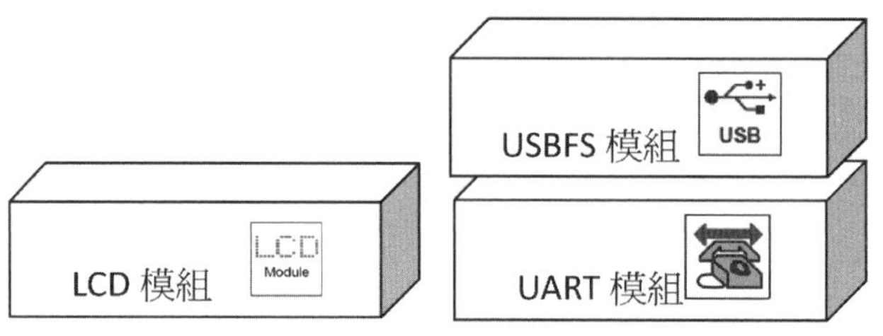

12.1　SMBus 串列周邊介面介紹

SMBus(system Management Bus)是由 Intel 在 1995 年所提出的，主要應用於 Mobile PC 或 Desktop PC 系統中低速裝置通訊。SMBus 2.0 研發的主要目的是希望能夠降低主機板成本。因此，其爲一種 PC 的通訊協定。而且 SMBus 的底層就是使用 I^2C，並藉由一組低單價與功能強大的串列協定(由兩條線組成)，來控制主板上的裝置元件並收集相關的資訊，應用其領域主要是使用於筆記本電源管理，及智慧溫度感測器，主板控制器或 EEPROM 通訊等。

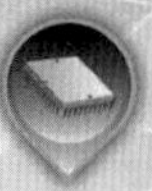

由於 SMbus 介面的協定是參考 I^2C 串列介面(匯流排)所訂定的。因此，若要瞭解 SMBus 最快的方式就是直接對映 I^2C 串列介面的相關協定。而讀者也可在此複習一下稍前 I^2C 匯流排的特性。

而在一般的使用上，I^2C Bus 與 SMBus 並沒有太大的差別，從實體接線上看也幾乎無差異，甚至兩者可以直接相連，且多半也能正確無誤地操作。不過若要進一步地研究，其實還是有諸多的相異處。因此，若讀者未能確實了解相關的差異性，那麼實際產品的開發設計與驗證除錯時，必然會耗費相當多時間，並且產生很多不必要的困擾與延伸的問題。

從稍前的章節中可以得知 I^2C 串列介面在目前已廣泛運用到，各種電子電路的設計上。而 SMBus 則在之後爲 PC 主機所制訂的先進組態與電源管理介面(Advanced Configuration & Power Interface；ACPI)規範中，成爲基礎的管理訊息傳遞介面與控制傳遞介面。雖然 I^2C 與 SMBus 先後制訂時間不同，但都在 2000 年左右進入成熟的改版。其中，I^2C 的改版過程以加速爲主要訴求，而 SMBus 以更符合 Smart Battery 及 ACPI 的需求居多。

此外，I^2C 串列介面 3 次主要改版時程：

(1) 1992 年　v1.0

(2) 1998 年　v2.0

(3) 2000 年　v2.1

相對的，SMBus 串列介面 3 次主要改版時程：

(1) 1995 年　v1.0

(2) 1998 年　v1.1

(3) 2000 年　v2.0

而從規格的制定背景來看，SMBus 確實是參考自 I^2C 串列介面，並以 I^2C 爲架構所衍生而成的。在 SMBus 通訊協定中，如同 I^2C 一般，並未對其每個位元組下達嚴格強制的定義。只是將其大約的規範制定出來而已。但實際上還是有些許的不同，如圖 12.2 所示，爲 SMBus 的通訊協定示意圖。

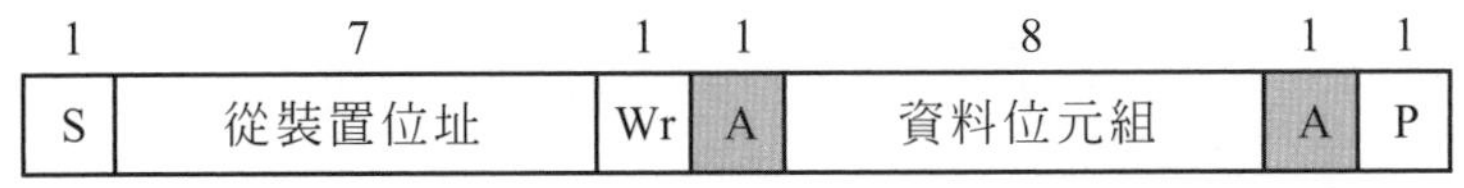

圖 12.2　SMBus 通訊協定傳輸示意圖

- **S**：開始狀態。如圖 12.3 中所示，再來則是 Start 的波形。當 SMBSCL 與 SMBSDA 皆為 High 狀態，接著 SMBSDA 先為 Low，SMBSCL 為 Low。
- **從裝置位址**：SMBus 共有 7-bits 的位址碼。用來區別串列介面上所要使用的不同 IC。在此，MLX96014 的從裝置位址為 1011010b 也就是 0x5A。
- **Wr**：在從裝置位址的 1-bit，若為 0 則後面跟著的資料位元組則為寫入位址或資料。相反的，若為 1 則後面跟著的資料位元組則是要做哪種資料的讀取。
- **A**：回覆，在 SMBus 中，ACK 扮演著重要的腳色，每次資料寫入與回傳位元組後都要包含 ACK 位元。若沒有 ACK 位元回應則為誤動作。
- **資料位元組**：為資料或者為指令，共 8-bits。
- **P**：結束狀態。如圖 12.3 所示，Stop 的波形。當 SMBSCL 與 SMBSDA 皆為 Low 時，SMBSCL 先為 High，緊接著 SMBSDA 跟著為 High。

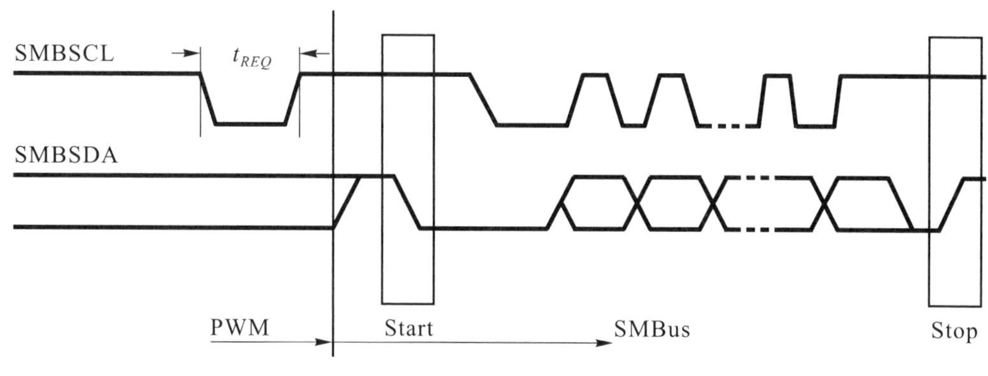

圖 12.3　SMBus 波形圖

除此之外，SMBus 必須在開始前有個 Request 的動作，致能 SMBus 的啓動，這是與 I²C 最大的不同點。如圖 12.3 所示，tREQ 必須超過 1.024ms 以上才能啓動。

如表 12.1 所示，為 SMBus 與 I²C 的差異比較表，其中就比較出兩者之間的差異性，若是以 I²C 與 SMBus 互相連接，則必須將韌體升級至 SMBus 規範才可使匯流排讀取成功，若使用 I²C 標準存取方式的話，反而無法正確存取。

表 12.1 SMBus 與 I²C 串列介面特性差異比較表

特性	I²C	SMBus
高準位(Hi)判定電壓	> 0.7V(Vdd-base) > 3.0V(Real-base)	> 2.1V(Real-base)
低準位(Lo)判定電壓	< 0.3V(Vdd-base) < 1.5V(Real-base)	< 0.8V(Real-base)
最大電流	3mA	350uA
時脈(Clock)	0 ~ 100kHz、400kHz、3.4MHz	10kHz ~ 100KHz
資料維持時間	忽略	>300ns
匯流排重置時間	忽略	>35ms
ACK 機制	有，但可忽略(可以 Clock 跳過)	有，必須讀取成功
逾時(Timeout)	沒有	有
廣播(General Call)	有	有
Clock Nomenclature	SCL	SMBCLK
Data Nomenclature	SDA	SMBDAT
警訊機制(Alert)	沒有	有

緊接著，深入地介紹這兩種匯流排的特性差異與比較。

12.1.1 電氣特性差異

一、邏輯準位定義

從表 12.1 中，可以看到 I²C 的 Hi/Lo 邏輯準位有兩種確認方式：相對確認與絕對確認。其中，相對確認是根據 Vdd 的電壓來決定。其中，Hi 為 0.7 Vdd 及 Lo 為 0.3 Vdd，而絕對確認則與 TTL 準位確認相同，直接指定 Hi/Lo 電壓。其中，Hi 為 3.0V 及 Lo 為 1.5V。

相對的，SMBus 只有絕對確認，且準位與 I²C 是不同的，其中，Hi 為 2.1V 及 Lo 為 0.8V。從這範圍可以，其與 I²C 不全然相吻合但也部分交集到。如圖 12.4 所示，可以看到 I²C 與 SMBus 準位的差異性。

不過，SMBus 後來也增訂一套更低電壓的準位確認方式，其中，Hi 為 1.4V 及 Lo 為 0.6V。而這是為了讓應用 SMBus 的串列裝置能更省成本而有的作法。

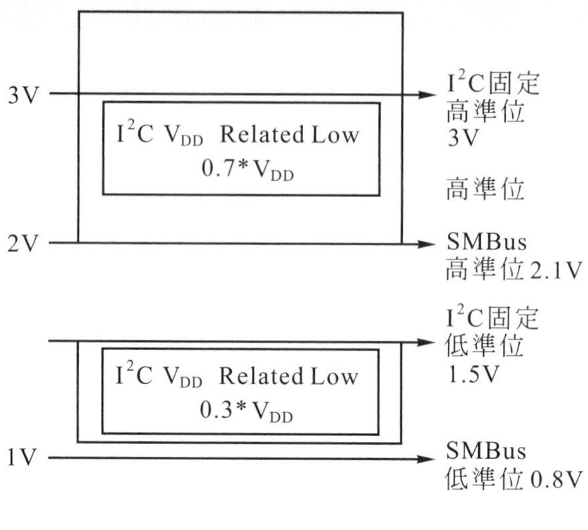

圖 12.4 I²C 與 SMBus 準位的差異對照圖

二、限流範圍

由於 SMBus 一開始設計就是以應用在筆記型電腦內爲考量，所以低耗電的表現的確是優於 I²C。SMBus 僅需 100uA 就能維持工作，但 I²C 卻要到 3mA。同樣的，低耗電特性也反應在漏電流(Leakage Current)的要求上。其中，I²C 最大的漏電流爲 10uA 及 SMBus 爲 1uA。但是 1uA 似乎過於嚴謹，使得 SMBus 裝置在驗證測試上耗費過多的成本與時間。因此，之後的 SMBus 1.1 版本則放寬了漏電流上限，最高可達 5uA。

此外，就是電器特性的規範，I²C 有線路電容的限制，SMBus 卻沒有，但其亦有相類似的配套規範，即是準位下拉時的電流限制。當 SMBus 的開集極接腳導通其閘極，而使線路接地時，流經接地的電流不得高於 350uA。此外，提升電流(即相同的開集極接腳開路時)也一樣有規範，最小不低於 100uA，且最高也是不破 350uA。

根據電流的限制如表 12.2 所示，爲最小提升電組值的比較表。I²C 在 5V Vdd 時，應大於 1.6kΩ，且在 3V Vdd 時應大於 1kΩ。而 SMBus 則於 5V Vdd 時，需大於 14kΩ，且在 3V Vdd 時，需大於 8.5kΩ。不過此定義在實際應用時，SMBus 也可用 2.4k ~ 3.9kΩ 範圍的電阻值。

表 12.2　SMBus 與 I^2C 的最小提升電組值比較表

	3V Vdd	5V Vdd
I^2C Bus	> 1k	> 1.6k
SMBus	> 8.5k	> 14k

12.1.2　逾時與時脈速度

若以執行頻率範圍來看，I^2C 方面是較爲寬裕的，最低頻可至 0Hz(DC 直流狀態，等於時間暫停)，最高可至 100kHz(標準模式)、400kHz(快速模式)、乃至 3.4MHz(高速模式)。相對地，SMBus 就受到較大的拘限，最慢不低於 10kHz，且最快不高於 100kHz。很明顯地，I^2C 與 SMBus 的執行頻率是交集在 10kHz ~ 100kHz 範圍之間。

當然，應用在筆記型電腦的電池管理或 PC 組態管理及用電管理的 SMBus 來說，是不需要較高的執行頻率，只要傳遞小資料量的監督訊息或控制指令即可。因此，根本就不需高速傳輸。而朝向普遍應用的 I^2C，則自然希望具備更高的傳輸速度，以因應各種可能的需求。然而讀者可能會疑惑，爲何 SMBus 有最低速的要求？何不放寬到與 I^2C 相同的毫無最低速限呢？

這是因爲 SMBus 一定要維持 10kHz 以上的執行時脈，主要也是爲了管理監控。但另一個用意是，只要在保持一定傳送執行的情況下加入參數，就可輕鬆得知匯流排目前是否處於閒置(Idle)中，省去逐一偵測傳輸過程中的停止(Stop)信號，或持續保持停止偵測，並協助以額外參數偵測。如此，對串列介面閒置後的再使用會變得更有效率。

除了傳輸速度的要求外，還有資料維持時間(Data Hold Time)的要求，SMBus 規定 SMBCLK 線路的準位下降後，SMBDAT 上的資料必須持續保留 300nS，但 I^2C 卻沒有對此有相同的強制要求。

同樣地，SMBus 對匯流排被重置(Reset)後的逾時時間(Timeout)也有要求。一般而言是 35mS，I^2C 則無此約束要求，可以任意延長時間(無逾時的要求)。此外，I^2C 要求無論是在主裝置端(Master)或從裝置(Slave)能維持的時脈爲低準位，且延長到處理資料所需的時間長度爲止。

相同地，SMBus 也要求無論是在主裝置端(Master)或從裝置(Slave)，其時脈處於 Lo 準位時的最長持續時間不得超過限制，以免因爲長時間處在 Lo 準位，而導致收發兩端時序脫軌(失去同步，造成後續的誤動作)。

而如下所列：此逾時與最小時脈速度是 I^{2}C 與 SMBus 的特性上，最重要的差異之一：

- I^{2}C = DC (無逾時)
- SMBus = 10kHz (35mS 逾時)

12.1.3 ACK 與 NACK 機制的強制性差異

不單是電氣與時序有差異，更上一層的協定機制也有不同。在 I^{2}C 中，主裝置端要與從裝置通訊之前，會在匯流排上廣播從裝置的位址資訊。此時，每個從裝置都會接收到位址資訊，但只有與該位址資訊相切合的從裝置會在位址資訊發佈完後發出"已準備好"的回應(ACK)，讓主裝置端知道對應的從裝置確實已經備妥，可以進行通訊。但是 I^{2}C 並沒有強制規定從裝置非要作出回應不可，也可以不回應。而即便是不回應，主裝置端還是會接續工作，開始進行資料傳輸及下達讀取／寫入指令。如此的機制在一般應用上還是可行，若是在一些即時(Real Time)性的應用上，任何的動作與機制都有一定的時間限制要求，導致這種可有可無的回應方式就會產生問題，並可能會發生從裝置無法接收資訊。

相對的，SMBus 是不允許從裝置在接收位址資訊後，不發出回應。因此，每次都要回應。但爲何要強制回應呢？這其實是與 SMBus 的應用息息相關，SMBus 上所連接的受控裝置有時是動態加入或動態移除的，例如，換裝一顆新電池，或筆記型電腦接上船塢擴充埠等。如果接入的裝置已經改變卻不回應，則主裝置端的程式所掌握的並非是整體系統的最新組態，就會造成誤動作。

在 I^{2}C 方面，從裝置雖然對主裝置端所發出的位址作出回應，但在後續的資料傳遞中，可能因某些資料交易必須先行處理，因而導致無法持續原有的傳輸。此時，從裝置就要對主裝置端發出"未準備好"的回應(NACK)，向主裝置端表示從裝置正爲其他事情忙碌中。

而與 I^{2}C 相同的是，SMBus 會以 NACK 的回應向主裝置端表示從裝置尚未收好傳遞過來的資訊，但是 SMBus 的從裝置會在後續的每個位元組傳輸中，都發出 NACK 回應。這樣設計的原因是因爲 SMBus 沒有其他可向主裝置端要求重發(Resend)的表示方式。換句話說，NACK 機制是 SMBus 標準中的強制要求，任何的訊息傳遞都相當重要，不允許有遺漏的情形發生。

12.1.4　廣播(General Call)與警訊(Alert)機制

SMBus 的通訊協定與協定中所用的訊息格式，其實只是取自 I^2C 協定中，針對資料傳輸格式定義中的子集合(Subset)而已。因此，如果將 I^2C 與 SMBus 協定混用連接的話，則 I^2C 裝置在存取 SMBus 裝置時，只能使用 SMBus 的協定與格式。反之，若使用 I^2C 的標準存取方式卻無法正確存取。

另外，I^2C 協定中有一種稱爲「General Call」的廣播方式，當發出「0000000」的位址資訊後，所有 I^2C 上的從裝置全部要對此作出反應。此機制適合用在主裝置端要對所有的從裝置進行廣播性訊息更新與溝通上，是一種整體與大量的運作方式。

SMBus 一樣有 General Call 廣播機制，但在此之外，SMBus 還多了一種特用的 Alera(警訊)機制，不過這必須於時脈線與資料線外再追加一條線(稱之爲 SMBus ALERT)才能實現。雖然字義上是警訊，但其實是較類似中斷(Interrupt)的用意。從裝置可以將 SMBus 線路的電位拉低(#ALERT，#表示低準位有效)，此時就等於向主裝置端發出一個中斷警訊，要求主裝置端儘速爲某一從裝置提供傳輸服務。

主裝置端要回應這個服務要求，是透過 I^2C/SMBus 的時脈引線與資料引線來通訊，但要如何知道此次的通訊只是主裝置端對從裝置的一般性通訊？還是特別針對某一從裝置的中斷需求而有的服務回應呢？

這就要透過主裝置端發出的位址資訊來區別。其中，若爲回應中斷的服務，位址資訊必需是「0001100」。當從裝置接收到「0001100」的位址資訊，就可以知道這是主裝置端特別爲中斷而提供的服務通訊。因此，讀者在設計時，必須讓所有的從裝置都不能佔用這個「0001100」位址，以供警訊機制來使用。

在此，需特別注意的是，SMBus 一樣是開集極外加提升電阻的線路，所以當有一個從裝置將電位拉下後，其餘從裝置偵測到電位被拉下，表示已有從裝置正在與主裝置端進行中斷要求與回應服務。因此，須等待取到中斷服務權的從裝置確實被服務完畢，且重新將 SMBus 釋放回高準位後，才能持續以“哪一個從裝置先將線路準位拉低”的方式來爭取中斷服務。

12.2　人體紅外線感測器- MLX90614 介紹

本實驗單元所運用 MLX90614 系列模組(Melexis 公司)是一組通用的紅外線溫度感測模組。相關的特性與優點，如下所列：

- 小尺寸，低單價
- 易於整合
- 製造商已出出廠前作廣泛範圍溫度的校準：
  - ➢ 感測溫度的–40 至 125℃
  - ➢ 物件溫度的–70 至 380℃
- 在廣泛溫度範圍下，具備 0.5℃高準確度(Ta 與 To 皆在 0..+50℃範圍)
- 高 (醫療) 準確性的校準選擇
- 高達 0.02℃量測解析度
- 單一區域與雙區域紅外線感測版本
- 具備與 SMBus 相容的數位介面
- 提供給連續讀取的客制化 PWM 輸出
- 提供 3V(電池使用)與 5V 版本
- 針對 8 至 16V 應用，提供簡易的匹配功能
- 功率儲存模式
- 對於不同的應用與量測的需求，提供不同的包裝選擇
- 汽車工業等級的標準。

受測的目標溫度和環境溫度能透過單通道輸出，並有兩種輸出介面，非常適合於汽車空調、室內暖氣、家用電器、手持設備以及醫療設備應用等。如圖 12.5 所示，爲其元件實體圖。

圖 12.5　MLX90614 系列元件實體圖

在此實驗載板內所搭配的型號爲 MLX90614BAA，其供應電壓應爲 3.3V，感測區域爲單一範圍以及內建濾波器。這一系列測溫模組是非常方便應用的紅外線溫度感測

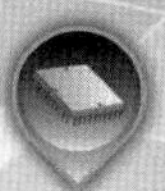

裝置，且其所有的模組都在出廠前進行了校驗，因此可以直接輸出線性信號。不僅具有很好的互換性，而且免去了複雜的校正過程。此模組以 81101 熱電元件作爲紅外線感應部分。輸出是被測物體溫度(TO)與感測器自身溫度(Ta)共同作用的結果，其理想情況下熱電元件的輸出電壓爲：

$$Vir = A(To^4 - Ta^4)$$

其中，溫度單位均爲 Kelvin(絕對溫度)，A 爲元件的靈敏度常數。如圖 12.6 所示，爲針對醫學應用，MLX90601BAA (Ta, To)的初步準確度圖。

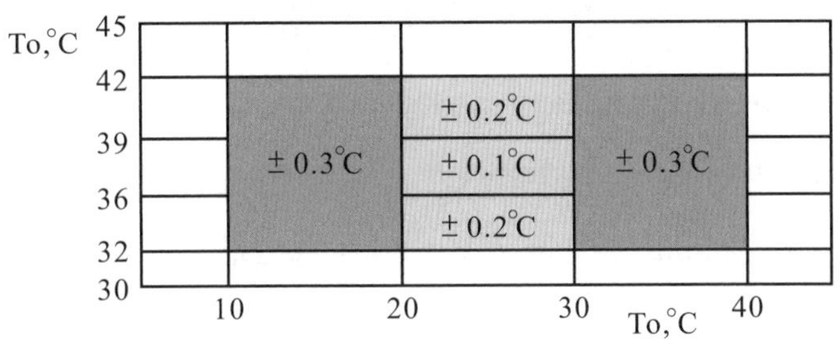

圖 12.6　針對醫學應用，MLX90601BAA (Ta, To)的初步準確度

而圖 12.7 爲其使用的電路示意圖。其中，必須將 PSoC 對 MLX90614 的 SDA 與 SCL 連接至 VDD 做爲提升電阻之用，才可讓資料同時做輸入與輸出。

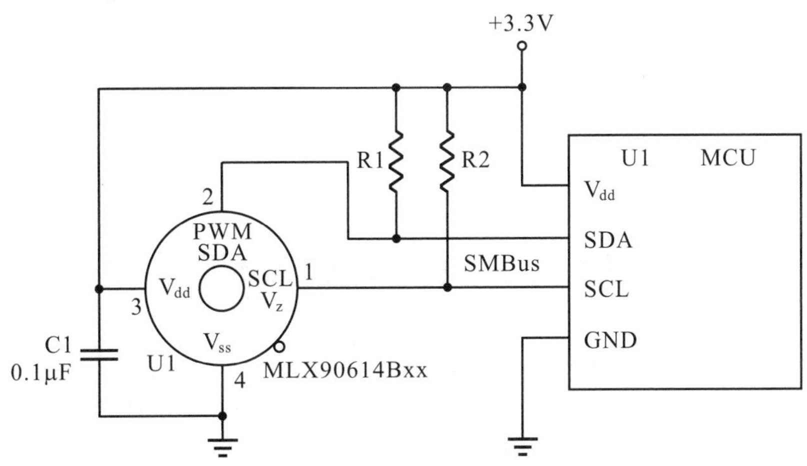

圖 12.7　MLX90614 應用電路示意圖

在應用上，MLX90614 釋放出 RAM 與 EEPROM 唯讀的使用權，增加了幾種讀取的方式。如表 12.3 所列，為 MLX90614 的命令碼。若下達讀取 RAM 的位址(Command 為 0x07)，則可讀取到溫度 0x27AD~0x7FFF 的變化量，其代表著溫度從−70.01℃~+382.19℃。

表 12.3　MLX90614 命令碼一覽表

運算碼	命令
000x xxxx	RAM 存取
001x xxxx	EEPROM 存取
1111 0000	讀取旗標
1111 1111	進入睡眠模式

如上述內容可知，SMBus 對於時序的要求是比 I^2C 更加地嚴僅。因此，如圖 12.8 所示，為 MLX90614 中對 SCL 的時序要求。其中，Timeout,L 時間不可超過 30us，且 Timeout,H 時間不可超過 50us。換句話說，80us 為一個 Clock 最多的時間，換算成頻率則最慢為 12.5KHz。

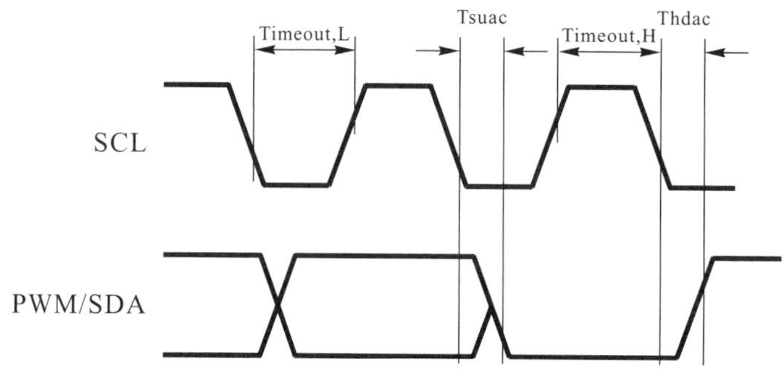

圖 12.8　MLX90614 元件的時序要求波形示意圖

12.3　PSoC SMbus 無線紅外線溫度感測器設計與應用

此章節將介紹如何使用 PSoC Designer 來完成設計 PSoC SMBus 無線溫度感測器 MLX90614，以及透過無線傳輸到 USB-ZigBee HID Dongle 的韌體程式，其架構如圖 12.1 所示，並且個別對 PSoC 韌體程式設計與 C#軟體設計來做介紹。

此外，USB-ZigBee HID Dongle 的韌體程式則與第 11 章一樣，讀者可以不予變更，直接運用。

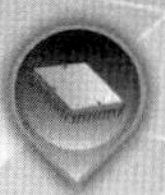

12.3.1　PSoC 韌體程式設計

由於 MLX90614 感測器雖然也是由雙線的方式來實現，但其介面是以 SMBus 介面來實現。因此，本章節與第 11 章相同，仍需以 IO 介面來模擬完成。

首先，建立一個 PSoC 專案檔。並利用第 10 章介紹的方式來完成 ZigBee 無線感測網路的對傳設定。因此，在專案中需引用鮑率設定為 9600 bps 的 UART 模組，以及顯示之用的 LCD 模組。緊接著，在 Pinout 的部分，需對 P1_0(DATA)與 P1_1(SCK)兩腳位設定為 PullUp 的方式，如圖 12.9 所示。

Pinout - smbus_temp

⊟ P1[0]	Port_1_0, StdCPU, Pull Up, Disabl
Name	Port_1_0
Port	P1[0]
Select	StdCPU
Drive	Pull Up
Interrupt	DisableInt
⊟ P1[1]	Port_1_1, StdCPU, Pull Up, Disabl
Name	Port_1_1
Port	P1[1]
Select	StdCPU
Drive	Pull Up
Interrupt	DisableInt
⊞ P1[2]	Port_1_2, StdCPU, High Z Analog

圖 12.9　PSoC SMbus 無線紅外線溫度感測器專案之“Pinout”接腳設定示意圖

至於“Global Resources”的設定部分如圖 12.10 所示，因 SHT11 感測器只能使用 3.3V，必須將 SMP 提升至 3.3V(非 5.0V)，若大於 3.3V 則可能導致人體紅外線感測器損壞，請務必小心。

當修改完以上的步驟後，按下 Generate 按鈕，PSoC Designer 將產生相對的配置檔。緊接著，即可開始撰寫其中的韌體程式。

在此章節中，特地撰寫 SMBus.c 檔案，以完成對 MLX90614 感測器的基本讀寫指令。其中，包含 4 個主要的函式：initI2C( )、smRequest( )、ReadFunc ( )以及 WriteFunc ( )。讀者只要配合主程式來下達對應的命令流程便可完成對 MLX90614 人體溫度感測器的量測。在此，依序說明這 4 個函式：

1. void initI2C(void)：如圖 12.2 所示，完成 Start 的動作。
2. void smRequest(void)：如圖 12.2 所示，完成 Request 的命令。

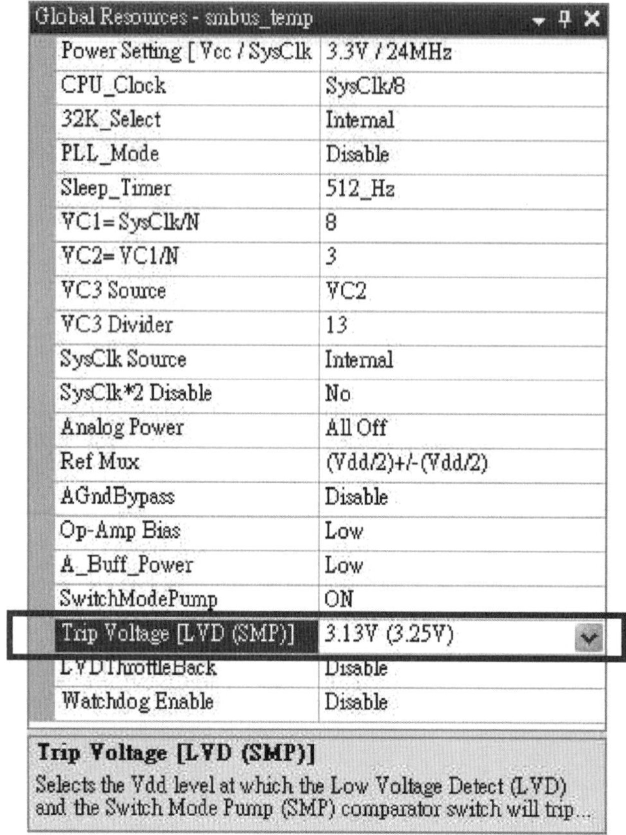

圖 12.10　PSoC SMbus 無線紅外線溫度感測器專案之“Global Resources”參數設定圖

3. char ReadFunc(unsigned char cmd,unsigned char* Ldata,unsigned char* Hdata)：如圖 12.11 所示，完成感測器的讀取波形，讀取的命令參數爲 cmd，並將低位元資訊放入傳遞*Ldata 指標暫存器，以及將高位元資訊傳遞*Hdata 指標暫存器中。除此之外，還包含了 Ack 的動作回傳。
4. char WriteFunc (unsigned char cmd,unsigned int data)：完成感測器的寫入流程，包含了 Ack 的讀取，如圖 12.12 所示。

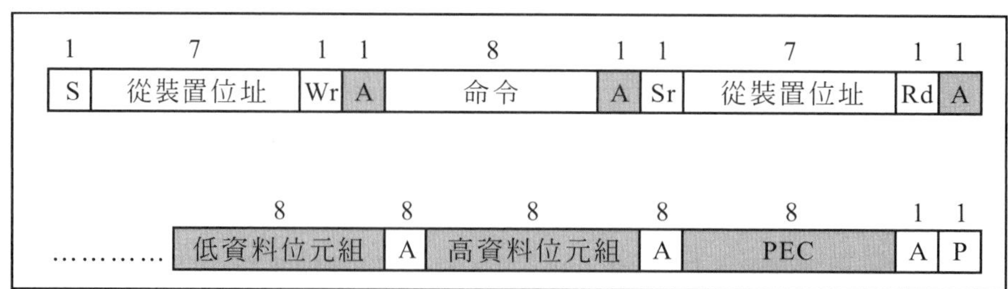

圖 12.11　SMBus Read 命令流程示意圖

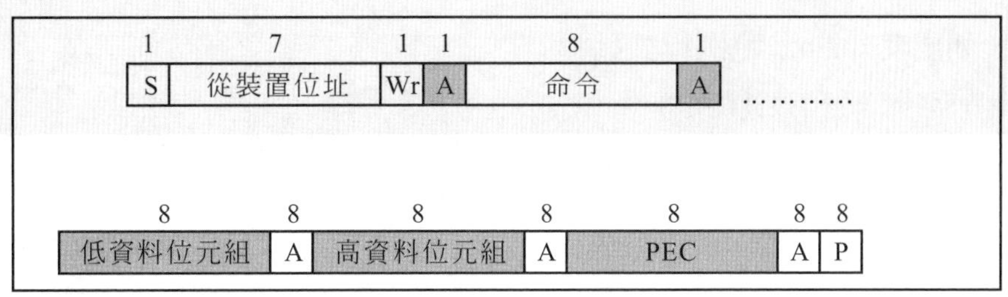

圖 12.12　SMBus Write 命令流程示意圖

由於本章節要以 IO 方式來模擬 SMBus 的功能，且 SDA 爲 P1_0 與 SCL 則爲 P1_1。因此，在 i2c.h 檔案中，加入了以下的 IO 控制程式。此外，如上述所說，SMBus 有要求 Slave Address 以及每次傳送命令是 Write 或者是 Read。因此，在每次命令傳送時都會透過 ReadADD 與 WriteADD。至於寫入與讀取的位址爲 1011010b (從裝置位址) + 1/0b (W/R) = 0xb5(W)/0xb4(R)。

```
#define SDA(x)  (PRT1DR = (x==0)?(PRT1DR&=0xfe):(PRT1DR|=0x01) )     //p1_0
#define sda         (PRT1DR&0x01)
#define SCL(x)  (PRT1DR = (x==0)?(PRT1DR&=0xfd):(PRT1DR|=0x02) )     //p1_1
#define scl         (PRT1DR&0x02)

#define ReadADD 0xb5
#define WriteADD 0xb4
```

如圖 12.13 所示，爲 PSoC SMbus 無線紅外線溫度感測器的範例程式流程圖。

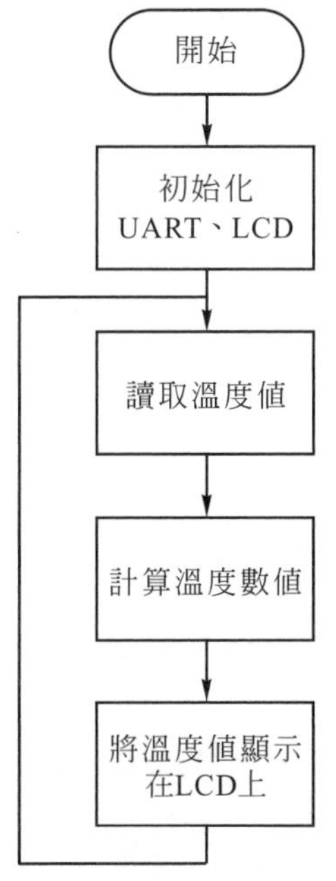

圖 12.13　PSoC SMbus 無線紅外線溫度感測器的範例程式流程圖

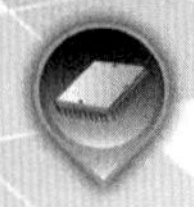

以下，列出其 main.c 範例程式碼。

```
//PSoC 介面與感測器之設計與應用，CH12

#include <m8c.h>                               //元件特定的常數與巨集
#include "PSoCAPI.h"                           //所有使用者模組的 PSoC API 函式的定義
#include "i2c.h"
unsigned char Buffer[8]={0};
char fristStr[] = "PSoC MLX_Test   ";          //設定 LCD 第一行所顯示的字串
char SecondStr[] = "T=  c           ";         //設定 LCD 第二行所顯示的字串
void delay(int t){
     int i;
     for(i=0;i<t;i++);
}
void init(void)
{
     UART_CmdReset();
     UART_IntCntl(UART_ENABLE_RX_INT);
     UART_Start(UART_PARITY_NONE);
     M8C_EnableGInt;                           //致能整體中斷
     initI2C();
     SmRequest();
     LCD_Start();                              //執行 PSoC 的 API LCD 函式：啓動 LCD
     M8C_EnableGInt;
     delay(200);
     LCD_Control(0x01);                        //清除 LCD
}
void LCD_DisplayTemp(BYTE line,BYTE row,BYTE databyte)
{
     BYTE Show_ten,Show_one;
     LCD_Position(line,row);                   //PSoC API;設定 row = 0,line = 1
     LCD_PrHexByte(databyte);
}
void main(void)
{    unsigned char Ldata,Hdata,temperature = 0;
     unsigned int tmp;
     BYTE i=0;
     init();
     while(1){
          ReadFunc(0x07,&Ldata,&Hdata);
```

```
        tmp = Hdata;
        tmp <<= 8;
        tmp |= Ldata;
        temperature = (tmp*2/100)-273;
        LCD_Position(0,0);           // PSoC API;設定 row = 0,line = 0
        LCD_PrString(fristStr);      //PSoC's API ;顯示"PSoC MLX_Test"字串
        LCD_Position(1,0);           // PSoC API;設定 row = 0,line = 1
        LCD_PrString(SecondStr);     //PSoC's API ;顯示"T=   c"字串
        LCD_DisplayTemp(1,2,temperature);
        UART_PutChar('T');
        UART_PutChar('=');
        UART_PutChar(temperature);
        UART_PutChar(0x20);
        UART_PutChar(0x20);
        UART_PutChar(0x20);
        UART_PutChar(0x20);
        UART_PutChar(0x20);
        UART_PutChar(0x0d);
        for(i=0;i<0x80;i++)
            delay(0x100);
    }
}
```

程式碼撰寫完畢後，即可按下 Build 後，產生燒錄檔。此時，若有發生錯誤則可能是程式碼編寫出錯，讀者可根據錯誤的位置作修正。而若是 0 error 的話，則可開始下載程式碼至 PSoC 處理器之中，進行燒錄。當燒錄完畢後，請讀者將 S1 的指撥開關 1 與 2 皆設定為 ON。如此，即可利用 PSOC 介面與感測器實驗載板對 ZigBee CC2530 模組做 UART 傳輸控制，並將 SMBus 介面之紅外線溫度感測器的訊號透過 ZigBee CC2530 裝置模組傳送至 USB-ZigBee HID Dongle 的 enCoReIII 微處理器。最後，再轉成 USB 封包給 C#應用程式作進一步地驗證與顯示。

此外，要測試前需先將紅外線溫度感測器連接至 PSOC 介面與感測器實驗載板上。如圖 12.14 與圖 12.15 所示，為 PSOC 介面與感測器實驗載板上透過 LCD 顯示之人體紅外線溫度感測結果，圖中所顯示為 0x25 也就是攝氏 37 度。

圖 12.14　實驗載板未感測到人體溫度的 LCD 顯示結果實體測試圖

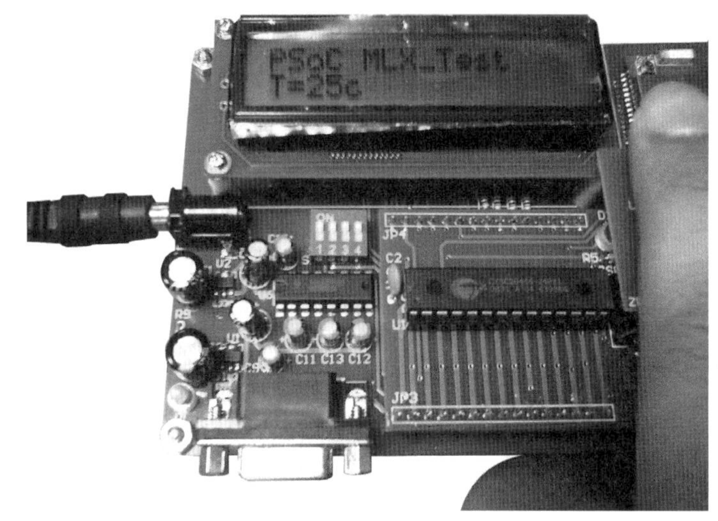

圖 12.15　實驗載板感測到人體溫度的 LCD 顯示結果實體測試圖

12.3.2　PSoC SMBus 紅外線溫度感測之 PC 端應用程式設計

如同第 8 章介紹之 PC 端應用程式撰寫步驟，緊接著，即可撰寫人體紅外線感測器 PC 端應用程式了。而此應用程式主要功能爲自動接收目前人體溫度，並透過軟體監視溫度，當超出範圍時，警告燈會顯示紅色，如圖 12.16 與圖 12.17。

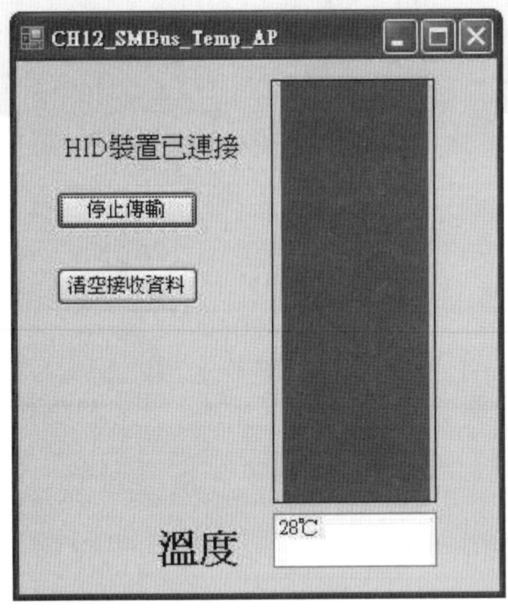

圖 12.16　執行畫面-安全模式

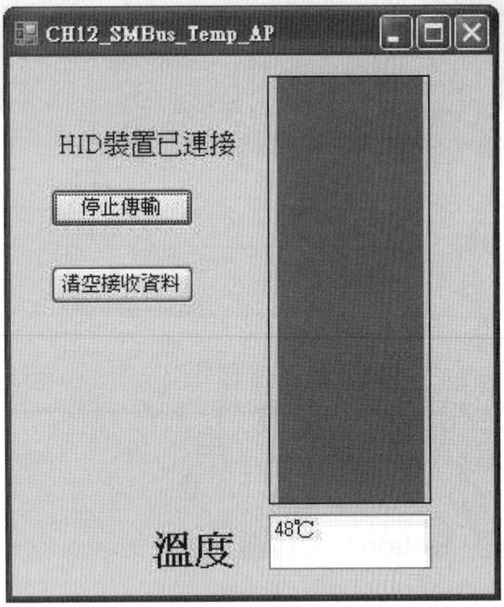

圖 12.17　執行畫面-危險模式

以下，進一步列出相關的程式碼範例。

一、匯入其他命名空間的 using 程式碼

```
using System;
using System.Collections.Generic;
using System.ComponentModel;
using System.Data;
using System.Drawing;
using System.Linq;
using System.Text;
using System.Windows.Forms;
using USBHIDDRIVER;
using USBHIDDRIVER.USB;
using System.Threading;
using System.Runtime.InteropServices;
using System.Diagnostics;
```

二、物件的宣告

```
//宣告並建立 dav 屬於 HIDUSBDevice 類別的物件，並設定裝置 VID 爲 1234 與 PID 爲 7777
    HIDUSBDevice dav = new HIDUSBDevice("vid_1234", "pid_7777");
    Graphics picI;                              //宣告畫布物件
    Pen picpen_R = new Pen(Color.Red, 90);      //建立畫筆、畫筆顏色、筆寬  紅色
    Point[] dot = new Point[2];                 //宣告線條陣列
```

```
        Pen picpen_G = new Pen(Color.Green, 90);   //建立畫筆、畫筆顏色、筆寬 綠色
        [DllImport("kernel32.dll")]
        static extern Boolean SetProcessWorkingSetSize(IntPtr procHandle,
             Int32 min, Int32 max);

    public Form1()
    {
        InitializeComponent();
        picI = picIBox.CreateGraphics();              //建立畫布物件
        dot[0] = new Point(50, 256);                  //建立線條座標
        dot[1] = new Point(50, 0);

    }
```

三、Botton1 程式碼

```
    bool run = false;
    int number = 0;
          private void button1_Click(object sender, EventArgs e)
          {
              if (dav.connectDevice())              //裝置是否連接
              {
                  label1.Text = "HID 裝置已連接";    //更改 label1 顯示的字串
                  if (run)
                  {
                      run = false;
                      button1.Text = "開始連線";
                  }
                  else
                  {
                      run = true;
                      button1.Text = "停止傳輸";
                  }
              }
              else
              {
                  label1.Text = "HID 裝置已拔除";    //更改 label1 顯示的字串
                  run = false;
                  button1.Text = "開始連線";

                  return;
              }
```

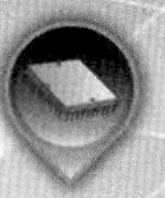

```
        do
        {
            Application.DoEvents();
            dav.readDataThread();
            Thread.Sleep(10);
                                                    //判斷傳輸格式
            if ((dav.myread[1] == 'T') & (dav.myread[2] == '='))
                {
                                                    //將溫度值顯示並加上單位值
                    textBox1.Text = Convert.ToString(Convert.
                               ToDouble(dav.myread[3])) + "℃";
                                                    //限制溫度上下限
                    if ((dav.myread[3] >= 24) & (dav.myread[3] <= 39))
                    {
                        picI.DrawCurve(picpen_G, dot);      //安全，顯示綠色
                    }
                    else
                    {
                        picI.DrawCurve(picpen_R, dot);      //危險，顯示紅色
                    }
                }
            number++;
            if (number > 10000)
            {
                number = 0;
                SetProcessWorkingSetSize(Process.GetCurrentProcess()
                      Handle, -1, -1);                      //壓縮記憶體用量
            }
        } while (run);
    }
```

四、Botton2 程式碼

```
private void button2_Click(object sender, EventArgs e)
    {
                                    //清空所有資料
        textBox1.Text = "";
        picIBox.Refresh();      //清空畫布
        SetProcessWorkingSetSize(Process.GetCurrentProcess().Handle,
            -1, -1);            //壓縮記憶體用量
    }
```

※本章節所介紹的各個程式範例，請讀者參考附贈光碟片目錄：\examples\CH12\。

問題與討論

1. 請讀者重新測試本章所介紹的 PSoC 無線 SMBus 紅外線溫度感測器的範例，並以針對額頭來感測，並來對比 LCD 上所顯示的溫度數值是否有變化。
2. 若無法成功地測試此範例，請讀者重新檢測操作步驟或是專案檔的相關設定是否正確。當然，檔案是否有變更過也是查驗重點。
3. 讀者可以根據書後附錄的 BOM 表，購置簡易 PSoC 實習單板的相關零件，並根據圖 3.5 所示 UART 訊號轉換電路、圖 3.6 所示的 LCD 輸出電路與圖 3.12 所示的各個感測器模組接腳電路圖來實現本章的實驗。(如圖 12.18 所示)

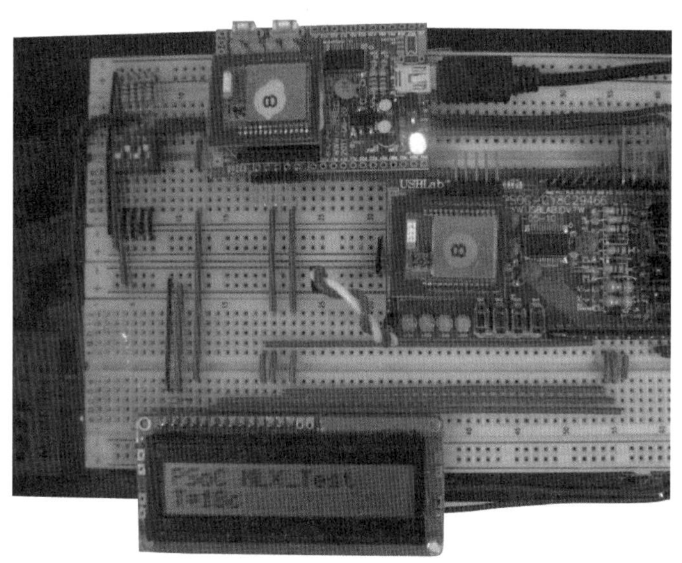

圖 12.18　USB-ZigBee HID Dongle 與簡易 PSoC 實習單板的相關零件所實現的 SMBus 無線紅外線溫度感測器實驗實體圖

4. 請讀者參考坊間的 LabVIEW 書籍(介面設計與實習－使用 LabVIEW 2010，全華圖書)，另以 NI VISA API 來設計本章節的應用程式。

chapter

13

PSoC 1-Wire 無線溫度感測器設計

本章亦延續前幾章的內容，將介紹另一種串列介面-1-Wire 串列介面，並利用具備 1-Wire 串列介面的溫度感測器-DS18B20 來做設計應用。因此，將介紹如何利用 PSoC-29466 元件所內建的 1-Wire 模組來控制 DS18B20 溫度感測器，以及如同前兩章一樣，透過第 8 章與第 10 章所介紹的 USB HID Dongle 與 CC2530 裝置模組來完成整個 ZigBee 其須感測網路系統的設計。

其中，透過 USB-ZigBee HID Dongle 與 PSoC 介面與感測器實驗載板，來提供 USB 介面與 ZigBee 無線感測網路來達到人體的溫度感測器資料傳輸與擷取的目的。此外，本章節於 PC 端設計一個溫度感測應用程式，讓讀者們驗證人體溫度感測器所回傳的訊息。

如圖 13.1 所示，為本章實驗架構示意圖。

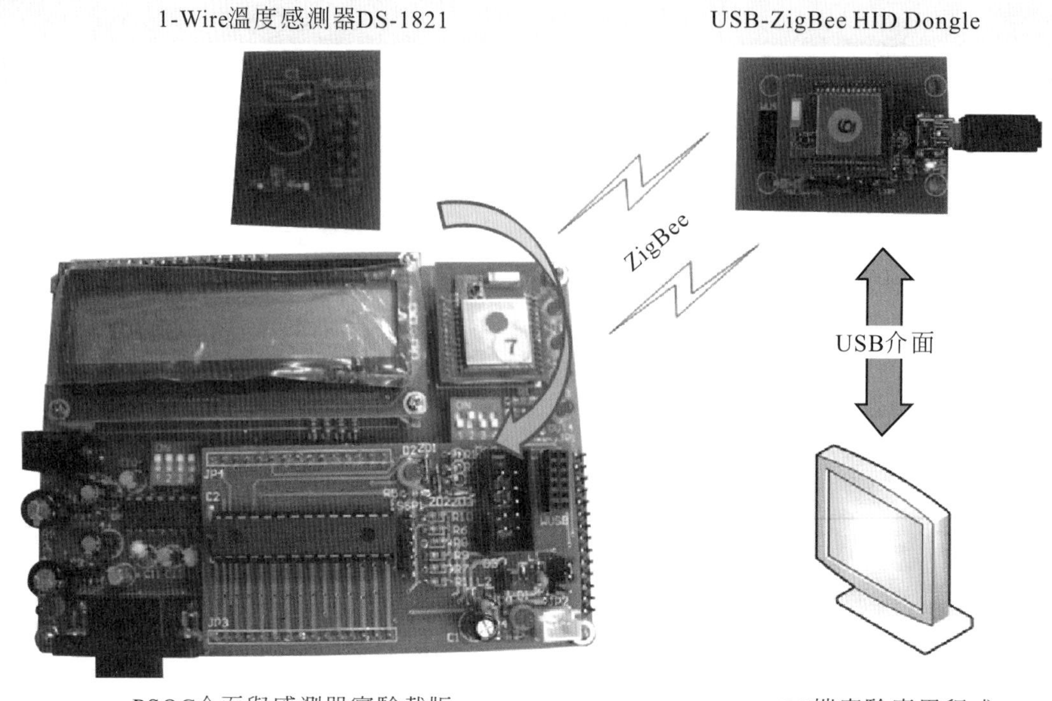

圖 13.1　PSoC 1-Wire 無線溫度感測器設計之實驗架構示意圖

以下，列出本章所使用的 PSoC 模組，並再建立一個 1-Wire 模組。

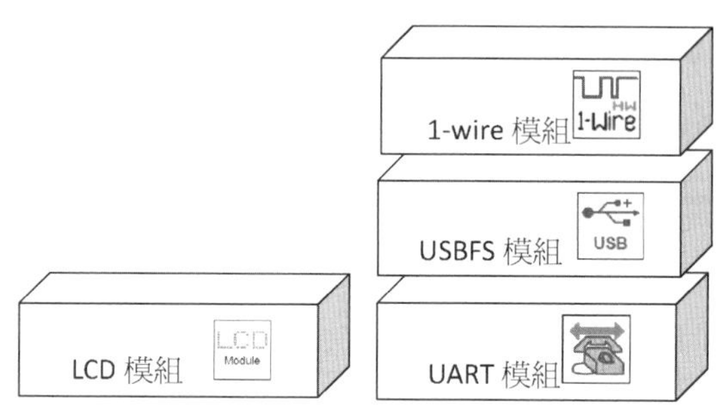

13.1　1-Wire 串列周邊介面介紹

1-Wire 是 Maxim 子公司達拉斯半導體(Dallas_Semiconductor)的專利技術，採用單一信號線，但可像 I^2C，SPI 一樣，同時傳輸時脈(clock)又傳輸資料(data)，而且資料傳輸是雙向的。1-Wire 使用較低的數據傳輸速率，通常是用來溝通小型裝置，如數位溫度計。1-Wire 有兩種速率：標準模式為 16 kbps，驅動模式則為 142 kbps。

此外，亦設計出智慧鈕扣(iButton)是以 1-Wire 協定所設計的，iButton 可存儲個人的資訊，如身份證字號，病歷表。

而 1-Wire 提供了經由單一連接的串列介面整合了記憶體，混合信號與保密驗證功能的元件。而透過串列協定可傳遞電源與通訊等兩種功能，使得 1-Wire 裝置在互連系統中，在需最小化的前提下，其所能提供的關鍵特性，具備了相當的競爭實力。

而相關的優點如下所列：

1. 單一觸點即可充份地用來控制與操作
2. 在每一個裝置以工廠雷射雕割獨一無二的 ID 碼
3. 可從信號匯流排上取得電源(“寄生供電”)
4. 具備多點連接功能：在單一條引線上可支援多種裝置連接
5. 卓越的 ESD 性能

如圖 13.2 所示，為 1-Wire 的特性與功能示意圖。

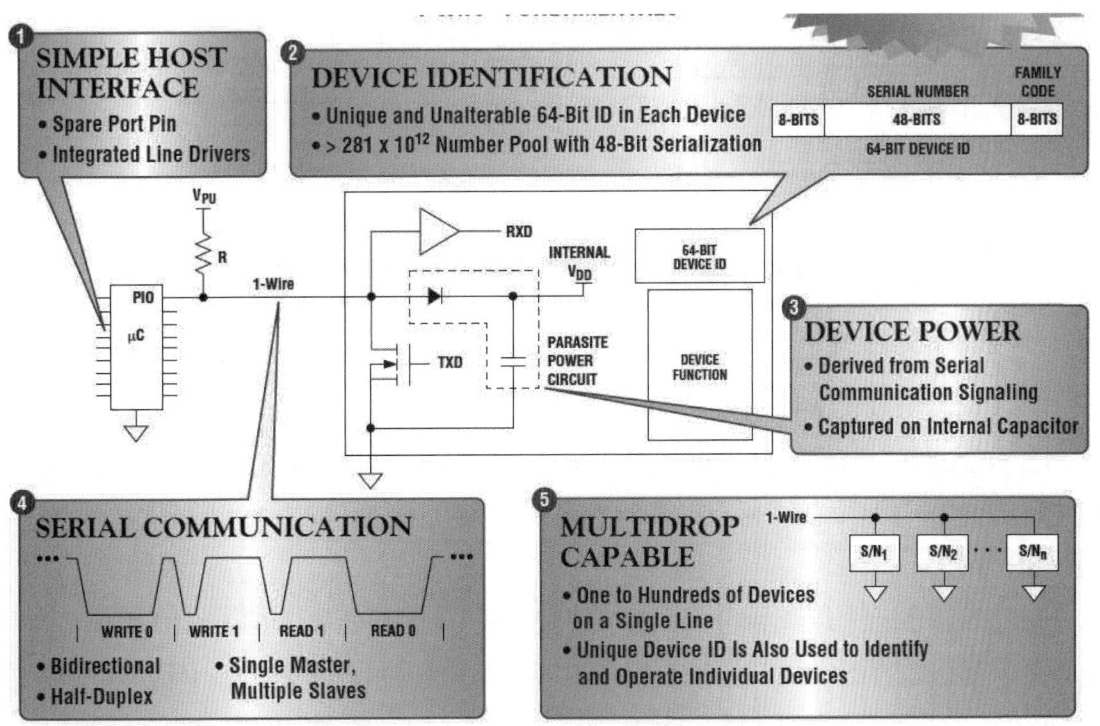

圖 13.2 1-Wire 的特性與功能示意圖

根據圖 13.2 所式的內容，1-Wire 串列介面(匯流排)具備下列的特性與功能：

一、汲取裝置電源

達拉斯半導體所提出的 1-Wire 串列介面是簡易的訊號架構，在主機／主裝置端控制器與共享同一條資料引線的一個或多個從裝置之間，執行半雙工雙向通訊。而從裝置的電源與資料通訊可透過單一的 1-Wire 引線來傳送。

如圖 13.3 所示，爲 1-Wire 裝置連接與汲取電源示意圖。針對電力的輸送上，當資料傳送期間中，引線若位在一個高電位狀態時，從裝置會捕捉電荷在內部電容器中，然後當引線是位於低電位狀態時，會使用此電荷來給予裝置使用。

而典型的 1-Wire 主裝置端包含提升到 3V 至 5V 電壓的電阻器的開汲極 I/O 埠接腳。

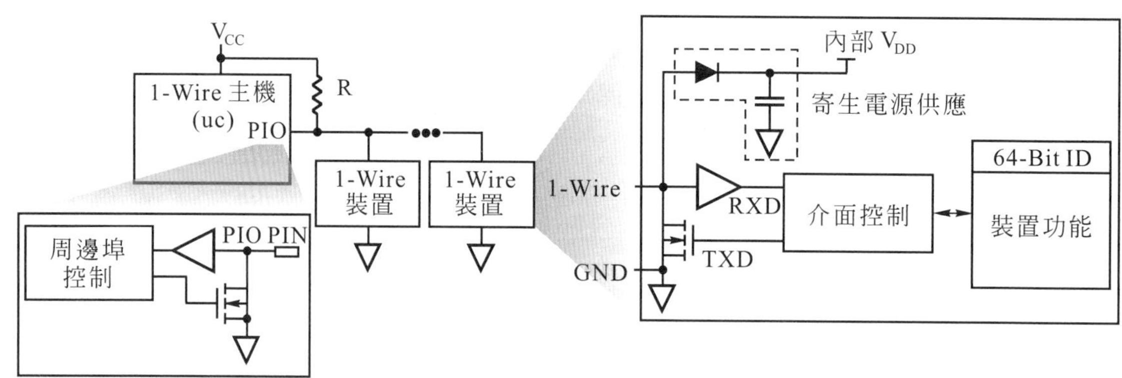

圖 13.3　1-Wire 裝置連接與汲取電源示意圖

二、64-Bit 串列序號

爲了能辨識在 1-Wire 串列介面上的所有裝置，因此，在每一個 1-Wire 系統中具備相當重要的基本特性，就是每一個 1-Wire 裝置必須包含一獨立，不可更改的(存到 ROM 記憶體)，64-bit 的工廠雷射雕割的串列序號(ID)。換言之，每一個裝置不會有重複的 ID 序號。

除了可提供給末端產品的獨一無二的電子式 ID 序號外，這 64-bit ID 數值可允許主機端裝置去選擇目前同時連接在相同的 1-Wire 串列介面上的所有裝置。此外，在 64-bit ID 序號的部分碼，其爲 8-bit 系列碼，以定義出裝置類與所支援的功能特性。

三、資料位元階層的通訊方式

1-Wire 主裝置端可初始化與控制所有 1-Wire 通訊。由於在資料位元時序或是時槽中，資料是以較寬的寬度傳送(邏輯 0)，以及以較窄的寬度傳送(邏輯 1)，因此，1-Wire 通訊波形是類似脈波寬度調變(pulse-width modulation，PWM)。而大部分的 1-Wire 裝置支援兩種的資料傳輸率：

1. 大約 15kbps 標準速率
2. 大約 111kbps 高速速率

當 1-Wire 的主裝置端爲了同步完整的匯流排，其會驅動一定義足夠長度的"重置"(Reset)脈波以啓動通訊序列。而在匯流排上的每一個從裝置爲了回應此"重置"脈波，會透過一邏輯低電位的"出現(Presence)"脈波。

如圖 13.4 所示，爲 1-Wire 串列通訊波形圖。其中，主裝置端爲了寫入資料，必須先驅動 1-Wire 引線爲低準位來初始時槽，緊接著，再維持引線爲低準位(較寬脈波)來傳送邏輯 0 (寫入 0)，或是釋放此引線(較窄脈波)以允許匯流排回到邏輯 1 狀態(寫入 1)。反之，爲了讀取資料，主裝置端會透過驅動較窄的低準位脈波，再一次初始時槽。然後，從裝置會透過打開其開汲極的方式來回傳邏輯 0，且維持引線爲低電位來擴展此脈波，或是透過關掉開汲極輸出來允許引線恢復，送出邏輯 1。

需注意的是，脈波寬度的長短周期，主裝置與從裝置是相對的。

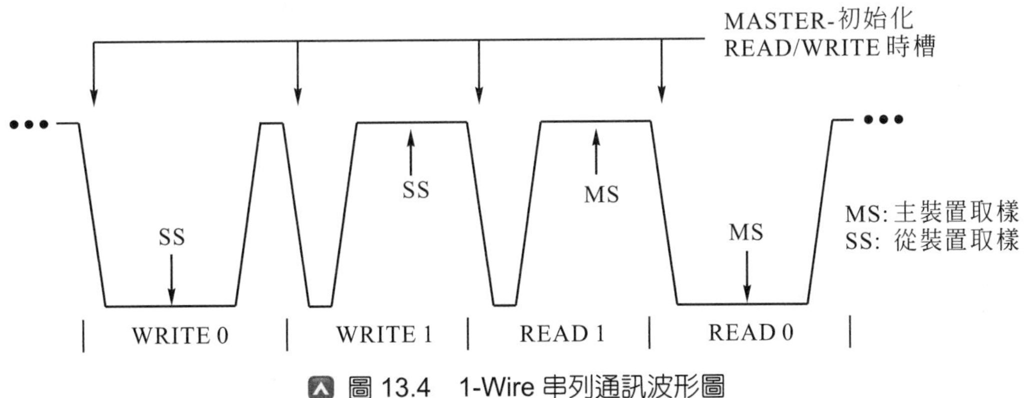

圖 13.4 1-Wire 串列通訊波形圖

如圖 13.5 所示，爲 1-Wire 串列通訊的模擬訊號，其中，從上至下分別爲重置，寫入與讀取的 1-Wire 訊號示意圖。

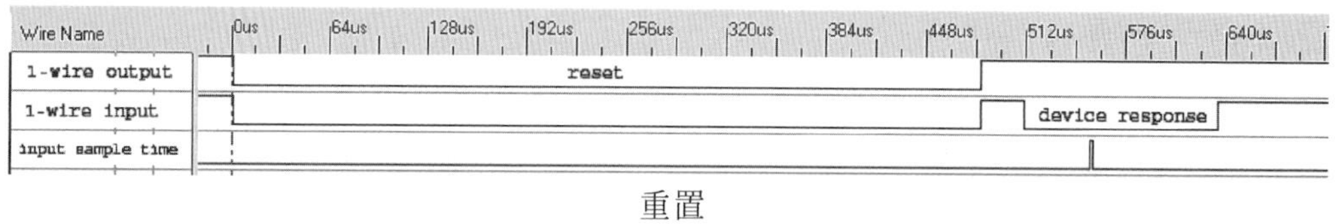

重置

寫入 (ex33，00110011b)

讀取 (第一位元組為8-bit系列碼：0x33)

圖 13.5　1-Wire 模擬訊：重置，寫入與讀取訊號示意圖

四、裝置選擇

在 1-Wire 通訊的第一個動作就是去選擇要接下來通訊的從裝置。在單一從裝置環境下，選擇的循序過程是最小的。然而，在多裝置環境下來選擇從裝置的話，不是選擇所有的從裝置，不然就是以上述所提及的 64-bit ID 碼來選擇某一個特定的從裝置。

而二分搜尋演算法(binary search algorithm)可致能匯流排主裝置端去"學習"，並且緊接著，選擇在引線上任何一個從裝置的各自的 64-bit ID 碼。一旦特定的從裝置被選擇到後，主裝置端會發出裝置特定的命令，並且送出資料給這從裝置，或是從此從裝置讀取資料。同時，其他所有的從裝置會忽略相關的通訊，直到下一個重置脈波被送出為止。

13.2　DS18B20 溫度感測器介紹

上述的內容，可知 1-Wire 是由 Maxim 子公司達拉斯半導體(Dallas_Semiconductor)所研發出的一種結合了記憶體、混和信號與擁有安全機制的一套通訊協定。但由於訊號線只有一條，必須是一種主從式的架構來對各個從裝置的感測器發布命令。因此，對於 PSoC 微處理機來說，便扮演著這主裝置端的角色。

如圖 13.6 所示，爲 DS18B20 感測器的內部與外部連線區塊圖。

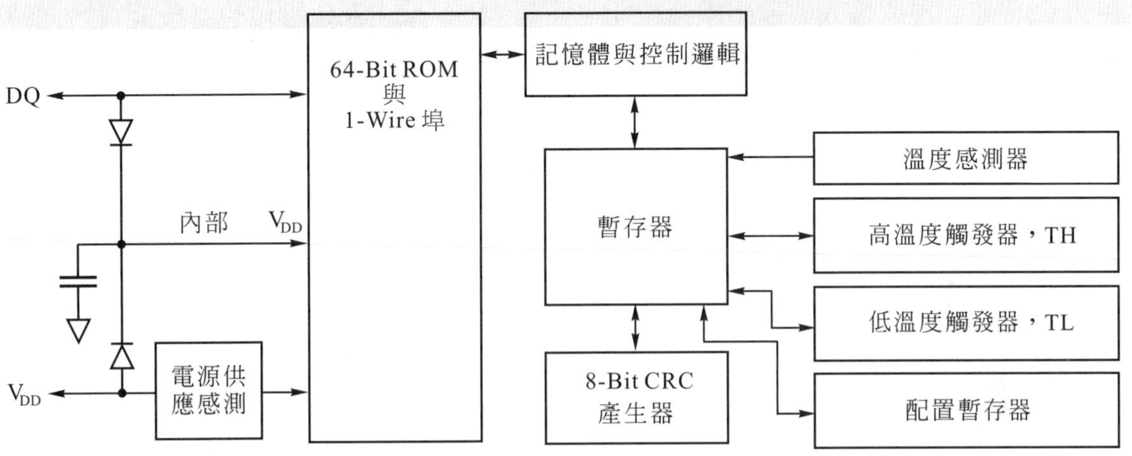

圖 13.6　DS18B20 感測器的內部與外部連線區塊圖

在圖 13.6 中，DS18B20 具有 64-bit 的 ROM 以及記憶體控制邏輯來控制暫存記憶體。在暫存記憶體中則存在溫度感測器、溫度上下限的旗標以及配置暫存器。除此之外，爲了達到資料的正確性，甚至還做了 8-bit 的 CRC 編碼來做驗證。

雖然擁有這麼多的功能，但在開發上卻一點也不簡單，比起 I^2C、SPI 或者是 SMBus 等等同步的串流傳輸介面，1-Wire 爲非同步的串流傳輸介面。在時脈的定義上非常的嚴謹。這是因爲只要兩邊裝置的時脈不同步，那麼雙方所取得的訊息也絕對不會正確。

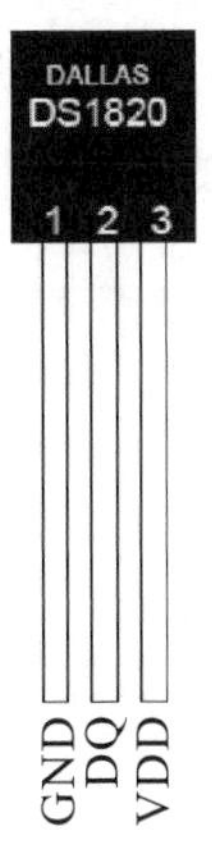

圖 13.7　DS18B20 包裝與腳位

如圖 13.7 所示，爲 DS18B20 的外型。其中，DS18B20 除了電源與地之外，只剩下 DQ 訊號線。而此，此顆溫度感測器的 VDD 可從+3V ～ +5V 皆可工作，但要與其他 MCU 或是 PSoC 連接的話，就必須根據如圖 13.8 所示，在 DQ 腳中加入提升電阻(4.7kΩ)，才能達成輸入與輸出兩種功能。而其 MCU 或 PSoC 腳位也必須能符合同時當作輸入與輸出的功能，相互搭配才能達成溫度感測的功能。

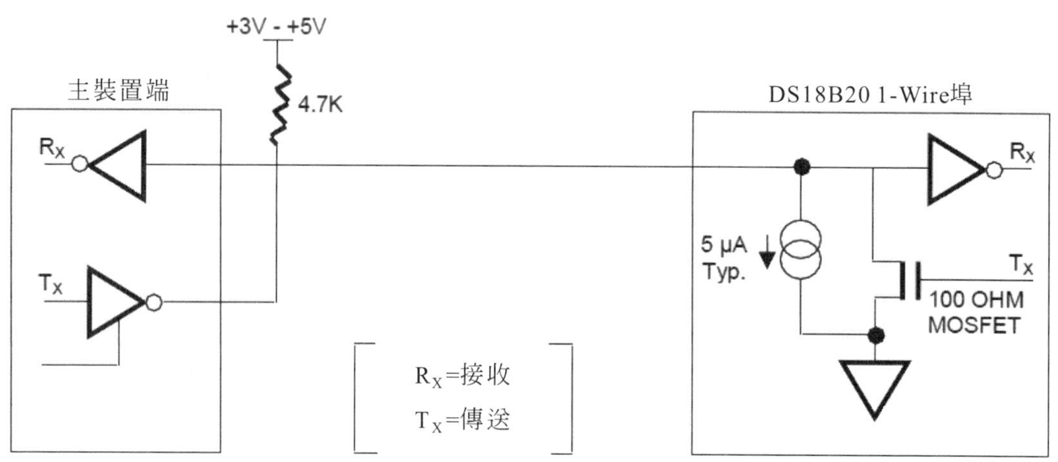

圖 13.8　1-Wire 感測器與 MCU 連接區塊示意圖

其中，1-Wire 串列介面對於 DQ 的時脈要求非常嚴苛。如圖 13.9 所示，為 1-Wire 初始化的波形圖，首先必須將 DQ 拉至低準位約 480us~960us(建議剛好是 480us)的重置脈波。緊接著，再將 DQ 拉回高電位約 15us ~ 60us。若上述波形接完成，則 DS18B20 則會回應一個 60us ~ 240us "出現(Presense)脈波"，則初始化 DS18B20 就完成了。

初始化完成後，即可參考對於 DS18B20 的命令表(參考表 13.1)。如圖 13.9 所示，顯示了如何將表 13.1 內的命令資訊轉換成符合協定的波形。

如圖 13.10 所示，當主裝置端想要寫入資料給從裝置端，則必須將 DQ 拉至低準位(Low)60us。並等待 DQ 腳回覆為 High，則可開始寫入資料，但要寫入的訊號也必須在 60us 內寫入完畢。

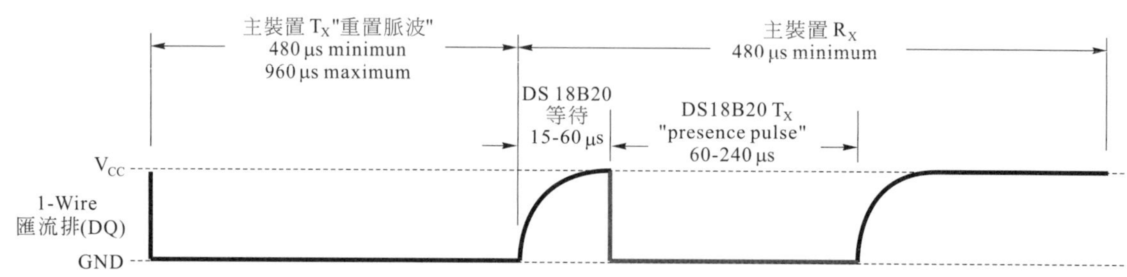

圖 13.9　1-Wire 初始化波形時間規格示意圖

表 13.1　DS18B20 各種命令一覽表

命令類型	意義
0x33	用來讀取每顆 DS18B20 自己的產品序號。
0x55	多顆 DS-18B20 產品中使用，只有完全對應 ROM 相同的 DS18B20 會回覆其命令。
0xcc	忽視 ROM 命令。當整個 1-Wire 匯流排時只有單一顆 DS18B20 時使用，可跳過讀取產品序號。
0xec	警報查詢，當 TL 與 TH 的限制溫度發生異常時會回報。
0x4e	用來寫入 TH 暫存器用。
0xbe	讀取暫存器。
0x48	將暫存器的資訊複製至 EEPROM 中。
0x44	轉換溫度，發下此命令則 DS18B20 開始讀取溫度並轉換至暫存器中。

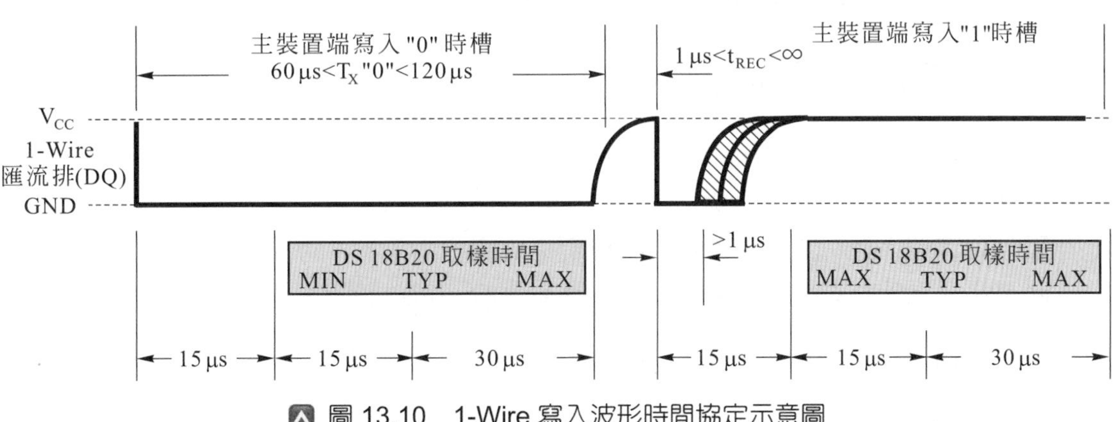

圖 13.10　1-Wire 寫入波形時間協定示意圖

13.3　PSoC 1-Wire 模組特性

PSoC 的 1-Wire 模組包含以下的特性：

- 僅需兩條 I/O 接腳來與多個 1-Wire 從裝置通訊。
- 提供支援位元與位元組方式的讀取與寫入的功能。
- 提供 CRC-8 資料完整檢查的功能。
- 支援 iButton® 資料整合檢查的可選擇性 CRC-16 功能。
- 提供在處理多個從裝置連接時，執行 1-Wire 搜尋的可選擇功能。
- 提供有些具備支援超速的 1-Wire 裝置的可選擇功能。
- 提供有些具備支援寄生供電的 1-Wire 裝置的可選擇功能。

1-Wire 模組是一組的函示庫常式，其使用 Maxim 整合協定產品的 1-Wire®協定來實現以主裝置端來讀取與寫入資料。1-Wire 主裝置端可以僅使用一個訊號線與接地線來與一個或多個從裝置通訊連接。而此主裝置端初始化所有的資料傳輸。

如圖 13.11 所示，為 1-Wire 模組的硬體方塊示意圖。

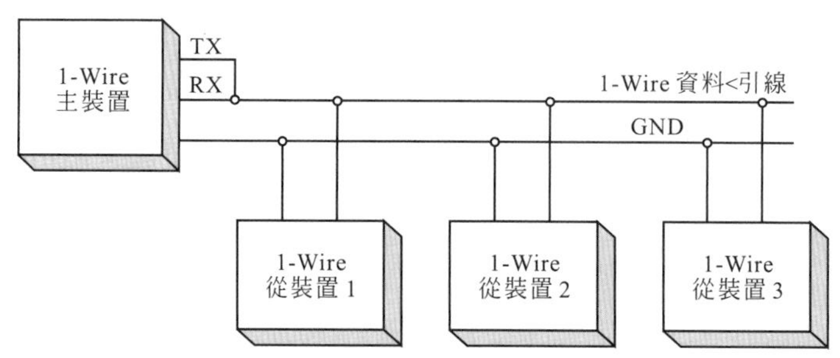

圖 13.11　1-Wire 模組的硬體方塊示意圖。

13.3.1　1-Wire 模組介紹

1-Wire 模組透過雙絞纜線，使用單一的 I/O 接腳與 1-Wire 元件通訊連接。1-Wire 網路包含主裝置端，引線，以及一個或更多的從裝置。而主裝置端與從裝置是以外部提升電阻來實現開汲極功能。PSoC I/O 應該被配置成阻抗式的提升方式。

此 1-Wire 是由 Dallas 半導體公司的專利介面，其使用單一引線來實現資料與電源的傳輸。相關規格與資料，讀者可以參考 Maxim 網站介紹。

一、時序

如圖 13.12 所示，為 PSoC 1-Wire 模組的時序圖。

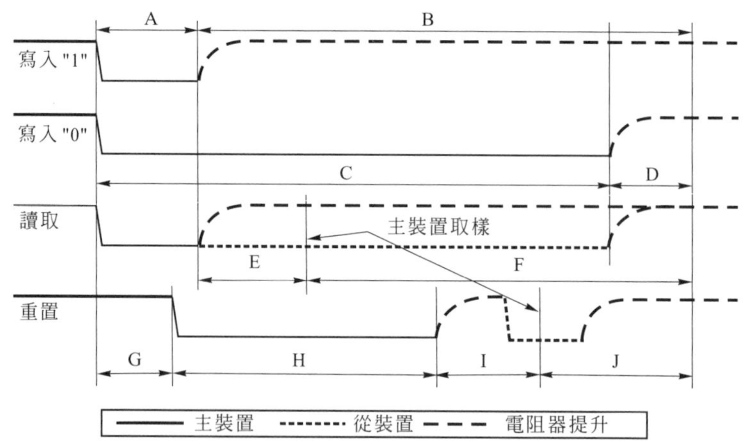

圖 13.12　PSoC 1-Wire 模組的時序圖。

而此時序的相關規格如表 13.2 所列。

表 13.2　PSoC 1-Wire 模組的時序一覽表

參數	標準速率			迅速速率		
	Min (μs)	Typ (μs)	Max (μs)	Min (μs)	Typ (μs)	Max (μs)
A	5	6	15	1	1.5	1.85
B	59	64	—	7.5	7.5	—
C	60	60	120	7	7.5	14
D	8	10	—	2.5	2.5	—
E	5	9	12	0.5	0.75	0.85
F	50	55	—	6.75	7	—
G	0	0	0	2.5	2.5	—
H	480	480	640	68	70	80
I	63	70	78	7.2	8.5	8.8
J	410	410	—	39.5	40	—

二、放置模組

1-Wire 模組是包含了兩個數位區塊：XCVR 與 BitClk。其中，BitClk 區塊提供 XCVR 區塊的時脈。此時脈在不同的工作狀態下是不同的，所有的 BitClk 控制是在模組 API 控制下執行。此外，XCVR 區塊提供了在接收與傳送階層下的所有通訊過程。XCVR 區塊必須放置在 PSoC 數位通訊區塊中。而 BitClk 區塊則可放置在 XCVR 區塊其他剩下鄰近的任何數位 PSoC 區塊中。

此外，而模組之相關參數請參考其資料手冊或是直接使用本章範例程式的設定值。

13.3.2　PSoC 1-Wire API 函式

以下，列出常用的 1-Wire 模組之 API 函式

❖　OneWire_Start

- 描述：初始 1-Wire 模組的數位區塊。在執行 1-Wire 功能之前，必須先呼叫此函式一次。

- C 語言函式：void OneWire_Start(void)
- 參數：無
- 回傳值：無

❖ OneWire_Stop

- 描述：停止 1-Wire 模組的數位區塊的功能。
- C 語言函式：void OneWire_Stop(void)
- 參數：無
- 回傳值：無

❖ OneWire_WriteByte

- 描述：將一個位元組寫入到 1-Wire 裝置中。
- C 語言函式：void OneWire_WriteByte(BYTE bData)
- 參數：bData: 將 bData 位元組寫入到 1-Wire 裝置中。
- 回傳值：無

❖ OneWire_bReadByte

- 描述：從 1-Wire 裝置讀取一個位元組資料。
- C 語言函式：BYTE OneWire_bReadByte(void)
- 參數：bData: 從 1-Wire 裝置所讀取的 bData 位元組。
- 回傳值：無

13.4 PSoC 1-Wire 無線溫度感測器設計與應用

此章節將介紹如何使用 PSoC Designer 來完成設計 PSoC 1-Wire 無線溫度感測器-DS18B20，以及透過無線傳輸到 USB-ZigBee HID Dongle 的韌體程式，其架構如圖 13.1 所示，並且個別對 PSoC 韌體程式與應用程式設計來做介紹。

此外，USB-ZigBee HID Dongle 的韌體程式則與第 11 章一樣，讀者可以不予變更，直接運用。

13.4.1　PSoC 1-Wire 韌體程式設計

在此需先說明，雖然 DS18B20 感測器是由 1-Wire 來完成，但如圖 13.6 所示，MCU 必須要擁有 TX 與 RX 兩種功能腳位。因此，雖然也是由單線的方式來實現，但其連接這 PSoC 29466 則需兩隻腳位來完成。

首先，建立一個 PSoC 專案檔，並將第 10 章介紹的方式來完成 ZigBee 無線感測網路的對傳設定。同前一章，在此專案中需引用鮑率爲 9600 bps 的 UART 模組，以及顯示之用的 LCD 模組。緊接著，如圖 13.13 所示，在 User Modules 中選擇"Digital Comm"項目中的 OneWire 模組，並連點左鍵兩下將 OneWire 模組加入至專案中，如圖 13.14 所示。

圖 13.13　"User Modules"的 1-Wire 模組選擇操作示意圖

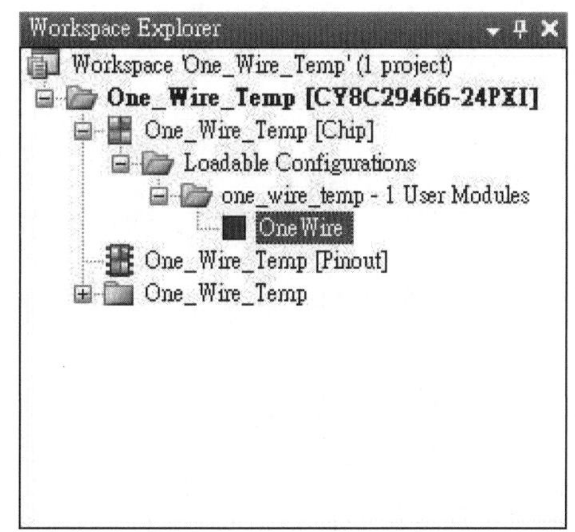

圖 13.14　將 1-Wire 模組加入至專案操作示意圖

模組加入專案後，更改名稱爲"OneWire"，如圖 13.15 所示，並請對照圖 13.15 中去做設定。最後，將輸出的 RXD 與 TXD 設定爲 P1_0 與 P1_1，如圖 13.16 所示。

如圖 13.17 所示，爲 1-Wire DS18B20 的感測器電路。其中，DS18B20 元件可以直接使用底層擴充版所規劃的 5V，只要如圖 13.20 所示，連接好即可使用。也因此，SMP 可規劃成+3.3V ~ +5V 皆可工作，如圖 13.18 所示。

Properties - OneWire

Name	OneWire
User Module	OneWire
Version	1.1
Clock	VC1
RX	Row_0_Input_0
TX	Row_0_Output_1
CRC	CRC8
Search	Enabled
OverDrive	Enabled
ParasitePower	Enabled
ParasitePowerTXPort	None
ParasitePowerTXPin	None
ClockSync	Sync to SysClk
InvertRX	Normal

Name
Indicates the name used to identify this User Module instance

圖 13.15　1-Wire 模組的“Properties”參數設定圖

Pinout - one_wire_temp

P0[7]	Port_0_7, StdCPU, High Z Analog, DisableInt
P1[0]	Port_1_0, GlobalInOdd_0, High Z, DisableInt
P1[1]	Port_1_1, GlobalOutOdd_1, Pull Up, DisableInt
P1[2]	Port_1_2, StdCPU, High Z Analog, DisableInt
P1[3]	Port_1_3, StdCPU, High Z Analog, DisableInt
P1[4]	Port_1_4, StdCPU, High Z Analog, DisableInt
P1[5]	Port_1_5, StdCPU, High Z Analog, DisableInt
P1[6]	Port_1_6, StdCPU, High Z Analog, DisableInt
P1[7]	Port_1_7, StdCPU, High Z Analog, DisableInt
P2[0]	LCDD4, StdCPU, Strong, DisableInt
P2[1]	LCDD5, StdCPU, Strong, DisableInt
P2[2]	LCDD6, StdCPU, Strong, DisableInt
P2[3]	LCDD7, StdCPU, Strong, DisableInt
P2[4]	LCDE, StdCPU, Strong, DisableInt
P2[5]	LCDRS, StdCPU, Strong, DisableInt
P2[6]	LCDRW, StdCPU, Strong, DisableInt
P2[7]	Port_2_7, StdCPU, High Z Analog, DisableInt

圖 13.16　1-Wire 模組的“Pinout”接腳設定

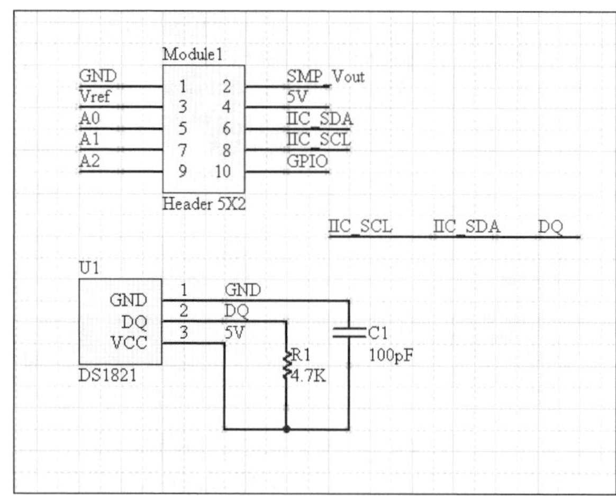

圖 13.17　DS18B20 電路連接圖

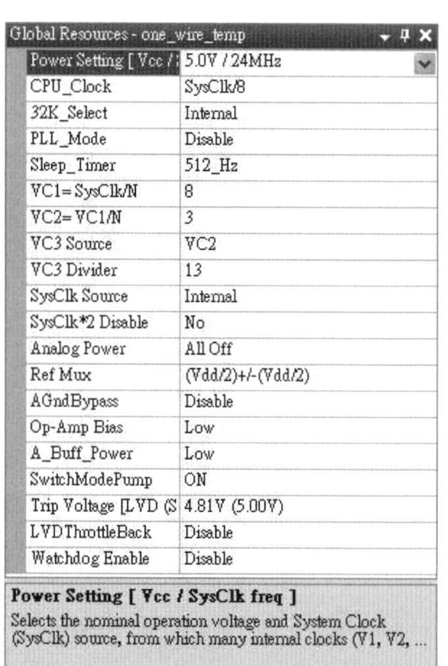
Global Resources - one_wire_temp

Power Setting [Vcc /	5.0V / 24MHz
CPU_Clock	SysClk/8
32K_Select	Internal
PLL_Mode	Disable
Sleep_Timer	512_Hz
VC1= SysClk/N	8
VC2= VC1/N	3
VC3 Source	VC2
VC3 Divider	13
SysClk Source	Internal
SysClk*2 Disable	No
Analog Power	All Off
Ref Mux	(Vdd/2)+/-(Vdd/2)
AGndBypass	Disable
Op-Amp Bias	Low
A_Buff_Power	Low
SwitchModePump	ON
Trip Voltage [LVD (S	4.81V (5.00V)
LVDThrottleBack	Disable
Watchdog Enable	Disable

Power Setting [Vcc / SysClk freq]
Selects the nominal operation voltage and System Clock (SysClk) source, from which many internal clocks (V1, V2, ...

圖 13.18　1-Wire 模組的“Global Resources”參數設定圖

除此之外，由於 DS18B20 使用 1-Wire 串列介面，必須使用 3MHz 做爲其數位邏輯的震盪頻率。因此，在 VC1 本章使用了 SysClk/8 的方式爲 3MHz。至於 UART 與 LCD 等等的設定則與前幾章相同。

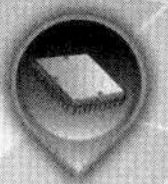

當修改完以上的步驟後，按下 Generate 按鈕，PSoC Designer 將產生相對的配置檔。緊接著，即可開始撰寫其中的韌體程式。

如圖 13.19 所示，爲 PSoC 1-Wire 無線溫度感測器的範例程式流程圖。

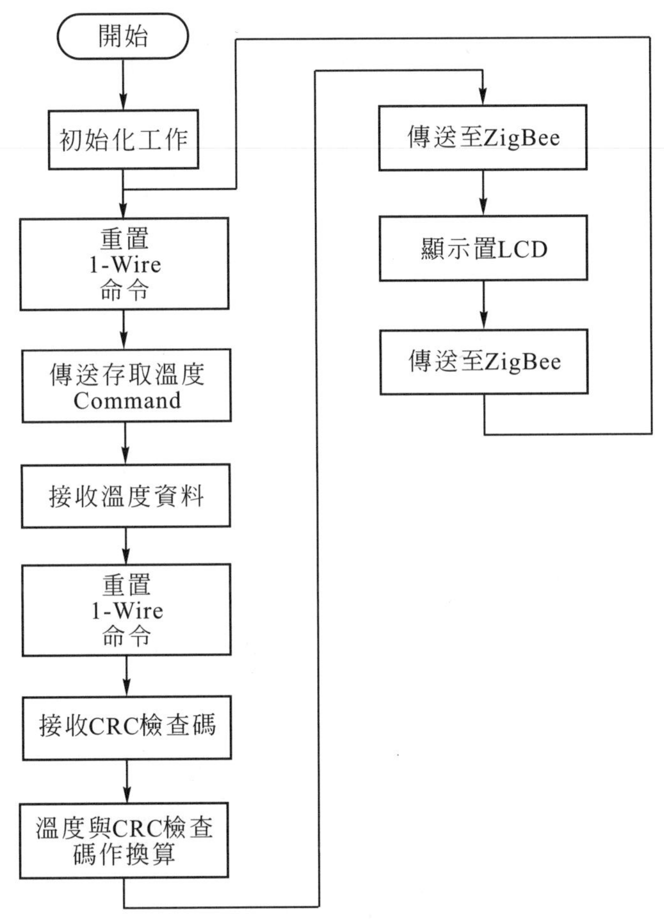

圖 13.19　PSoC 1-Wire 無線溫度感測器的範例程式流程圖

以下，列出 PSoC 1-Wire 無線溫度感測器主程式的 main.c 範例程式碼：

```
#include <m8c.h>                                //元件特定的常數與巨集
#include "PSoCAPI.h"                            //所有使用者模組的 PSoC API 函式定義
void delay(unsigned char delay_time)
{
    while(delay_time != 0)
        delay_time--;
}
void init(void)
{
```

```
        UART_CmdReset();
        UART_IntCntl(UART_ENABLE_RX_INT);
        UART_Start(UART_PARITY_NONE);
        LCD_Start();                                //PSoC API，啓動 LCD
        M8C_EnableGInt;
        delay(100);                                 //等待 LCD 穩定動作的延遲時間
        LCD_Control(0x01);                          //清除 LCD
        OneWire_Start();
}

void LCD_DisplayTemp(BYTE line,BYTE row,BYTE databyte)
{
        BYTE Show_ten,Show_one;
        LCD_Position(line,row);
        LCD_PrHexByte(databyte);
}

void main(void)
{
        unsigned char i=0;
        BYTE j=0;
        unsigned char Temp[2];
        unsigned char CRC8[9];
        char fristStr[] = "PSoC DS18b20_LCD";   //設定 LCD 第一行字串
        char SecondStr[] = "T=  .  c";          //設定 LCD 第二行字串

        init();
        while(1)
        {
            UART_PutChar('T');
            UART_PutChar('T');
            UART_PutChar('=');
            delay(100);
            OneWire_fReset();                   //重置 1-Wire 裝置
            OneWire_WriteByte(0xCC);            //"忽視 ROM"命令
            OneWire_WriteByte(0x44);            //"轉換溫度"命令

            for(i=0;i<8;i++)
            {
                OneWire_bReadByte();
            }
```

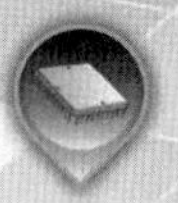

```
        Temp[0]= OneWire_bReadByte();
        OneWire_fReset();                   //重置 1-Wire 裝置

        OneWire_WriteByte(0xcc);            //"忽視 ROM"命令
        OneWire_WriteByte(0xBE);            //"讀取暫存器"命令

        for(i=0;i<9;i++)
        CRC8[i] = OneWire_bReadByte();
        Temp[0] = ((CRC8[1]&0x04)<<4) + ((CRC8[1]&0x02)<<4) +
        ((CRC8[1]&0x01)<<4) + ((CRC8[0]&0x80)>>4)+ ((CRC8[0]&0x40)>>4) ;
        Temp[0] = Temp[0] + + ((CRC8[0]&0x20)>>4) +((CRC8[0]&0x10)>>4);
        Temp[1] = (((CRC8[0] & 0x08)>>3)*50)+ (((CRC8[0]&0x04)>>2)*25) +
        (((CRC8[0]&0x02)>>1)*12) +(((CRC8[0]&0x01))*6) ;
        OneWire_fReset();                   //重置 1-Wire 裝置
        LCD_Position(0,0);                  //PSoC API ; 設定 row=0,line=0
        LCD_PrString(fristStr);             //PSoC API ; 顯示"PSoC LCD"字串
        LCD_Position(1,0);                  //PSoC API ; 設定 row=0,line=1
        LCD_PrString(SecondStr);            //PSoC API ; 顯示"SW="字串
        LCD_DisplayTemp(1,2,Temp[0]);
        LCD_DisplayTemp(1,5,Temp[1]);

        UART_PutChar(Temp[0]);
        UART_PutChar(Temp[1]);
        UART_PutChar(0xaa);
        UART_PutChar(0x0d);

        for(i=0;i<100;i++)
                delay(255);

    }
}
```

程式碼撰寫完畢後，即可按下 Build 後，產生燒錄檔。此時，若有發生錯誤則可能是程式碼編寫出錯，讀者可根據錯誤的位置作修正。而若是 0 error 的話，則可開始下載程式碼至 PSoC 處理器之中，進行燒錄。當燒錄完畢後，請讀者將 S1 的指撥開關 1 與 2 皆設定為 ON。如此，即可利用 PSOC 介面與感測器實驗載板對 ZigBee CC2530 裝置模組做 UART 傳輸控制，並將 1-Wire 介面之溫度感測器的訊號透過 ZigBee

CC2530 裝置模組傳送至 USB-ZigBee HID Dongle 的 enCoReIII 微處理器。最後，再轉成 USB 封包給 C#應用程式作進一步地驗證與顯示。

此外，要測試前需先將 1-Wire 溫度感測器連接至 PSOC 介面與感測器實驗載板上。如圖 13.20 所示，為 PSOC 介面與感測器實驗載板上透過 LCD 顯示目前的環境溫度。圖中所顯示的 T=1B.0C 換算成 10 進制，則為攝氏 28.12 度。

圖 13.20　PSoC 介面與感測器實驗載板的 LCD 上所顯示的溫度感測數值實體測試圖

13.4.2　PSoC 無線 1-Wire 溫度感測器之 PC 端應用程式設計

如同第 8 章介紹之 PC 端應用程式撰寫步驟，接下來便要來撰寫環境溫濕度感測器 PC 端應用程式了。應用程式主要功能為自動接收目前環境溫度，並透過軟體觀測環境溫度的變化，如圖 13.21 所示。

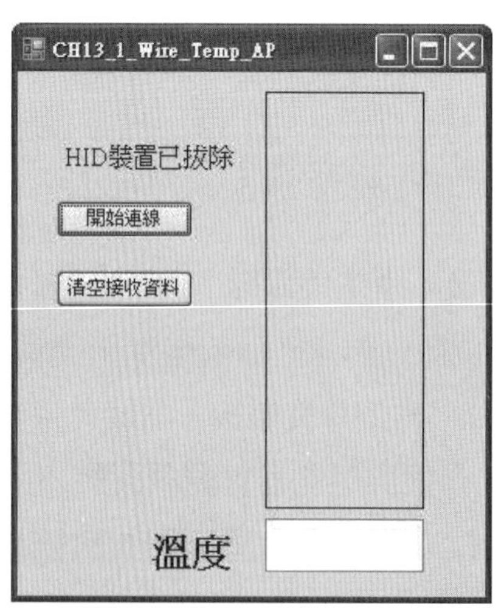

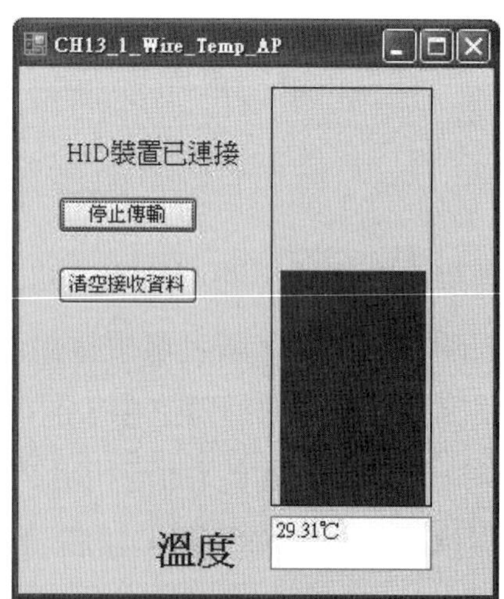

圖 13.21　1-Wire 溫度感測器之 PC 端應用程式執行畫面

以下，進一步列出相關的程式碼範例。

一、匯入其他命名空間的 using 程式碼

```
using System;
using System.Collections.Generic;
using System.ComponentModel;
using System.Data;
using System.Drawing;
using System.Linq;
using System.Text;
using System.Windows.Forms;
using USBHIDDRIVER;
using USBHIDDRIVER.USB;
using System.Threading;
using System.Runtime.InteropServices;
using System.Diagnostics;
```

二、物件的宣告

```
//宣告並建立 dav 屬於 HIDUSBDevice 類別的物件，並設定裝置 VID 爲 1234 與 PID 爲 7777
        HIDUSBDevice dav = new HIDUSBDevice("vid_1234", "pid_7777");
        Double T;
        Graphics picT;                              //宣告畫布物件
        Pen picpen_T = new Pen(Color.Blue, 90);     //建立畫筆、畫筆顏色、筆寬
        Point[] dot_T = new Point[2];               //宣告線條陣列
        [DllImport("kernel32.dll")]
        static extern Boolean SetProcessWorkingSetSize(IntPtr procHandle,
                Int32 min, Int32 max);


      public Form1()
      {
         InitializeComponent();
         picT = picTBox.CreateGraphics();           //建立畫布物件
         for (int n = 0; n < 2; n++)                //初始化線條座標
         {
            dot_T[n] = new Point(50, 256);
         }
      }
```

三、Botton1 程式碼

```
bool run = false;
        int number = 0;
        private void button1_Click(object sender, EventArgs e)
        {
            if (dav.connectDevice())                    //裝置是否連接
            {
                label1.Text = "HID 裝置已連接";         //更改 label1 顯示的字串
                if (run)
                {
                    run = false;
                    button1.Text = "開始連線";
                }
                else
                {
                    run = true;
                    button1.Text = "停止傳輸";
                }
            }
            else
            {
                label1.Text = "HID 裝置已拔除";         //更改 label1 顯示的字串
                run = false;
                button1.Text = "開始連線";

                return;
            }
do
            {
                Application.DoEvents();
                dav.readDataThread();
                Thread.Sleep(10);
                //判斷傳輸格式
                 textBox1.Text = "";
                    if ((dav.myread[2] == 'T') &
                        (dav.myread[3] == '='))         //判斷傳輸格式是否正確
                    {
                        //將溫度值顯示並加上單位值
                        textBox1.Text = Convert.ToString(Convert.ToDouble
                        (dav.myread[4])) + "." + Convert.ToString
                        (Convert.ToDouble(dav.myread[5])) + "℃";
                        //放大溫度值比例
```

```
                T = 256 - (dav.myread[4] * 5);
                dot_T[1] = new Point(50, Convert.ToByte(T));
                //建立座標，設定線條長度
                picTBox.Refresh();                      //清空畫布
                picT.DrawCurve(picpen_T, dot_T);  //顯示圖形
            }
            number++;
            if (number > 10000)
            {
                number = 0;
                SetProcessWorkingSetSize(Process.GetCurrentProcess().
                    Handle, -1, -1);                    //壓縮記憶體用量
            }
        } while (run);
    }
```

四、Botton2 程式碼

```
private void button2_Click(object sender, EventArgs e)
        {
            //清空所有資料
            textBox1.Text = "";
            picTBox.Refresh();                              //清空畫布
            for (int n = 0; n < 2; n++)                     //初始化線條陣列
            {
                dot_T[n] = new Point(50, 256);
            }
            SetProcessWorkingSetSize(Process.GetCurrentProcess().
                Handle, -1, -1);                            //壓縮記憶體用量
        }
```

※本章節所介紹的各個程式範例，請讀者參考附贈光碟片目錄：\examples\CH13\。

問題與討論

1. 請讀者重新測試本章所介紹的 1-Wire 溫度感測器的範例，並以手指碰觸溫度感測器來對比 LCD 上所顯示的溫度數值是否有變化。
2. 若無法成功地測試此範例，請讀者重新檢測操作步驟或是專案檔的相關設定是否正確。當然，檔案是否有變更過也是查驗重點。
3. 請設計一組 USB-ZigBee Dongle 對多組的 1-Wire 溫度計的量測，並設計出 ZigBee 星狀無線感測網路。
4. 讀者可以根據書後附錄的 BOM 表，購置 USB-ZigBee HID Dongle 與簡易 PSoC 實習單板的相關零件，並根據圖 3.5 所示 UART 訊號轉換電路、圖 3.6 所示的 LCD 輸出電路與圖 3.12 所示的各個感測器模組接腳電路圖來實現本章的實驗。(如圖 13.22 所示)

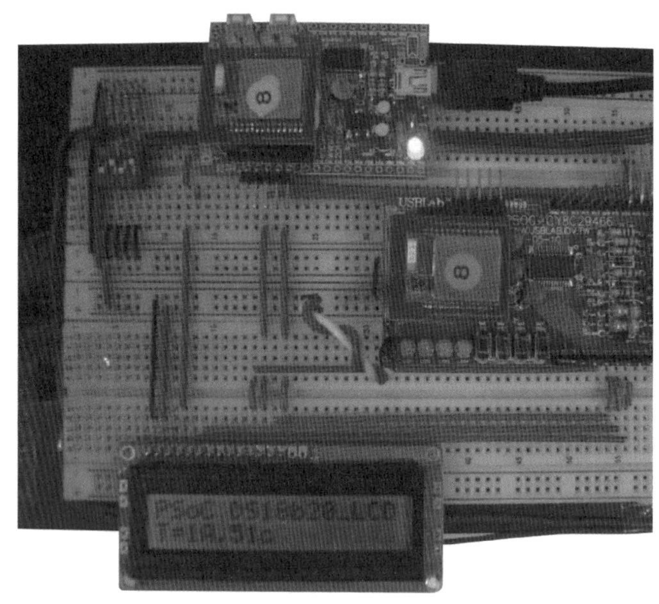

圖 13.22　USB-ZigBee HID Dongle 與簡易 PSoC 實習單板的相關零件所實現的 1-Wire 溫度感測器實驗實體圖

5. 請讀者參考坊間的 LabVIEW 書籍(介面設計與實習－使用 LabVIEW 2010，全華圖書)，另以 NI VISA API 來設計本章節的應用程式。

chapter

14

PSoC 無線太陽光能感測設計

有別於稍前利用 1-Wire、I^2C 或是 SMbus 串列介面來擷取各種具備串列感測器的訊號。從本章起，一連 4 個章節將介紹如何透過 PSoC 所內建的 ADC 來擷取類比感測器的訊號。

首先，本章主要是介紹如何使用太陽光能電池來做設計應用。因此，會將重點放在如何利用 PSoC-CY8C29466 元件來擷取太陽光能電池的光電能感測值，以及透過第 8 章與第 10 章所介紹的 PSoC-CY7C64215 元件與 CC2530 裝置模組來完成整個 ZigBee 無線感測網路系統的設計。而運用 USB-ZigBee HID Dongle 與 PSoC 介面與感測器實驗載板可以實現 ZigBee 無線感測網路來達到太陽光能感測器資料傳輸與擷取的目的。此外，本章節於 PC 端設計一個太陽光能感測應用程式，讓讀者驗證太陽光能感測器所回傳的訊息。

如圖 14.1 所示，爲本章實驗架構示意圖。

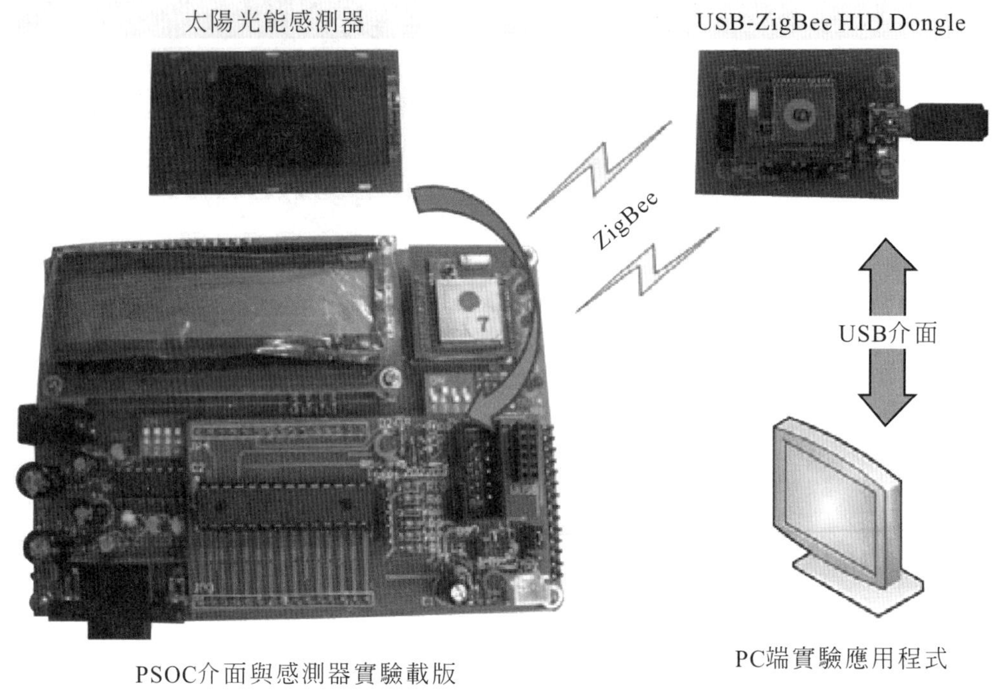

圖 14.1　無線太陽能電池感測設計之實驗架構示意圖

以下，列出本章所運用的 PSoC 模組。其中，新增 ADCIN12 模組、PGA 模組與 AMUX8 模組來實現類比訊號的量測與擷取。

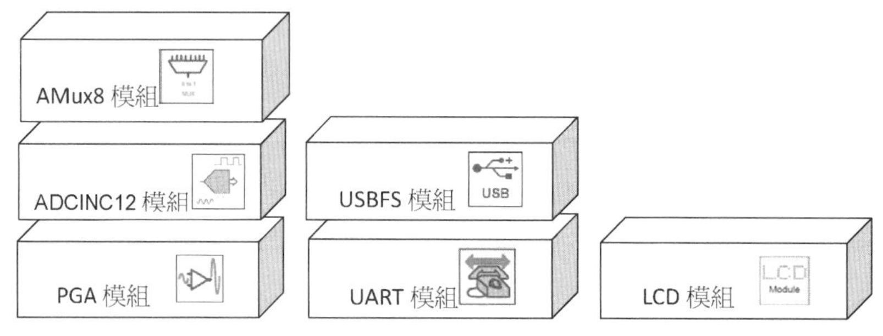

14.1　太陽光能原理說明

太陽能電池是一種可以將能量轉換的光電元件，其基本構造是運用 P 型與 N 型半導體接合而成的，如圖 14.2 所示爲其原理示意圖。

半導體最基本的材料是「矽」，是不導電的，但如果在半導體中摻入不同的雜質，就可以做成 P 型與 N 型半導體，若再利用 P 型半導體有個電洞，與 N 型半導體多了

一個自由電子的電位差來產生電流。太陽能電池是將太陽能轉換成電能的裝置，使太陽電池吸收太陽光能透過圖中的 p-型半導體及 n-型半導體使其產生電子(負極)及電洞(正極)，同時分離電子與電洞而形成電壓降，再經由導線傳輸至負載。

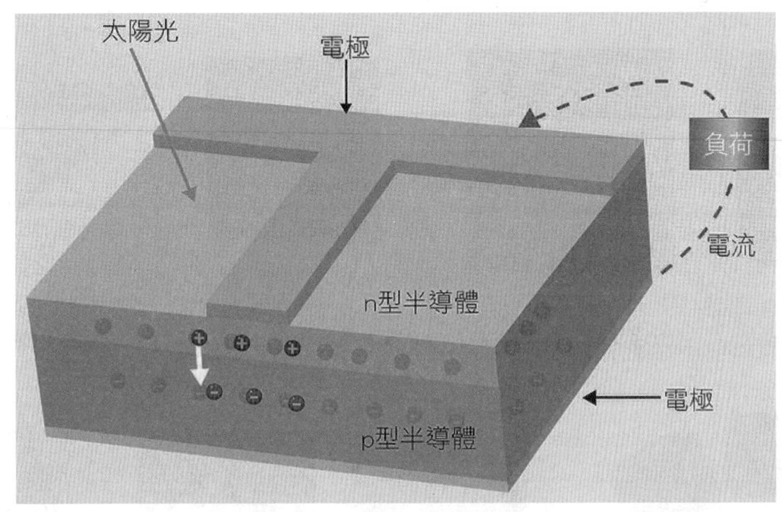

圖 14.2　太陽能電池構造示意圖(資料來源：維基百科)

當半導體受到太陽光的照射時，大量的自由電子伴隨而生，而此電子的移動又產生了電流，也就是在 PN 結處產生電位差。此時，外部如果用電極連接起來，形成一個迴路，這就是太陽電池發電的原理。

簡單的說，太陽光能的發電原理，是利用太陽電池吸收 0.4μm ~ 1.1μm 波長(針對矽晶)的太陽光，將光能直接轉變成電能輸出的一種發電方式。因此，太陽能電池需要陽光才能運作，所以大多是將太陽能電池與蓄電池串聯，將有陽光時所產生的電能先行儲存，以供無陽光時放電使用。

由於太陽電池產生的電是直流電，因此若需提供電力給家電用品或各式電器則需加裝直/交流轉換器，換成交流電，才能供電至家庭用電或工業用電。

14.2　太陽能電池構造

太陽能電池(Solar Cell)的材料種類非常的多，可以有非晶矽(Amorphous Silicon)、多晶矽(Poly Crystalline)、CdTe、CuInxGa(1-x)Se2 等半導體的、或三五族、二六族的元素鏈結的材料。簡單地說，凡光照後而產生電能的，就是太陽電池尋找的製造材料。

而其主要是透過不同的製程和方法，測試對光的反應和吸收，達到能隙結合寬廣，且讓短波長或長波長都可以全部吸收的突破技術，來降低材料的成本。

如圖 14.3 所示，太陽能電池的種類有單晶矽及非晶矽、多結晶矽三大類，而目前市場應用上大多爲單晶矽及非晶矽爲主。以下，分別加以簡略說明。

(a)單晶矽太陽電池

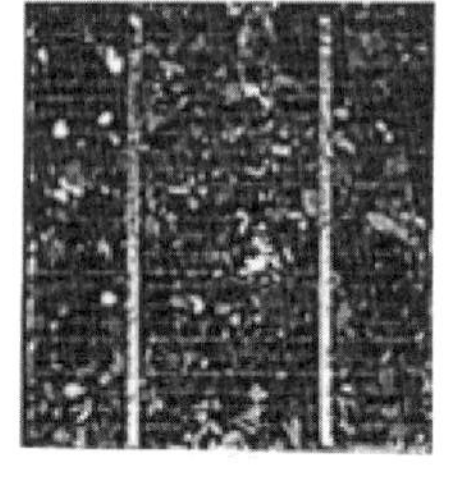
(b)多晶矽太陽電池

(c)非晶矽太陽電池

(d)可撓式太陽電池膜

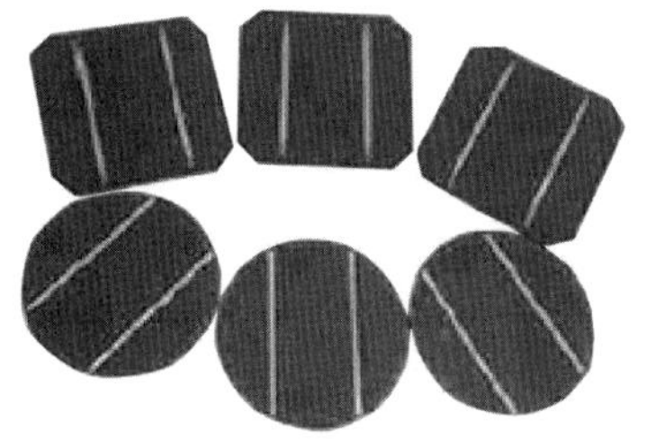
(c)單晶矽太陽電池

(f)多晶矽太陽電池

(g)太陽電池模板

圖 14.3　常見的太陽電池及模板外觀分類圖

(資料來源：太陽光電資訊網，http://solarpv.itri.org.tw/aboutus/index.asp)

一、單結晶矽太陽電池

此類型又稱單結晶，單晶矽電池最普遍，多用於發電廠、充電系統、道路照明系統及交通號誌等，其所發電力與電壓範圍廣，轉換效率高，使用年限長。因此，世界主要大廠均以生產此類單晶矽太陽能電池爲主，但礙於晶圓型式，多半截圓型或圓弧造型，使得舖設時面積上無法達到最大有效利用及吸收要求。

二、多結晶矽太陽電池

此類型又稱爲多結晶。製程上較便宜，發電量略低於單晶矽，可截爲正方形，舖設時可達到最大面積有效利用及吸收要求。因其晶狀分佈，具有外觀效果，可爲建築物的外表上增色不少。此外，雖其結理易造成碎裂，但晶體可再利用做爲項鍊等裝飾品。

三、非結晶矽太陽電池

非晶矽電池爲目前成本最低的商業化太陽能電池，無需封裝，不僅生產最快，產品種類多，使用廣泛，及多用於消費性電子產品，且新的應用產品不斷地開發中。

以下，介紹如何以 PSoC 模組來實現太陽光能感測值的擷取。在此，運用了 ADCIN12、PGA 與 AMUX8 等 3 個模組。

14.3　PSoC ADCIN12 模組特性

如圖 14.4 所示爲 ADC12IN 模組硬體方塊圖，其基本特性，如下所列：

- 12-bit 解析度，2's 補數
- 取樣率可從 7.8 sps 至 480 sps
- 輸入範圍爲 AGND +/− VRef
- 提供普通模式抑制高頻率諧波
- 內部或外部時脈

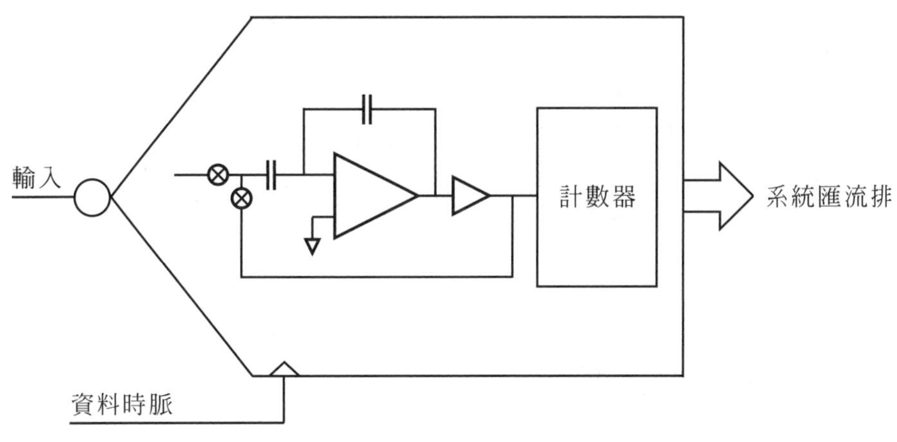

圖 14.4　ADC12IN 模組硬體方塊圖

ADCINC12 模組不僅實現 12-bit 遞增的 A/D，亦其可轉換出 12-bit，且具備數個輸入範圍的全刻度的 2's 補數輸出(+2047 至−2048 計數範圍) 。輸入電壓範圍包含軌對軌(rail-to-rail)，可被透過配置適當的參考電壓與類比接地來量測。此外，也支援從 7.8 sps 至 480 sps 取樣率。

ADCINC12 API 函式允許使用者選擇 0 ~ 255 取樣點。其中，0 代表連續地擷取方式，也是我們常用的的設定方式。

而 ADCINC12 是一個整合的 ADC，可用來去除更高的頻率功能。透過設定可達 100ms 的取樣視窗(取樣頻率可達 9.84sps)來達到 50Hz，60H 以及這兩個頻率的任何諧波(一般模式抑制)的最佳化抑制頻率(取樣頻率可達 9.84 sps)。

此外，CPU 會以輸入階層而有不同的負載時間變化。例如，當 $V_{in} = +V_{ref}$，會花費 249 CPU 週期(最大爲 13 bit)。當 V_{in} = AGND，會有 47 CPU 週期(平均爲 13 bit)。當 $V_{in} = -V_{ref}$，會花費 43 CPU 週期(最小爲 7–13 bit)。

14.3.1 PSoC ADCIN12 模組功能介紹

如圖 14.5 所示，ACDINC12 模組是由單一類比切換電容 PSoC 區塊與兩個數位 PSoC 區塊所建構而成的。

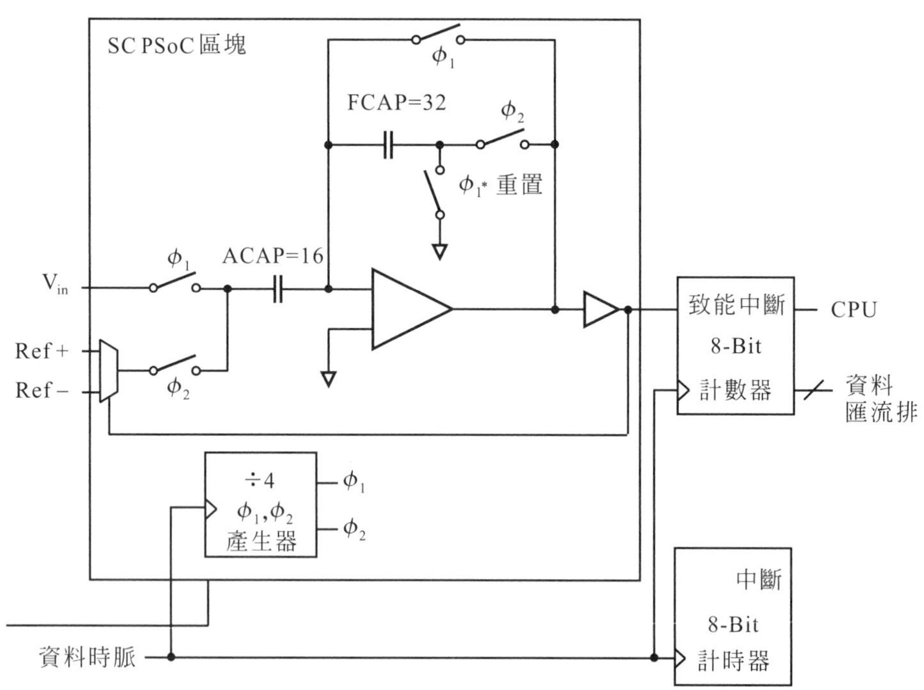

圖 14.5　ACDINC12 模組的 PSoC 區塊架構圖

此類比區塊被配置成能重置的積分器。而根據輸出的極性，需配置參考控制，使得，參考電壓可以從輸入端作電壓的加法與減法，並且放置到積分器中。其中，參考控制傾向將積分器輸出拉回到 A_{GND}。

如果積分器操作了 4096 (2^{12})次，且輸出電壓比較器是這些次數中，n 個正值，那麼在這輸出端的剩下電壓(V_{resid})則爲：

$$V_{resid} = 2^{12} \times V_{in} - n \times V_{ref} + (2^{12} - n) \times V_{ref} \tag{14-1}$$

$$V_{in} = \frac{n - 2^{12-1}}{2^{12-1}} \times V_{ref} + \frac{V_{resid}}{2^{12}} \tag{14-2}$$

而，上述的數值是以理想值來計算得出，且將來會有可能根據不同的系統噪音與晶片組的偏移而有所不同。

此公式說明 ADC 的範圍爲 is +/−V_{ref}，而其解析度(LSB)則爲 $V_{ref}/2048$，且在計算結束的輸出電壓可定義爲剩餘的電壓部分。由於 V_{resid} 總是小於 V_{ref}，$V_{resid}/4096$ 也會小於 LSB 的一半，因此可以忽略之。

而最後的方程式可列於下面的式(14-3)：

$$V_{in} = \frac{n - 2048}{2048} \times V_{ref} \tag{14-3}$$

放置模組

如圖 14.6 爲選取 ADCINC12 模組，圖 14.7 爲將模組放置區塊中之結果。

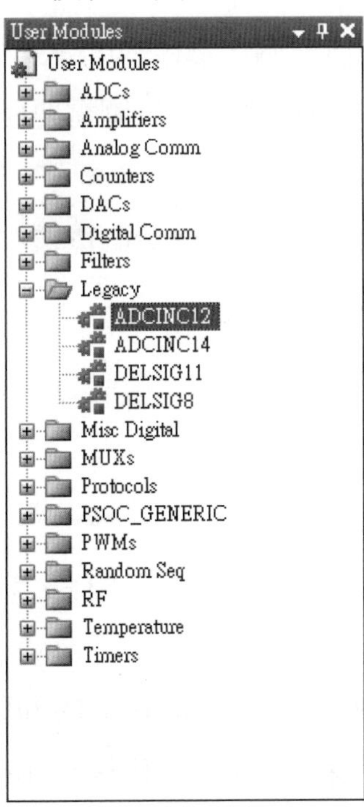

圖 14.6　"User Modules"的 ADCINC12 模組選擇操作示意圖

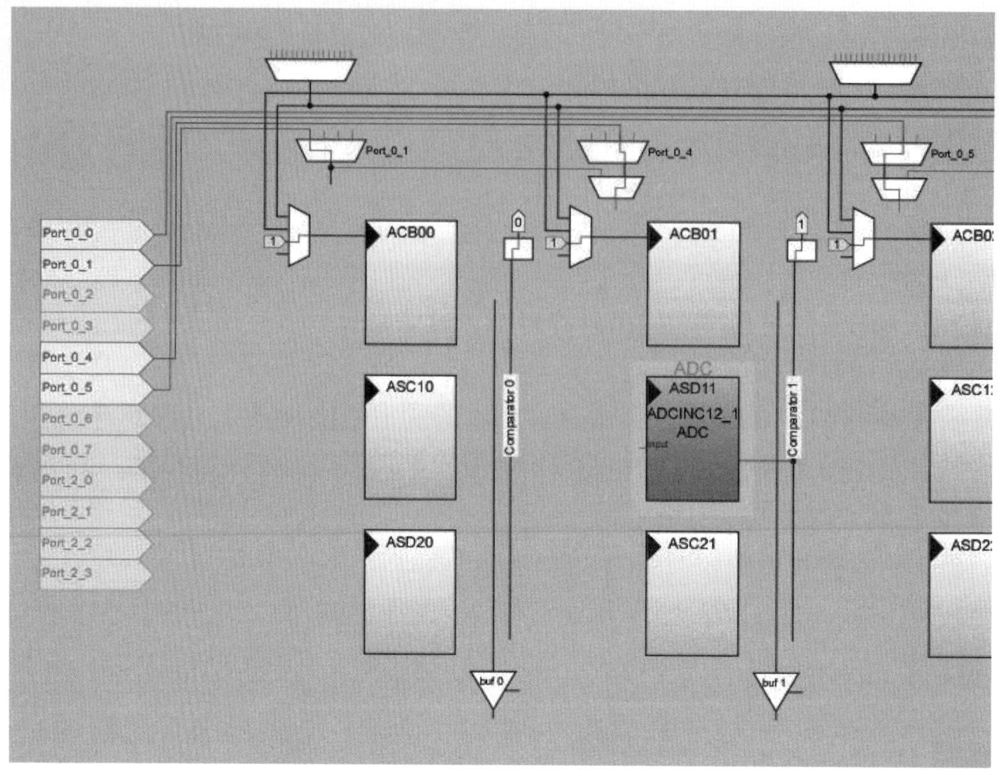

圖 14.7　ADCIN12 模組放置示意圖

ADCIN12 區塊可放置到任何一個切換電容的 PSoC 區塊。然而，ADCIN12 所要連接的特定欄是需要一比較器的匯流排。另一個需要使用欄比較器的模組是不能放到同一個欄中。

而模組之相關參數請參考其資料手冊或是直接使用本章範例程式的設定值。

14.3.2　PSoC ADCIN12 API 函式

以下，列出 ADCIN12 API 常用的函式：

❖ ADCINC12_Start

- 描述：執行此模組所需之所有初始化工作，並設定切換電容 PSoC 區塊的電源階層。
- C 語言函式：void ADCINC12_Start (BYTE bPowerSetting)
- 參數：PowerSetting:用來設定電源階層的一個位元組。緊接在重置與配置之後，類比 PSoC 區塊會預設 ADCINC12 模組爲電源關閉特性。

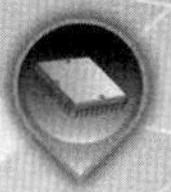

而參數字串的名稱可用於 C 與組語上，且其所連接的數值是如表 14.1 所列。

表 14.1　ADCIN12 模組電源階層設定一覽表

參數名稱	數值
ADCINC12_OFF	0
ADCINC12_LOWPOWER	1
ADCINC12_ MEDPOWER	2
ADCINC12_HIGHPOWER	3

在此，需注意，電源階層對於類比的效能有相當大的影響。透過正確的電源設定，才會對於 Data Clock 的取樣率有其靈敏的變化。因此，對於每一個應用設計來說，必須認眞地思考其電源設定方式。一般來說，當我們開發新專案之前，建議可先設定全功率模式來執行。稍後，再慢慢測試與調整其電源階層。

- 回傳值：如果資料已經轉換完畢，且準備好讀取的話，就回傳一個非 0 值。

❖ ADCINC12_GetSamples

- 描述：執行特定取樣數目的 ADC 功能。
- C 語言函式：void ADCINC12_GetSamples (BYTE bNumSamples)
- 參數：bNumSamples: 8-bit 數值，用來設定將要轉換的取樣數目。0 數值代表可讓 ADC 連續地執行。
- 回傳值：無。

❖ ADCINC12_fIsDataAvailable

- 描述：檢查 ADC 狀態。
- C 語言函式：BYTE ADCINC12_fIsDataAvailable(void)
  BYTE ADCINC12_fIsData(void) (Deprecated)
- 參數：無
- 回傳值：如果資料已經轉換完畢，且準備好讀取的話，就回傳一個非 0 值。

❖ ADCINC12_iGetData

- 描述:回傳轉換完畢後的數值。但建議讀者需先呼叫 ADCINC12_fIsDataAvailable() 函式以確認資料取樣是否已經完畢。如果此函式是在積分週期的結尾處剛好完成的話，就有可能回傳的數值不是正確的。
  因此，強烈建議資料取回的頻率要比取樣率還要更高，或是如果無法確保這工作的話，那麼可以在呼叫此函式之前，關閉中斷的功能。
- C 語言函式：INT ADCINC12_iGetData(void)
- 參數：無
- 回傳值：回傳以 16-bit，2's 補數格式所轉換完畢的取樣資料。

❖ ADCINC12_ClearFlag

- 描述：重置資料有效的旗標。
- C 語言函式：void ADCINC12_ClearFlag(void)
- 參數：無
- 回傳值：無

14.4 PSoC PGA 模組特性

如圖 14.8 所示，為 PGA 模組硬體方塊圖，其基本特性，如下所列：

1. CY8C26/25xxx 類型：具備 16.0 倍的最高增益之 31 個使用者可程式化的增益。
2. 其他 PSoC 裝置類型：具備 48.0 倍的最高增益之 33 個使用者可程式化的增益。
3. 高阻抗輸入。
4. 具備可選擇參考電壓之單端輸出。

PGA 模組實現了具備使用者可程式化增益之非反向放大器。此增益器具備高輸入阻抗，寬頻帶以及可選擇之參考電壓。

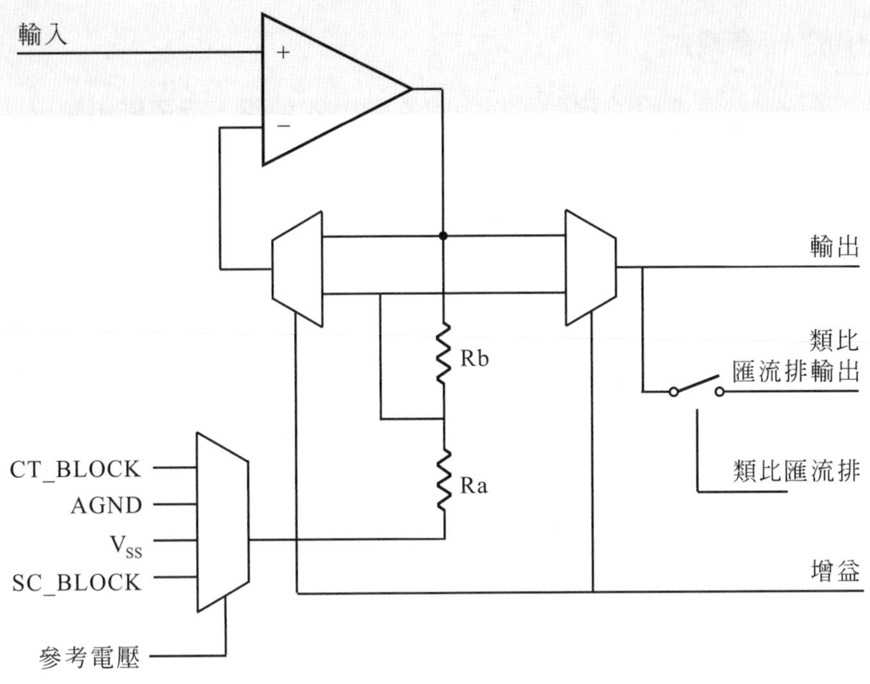

圖 14.8　PGA 模組硬體方塊圖

14.4.1　PSoC PGA 模組功能介紹

PGA 模組可用來放大內部或外部所提供的訊號。而訊號能以內部類比接地，V_{ss} 或其他可選擇的參考點來加以參考。其中，可程式化增益的放大器的增益可透過在電阻器陣列的可選擇性的抽頭與在連續時間類比 PSoC 區塊的迴授抽頭加以設定。

讀者可透過裝置編輯器(Device Editor)的數值表格來設定增益，輸入與輸出匯流排致能。

而可程式化增益的輸出具有兩部份轉移函式：

一、增益大於或等於 1

電阻器串列的頂端是連接到放大器的輸出，且電阻器抽頭是連接到放大器的反向輸入端。在此情況下，放大器具有下列的轉移函式(14-4)

$$V_O = (V_{\text{IN}} - V_{\text{GAD}}) \cdot \left(1 + \frac{R_b}{R_a}\right) + V_{\text{GAD}} \tag{14-4}$$

二、增益小於 1 (衰減)

此放大器設定為一電壓隨耦器，以及可在電阻器抽頭上選擇模組輸出。在此情況下，放大器具有下列的轉移函式(14-5)

$$V_O = (V_{\text{IN}} - V_{\text{GAD}}) \cdot \left(\frac{R_a}{R_a + R_b} \right) + V_{\text{GAD}} \tag{14-5}$$

而讀者可以從裝置編輯器來選擇增益值。然後透過裝置編輯器來規劃在 PSoC 區塊最適當的電阻器抽頭。相關的 API 函式可提供 PGA 模組的啟動，停止，設定功率與設定增益。

放置模組

如圖 14.9 為選取 PGA 模組，圖 14.10 為將模組放置區塊中之結果。

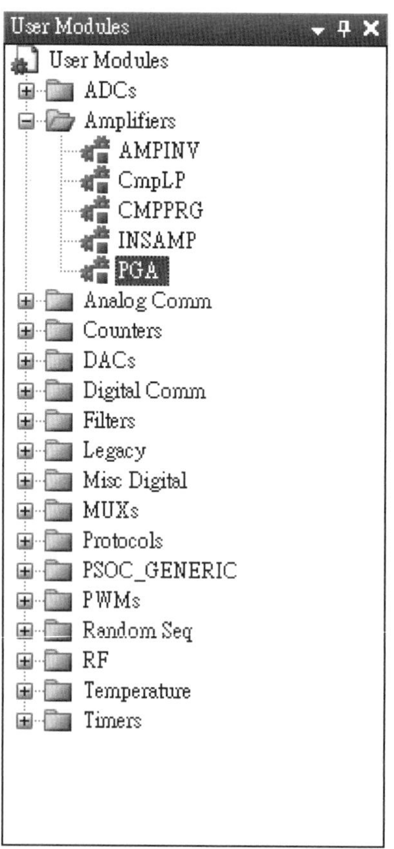

圖 14.9 "User Modules"的 PGA 模組選擇操作示意圖

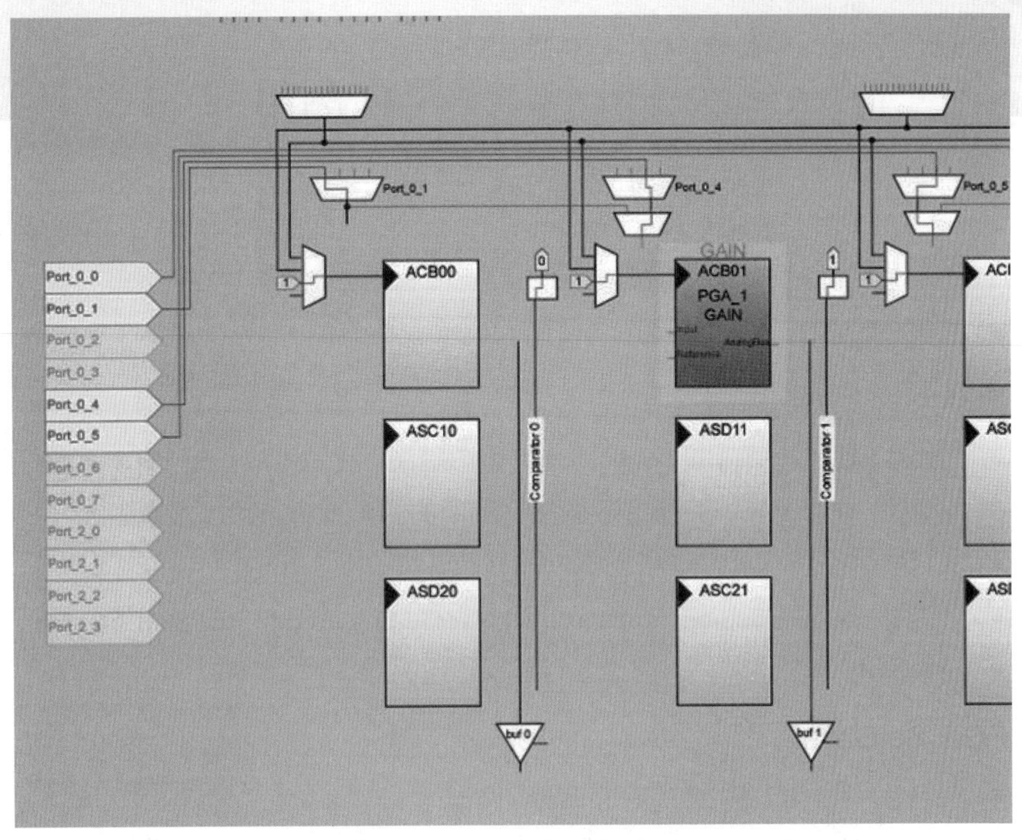

圖 14.10　PGA 模組放置示意圖

PGA 區塊可自由地對映到在裝置中，任何的連續時間(CT)PSoC 區塊。
而模組之相關參數請參考其資料手冊或是直接使用本章範例程式的設定值。

14.4.2　PSoC PGA API 函式

以下，列出 PGA API 常用的函式：

❖ PGA_Start

- 描述：執行此模組所需之所有初始化工作，並設定連續時間 PSoC 區塊的電源階層。一但 PowerSetting 設定此區塊時，這輸出將會被驅動。
- C 語言函式：void PGA_Start(BYTE bPowerSetting)
- 參數：bPowerSetting: 用來設定電源階層的一個位元組。緊接在重置與配置之後，類比 PSoC 區塊會預設 PGA 模組爲電源關閉特性。

  而參數字串的名稱可用於 C 與組語上，且其所連接的數值是如表 14.2 所列。

表 14.2　PGA 模組電源階層設定一覽表

參數名稱	數值
PGA_OFF	0
PGA_LOWPOWER	1
PGA_ MEDPOWER	2
PGA_HIGHPOWER	3

- 回傳值：無

❖ PGA_SetPower

- 描述：設定連續時間 PSoC 區塊的電源階層。我們可以設定 PGA 電源打開或關閉。如果 PowerSetting 數值沒有關閉的話，就會有輸出被驅動。
- C 語言函式：void PGA_SetPower(BYTE bPowerSetting)
- 參數：bPowerSetting: Same as the PowerSetting used for the Start function.
- 回傳值：無

❖ PGA_SetGain

- 描述：設定增益給連續時間 PSoC 區塊。
- C 語言函式：void PGA_SetGain(byte bGainSetting)
- 參數：bGainSetting：可設定 CY8C29/27/24/22xxx，CY8C23x33，CY8CLED04/08/16，Y8CLED04D/01/02/03/04，與 CY8CNP102 等系列。而參數字串的名稱可用於 C 與組語上，且其所連接的數值是如表 14.3 所列。

表 14.3　增益設定一覽表

參數名稱	數值	參數名稱	數值
PGA_G48_0	0Ch	PGA_G1_00	F8h
PGA_G24_0	1Ch	PGA_G0_93	E0h
PGA_G16_0	08h	PGA_G0_87	D0h
PGA_G8_00	18h	PGA_G0_81	C0h
PGA_G5_33	28h	PGA_G0_75	B0h
PGA_G4_00	38h	PGA_G0_68	A0h
PGA_G3_20	48h	PGA_G0_62	90h
PGA_G2_67	58h	PGA_G0_56	80h
PGA_G2_27	68h	PGA_G0_50	70h
PGA_G2_00	78h	PGA_G0_43	60h

表 14.3　增益設定一覽表(續)

參數名稱	數值	參數名稱	數值
PGA_G1_78	88h	PGA_G0_37	50h
PGA_G1_60	98h	PGA_G0_31	40h
PGA_G1_46	A8h	PGA_G0_25	30h
PGA_G1_33	B8h	PGA_G0_18	20h
PGA_G1_23	C8h	PGA_G0_12	10h
PGA_G1_14	D8h	PGA_G0_06	00h
PGA_G1_06	E8h		

- 回傳值：無

❖ PGA_Stop

- 描述：關閉模組的電源。
- C 語言函式：void PGA_Stop(void)
- 參數：無
- 回傳值：無

14.5　PSoC AMUX8 模組特性

如圖 14.11 所示，爲 AMUX8 模組硬體方塊圖，其基本特性，如下所列：

1. 高阻抗輸入。
2. 輸入訊號可以是軌對軌(rail-to-rail)。其中，指的是放大器輸入和輸出電壓振幅非常接近或幾乎等於電源電壓值。
3. 可以使用 RefMux 來多工輸入訊號，以切換電容區塊。
4. 輸入來源是可程式化控制的。

AMUX8 模組提供 8 個輸入類比訊號多工器給連續時間(CT)PSoC 區塊，並可透過所提供的 API 函式，以程式化選擇其多工路徑。

而 8 個輸入訊號的其中一個能夠選擇做爲連續時間(CT)區塊的放大器輸入源。根據模組所放置的類比欄匯流排，這些輸入訊號是連接至固定的埠。此外，這模組也可與 RefMux 模組一起使用，以繞徑多工訊號至類比欄匯流排。

AMUX8 模組僅適用於使用當該應用程式必須動態地選擇兩個或多個埠的操作過程中。因此，如果在程式執行過程中，連接至連續時間(CT)區塊的輸入接腳是不會變動的話，建議讀者可以使用裝置編輯器，並直接設定所需的接腳。

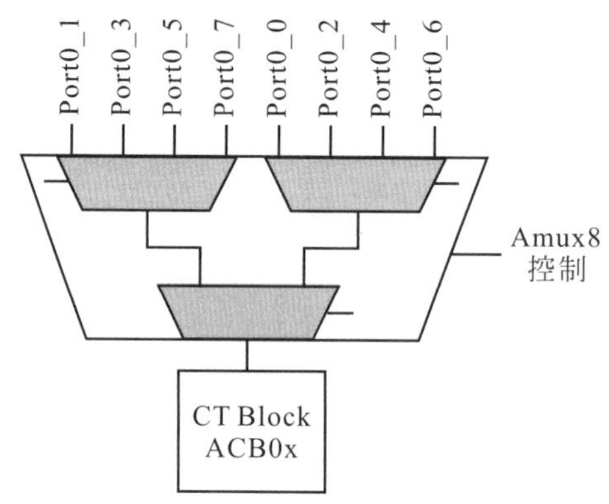

圖 14.11　PSoC AMUX8 模組硬體方塊圖

14.5.1　PSoC AMUX8 模組功能介紹

放置模組

如圖 14.12 爲選取 AMUX8 模組，及圖 14.13 爲將模組放置區塊中之結果示意圖。

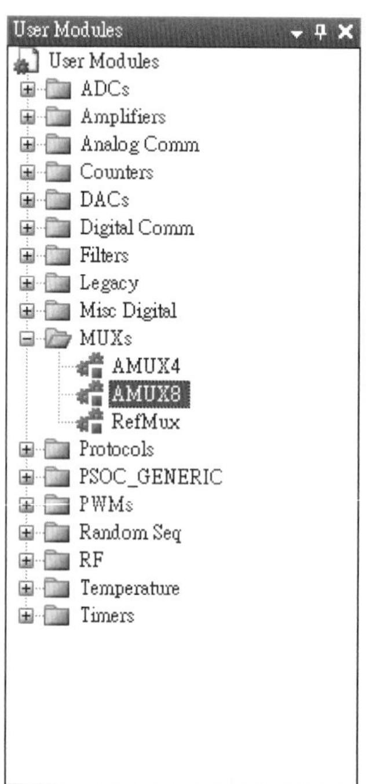

圖 14.12　"User Modules"的 AMUX8 模組操作示意圖

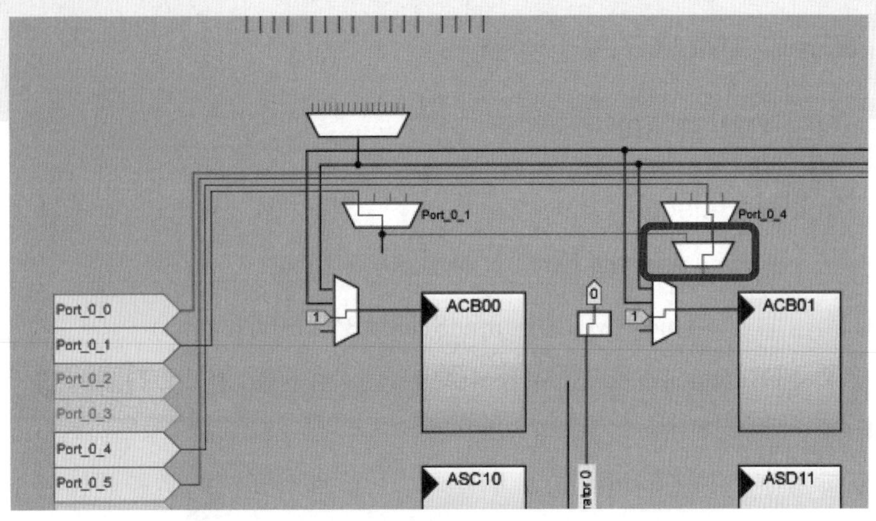

圖 14.13　AMUX8 放置模組操作示意圖

如圖 14.14 所示，AMUX8 模組對映到的任何 AInMux 區塊上：

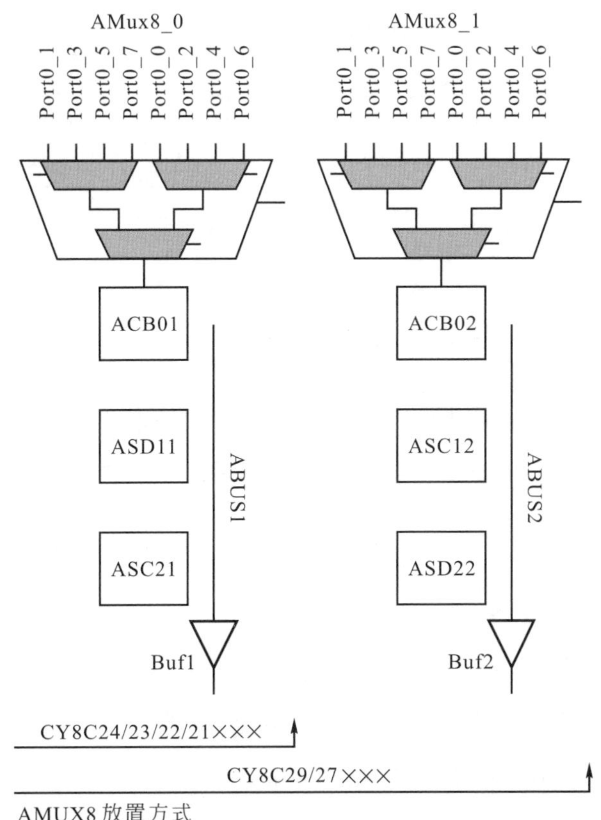

圖 14.14　AMUX8 模組所對映 AInMux 區塊示意圖

而模組之相關參數請參考其資料手冊或是直接使用本章範例程式的設定值。

14.5.2 PSoC AMUX8 API 函式

以下，列出 AMUX8 API 常用的函式:

❖ AMUX8_InputSelect

- 描述：切換所選擇到的埠至連續時間(CT)區塊
- C 語言函式：void AMUX8_InputSelect(BYTE bChannel)
- 參數：bChannel: 用來設定哪一埠被連接至連續時間(CT)區塊的一個位元組數值。可選擇 Port0 接腳 0，1，2，3，4，5，6 與 7。

  而參數字串的名稱可用於 C 與組語上，且其所連接的數值是如表 14.4 所列。

表 14.4　AMUX8 選擇埠一覽表

參數名稱	數值
AMUX8_PORT0_0	0x00
AMUX8_PORT0_1	0x01
AMUX8_PORT0_2	0x02
AMUX8_PORT0_3	0x03
AMUX8_PORT0_4	0x04
AMUX8_PORT0_5	0x05
AMUX8_PORT0_6	0x06
AMUX8_PORT0_7	0x07

  需注意到，列出的參數字串是不論所使用的裝置具備這些埠可用與否。因此，切勿使用這些參數字串所連接的接腳是不存在於我們的 PSoC 裝置上。
- 回傳值：無

❖ AMUX8_Start

- 描述：此函式對 AMUX8 的操作是不需要的，執行上也無動作，其主要是提供相容性而已。AMUX8_Stop 函式也是一樣。
- C 語言函式：void AMUX8_Start(void);
- 參數：無
- 回傳值：無

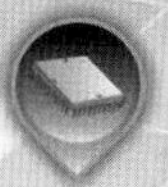

14.6　PSoC 無線太陽光能感測器設計與應用

此章節將介紹如何使用 PSoC Designer 來完成 PSoC 無線太陽光能感測設計，其架構如圖 14.1 所示。而 USB-ZigBee HID Dongle 韌體程式碼則沿用第 8 章的介紹內容。因此，以下將個別針對 PSoC 韌體程式與太陽光能感測應用程式設計來做介紹。

此外，USB-ZigBee HID Dongle 的韌體程式則與第 11 章一樣，讀者可以不予變更，直接運用。

14.6.1　PSoC 韌體程式設計

首先，建立一個 PSoC 專案檔，並利用第 10 章所介紹的設計方式來實現 ZigBee CC2530 裝置模組無線傳輸設定。同前一章，在此專案中引用鮑率爲 9600 bps 的 UART 模組，以及顯示之用的 LCD 模組。緊接著，設定此專案所需設定的“Global Resources”參數部分，如圖 14.15 所示。

Global Resources - ad_solar

Power Setting [Vcc / SysCl	3.3V / 24MHz
CPU_Clock	SysClk/8
32K_Select	Internal
PLL_Mode	Disable
Sleep_Timer	512_Hz
VC1= SysClk/N	8
VC2= VC1/N	3
VC3 Source	VC2
VC3 Divider	13
SysClk Source	Internal
SysClk*2 Disable	No
Analog Power	SC On/Ref High
Ref Mux	(Vdd/2)+/-(Vdd/2)
AGndBypass	Disable
Op-Amp Bias	Low
A_Buff_Power	Low
SwitchModePump	ON
Trip Voltage [LVD (SMP)]	3.13V (3.25V)
LVDThrottleBack	Enable
Watchdog Enable	Disable

Power Setting [Vcc / SysClk freq]
Selects the nominal operation voltage and System Clock (SysClk) source, from which many internal clocks (V1, V2, V...

圖 14.15　PSoC 無線太陽光能感測器專案之“Global Resources”參數設定示意圖

此章節將使用的模組包含 ADCIN12、PGA 模組與 AMUX8 模組。如圖 14.16 所示，在“User Modules”視窗中分別選擇其模組元件。

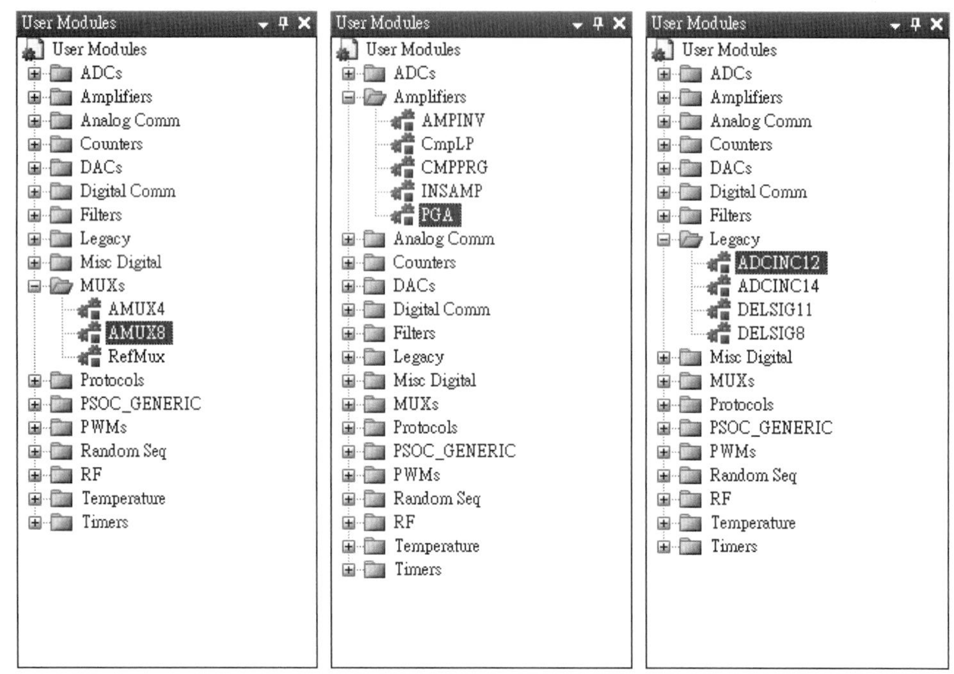

圖 14.16　PSoC 無線太陽光能感測專案所需選擇的模組操作示意圖

在撰寫程式碼前，須先設定模組與連線。如圖 14.17 所示，爲相關模組所需設定的參數。

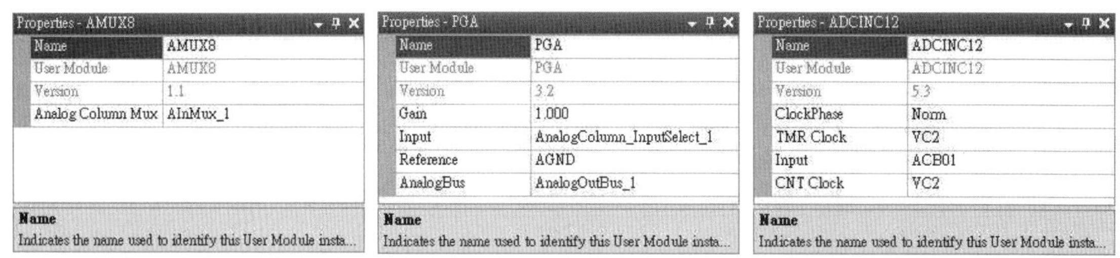

圖 14.17　PSoC 無線太陽光能感測專案所選擇模組的參數設定示意圖

在此，需在 ADCINC12 模組前放置 PGA，並設置 PGA 放大率爲 1，Gain=1 來改善阻抗匹配，其有如電壓隨耦器。當輸出訊號會因爲接到下一極的輸入阻抗衰減，即可以使用電壓隨耦器來保持原來訊號的完整性，使訊號量測更準確。

ADCINC12 是具備 12-bit 的 ADC，其 ADC 轉換輸出資料爲 2047 至−2048。而因數位值超過 8-bit，所以在數位區塊需佔用兩格配置框。此外，採用 VC2 作爲元件的脈波輸入。

此外，多工器 AMUX8 設定爲「AInMux_1」，位置如圖 14.18 所示。它能選擇連線至 Port_0_0、Port_0_1、Port_0_2、Port_0_3、Port_0_4、Port_0_5、Port_0_6 及 Port_0_7。本實驗則是使用 Port_0_0 與 Port_0_1，分別位於 AMUX4 的「AInMux_0」與「AInMux_1」中。藉由多工器 AMUX8 可選擇 8 個腳位的功能，達到只使用一組 ADC 與一組多功器就能感測兩個訊號的目的。

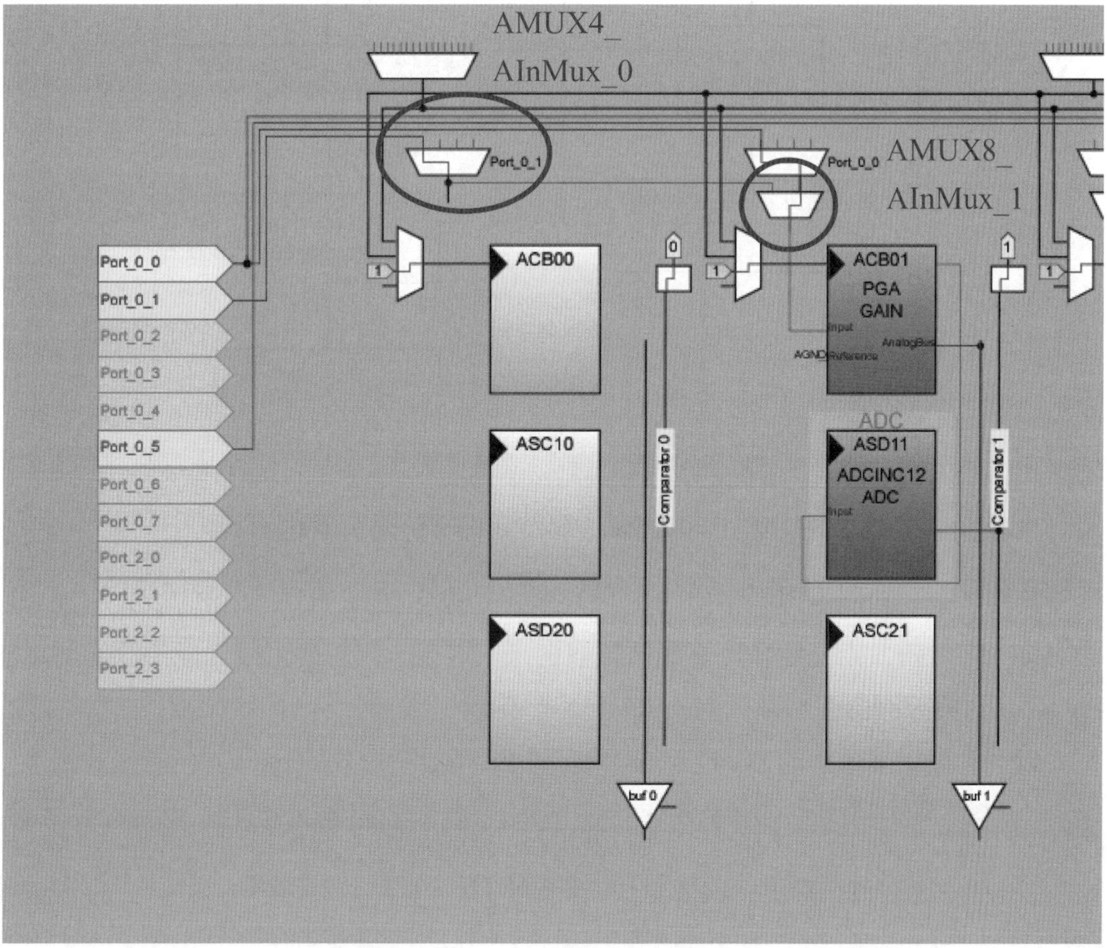

圖 14.18　多工器配置示意圖

當修改完以上的步驟後，按下 Generate 按鈕，PSoC Designer 將產生相對的配置檔。緊接著，即可開始撰寫其中的韌體程式。

如圖 14.19 所示，爲 PSoC 無線太陽光能感測的主程式設計流程圖。

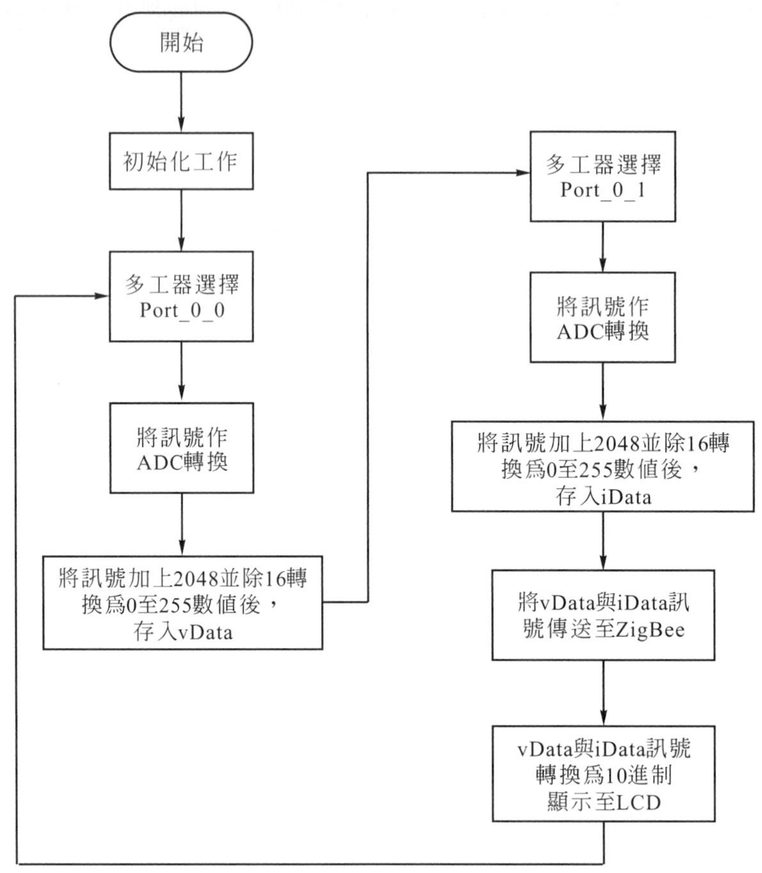
開始
初始化工作
多工器選擇
Port_0_0
將訊號作
ADC轉換
將訊號加上2048並除16轉
換爲0至255數值後，
存入vData
多工器選擇
Port_0_1
將訊號作
ADC轉換
將訊號加上2048並除16轉
換爲0至255數值後，
存入iData
將vData與iData訊
號傳送至ZigBee
vData與iData訊號
轉換爲10進制
顯示至LCD

圖 14.19　PSoC 無線太陽光能感測器主程式設計流程圖

其中，主要功能是透過 AMUX8 發現多工切換，並以 PGA 一倍的放大率後，經過 ADCIN12 將太陽光能類比感測值讀取進來。最後，再將此太陽光能感測值顯示於 PSOC 介面與感測器實驗載板的 LCD 上。

以下，列出本章節的 PSoC 無線太陽光能感測器主程式的 main.c 範例程式碼：

```
//PSoC 介面與感測器之設計與應用，CH14
#include <m8c.h>              // 元件特定的常數與巨集
#include "AMUX8.h"            // 使用者模組的 AMUX8 API 函式定義
#include "PSoCAPI.h"          // 所有使用者模組的 PSoC API 函式定義

unsigned int vData=0, iData=0,vten=0,iten=0,vnumber=0,inumber=0,v=0,i=0;

char fristStr[] = "PSoC Solar    mA";           //設定 LCD 第一行字串
char SecondStr[] = "V=  . v,I=  .  ";           //設定 LCD 第二行字串
```

```
void delay(BYTE de_time)                          //延遲副程式
{
     while(de_time!=0)
          de_time--;
}

void init(void)                                   //初始化模組
{
     AMUX8_Start();                               //啓動多工器
     UART_Start(UART_PARITY_NONE);                //啓動 UART
     M8C_EnableGInt ;                             // 致能全域中斷
     ADCINC12_Start(ADCINC12_HIGHPOWER);          //啓動 ADCINC12
     ADCINC12_GetSamples(0);  //將要轉換的取樣數目。0 數值代表可讓 ADC 連續地執行。
     PGA_Start(3);                                //啓動 PGA
     LCD_Start();                                 //啓動 LCD
     delay(200);                                  //等待 LCD 穩定動作的延遲時間
     LCD_Control(0x01);                           //清除 LCD
}

void LCD_DisplayTemp(BYTE line,BYTE row,BYTE databyte)/*設定顯示 LCD 副程式*/
{
     BYTE Show_ten,Show_one;
     LCD_Position(line,row);                      /*設定顯示字串位置*/
     LCD_PrHexByte(databyte);                     /*顯示字串*/
}


void ad(void) ////取得 ADC 數據
{
          ADCINC12_GetSamples(0);
          //設定將要轉換的取樣數目。0 數值代表可讓 ADC 連續地執行。
          while(ADCINC12_fIsDataAvailable() == 0);      //等待至 ADC 準備好
          ADCINC12_ClearFlag();                         //重致 ADC 旗標
}

void txdata(void) //將電壓值與電流值使用 UART 傳輸
{
     UART_PutChar(0xD1);
     UART_PutChar(vData);
     UART_PutChar(0xD2);
```

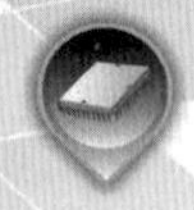


```
        UART_PutChar(iData);
        UART_PutChar(0xaa);
        UART_PutChar(0x0d);
}

void main(void)
{
        delay(255);
        init();

    while(1){

            //R=100R  V=IR
            AMUX8_InputSelect(AMUX8_PORT0_0);         //多工器選擇 Port_0_0
            ad();          //   3.3V  ->  -2048~0~+2047
            vData=(ADCINC12_iGetData()+2048)/16;
                           // (-2048~0~+2047)+2048=4095
                                                      //4095/16 -> 255
            AMUX8_InputSelect(AMUX8_PORT0_1);         //多工器選擇 Port_0_1
            ad();
            iData=(ADCINC12_iGetData()+2048)/16;
                           //0~4095 ->0~255

            txdata();                          //將電壓值與電流值使用 UART 傳輸

                                               //255/77.27 =3.3V
            vten=vData/7.727;                  //255/7.727 =33
            vnumber=vten%10;                   //33%10 =3V
            v=vnumber*0x10;                    //3*0x10=0x30  取小數點後第一位電壓值

            //R=100R I= A=(V/100R)*1000=(V/R)*10= mA    V=I*R/10
            iten=(iData*10)/7.727;                  //(255*10)/7.727=330 mA
            inumber=(iten%10)*0x10;                 //取小數點後第一位電流值
            i=(iten/10)%10;                         //取個位數電流值

            LCD_Position(0,0);                      //設定顯示字串位置
            LCD_PrString(fristStr);                 //顯示字串
            LCD_Position(1,0);                      //設定顯示字串位置
            LCD_PrString(SecondStr);                //顯示字串

                                                    //於 LCD 顯示電壓電流值
            LCD_DisplayTemp(1,2,vData/77.27);       //255/77.27 =3V  取個位數電壓值
```

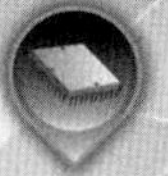

```
            LCD_DisplayTemp(1,5,v);
            LCD_DisplayTemp(1,11,i);            //mA
            LCD_DisplayTemp(1,14,inumber);
            }
    }
```

程式碼撰寫完畢後，即可按下 Build 後，產生燒錄檔。此時，若有發生錯誤則可能是程式碼編寫出錯，讀者可根據錯誤的位置作修正。而若是 0 error 的話，則可開始下載程式碼至 PSoC 處理器之中，進行燒錄。當燒錄完畢後，請讀者將 S1 的指撥開關撥 1 與 2 皆設定為 ON。如此，即可利用 PSOC 介面與感測器實驗載板對 ZigBee CC2530 裝置模組實現 UART 傳輸控制，並將太陽光能感測器的訊號透過 ZigBee CC2530 裝置模組傳送至 USB-ZigBee HID Dongle 的 enCoReIII 微處理器中。最後，再轉成 USB 封包給 PC 端應用程式作進一步地驗證與顯示。

此外，要測試前需先將太陽光能感測器連接至 PSoC 介面與感測器實驗載板上。如圖 14.20 所示，為 PSoC 介面與感測器實驗載板的 LCD 上所顯示的太陽光能感測結果。

圖 14.20　PSoC 介面與感測器實驗載板的 LCD 上所顯示的太陽光能感測數值實體測試圖

14.6.2　太陽光能感測器之 PC 端應用程式設計

如同第 8 章所介紹的 PC 端應用程式的撰寫步驟，接下來撰寫太陽光能感測器的 PC 端應用程式。

而如圖 14.21 所示，為 PSoC 無線太陽光能感測應用程式執行示意圖。此應用程式主要功能是以 ZigBee 無線感測網路來擷取目前太陽光能感測器所感測到的數值，並以條狀圖顯示。如圖 14.22 所示，為本章節範例程式所對映的按鈕與物件名稱。

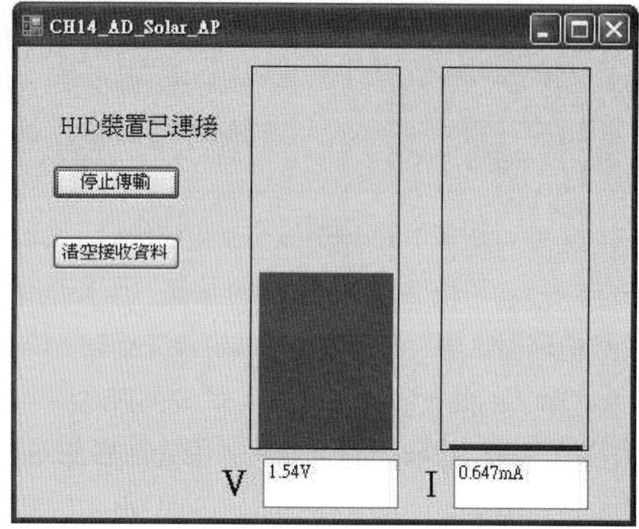

圖 14.21　PSoC 無線太陽光能感測器之 PC 端應用程式執行畫面

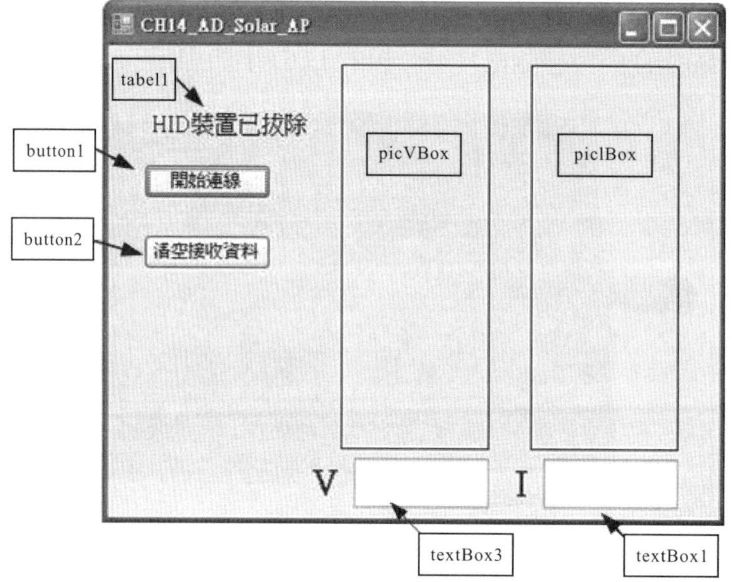

圖 14.22　PSoC 無線太陽光能感測器應用程式之按鈕與物件名稱示意圖

以下，進一步列出相關的程式碼範例。

一、匯入其他命名空間的 using 程式碼

```
using System;
using System.Collections.Generic;
using System.ComponentModel;
using System.Data;
using System.Drawing;
```

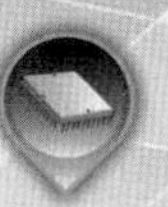

```
using System.Linq;
using System.Text;
using System.Windows.Forms;
using USBHIDDRIVER;
using USBHIDDRIVER.USB;
using System.Threading;
using System.Runtime.InteropServices;
using System.Diagnostics;
```

二、物件的宣告

```
//宣告並建立 dav 屬於 HIDUSBDevice 類別的物件，並設定裝置 VID 為 1234 與 PID 為 7777
      HIDUSBDevice dav = new HIDUSBDevice("vid_1234", "pid_7777");
      Double V, I;
      Graphics picV, picI;                           //宣告畫布物件
      Pen picpen_V = new Pen(Color.Green, 90);       //建立電壓畫筆、畫筆顏色、筆寬
      Pen picpen_I = new Pen(Color.Blue, 90);        //建立電流畫筆、畫筆顏色、筆寬
      Point[] dot_V = new Point[2];                  //宣告電壓線條陣列
      Point[] dot_I = new Point[2];                  //宣告電流線條陣列
      [DllImport("kernel32.dll")]
      static extern Boolean SetProcessWorkingSetSize(IntPtr procHandle,
             Int32 min, Int32 max);

    public Form1()
    {
      InitializeComponent();

      picV = picVBox.CreateGraphics();               //建立電壓畫布物件
      picI = picIBox.CreateGraphics();               //建立電流畫布物件
      for (int n = 0; n < 2; n++)                    //初始化線條圖
      {
          dot_V[n] = new Point(50, 256);
          dot_I[n] = new Point(50, 256);
      }
    }
```

三、Botton1 程式碼

```
bool run = false;
       int number = 0;
       private void button1_Click(object sender, EventArgs e)
       {
           if (dav.connectDevice())                  //裝置是否連接
           {
```

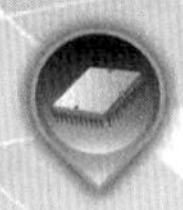


```
            label1.Text = "HID 裝置已連接";         //更改 label1 顯示的字串
            if (run)
            {
                run = false;
                button1.Text = "開始連線";
            }
            else
            {
                run = true;
                button1.Text = "停止傳輸";
            }
        }
        else
        {
            label1.Text = "HID 裝置已拔除";         //更改 label1 顯示的字串
            run = false;
            button1.Text = "開始連線";
            return;
        }

    do
        {
            Application.DoEvents();
            dav.readDataThread();
            Thread.Sleep(10);
            //判斷傳輸格式
            if (((dav.myread[1] == 209) && (dav.myread[3] == 210))
                    && (dav.myread[5] == 170))
            {
                //將電壓值顯示在 textBox3
                textBox3.Text = Convert.ToString(Convert.ToDouble
                (Convert.ToInt16(((dav.myread[2] * 3.3) / 255) * 1000))
                / 1000) + "V";
                V = 256 - (dav.myread[2]);          //換算座標
                dot_V[1] = new Point(50, Convert.ToByte(V));//建立電壓線條座標
                //將電流值顯示在 textBox1
                textBox1.Text = Convert.ToString(Convert.ToDouble(Convert
                ToInt16((((dav.myread[4] * 3.3) / 255) * 10)
                * 1000)) / 1000) + "mA";
                I = 256 - (dav.myread[4]);          //換算座標
                dot_I[1] = new Point(50, Convert.ToByte(I));//建立電流線條座標
                picVBox.Refresh();                  //清空電壓畫布
```

```
            picIBox.Refresh();                        //清空電流畫布
            picV.DrawCurve(picpen_V, dot_V);   //顯示電壓長條圖
            picI.DrawCurve(picpen_I, dot_I);   //顯示電流長條圖
        }
        number++;
        if (number > 10000)
        {
            number = 0;
             SetProcessWorkingSetSize(Process.GetCurrentProcess()
             Handle, -1, -1);                          //壓縮記憶體用量
         }
    } while (run);
}
```

四、Botton2 程式碼

```
private void button2_Click(object sender, EventArgs e)
    {
        //清空所有資料
        textBox1.Text = "";
        textBox3.Text = "";
        picVBox.Refresh();                            //清空電壓畫布
        picIBox.Refresh();                            //清空電流畫布
        for (int n = 0; n < 2; n++)                   //初始化線條陣列
        {
            dot_V[n] = new Point(50, 256);
            dot_I[n] = new Point(50, 256);
        }
        SetProcessWorkingSetSize(Process.GetCurrentProcess().Handle,
        -1, -1);                                      //壓縮記憶體用量
    }
```

※本章節所介紹的各個程式範例，請讀者參考附贈光碟片目錄：\examples\CH14\。

問題與討論

1. 請讀者重新測試本章所介紹的太陽光能感測器的範例，並以檯燈或手機面板光源照射此太陽光能感測器來對比 LCD 上所顯示的太陽光能感測器數值是否有變化。
2. 若無法成功地測試此範例，請讀者重新檢測操作步驟或是專案檔的相關設定是否正確。當然，檔案是否有變更過也是查驗重點。
3. 請設計一組 USB-ZigBee Dongle 對多組的無線太陽光能感測器設計的量測，並設計出 ZigBee 星狀無線感測網路。
4. 讀者可以根據書後附錄的 BOM 表，購置 USB-ZigBee HID Dongle 與簡易 PSoC 實習單板的相關零件，並根據圖 3.5 所示 UART 訊號轉換電路、圖 3.6 所示的 LCD 輸出電路與圖 3.12 所示的各個感測器模組接腳電路圖來實現本章的實驗。(如下圖 14.23 所示)

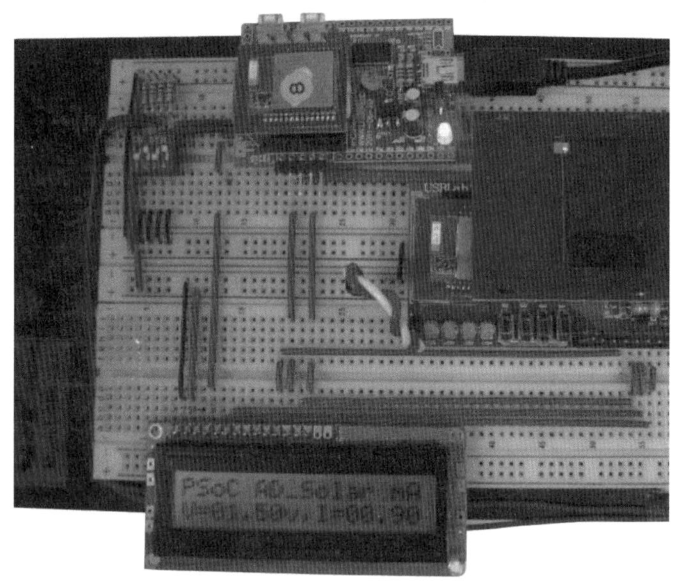

圖 14.23 USB-ZigBee HID Dongle 與簡易 PSoC 實習單板的相關零件所實現的無線太陽光能感測實驗實體圖

5. 請讀者參考坊間的 LabVIEW 書籍(介面設計與實習－使用 LabVIEW 2010，全華圖書)，另以 NI VISA API 來設計本章節的應用程式。

chapter

15

PSoC 無線光照度感測設計

本章將沿續前一章的內容，主要將介紹如何使用光照度感測節點感測器來做設計應用。因此，亦將重點放在如何利用 PSoC-CY8C29466 元件來擷取光照度感測器，以及透過第 8 章與第 10 章所介紹的 PSoC-CY7C64215 元件與 CC2530 裝置模組來完成整個 ZigBee 無線感測網路系統的設計。而運用 USB-ZigBee HID Dongle 與 PSoC 介面與感測器實驗載板可以實現 ZigBee 無線感測網路來達到光照度感測器資料傳輸與擷取的目的。此外，本章節於 PC 端設計一個光照度感測應用程式，讓讀者驗證光照度感測器所回傳的訊息。

如圖 15.1 所示，爲本章實驗架構示意圖。

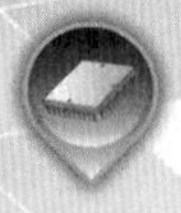

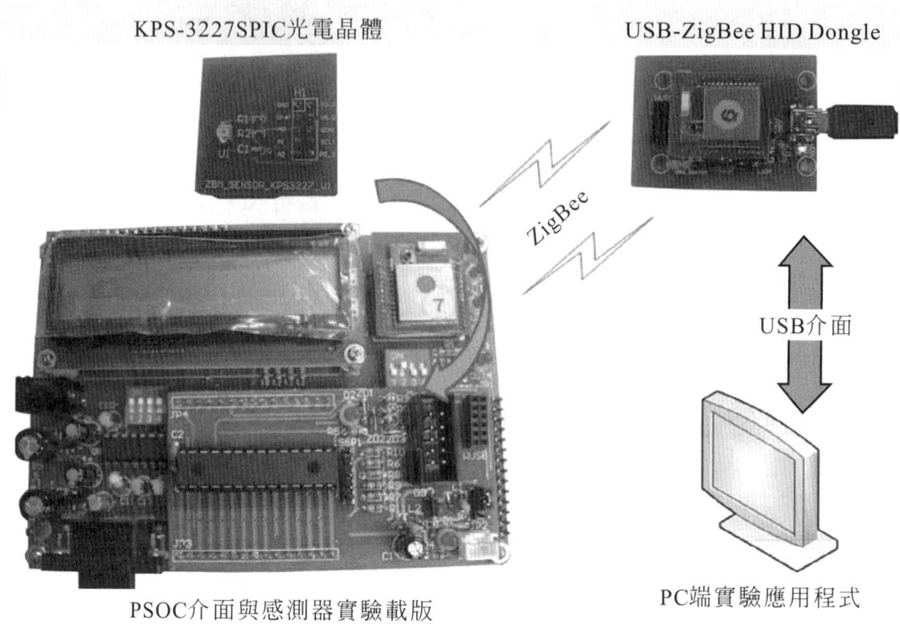

圖 15.1　無線光照度感測設計之實驗架構示意圖

以下，列出本章所運用的 PSoC 模組。

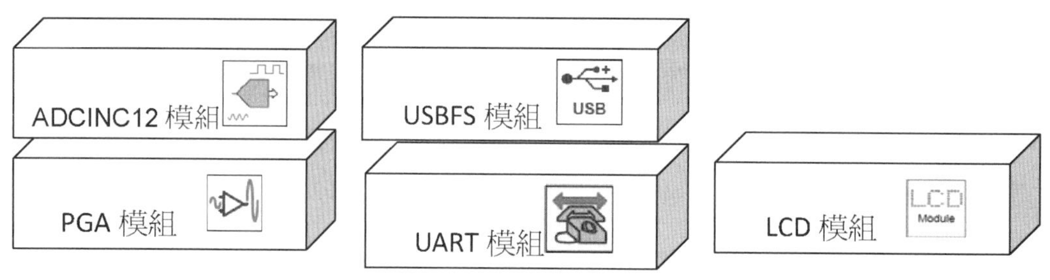

15.1　光照度感測器原理說明

為了量測光照度的感測數值，我們需先介紹一些基本概念。一般要量測的發光度(luminous emittance)與照度(illuminance)係指在單位面積下的功率密度，分別指"射出"或是"照入"的量測。對於發光度而言，最常用的測量單位為流明/平方呎；然而，對於照度而言，則為勒克司(lux)(流明／平方米)。

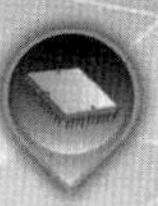

其中，對照度的量測上，最常使用的光度感測器有光敏電阻或是光電晶體等，而光電晶體(phototransistor)這個想法最早是由 Schockley 在 1951 年所提出。此元件是一種具有雙極性電晶體(bipolar transistor)之電流增益作用的感光元件。換句話說，比起一般的光二極體(photodiode，例如 pin diode)，其會有較大的電流輸出，且不用再外接放大電路。

如圖 15.2 所示，為光電晶體的等效電路動作示意圖。

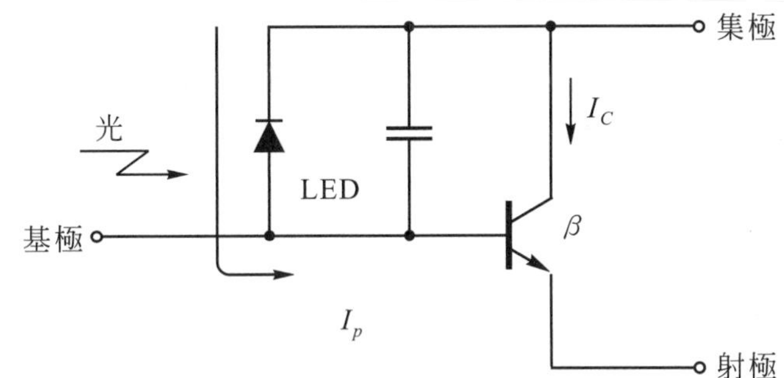

圖 15.2　光電晶體的等效電路動作示意圖

光電晶體最基本的操作模式。因為基極不用外加電流，可以省掉基極金屬接觸的製作。如此，無須提供外加基極電流。再者，元件也減少了因基極接觸所形成的雜散電容，可改善高頻響應。

若考慮一偏壓加在一個 NPN 雙極性電晶體之射極集極之間，集極加正電壓，而射極加負電壓，及基極則浮接。那麼因為基集極接面為逆向偏壓，集極電流會很小。在此情況下，當光線照入基極表面時，受到偏壓的基極與集極之間即有光電流(I_c)流過。這射極接地的電晶體的情況是一樣的。此時，電流以電晶體的電流放大率(β)被放大，並成為流到外部端子的光電流($I_e = \beta_x I_p \approx I_c$)。簡言之，一般雙極性電晶體的操作方式是直接在基極金屬接觸面灌入電流提供電洞。相對的，光電晶體的操作方式則是透過光照產生光電流來提供電洞。

而光電晶體的特性曲線相當重要，參考圖 15.3 所示，為集極電流 I_c，集－射極電壓 V_{ce} 與照射光的關係曲線。

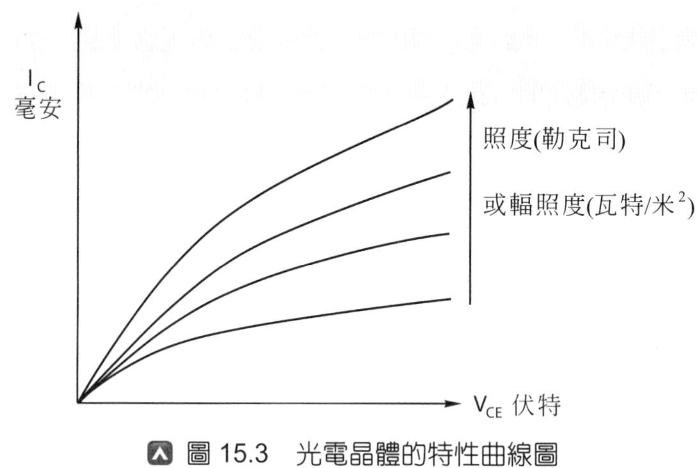

圖 15.3　光電晶體的特性曲線圖

15.2　KPS-3227SP1C 光電晶體介紹

如圖 15.4 與 15.5 所示，分別爲 KPS-3227SP1C 光電晶體放大實體圖與接腳圖。

圖 15.4　KPS-3227SP1C 放大實體圖

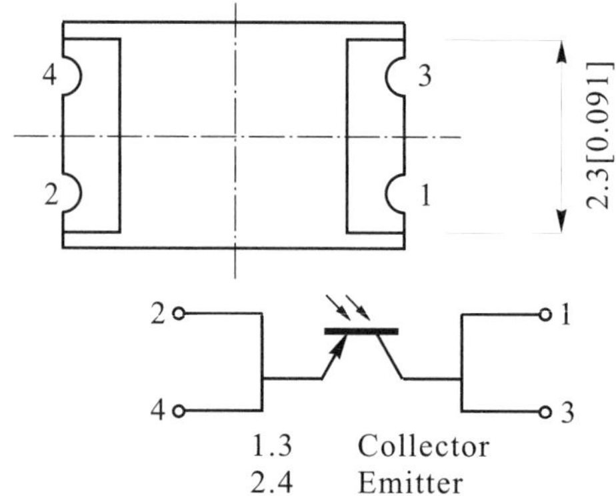

圖 15.5　KPS-3227SP1C 接腳圖

而 KPS-3227SP1C 是屬於 NPN 矽光電晶體，其對於顯示背光應用，在節省功率上有相當好的效率。此外，此裝置對於可見光光譜有相當好的靈敏度。如圖 15.6 所示，集極光電流與照度的線性度上是幾乎完全成正比。

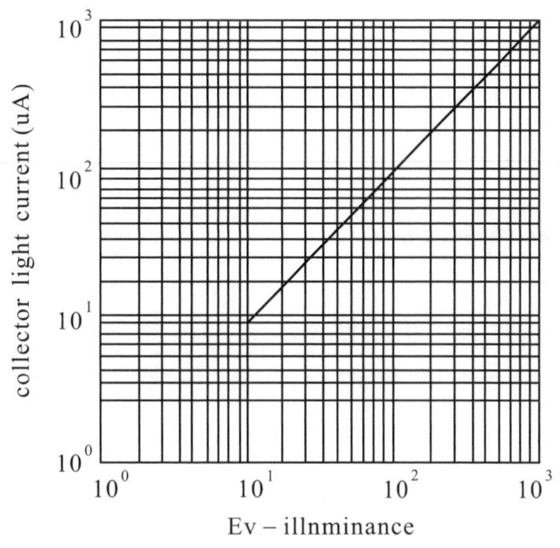

圖 15.6　集極光電流與照度對應圖

在本章的實驗中，我們採用的光度感測器就是為光電晶體，依據其特性，我們可以知道入射光的能量會與電晶體產生的 I_c 電流成正比。而 I_c 的改變會影響到 R_c 的電壓，因此 V_{ce} 的電壓亦會改變，所以只要測量 R_c 的電壓或 V_{ce}，便可以大約知道目前照射的光度。如圖 15.7 所示，則為實驗操作時的光電晶體感測電路。

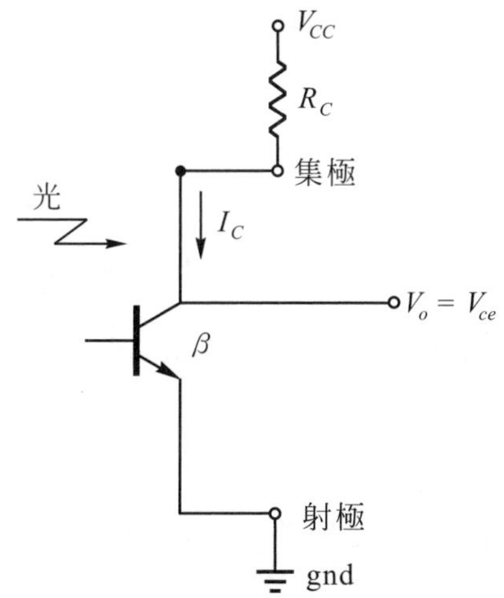

圖 15.7　光電晶體感測電路圖

15.3 PSoC 無線光照度感測器設計與應用

此章節將介紹如何使用 PSoC Designer 來完成 PSoC 無線光照度感測設計，其架構如圖 15.1 所示。而 USB-ZigBee HID Dongle 韌體程式碼則沿用第 8 章的介紹內容。因此，以下將個別針對 PSoC 韌體程式與光照度感測應用程式設計來做介紹。

此外，USB-ZigBee HID Dongle 的韌體程式則與第 11 章一樣，讀者可以不予變更，直接運用。

15.3.1 PSoC 韌體程式設計

在此專案的設計方式與前一章類似，讀者可以參考第 14 章的介紹，並建立一個 PSoC 專案檔。如圖 15.8 所示，此專案只有一個訊號輸入 Port_0_0，可將 Port_0_0 連接至 PGA 模組，可以不使用多工器模組。此外，並利用第 10 章所介紹的設計方式來實現 ZigBee CC2530 裝置模組無線傳輸設定。如此，即可實現 PSoC 無線光照度感測設計。

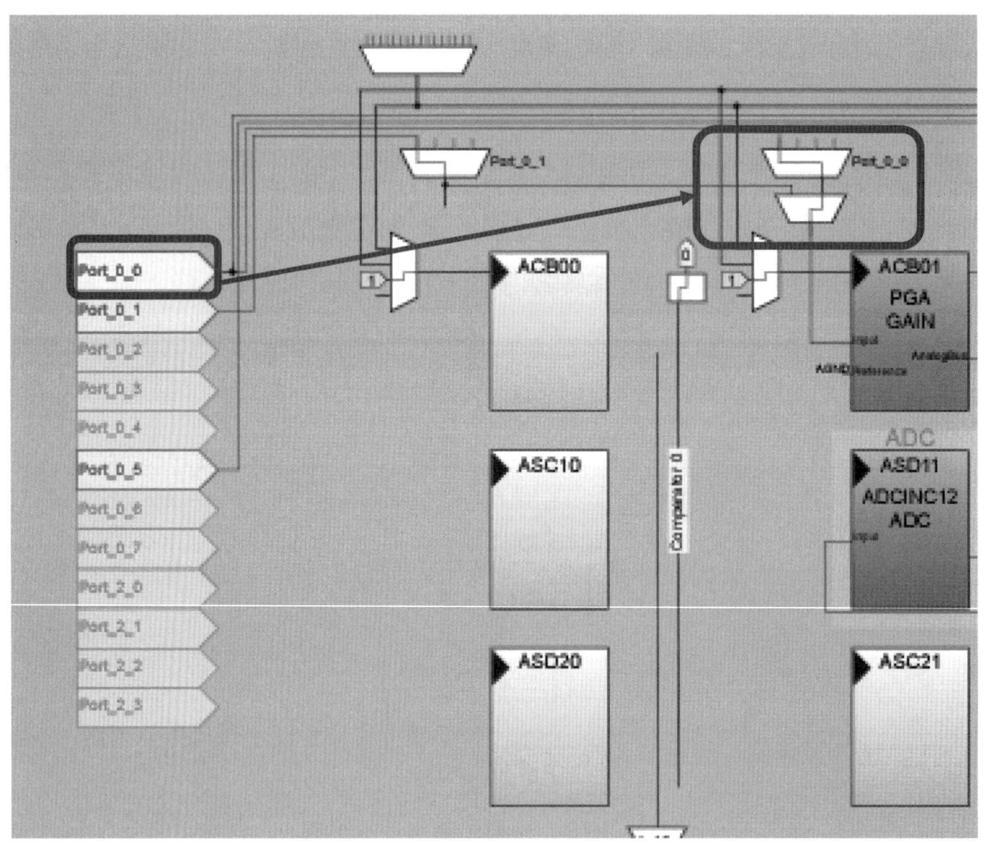

圖 15.8　Port_0_0 連接至 PGA 模組操作示意圖

當修改完以上的步驟後，按下 Generate 按鈕，PSoC Designer 將產生相對的配置檔。緊接著，即可開始撰寫其中的韌體程式。

如圖 15.9 所示，為 PSoC 無線光照度感測器的範例程式流程圖。

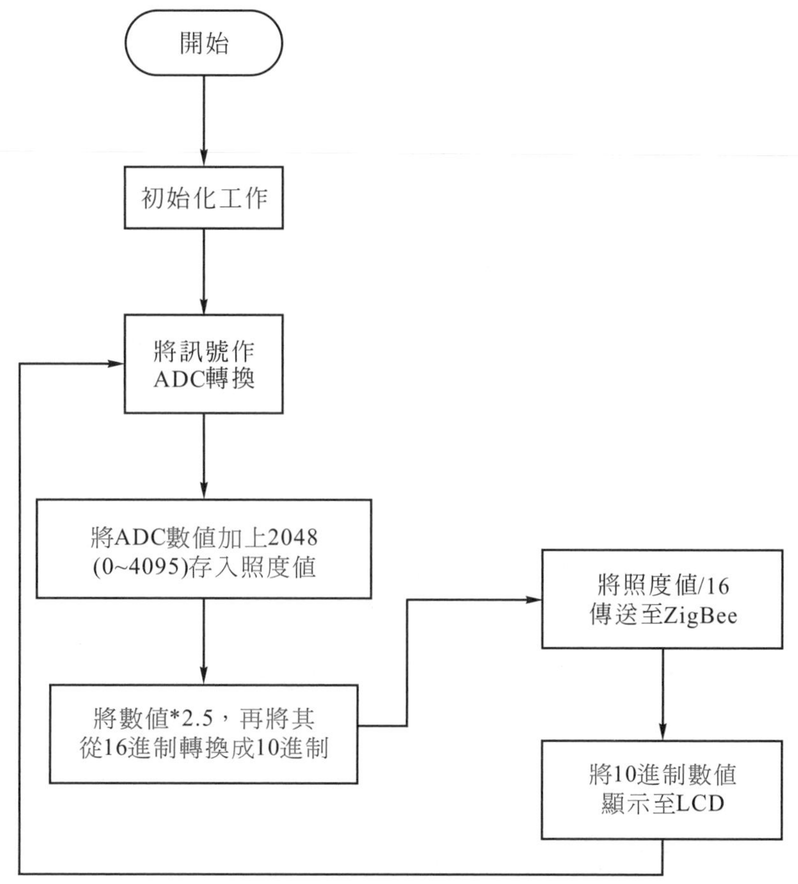

圖 15.9　PSoC 無線光照度感測器的範例程式流程圖

其中，主要功能是透過 PGA 一倍的放大率後，經過 ADCIN12 將光照度類比感測值讀取進來。最後，再將此光照度感測值顯示於 PSoC 介面與感測器實驗載板的 LCD 上。

以下，列出本章節的 PSoC 無線光照度感測器主程式的 main.c 範例程式碼：

```
// PSoC 介面與感測器之設計與應用，CH15
#include <m8c.h>                                  //元件特定的常數與巨集
#include "PSoCAPI.h"                              //所有使用者模組的 PSoC API 函式定義

unsigned int luminosity=0, myriad=0, thousand=0, hundred=0, ten=0, number=0;
unsigned char HEX_hundred=0,HEX_ten=0, HEX_number=0;
```

```
char fristStr[] = "PSoC luminosity";           //設定 LCD 第一行字串
char SecondStr[] = "EV=      Lux";             //設定 LCD 第二行字串

void delay(BYTE de_time)                       //延遲副程式
{
     while(de_time!=0)
          de_time--;
}

void init(void)                                //初始化模組
{

     UART_Start(UART_PARITY_NONE);             //啓動 UART
    M8C_EnableGInt ;                           //致能全域中斷
     ADCINC12_Start(ADCINC12_HIGHPOWER);       //啓動 ADCINC12
     ADCINC12_GetSamples(0);      //將要轉換的取樣數目。0 數值代表可讓 ADC 連續地執行。
     PGA_Start(3);                //啓動 PGA
     LCD_Start();                 //啓動 LCD
     delay(200);                  //等待 LCD 穩定動作的延遲時間
     LCD_Control(0x01);           //清除 LCD
}

void LCD_DisplayTemp(BYTE line,BYTE row,BYTE databyte)
//設定顯示 LCD 副程式
{
     BYTE Show_ten,Show_one;
     LCD_Position(line,row);                //設定顯示字串位置
     LCD_PrHexByte(databyte);               //顯示字串
}

void ad(void) //取得 ADC 數據
{    //設定將要轉換的取樣數目。0 數值代表可讓 ADC 連續地執行。
          ADCINC12_GetSamples(0);
          while(ADCINC12_fIsDataAvailable() == 0);     //等待至 ADC 準備好
          ADCINC12_ClearFlag();             //重致 ADC 旗標
}

void txdata(void)                           //將 Lux 數據使用 UART 傳輸
{

          UART_PutChar(0xD1);
          UART_PutChar(luminosity/16);       // 4096/16 = 256 = FF
```

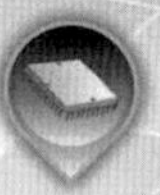

```
        UART_PutChar(0xaa);
        UART_PutChar(0x0d);
}

void change(unsigned int hex)                       //將 16 進制換成 10 進制
{
     myriad=hex/10000;                              //取得萬位數值
     thousand=(hex/1000)%10;                        //取得千位數值
     hundred=(hex/100)%10;                          //取得百位數值
     ten=(hex/10)%10;                               //取得十位數值
     number=hex%10;                                 //取得個位數值
     HEX_hundred=myriad;                            //存入萬位數值
     HEX_ten=(thousand*0x10)+hundred;               //將(千位數*0x10)與相加百位數存入
     HEX_number=(ten*0x10)+number;                  //將(十位數*0x10)與相加個位數存入
}

void main(void)
{
     delay(255);
     init();

   while(1){
          ad();                                     //取得 ADC 數據

          //20uA = 20Lux  //// ->1uA = 1Lux
          //Vmax = 3.3V //// R = 2K  /// -> V/R = I;
          // 3.3V/4096 ->   0.0008V / 1    -> 0.002=2mV / 2.5
          // 0~3.3v = ADC 0~4096/// 8.25V =  ADC  10240
          luminosity=(ADCINC12_iGetData()+2047);
          change(luminosity*2.5);

          txdata();                                 //將 Lux 數據使用 UART 傳輸

          LCD_Position(0,0);                        //設定顯示字串位置
          LCD_PrString(fristStr);                   //顯示字串
          LCD_Position(1,0);                        //設定顯示字串位置
          LCD_PrString(SecondStr);                  //顯示字串
                                                    //於 LCD 顯示 Lux 數據
          LCD_DisplayTemp(1,3,HEX_hundred);         //顯示萬位數
          LCD_DisplayTemp(1,5,HEX_ten);             //顯示千位數與百位數
          LCD_DisplayTemp(1,7,HEX_number);          //顯示十位數與個位數
          }
}
```

程式碼撰寫完畢後，即可按下 Build 後，產生燒錄檔。此時，若有發生錯誤則可能是程式碼編寫出錯，讀者可根據錯誤的位置作修正。而若是 0 error 的話，則可開始下載程式碼至 PSoC 處理器之中，進行燒錄。當燒錄完畢後，請讀者將 S1 的指撥開關撥 1 與 2 皆設定為 ON。如此，即可利用 PSOC 介面與感測器實驗載板對 ZigBee CC2530 模組做 UART 傳輸控制，並將光照度感測器的訊號透過 ZigBee CC2530 模組傳送至 USB-ZigBee HID Dongle 的 enCoReIII 微處理器。最後，再轉成 USB 封包給 PC 端應用程式作進一步地驗證與顯示。

此外，要測試前需先將光照度感測器連接至 PSoC 介面與感測器實驗載板上。如圖 15.10 所示，為 PSoC 介面與感測器實驗載板的 LCD 上所顯示的光照度感測結果。

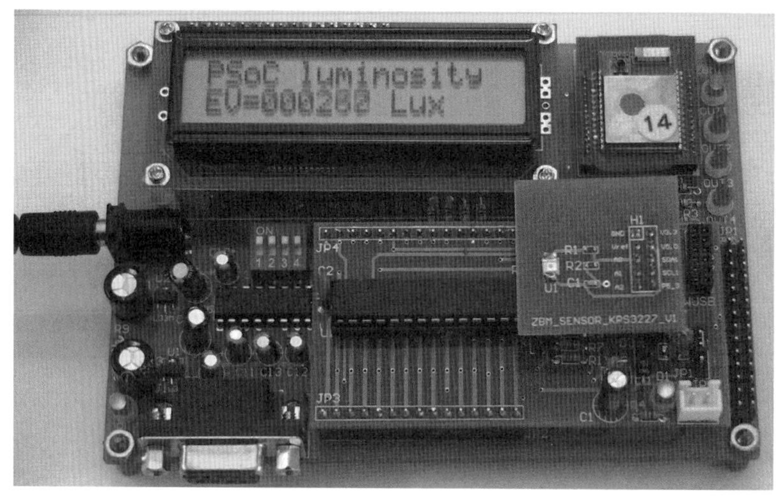

圖 15.10　PSoC 介面與感測器實驗載板的 LCD 上所顯示的光照度感測數值實體測試圖

15.3.2　光照度感測器之 PC 端應用程式設計

如同第 8 章介紹之 PC 端應用程式撰寫步驟，讀者亦可參考前一章的應用程式設計，來實現光照度感測器之 PC 端應用程式。

而如圖 15.11 所示，為光 PSoC 無線照度感測應用程式執行示意圖。此應用程式主要功能是以 ZigBee 無線感測網路來擷取目前光照度感測器所感測到的數值，並以條狀圖顯示。

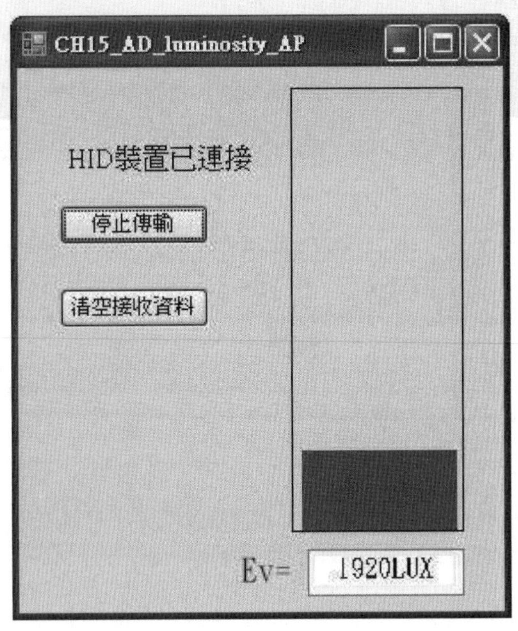

圖 15.11　PSoC 無線光照度感測器之 PC 端應用程式執行畫面

以下，進一步列出相關的程式碼範例。

一、匯入其他命名空間的 using 程式碼

```
using System;
using System.Collections.Generic;
using System.ComponentModel;
using System.Data;
using System.Drawing;
using System.Linq;
using System.Text;
using System.Windows.Forms;
using USBHIDDRIVER;
using USBHIDDRIVER.USB;
using System.Threading;
using System.Runtime.InteropServices;
using System.Diagnostics;
```

二、物件的宣告

```
//宣告並建立 dav 屬於 HIDUSBDevice 類別的物件，並設定裝置 VID 爲 1234 與 PID 爲 7777
        HIDUSBDevice dav = new HIDUSBDevice("vid_1234", "pid_7777");
        int Ev;
        Graphics picV;//宣告畫布物件
        Pen picpen_V = new Pen(Color.Green, 90);//建立畫筆、畫筆顏色、筆寬
        Point[] dot_V = new Point[2];          //宣告線條陣列
        [DllImport("kernel32.dll")]
        static extern Boolean SetProcessWorkingSetSize(IntPtr procHandle,
        Int32 min, Int32 max);

      public Form1()
      {
          InitializeComponent();

          picV = picVBox.CreateGraphics();    //建立畫布物件

          for (int n = 0; n < 2; n++)          //初始化線條陣列
              dot_V[n] = new Point(50, 256);
      }
```

三、Botton1 程式碼

```
bool run = false;
        int number = 0;
        private void button1_Click(object sender, EventArgs e)
        {
            if (dav.connectDevice())               //裝置是否連接
            {
                label1.Text = "HID 裝置已連接";    //更改 label1 顯示的字串
                if (run)
                {
                    run = false;
                    button1.Text = "開始連線";
                }
                else
                {
                    run = true;
                    button1.Text = "停止傳輸";
                }
            }
            else
```

```
{
    label1.Text = "HID 裝置已拔除";    //更改 label1 顯示的字串
    run = false;
    button1.Text = "開始連線";

    return;
}
do
{
    Application.DoEvents();
    dav.readDataThread();
    Thread.Sleep(10);
    //判斷傳輸格式
    //判斷傳輸格式
    if ((dav.myread[1] == 209) && (dav.myread[3] == 170))
    {
        //將電壓值顯示在 textBox3
        textBox1.Text = Convert.ToString((dav.myread[2] * 16 * 2.5)
        + "LUX");
        Ev = 256 - (dav.myread[2]);        //換算座標
        dot_V[1] = new Point(50, Convert.ToByte(Ev));//建立線條座標

        picVBox.Refresh();                 //清空畫布
        picV.DrawCurve(picpen_V, dot_V); //顯示長條圖

    }
     number++;
     if (number > 10000)
     {
         number = 0;
         SetProcessWorkingSetSize(Process.GetCurrentProcess()
          Handle, -1, -1);                 //壓縮記憶體用量
     }
  } while (run);
}
```

四、Botton2 程式碼

```
private void button2_Click(object sender, EventArgs e)
        {
            //清空所有資料
            textBox1.Text = "";
            picVBox.Refresh();
            for (int n = 0; n < 2; n++)//初始化線條陣列
                dot_V[n] = new Point(50, 256);

            SetProcessWorkingSetSize(Process.GetCurrentProcess().Handle,
            -1, -1);//壓縮記憶體用量
        }
```

※本章節所介紹的各個程式範例，請讀者參考附贈光碟片目錄：\examples\CH15\。

問題與討論

1. 請讀者重新測試本章所介紹的光照度感測器的範例，並以檯燈或手機面板光源照射此光照度感測器來對比 LCD 上所顯示的光照度感測數值是否有變化。
2. 若無法成功地測試此範例，請讀者重新檢測操作步驟或是專案檔的相關設定是否正確。當然，檔案是否有變更過也是查驗重點。
3. 請設計一組 USB-ZigBee Dongle 對多組的無線光照度感測器設計的量測，並設計出 ZigBee 星狀無線感測網路。
4. 讀者可以根據書後附錄的 BOM 表，購置 USB-ZigBee HID Dongle 與簡易 PSoC 實習單板的相關零件，並根據圖 3.5 所示 UART 訊號轉換電路、圖 3.6 所示的 LCD 輸出電路與圖 3.12 所示的各個感測器模組接腳電路圖來實現本章的實驗。(如下圖 15.12 所示)

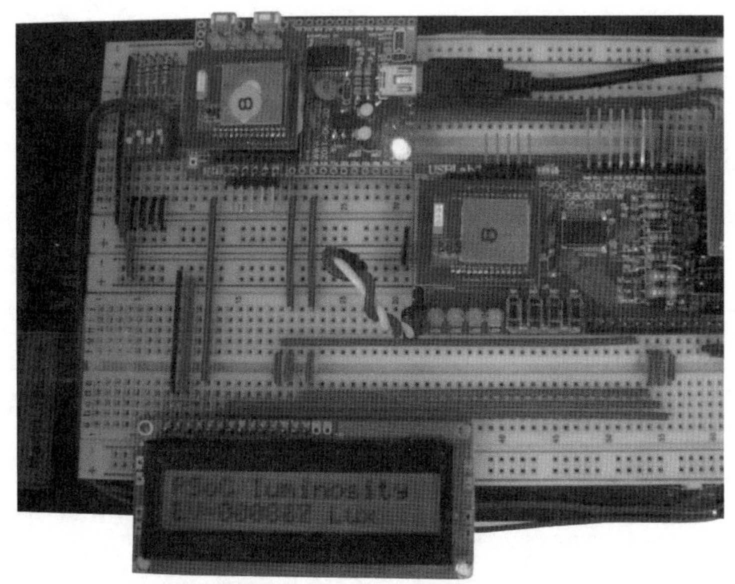

圖 15.12　USB-ZigBee HID Dongle 與簡易 PSoC 實習單板的相關零件所實現的無線光照度感測實驗實體圖

5. 請讀者參考坊間的 LabVIEW 書籍(介面設計與實習－使用 LabVIEW 2010，全華圖書)，另以 NI VISA API 來設計本章節的應用程式。

chapter

16

PSoC 無線加速度感測設計

本章需沿續前一章內容，主要將介紹如何使用加速度感測節點感測器來做設計應用。因此，亦將重點放在如何利用 PSoC-CY8C29466 元件來擷取加速度感測器-MMA7260QT，以及透過第 8 章與第 10 章所介紹的 PSoC-CY7C64215 元件與 CC2530 裝置模組來完成整個 ZigBee 無線感測網路系統的設計。而運用 USB-ZigBee HID Dongle 與 PSOC 介面與感測器實驗載板可以實現 ZigBee 無線感測網路來達到加速度感測器資料傳輸與擷取的目的。此外，本章節於 PC 端設計一個加速度感測應用程式，讓讀者驗證加速度感測器所回傳的訊息。

如圖 16.1 所示，為本章實驗架構示意圖。

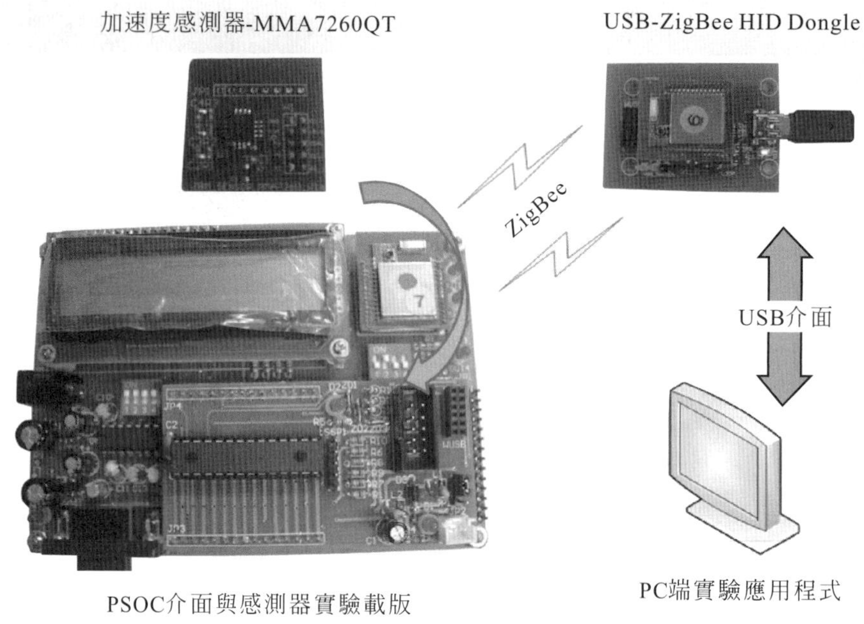

圖 16.1　無線加速度感測器設計之實驗架構示意圖

以下，列出本章所運用的 PSoC 模組。其中，AMUX8 模組來實現後續的多通道的類比訊號量測與擷取。

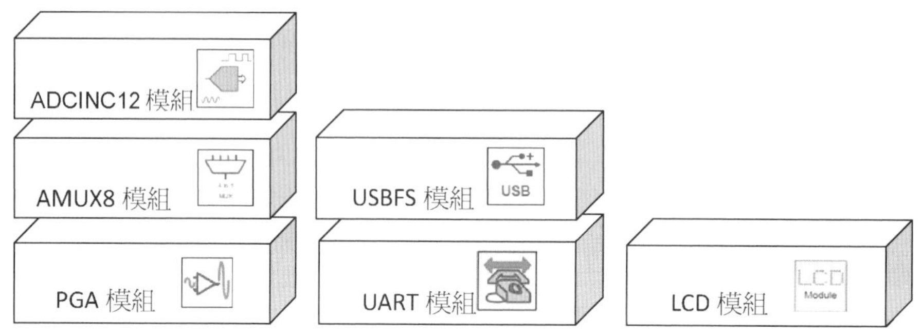

16.1　加速度感測器概念介紹

線性加速度感測器又稱重力感測器(g-Sensor)，主要是提供速度和位移的資訊，但是感測器所提供的資訊不能直接應用在定位輸出，必須先經過適當訊號處理和演算法才能輸出定位資訊如 NMEA(National Marine Electronics Association)格式。加速度感測器(g-Sensor)應用，可以劃分為 6 大感應功能：墜落、傾斜、移動、定位、撞擊和震動。如圖 16.2 所示，為一些已經發表或是開發成功的應用案例，例如應用到像硬碟保護

器、GPS、汽車檢測器、汽車黑盒子、數位相機鏡頭保護器及影像穩定器等等一系列的領域。此外，亦包括在下降偵測器，下降記錄器，MP3 播放器，及攜帶型電子設備如手機，電子羅盤與遊戲等方面的應用。因此，可以預見的是，未來還會有更多的應用可以採用到加速度感測器。

圖 16.2　g-Sensor 實際應用案例(freescale)

以下，稍爲說明加速度感測器的基本概念：

一、具備 ASIC 的加速度感測器

加速度感測器可以偵測 X、Y 及 Z 軸方向的加速度，以輸出的類比電壓來表示加速度的大小，在 IC 的內部主要由雙晶片所構成，重力感測單元負責加速度的偵測，及控制單元負責信號處理。如圖 16.3 所示，重力感測單元與控制單元兩個晶片可分開安置或重疊在一起。

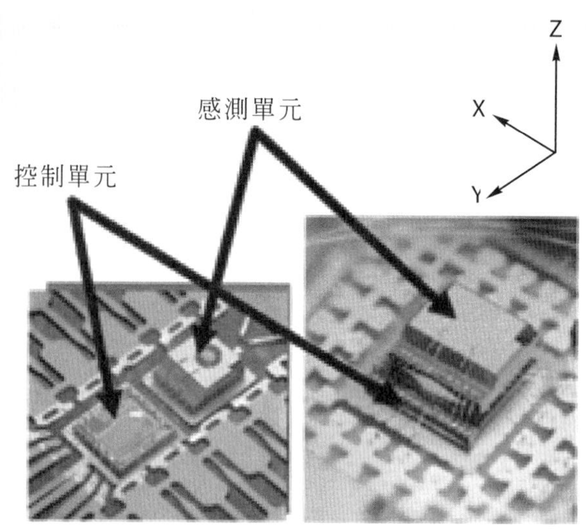

圖 16.3　加速度感測器的感測單元與控制單元(左：分開安置、右：疊放) (freescale)示意圖

如圖 16.4 所示，依照不同的應用需求，可選擇不同軸數及軸向的加速度感測器。

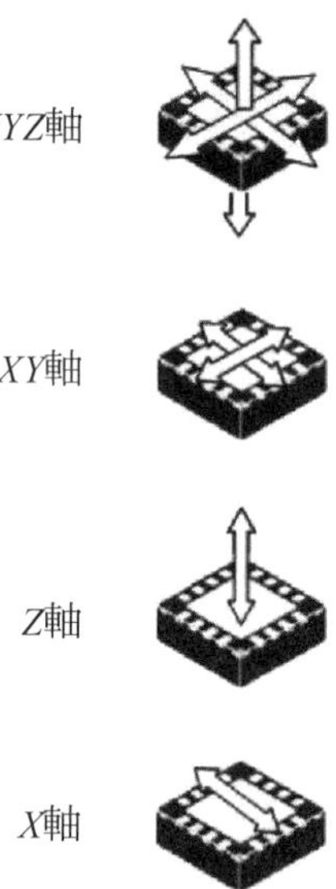

圖 16.4　各同軸數與軸向之加速度感測器(freescale)示意圖

二、加速度感測器原理

如圖 16.5 所示，為加速度感測器原理圖。其中，g-Cell(重力感測單元)感測器將偵測到的加速度信號送往電荷積分器做積分運算，接著經過取樣電路、保持電路及信號放大處理。最後經由低通濾波器過濾高頻雜訊，再經溫度補償後輸出，即是類比加速

度信號。此輸出的類比電壓與偵測之加速度值會維持線性比例的特性，不會受到溫度的影響。

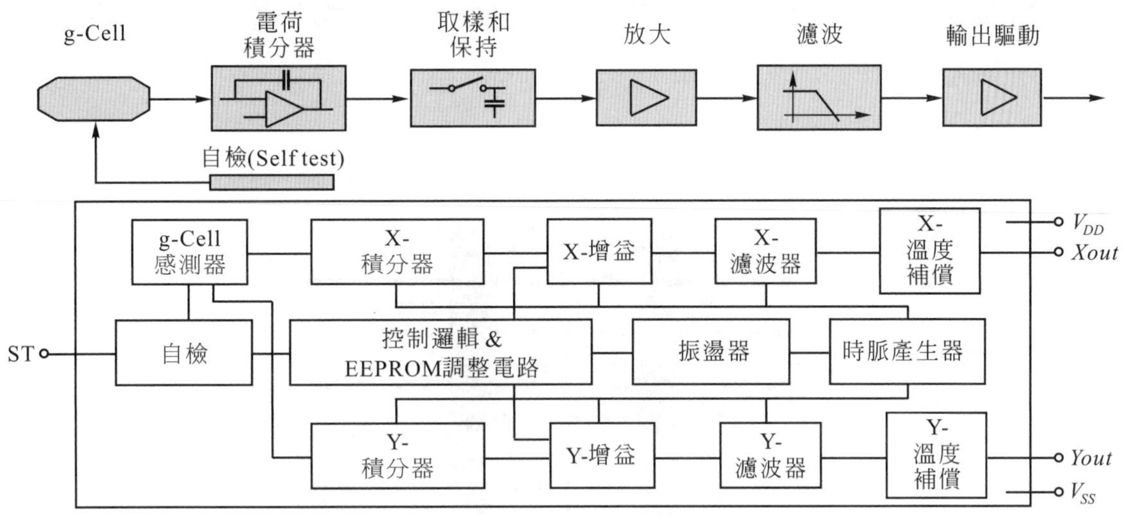

圖 16.5　加速度感測器原理圖(freescale)

若再進一步地說，加速度是指物體速度對時間的變化率，而速度則是該物體的位置對時間的變化率。若以數學方式表示，速度就是位置對時間的微分，加速度則是速度對時間的微分。假定初始速度爲零之下，牛頓第二運動定律可以用公式(16.1)來表示：

$$\vec{a}=\frac{d\vec{v}}{dt} \quad \text{及} \quad \vec{v}=\frac{d\vec{s}}{dt} \Rightarrow \vec{a}=\frac{d(d\vec{s})}{dt^2} \tag{16.1}$$

而積分是微分的逆運算，當得知某物體的加速度資訊時，便可利用連續兩次積分將加速度的資訊轉換成位移(Displacement)資訊，如公式(16.2)所示：

$$v=\int \vec{a}\cdot dt \quad \text{及} \quad \vec{S}\int \vec{v}\cdot dt=\int\left(\int \vec{a}\cdot dt\right)dt \tag{16.2}$$

而根據公式(16.2)，便可計算出 X、Y、Z 每一軸向的位移量，並進一步計算出位置資訊。

三、X 與 Y 軸 g-Cell(重力感測單元)感測原理

首先，來回顧電容的物理特性，電容值的大小和電極板的面積大小成正比，和電極板的間隔距離成反比，g-Cell 就是利用電容的原理設計而成。

如圖 16.6 所示，深色區塊的部份表示可移動的電極板，而在可移動電極板的周圍則是固定的左、右電極板，可移動電極板與固定的左右電極板形成了兩個電容。當可移動電極板受到加速度的影響而改變與左右電極板之間的間隔，電容值會因而改變，同時電容電壓值也會隨之改變，藉由此特性就可計算出加速度之大小。

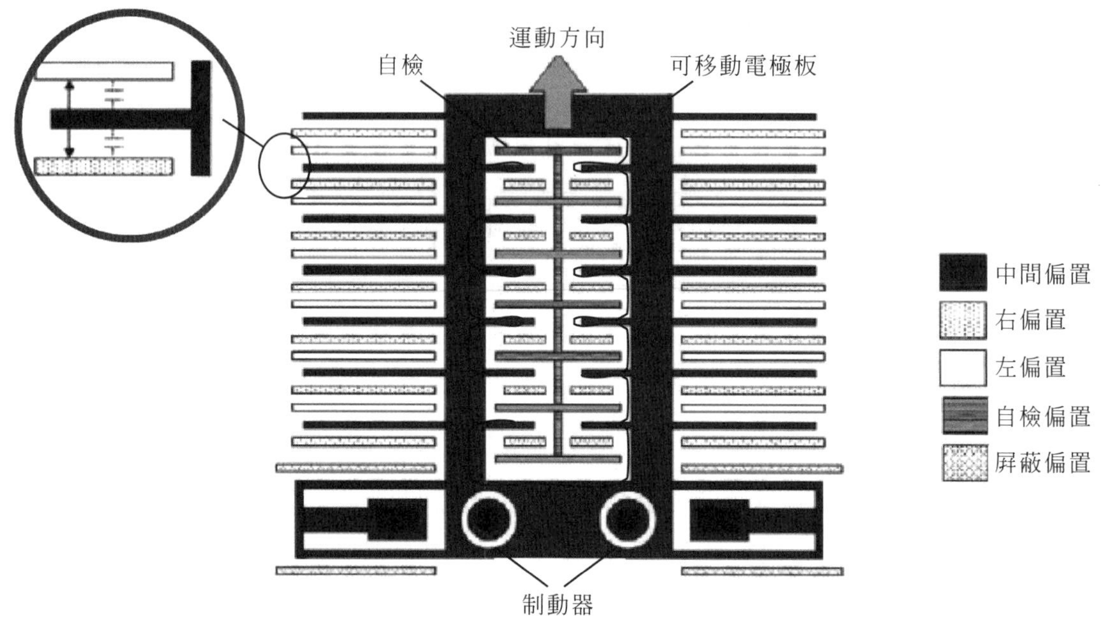

圖 16.6　X 與 Y 軸之 g-Cell 感測原理示意圖(freescale)

而我們可以放大圖 16.6 所圈示的 g-Cell 來進一步解釋其原理。g-Cell 是利用半導體多晶矽材料，以及光罩和蝕刻製程所製造的一種機械結構，並由彈簧、慣性質量(Proof Mass)和栓繩(Tether)所組成，如圖 16.7 所示。

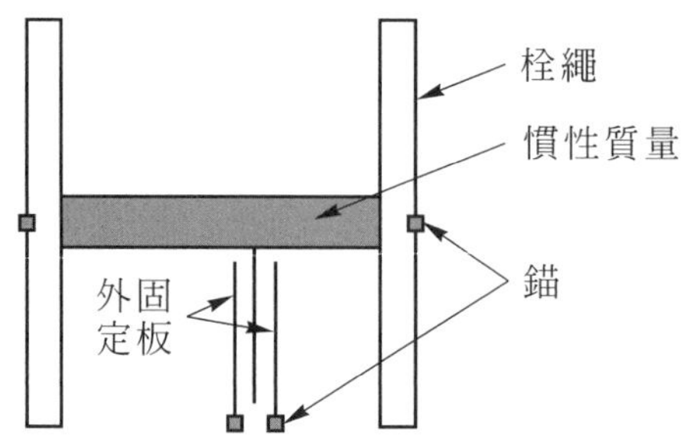

圖 16.7　表面微機電感測單元的組成元件示意圖

讀者可以想像一個 g-Cell 是由一組 3 個橫樑所構成的機械結構，中間橫樑是可移動的，而兩側橫樑則是固定住。當系統產生加速度時，便可利用中間移動式的橫樑和

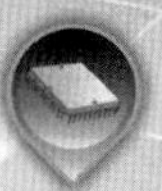

兩側固定式橫樑的位移差計算出重力加速度值。當系統維持靜止狀態或處於等速運動時，栓繩便會將中間可移動的橫樑拉至中心位置，類似彈簧的原理。

如圖 16.8 所示，爲 g-Cell 實體模型示意圖。其中，利用 3 個橫樑可形成兩個背對背的電感。電感的計算公式爲 C＝Aε/D，其中，C 爲電容，A 爲橫樑的表面積，ε 爲介電係數，D 爲兩根橫樑間的距離。

當有加速度產生時，中間橫樑朝著加速度的相反方向位移導致電容值變動，利用電容值的改變進而推算出重力加速度的大小。

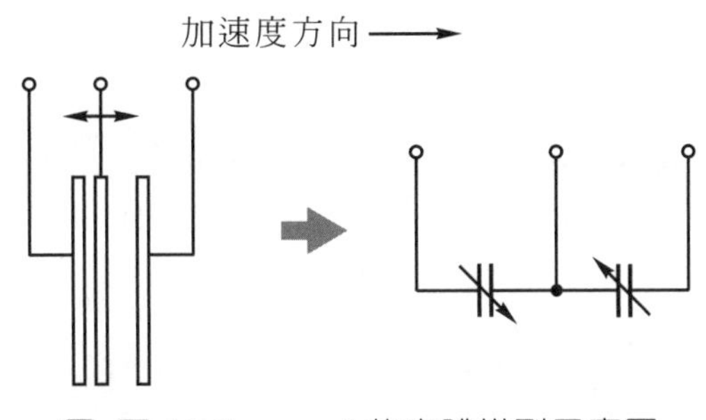

圖 16.8　g-cell 的實體模型示意圖

此外，其所具備的訊號條件電路可利用切換電容技術來量測 g-cell 的電容值，並利用兩個電容間的差值解算出重力加速度。訊號條件電路對切換電容的輸出訊號進行訊號條件處理後，最後再經過低通濾波器產生一個輸出電壓。基本上，此輸出電壓會和系統所遭受的重力加速度有關。圖 16.9 爲傾斜角和 ADC 輸出的關係，不同的傾斜角會遭受不同重力加速度。

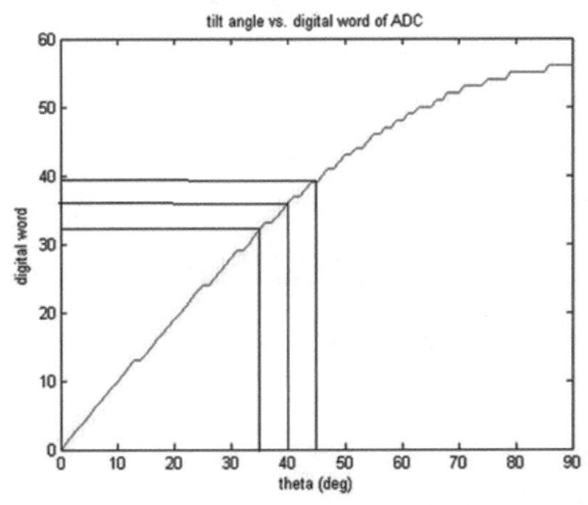

圖 16.9　傾斜角和重力感測器 ADC 輸出位元的關係

四、Z 軸 g-Cell(重力感測單元)感測原理

Z 軸 g-Cell 的感測原理和 X 與 Y 軸 g-Cell 一樣，只不過設計架構不同。如圖 16.10 所示，中間為可移動的電極板，而頂板與底板則是固定電極板。同樣地，當可移動電極板受加速度影響而改變與上下電極板之間的間隔，而產生了電容值的改變，因此可藉由此特性來計算出 Z 軸加速度的大小。

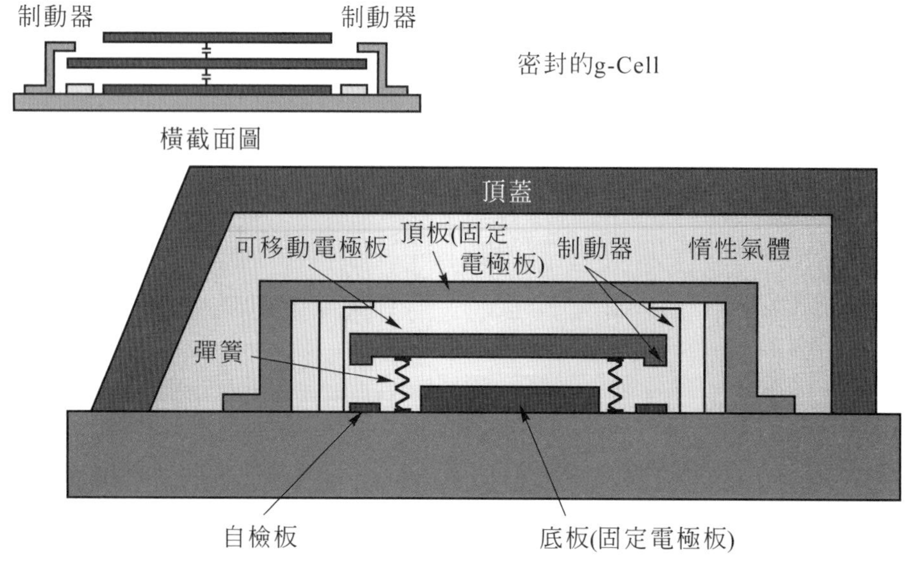

圖 16.10　Z 軸 g-Cell 感測原理示意圖(freescale)

16.2　加速度感測器-MMA7260QT 介紹

如圖 16.11 所示，MMA7260QT 內建 g-Select 電路，使用者可透過 g-Select1 與 g-Select2 來選擇 g-Range。此 g-Cell 感測器將所偵測到的加速度變化量信號送往 C-V 轉換器，然後再送至積分放大器處理與濾波器。最後，透過溫度補償後輸出類比電壓。

以下，列出 MMA7260QT 加速度感測晶片特色：

(1) 可選擇的靈敏度：1.5g/2g/4g/6g

(2) 低電源消耗：500 μA

(3) 睡眠模式：3μA

(4) 低操作電壓：2.2 V – 3.6 V

(5) 6mm x 6mm x 1.45mm QFN 包裝，面積小

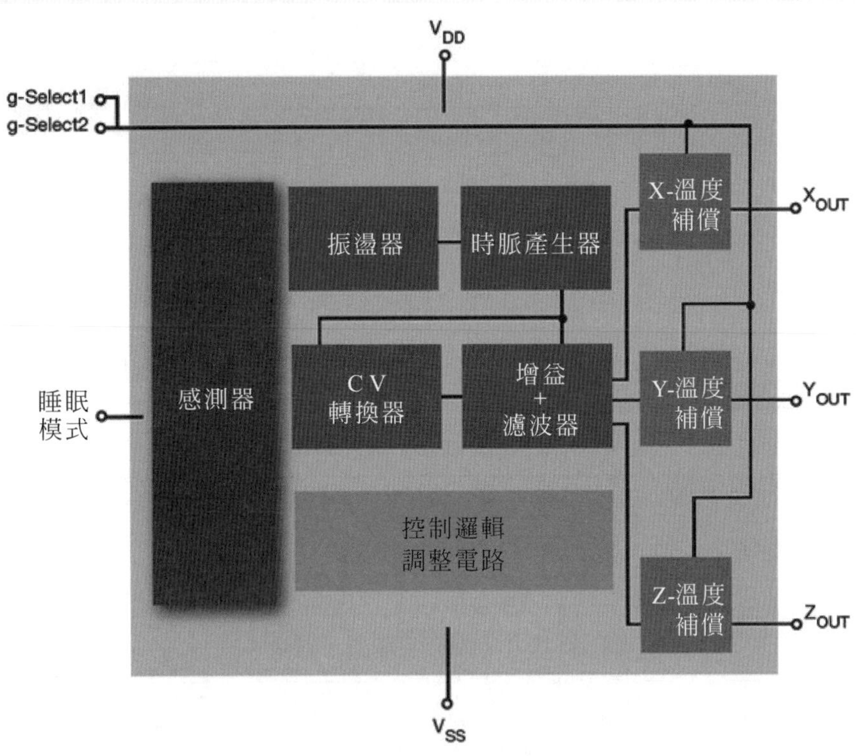

圖 16.11　MMA7260QT 簡化功能方塊圖(freescale)

(6) 高靈敏度 (800 mV/g @ 1.5g)

(7) 快速連接上電源執行的時間

(8) 具備低通濾波器的整合信號狀態

(9) 穩定性設計

(10) 低單價

而 MMA7260QT 腳位上視圖，如圖 16.12 所示，其各個接腳之功能一覽表，則如表 16.1 所列。

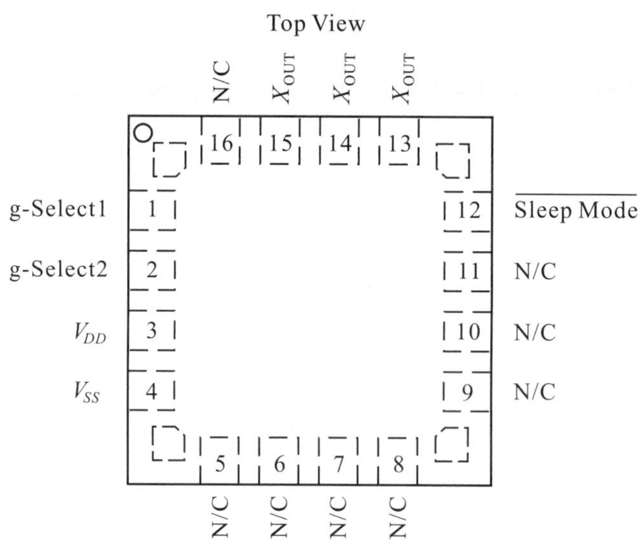

圖 16.12　MMA7260QT 腳位上視圖

表 16.1　腳位功能表一覽表

腳位編號	腳位名稱	功能說明
1	g-Select1	邏輯輸入腳，選擇加速度感測器，g-Range 範圍
2	g-Select2	邏輯輸入腳，選擇加速度感測器，g-Range 範圍
3	VDD	電源輸入，3.3V
4	VSS	電源輸入，接地
5~7	N/C	沒有內部連結，空接腳
8~11	N/C	工廠調整使用
12	Sleep Mode	邏輯輸入腳
13	ZOUT	Z 軸類比電壓輸出
14	YOUT	Y 軸類比電壓輸出
15	XOUT	X 軸類比電壓輸出
16	N/C	沒有內部連結，空接腳

以下，稍為說明 MMA7260QT 的使用方式。

一、g-Select 功能說明

在此，讀者可透過 g-Select1 與 g-Select2 腳位的設定，進而選擇 MMA7260QT 所支援的±1.5~6g 的加速度感測範圍。而其腳位設定的對應加速度範圍如表 16.2 所列。

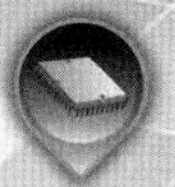

表 16.2　g-Select 設定表一覽表

g-Select2	g-Select1	g-Range	靈敏度
0	0	±1.5g	800mV/g
0	1	±2g	600mV/g
1	0	±4g	300mV/g
1	1	±6g	200mV/g

二、睡眠模式功能說明

透過睡眠模式腳位之設定，可設定 MMA7260QT 是否進入休眠模式，而其腳位設定之對應功能如表 16.3 所列。

表 16.3　睡眠設定表一覽表

睡眠模式	模式
0	休眠，停止感測加速度。
1	啓動加速度計。

三、MMA7260QT 應用建議

如圖 16.13 所示，讀者在使用 MMA7260QT 時，請在 VDD 與 VSS 之間接上一顆 0.1μF 電容，以及在 X、Y 與 Z 軸類比輸出接腳連接上 R-C 低通濾波器。

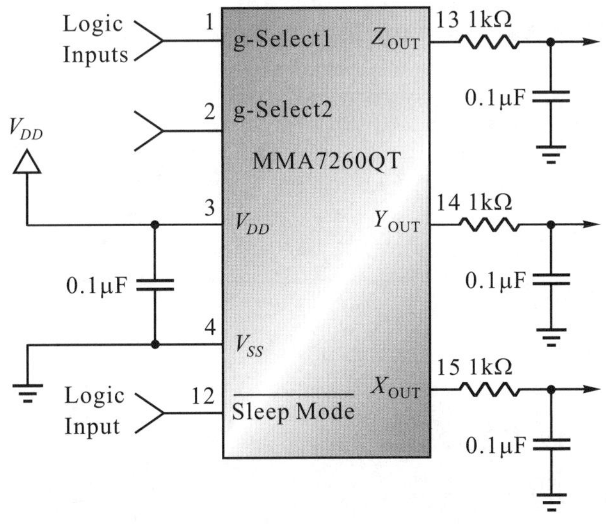

圖 16.13　MMA7260QT 建議連接方式

此外，如圖 16.14 所示，MMA7260QT 應用於 PSoC 微控制器電路或嵌入式系統時，建議同時連接 g-Select 與睡眠模式。

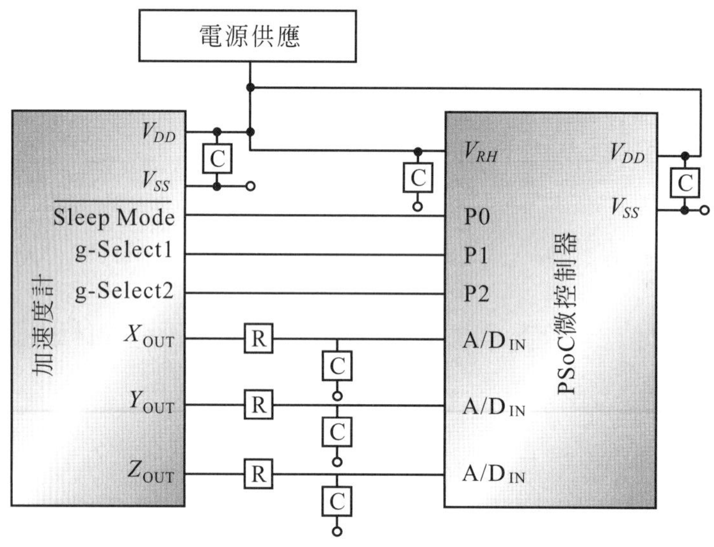

圖 16.14　建議的電路連接圖

由於 MMA7260QT 加速度感測器的輸出爲類比電壓，所以讀者在使用時必需將測得之電壓換算爲加速度 g 值，其計算方法如公式(16.3)所示。

$$\text{Acceleration} = (\text{ Xout Voltage} - \text{Zero-g Voltage }) / \text{Sensitivity} \tag{16.3}$$

而傾斜測量是加速度感測器常見的應用之一，在單一軸可以測得-90°到+90°的傾斜範圍，及對應的加速度變化在−1.0g 至+1.0g 之間。而其計算方法如公式(16.4)所示。

$$V_{\text{OUT}} = V_{\text{OFF}} + \left(\frac{\Delta V}{\Delta g} \times 1.0g \times \sin\theta \right) \tag{16.4}$$

V_{OUT} ：輸出加速度

V_{OFF} ：靜止加速度

$\frac{\Delta V}{\Delta g}$ ：靈敏度

$1.0g$ ：地心引力加速度

θ ：傾斜角度

16.3　PSoC 無線加速度感測感測器設計與應用

延續前幾章的內容，此章節將介紹如何使用 PSoC Designer 來完成 PSoC 無線加速度- MMA7260QT 感測設計，其架構如圖 16.1 所示。而 USB-ZigBee HID Dongle 韌體程式碼則沿用第 8 章的介紹內容。因此，以下將個別針對 PSoC 韌體程式與加速度感測應用程式設計來做介紹。

此外，USB-ZigBee HID Dongle 的韌體程式則與第 11 章一樣，讀者可以不予變更，直接運用。

16.3.1　PSoC 韌體程式設計

在此專案的設計方式與 14 章類似，讀者可以參考第 14 章的介紹，並建立一個 PSoC 專案檔，並利用第 10 章所介紹的設計方式來實現 ZigBee CC2530 裝置模組無線傳輸設定。如此，即可實現無線加速度感測設計。

在此章節中，將用到 3 組數比訊號輸入，因此使用 AMUX8 模組功能，並將訊號腳 Port_0_0、Port_0_1 與 Port_0_2 連接至 AMUX8。然而 Port_0_0 與 Port_0_2 不能同時連接至 AMUX8，所以讀者必需使用 AMUX8 的 API 更改連接腳位，如圖 16.15 所示。

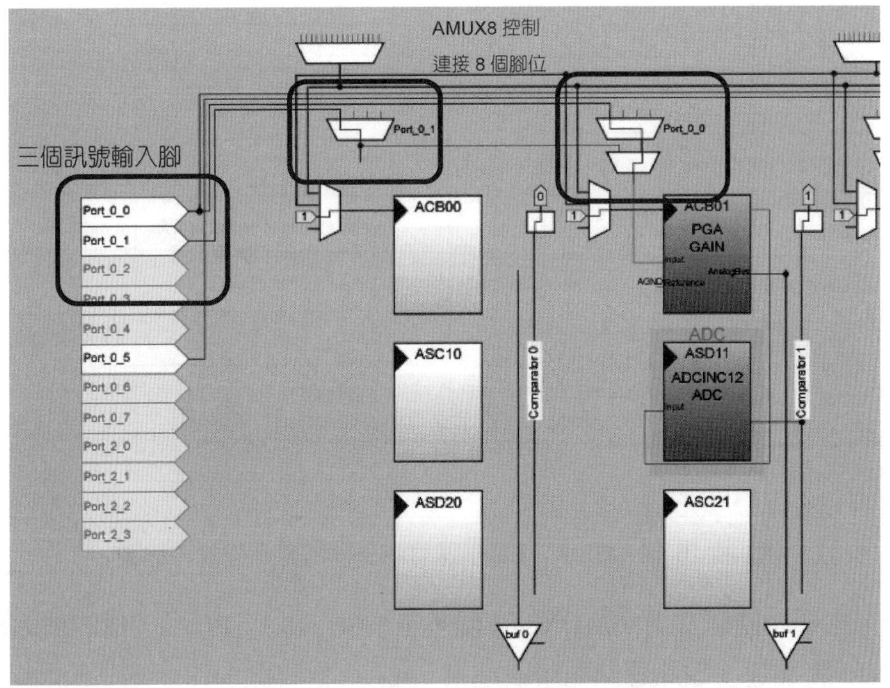

圖 16.15　多工器配置示意圖

當修改完以上的步驟後，按下 Generate 按鈕，PSoC Designer 將產生相對的配置檔。緊接著，即可開始撰寫其中的韌體程式。

如圖 16.16 所示，為 PSoC 無線加速度感測器的範例程式流程圖。

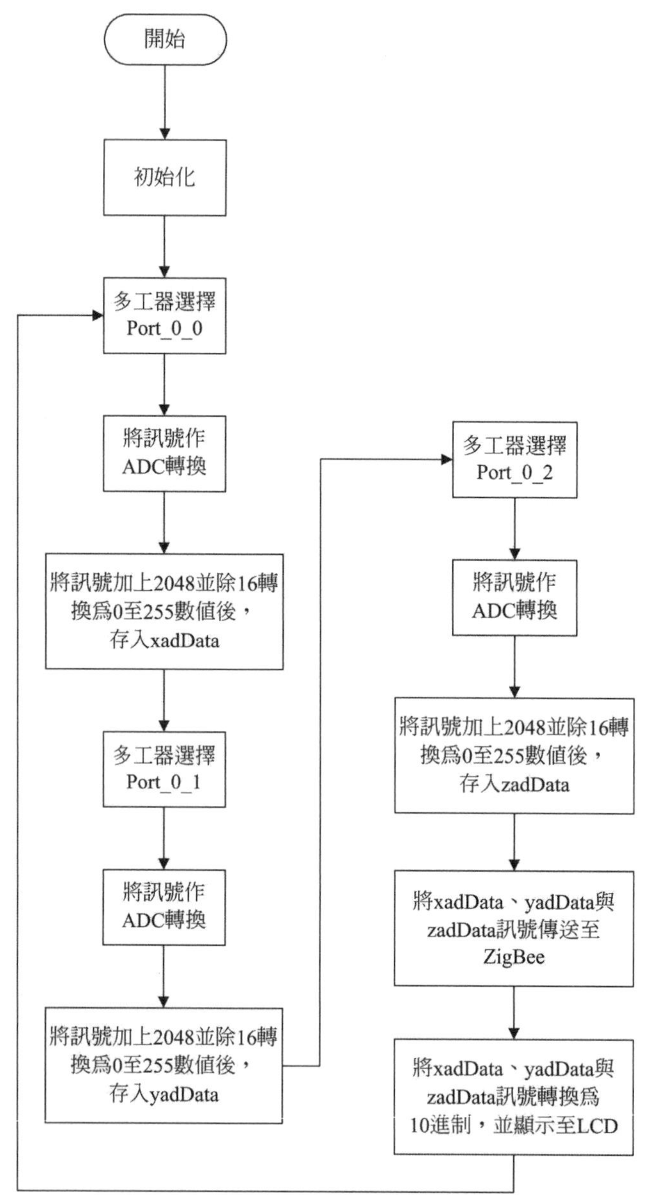
開始
初始化
多工器選擇 Port_0_0
將訊號作 ADC轉換
將訊號加上2048並除16轉換為0至255數值後，存入xadData
多工器選擇 Port_0_1
將訊號作 ADC轉換
將訊號加上2048並除16轉換為0至255數值後，存入yadData
多工器選擇 Port_0_2
將訊號作 ADC轉換
將訊號加上2048並除16轉換為0至255數值後，存入zadData
將xadData、yadData與zadData訊號傳送至ZigBee
將xadData、yadData與zadData訊號轉換為10進制，並顯示至LCD

圖 16.16　PSoC 無線加速度感測器的範例程式流程圖

其中，主要功能是透過 AMUX8 實現多工切換，並以 PGA 一倍的放大率後，經過 ADCIN12 將加速度類比感測值讀取進來。最後，再將此加速度感測值顯示於 PSOC 介面與感測器實驗載板的 LCD 上。

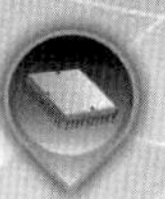

以下，列出 PSoC 無線加速度感測主程式的 main.c 範例程式碼。

```
//PSoC 介面與感測器之設計與應用，CH16
#include <m8c.h>                                    //元件特定的常數與巨集
#include "AMUX8.h"                                  //使用者模組的 AMUX8 API 函式定義
#include "PSoCAPI.h"                                //所有使用者模組的 PSoC API 函式定義

unsigned int xadData=0x0,yadData=0x0,zadData=0x0;


char fristStr[] = "PSoC gSENSOR";                   //設定 LCD 第一行字串
char SecondStr[] = "X=  ,Y=  ,Z=  ";                //設定 LCD 第二行字串

void delay(BYTE de_time)                            //延遲副程式
{
    while(de_time!=0)
        de_time--;
}

void init(void)                                     //初始化模組
{
    AMUX8_Start();                                  //啟動多工器
    UART_Start(UART_PARITY_NONE);                   //啟動 UART
    M8C_EnableGInt ;                                //致能全域中斷
    ADCINC12_Start(ADCINC12_HIGHPOWER); //啟動 ADCINC12
    ADCINC12_GetSamples(0);         //將要轉換的取樣數目。0 數值代表可讓 ADC 連續地執行。
    PGA_Start(3);                   //啟動 PGA
    LCD_Start();                    //啟動 LCD
    delay(200);                     //等待 LCD 穩定動作的延遲時間
    LCD_Control(0x01);              //清除 LCD
}

void LCD_DisplayTemp(BYTE line,BYTE row,BYTE databyte)
//設定顯示 LCD 副程式
{
    BYTE Show_ten,Show_one;
    LCD_Position(line,row);                         //設定顯示字串位置
    LCD_PrHexByte(databyte);                        //顯示字串
}

void ad(void) ////取得 ADC 數據
{
```

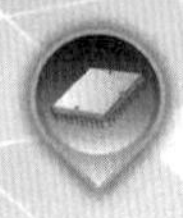


```
    ADCINC12_GetSamples(0);
    //設定將要轉換的取樣數目。0 數值代表可讓 ADC 連續地執行。
    while(ADCINC12_fIsDataAvailable() == 0);      //等待至 ADC 準備好
    ADCINC12_ClearFlag();                         //重致 ADC 旗標
}

void txdata(void)                        //將 X 軸、Y 軸與 Z 軸使用 UART 傳輸
{
        UART_PutChar(0xD1);
        UART_PutChar(xadData);
        UART_PutChar(0xD2);
        UART_PutChar(yadData);
        UART_PutChar(0xD3);
        UART_PutChar(zadData);
        UART_PutChar(0xaa);
        UART_PutChar(0x0d);
}

void main(void)
{
    init();
   while(1){

        AMUX8_InputSelect(AMUX8_PORT0_0);         //多工器選擇 Port_0_0
        ad();                  //3.3V  ->   -2048~0~+2047
        xadData =(ADCINC12_iGetData()+2048)/16;
          // (-2048~0~+2047)+2048=4095
        //   4095/16 -> 255
        AMUX8_InputSelect(AMUX8_PORT0_1);         //多工器選擇 Port_0_1
        ad();
        yadData =(ADCINC12_iGetData()+2048)/16;

        AMUX8_InputSelect(AMUX8_PORT0_0);         //多工器選擇 Port_0_2
        ad();
        zadData =(ADCINC12_iGetData()+2048)/16;

        txdata();                        //將 X 軸、Y 軸與 Z 軸使用 UART 傳輸

        LCD_Position(0,0);               //設定顯示字串位置
        LCD_PrString(fristStr);          //顯示字串
        LCD_Position(1,0);               //設定顯示字串位置
        LCD_PrString(SecondStr);         //顯示字串
```

```
                    //於 LCD 顯示 X 軸、Y 軸與 Z 軸值
            LCD_DisplayTemp(1,2,xadData);
            LCD_DisplayTemp(1,7,yadData);
            LCD_DisplayTemp(1,12,zadData);
        }
    }
```

程式碼撰寫完畢後，即可按下 Build 後，產生燒錄檔。此時，若有發生錯誤則可能是程式碼編寫出錯，讀者可根據錯誤的位置作修正。而若是 0 error 的話，則可開始下載程式碼至 PSoC 處理器之中，進行燒錄。當燒錄完畢後，請讀者將 S1 的指撥開關 1 與 2 皆設定為 ON。如此，即可利用 PSOC 介面與感測器實驗載板對 ZigBee CC2530 裝置模組做 UART 傳輸控制，並將加速度感測器的訊號透過 ZigBee CC2530 裝置模組傳送至 USB-ZigBee HID Dongle 的 enCoReIII 微處理器。最後，再轉成 USB 封包給 PC 端應用程式作進一步地驗證與顯示。

此外，要測試前需先將加速度感測器連接至 PSOC 介面與感測器實驗載板上。如圖 16.17 所示，為 PSOC 介面與感測器實驗載板的 LCD 上所顯示的加速度感測結果。

圖 16.17　PSOC 介面與感測器實驗載板的 LCD 上所顯示的加速度感測數值實體測試圖

16.3.2　PSoC 無線加速度感測器之 PC 端應用程式設計

如同第 8 章介紹的 PC 端應用程式的撰寫步驟，讀者亦可參考前一章的應用程式設計，來實現加速度感測器之 PC 端應用程式。在本章節新增 checkBox、comboBox

與 pictureBox 等物件。讓使用者可以依照不同的需求，觀察加速度計感測揮動時的數據變化。

如圖 16.18 所示，爲加速度感測應用程式的執行畫面。其中，具備可自動接收加速度計的感測數據，並立即以曲線圖顯示。而圖 16.19 所示，則爲本章節範例程式所對映的按鈕與物件名稱。

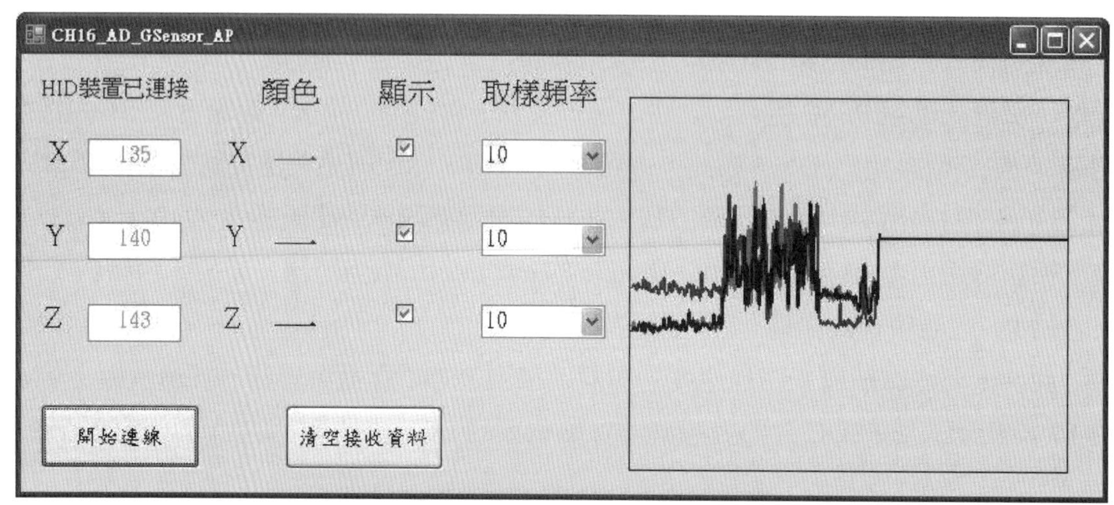

圖 16.18　PSoC 無線加速度感測器之 PC 端應用程式執行畫面

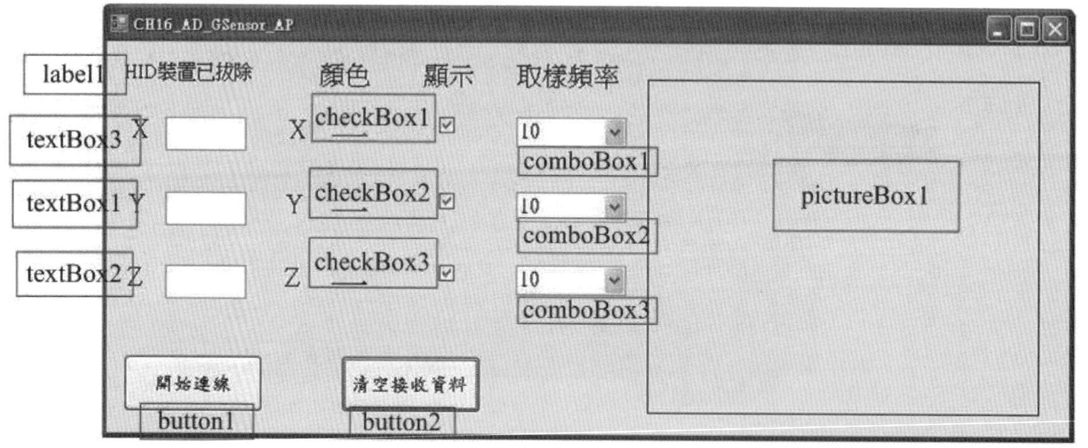

圖 16.19　PSoC 無線加速度感測器應用程式之按鈕與物件名稱示意圖

本章節所新增的 checkBox、comboBox 與 pictureBox 等物件，可於工具箱中點選後新增至應用程式中，如圖 16.20 所示。當新增 comboBox 物件時可於其屬性視窗中，點選"Items"設定其下拉式選單內的數值。如圖 16.21 爲 comboBox 物件屬性視窗，而圖 16.22 則爲字串集合編輯器。

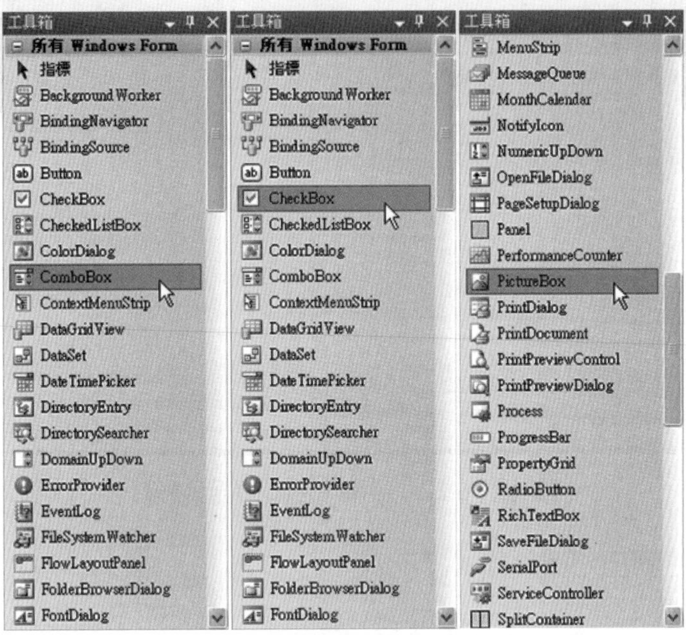

圖 16.20　新增應用程式物件操作示意圖

圖 16.21　comboBox 物件屬性視窗示意圖

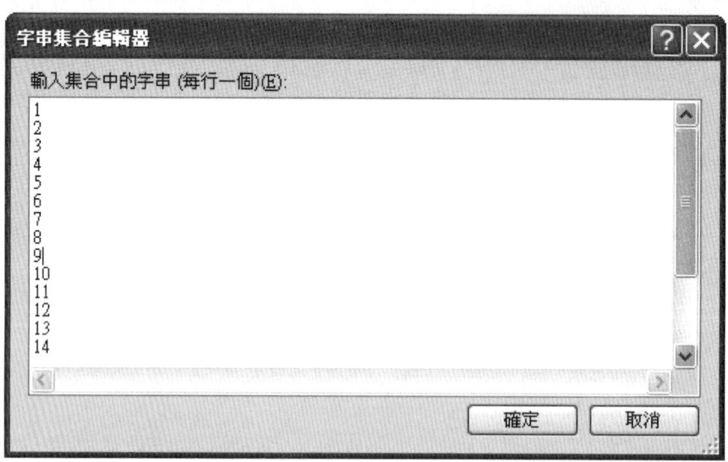

圖 16.22　字串集合編輯器示意圖

以下，進一步列出相關的程式碼範例。

一、匯入其他命名空間的 using 程式碼

```
using System;
using System.Collections.Generic;
using System.ComponentModel;
using System.Data;
using System.Drawing;
using System.Linq;
using System.Text;
using System.Windows.Forms;
using USBHIDDRIVER;
using USBHIDDRIVER.USB;
using System.Threading;
using System.Runtime.InteropServices;
using System.Diagnostics;
```

二、物件的宣告

```
//宣告並建立 dav 屬於 HIDUSBDevice 類別的物件，並設定裝置 VID 為 1234 與 PID 為 7777
        HIDUSBDevice dav = new HIDUSBDevice("vid_1234", "pid_7777");
        int dot_Xnum = 0, dot_Ynum = 0, dot_Znum = 0, buffer_x = 0,
        buffer_y = 0, buffer_z = 0, numberX = 0, numberY = 0, numberZ = 0;
        Graphics pic;                                   //宣告畫布物件
        Pen picpen_x = new Pen(Color.Red, 2);           //建立 X 軸畫筆、畫筆顏色、筆寬
        Pen picpen_y = new Pen(Color.Blue, 2);          //建立 Y 軸畫筆、畫筆顏色、筆寬
        Pen picpen_z = new Pen(Color.Black, 2);         //建立 Z 軸畫筆、畫筆顏色、筆寬
        Point[] dot_x = new Point[320];                 //宣告 X 軸曲線陣列
```

```
        Point[] dot_y = new Point[320];              //宣告 Y 軸曲線陣列
        Point[] dot_z = new Point[320];              //宣告 Z 軸曲線陣列
        [DllImport("kernel32.dll")]
        static extern Boolean SetProcessWorkingSetSize(IntPtr procHandle,
        Int32 min, Int32 max);

    public Form1()
        {
            InitializeComponent();
            timer1.Start();                          //啓動 timer 中斷
            pic = pictureBox1.CreateGraphics();      //建立畫布物件
            for (int n = 0; n < 320; n++)            //初始化曲線圖
            {                                        //初始化曲線座標
                dot_x[n] = new Point(n, 100);
                dot_y[n] = new Point(n, 100);
                dot_z[n] = new Point(n, 100);
            }
        }
```

三、Timer1 中斷程式碼

```
    private void timer1_Tick(object sender, EventArgs e)
        {
            pictureBox1.Refresh();                   //清空畫布
            if (checkBox1.Checked)                   //checkBox 是否打勾
                pic.DrawCurve(picpen_x, dot_x);      //顯示 X 軸曲線圖
            if (checkBox2.Checked)
                pic.DrawCurve(picpen_y, dot_y);      //顯示 Y 軸曲線圖
            if (checkBox3.Checked)
                pic.DrawCurve(picpen_z, dot_z);      //顯示 Z 軸曲線圖
        }
```

四、Botton1 程式碼

```
    bool run = false;
        int number = 0;
        private void button1_Click(object sender, EventArgs e)
        {
            if (dav.connectDevice())                 //裝置是否連接
            {
                label1.Text = "HID 裝置已連接";        //更改 label1 顯示的字串
                if (run)
                {
```

```
                run = false;
                button1.Text = "開始連線";

            }
            else
            {
                run = true;
                button1.Text = "停止傳輸";
            }
        }
        else
        {
            label1.Text = "HID 裝置已拔除";          //更改 label1 顯示的字串
            run = false;
            button1.Text = "開始連線";

            return;
        }

do
        {
            Application.DoEvents();
            dav.readDataThread();
            Thread.Sleep(10);
            {                                          //判斷傳輸格式
                if (((dav.myread[1] == 209) && (dav.myread[3] == 210))
                && ((dav.myread[5] == 211) && (dav.myread[7] == 170)))
                {
                    buffer_x += dav.myread[2];         //將 X 軸數據累加
                    numberX++;
                    buffer_y += dav.myread[4];         //將 Y 軸數據累加
                    numberY++;
                    buffer_z += dav.myread[6];         //將 Z 軸數據累加
                    numberZ++;
                                           //X 軸數據/numberX 作平均計算
                    if (numberX >= Convert.ToInt64(comboBox1.Text))
                    {                      //將計算後的 X 軸數據顯示在 textBox3
                        textBox3.Text = Convert.ToString(buffer_x / numberX);
                                           //建立加速度計 X 軸數據座標
                        dot_x[dot_Xnum] = new Point(dot_Xnum,
                        buffer_x / numberX);
                        buffer_x = 0;
```

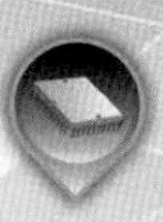

```
        numberX = 0;
        dot_Xnum++;
        if (dot_Xnum == 320)              //是否超出邊界
        {
            for (int n = 0; n < 320; n++)//初始化 X 軸曲線陣列
                dot_x[n] = new Point(n, 100);
            dot_Xnum = 0;
        }
    }
    //Y 軸數據/numberY 作平均計算
    if (numberY >= Convert.ToInt64(comboBox2.Text))
    {//將計算後的 Y 軸數據顯示在 textBox1
        textBox1.Text = Convert.ToString(buffer_y / numberY);
        //建立加速度計 Y 軸數據座標
        dot_y[dot_Ynum] = new Point(dot_Ynum, buffer_y /
        numberY);
        buffer_y = 0;
        numberY = 0;
        dot_Ynum++;
        if (dot_Ynum == 320)              //是否超出邊界
        {
            for (int n = 0; n < 320; n++)//初始化 Y 軸曲線陣列
                dot_y[n] = new Point(n, 100);
            dot_Ynum = 0;
        }
    }

    //Z 軸數據/numberZ 作平均計算
    if (numberZ >= Convert.ToInt64(comboBox3.Text))
    {//將計算後的 Z 軸數據顯示在 textBox2
        textBox2.Text = Convert.ToString(buffer_z / numberZ);
        //建立加速度計 Z 軸數據座標
        dot_z[dot_Znum] = new Point(dot_Znum, buffer_z /
        numberZ);
        buffer_z = 0;
        numberZ = 0;
        dot_Znum++;
        if (dot_Znum == 320) //是否超出邊界
        {
            for (int n = 0; n < 320; n++)//初始化 Z 軸曲線陣列
                dot_z[n] = new Point(n, 100);
            dot_Znum = 0;
```

```
                    }
                }
            }
        }
        number++;
        if (number > 10000)
        {
            number = 0;
            SetProcessWorkingSetSize(Process.GetCurrentProcess().Handle,
            -1, -1);//壓縮記憶體用量
        }

    } while (run);
}
```

五、Botton2 程式碼

```
private void button2_Click(object sender, EventArgs e)
        {
            //清空所有資料
            dot_Xnum = 0;
            dot_Ynum = 0;
            dot_Znum = 0;
            textBox1.Text = "";
            textBox2.Text = "";
            textBox3.Text = "";
            pictureBox1.Refresh();      //清空畫布
            for (int n = 0; n < 320; n++)//初始化線條陣列
            {
                dot_x[n] = new Point(n, 100);
                dot_y[n] = new Point(n, 100);
                dot_z[n] = new Point(n, 100);
            }
            SetProcessWorkingSetSize(Process.GetCurrentProcess().Handle, -1,
            -1);//壓縮記憶體用量

        }
```

※本章節所介紹的各個程式範例，請讀者參考附贈光碟片目錄：\examples\CH16\。

問題與討論

1. 請讀者重新測試本章所介紹的加速度感測器的範例，並以揮動加速度感測器的方式來對比 LCD 上所顯示的加速度感測數值是否有變化。
2. 若無法成功地測試此範例，請讀者重新檢測操作步驟或是專案檔的相關設定是否正確。當然，檔案是否有變更過也是查驗重點。
3. 請設計一組 USB-ZigBee Dongle 對多組的無線加速度感測器設計的量測，並設計出 ZigBee 星狀無線感測網路。
4. 讀者可以根據書後附錄的 BOM 表，購置 USB-ZigBee HID Dongle 與簡易 PSoC 實習單板的相關零件，並根據圖 3.5 所示 UART 訊號轉換電路、圖 3.6 所示的 LCD 輸出電路與圖 3.12 所示的各個感測器模組接腳電路圖來實現本章的實驗。(如下圖 16.23 所示)

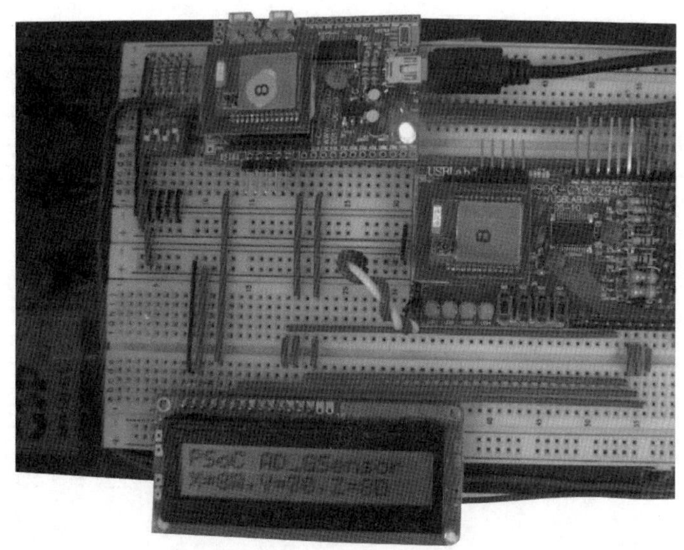

圖 16.23　USB-ZigBee HID Dongle 與簡易 PSoC 實習單板的相關零件所實現的無線加速度感測實驗實體圖

5. 請讀者參考坊間的 LabVIEW 書籍(介面設計與實習－使用 LabVIEW 2010，全華圖書)，另以 NI VISA API 來設計本章節的應用程式。

chapter

17

PSoC 無線陀螺儀感測設計

本章亦沿續前幾章的內容，主要將介紹如何使用陀螺儀感測節點感測器來做設計應用。因此，亦將重點放在如何利用 PSoC-CY8C29466 元件來擷取陀螺儀感測器-IDG300，以及透過第 8 章與第 10 章所介紹的 PSoC-CY7C64215 元件與 CC2530 裝置模組來完成整個 ZigBee 無線感測網路系統的設計。而運用 USB-ZigBee HID Dongle 與PSOC介面與感測器實驗載板可以實現ZigBee無線感測網路來達到陀螺儀感測器資料傳輸與擷取的目的。此外，本章節於 PC 端設計一個陀螺儀感測應用程式，讓讀者驗證陀螺儀感測器所回傳的訊息。

如圖 17.1 所示，爲本章實驗架構示意圖。

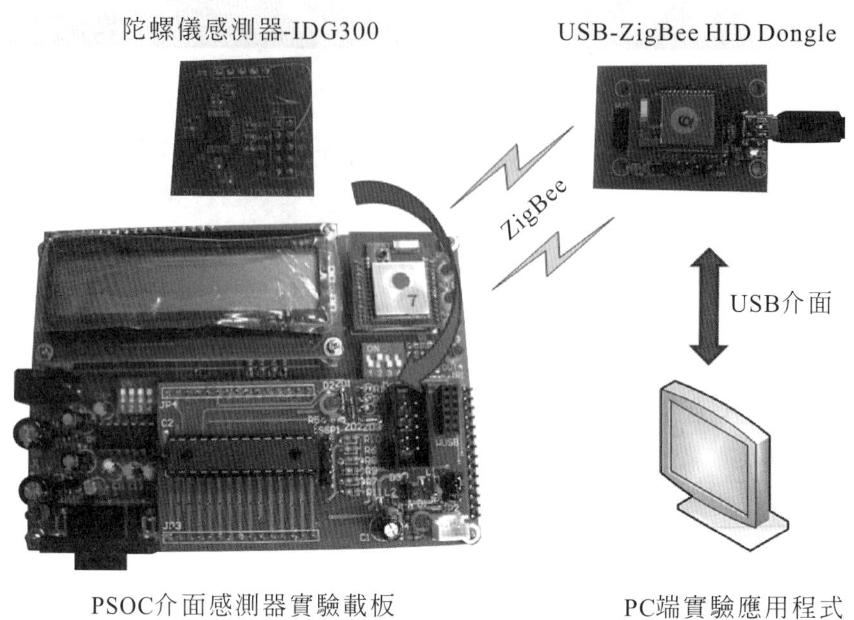

圖 17.1　無線陀螺儀感測器設計之實驗架構示意圖

以下，列出本章所運用的 PSoC 模組。其中，AMUX8 模組來實現後續的多通道的類比訊號量測與擷取。

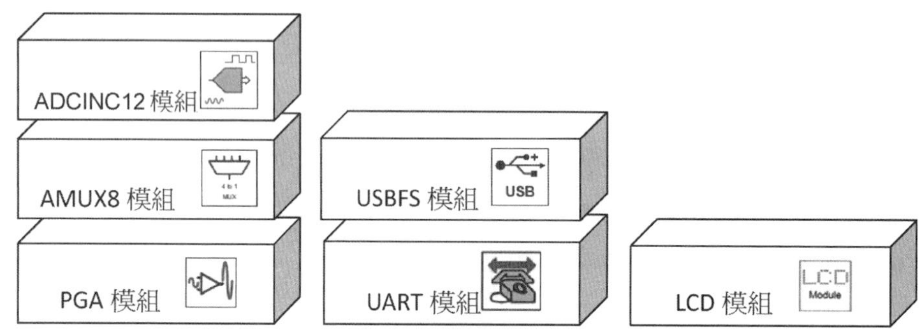

17.1　陀螺儀原理說明

若以物理觀點來看，繞一個支點高速轉動的剛體稱之爲陀螺。而通常所說的陀螺是特指對稱陀螺，其爲一個品質均匀分佈的，且具有軸對稱形狀的剛體。其中，幾何對稱軸就是它的自轉軸。

在一定的初始條件和一定的外力矩作用下，陀螺會在不停自轉的同時，還繞著另一個固定的轉軸不停地旋轉，這就是陀螺的旋進(precession)，又稱爲回轉效應

(gyroscopic effect)。陀螺旋進是日常生活中常見的現象，許多人小時候都打過的陀螺就是很常見的例子。一般人利用陀螺的力學性質所製成的各種功能的陀螺裝置稱爲陀螺儀(gyroscope)。

陀螺儀是提供衛星導航定位、數位相機的影像防震、可攜式消費設備等導引產品功能的主要技術來源。由於只偵測自身感測軸上的旋轉特性，提供了最精密及絕對移動的相關資訊，且在低價及高性能的要求之下，陀螺儀可隨著環繞物體兩軸作爲自由運動之用。而透過內建所有需要用來偵測系統轉動的校正、調整及控制功能，因此，其應用越來越多。特別是在科學、技術與軍事等各個領域有著廣泛的應用。例如，回轉羅盤、定向指示儀、炮彈的翻轉、陀螺的章動及地球在太陽(月球)引力矩作用下的旋進等應用。

而陀螺儀的基本原理就是，一個旋轉物體的旋轉軸所指的方向在不受外力影響時，是不會改變的。因此，人們就根據這個原理，用它來保持固定的方向前進。我們騎自行車其實也是利用了這個原理。輪子轉得越快越不容易倒，因爲車軸有一股保持水準的力量。陀螺儀在工作時要給它一個啓動的力量，使它快速旋轉起來，然後用多種方法讀取轉軸所指示的方向，並自動將數據信號傳給控制系統。一般陀螺儀在使用時，可以達到每分鐘幾十萬轉的轉速，且可以工作很長的時間。

由於陀螺儀是一種能夠精確地確定運動物體的方位的儀器，因此其爲現代航空，航海，航太和國防工業中廣泛使用的一種慣性導航儀器。換言之，它的發展對一個國家的工業，國防和其它高科技的發展具有十分重要的戰略意義。目前，有些精密的陀螺儀還被列爲禁止輸出的軍事或國防科技。

Leon Foucault 在 1852 年發明了世界第一個陀螺儀，這種傳統的機械式陀螺儀概念是如圖 17.2 所示。Foucault 認爲利用固定位置上的旋轉物體可以測量地球的旋轉。雖然在理論上此想法是正確的，但當時只能讓物體保持旋轉數分鐘的時間，因此不足以觀察到地球的顯著運動。而傳統的慣性陀螺儀主要是指機械式的陀螺儀，這種機械式的陀螺儀對工藝結構的要求準確度很高，結構複雜，使得其精度受到了很多方面的限制。

不過隨著電氣馬達的發明，陀螺儀變得更切實可行了，因爲馬達能讓物體無限地旋轉下去。在這種概念下，人類發明了電動回轉羅盤，並很快用於船隻和飛機的導航上。

圖 17.2　為雙軸陀螺儀結構示意圖(Patrick Prendergast，電子工程專輯，2007)

雖然傳統的陀螺儀主要用於測量角位移，但目前的 MEMS 陀螺儀則可以演進至用來測量以度/秒爲單位的角速度。如圖 17.2 所示，傳統陀螺儀的工作原理是角慣性屬性。當一個旋轉物體，如旋轉陀螺，在它的旋轉軸方向變化方面出現很強的慣性時，這種屬性可以很容易直接觀察得到。

這種現象跟我們能騎自行車的道理是一樣的。在圖 17.2 所示裝置的中間有個圓盤在高速旋轉。這種旋轉將使圓盤產生巨大的慣性。當裝置旋轉時，中間的圓盤會停留在相同的角位置，此時可以很容易測出圓環和固定旋轉圓盤之間夾角的變化。陀螺儀的旋轉部分也能有效地用於保持角取向不變，因此陀螺儀在羅盤中得到了很好地應用。

而隨著微機電系統(MEMS)技術的快速發展，已經允許讓製造商在微型晶片上製造出完整的數位陀螺裝置。如圖 17.3 所示，爲雙軸陀螺儀結構圖。

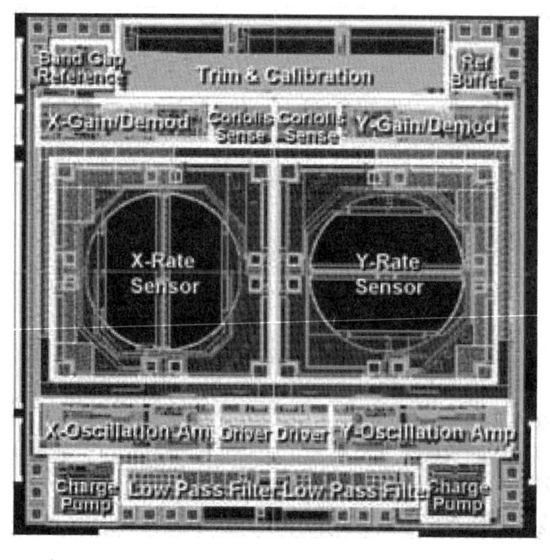

圖 17.3　雙軸陀螺儀結構圖(InvenSense-IDG-300)

不僅如此， MEMS 陀螺儀價格變得越來越便宜，體積也越來越小，使得 MEMS 陀螺儀比傳統陀螺儀更爲有用。再者，因於陀螺儀一般測量的是角速度而不角位移，角速度測量是更爲有用。因爲隨著時間的累積能夠間接地測量出角位移和速度。而 MEMS 陀螺儀的物理現象是柯氏力效應(Coriolis Force Effect)。這種現象是當一個物體在旋轉的參考座標(reference frame)中作線性方向運動時所產生的，如圖 17.4 所示。

假設讀者站在正在旋轉的旋轉木馬上，所處位置標示爲 t1。當讀者決定經直線向外邊走（t1->t2->t3->t4->t5->t6），會隨著旋轉的方向能改變位置與方向。讀者就可以體會到柯氏力效應。

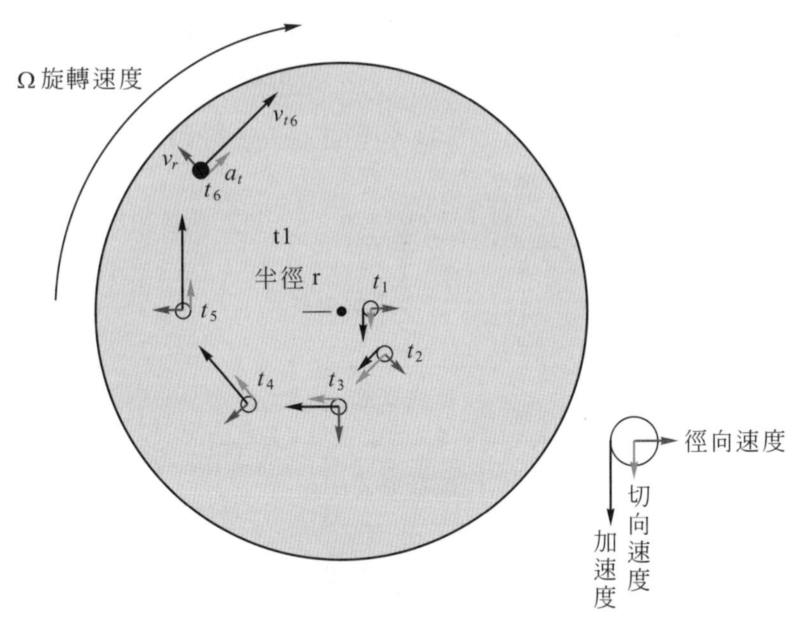

圖 17.4　柯氏力效應中呈現的速度和加速向量示意圖

根據物理知識，我們知道旋轉木馬上的任何點都有一個瞬時速度 Ωr，其中 Ω 是旋轉速度，r 是旋轉木馬上該點的半徑。因此，圖 17.4 中每個切向速度向量都有一個幅度 Ωr。如果站在同一半徑的其中任何點上，就會擁有相同的切向速度。徑向速度向量代表我們走向外邊的速度，爲一等速度。當我們靠近外邊時，本身的切向速度會增加。這樣就從柯氏力效應獲得了一半的加速效果，其值等於角加速度 Ωv，其中 v 代表徑向速度。

此外，柯氏力加速的第二部分來自加速度向量。如果看一下 t_1 和 t_2 處的速度向量，其幅度是相同的，但它們的方向不同。這種速度向量的方向變化意味著加速向量的方向上，必定存在切向加速。這種加速就是柯氏力加速的另外一半，同樣等於 Ωv。因此，如果將兩個獨立的加速向量加在一起，就可以得到 2Ωv。如果我們的質量是 *m*，這種加速將對本身施加了 2Ωvm 的力作用。該力會在旋轉木馬上產生幅度相同、方向相反的反作用力，其値等於–2Ωvm。因爲這是負値，因此該力的方向與旋轉方向相反。

反之，如果我們正準備走回到旋轉木馬的中心的話，那麼所有數學計算都是一樣的，除了徑向速度向量現在指向裡面，使它們呈現相反的符號。此時，最終的反作用力是–2Ω(–v)m，或 2Ωvm。因此，如果我們向裡面走，那麼在旋轉木馬上產生的反作用力的幅度將保持不變，方向與旋轉方向會保持一致。

而 MEMS 陀螺儀一般都屬於震動元件，使用可震動機械單元的慣性質量(Proof Mass)來感測角速率。震動陀螺儀是因爲科氏力加速度使得能量在結構的兩種震動模式之間轉移，因爲角速率的變化會在旋轉參考平面上產生科氏力加速度。如圖 17.5 所示，爲震動式框架陀螺儀的 2D 概念。

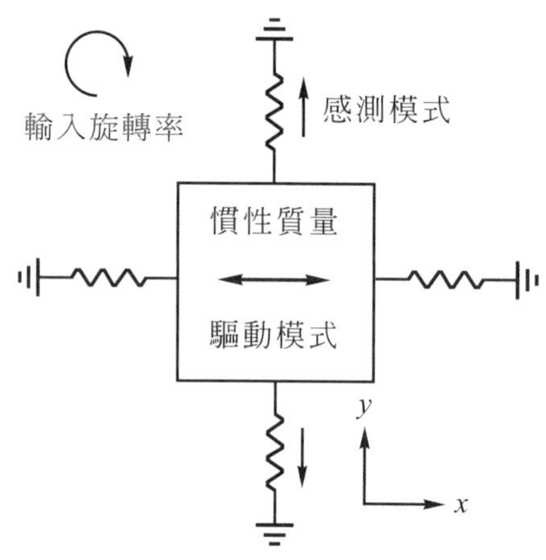

圖 17.5　震動式框架陀螺儀的 2D 概念圖

17.2　IDG-300 陀螺儀感測器

針對消費性產品的移動感應應用，消費性電子移動感測器廠商-InvenSense 推出了單一晶片組兩軸陀螺儀–IDG-300。而其感應的角度爲±500 度/S，且感度極高並通過了 10,000G 的衝撞測試，非常適合應用在相關產品上。

如圖 17.6 所示，為 IDG-300 的雙軸陀螺儀 X 與 Y 軸示意圖，其整合了 X 軸及 Y 軸陀螺儀，並要求在最小尺寸下滿足產品設計時的最大性能。

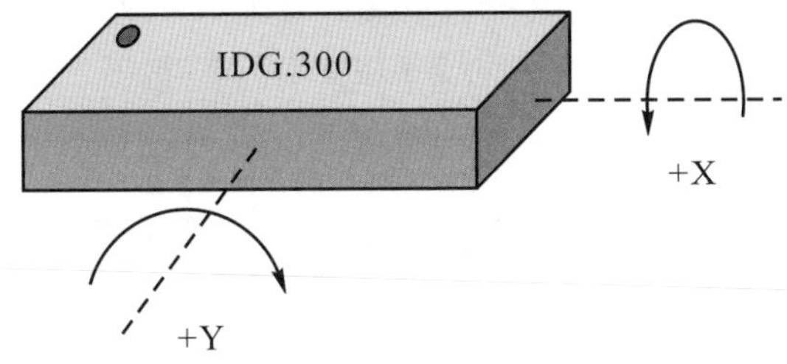

圖 17.6　IDG-300 的雙軸陀螺儀之 X 與 Y 軸示意圖(InvenSense)

在實際應用上，IDG-300 的線路相當簡單。如圖 17.7 與 17.8 所示，分別為 IDG-300 功能方塊圖與此晶片組的腳位上視圖。而其相關的接腳功能，則如表 17.1 所列。除了供電線路外，主要的接腳為 X-RATE OUT、Y-RATE OUT、以及 VREF (參考電源)。當陀螺儀在轉動時，相對應的 X、Y-RATE OUT 便會有電壓的變化。而與 VREF 相比即會有一電壓差，我們即可利用此電壓差來判斷精準的角度轉變。

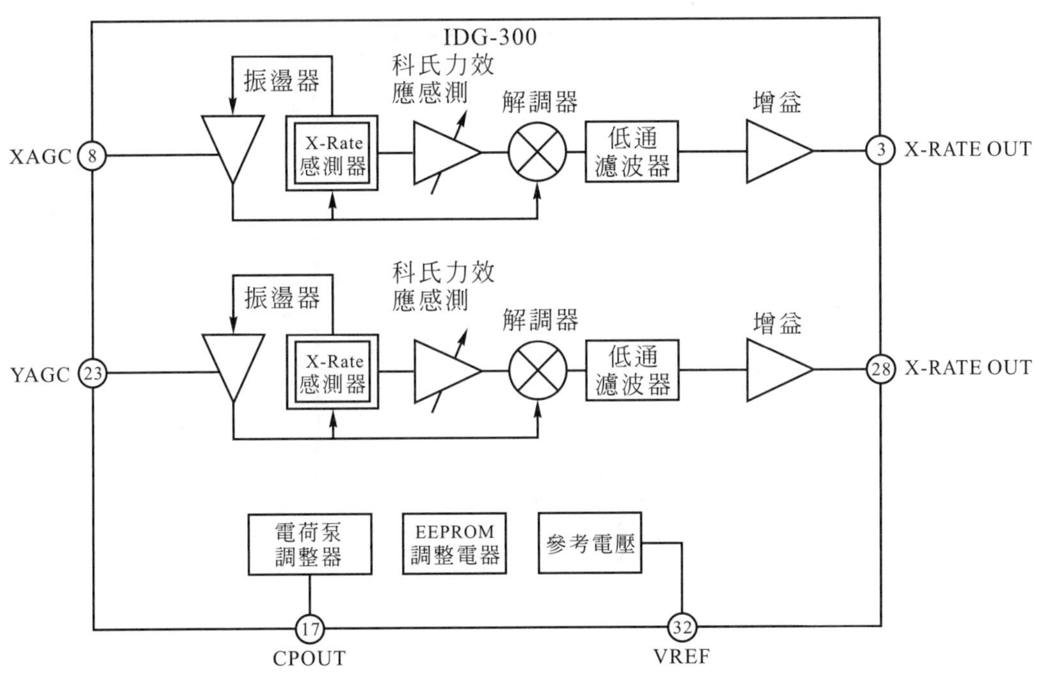

圖 17.7　IDG-300 功能方塊圖

表 17.1　IDG-300 陀螺儀規格一覽表

特性	規格	單位
刻度範圍	±500	°/sec
靈敏度	2.0	mV/(°/sec)
零輸出	1.5	V
參考電壓	1.23	V
十字軸靈敏度	±2	%
電源	3.3	V
消耗功率	9.5	mA
啓動時間	200	ms
震動	5000	g for 0.3ms
溫度範圍	0 ~ 70	℃

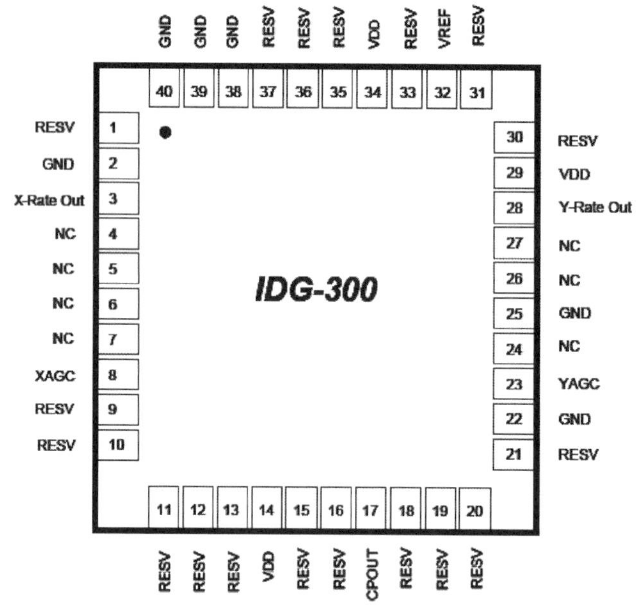

圖 17.8　IDG-300 腳位上視圖

由於陀螺儀是一種動態的檢測器，必須在振動下進行。而其量測角速度的變化，可利用類比電壓的輸出表示角速度的值。若在靜止的狀態下，也就是角速度爲零時，我們量測時其輸出電壓爲 1.56V 左右。若當順時針轉動時，輸出電壓大於 1.56V，反

之，當逆時針轉動時，輸出電壓小於 1.56V。換言之，其所能偵測到角速度變化以 1.56V 爲中心。其中，上下 1.56V 的變化範圍如圖 17.9 所示，且對應實際的角速度爲 ±80deg/sec。針對解析度而言，當我們提供 5Vdc，選取的頻寬範圍爲 0~20Hz，雜訊小於 2mv 時，其比例因子爲 20mv/(deg/sec)，所以可以讀到最小角速度如公式(17.1)所示。

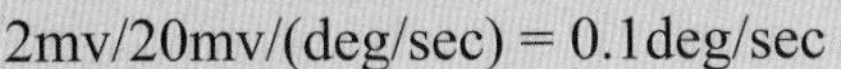

$$2mv/20mv/(deg/sec) = 0.1deg/sec \tag{17.1}$$

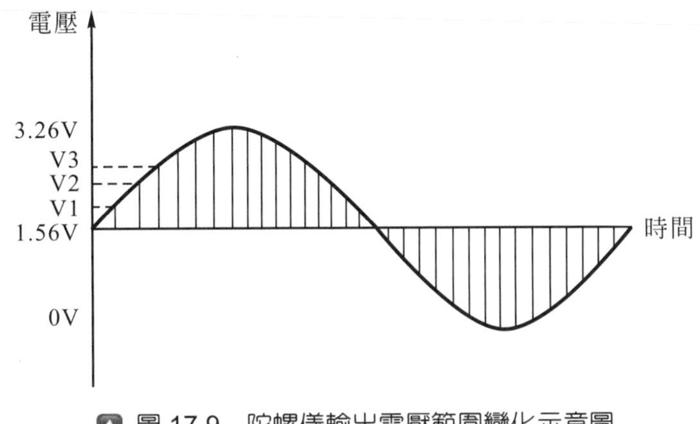

圖 17.9　陀螺儀輸出電壓範圍變化示意圖

17.3　PSoC 無線陀螺儀感測器設計與應用

此章節將介紹如何使用 PSoC Designer 來完成 PSoC 無線陀螺儀感測器-IDG300 設計，其架構如圖 17.1 所示。而 USB-ZigBee HID Dongle 韌體程式碼則沿用第 8 章的介紹內容。因此，以下將個別針對 PSoC 韌體程式與陀螺儀感測應用程式設計來做介紹。

此外，USB-ZigBee HID Dongle 的韌體程式則與第 11 章一樣，讀者可以不予變更，直接運用。

17.3.1　PSoC 韌體程式設計

在此專案的設計方式與前一章類似，讀者可以參考第 16 章的介紹，並建立一個 PSoC 專案檔，並利用第 10 章所介紹的設計方式來實現 ZigBee CC2530 裝置模組無線傳輸設定。如此，即可實現 PSoC 無線陀螺儀感測設計。

讀者可以直接打開 AD_Gyro 專案(\examples\CH17\PSoC)，並按下 Generate 按鈕後，PSoC Designer 將產生相對的配置檔。緊接著，可開始撰寫其中的韌體程式。

如圖 17.10 所示，爲 PSoC 無線陀螺儀感測器的範例程式流程圖。

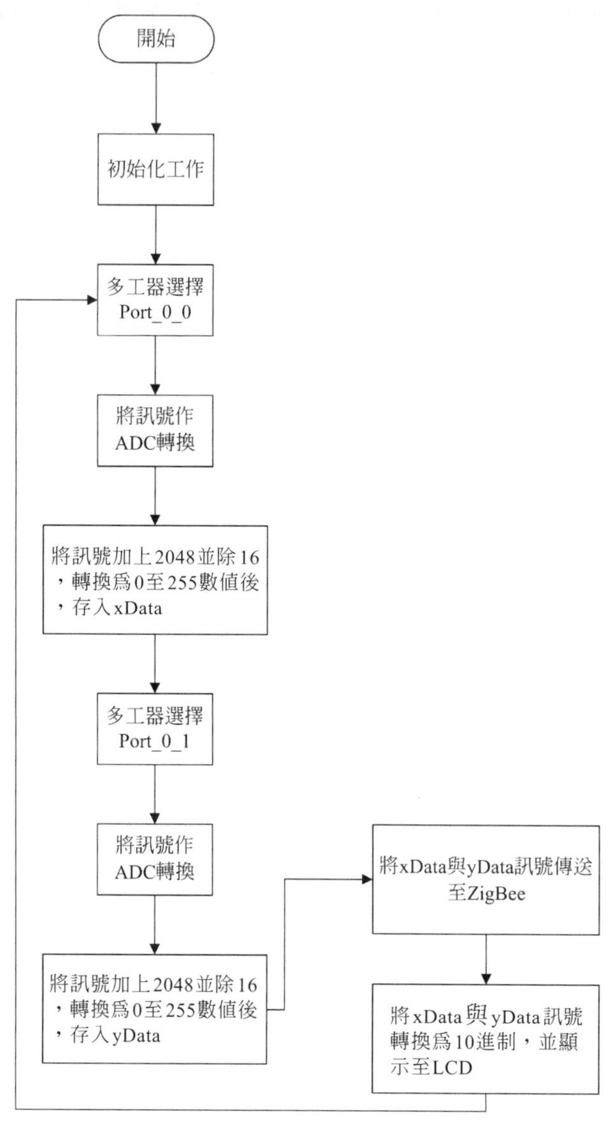
開始
初始化工作
多工器選擇
Port_0_0
將訊號作
ADC轉換
將訊號加上2048並除16
，轉換爲0至255數值後
，存入xData
多工器選擇
Port_0_1
將訊號作
ADC轉換
將訊號加上2048並除16
，轉換爲0至255數值後
，存入yData
將xData與yData訊號傳送
至ZigBee
將xData與yData訊號
轉換爲10進制，並顯
示至LCD

圖 17.10　PSoC 無線陀螺儀感測器的範例程式流程圖

其中，主要功能是透過 AMUX8 實現多工切換，並以 PGA 一倍的放大率後，經過 ADCIN12 將陀螺儀類比感測值讀取進來。最後，再將此陀螺儀感測值顯示於 PSOC 介面與感測器實驗載板的 LCD 上。

以下，列出 PSoC 無線陀螺儀感測設計的 main.c 範例程式碼：

```
//PSoC 介面與感測器之設計與應用，CH17
#include <m8c.h>                          //元件特定的常數與巨集
#include "AMUX8.h"                        //使用者模組的 AMUX8 API 函式定義
#include "PSoCAPI.h"                      //所有使用者模組的 PSoC API 函式定義

unsigned int xData=0x0,yData=0x0,zData=0x0;


char fristStr[] = "PSoC gSENSOR";                  //設定 LCD 第一行字串
char SecondStr[] = "X=  ,Y= ";                     //設定 LCD 第二行字串

void delay(BYTE de_time)                           //延遲副程式
{
     while(de_time!=0)
          de_time--;
}

void init(void)                                    //初始化模組
{
     AMUX8_Start();                                //啟動多工器
     UART_Start(UART_PARITY_NONE);                 //啟動 UART
     M8C_EnableGInt ;                              //致能全域中斷
     ADCINC12_Start(ADCINC12_HIGHPOWER);           //啟動 ADCINC12
     ADCINC12_GetSamples(0);      //將要轉換的取樣數目。0 數值代表可讓 ADC 連續地執行。
     PGA_Start(3);                //啟動 PGA
     LCD_Start();                 //啟動 LCD
     delay(200);                  //等待 LCD 穩定動作的延遲時間
     LCD_Control(0x01);           //清除 LCD
}

void LCD_DisplayTemp(BYTE line,BYTE row,BYTE databyte)
//設定顯示 LCD 副程式
{
     BYTE Show_ten,Show_one;
     LCD_Position(line,row);                       //設定顯示字串位置
     LCD_PrHexByte(databyte);                      //顯示字串
}

void ad(void) ////取得 ADC 數據
{
```

```
        ADCINC12_GetSamples(0);
        //設定將要轉換的取樣數目。0 數值代表可讓 ADC 連續地執行。
        while(ADCINC12_fIsDataAvailable() == 0); //等待至 ADC 準備好
        ADCINC12_ClearFlag();                     //重致 ADC 旗標
}
void txdata(void)                                 //將 X 軸、Y 軸使用 UART 傳輸
{
        UART_PutChar(0xD1);
        UART_PutChar(xData);
        UART_PutChar(0xD2);
        UART_PutChar(yData);
        UART_PutChar(0xaa);
        UART_PutChar(0x0d);}

void main(void)
{
    init();
   while(1){

        AMUX8_InputSelect(AMUX8_PORT0_0);       //多工器選擇 Port_0_0
        ad();                                   //3.3V  ->   -2048~0~+2047
        xData =(ADCINC12_iGetData()+2048)/16;
          // (-2048~0~+2047)+2048=4095
          // 4095/16  ->  255
        AMUX8_InputSelect(AMUX8_PORT0_1);       //多工器選擇 Port_0_1
        ad();
        yData =(ADCINC12_iGetData()+2048)/16;

        txdata();                               //將 X 軸、Y 軸使用 UART 傳輸

        LCD_Position(0,0);                      //設定顯示字串位置
        LCD_PrString(fristStr);                 //顯示字串
        LCD_Position(1,0);                      //設定顯示字串位置
        LCD_PrString(SecondStr);                //顯示字串
                                                //於 LCD 顯示 X 軸、Y 軸值
        LCD_DisplayTemp(1,2,xData);
        LCD_DisplayTemp(1,7,yData);
  }
 }
```

程式碼撰寫完畢後，即可按下 Build 後，產生燒錄檔。此時，若有發生錯誤則可能是程式碼編寫出錯，讀者可根據錯誤的位置作修正。而若是 0 error 的話，則可開始下載程式碼至 PSoC 處理器之中，進行燒錄。當燒錄完畢後，請讀者將 S1 的指撥開關 1 與 2 皆設定為 ON。如此，即可利用 PSOC 介面與感測器實驗載板對 ZigBee CC2530 模組做 UART 傳輸控制，並將陀螺儀感測器的訊號透過 ZigBee CC2530 裝置模組傳送至 USB-ZigBee HID Dongle 的 enCoReIII 微處理器。最後，再轉成 USB 封包給 PC 端應用程式作進一步地驗證與顯示。

此外，要測試前需先將陀螺儀感測器連接至 PSoC 介面與感測器實驗載板上。如圖 17.11 所示，為 PSoC 介面與感測器實驗載板的 LCD 上所顯示的陀螺儀感測結果。

圖 17.11　PSoC 介面與感測器實驗載板的 LCD 上所顯示的陀螺儀感測數值實體測試圖

17.3.2　陀螺儀感測器之 PC 端應用程式設計

如同第 8 章介紹之 PC 端應用程式撰寫步驟，讀者亦可參考前一章的應用程式設計，來實現陀螺儀感測器之 PC 端應用程式。

如圖 17.12 所示，為其應用程式執行畫面。其中，具備可自動接收陀螺儀的動作感測數值，並立即以曲線圖顯示。圖 17.13 為本章節範例程式所對映的按鈕與物件名稱，在物件的屬性設定可參照前一章的應用程式設計。

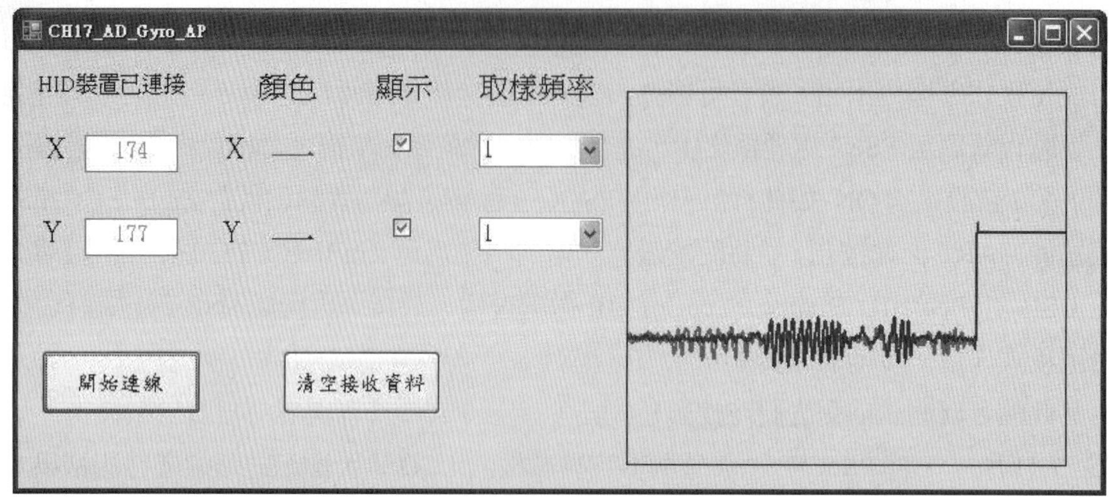

圖 17.12　PSoC 無線陀螺儀感測器之 PC 端應用程式執行畫面

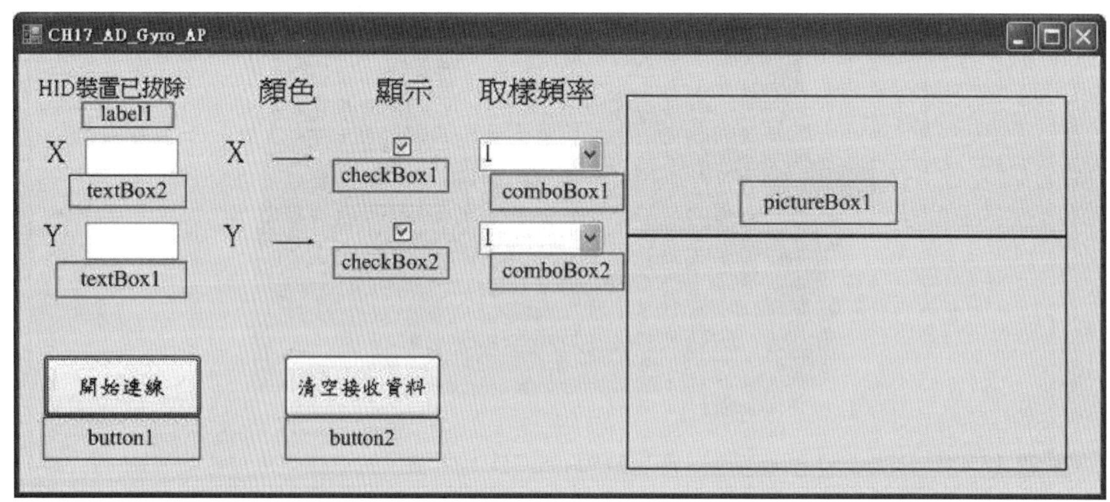

圖 17.13　PSoC 無線陀螺儀感測器應用程式之按鈕與物件名稱示意圖

以下，進一步列出相關的程式碼範例。

一、匯入其他命名空間的 using 程式碼

```
using System;
using System.Collections.Generic;
using System.ComponentModel;
using System.Data;
using System.Drawing;
using System.Linq;
using System.Text;
using System.Windows.Forms;
```

```
using USBHIDDRIVER;
using USBHIDDRIVER.USB;
using System.Threading;
using System.Runtime.InteropServices;
using System.Diagnostics;
```

二、物件的宣告

```
//宣告並建立 dav 屬於 HIDUSBDevice 類別的物件，並設定裝置 VID 為 1234 與 PID 為 7777
        HIDUSBDevice dav = new HIDUSBDevice("vid_1234", "pid_7777");
        int dot_Xnum = 0, dot_Ynum = 0, buffer_x = 0, buffer_y = 0,
        numberX = 0, numberY = 0;
        Graphics pic;  //宣告畫布物件
        Pen picpen_x = new Pen(Color.Red, 2);  //建立 X 軸畫筆、畫筆顏色、筆寬
        Pen picpen_y = new Pen(Color.Blue, 2); //建立 Y 軸畫筆、畫筆顏色、筆寬

        Point[] dot_x = new Point[320];         //宣告 X 軸曲線陣列
        Point[] dot_y = new Point[320];         //宣告 Y 軸曲線陣列
        [DllImport("kernel32.dll")]
        static extern Boolean SetProcessWorkingSetSize(IntPtr procHandle,
        Int32 min, Int32 max);


        public Form1()
        {
            InitializeComponent();
            pic = pictureBox1.CreateGraphics();      //建立畫布物件
            timer1.Start();                          //啟動 timer 中斷
            for (int n = 0; n < 320; n++)            //初始化曲線圖
            {      //初始化曲線座標
                dot_x[n] = new Point(n, 100);
                dot_y[n] = new Point(n, 100);

            }
        }
```

三、Timer1 中斷程式碼

```
    private void timer1_Tick(object sender, EventArgs e)
        {
            pictureBox1.Refresh();                        //清空畫布
            if (checkBox1.Checked)                        //checkBox 是否打勾
                pic.DrawCurve(picpen_x, dot_x);           //顯示 X 軸曲線圖
```

```
            if (checkBox2.Checked)
                pic.DrawCurve(picpen_y, dot_y);        //顯示 Y 軸曲線圖
        }
```

四、Botton1 程式碼

```
    bool run = false;
        int number = 0;
        private void button1_Click(object sender, EventArgs e)
        {
            if (dav.connectDevice())                   //裝置是否連接
            {
                label1.Text = "HID 裝置已連接";          //更改 label1 顯示的字串
                if (run)
                {
                    run = false;
                    button1.Text = "開始連線";
                }
                else
                {
                    run = true;
                    button1.Text = "停止傳輸";
                }
            }
            else
            {
                label1.Text = "HID 裝置已拔除";          //更改 label1 顯示的字串
                run = false;
                button1.Text = "開始連線";

                return;
            }

      do
            {
                Application.DoEvents();
                dav.readDataThread();
                Thread.Sleep(10);
                {//判斷傳輸格式
                    if (((dav.myread[1] == 209) && (dav.myread[3] == 210))
                    && (dav.myread[5] == 170))
                    {
```

```
            buffer_x += dav.myread[2];    //將 X 軸數據累加
            numberX++;
            buffer_y += dav.myread[4];    //將 Y 軸數據累加
            numberY++;
            //X 軸數據/numberX 作平均計算
            if (numberX >= Convert.ToInt64(comboBox1.Text))
            {  //將計算後的 X 軸數據顯示在 textBox3
                textBox2.Text = Convert.ToString(buffer_x / numberX);
                //建立加速度計 X 軸數據座標
                dot_x[dot_Xnum] = new Point(dot_Xnum, buffer_x /
                numberX);
                buffer_x = 0;
                numberX = 0;
                dot_Xnum++;
                if (dot_Xnum == 320)//是否超出邊界
                {
                    for (int n = 0; n < 320; n++)//初始化 X 軸曲線陣列
                        dot_x[n] = new Point(n, 100);
                    dot_Xnum = 0;
                }
            }
            //Y 軸數據/numberY 作平均計算
            if (numberY >= Convert.ToInt64(comboBox2.Text))
            {//將計算後的 Y 軸數據顯示在 textBox1
                textBox1.Text = Convert.ToString(buffer_y / numberY);
                //建立加速度計 Y 軸數據座標
                dot_y[dot_Ynum] = new Point(dot_Ynum, buffer_y /
                numberY);
                buffer_y = 0;
                numberY = 0;
                dot_Ynum++;
                if (dot_Ynum == 320) //是否超出邊界
                {
                    for (int n = 0; n < 320; n++)//初始化 Y 軸曲線陣列
                        dot_y[n] = new Point(n, 100);
                    dot_Ynum = 0;
                }
            }
        }
    }
    number++;
    if (number > 10000)
```

```
                {
                    number = 0;
                    SetProcessWorkingSetSize(Process.GetCurrentProcess()
.                   Handle, -1, -1);        //壓縮記憶體用量
                }

            } while (run);
        }
```

五、Botton2 程式碼

```
        private void button2_Click(object sender, EventArgs e)
        {
            //清空所有資料
            dot_Xnum = 0;
            dot_Ynum = 0;

            textBox1.Text = "";
            textBox2.Text = "";

            pictureBox1.Refresh();                  //清空畫布
            for (int n = 0; n < 320; n++)           //初始化線條陣列
            {
                dot_x[n] = new Point(n, 100);
                dot_y[n] = new Point(n, 100);

            }
            SetProcessWorkingSetSize(Process.GetCurrentProcess().Handle, -1,
            -1);//壓縮記憶體用量
        }
```

※本章節所介紹的各個程式範例，請讀者參考附贈光碟片目錄：\examples\CH17\。

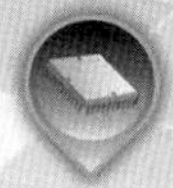

問題與討論

1. 請讀者重新測試本章所介紹的陀螺儀感測器的範例，並以旋轉陀螺儀感測器的方式來對比 LCD 上所顯示的陀螺儀感測數值是否有變化。
2. 若無法成功地測試此範例，請讀者重新檢測操作步驟或是專案檔的相關設定是否正確。當然，檔案是否有變更過也是查驗重點。
3. 請設計一組 USB-ZigBee Dongle 對多組的無線陀螺儀感測器設計的量測，並設計出 ZigBee 星狀無線感測網路。
4. 讀者可以根據書後附錄的 BOM 表，購置 USB-ZigBee HID Dongle 與簡易 PSoC 實習單板的相關零件，並根據圖 3.5 所示 UART 訊號轉換電路、圖 3.6 所示的 LCD 輸出電路與圖 3.12 所示的各個感測器模組接腳電路圖來實現本章的實驗。(如下圖 17.14 所示)

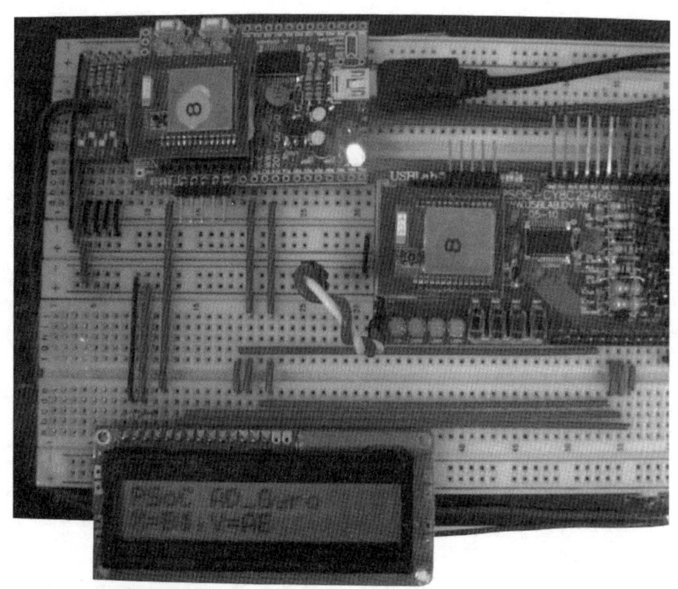

圖 17.14　USB-ZigBee HID Dongle 與簡易 PSoC 實習單板的相關零件所實現的無線陀螺儀感測實驗實體圖

5. 請讀者參考坊間的 LabVIEW 書籍(介面設計與實習－使用 LabVIEW 2010，全華圖書)，另以 NI VISA API 來設計本章節的應用程式。

附錄

附錄 A　電路圖

► enCoReIII-CY7C64215

USB Connect

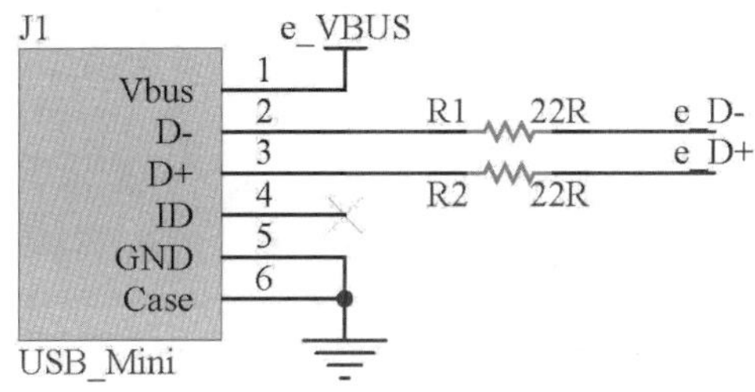

Power Supply : 3.3V

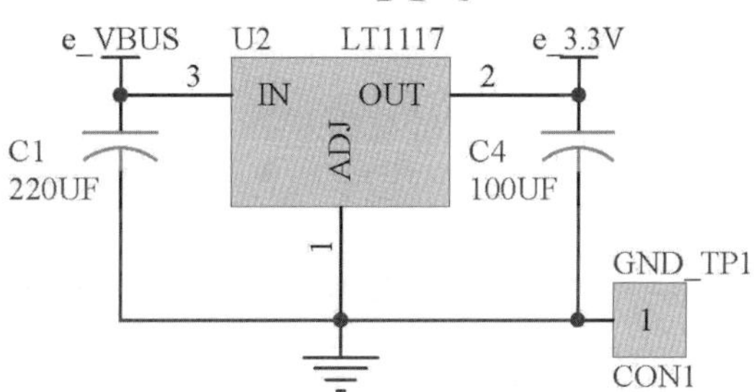

I/O Connect

e_ISSP-SDATA	e_P10
e_ISSP-SCLK	e_P11
e_IIC-SDA	e_P15
e_IIC-SCL	e_P17
e_TX	e_P13
e_RX	e_P25
e_SW5	e_P07
e_SW6	e_P05
e_LED6	e_P03
e_LED7	e_P01
e_LED5	e_P23
e_LED8	e_P21

I2C-EEPROM

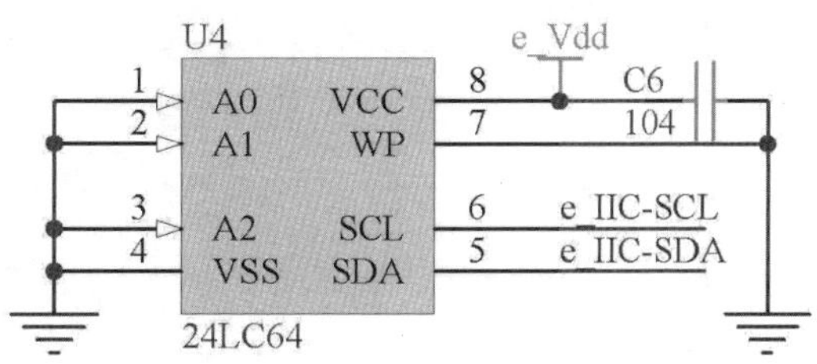

ISSP Connect

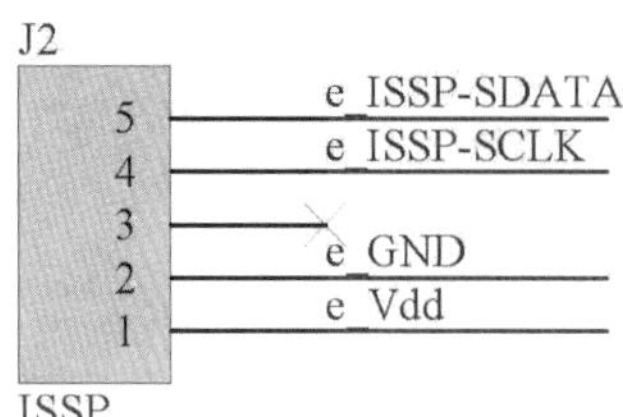

VDD Switch

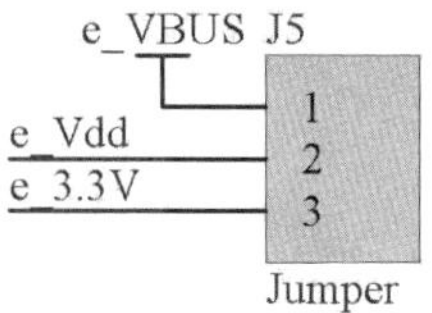

External I/O Connect

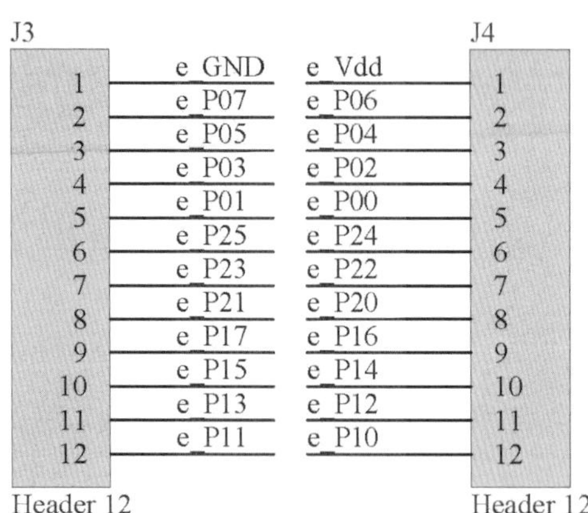

Power Led

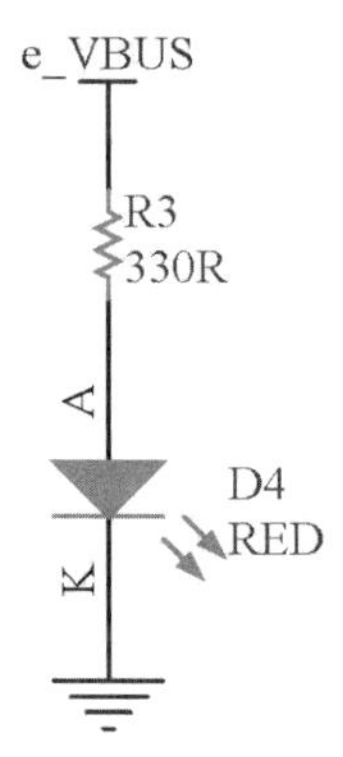

MCU - enCoReIII

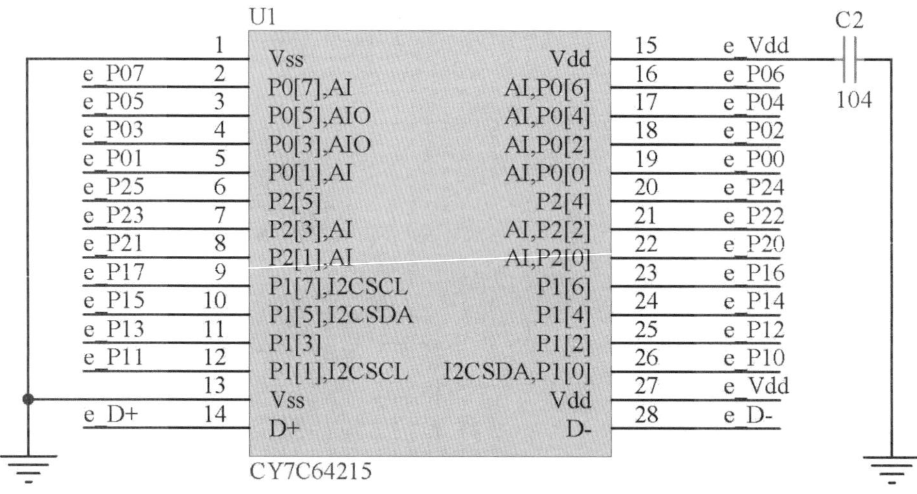

Zig Bee Module

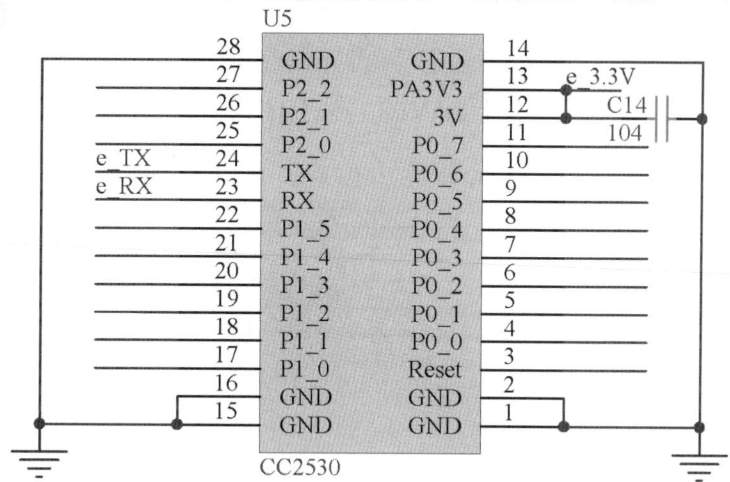

XBee Module

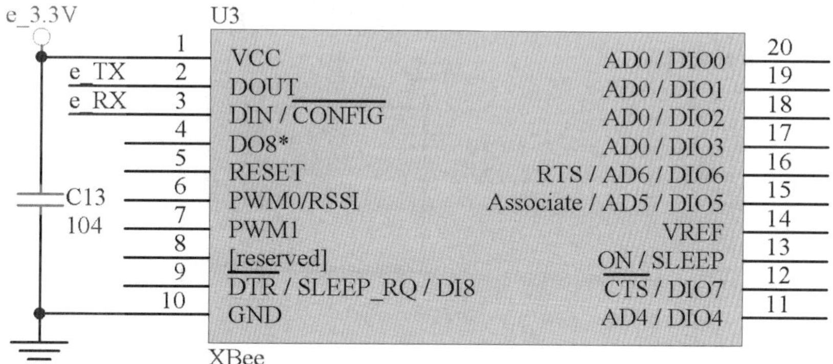

LEDS

Button Switches

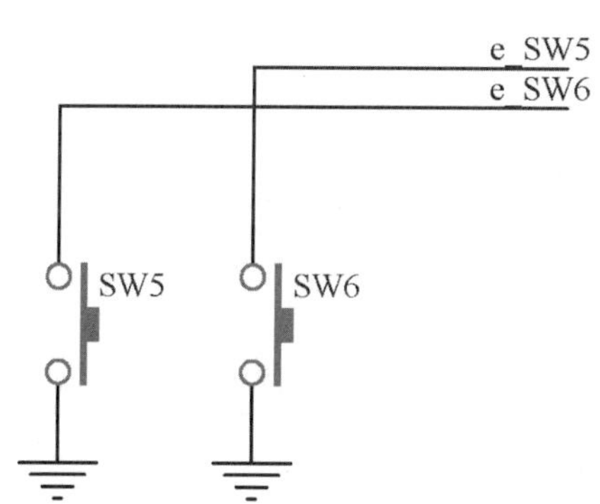

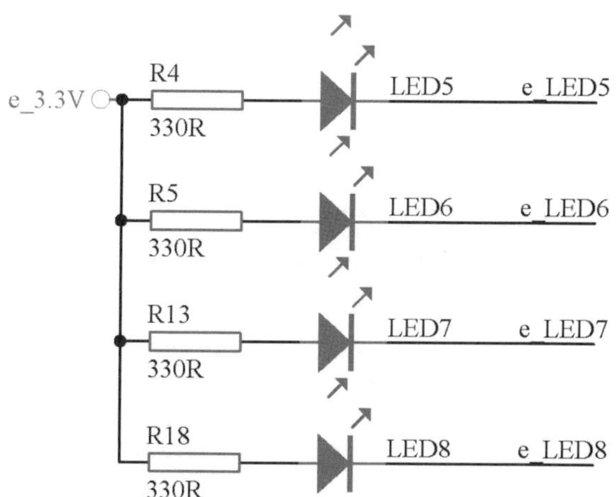

▶ PSOC-CY8C29466

Power-USB

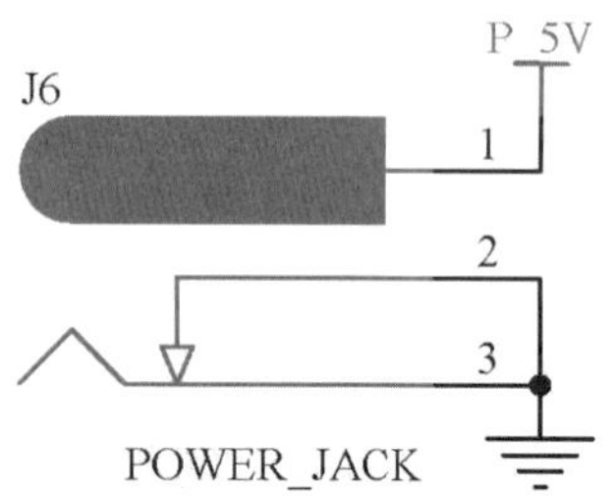

Power-Adapter

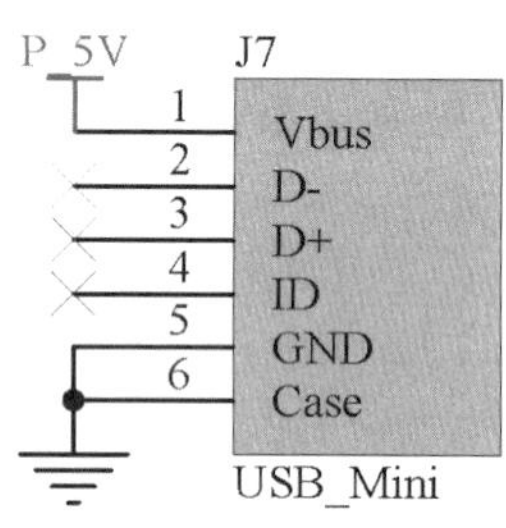

Power-Battery

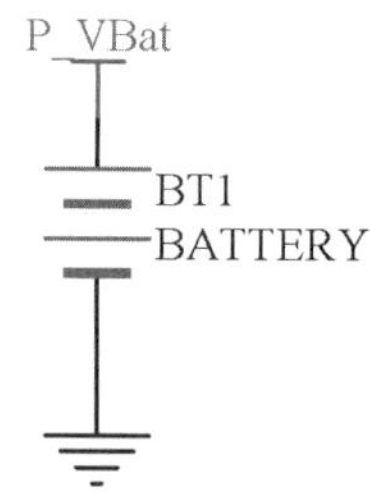

3.3V Switch

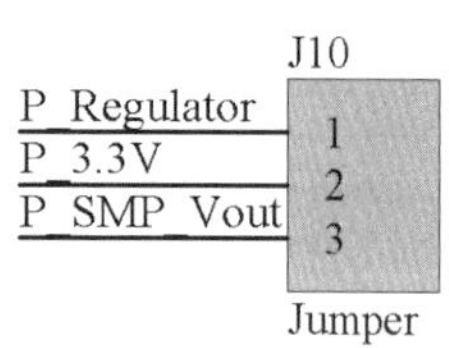

Power Supply : 3.3V

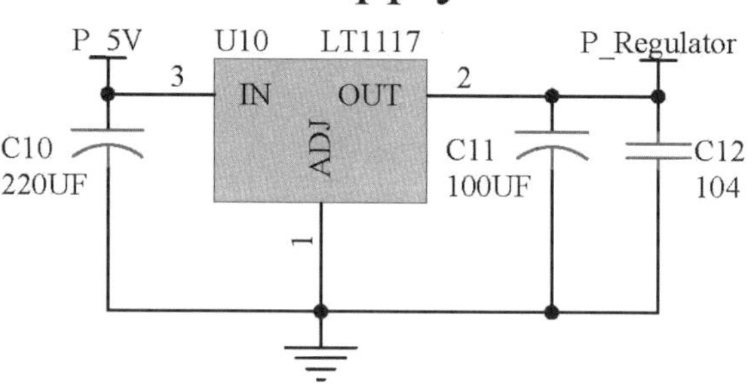

Power ON/OFF Switch

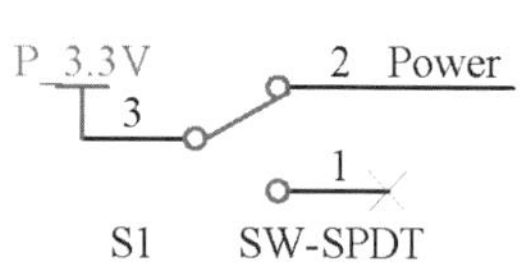

Status LED

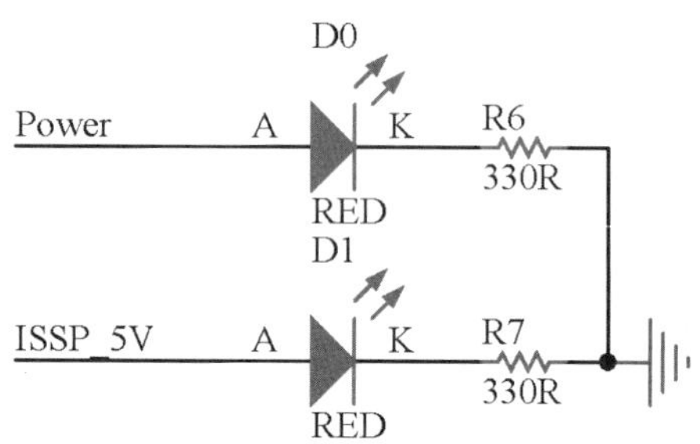

I2C Pull up

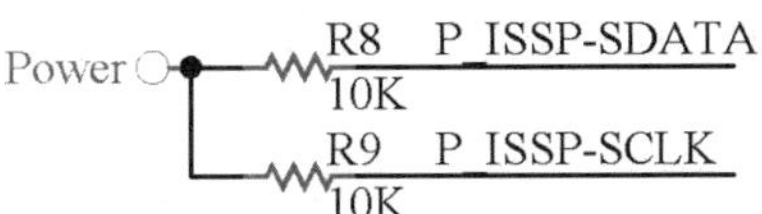

AD Protect

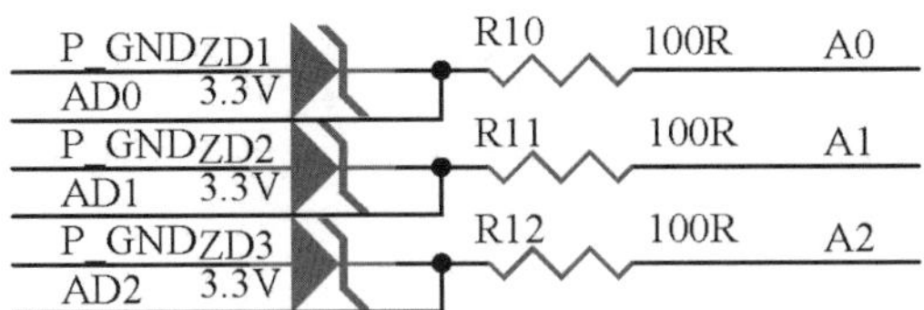

I/O Connect

LED1	P14
LED2	P16
LED3	P20
LED4	P22
START_KEY	P24
DOWN_KEY	P26
UP_KEY	P04
POWER_KEY	P06
AD0	P00
AD1	P01
AD2	P02
P_ISSP-SDATA	P10
P_ISSP-SCLK	P11
P_IIC-SDA	P15
P_IIC-SCL	P17
P_TX	P13
P_RX	P25

SMP(Switch Mode Pump) Circuit

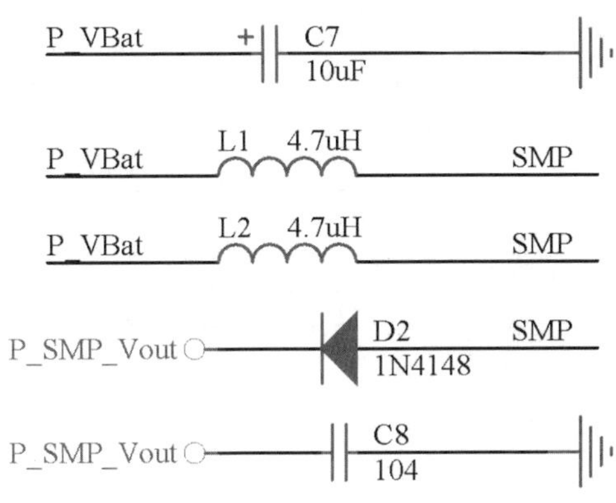

ISSP

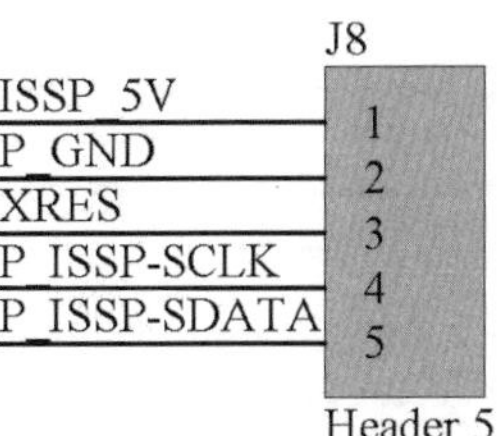

I2C-EEPROM

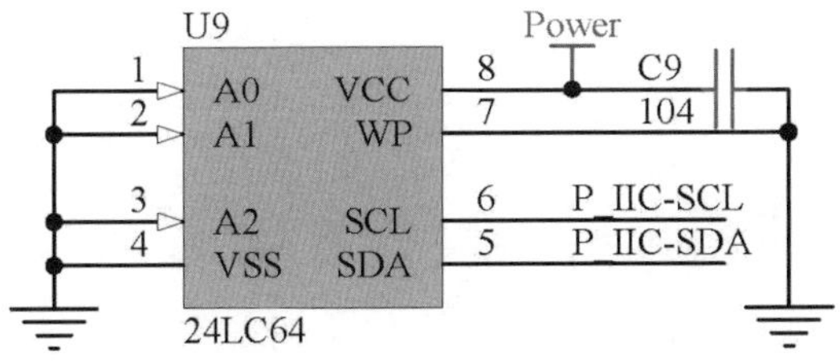

Sensor-Module

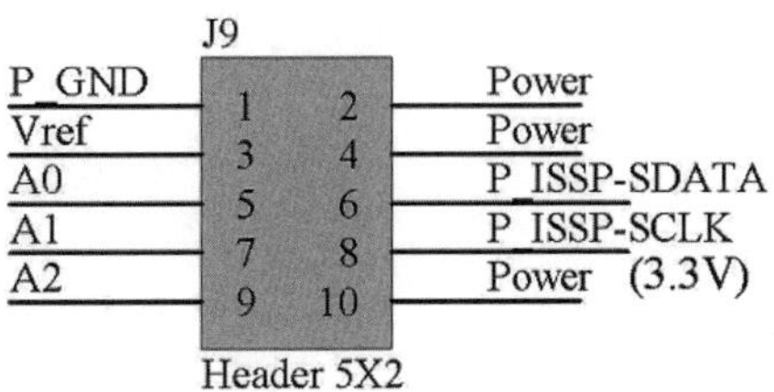

Button Switches

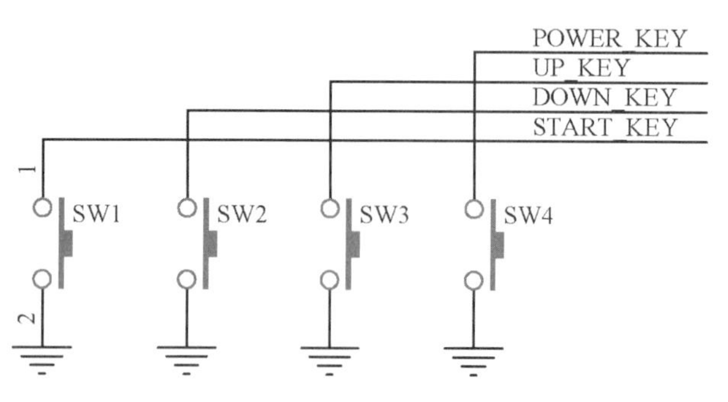

LEDS

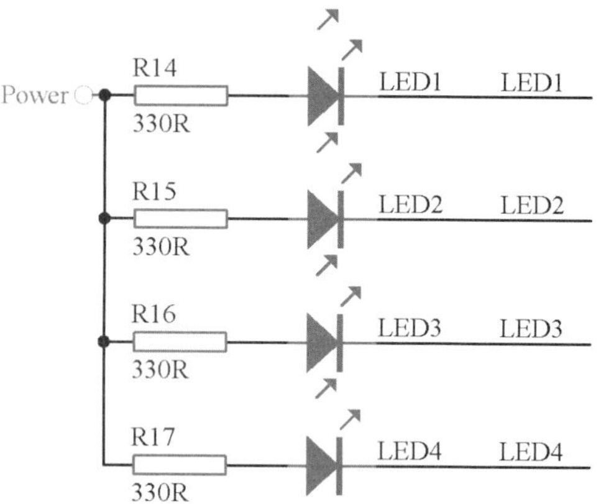

MCU - PSoC & External I/O Connect

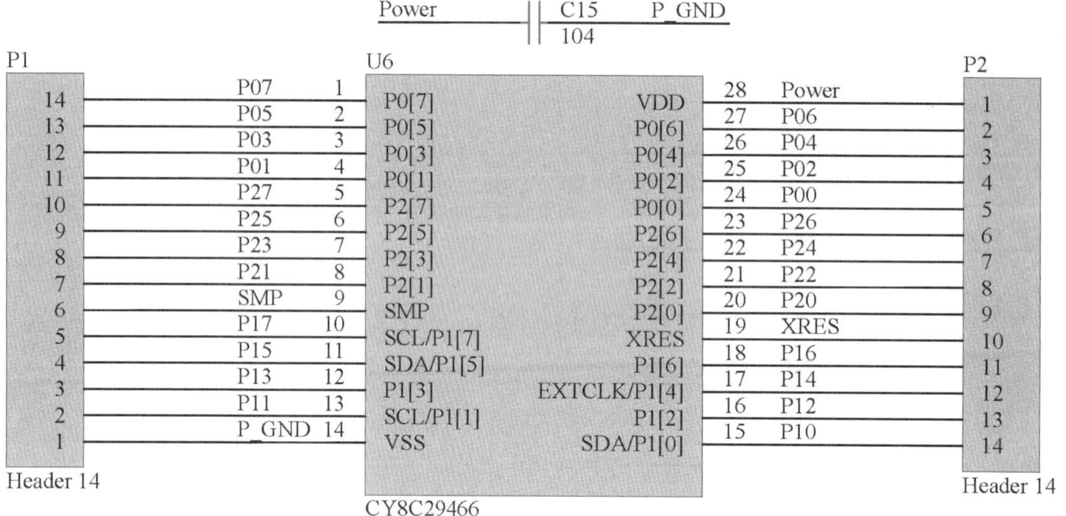

Test Point

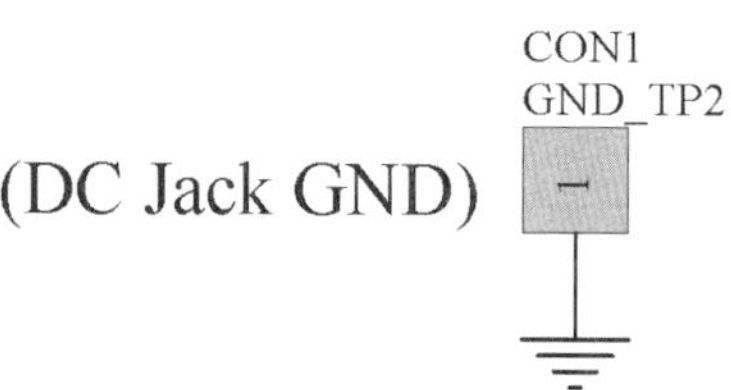

XBee

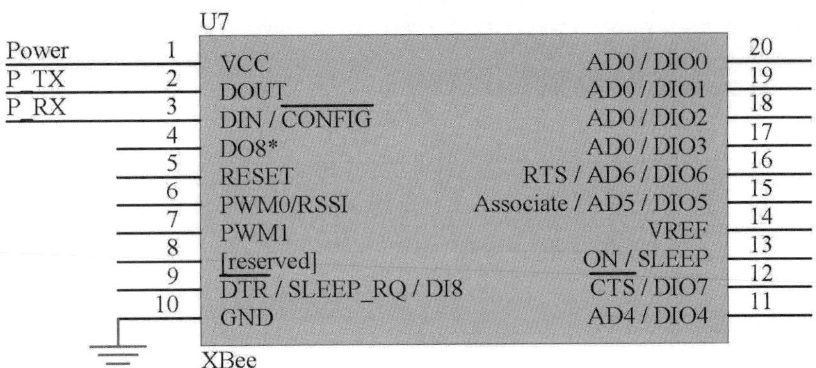

Zig Bee Module

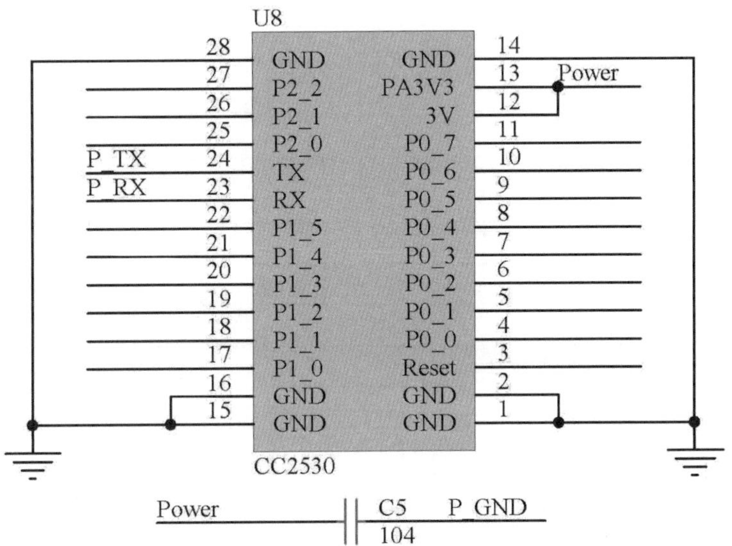

▶ Connect

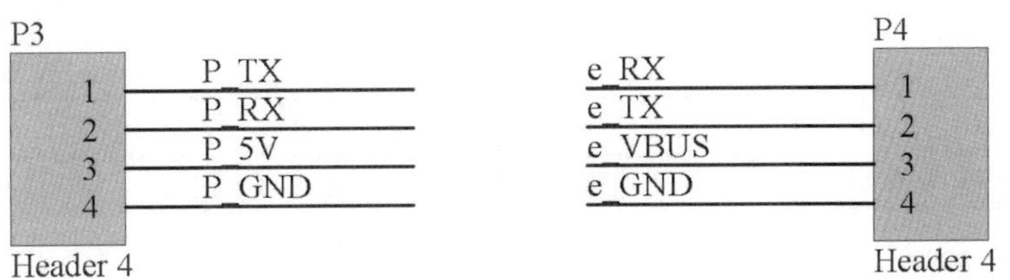

附錄 B 電路板 BOM 表

Footprint	Comment	#Column Name Error:LibRef	Designator	Description	Quantity
T.SW_2PIN			"SW1, SW2, SW3, SW4, SW5, SW6"		6
LED/3MM			"LED1, LED2, LED3, LED4, LED5, LED6, LED7, LED8, 'D0, D1, D4"	LED	11
1/4W	1N4148		D2	Default Diode	1
1/4W	3.3V		"ZD1, ZD2, ZD3"	ZENNER	3
1/4W	4.7uH		"L1, L2"	Inductor	2
1/4W	10K		"R8, R9"	Semiconductor Resistor	2
E/L	10uF		C7	Polarized Capacitor (Surface Mount)	1
1/4W	22R		"R1, R2"	Resistor	2
SO-8	24LC64		"U4, U9"		2
1/4W	100R		"R10, R11, R12"	RES	3
E/L	100UF		"C11, 'C4"	Capacitor	2
C/5	104		"C2, C3, C5, C6, C8, C9, C12, C13, C14, C15"	"Capacitor, Capacitor (Semiconductor SIM Model)"	10
RB.1	220UF		"C1, 'C10"	Capacitor	2
1/4W	330R		"R3, R4, R5, R6, R7, R13, R14, R15, R16, R17, R18"	"Resistor, Semiconductor Resistor"	11
CN250-2	BATTERY		BT1		1
CC2530	CC2530		"U5, U8"		2
HDR1X1	CON1		"GND_TP1, GND_TP2"		2
SSOP-28	CY7C64215		U1		1
SSOP-28	CY8C29466		U6		1
HDR1X4	Header 4		"P3, P4"	"Header, 4-Pin"	2
HDR1X5	Header 5		J8	"Header, 5-Pin"	1
IDC10-Shell	Header 5X2		J9	"Header, 5-Pin, Dual row"	1
HDR1X12	Header 12		"J3, J4"	"Header, 12-Pin"	2
HDR1X14	Header 14		"P1, P2"	"Header, 14-Pin"	2
HDR1X5	ISSP		J2		1
HDR1X3	Jumper		"J5, J10"	"Header, 3-Pin"	2
SOT223	LT1117		"U2, U10"		2
ada-con	POWER_JACK		J6		1

(續前表)

Footprint	Comment	#Column Name Error:LibRef	Designator	Description	Quantity
SCG-12NP-04N	SW-SPDT		S1	"SPDT Subminiature Toggle Switch, Right Angle Mounting, Vertical Actuation"	1
USB_Mini-B_F	USB_Mini		"J1, J7"	USB_Mini	2
XBee Modules	XBee		"U3, U7"	XBee (XB24-AWI-001)	2

※ BOM 表之相關零件請參考網站：www.usblab.idv.tw

國家圖書館出版品預行編目資料

介面設計與實習：PSoC 與感測器實務應用 / 許永和編著. -- 初版. -- 新北市：全華圖書, 2011.09

面；公分

ISBN 978-957-21-8245-1(平裝附光碟片)

1.系統程式 2.電腦程式設計

312.52 100016799

介面設計與實習：PSoC 與感測器實務應用 (附 PCB 板及範例光碟)

作者 / 許永和

執行編輯 / 葉奕伶

發行人 / 陳本源

出版者 / 全華圖書股份有限公司

郵政帳號 / 0100836-1 號

印刷者 / 宏懋打字印刷股份有限公司

圖書編號 / 06166000

初版一刷 / 2011 年 09 月

定價 / 新台幣 480 元

ISBN / 978-957-21-8245-1

全華圖書 / www.chwa.com.tw

全華網路書店 Open Tech / www.opentech.com.tw

若您對書籍內容、排版印刷有任何問題，歡迎來信指導 book@chwa.com.tw

臺北總公司(北區營業處)

地址：23671 新北市土城區忠義路 21 號

電話：(02) 2262-5666

傳真：(02) 6637-3695、6637-3696

南區營業處

地址：80769 高雄市三民區應安街 12 號

電話：(07) 862-9123

傳真：(07) 862-5562

中區營業處

地址：40256 臺中市南區樹義一巷 26 號

電話：(04) 2261-8485

傳真：(04) 3600-9806

讀者回函卡

填寫日期：　/　/

姓名：＿＿＿＿ 生日：西元＿＿年＿＿月＿＿日 性別：□男 □女

電話：（　）＿＿＿＿ 傳真：（　）＿＿＿＿ 手機：＿＿＿＿

e-mail：（必填）

註：數字零，請用 Φ 表示，數字 1 與英文 L 請另註明並書寫端正，謝謝。

通訊處：□□□□□

學歷：□博士 □碩士 □大學 □專科 □高中・職

職業：□工程師 □教師 □學生 □軍・公 □其他

學校／公司：＿＿＿＿ 科系／部門：＿＿＿＿

・需求書類：

□ A. 電子 □ B. 電機 □ C. 計算機工程 □ D. 資訊 □ E. 機械 □ F. 汽車 □ I. 工管 □ J. 土木

□ K. 化工 □ L. 設計 □ M. 商管 □ N. 日文 □ O. 美容 □ P. 休閒 □ Q. 餐飲 □ B. 其他

・本次購買圖書為：＿＿＿＿ 書號：＿＿＿＿

・您對本書的評價：

封面設計：□非常滿意 □滿意 □尚可 □需改善，請說明＿＿＿＿

內容表達：□非常滿意 □滿意 □尚可 □需改善，請說明＿＿＿＿

版面編排：□非常滿意 □滿意 □尚可 □需改善，請說明＿＿＿＿

印刷品質：□非常滿意 □滿意 □尚可 □需改善，請說明＿＿＿＿

書籍定價：□非常滿意 □滿意 □尚可 □需改善，請說明＿＿＿＿

整體評價：請說明＿＿＿＿

・您在何處購買本書？

□書局 □網路書店 □書展 □團購 □其他＿＿＿＿

・您購買本書的原因？（可複選）

□個人需要 □幫公司採購 □親友推薦 □老師指定之課本 □其他＿＿＿＿

・您希望全華以何種方式提供出版訊息及特惠活動？

□電子報 □ DM □廣告（媒體名稱＿＿＿＿）

・您是否上過全華網路書店？（www.opentech.com.tw）

□是 □否 您的建議＿＿＿＿

・您希望全華出版那方面書籍？＿＿＿＿

・您希望全華加強那些服務？＿＿＿＿

～感謝您提供寶貴意見，全華將秉持服務的熱忱，出版更多好書，以饗讀者。

全華網路書店 http://www.opentech.com.tw　　客服信箱 service@chwa.com.tw

2011.03 修訂

親愛的讀者：

感謝您對全華圖書的支持與愛護，雖然我們很慎重的處理每一本書，但恐仍有疏漏之處，若您發現本書有任何錯誤，請填寫於勘誤表內寄回，我們將於再版時修正，您的批評與指教是我們進步的原動力，謝謝！

全華圖書　敬上

勘 誤 表

書 號		書 名		作 者	

頁 數	行 數	錯誤或不當之詞句	建議修改之詞句

我有話要說：（其它之批評與建議，如封面、編排、內容、印刷品質等・・・）